Logistikkostenrechnung

Jürgen Weber

Logistikkostenrechnung

Kosten-, Leistungs- und
Erlösinformationen zur
erfolgsorientierten Steuerung
der Logistik

3. Aufl. 2012

 Springer Vieweg

Prof. Dr. Dr. h. c. Jürgen Weber
Inst. für Management und Controlling (IMC)
WHU – Otto Beisheim School of Management
Vallendar
Deutschland

ISBN 978-3-642-25172-6   ISBN 978-3-642-25173-3 (eBook)
DOI 10.1007/978-3-642-25173-3

Die Deutsche Nationalbibliothek verzeichnet diese Publikation in der Deutschen Nationalbibliografie;
detaillierte bibliografische Daten sind im Internet über http://dnb.d-nb.de abrufbar.

Springer Vieweg
© Springer-Verlag Berlin Heidelberg 2012

Springer Vieweg ist eine Marke von Springer DE.
Springer DE ist Teil der Fachverlagsgruppe Springer Science+Business Media
www.springer-vieweg.de

Vorwort

Das vorliegende Buch basiert auf einer vor gut 25 Jahren verfassten Habilitationsschrift. Neuauflagen sind für derartige Forschungsarbeiten ungewöhnlich. Das literarische Entree in die Welt der Professoren ist meist so weit von praktischen Problemen entfernt, dass sich kaum mehr als hundert Bibliotheken dazu durchringen können, ein Exemplar zu erwerben. Anders bei diesem Buch. Es fand in den vergangenen Jahren viele Tausend Käufer, schwerpunktmäßig in Unternehmen. Zweierlei war anfangs für den Markterfolg aus meiner Sicht entscheidend.

Zum einen hatte der Siegeszug der Logistik in der Praxis mit ihrer starken konzeptionellen und organisatorischen Verankerung die Frage zur Folge, wie nun diese neue – oder zumindest neu herausgehobene – Funktion betriebswirtschaftlich zu steuern sei. Traditionelle Controlling-Instrumente waren gefragt, so auch eine Logistikkostenrechnung. Dieser Bedarf bestand auch 15 Jahre später für die 2. Auflage Die Logistik hatte zwar in den 1980er Jahren ihre wesentlichen Implementierungs-Anfangserfolge zu verzeichnen; ihre Akzeptanz beim Management blieb aber lange Zeit verbesserungsfähig. Ein wirklicher „Durchbruch" ist trotz der Ausweitung des Fokus unter dem Stichwort „Supply Chain Management" bis heute eher ausgeblieben. In vielen Unternehmen steht der Bedarf, die Logistik stärker im Management zu verankern, weiter auf der Agenda. Folglich bleibt auch das Thema Logistikkostenrechnung wichtig – gute Voraussetzung für den Erfolg einer 3. Auflage!

Zum anderen versuchte schon die ursprüngliche Habilitationsschrift, theoretische Überlegungen mit praktischer Erfahrung zu verbinden. Obwohl primär für einen wissenschaftlichen Adressatenkreis geschrieben, konnten so auch Unternehmen Hinweise erhalten und in die Praxis umsetzen. In der zweiten Auflage kamen viele Unternehmensbeispiele hinzu und auch die dritte Auflage wird auf diesem Weg praktische Erfahrung einbringen.

Damit ist zugleich ein zentrales Merkmal der Arbeit an unserem Institut für Management und Controlling an der WHU – Otto Beisheim School of Management angesprochen. Auf der einen Seite steht ein permanentes konzeptionelles Vordenken. Dieses äußert sich auch in grundsätzlichen Positionierungen, wie z. B. in der Entwicklung einer eigenen Sichtweise des Controllings (Rationalitätssicherung), die sich in der Praxis sehr verbreitet hat. Auf der anderen Seite prägt uns vielfältige praktische Erfahrung. Sie reicht von qualitativer, zumeist case study-bezogener

Forschung und quantitativer, großzahliger Empirie (etwa im Rahmen eines eigenen WHU-Controllerpanels) über themenbezogene Arbeitskreise (auch zum Thema Logistikkennzahlen und Logistik-Controlling) bis hin zur Zusammenarbeit mit Beratung (CTcon GmbH). Damit wird eine umfassende gegenseitige Befruchtung möglich.

Was erwartet Sie in diesem Buch? Welche Aspekte lohnen, in einem Vorwort gesondert hervorgehoben zu werden?

1. Das Buch ist von Auflage zu Auflage immer stärker aus einer verhaltensorientierten Perspektive heraus geschrieben. Wer Betriebswirtschaftslehre als eine anwendungsorientierte Wissenschaft versteht, muss dem praktisch Machbaren eine besondere Bedeutung zumessen. Dies heißt auch, Akteure in den Unternehmen vor Augen zu haben, die den kognitiven Begrenzungen und individuellen Zielvorstellungen von „richtigen" Menschen entsprechen. Diese sind z. B. schon aus zeitlichen Gründen nicht in der Lage, Informationsfluten Herr zu werden. Weniger ist deshalb häufig mehr. Auch der Aspekt der Verständlichkeit einer Kosten- und Leistungsrechnung für die Logistik gewinnt in diesem Zusammenhang eine hohe Bedeutung. „Keep it short and simple" ist nicht nur für den Praktiker eine gute Leitlinie.

2. Neben verhaltensorientierten Aspekten kommt an mehreren Stellen auch eine soziologische Perspektive zum Tragen. Sie macht sich z. B. an Begriffen wie Macht und Legitimität fest und spielt insbesondere für Fragen der Implementierung und Durchsetzung neuer Ideen eine wichtige Rolle.

3. Das Buch bindet den Stand der internationalen Diskussion zur Logistikkostenrechnung ein. Dies macht allein der Blick in das Literaturverzeichnis deutlich, das überwiegend anglo-amerikanische Quellen enthält. Diese internationale Perspektive ist aber nicht wirklich richtungsweisend. Kostenrechnung war historisch eine Domäne der D-A-CH-Staaten. Hier wurden mit der Flexiblen Plankostenrechnung und der Riebel'schen Einzelkosten- und Deckungsbeitragsrechnung die kompliziertesten Kostenrechnungssysteme entwickelt, hier ist die SAP beheimatet, die „Grenzplankostenrechnung" als neuen Begriff in den USA bekannt gemacht hat.

4. Das Buch bezieht so weit wie möglich vorliegende empirische Erkenntnisse mit ein. Solche liegen mittlerweile in großer Zahl vor. Allerdings sollte dies keine falschen Hoffnungen wecken – die Verbreitung der Logistikkostenrechnung ist immer noch eher unbefriedigend, genauso wie die empirische Kenntnis des Status ihrer Entwicklung.

5. Wie der Titel schon deutlich macht, verbindet das Buch zwei Wissensgebiete (Logistik und Kostenrechnung). Beide werden benötigt. Damit setzt der Titel ein Signal für die Zielgruppen des Buches: Zur Gestaltung einer Logistikkostenrechnung müssen sich Logistiker und Kostenrechner an einen gemeinsamen Tisch setzen; beide sind gefragt.

6. In der ersten Auflage dieses Buches war die Forderung nach einer gleichberechtigten Behandlung von Kosten und Leistungen im Kontext von Kostenrechnungspublikationen noch ungewöhnlich. Mittlerweile hat sich das erhebliche

Erfolgspotential einer Gestaltung und Steuerung von Logistikleistungen immer deutlicher herausgeschält. Damit ist der Weg frei, einer logistischen Leistungsrechnung noch mehr Eigenständigkeit zuzuweisen, auch wenn der Titel – pars pro toto – nur die Kostenrechnung betont.

7. Das Buch bezieht Gestaltungsfragen der Kostenrechnung explizit auf unterschiedliche Sichtweisen der Logistik, die einem bestimmten Entwicklungszyklus folgen. Ein „one size fits all" gibt es nicht bzw. sollte nicht als (falsches) Ideal hinter einer Implementierung stehen.

8. Praktische Lösungen nehmen einen breiten Raum ein. Den Text durchziehen nicht nur viele vereinzelte Hinweise auf praktische Erkenntnisse. Vielmehr sind separate Abschnitte eingefügt, die direkt aus der Praxis berichten. Die Henkel AG & Co. KGaA und die SAP AG haben umfangreiche Abschnitte beigesteuert. Den Herren Christian Hebeler und Andreas Küper (Henkel) und Frau Janet Dorothy Salmon (SAP) sei herzlich für ihre Mitarbeit gedankt. Sie haben durch ihre Beiträge auch dabei mitgeholfen, die Verständlichkeit und praktische Umsetzbarkeit dieses Buches zu erhöhen.

Es verbleibt mir an dieser Stelle, in mehrfacher Hinsicht Dank zu sagen. Er gilt Daniel Jeschonowski, der sich um die Aktualisierung der Literatur in besonderer Weise verdient gemacht hat. Andreas Bühler hat just in time neueste empirische Daten beigesteuert, die er in einer WHU-Studie erhoben hat. Die undankbare Aufgabe des Korrekturlesens lag in den bewährten Händen von Claudia Heymann. Dem Springer-Verlag sei schließlich für die Geduld und die unkomplizierte Zusammenarbeit gedankt.

Es verbleibt mir nur die Hoffnung zu äußern, dass die 3. Auflage ebenso erfolgreich am Markt aufgenommen wird wie ihre Vorgängerin, und dass sie viele Logistiker und Controller anstiften wird, die Logistik auch in den „betriebswirtschaftlichen Kernsystemen" ihrer Bedeutung gemäß zu verankern.

Vallendar, im November 2011   Jürgen Weber

Inhaltsverzeichnis

Teil I Grundlagen

1 Logistik als Objekt der Kostenrechnung 3
  1.1 Einführung 3
  1.2 Logistik als funktionale Spezialisierung 6
  1.3 Logistik als material- und warenflussbezogene
      Koordinationsfunktion 9
  1.4 Logistik als Durchsetzung der Flussorientierung 14
  1.5 Logistik als Supply Chain Management 19
  1.6 Empirische Ergebnisse zu Stand und Erfolgswirkungen
      der Logistik 23
      1.6.1 Studie von Dehler 24
      1.6.2 Weitere Studien 28
  Literatur 29

**2 Kostenrechnungssysteme als konzeptionelle Basis einer
Logistikkostenrechnung** 33
  2.1 Gewählte Modellierung handelnder Akteure 34
      2.1.1 Individueller Akteur 34
      2.1.2 Kollektive Akteure 37
  2.2 Zwecke, Orientierungen und Nutzungsarten der Kostenrechnung .. 39
  2.3 Entwicklungsweg der Kostenrechnung 44
      2.3.1 Vollkostenrechnung als Basis 44
      2.3.2 Kostenplanung und -kontrolle als Erweiterung 48
      2.3.3 Kostenrechnung als Instrument der operativen
            Unternehmensplanung und -kontrolle 50
  2.4 Konzeptionelle Weiterentwicklungen der Kostenrechnung 52
      2.4.1 Relative Einzelkostenrechnung 52
      2.4.2 Prozesskostenrechnung 54
      2.4.3 Transaktionskostenrechnung 58
      2.4.4 Koordinationskostenrechnung 62
  2.5 Gesamtwürdigung und Perspektiven 63

2.6   Empirische Ergebnisse zu Stand und Erfolgswirkungen
       der Kostenrechnung   65
       2.6.1   Betrachtete Studien   66
       2.6.2   Zwecke und Nutzungsarten   67
       2.6.3   Systemmerkmale   68
       2.6.4   Erfolgswirkungen   69
       2.6.5   Zwischenfazit   71
       Literatur   72

3   Gestaltung einer Logistikkostenrechnung für unterschiedliche
     Ausprägungen der Logistik   77
       3.1   Material- und Warenflussprozesse als Objekt
              der Logistikkostenrechnung   77
       3.2   Informationsbereitstellung für die koordinationsbezogene Logistik ...   80
       3.3   Informationsbereitstellung für die flussorientierte Logistik   82
       3.4   Informationsbereitstellung für Supply Chain Management   85
       3.5   Fazit   86
       Literatur   87

Teil II   Entwicklungsstand der Logistikkosten-, -leistungs-
           und -erlösrechnung

4   Konzeptioneller Entwicklungsstand der Logistikkosten-,
     -leistungs- und -erlösrechnung   91
       4.1   Strukturelle Übersicht   92
       4.2   Übersicht über wichtige Messgrößen   97
       Literatur   100

5   Empirischer Entwicklungsstand der Logistikkosten-, -leistungs-
     und -erlösrechnung   105
       5.1   Übersicht über die vorliegenden empirischen Studien   105
       5.2   Nähere Darstellung ausgewählter empirischer Studien   116
              5.2.1   Studie von Weber und Blum   116
              5.2.2   Studie von Keebler   122
              5.2.3   Studie von Weber, Wallenburg and Bühler   124
       5.3   Fazit   130
       Literatur   131

Teil III   Abgrenzung von Logistikleistungen, -kosten und -erlösen

6   Abgrenzung der Leistungen der Logistik   135
       6.1   Grundlagen einer Leistungsdefinition und -abgrenzung   135
       6.2   Präzisierung der Logistikleistungen   140
              6.2.1   Potenzialbezogene Logistikleistungen   140
              6.2.2   Prozessbezogene Logistikleistungen   142
              6.2.3   Ergebnisbezogene Logistikleistungen   143
              6.2.4   Wirkungsbezogene Logistikleistungen   146
       6.3   Logistische Administrations- und Dispositionsleistungen   150
       6.4   Durchführung der Abgrenzung   151

6.4.1 Ausrichtung auf Verwendungszwecke 151
6.4.2 Ausgleich zwischen Erfassungsgenauigkeit
und Erfassungskosten 153
6.4.3 Detaillierte Festlegung der Definitionsmerkmale 154
Literatur 156

7 Abgrenzung der Kosten der Logistik 157
7.1 Grundlagen einer Kostendefinition und -abgrenzung 157
7.2 Dimensionen des Abgrenzungsproblems 161
7.2.1 Leistungsinduzierte Abgrenzungsprobleme 161
7.2.2 Bewertungsinduzierte Abgrenzungsprobleme 165
7.2.3 Fehlleistungsbezogene Abgrenzungsprobleme 170
7.3 Durchführung der Abgrenzung 176
Literatur 178

8 Abgrenzung der Erlöse der Logistik 181
8.1 Grundlagen einer Erlösdefinition und -abgrenzung 181
8.2 Analyse der Erfolgs- und Erlöswirkungen der Logistik 183
8.3 Fazit 190
Literatur 190

**Teil IV Gestaltung einer Logistikkosten- und -leistungsrechnung
für Material- und Warenflussprozesse**

9 Erfassung der Logistikkosten in der Kostenartenrechnung 195
9.1 Aufgaben und Gestaltung der Kostenartenrechnung 195
9.1.1 Überblick 195
9.1.2 Differenzierungsbedarf 196
9.1.3 Datenbankorientierte Gestaltung 201
9.2 Berücksichtigung von material- und warenflussbezogenen
Dienstleistungen in der Kostenartenrechnung 203
Literatur 206

10 Erfassung der Logistikkosten in der Kostenstellenrechnung 207
10.1 Aufgaben und Gestaltung der Kostenstellenrechnung 207
10.2 Berücksichtigung von material- und warenflussbezogenen
Dienstleistungen in der Kostenstellenrechnung 211
10.3 Ermittlung von Kostenabhängigkeiten 214
10.3.1 Überblick 215
10.3.2 Analyse der Abhängigkeitsbeziehungen zwischen
Logistikkosten und Logistikleistungen 219
10.3.3 Bildung logistischer Kostenkategorien 221
10.4 Ausweis von Logistikleistungen und Logistikkosten für
unterschiedliche Typen von Logistikkostenstellen 235
10.4.1 Beispiel Kostenstelle des Internen Transports 236
10.4.2 Beispiel Lagerkostenstelle 247
10.4.3 Beispiel Fertigungskostenstelle 253
Literatur 258

11 Verrechnung der Logistikkosten in der Kostenträgerrechnung 259
   11.1 Aufgaben und Gestaltung der Kostenträgerrechnung 259
   11.2 Berücksichtigung von material- und warenflussbezogenen
         Dienstleistungen in der Kostenträgerrechnung 261
         11.2.1 Traditionelles Vorgehen 261
         11.2.2 Grundsätzliches Vorgehen zur adäquaten
                 Berücksichtigung der Logistik in der
                 Kostenträgerrechnung 263
         11.2.3 Beispiel zur Veranschaulichung des
                 Verbesserungspotenzials traditioneller Kalkulation 267
         11.2.4 Näherungslösungen zur besseren Berücksichtigung
                 der Logistik in der Kostenträgerrechnung 272
         11.2.5 Zwischenfazit 277
   Literatur 278

12 Unternehmensbeispiel Henkel Adhesive Technologies 279
   12.1 Henkel und Adhesive Technologies im Überblick 279
   12.2 Entwicklungsstand der Kostenrechnung 281
   12.3 Logistik im System der Kostenrechnung 283
         12.3.1 Ziele und Organisationsstruktur der Logistik 283
         12.3.2 Rechnungszwecke im Rahmen der Logistik 284
   12.4 Ausgestaltung der Logistikkostenrechnung 285
         12.4.1 Begriffliche Abgrenzung und Grundstruktur 285
         12.4.2 Kostenartenrechnung 286
         12.4.3 Kostenstellenrechnung 288
         12.4.4 Kostenträgerrechnung 292
   12.5 Entwicklungsperspektiven 294
   Literatur 296

13 Implementierungsfragen 297
   13.1 Implementierung mit Hilfe der Standardsoftware ERP
         (früher SAP R3) 297
         13.1.1 Einleitung 297
         13.1.2 Einordnung theoretischer Ansätze der Kostenrechnung
                 im Controlling des SAP ERP 301
         13.1.3 Aufbau der Anwendungskomponente „Controlling"
                 unter Berücksichtigung der Logistikkostenrechnung ... 302
         13.1.4 Logistikkosten im Gemeinkosten-Controlling 305
         13.1.5 Logistikkosten im Produktkosten-Controlling 309
         13.1.6 Logistikkosten in der Ergebnisrechnung 310
         13.1.7 Analyse der Logistikkosten in SAP Controlling 312
         13.1.8 Zusammenfassung 313
   13.2 Implementierung einer logistikgerechten Kostenrechnung als
         Veränderungsprozess 313
         13.2.1 Grundlagen 313
         13.2.2 Konsequenzen 316

13.3   Fazit 317
Literatur 318

**Teil V   Erweiterung der laufenden Informationsbereitstellung
für die anderen Entwicklungsstufen der Logistik**

**14   Informationsbereitstellung für die koordinationsbezogene
Entwicklungsstufe der Logistik** 321
   14.1   Abbildung der Koordinationsleistungen und -kosten 321
   14.2   Informationsbereitstellung für die strategische Positionierung
der Logistik in ihrer zweiten Entwicklungsstufe 323
      14.2.1   Konzept der Selektiven Kennzahlen 324
      14.2.2   Konzept der Balanced Scorecard 327
   Literatur 336

**15   Informationsbereitstellung für die flussbezogene
Entwicklungsstufe der Logistik** 339
   Literatur 342

**16   Informationsbereitstellung für die Ausprägung der Logistik
als Supply Chain Management** 343
   16.1   Überblick 344
   16.2   Instrumente 346
      16.2.1   Unternehmensübergreifende Prozesskostenrechnung .. 347
      16.2.2   Kennzahlen 356
      16.2.3   Balanced Scorecard 359
   16.3   Fazit 365
   Literatur 367

Sachverzeichnis 369

Teil I
Grundlagen

„Logistikkostenrechnung" beinhaltet zwei betriebswirtschaftliche Termini mit sehr unterschiedlich langer Tradition.

Die Wurzeln der Kostenrechnung reichen in das 19. Jahrhundert zurück[1]. Als Kernbestandteil des betriebswirtschaftlichen Instrumentariums findet man die Kostenrechnung in praktisch jedem größeren Unternehmen implementiert und betrieben. Die Notwendigkeit, sich trotz dieser „allgemeinen Verkehrsgeltung" in diesem Buch mit den Grundlagen der Kostenrechnung zu befassen, resultiert zum einen aus didaktischem Anspruch bzw. – bei der praktischen Umsetzung der Ideen – aus Implementierungsgründen: Adressaten von Informationen einer Logistikkostenrechnung sind in der Praxis zumeist Nicht-Kaufleute, für die ein richtiges Verständnis von Nutzen sowie Anwendungsbedingungen und -problemen von Kosteninformationen erreicht werden muss. Zum anderen hat sich das Bild der Kostenrechnung als in der Praxis betriebenes Informationssystem vor dem Hintergrund neuer theoretischer Ansätze und empirischer Erkenntnisse erheblich gewandelt. Nicht mehr die „möglichst realitätsgetreue" Abbildung steht im Mittelpunkt[2], sondern die Wirkung von Kostenrechnungsinformationen und -methoden auf die Beeinflussung, Bildung und Durchsetzung des Willens von Managern auf den unterschiedlichsten Entscheidungsebenen.

Das Konzept der betriebswirtschaftlichen Logistik ist ca. ein Jahrhundert jünger als das der Kostenrechnung, hat aber wie ersteres eine erhebliche Bedeutung erlangt, dies gleichermaßen in der Praxis wie in der akademischen Forschung und Lehre. Vielleicht liegt in der erst ca. 50-jährigen „Geschichte" der Logistik der Grund dafür, dass die Auffassungen bezüglich Inhalt und Ausprägung bei der Logistik erheblich weiter auseinander klaffen als bei der Kostenrechnung. Das Spektrum reicht von der Betrachtung einfacher Lager-, Transport- und Umschlagstätigkeiten („TUL-Logistik") bis hin zu einer unternehmensübergreifenden Management- und Managementgestaltungsfunktion. Es ist unmittelbar einsichtig, dass die Form einer Logistikkostenrechnung elementar von der Positionierung der Logistik in diesem breiten Konzeptspektrum abhängt. Darüber hinaus spricht wiederum auch ein di-

---

[1] Vgl. ausführlich Bungenstock (1995, S. 114 f.).

[2] Sie hat die Kostenrechnungsdiskussion lange Zeit geprägt. Ein exponierter Vertreter dieser Richtung war Paul Riebel, auf den noch mehrfach in diesem Buch Bezug genommen wird.

daktischer Grund für eine ausführliche Diskussion der Logistik: Für die Bereitstellung der Logistikkosten haben in der Praxis nicht Logistiker, sondern Kostenrechner und Controller die Verantwortung[3]. Deren prozessbezogenes Kern-Know-how lag in der Vergangenheit allerdings dominant in der Produktion[4], nicht im Bereich von Dienstleistungsprozessen.

Im Folgenden wollen wir mit der Diskussion der unterschiedlichen Sichten der Logistik beginnen. Es folgt die Vorstellung unterschiedlicher Rollen und Ausprägungen der Kostenrechnung. Abschließend werden in einem kurzen dritten Abschnitt beide Vorüberlegungen zusammengeführt. Die Skizzierung der Gestaltung einer Logistikkostenrechnung für unterschiedliche Ausprägungsformen der Logistik zeichnet zugleich die Struktur des weiteren Vorgehens in diesem Buch vor.

---

[3] Vgl. die empirischen Ergebnisse bei Weber und Blum (2001, S. 21). Diese Befunde sind auch zehn Jahre später in der aktuellen Studie von Weber et al. (2011), bestätigt worden.

[4] Vgl. z. B. den empirischen Beleg bei Weber et al. (2000, S. 13–18).

Logistik als Objekt der Kostenrechnung

1

1.1 Einführung

Die Logistik hat sich in den letzten Jahrzehnten in allen entwickelten Volkswirtschaften zu einer anerkannten Disziplin entwickelt. Dies gilt für die Unternehmenspraxis ebenso wie für die akademische Welt. Spezifische mitgliederstarke Verbände[1] belegen dies ebenso wie renommierte Lehrbücher in hohen Auflagen[2] und einschlägige Journale.[3] Dennoch besteht bei vielen fachfremden akademischen Kollegen immer noch ein gewisser Zweifel hinsichtlich der theoretischen Eigenständigkeit des Faches. Gleichermaßen hatte man in den ersten Jahren der Logistikentwicklung den Eindruck, dass manche alteingesessene Spedition nur deshalb Logistik auf die Planen ihrer Fahrzeuge geschrieben hatte, weil ihr Logistik als der moderne Begriff erschien – Gleiches passierte übrigens einige Jahre später mit Supply Chain Management, das den Logistikbegriff ablöste.

Ein Grund für diese Probleme ist darin zu sehen, dass die Wurzeln der Logistik nicht in der akademischen Welt zu suchen sind, sondern dass Logistik im Wesentlichen als Praxisphänomen entstanden ist. Es verwundert deshalb nicht, dass sowohl der Logistikbegriff als auch die in der Praxis realisierten Logistikkonzepte und -konzeptionen wenig einheitlich sind.

Bis heute hat sich keine herrschende Meinung herausgebildet. Zumindest im akademischen Bereich lassen sich aber zwei Strukturierungen festhalten, die eine gewisse Bündelung der Auffassungen vornehmen. Zum einen ist dies der jüngst unterbreitete Vorschlag des Wissenschaftlichen Beirats der Bundesvereinigung Logistik (BVL), der Professoren der unterschiedlichsten Fachbereiche zu einem einheitlichen Statement zur Logistik als Wissenschaft zusammengeführt hat. Das Papier ist in den Kernaussagen auf den folgenden Seiten wiedergege-

---

[1] In Deutschland etwa die Bundesvereinigung Logistik (BVL).

[2] Vgl. z. B. Ballou (2004); Chopra und Meindl (2010); Christopher (2011); Pfohl (2010); Vahrenkamp (2007).

[3] Vgl. z. B. Journal of Business Logistics, Journal of Supply Chain Management, International Journal of Logistics Management, International Journal of Physical Distribution & Logistics Management, Logistics Research, Transportation Journal, Supply Chain Management Review.

J. Weber, *Logistikkostenrechnung*,
DOI 10.1007/978-3-642-25173-3_1, © Springer-Verlag Berlin Heidelberg 2012

ben.[4] Zum anderen ist ein Phasen-Modell entwickelt worden, das zum einen die Entwicklung der Logistik nachzeichnet, zum anderen aber auch für das Thema Logistikkostenrechnung analytisch sehr gut geeignet ist, da den einzelnen Phasen jeweils spezifische Anforderungen an die Logistikkostenrechnung entsprechen. Diese Ordnung in drei bzw. vier[5] Hauptsichten der Logistik wird von vielen Kollegen in Deutschland in ihrem Kern geteilt.[6] Sie rekurriert auf die empirisch feststellbare praktische Entwicklung der Logistik, die sich in vier unterschiedlichen Phasen ausprägt. Diese Phasen und die damit verbundenen Sichten leiten sich dabei übereinstimmend aus einer einheitlichen Grundfunktion der Logistik ab: der *Gewährleistung der Versorgungssicherheit* bzw. der Verfügbarkeit der von den Unternehmen benötigten Ressourcen. Diese schon auf älteste Quellen zurückführbare Aufgabe[7] besitzt in unterschiedlichen Kontexten unterschiedliche Ausprägungen. Das hierauf bezogene Herausheben von vier Entwicklungsstufen beschreibt gleichzeitig einen organisationalen Lernprozess und rekurriert auf das in der ressourcenbasierten Theorie verankerte Konzept der „Pfadabhängigkeit"[8]: Die unterschiedlichen Sichten, die auch Abb. 1.1 zeigt, verlieren damit sowohl ihre begriffliche Beliebigkeit, als sie auch von einem Unternehmen nicht unabhängig voneinander wählbar sind. Sie seien im Folgenden in ihrem Entwicklungsprozess skizziert.[9]

Eckpunktepapier zum Grundverständnis der Logistik als wissenschaftliche Disziplin
Grundverständnis
Die Logistik ist eine anwendungsorientierte Wissenschaftsdisziplin. Sie analysiert und modelliert arbeitsteilige Wirtschaftssysteme als Flüsse von Objekten (v. a. Güter und Personen) in Netzwerken in Zeit und Raum und liefert Handlungsempfehlungen zu ihrer Gestaltung und Implementierung. Die primären wissenschaftlichen Fragestellungen der Logistik beziehen sich somit auf die Konfiguration, Organisation, Steuerung oder Regelung dieser Netzwerke und Flüsse mit dem Anspruch, dadurch Fortschritte in der ausgewo-

---

[4] Vgl. Delfmann et al. (2010).

[5] Die Zahl hängt davon ab, ob die flussorientierte Sichtweise – wie in diesem Buch – weitergehend in eine primär unternehmensinterne und eine primär unternehmensübergreifende Variante („Supply Chain Management") unterteilt wird.

[6] Vgl. etwa Pfohl (2004, S. 18–21); Göpfert (2000, S. 54–56); Klaus (1994); Delfmann (1995); Kummer (1996, Sp. 1118). Diese Sicht ist auch international nicht unüblich. Vgl. z. B. Christopher (1993), und Shapiro und Heskett (1985). Allerdings finden sich auch andere Stufenkonzepte, die die Entwicklung der Logistik beschreiben. Vgl. etwa Wildemann (2008).

[7] Nach Kaiser Leontos VI war die Logistik nach der Strategie und Taktik die dritte Kriegskunst. Ihre Aufgabe war eine umfassende Unterstützung des Heeres. Vgl. Semmelrogge (1988, S. 7).

[8] Das Konzept geht auf Nelson und Winter (1982), zurück. Vgl. kurz Welge und Al-Laham (2008, S. 107 f.).

[9] Die folgenden Ausführungen basieren auf Weber (1996a), und Weber (1999).

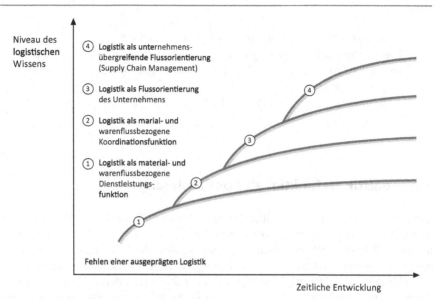

Abb. 1.1 Unterschiedliche Stufen der Logistikentwicklung als Bezugsbasis für die Konzipierung einer Logistikkostenrechnung

genen Erfüllung ökonomischer, ökologischer und sozialer Zielsetzungen zu ermöglichen.

1. **Erkenntnisobjekt der Logistik: Flüsse in Netzwerken**
   Der besondere Ansatz der Logistik besteht darin, wirtschaftliche Vorgänge als Flüsse von Gütern, Informationen, Menschen, Werten und anderen Objekten in Netzwerken zu interpretieren. Logistik erkennt, beschreibt und analysiert diese Netzwerke und Objektflüsse multiperspektivisch und fundiert ihre Gestaltung in Hinblick auf ökonomische, ökologische und soziale Ziele.

2. **Logistische Aggregationsgrade: Selbstähnlichkeit des Netzwerkmodells**
   Die Logistik bezieht sich auf unterschiedliche Ausschnitte und Aggregationsgrade bzw. Ebenen von Wirtschaftssystemen. Jeder logistische Gegenstandsbereich kann damit selbst als Netzwerk wie auch als Bestandteil eines übergeordneten Netzwerks betrachtet werden.

3. **Interdisziplinarität der Logistik**
   Das spezifische Erkenntnisinteresse der Logistik zielt auf die Überwindung der Grenzen etablierter anwendungsorientierter Wissenschaftsdisziplinen und die Generierung spezifisch logistischer Erkenntnisfortschritte durch die synergetische Verbindung der Wissensbestände dieser Disziplinen.

4. **Bezug des Begriffs-, Theorie- und Methodenzugangs zum Netzwerkmodell**
   Die Logistik entwickelt ihren Theorie- und Methodenzugang aus der Spezifität der betrachteten Netzwerke, Flüsse und Objekte in Wirtschaftssystemen.

5. Anwendungsorientierung der Logistikwissenschaft
Die Logistik als anwendungsorientierte Wissenschaft bezieht ihre Problemstellungen aus der Wirtschaftspraxis und trägt pro-aktiv zu deren Weiterentwicklung bei.
(Kurzfassung von Delfmann et al. 2010)

1.2 Logistik als funktionale Spezialisierung

Die Wurzeln der Logistik als eigenständiges Aufgabenfeld mit Top-Management-Attention und als gesonderte Disziplin innerhalb der Betriebswirtschaftslehre liegen in den USA in den 1950er Jahren.[10] Logistik kennzeichnete in diesen Ursprüngen die *Spezialisierung auf material- und warenflussbezogene Dienstleistungen* sowie deren Verknüpfung. Derartige Prozesse dienen insbesondere der „Überwindung von Raum-/Zeit-Disparitäten"[11] und lassen sich in die beiden großen Gruppen Lagerungen und Transporte unterteilen. Wie Abb. 1.2 beispielhaft für Stückgüter zeigt, beschränkt sich der Objektbereich der so verstandenen Logistik jedoch nicht auf das Überbrücken einer Lagerzeit und das Überwinden einer Transportentfernung. Zu eng ist mit diesen Aktivitäten eine Vielzahl von Verrichtungen verbunden, die zum Teil als „Servicetätigkeiten" die Voraussetzungen für Raum- und Zeitveränderungen schaffen (wie z. B. die Vorbereitung eines Transportmittels), zum Teil die Grundverrichtungen arrondieren (wie dies etwa für die Palettierung gilt). Auch Änderungen der Menge (z. B. Palettieren), der Sorte (z. B. Kommissionieren) und der Handhabungseigenschaften (z. B. Verpacken) der Materialien und Waren zählen zu den logistischen Dienstleistungen.

Der Grund für die Herausbildung der Logistik als neuartige Spezialisierung lag in neuen Anforderungen des Marktes. In den 1950er Jahren vollzog sich in den USA ein grundlegender Wandel von Verkäufer- zu Käufermärkten. Die Notwendigkeit stärkerer Marktorientierung führte zu komplexeren Produktprogrammen – mit entsprechend steigenden Anforderungen an die Beherrschung der Leistungsströme – ebenso wie zur erhöhten Bedeutung distributionsbezogener Leistungsmerkmale (z. B. Lieferservice). Die Unternehmen waren funktionsorientiert organisiert, was das Reaktionspotential auf die Veränderungen bestimmte und begrenzte. Lager-, Transport- und Umschlagsfunktionen besaßen gegenüber den anderen Funktionen (v. a. Produktion und Absatz) einen erheblichen Rückstand hinsichtlich des Ausschöpfens möglicher Spezialisierungsvorteile. Ein Grund für diesen Rückstand ist in der organisatorischen Zersplitterung der material- und warenflussbezogenen Dienstleistungsbereiche entlang des Material- und Warenflusses zu suchen. Andere Gründe finden sich im geringen Entwicklungsstand der Materialfluss- und der

---

[10] Vgl. zu den Ursprüngen der Logistik allgemein Ballou (2004, S. 3–5); Stabenau (2008, S. 25 f.).
[11] Ihde (1972, S. 129 f.).

Transport (als Überwindung von Raumdisparitäten)	Transportvorbereitung	(Transport-)Verpacken Kommissionieren Palettieren Kennzeichnen Erstellen der Ladepapiere Vorbereitung des Transportmittels
	Beladung	Anheben des Ladeguts auf die Ladefläche Ordnen der Güter auf der Ladefläche
	Transport	Überwinden der Transportentfernung Abwickeln von Zollformalitäten
	Entladung	Transport des Ladeguts zur Abladevorrichtung Absenken des Ladeguts von der Ladefläche
	Transportnachbereitung	Depalettieren Auspacken Bearbeitung der Ladepapiere Nachbereiten des Transportmittels
Lagerung (als Überwindung von Zeitdisparitäten)	Lagervorbereitung	Konservieren und/oder Verpacken Palettieren Kennzeichnen Lagerbestandsführen
	Einlagerung	Beladen der Lagertransporteinrichtung Transport zum Lagerplatz Einstellen am Lagerplatz
	Lagerung	Pflegen der Lagergüter Überbrücken der Lagerzeit
	Auslagerung	Beladen der Lagertransporteinrichtung Transport zum Lagerausgang Entladen der Lagertransporteinrichtung
	Lagernachbereitung	Verpacken Palettieren Kennzeichnen Lagerbestandsführen

Abb. 1.2 Auf Stückgüter bezogene Auflistung wichtiger Material- und warenflussbezogener Verrichtungen

Informationstechnik. Es resultierten personalintensive Prozesse, deren geringen Anforderungen an Mitarbeiterqualifikation[12] eine geringe Management-Attention entsprach.

In ihrer ersten Entwicklungsphase lässt sich die Logistik als *Funktionsspezialisierung* begreifen, die auf bisher vernachlässigte, nun jedoch von den Leistungsanforderungen her an Bedeutung gewinnende Aktivitäten der betrieblichen Wertschöpfungskette gerichtet ist. Ihr Betrachtungsgegenstand sind spezielle Arten von Dienstleistungen, die vorher weder gesamthaft noch einzelleistungsbezogen ausreichend gestaltet und erbracht wurden. Logistik in diesem Sinn fasst alle Transport-, Umschlags- und Lagertätigkeiten zusammen und erzielt damit Spezialisierungsvorteile.

Ein Feld von Spezialisierungsvorteilen liegt in der *Realisierung von Erfahrungskurveneffekten innerhalb einzelner Dienstleistungsarten*. Die Bildung von Zentral-

---

[12] Pointiert formuliert: Wer den Anforderungen in der Produktion nicht mehr genügte, war für den Einsatz im Lager allemal noch geeignet.

lägern verbunden mit höheren Investitionen in Lagertechnik z. B. führte zu Lager-
kostendegressionen. Investitionen stießen materialflusstechnische Entwicklungen
an, die weitere Rationalisierungen ermöglichten. Ein Teil der Logistikentwicklung
ist damit stark technikgeprägt.[13]
    Effizienz- und Effektivitätssteigerungspotentiale bestanden aber nicht nur im
Feld der Prozessdurchführung. Auch die Planung material- und warenflussbezogener Dienstleistungen bot breite Ansatzpunkte. Die Erschließung der hier liegenden
Potenziale erwies sich aus zwei Aspekten heraus als betriebswirtschaftlich reizvoll:

• Transportprobleme sind bei nicht trivialer Ausprägung schnell von einer erheblichen Komplexität gekennzeichnet.
• Lagerprobleme erfordern – wiederum in nicht-trivialer Weise – die Bewältigung
  von Unsicherheit.

Einen wesentlichen Beitrag zur Etablierung der Logistik lieferten vor diesem Hintergrund entwickelte neue Planungsinstrumente: Zur Lösung von Transportprob-
lemen wurden die Möglichkeiten des Operations Research genutzt.[14] Analoges
galt für Simulationsmodelle oder die Netzplantechnik, die aufgrund beginnender
EDV-Entwicklung leichter praktisch anwendbar wurden. Lösungen von Lager-
haltungsmodellen bauen stark auf die Wahrscheinlichkeitstheorie. Handlingsleistungen (Kommissionierung, Verpackung u. a.) genossen wegen ihres beschränkten
planungsbezogenen Optimierungspotentials anfangs kaum Aufmerksamkeit. Sie
wurden erst später standardmäßig Gegenstand von Optimierungen. Gleiches galt
für Fragen des geeigneten Bereitstellungswegs für material- und warenflussbezogene Dienstleistungen.
    Ein zweites Feld von Spezialisierungsvorteilen einer funktionsbezogen ver-
standenen Logistik liegt in der *gemeinsamen Betrachtung der unterschiedlichen
material- und warenflussbezogenen Dienstleistungen*. Wichtige Bedeutung für die
Durchsetzung der Logistik in den USA wird in diesem Sinne einer Studie aus dem
Jahr 1956 zugemessen.[15] Diese deckte für Luftfracht auf, dass eine höhere Takt-
frequenz zwar höhere Transportkosten mit sich bringt, diese jedoch durch eine so
ermöglichte deutliche Verringerung von Lagerbeständen kompensiert werden können. Interdependenzen dieser und ähnlicher Art bestanden in hohem Umfang. Ihre
Beachtung führte zu höherer Effizienz.
    Bedingt durch den Wechsel von Verkäufer- zu Käufermärkten lag der Schwer-
punkt der Logistik zunächst in der Distribution. Das erste grundlegende Buch zur
Logistik erschien entsprechend unter dem Titel „Physical Distribution Management",[16] die erste Logistikvereinigung benannte sich „National Council of Physical
Distribution Management". Der Versorgungsaspekt, die Bereitstellung von Gütern

---

[13] So wird etwa zu Beginn der Logistikentwicklung in Deutschland in den späten 70er Jahren das
automatische Hochregallager zu einem Sinnbild der neu entstehenden Disziplin. Zudem nehmen
Techniker – wie z. B. Jünemann – erheblichen Einfluss auf die Entwicklung der Disziplin in Praxis
und Hochschulsystem.

[14] Vgl. im Überblick Ballou (2004, S. 219–266); Günther und Tempelmeier (2009, S. 286–299).

[15] Vgl. Lewis et al. (1956).

[16] Bowersox et al. (1961).

für das eigene Unternehmen, wurde in dieser Phase weniger unter dem Begriff der Logistik, als unter dem des „Materials Management" behandelt.

Auch in Deutschland lag der Kristallisationskern der Logistik im Distributionsbereich.[17] Eine Ausnahme bildet lediglich die Automobilindustrie. In dieser Branche, der für die praktische Entwicklung der Logistik in Deutschland eine Schlüsselrolle zukam, finden sich die Anfänge der Logistik aufgrund der spiegelbildlichen physischen Güterflusskomplexität im Beschaffungsbereich.

Organisatorisch führte die Logistik zur Bildung neuer Unternehmensbereiche, die eine Zusammenfassung der Transport-, Umschlags- und Lagerfunktionen unter einheitlicher Leitung beinhalteten.[18] Beharrungstendenzen, Machtfragen und ähnliche Probleme behinderten jedoch den Veränderungsprozess und ließen es selten zu einer vollständigen Durchgängigkeit kommen, der auch die „Verstreuung" der material- und warenflussbezogenen Dienstleistungen über die gesamte betriebliche Wertschöpfungskette hinweg im Wege stand.

Logistik als spezialisierte Dienstleistungsfunktion beinhaltete zusammengefasst betrachtet in erheblichem Maße neues, spezifisches Wissen. Dies betraf die Dimensionierung und Abstimmung der einzelnen Transport-, Umschlags- und Lagerprozesse ebenso wie die Materialfluss- und Informationstechnologien, die in der Folgezeit zu erheblichen Leistungssteigerungen geführt haben. Spezifisches Wissen betraf darüber hinaus die entsprechenden Dienstleistungsmärkte, die sich – z. B. durch Integratoren[19] – dynamisch weiterentwickelt hatten. Dieses neue Wissen ließ sich in der Sichtweise der Logistik als spezialisierter Dienstleistungsfunktion auf eine gut abgrenzbare und überschaubare Zahl von Mitarbeitern beziehen. Eine entsprechende organisatorische Gestaltung (spezieller Organisationsbereich) bildete ebenso die Basis für zunehmendes organisationales Wissen wie die DV-Programme, die in Umfang und Geltungsbereich ständig zunahmen (z. B. Lagersteuerung).

Insgesamt bildete die Beherrschung material- und warenflussbezogener Dienstleistungen somit einerseits einen eigenständigen, Wirtschaftlichkeitsgewinne versprechenden Aufgabenbereich, andererseits die notwendige Basis für die im Folgenden darzustellende zweite Entwicklungsstufe der Logistik.

1.3 Logistik als material- und warenflussbezogene Koordinationsfunktion

Die nächste Phase der Logistikentwicklung lässt sich als Folge der Funktionsspezialisierung auffassen. Nach einer vollzogenen Rationalisierung waren weitere Spezialisierungsgewinne nur dadurch möglich, dass die Struktur und die Höhe des Bedarfs an material- und warenflussbezogenen Dienstleistungen nicht mehr als vollständig

---

[17] Pfohl (1972).

[18] Vgl. als erste differenzierte, auf Organisationsfragen der Logistik bezogene deutschsprachige Arbeit Endlicher (1981).

[19] Vgl. z. B. Pfohl (2010, S. 270).

gegeben angenommen wurden und ein Einfluss darauf geltend gemacht wurde. Der Fokus wendete sich von der Effizienz isolierter Funktionen zur Effizienz der Koordination unterschiedlicher Bereiche.

Die Rationalisierungserfolge der Logistik in ihrer Anfangszeit vollzogen sich – wie skizziert – im Distributionsbereich. Später folgte – auch angestoßen durch die Ölkrise – die transportintensive Beschaffung nach. Ein Ausschöpfen der Effizienzpotenziale ließ die Schnittstelle zum Produktionsbereich in den Mittelpunkt der Betrachtung rücken. Dort hatten sich insbesondere durch die intensive DV-Nutzung erhebliche Veränderungen ergeben (CIM[20]). Die Informations- und Kommunikationstechnik trieb auch die Logistik voran (z. B. elektronischer Datenaustausch (EDI) oder Automatisierung der Lagertechnik[21]). Obwohl die Märkte immer weiter steigende Anforderungen an Kundenindividualität, Flexibilität und Reaktionsgeschwindigkeit der Unternehmen stellten, blieb – oftmals durch Divisionalisierung in der Komplexität reduziert – die Spezialisierung der Unternehmen in funktionale Teilbereiche unangetastet.

In der zweiten Phase der Entwicklung der Logistik standen zwei Aufgabenfelder im Mittelpunkt:
- die Koordination von Material- und Warenflüssen zwischen Quellen und Senken des Güterflusses und
- die Ausweitung der Logistik auf die gesamte Wertschöpfungskette, die zunehmend – Unternehmensgrenzen überschreitend – Kunden und Lieferanten einbezog.

Ausgangspunkt für die Heraushebung der *Koordinationsaufgabe* waren nicht genügend berücksichtigte Interdependenzen zwischen den funktionalen Unternehmensbereichen. Ein sehr einfaches Beispiel hierfür liefert die Losgrößenplanung. Sowohl im Bereich der Materialbereitstellung (Bestelllosgröße) als auch im Produktionsbereich (Fertigungslosgröße) werden isoliert voneinander Optimalgrößen ermittelt – dies in der Theorie ebenso wie im Rahmen von Planungs- und Steuerungssystemen, die in der Praxis zur dispositiven Unterstützung der Beschaffungs- und Produktionsaufgabe verwendet werden. Die üblicherweise hierfür herangezogenen Ermittlungsmodelle gehen dabei von nicht kompatiblen Prämissen aus: Während das Modell zur Bestimmung der Bestelllosgröße einen kontinuierlichen Faktorbedarf annimmt, wird dieser in der sich materialflussbezogen anschließenden Produktion im Fertigungslosgrößenmodell als diskontinuierlich betrachtet (Losfertigung). Beide Prämissen sind nur in Ausnahmefällen hinreichend kompatibel.

Schnittstellen dieser Art führen – als Preis der erreichten Komplexitätsreduzierung – zu Effizienzverlusten gegenüber der bei einer Gesamtplanung potenziell erzielbaren Optimallösung. Zielkonflikte werden nicht ausreichend aufgelöst. Von Schnittstellen gehen darüber hinaus Verhaltenswirkungen aus. Eine Segmentierung von Kompetenz- und Verantwortungsbereichen begünstigt das Herausbilden von

---

[20] Vgl. zum insbesondere in den 1980er Jahren aktuellen und stark propagierten Konzept z. B. im Überblick Geitner (1996), und Günther und Tempelmeier (2009, S. 323–345).

[21] Hierunter fallen die bereits angesprochenen Hochregallagersysteme.

Partialinteressen, fordert dieses strenggenommen sogar, mit der empirisch beob-
achtbaren Folge von Bereichsegoismen und dysfunktionalen Bereichskonflikten.
Weitgehend vollzogene Optimierung material- und warenflussbezogener Dienstleistungen *innerhalb* der betrieblichen Funktionsbereiche einerseits und mangelnde
prozessbezogene Abstimmung *zwischen* diesen führten zur Ausweitung des Auf-
gabenfeldes der Logistik um material- und warenflussbezogene Koordinationsaufgaben.[22] Ein in der Praxis wichtiges Beispiel hierfür ist die Just-in-Time-Produktion
als Verbindung zwischen Beschaffung und Produktion. Ressourcen werden (erst)
dann bereitgestellt, wenn sie tatsächlich benötigt werden. Ein derartiges Bereit-
stellungskonzept reduziert Lagerbestände im Grenzfall auf Null. Dies führt zur
Verringerung von Kapitalbindungs- und sonstigen Lagerkostenbestandteilen und
vermeidet Obsoleszenzbestände. Zwar war das Prinzip als produktionssynchrone
Beschaffung auch schon vorher bekannt; eine isolierte Betrachtung des Beschaf-
fungsbereichs zeigt aber nur in Grenzfällen eine Vorteilhaftigkeit gegenüber einer
normalen Beschaffung in größeren Losen. Erst die gemeinsame Gestaltung von
Produktions- und Bereitstellungsprozessen lässt eine Just in Time-Produktion wirtschaftlich werden.

Der Fokus der logistischen Optimierung lag – wie das Beispiel zeigt – in der
zweiten Phase der Logistikentwicklung auf der *Beeinflussung des Bedarfs an mate-
rial- und warenflussbezogenen Leistungen*. Dieser lässt sich (nur) durch eine einzel-
bereichsübergreifende Sicht reduzieren. Hierzu gab die Logistik ihre Beschränkung
auf über die Art der Dienstleistung definierte Teile der Wertschöpfungskette auf
(Transporte und Lagerungen) und betrachtete sie in toto. Dies hatte zwei Konsequenzen erheblicher Tragweite:

- Das Aufgabenfeld der Logistik wurde sehr heterogen. Die Durchführung eines
  speziellen Handlungstypus (z. B. Transport- und Lagertätigkeiten bzw. Überwindung von Raum-/Zeit-Disparitäten) hatte und hat mit der Koordination von
  zugleich mehrere Typen von Ausführungshandlungen betreffender Führungshandlungen wenig gemein. Dem möglichen Koordinationsnutzen für die Unternehmung steht für die Funktion Logistik ein potenzieller Disnutzen aus der Verringerung des Spezialisierungsgrades gegenüber.
- Koordination des Material- und Warenflusses über die gesamte betriebliche
  Wertschöpfungskette hinweg bedeutete eine Einflussnahme auf Planungs- und
  Steuerungsaufgaben der anderen Funktionsbereiche. Für diese Einflussnahme
  sind sehr unterschiedliche Wege denkbar, die von gleichberechtigten Abstimm-
  und Steuerungsgremien bis hin zur Übertragung der gesamten Führungsaufgabe
  an die Logistik reichen. Letzteres beinhaltet u. a., die Produktionsplanung und
  -steuerung als festen Bestandteil der Logistik zu etablieren. Die Logistik entwickelte sich dann – wie auch Abb. 1.3 veranschaulicht – zur übergeordneten
  Steuerungsinstanz. Diese Heraushebung fand ihren Niederschlag auch in einer
  entsprechenden Organisation der Logistik. Allerdings verlief ein solcher Prozess
  der organisatorischen Aufwertung nicht immer problemfrei, da die gleichberech-

---

[22] Vgl. zur Koordinationssichtweise der Logistik ausführlich Weber (1992). Vgl. auch den aktuellen Überblick bei Springinklee (2011, S. 1 f.).

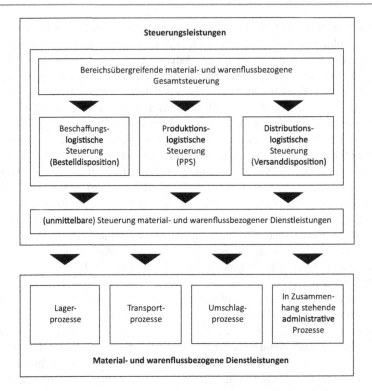

Abb. 1.3 Logistik als material- und warenflussbezogene Koordinationsfunktion

tigte Positionierung einer „Querschnittsfunktion" Kompetenz- und Machtverlus-
te der tradierten Grundfunktionen bedeutete.

Der Koordinationsgedanke machte schließlich nicht an den Unternehmensgrenzen
halt. Problemstellung wie Nutzen einer quellen- und senkenbezogenen Abstimmung
sind grundsätzlich unabhängig von der Zugehörigkeit zu einem oder zu mehreren
Unternehmen. Diese nur durch Koordination erzielbaren Rationalisierungspotentiale wurden anfangs aufgrund von unterschiedlichen Fähigkeitenniveaus der beteiligten Unternehmen allerdings mehr oktroyiert als freiwillig realisiert. Deutlichstes
Beispiel hierfür ist die deutsche Automobilindustrie.[23] Auf „breiter Front" gewann
die unternehmensübergreifende Sicht allerdings erst in der vierten Phase der Logistikentwicklung entscheidendes Gewicht.

Der erstmals erfolgende Blick auf eine unternehmensübergreifende Gestaltung
von Logistikketten warf schließlich auch die Frage nach der Trägerschaft mate-
rial- und warenflussbezogener Dienstleistungen neu auf. Nur wenige Speditionen
stellten sich allerdings zunächst der Herausforderung, neben der traditionell wahr-

---

[23] Dies führte dazu, dass Fragen einer „gerechten" Aufteilung der Nutzen einer logistischen Gestaltung der Lieferanten-Kunden-Beziehung längere Zeit kontrovers im Verband dieser Branche
diskutiert wurden. Vgl. z. B. VDA (1989).

genommenen Dienstleistung zusätzlich Koordinationsaufgaben zu übernehmen. Konzepte von „Logistikunternehmen" (die diesen Namen auch tatsächlich verdienten), die mehrere Abschnitte der Wertschöpfungskette integrierten (z. B. die Warenbereitstellung bis zum Band für einzelne Werke von Industrieunternehmen), fanden sich in größerer Zahl erst in der später darzustellenden vierten Entwicklungsphase der Logistik.

Die zweite Phase der Logistik war durch einen erheblichen Bedeutungszuwachs dieser Funktion gekennzeichnet. Die Logistik wurde zunehmend zu einem *Instrument zur Erreichung von Wettbewerbsstrategien.* Im Vordergrund stand die Unterstützung einer angestrebten Kostenführerschaft (bzw. die Verringerung strategischer Kostennachteile).[24] Dies führte zum Eingang in die strategische Unternehmensplanung.[25] Die Logistik wird dort im Rahmen der Funktionalstrategien verortet und mit Geschäftsfeldstrategien zur Unternehmensstrategie verbunden.[26]

Im Bereich der Produktionssteuerung stießen konventionelle PPS-Systeme angesichts stark gestiegener Variantenvielfalt und hoher Anforderungen an die Flexibilität des Produktionssystems an ihre Grenzen. Ein in seiner Konsequenz neues Steuerungskonzept für derartige Kontextsituationen stellte Kanban dar, das sich als eine Verlängerung der Idee fertigungssynchroner Bereitstellung in die Produktion verstehen lässt.

Auch außerhalb der Logistik wurde die Idee der Steuerung von Prozessketten zunehmend aufgenommen (Prozessmanagement, Prozessorganisation). Die begrifflichen Unterschiede verdeckten erhebliche Gemeinsamkeiten.[27] Die wachsende Bedeutung der zwischenbetrieblichen Logistik mit den unterschiedlichen Möglichkeiten der Einbindung von Logistikunternehmen führte schließlich dazu, die anfangs traditionellen Instrumente von Make-or-Buy-Analysen methodisch zu erweitern. Als fruchtbarer Ansatz erwies sich hier die Transaktionskostentheorie.[28]

Die als zweite Phase der Logistikentwicklung skizzierte Koordinationsausprägung der Logistik baute auf dem Wissen der funktionalen Spezialisierung auf und ergänzte umfassendes Steuerungswissen im Beschaffungs-, Produktions- und Distributionsbereich. Dieses wurde noch ergänzt um intraorganisatorisches Wissen, etwa bei der Anbindung eines Just-in-time-Lieferanten an die eigene Produktion. Neben der Breite stieg auch die Tiefe des erforderlichen Wissens: Koordinationsfragen betreffen primär allgemeine betriebswirtschaftliche Modelle und Lösungs-

---

[24] Die Möglichkeit einer Differenzierung durch erhöhten logistischen Leistungsgrad (z. B. höhere Lieferflexibilität, höherer Lieferservice, kürzere Lieferzeit u. a.) bei Produkten und Zusatzleistungen (z. B. Ersatzteilservice) kommt erst in späteren Entwicklungsphasen der Logistik stärker ins Blickfeld.

[25] Z. B. Weber und Kummer (1990); Pfohl (1994, S. 75–81). Allerdings bestanden auf diesem Feld noch erhebliche Defizite. Vgl.u. a. die empirischen Befunde von Clinton und Closs (1997), und Kohn und McGinnis (1997), für die USA und Herter (2000), für Deutschland.

[26] Vgl. zur Grundstruktur der strategischen Planung z. B. Welge und Al-Laham (2008, S. 459).

[27] Diese betreffen die Objekte ebenso wie die Ziele vorzunehmender Veränderung des Wertschöpfungssystems. Eine konsequente Umsetzung der spezifischen Zielsetzung prozessorientierter Ansätze führt diese auf die gleich darzustellende dritte Entwicklungsstufe der Logistik.

[28] Vgl. als eine frühe entsprechende Quelle Pfohl und Large (1992).

ansätze, etwa dann, wenn es um die unternehmenszielgerechte Lösung von Interessenkonflikten zwischen den funktionalen Teilbereichen der Materialflusskette geht. Die Zahl involvierter Wissensträger nahm ebenso zu wie der Umfang organisationalen Wissens, das sich z. B. in komplexen DV-gestützten Steuerungssystemen niederschlägt. Dies löste ebenso begriffliche bzw. konzeptionelle (Subsumption bestehender Teilgebiete unter den Begriff der Logistik) wie implementierungsbezogene Schwierigkeiten aus (Veränderung des internen Machtgefüges). Zudem basierte die zweite Logistiksichtweise auf dem Kontext hoher funktionaler Spezialisierung der Unternehmen. Der Grad funktionaler Spezialisierung wurde in den Folgejahren zum einen unter den unterschiedlichsten Veränderungskonzepten deutlich reduziert – allerdings häufig weniger erfolgreich, als intendiert: auch heute noch ist die funktionale Spezialisierung dominant in den Unternehmens verankert. Zum anderen läuft der Anspruch, hohe Komplexität zu bewältigen, leicht auf die Gefahr hinaus, über die Komplexitäts*beherrschung* nur zu leicht die Komplexitäts*reduzierung* zu vernachlässigen. Die Erfahrungen mit dem Konzept der Computer Integrated Manufacturing belegen dies eindrucksvoll.

1.4 Logistik als Durchsetzung der Flussorientierung

Die dritte Phase der Logistikentwicklung ging aus der vorherigen durch eine Veränderung zweier wichtiger Kontextfaktoren hervor und fokussierte die Betrachtung auf einen Aspekt, der auch in den vorherigen Entwicklungsphasen als bedeutsam, jedoch nicht als entscheidend angesehen wurde.

Die Wettbewerbsintensität stieg in den 1990er Jahren weiter an. Unternehmen standen vor dem Problem, Differenzierung mit Kostensenkung verbinden zu müssen. Derartige Anforderungen waren mit traditionellen, auf Funktionsspezialisierung aufbauenden Gestaltungen der Geschäftssysteme nicht mehr zu bewältigen. Unter den verschiedensten Begriffen (Lean Production, Systems Reengineering, Total Quality Management (TQM), Time Based Management, Mass Customization) kam es zu Strukturbrüchen. Diese beinhalteten jeweils die Präferenz, zumindest jedoch die Gleichstellung einer Prozess – gegenüber einer Struktursicht. Hohe Dynamik machte eine Reduzierung der Komplexität (z. B. durch Fertigungssegmentierung) ebenso erforderlich, wie sie zu einer Reduktion einer Koordination durch Pläne gegenüber einer Koordination durch Selbstabstimmung führte.[29]

Die zweite wichtige Änderung im Umfeld betraf das material- und warenflussbezogene Know-how in allen Unternehmensbereichen. Die Spezialisierung hatte zu einer Bedeutungserhöhung und einer besseren Sichtbarkeit geführt. Logistische Aspekte gehörten in vielen Unternehmen zu den standardmäßigen Rahmendaten einer Produktgestaltung ebenso wie zu einer Produktionstiefenbestimmung; Servicegrade wurden als wettbewerbskritisch ebenso erkannt wie die Notwendigkeit, den Blick

---

[29] Vgl. zu beiden Koordinationsformen bzw. -mechanismen z. B. Kieser und Walgenbach (2003, S. 108 ff.).

über die eigenen Unternehmensgrenzen auszuweiten und Kunden und Lieferanten in die material- und warenflussbezogene Koordination mit einzubeziehen.

Das gestiegene material- und warenflussbezogene Know-how ermöglichte es, die in den ersten beiden Phasen der Logistik erfolgte Spezialisierung zum Teil wieder zurückzuführen. Der Fokussierungswandel von Strukturen zu Prozessen in der Aufbauorganisation machte diese partielle „Respezialisierung" geradezu unumgänglich:

- In einer Arbeitsgruppe in der Produktion werden material- und warenflussbezogene Dienstleistungen zusammen mit Instandhaltungs- und Fertigungsleistungen von denselben Mitarbeitern durchgeführt.
- Ständig notwendige flussbezogene Koordinationsleistungen entfallen bei der Aufgabe von Funktionsbereichen zugunsten von Formen der Prozessorganisation.

Die Logistik wandelte sich in diesem Kontext von einer Dienstleistungs- zu einer Führungsfunktion, deren Ziel es ist, das gesamte Unternehmen flussorientiert auszugestalten.[30] Zwar wurde auch in den vorangegangenen Entwicklungsphasen der Logistik die Realisierung eines reibungslosen Material- und Warenflusses angestrebt, wie als Beispiel die Definition des Council of Logistics Management zeigt („…process of planning, implementing, and controlling the efficient, cost effective flow and storage of raw materials, in-process inventory, finished goods, and related information…"[31]). Logistik als Durchsetzung des Flussprinzips ist aber nicht auf einen bestimmten Leistungstyp beschränkt. Sie betrachtet a priori z. B. einen Transportvorgang und einen Instandhaltungsvorgang als potenziell gleichbedeutend (eine zu spät ausgeführte schadensbedingte Instandsetzung stört u. U. den Fertigungsfluss mehr als ein verspäteter Transport). Weiterhin beinhaltet sie die *Gestaltung von Führungshandlungen* (z. B. Verankerung servicegradbezogener Anreize im Vergütungssystem von Produktionsmanagern). Grundsätzlich werden dabei alle Strukturen, die die koordinationsbezogene Logistik als (im Wesentlichen) gegeben „hinnehmen" musste, nun grundsätzlich als veränderbar angesehen.

Gestaltung von Führung vorzunehmen, ist ein sehr weitreichendes und zudem heterogenes Aufgabenfeld. Ein hierzu heranziehbarer Strukturierungsansatz geht

---

[30] Vgl. Weber und Kummer (1994, S. 15). Flussorientierung wurde auch von anderen Autoren als „Kern" der Logistik herausgehoben. Vgl. den Überblick bei Göpfert (2000, S. 43–56).

[31] Council of Logistics Management (o. J., S. 1 F.). Diese berufsständische Vereinigung wurde später umbenannt in Council of Supply Chain Management Professionals. Auf deren Webseiten („definitions", Stand 08.04.2011) findet sich aktuell folgende geänderte Definition: „Logistics management is that part of supply chain management that plans, implements, and controls the efficient, effective forward and reverses flow and storage of goods, services and related information between the point of origin and the point of consumption in order to meet customers' requirements". Supply Chain Management wird an selber Stelle wie folgt definiert: „Supply chain management encompasses the planning and management of all activities involved in sourcing and procurement, conversion, and all logistics management activities. Importantly, it also includes coordination and collaboration with channel partners, which can be suppliers, intermediaries, third party service providers, and customers. In essence, supply chain management integrates supply and demand management within and across companies." Diese Definition entspricht cum grano salis der später noch vorzustellenden vierten Entwicklungsstufe der Logistik.

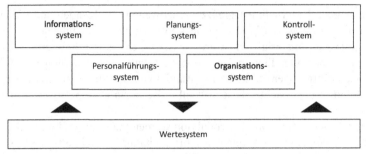

Abb. 1.4 Von der Logistik flussorientiert zu koordinierende Führungsbereiche

auf Wild zurück[32] und wurde – leicht modifiziert – in der Controllingtheorie häufig verwendet.[33] Ihn zeigt Abb. 1.4.

Unterschieden werden in diesem Ansatz insgesamt sechs unterschiedliche Teilbereiche der Führung (bzw. Subsysteme des Führungssystems):

- Im *Wertesystem* geht es um die grundsätzlichen Werte und Normen, die das Handeln im Unternehmen bestimmen. Das Wertesystem beeinflusst alle anderen Führungsteilsysteme. Der umgekehrte Einfluss ist nur gering ausgeprägt, so dass sich das Wertesystem im Zeitablauf nur geringfügig bzw. nur in großen zeitlichen Abständen verändert.
  Logistik als Flussorientierung muss dann, wenn die Flussorientierung für das Unternehmen strategisch genügend bedeutsam ist, darauf gerichtet sein, das Denken in Stoffflüssen und -kreisläufen als grundsätzliche(n) Norm oder Wert zu verankern.
- Dem *Planungssystem* kommt in der Praxis größerer Unternehmen eine herausgehobene Bedeutung zu, da diese wesentlich über Pläne koordiniert werden.[34] Unterschieden werden zumindest[35] zwei Planungsebenen: In der strategischen Planung wird die Unternehmung im Wettbewerb positioniert; es geht um die Eröffnung und Entwicklung von Erfolgs- und Fähigkeitenpotenzialen. Die operative Planung füllt die von der strategischen Planung geschaffenen Handlungsspielräume aus. Sie integriert dazu eine Sach- und eine Formalzielplanung.[36]

---

[32] Vgl. Wild (1982).

[33] Vgl. hierzu Küpper (2008, S. 30). Die Erweiterung um das Wertesystem wurde von Weber vorgeschlagen. Vgl. Weber (1994, S. 59–66).

[34] In mittelständischen Unternehmen kommt dagegen den persönlichen Weisungen des Unternehmers eine deutlich höhere Bedeutung zu; eine stark ausdifferenzierte systematische Planung wie in Großunternehmen findet sich hier nicht. Vgl. hierzu Weber (1995).

[35] Zwischen die strategische und die operative wird häufig noch eine taktische Planungsebene geschoben. Vgl. Weber und Schäffer (2011, S. 256 f.).

[36] Vgl. im Überblick Weber und Schäffer (2011, S. 284).

Flussorientierung in der Planung zu verankern, muss sich auf alle Planungsebenen beziehen. Die Beherrschung turbulenzarmer Leistungsprozesse bedeutet
z. B. eine strategische Fähigkeit, die in der strategischen Planung abzubilden und
zu entwickeln ist.[37] Operativ geht es u. a. darum, Servicegrade und Durchlaufzeiten als Zielgrößen in die Sachzielplanung einzubeziehen und deren Beziehung
zu Formalzielen (z. B. Ergebniswirkung schnellerer Belieferung) abzubilden.

- Das *Kontrollsystem*[38] hat zwei, von Managern wie Mitarbeitern sehr unterschiedlich wahrgenommene Funktionen: Zum einen geht es darum, durch die
  Gegenüberstellung von Zielgrößen (Soll) und deren Realisierung (Ist) zu lernen,
  sei es in Richtung besserer Umsetzung der Ziele („Feed-back"), sei es in Richtung besserer Festlegung von Zielen („Feed-forward"). Zum anderen hat die
  Kontrolle eine Überwachungsfunktion, die möglichen Opportunismus der Kon-
  trollierten begrenzen soll: Gesetzte Ziele ohne Kontrolle ihrer Erreichung sind
  schnell wirkungslos, weil das Nicht-Erreichen nicht sichtbar und damit nicht
  sanktionierbar ist.
  Für die Logistik heißt Gestaltung des Kontrollsystems, die flussbezogenen Zielgrößen (z. B. Durchlaufzeiten, Servicegrade) neben den traditionellen Größen
  laufend oder sporadisch zu überprüfen und daraus Konsequenzen abzuleiten. Die
  Kontrollen dürfen ihrerseits allerdings auch nicht zu Flussstörungen führen.
- Das *Informationssystem* stellt die Informationen bereit, die für die Funktion der
  anderen Führungsteilsysteme erforderlich ist. In der Praxis lässt sich eine starke
  Ausrichtung auf die Bedarfe der operativen Planung und Kontrolle beobachten.[39]
  Kerne des wertmäßigen Teils des Informationssystems sind die externe und in-
  terne Rechnungslegung. Daneben gewinnt der Aufbau einer mengen-, zeit- und
  qualitätsbezogenen Leistungsrechnung an Bedeutung. Hiervon wird in diesem
  Buch noch ausführlich die Rede sein.
  Das Informationssystem flussorientiert zu gestalten, heißt entsprechend im
  Schwerpunkt, Erfahrung zur flussgerechten Planung aufzubauen und die zur
  Kontrolle flussbezogener Ziele erforderlichen Istdaten bereitzustellen. Die Themenstellung dieses Buches lässt sich exakt in dieses Aufgabenfeld einordnen.
- Das *Organisationssystem* hat die Bildung von abgegrenzten Aufgaben bzw. Auf-
  gabenbereichen und deren Zuordnung zu Aufgabenträgern zum Inhalt.[40] Die Lösung des Problems führt zu bestimmten (z. B. hierarchischen) Beziehungsstruk-
  turen, die eine Koordination der arbeitsteilig spezialisierten Aufgabenbereiche
  sicherstellen (Aufbauorganisation). Diese Strukturen besitzen einen gewissen
  zeitlichen Gültigkeitsgrad. Sie setzen zugleich die Bedingungen für die Prozesse
  innerhalb dieser Struktur (Ablauforganisation).
  Flussorientierung in der Organisation zu verankern, heißt z. B., die traditionelle
  verrichtungsorientierte Spezialisierung zu Gunsten einer prozessbezogenen Spezialisierung zu verändern. Unter dem Stichwort „Prozessorganisation" finden

---

[37] Vgl. z. B. Pfohl (2004, S. 88–106), und Chopra und Meindl (2010, S. 37–49).

[38] Vgl. umfassend Schäffer (2001).

[39] Vgl. z. B. Weber (2011).

[40] Vgl. kurz Küpper (2008, S. 306–308).

sich entsprechende Ansätze ebenso wie unter den Begriffen „Lean Production"
oder „Systems Reengineering".[41]

- Das *Personalführungssystem* schließlich ist auf die Beeinflussung des Verhaltens
aller Mitarbeiter eines Unternehmens gerichtet. Fragen der grundsätzlichen Mo-
tivierbarkeit werden ebenso behandelt wie Möglichkeiten zur Begrenzung von
Opportunismus. Herausgehobene Bedeutung innerhalb des Personalführungs-
systems besitzt das Anreizsystem.
  Das Personalführungssystem flussorientiert zu gestalten, heißt u. a., die Bedeutung einer Beherrschung turbulenzarmer Leistungsprozesse durch eine entsprechende Ausrichtung der Anreizinstrumente (z. B. Karrieregestaltung, Entgeltsys-
tem) zu berücksichtigen.

Von der Logistik als Koordinationsfunktion zu ihrer Sicht als spezielle Führungsfunktion ist eine sehr große Divergenz der Wissensbasen festzustellen. Logistik als
Führungsfunktion nimmt Transporten, Lagerungen und Handling ihre herausgehobene Bedeutung und betrachtet alle Leistungen prinzipiell als für das Funktionieren
des Flusssystems gleichbedeutend. Dies macht es hilfreich, ja notwendig, vorhandenes Wissen zu entlernen, um nicht unbeabsichtigt zuweilen weiter in den alten
Bahnen zu denken. Gleichzeitig ist von den Logistikverantwortlichen detailliertes
und zugleich breites Führungswissen zu erwerben. Ein Großteil dieser neuen Wis-
sensbasis wird man allerdings dadurch eröffnen, dass viele andere Führungskräfte
in die Flussgestaltung mit einbezogen werden. Hier zeigt sich eine Parallele zum
Marketing[42]: Je mehr man Kundenorientierung als eine Philosophie und nicht als
eine Aufgabe von Spezialisten begreift, desto breiter wird das entsprechende Wollen und Können auf eine Vielzahl von Individuen aufgeteilt, die jeweils nur spezifische Facetten des Gesamtwissens kennen bzw. lernen müssen.

Um das breit gestreute individuelle Wissen integriert nutzen zu können, sind
schließlich noch organisationale Wissensbausteine zu verankern. Hierbei ist nicht
an allumfassende Steuerungsmodelle zu denken, die sich angesichts hoher Komplexität und Dynamik als ungeeignet erweisen. Im Vordergrund stehen vielmehr
bestimmte „Spielregeln", etwa die Verankerung logistikbezogener Kostensätze in
CAD-Systemen (z. B. Integration von Komplexitätskosten) oder die Honorierung
hoher Servicegrade in Bonusvereinbarungen.

Ein derart breiter Spread von Wissen macht eine flussorientiert verstandene
Logistik zu einer sehr anspruchsvollen Disziplin. Somit besteht die Gefahr, dass
die einzelnen Problemfelder methodisch wie inhaltlich zu weit auseinander liegen.
Noch gravierender erscheint dieses Problem in der Praxis. Logistik als Flussorientierung wird zur allgemeinen Aufgabe des Managements. Gesonderte Aufgabenträger sind nur in Stabsfunktion, insbesondere als interne Berater, denkbar. Damit
besteht die Gefahr einer zu geringen internen Bedeutung und damit zu geringer
Durchsetzungsmacht. Entsprechend ließen und lassen sich in der Praxis Unternehmen beobachten, in denen mit der organisatorischen Rückführung der Logistik
ein schneller Rückgang ihrer Macht und ihres Einflusses einherging bzw. -geht.

---

[41] Vgl. z. B. Bowersox et al. (2010, S. 90), oder Thomas (2010).
[42] Vgl. ausführlich Weber (1996b, S. 73 f.).

Die dritte Entwicklungsstufe zu erreichen, sollte deshalb für die Praxis bedeuten, trotzdem nicht die Spezialisierung auf material- und warenflussbezogene Dienstleistungsprozesse und die damit verbundenen Koordinationsprozesse aufzugeben. Ansonsten ist die Erfüllung der Versorgungsaufgabe der Logistik gefährdet. Der dritten Stufe der Logistikentwicklung wohnt somit keine natürliche Stabilität inne; sie birgt vielmehr die Gefahr einer Rückentwicklung.

1.5 Logistik als Supply Chain Management

Die zeitlich gesehen letzte Phase der Logistikentwicklung weitete den Blick explizit über Unternehmensgrenzen aus und versuchte, das Prinzip der flussorientierten Gestaltung der Wertschöpfung auf mehrere miteinander in Liefer- und Leistungsbeziehungen stehende Unternehmen gemeinsam anzuwenden.[43] Dieser Schritt wurde schon in der koordinationsorientierten Phase der Logistik angegangen, insbesondere in Konzepten der Just-in-Time-Produktion. Fertigungssynchrone Zulieferung war und ist nur dann möglich, wenn Zulieferer und Abnehmer eine enge dispositive Verbindung eingehen, die bis zur Kopplung der jeweiligen PPS-Systeme reicht. International unter dem neuen, anschaulichen Begriff des Supply Chain Management gefasst, ging der Versuch der flussbezogenen Verknüpfung von Gliedern der Wertschöpfungskette nun – zumindest vom Anspruch her[44] – deutlich über duale Kopplungen hinaus: Angestrebt wird eine Koordination von der „source of supply" zu dem „point of consumption", also von der Gewinnung des Rohmaterials bis zum letztendlichen Konsum.[45] Dem Supply Chain Management wird demnach die Aufgabe der Integration der gesamten Wertschöpfungskette zugewiesen.

Vielfältige Anstöße führten zu dieser Entwicklung. Zunächst resultierten aus der zunehmenden Globalisierung der Wirtschaft weiter steigende Anforderungen an die Effizienz und Effektivität der Unternehmen. Wenn unternehmensinterne Rationalisierungspotentiale weitgehend ausgeschöpft waren, mussten solche in der interorganisationalen Zusammenarbeit gesucht – und gefunden[46] – werden. Weiterhin hatten bestimmte Industrien (vorweg die Automobilindustrie) Erfahrungen mit unternehmensübergreifender Logistik gesammelt.[47] Der fokale Charakter des Zuliefernetzwerkes erleichterte die Abstimmung. Erfahrungen unternehmensüber-

---

[43] Vgl. z. B. Christopher (2011, S. 2 f.); Lambert (2008, S. 2).

[44] „SCM was often referred to as a need to manage an control all the processes, companies, product movements that occur from where the basic raw materials and components that will make up product reside to the time that the finished product is placed in the hand of the ultimate consumer" (Speh 2008, S. 247).

[45] Vgl. schon Stevens (1989, S. 3–8).

[46] „The Supply Chain is, in fact, a gold mine for improving operations and profitability" (Hicks 1997, S. 29). Vgl. auch zum Überblick über empirische Belege für diese plakative Aussage Grosse-Ruyken (2009).

[47] Vgl. Wertz (2000).

greifender Zusammenarbeit resultierten darüber hinaus aus langfristigen Koope-
rationsanstrengungen, sei es im Rahmen von Netzwerken, sei es in strategischen
Allianzen. Schließlich unterstützte die Entwicklung der Informations- und Kommunikationstechnologie[48] – z. B. durch die Generierung von Standards[49] – diesen
Prozess.

Zur Erklärung der Vorteilhaftigkeit interorganisationaler Zusammenarbeit stehen in der Theorie insbesondere zwei Ansätze zur Verfügung: die Transaktionskostentheorie und der ressourcenbasierte Ansatz. Kooperationsformen erscheinen nach
der *Transaktionskostentheorie* dann als effizient, wenn die für diese Theorie im
Mittelpunkt stehenden Kosteneinflussgrößen Spezifität, Unsicherheit und Transak-
tionshäufigkeit jeweils eine „mittlere" Ausprägung annehmen.[50] Durch die schnelle
Entwicklung der Informations- und Kommunikationstechnologie, die transaktions-
kostensenkend wirkt, konnten in Supply Chains jedoch nun auch spezifischere und
durch höhere Unsicherheit gekennzeichnete Leistungen erbracht werden. Ähnliches
galt für Aufgaben, die durch sehr hohe Unsicherheit geprägt sind: Supply Chains
konnten hier deshalb effizient sein, weil solche Kooperationsformen eine Risiko-
teilung zwischen den Partnern ermöglichen. Gerade für den Logistikbereich findet
sich eine Reihe anschaulicher Beispiele, in denen die Transaktionskostentheorie als
Erklärungsansatz für Kooperationen zwischen zwei Unternehmen benutzt wird.[51]

Der Ansatz der Kernkompetenzen (*Ressourcenbasierter Ansatz*) stellt dem-
gegenüber die Produktionskosten eines Unternehmens in den Mittelpunkt seiner
Analyse. Wettbewerbsvorteile entstehen aus diesem Blickwinkel durch permanentes Erwerben, Entwickeln und Erhalten von Ressourcen und den damit verbundenen Aufbau von einmaligen Assets – auch Kernkompetenzen genannt.[52] Zur Sicherung dauerhafter Wettbewerbsvorteile empfiehlt der ressourcenbasierte Ansatz
Unternehmen, sich auf ihre Kernkompetenzen zu konzentrieren.[53] Ziel ist die Optimierung der Leistungstiefe, eine Erhöhung der Flexibilität und Innovationsfähig-
keit des Unternehmens sowie die Realisierung von economies of scale. Neben den
Kernkompetenzen sind für die Leistungserstellung jedoch auch Komplementärkompetenzen erforderlich. Supply Chain-Partnerschaften bieten nun die Möglichkeit, die Komplementärkompetenzen der Partner zu nutzen, ohne sie im eigenen
Unternehmen aufbauen zu müssen, und gleichzeitig durch gemeinsames Lernen
zusätzliche Kompetenzen zu erwerben. So ist es mittlerweile üblich, dass der Lieferant seine Produkte nicht selbst zum Kunden transportiert, sondern dafür eine
Kooperation mit einem Logistikdienstleister eingeht, der sich auf diesen Ausschnitt
des Wertschöpfungsprozesses spezialisiert hat. Der Lieferant kann sich somit auf
seine Kernkompetenzen, nämlich die Entwicklung und Herstellung seine Produk-

---

[48] Vgl. im Überblick Knolmayer et al. (2000, S. 20–24).

[49] Hier ist insbesondere EDI zu nennen. Vgl. Lambert et al. (1998, S. 84–88), Deiters et al. (1999,
S. 689 f.).

[50] Vgl. z. B. Groll (2004, S. 37–43).

[51] Vgl. beispielsweise Maltz (1994).

[52] Vgl. Barney (1991).

[53] Vgl. Prahalad und Hamel (1990).

te, konzentrieren und durch die enge Kooperation mit einem Logistikdienstleister gleichzeitig eine unternehmensübergreifende Optimierung des Wertschöpfungsprozesses sicherstellen.

Allerdings bereitete die Realisierung von Supply Chains ein breites Feld von Führungsproblemen, und erst sie machten es sinnvoll, für Supply Chain Management eine eigene Stufe der Logistikentwicklung zu konstatieren. Diese Probleme seien im Folgenden kurz nach unterschiedlichen Phasen einer Supply Chain-Beziehung – unter Rekurs auf die im Abschn. 1.3. vorgestellten Führungsteilsysteme – getrennt dargestellt.[54]

In der *Phase des Aufbaus von Supply Chains* steht zunächst die Informationsfunktion als Führungsaufgabe im Vordergrund. Informationsbedarf besteht hier bei der Auswahl geeigneter Partner und bei der Gestaltung der Prozesse zwischen den Partnern. Bei der Partnerwahl geht es um die Bereitstellung einer Systematik, die die relevanten Auswahlkriterien berücksichtigt. Im Unterschied zu traditionellen Instrumenten der Lieferantenauswahl ist bei der Wahl eines Supply Chain-Partners insbesondere darauf zu achten, dass langfristige Aspekte wie die Lern- und Entwicklungspotenziale, die finanzielle Stabilität oder die Kundenorientierung des Unternehmens berücksichtigt werden.

Ein zweiter Führungsschwerpunkt ergibt sich aus der Fragestellung, welche Wertschöpfungsprozesse von welchem Supply Chain-Partner übernommen werden sollen. Angesichts der vielfältigen relevanten Aspekte von Wollen (Opportunismus, Macht, Zielkongruenz u. a. m.) und Wissen (z. B. Ausführungs- und Führungskompetenz, Lernfähigkeit) der potenziellen Partner müssen komplexe Instrumente und Methoden herangezogen werden, um die anstehende Entscheidung betriebswirtschaftlich zu fundieren. Besondere Bedeutung kommt dabei der Antizipation der wechselseitigen Vorteile und deren Verteilung zu, die Abb. 1.5 schematisch zeigt. Methodisch spielen Prozesskostenrechnungen ebenso eine Rolle wie aus strategischen Überlegungen abgeleitete wissens- und institutionenökonomische Analysen.[55]

Noch vielschichtiger sind die Führungsaufgaben in der *Phase des laufenden Managements von Supply Chains.* Die Intensität der Beziehung zwischen den Partnern bestimmt dabei die Arbeitsschwerpunkte der Führung. Unterliegt die Beziehung einer geringen Intensität – werden also relativ wenig Produkte, Informationen (z. B. logistische Informationen) und Wissen (z. B. durch eine gemeinsame F&E) zwischen den Partnern ausgetauscht –, richtet sich die Führungsaufgabe im Wesentlichen auf die Informationsversorgung. Um Effektivität und Effizienz der Supply Chain sicherzustellen, erscheint es vor allem wichtig, ein kontinuierliches und durchgängiges Partnermonitoring (z. B. Erfassung und Kontrolle von Liefertreuen

---

[54] Der international derzeit am häufigsten verwendete Strukturierungsansatz – das sog. SCOR-Modell – reduziert die Führung in Supply Chains auf die Planungskomponente. Wie die folgenden Ausführungen zeigen werden, wird damit jedoch nur ein kleiner Teil des Führungsproblems erfasst. Vgl. zum SCOR-Modell im Überblick Weber und Wallenburg (2010, S. 162–169), und die dort angegebene Literatur.

[55] Vgl. umfassend Antlitz (1999).

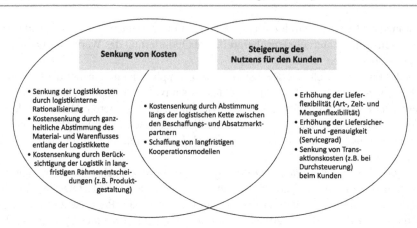

Abb. 1.5 Auf die Partner einer Supply Chain aufzuteilende Vorteile einer Koordination

oder Qualitätsdaten) aufzubauen. Darüber hinaus kann eine durchgängige Logistik-
bzw. Prozesskostenrechnung für die Festlegung und Kontrolle von Verrechnungs-
preisen zwischen den Netzwerkpartnern sinnvoll sein – wir werden hierauf unter
dem Stichwort „open book accounting" im letzten Teil des Buches noch eingehen.

Mit zunehmender Intensität der Beziehung gilt es, die bisher vor allem auf die
Bearbeitung unternehmensinterner Fragestellungen ausgerichteten Strukturen und
Prozesse der einzelnen Netzwerkpartner der zunehmenden Wichtigkeit unterneh-
mensübergreifender Strukturen anzupassen. Handlungsbedarfe entstehen jetzt vor
allem aus einer bisher noch fehlenden unternehmensübergreifenden Koordination
zwischen Planung, Kontrolle und Informationsversorgung der Netzwerkpartner.
Um frühzeitig auf neue Marktentwicklungen reagieren zu können, wird eine enge
Abstimmung der strategischen Planung der beteiligten Unternehmen notwendig.[56]
Auch operative Pläne (z. B. Produktionspläne) sollten möglichst frühzeitig und eng
abgestimmt werden, um unrealistische Vorgaben an die Netzwerkpartner bereits in
der Planungsphase zu lokalisieren und Turbulenzen und Aufschaukelungseffekte im
laufenden Geschäft zu vermeiden.[57] Eine unternehmensübergreifende Koordination
empfiehlt sich darüber hinaus für die Kontrolle. Nur so können Soll-Ist-Abwei-
chungen in Prozessen, die mehrere Partner betreffen, rechtzeitig erkannt und Gegen-
maßnahmen eingeleitet werden. Schließlich erscheint auch eine Koordination der
Informationsversorgung von erheblicher Bedeutung. Unternehmensübergreifende
Informationssysteme (z. B. unternehmensübergreifende Bestandsüberwachung) garantieren die notwendige Transparenz in der gesamten Wertschöpfungskette und
ermöglichen damit ein proaktives Handeln der Netzwerkpartner bei auftretenden
Abweichungen.

---

[56] Vgl. z. B. Chopra und Meindl (2010, S. 39–49).

[57] Vgl. zum sog. „bullwhip-effect" Lee et al. (1997). Dieser hat zur Veranschaulichung des Nutzens eines Supply Chain Managements eine prominente Bedeutung erlangt und fehlt in keinem
einschlägigen Lehrbuch. Vgl. z. B. Chopra und Meindl (2010, S. 483–485), oder Vahrenkamp
(2007, S. 37 f.).

Die unternehmensübergreifende Koordination von Planung, Kontrolle und Information schafft in einem zweiten Schritt unternehmensintern weiteren Anpassungsbedarf, um nach der Supply Chain-bezogenen Anpassung jeweils intern wieder einen Fit der Führungsbereiche zu erlangen.

Bei einer sehr intensiven Beziehung richtet sich die Führungsaufgabe schließlich auch auf die unternehmensübergreifende Koordination der Organisation und der Personalführung. In diesem Zusammenhang ist zum einen die prozessorientierte Gestaltung der Schnittstellen zwischen den Unternehmen anzusprechen, um eine reibungslose Zusammenarbeit zu garantieren. Dabei muss die Organisationsstruktur des Unternehmens nicht unbedingt vollständig verändert werden (beispielsweise durch die Ernennung eines Modulmanagers in der Automobilindustrie, der für die Koordination der verschiedenen Netzwerkpartner verantwortlich ist); denkbar ist auch eine Umsetzung der Prozessorientierung im Rahmen einer Projektstruktur (z. B. Simultaneous Engineering-Projekte). Zum anderen gilt es aber auch, die Personalführung der Netzwerkpartner aufeinander abzustimmen. So ist in diesem Rahmen beispielsweise an die gemeinsame Schulung von Mitarbeitern oder den Entwurf eines unternehmensübergreifenden Vorschlagswesens oder eines Qualitätszirkels zu denken.

Betrachtet man all diese Führungsaufgaben in der Gesamtschau, so wird schnell deutlich, dass eine unternehmensübergreifende Flussorientierung zum einen entsprechendes unternehmensinternes Wissen voraussetzt und zum anderen in erheblichem Maße zusätzliches Wissen erfordert. Die Schlussbemerkungen zum Abschn. 1.3. gelten analog, allerdings noch verstärkt. Insofern verwundert es nicht, dass Supply Chain Management in vielen Unternehmen noch (stark) ausbaufähig ist. Ein immer noch vorhandener „buzzword"-Charakter des Begriffs ist in vielen Unternehmen nicht abzustreiten. Die nur zögerliche Durchsetzung des Integrationscharakters lässt schließlich vermuten, dass andere Koordinationsformen in bestimmten Kontexten durchaus überlegen sind, eine weitgehende Integration also nicht den Standardfall interorganisationaler Zusammenarbeit in der Lieferkette ausmacht und ausmachen wird.[58]

1.6 Empirische Ergebnisse zu Stand und Erfolgswirkungen der Logistik

Die vorangegangenen Ausführungen zeichnen aus der Sicht theoretischer Abstraktion praktischer Entwicklungen ein Phasenbild der Logistik: Ausgehend vom grundsätzlichen Auftrag der Versorgungssicherheit bauen vier Aufgabenschwerpunkte aufeinander auf, die vier unterschiedliche Sichtweisen der Logistik repräsentieren. Dieses Bild soll ergänzt werden um entsprechende empirische Erkenntnisse. Ziel der folgenden Ausführungen ist es zum einen zu zeigen, wie weit die Logistikentwicklung in den Unternehmen tatsächlich vorangeschritten ist. Zum anderen soll

---

[58] Vgl. konzeptionell Groll (2004, S. 68–71), und empirisch Eitelwein (2009).

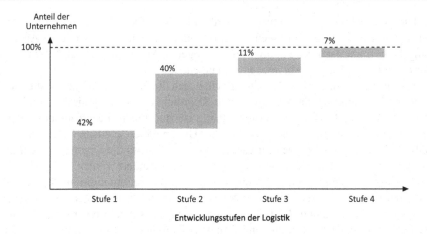

Abb. 1.6 Entwicklungsstand der Logistik in der Studie von Dehler

der in der theoretischen Ableitung herausgearbeitete Zuwachs von Fähigkeiten auf seine Erfolgswirkungen hin untersucht werden.

1.6.1 Studie von Dehler

Der Blick in die Empirie beginnt mit einer 1999 durchgeführten fragebogengestützte Studie von Dehler,[59] die an 4.800 Unternehmen aus den Branchen Nahrungs- und Genussmittel, Chemie/Kunststoff, Maschinen-/Apparate-/Anlagenbau, Elektrotechnik/ Feinmechanik/Optik und Automobilbau gerichtet war. Von diesen nahmen genau 500 Unternehmen an der Untersuchung teil, was einer Rücklaufquote von 10,4 % entspricht. Die Studie war exakt auf die beiden in diesem Kapitel aufgeworfenen Fragen ausgerichtet und soll deshalb etwas ausführlicher dargestellt werden.

Grad der Flussorientierung Zunächst wurde der Entwicklungsstand der Logistik auf Basis einer Selbsteinschätzung der Unternehmen gemessen. Im Ergebnis wird deutlich, dass bei den meisten Industrieunternehmen ein eher traditionelles Logistikverständnis vorherrschte (vgl. Abb. 1.6): Über 80 % der Unternehmen betrachteten die Logistik noch als Dienstleistungsfunktion (Stufe 1) oder als Koordinationsfunktion (Stufe 2). Lediglich 7 % der befragten Unternehmen sahen sich bereits auf der höchsten Entwicklungsstufe der Logistik angelangt.

Vergleicht man den erreichten Entwicklungsstand mit dem Entwicklungsziel der Logistik, so ergab sich ein vollkommen entgegengesetztes Bild: Nur 8 % der Unternehmen wollten auf der ersten Stufe verbleiben. Die zweite Entwicklungsstufe wurde von 22 % und die dritte Stufe von 13 % angestrebt. Die große Mehrheit der Unternehmen (57 %) hatte das Ziel, die Logistik zu einer unternehmensübergreifenden Führungsfunktion (Supply Chain Management) weiterzuentwickeln.

---

[59] Vgl. zum Folgenden Weber und Dehler (1999, 2000); Dehler (2001).

Der Branchenvergleich zeigte ein uneinheitliches Bild. Auf der einen Seite galten die vorab skizzierten Grundaussagen über alle Unternehmen hinweg: Höchstens ein Viertel der Unternehmen in jeder Branche sah in der Logistik zur Zeitpunkt der Erhebung bereits ein Managementkonzept bzw. eine Führungsfunktion. Auf der anderen Seite ließ sich deutlich erkennen, dass die Automobilbranche in der Logistik eine Vorreiterrolle einnahm. Keine andere Branche hatte anteilsmäßig so viele Unternehmen, die sich auf der dritten oder vierten Entwicklungsstufe befanden. Der Anteil der Unternehmen auf der niedrigsten Entwicklungsstufe war weniger als halb so groß wie der sämtlicher anderer Branchen. Am schlechtesten schnitt die Nahrungsmittelbranche ab. Mehr als die Hälfte dieser Unternehmen betrachteten dort Logistik allein als material- und warenflussbezogene Dienstleistungsfunktion. Allerdings war es – so die Ergebnisse der Studie – für sämtliche Unternehmen – unabhängig von ihrer Branche – möglich, die höchste Entwicklungsstufe der Logistik zu erreichen.[60]

Der Entwicklungsstand der Logistik war schließlich von der Größe der untersuchten Unternehmen nur im Bereich der ersten beiden Entwicklungsstufen abhängig. Der Anteil der Unternehmen auf Stufe eins (Transport, Lager, Umschlag) nahm mit zunehmender Unternehmensgröße kontinuierlich ab. Entsprechend stieg der Anteil der Unternehmen auf Stufe zwei (Koordination).

Die bislang wiedergegebenen Ergebnisse beruhen – wie ausgeführt – auf der Selbsteinschätzung der Unternehmen. Um dem möglichen Problem subjektiver Verzerrung zu begegnen, wurde der Entwicklungsstand der Logistik zusätzlich durch die Erhebung verschiedener Facetten der Flussorientierung gemessen.[61] Es zeigte sich, dass weder der Aufgabenumfang noch die organisatorische Verankerung hinreichend geeignet sind, den Entwicklungsstand der Logistik zu charakterisieren. Entscheidend ist vielmehr, wie stark der Logistikgedanke in der Führung des Unternehmens umgesetzt wird. Hierzu wurde die Führung des Unternehmens im ersten Schritt – wie im Abschn. 1.3. dargestellt – in die fünf Führungsbereiche Planung, Organisation, Informationssystem, Kontrolle sowie Anreizsystem unterteilt. Im zweiten Schritt wurden für jeden Führungsbereich Faktoren bestimmt, die als inhaltlicher Ausdruck einer flussorientierten Unternehmensführung betrachtet werden können.[62] Zur Messung der einzelnen Faktoren wurde im dritten Schritt

---

[60] Diese Folgerung steht im Einklang mit den Forschungsergebnissen des Global Logistics Research Team an der Michigan State University. Diese zeigten, dass die Voraussetzungen zu logistischen Spitzenleistungen unabhängig von Branche, Größe, Herkunftsland und Stellung eines Unternehmens im Wertschöpfungsprozess sind (vgl. The Global Logistics Research Team 1995, S. 13 f.).

[61] Flussorientierung wird in diesem Zusammenhang als ein komplexes theoretisches Konstrukt interpretiert. Bei einem theoretischen Konstrukt handelt es sich um eine nur indirekt messbare Größe, die deshalb auch als latente Variable bezeichnet wird. Um dieses Konstrukt zu messen, werden daher beobachtbare Variablen (Indikatoren) identifiziert, die zu dem Konstrukt in einer genau spezifizierten Beziehung stehen. Die Gesamtheit der zu einem Konstrukt gehörenden Indikatoren wird als Messinstrument des Konstrukts bezeichnet. Vgl. zum Vorgehen z. B. Homburg und Krohmer (2009, S. 380–388).

[62] Innerhalb des Informationssystems zählte hierzu beispielsweise die Nutzung eines prozessorientierten Kennzahlensystems.

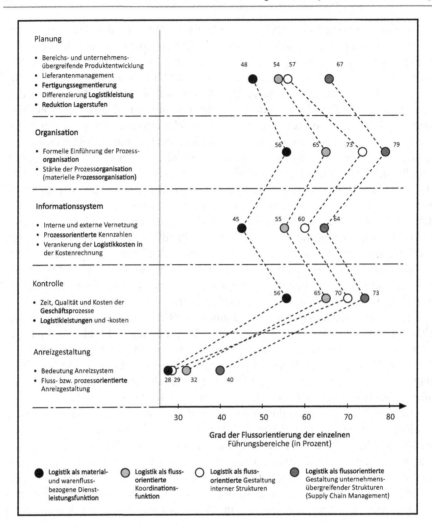

Abb. 1.7 Umsetzung des Logistikgedankens in der Führung in der Studie von Dehler

schließlich jeweils ein entsprechendes Set an Indikatoren ermittelt, die sich per Fragebogen direkt erheben lassen.

Mit Hilfe dieses Modells können detaillierte Aussagen getroffen werden, wie stark die Flussorientierung in den einzelnen Bereichen der Unternehmensführung bereits etabliert ist und an welchen Stellen Entwicklungsdefizite bestehen.[63] Abbildung 1.7 zeigt für jede Entwicklungsstufe bzw. Sichtweise der Logistik das ermittelte Profil der Unternehmensführung. Es wird zum einen deutlich, dass mit

---

[63] Ein detaillierter branchenbezogener Vergleich der Faktoren der einzelnen Führungsteilsysteme befindet sich bei Weber und Dehler (1999, S. 34–45).

zunehmender Entwicklungsstufe eine stärkere Umsetzung der Flussorientierung in allen Bereichen der Führung stattfindet. Zum anderen sind selbst Unternehmen der vierten Entwicklungsstufe von einer umfassenden Umsetzung des Logistikgedankens noch weit entfernt.

Erfolgswirkungen Zur Ableitung des Zusammenhangs zwischen Flussorientierung und Unternehmenserfolg wurden im ersten Schritt die Auswirkungen einer flussorientierten Unternehmensführung auf die unmittelbaren Wirkungen der Logistik untersucht. Sie resultieren u. a. in verkürzten Durchlaufzeiten, höherer Lieferpräzision und ähnlichen Facetten der Leistungsfähigkeit („Erfolg der Logistikleistung") einerseits und in verringerten Logistikkosten („Erfolg der Logistikkosten") andererseits.[64] Im zweiten Schritt wurde dann der Zusammenhang zwischen den beiden Faktoren des Logistikerfolgs und den verschiedenen Dimensionen des Unternehmenserfolges analysiert. Auch für diesen standen unterschiedliche Messgrößen bereit:

- Der *Markterfolg* drückt den Erfolg des Unternehmens im Vergleich zum Wettbewerb bei der Erzielung von Kundenzufriedenheit, der Gewinnung von neuen Kunden und dem Umsatzwachstum aus.
- Der *wirtschaftliche Erfolg* leitet sich aus der erzielten Umsatzrendite des Unternehmens ab.
- Die Fähigkeit eines Unternehmens, neue Marktchancen zu nutzen, indem es seine Produkte und Dienstleistungen schnell an Kundenbedürfnisse anpasst und auf Marktentwicklungen schnell reagiert, wird als *Anpassungsfähigkeit* (Adaptivität) aufgefasst.

Erst dann, wenn beide Zusammenhänge gelten, die Flussorientierung also den Logistikerfolg steigert und dieser einen positiven Einfluss auf den Unternehmenserfolg besitzt, ist die positive Wirkung der Flussorientierung auf den Gesamterfolg des Unternehmens nachgewiesen. Beides war in der Studie von Dehler der Fall:

- Die Messergebnisse bestätigten einen starken Zusammenhang zwischen der Flussorientierung des Unternehmens und dem Logistikerfolg. Die Flussorientierung wirkte sich dabei gleichermaßen stark auf den „Erfolg der Logistikleistung" und den „Erfolg der Logistikkosten" aus.
- Der Einfluss des Logistikerfolges auf den Markterfolg war ausgesprochen hoch. Ein sehr großer Teil des Markterfolges ließ sich durch den Erfolg der Logistik erklären. Ein hoher Markterfolg wurde dabei vor allem durch hohe logistische Leistungen erzielt. Die Abhängigkeit des Markterfolgs vom Logistikerfolg fiel umso stärker aus, je umfassender das Logistikkonzept eines Unternehmens war.
- Der wirtschaftliche Erfolg von Unternehmen hing ebenfalls sehr stark von der Logistik ab. Dieses Ergebnis machte deutlich, dass eine erfolgreiche Logistik einen wesentlichen Beitrag zur Realisierung eines guten Betriebsergebnisses leistete. Hierzu spielten sowohl die Logistikleistungen als auch die Logistikkosten eine wichtige Rolle.

---

[64] Zur genaueren Beschreibung der Erfolgsmessung siehe Weber und Dehler (1999, S. 41), und Dehler (2001, S. 181–253).

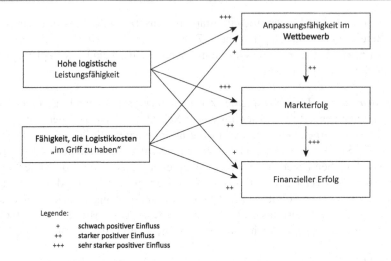

Legende:

    +   schwach positiver Einfluss
    ++   starker positiver Einfluss
    +++   sehr starker positiver Einfluss

Abb. 1.8 Erfolgswirkungen der Logistik. (In Anlehnung an Deepen 2007, S. 254)

- Eine hohe logistische Leistungsfähigkeit erhöhte zusätzlich das Reaktionsvermögen von Unternehmen auf Marktentwicklungen und schaffte so die Basis für zukünftigen Erfolg. Ein ebenfalls hoher Anteil der Varianz der Anpassungsfähigkeit von Unternehmen ließ sich durch die Logistikleistung erklären.

1.6.2   Weitere Studien

Die gerade dargestellten, für Deutschland ermittelten Zusammenhänge gelten in ähnlicher Weise auch international.[65] So zeigen die von Deepen erhoben Daten lediglich einen kleinen Unterschied darin, dass in den USA die Logistikkosten eine stärkere Wirkung auf die strategische Anpassungsfähigkeit besitzen als in Deutschland, so dass in der Folge auch die Gesamtbedeutung der Logistikkosten für de finanziellen Unternehmenserfolg in den USA etwas stärker ist. Die Abb. 1.8 zeigt diesen Erfolgszusammenhang.

Insgesamt zeigt die Empirie ein spannendes und für die Logistik insgesamt sehr erfreuliches Bild. Es lohnt sich für die meisten Unternehmen, in ihre Logistik zu investieren. Der Nutzen ist sowohl kurzfristiger wie langfristiger Natur. Die Wirkung geht weit über reine Kosteneffekte hinaus.

Gleichzeitig zeigt eine aktuelle Studie von Grosse-Ruyken et al. 2009, dass es sinnvoll ist, die Fokussierung stärker auf eine kostengünstige, effiziente Supply Chain oder aber auf eine leistungsfähige, reaktionsfähige Supply Chain – wie von Fisher 1997, vorgeschlagen – an dem Charakter der Produkte auszurichten. Ist dieser primär funktional, weil er an Grundbedürfnissen der Kunden ausgerichtet ist, und haben die Produkte einen vergleichsweise langen Lebenszyklus und gute

---

[65] Vgl. zum Folgenden Weber und Wallenburg (2010, S. 73 f.).

Absatzgenauigkeiten, so führt eine effiziente Supply Chain den Ergebnissen der Studie zur Folge zu einer Verdopplung des ROCE und des ROA und einer Steigerung des Umsatzwachstums um etwas über 50 % im Vergleich zu einer performanten, reaktionsfähigen Supply Chain. Bei innovativen Produkten mit kurzem Lebenszyklus und schlechter Absatzprognose verhält es sich fast genau umgekehrt. Hier ist eine hohe Leistungsfähigkeit sinnvoll. Sie erhöht den ROCE und den ROA um etwa 100 % und das Umsatzwachstum um 50 % im Vergleich zu einer effizienten Supply Chain.

Auch wenn es sich also, wie oben dargestellt, generell lohnt, die Logistik durch Leistungssteigerungen oder Kostensenkungen zu verbessern, so ist die Wirkung dann am stärksten, wenn die Ausrichtung sich an der übergeordneten Gesamtausrichtung des Unternehmens orientiert.

Literatur

Antlitz A (1999) Unternehmensgrenzen und Kooperationen. Make-cooperate-or-buy im Zusammenspiel von Kompetenz- und Strategieentwicklung. Deutscher Universitäts-Verlag, Wiesbaden

Ballou RH (2004) Business logistics/supply chain management. Planning, organizing, and controlling the supply chain, 5. Aufl. Prentice Hall, Upper Saddle River

Barney JB (1991) Firm resources and sustained competitive advantage. J Manag 17(1):99–120

Bowersox DJ, Smykay EW, LaLonde BJ (1961) Physical distribution management. Logistics problems of the firm. Macmillan, New York

Bowersox DJ, Closs DJ, Cooper MB (2010) Supply chain logistics management, 3. Aufl. McGraw-Hill, New York

Bungenstock C (1995) Entscheidungsorientierte Kostenrechnungssysteme. Eine entwicklungsgeschichtliche Analyse. Deutscher Universitäts-Verlag, Wiesbaden

Chopra S, Meindl P (2010) Supply chain management. Strategy, planning, and operation, 4. Aufl. Pearson, Upper Saddle River

Christopher M (1993) Logistics and competetive strategy. In: Cooper J (Hrsg) Strategy planning in logistics and transportation. London, S 24–32

Christopher M (2011) Logistics & supply chain management, 4. Aufl. Prentice Hall, Harlow

Clinton SR, Closs DJ (1997) Logistic strategy: does it exist? J Bus Logist 18:19–44

Council of Logistics Management (o. J.) What It's all about Oak Brook, Ill

Deepen JM (2007) Logistics outsourcing relationships. Measurement, antecedents, and effects of logistics outsourcing performance. Physica-Verlag, Heidelberg

Dehler M (2001) Entwicklungsstand der Logistik. Messung – Determinanten – Erfolgswirkungen. Gabler, Wiesbaden

Deiters W, Greb T, Kopfer H, Striemer R, Weber H (1999) Technologien von Informations- und Kommunikationssystemen in der Logistik. In: Weber J, Baumgarten H (Hrsg) Handbuch Logistik. Management von Material- und Warenflussprozessen. Schäffer-Poeschel, Stuttgart, S 682–697

Delfmann W (1995) Logistik. In: Corsten H, Reiss M (Hrsg) Handbuch der Unternehmensführung. Gabler, Wiesbaden, S 505–517

Delfmann W, Dangelmaier W, Günthner W, Klaus P, Overmeyer L, Rothengatter W, Weber J, Zentes J (2010) Eckpunktepapier zum Grundverständnis der Logistik als wissenschaftliche Disziplin. In: Delfmann W, Wimmer T (Hrsg) Strukturwandel in der Logistik – Wissenschaft und Praxis im Dialog. Deutscher Verkehrsvlg, Hamburg, S 3–10

Eitelwein O (2009) Modular architectures in firms and value systems. Antecedents – Structures – Performance impact, Dissertation, Vallendar

Endlicher A (1981) Organisation der Logistik – Untersucht am Beispiel eines Unternehmens der chemischen Industrie mit Divisionalstruktur (DGfL). Dortmund

Fisher ML (1997) What is the right supply chain for your product? Harv Bus Rev 75(2):105–116

Geitner UW (1996) CIM (Computer Integrated Manufacturing). In: HWProd, 2. Aufl. Schäffer-Poesechel, Stuttgart, S 292–310

Göpfert I (2000) Logistik: Führungskonzeptionen. Gegenstand, Aufgaben und Instrumente des Logistikmanagements und -controllings. Vahlen, München

Groll M (2004) Koordination im Supply Chain Management. Die Rolle von Macht und Vertrauen. Deutscher Universitäts-Verlag, Wiesbaden

Grosse-Ruyken PT (2009) Supply chain fit. Constituents and performance outcomes, Dissertation, Vallendar

Grosse-Ruyken PT, Wagner SM, Erhun F (2009) The bottom line impact of supply chain management: the impact of a fit in the supply chain on a firm's financial success. Working paper. Swiss Federal Institute of Technology Zurich, Zürich 2009

Günther H-O, Tempelmeier H (2009) Produktion und Logistik, 8. Aufl. Springer, Berlin

Herter M (2000) Strategisches Management der Logistik. Konzeptioneller Bezugsrahmen und empirische Analyse in deutschen und amerikanischen Industrieunternehmen. Shaker, Aachen

Hicks DA (1997) The manager's guide to supply chain and logistics problem-solving tools and techniques, Part II: Tools, Companies, and Industries. IIE Solut 29(10):24–29

Homburg C, Krohmer H (2009) Marketingmanagement. Strategie – Instrumente – Umsetzung – Unternehmensführung, 3. Aufl. Gabler, Wiesbaden

Ihde GB (1972) Zur Behandlung logistischer Phänomene in der neuen Betriebswirtschaftslehre. BFuP 24:129–145

Kieser A, Walgenbach P (2003) Organisation, 4. Aufl. Schäffer-Poeschel, Stuttgart

Klaus P (1994) Jenseits einer Funktionenlogistik: der Prozessansatz. In: Isermann H (Hrsg) Logistik. Beschaffung, Produktion, Distribution. Moderne Verlagsgesellschaft, Landsberg, S 331–348

Knolmayer G, Mertens P, Zeier A (2000) Supply Chain Management auf Basis von SAP-Systemen. Perspektiven der Auftragsabwicklung für Industriebetriebe. Springer, Berlin

Kohn JW, McGinnis MA (1997) Logistics strategy: a longitudinal study. J Bus Logist 18(2):1–14

Kummer S (1996) Logistikcontrolling. In: Kern W, Schröder H-H, Weber J (Hrsg) HWProd, 2. Aufl. Schäffer-Poeschel, Stuttgart, S 1118–1129

Küpper H-U (2008) Controlling. Konzeption, Aufgaben, Instrumente. Schäffer-Poeschel, Stuttgart

Lambert DM (2008) Supply chain management. In: Lambert DM (Hrsg) Supply chain management. Processes, partnerships, performance, 3. Aufl. Sarasota, S 1–24

Lambert DM, Stock JR, Ellram LM (1998) Fundamentals of logistics management. McGraw-Hill, Boston

Lee HL, Padmanabhan V, Whang S (1997) The bullwhip effect in supply chains. Sloan Manag Rev 38(3):93–102

Lewis HT, Culliton JW, Steel JD (1956) The role of air freight in physical distribution. Harvard Business School, Boston

Maltz A (1994) Outsourcing the warehousing function: economic and strategic considerations. Logist Transp Rev 30 (September):245–265

Nelson RR, Winter SG (1982) An evolutionary theory of economic change. Harvard University Press, Cambridge

Pfohl H-C (1972) Marketing-Logistik. Gestaltung, Steuerung und Kontrolle des Warenflusses im modernen Markt. Distribution-Verlag, Mainz

Pfohl H-C (1994) Logistikmanagement. Funktionen und Instrumente. Implementierung der Logistikkonzeption in und zwischen Unternehmen. Springer, Berlin

Pfohl H-C (2004) Logistikmanagement. Konzeption und Funktionen, 2. Aufl. Springer, Berlin

Pfohl H-C (2010) Logistiksysteme. Betriebswirtschaftliche Grundlagen, 8. Aufl. Springer, Berlin

Pfohl H-C, Large R (1992) Gestaltung interorganisatorischer Logistiksysteme auf der Grundlage der Transaktionskostentheorie. ZfV 63:15–51

Prahalad CK, Hamel G (1990) The core competence of the corporation. Harv Bus Rev 68(3): 79–91

Schäffer U (2001) Kontrolle als Lernprozess. Deutscher Universitäts-Verlag, Wiesbaden

Semmelrogge HG (1988) Logistik-Geschichte: Moderner Begriff mit Vergangenheit. Logistik im Unternehmen, S 6–9

Shapiro RD, Heskett JL (1985) Logistics strategy. Cases and concepts. West publishing Company, St. Paul

Speh TW (2008) Assessing the state of supply chain management, In: Baumgarten H (Hrsg) Das Beste der Logistik. Innovationen, Strategien, Umsetzungen. Springer, Berlin

Springinklee M (2011) Towards improved integration of internal supply chains – a cross-sectional empirical study on determinants of cross-functional integration between logistics and production units in German manufacturing companies, Dissertation, Vallendar

Stabenau H (2008) Zukunft braucht Herkunft! – Entwicklungslinien und Zukunftsperspektiven der Logistik. In: Baumgarten H (Hrsg) Das Beste der Logistik. Innovationen, Strategien, Umsetzungen. Springer, Berlin, S 23–30

Stevens GC (1989) Integrating the supply chain. Intern J Phys Distrib Logist Manag 8:3–8

The Global Logistics Research Team (1995) World class logistics. The challenge of managing continuous change, Oak Brook (IL)

Thomas D (2010) Die Auswirkungen des Lean Managements auf die Logistik – Lean Logistics unterstützt das Systemdenken und führt zu einer flussorientierten Logistik. In: Schönberger R, Elbert R (Hrsg) Dimensionen der Logistik. Funktionen, Institutionen und Handlungsebenen. Gabler, Wiesbaden, S 895–925

Vahrenkamp R (2007) Logistik. Management und Strategien, 6. Aufl. Oldenbourg, München

VDA (Hrsg) (1989) Vorschläge zur Ausgestaltung logistischer Abläufe (VDA-Empfehlung 5000). Frankfurt

Weber J (1992) Logistik als Koordinationsfunktion. Zur theoretischen Fundierung der Logistik. ZfB 62:877–895

Weber J (1994) Einführung in das Controlling, 5. Aufl. Schäffer-Poeschel, Stuttgart

Weber J (1995) Wachstumsschwellen als Rahmenbedingungen für ein effizientes Controlling im Klein- und Mittelbetrieb. In: Wagenhofer A, Gutschelhofer A (Hrsg) Controlling und Unternehmensführung. Aktuelle Entwicklungen in Theorie und Praxis. Linde, Wien, S 3–22

Weber J (1996a) Logistik. In: Kern W, Schröder H-H, Weber J (Hrsg) HWProd, 2. Aufl. Schäffer-Poeschel, Stuttgart, S 1096–1109

Weber J (1996b) Zur Bildung und Strukturierung spezieller Betriebswirtschaftslehren – Ein Beitrag zur Standortbestimmung und weiteren Entwicklung. DBW 56:63–84

Weber J (1999) Ursprünge, praktische Entwicklung und theoretische Einordnung der Logistik. In: Weber J, Baumgarten H (Hrsg) Handbuch Logistik. Management von Material- und Warenflussprozessen. Schäffer-Poeschel, Stuttgart, S 3–14

Weber J (2011) The development of controller tasks: explaining the nature of controllership and its changes. JoMAC 22:25–46

Weber J, Blum H (2001) Logistik-Controlling. Konzept und empirischer Stand, Schriftenreihe Advanced Controlling, Bd 20. Vallendar

Weber J, Dehler M (1999) Erfolgsfaktor Logistik. Wunsch und Wirklichkeit. Logist Heute 21(12):34–41

Weber J, Dehler M (2000) Entwicklungsstand der Logistik. In: Pfohl H-C (Hrsg) Supply Chain Management: Logistik plus? Erich Schmidt Verlag, Berlin, S 45–68

Weber J, Kummer S (1990) Aspekte des betriebswirtschaftlichen Managements der Logistik. DBW 50:775–787

Weber J, Kummer S (1994) Logistikmanagement. Führungsaufgaben zur Umsetzung des Flussprinzips im Unternehmen, Schäffer-Poeschel, Stuttgart

Weber J, Schäffer U (2011) Einführung in das Controlling, 13. Aufl. Schäffer-Poeschel, Stuttgart

Weber J, Schäffer U, Bauer M (2000) Controller & Manager im Team. Neue empirische Erkenntnisse, Schriftenreihe Advanced Controlling, Bd 14. Vallendar

Weber J, Wallenburg CM, Bühler A (2011) Kennzahlensysteme als Erfolgsfaktor im Logistik-Management. 28. Deutscher Logistik-Kongress. Berlin

Weber J, Wallenburg CM (2010) Logistik- und Supply Chain Controlling, 6. Aufl. Schäffer-Poeschel, Stuttgart

Welge MK, Al Laham A (2008) Strategisches Management. Grundlagen – Prozess – Implementierung, Gabler, Wiesbaden

Wertz B (2000) Management von Lieferanten-Produzenten-Beziehungen. Eine Analyse von Unternehmensnetzwerken in der deutschen Automobilindustrie. Deutscher Universitäts-Verlag, Wiesbaden

Wild J (1982) Grundlagen der Unternehmensplanung, 2. Aufl. Rowolt Reinbek

Wildemann H (2008) Entwicklungspfade der Logistik. In: Baumgarten H (Hrsg) Das Beste der Logistik. Innovationen, Strategien, Umsetzungen. Springer, Berlin

Kostenrechnungssysteme als konzeptionelle Basis einer Logistikkostenrechnung

An dieser Stelle der Argumentation besteht Klarheit über den ersten Wortbestandteil des Begriffs „Logistikkostenrechnung". Im Folgenden wollen wir den zweiten klären. Auch hier besteht Bedarf, etwas „weiter auszuholen". Zum einen werden viele Leser dieses Buches keine ausgewiesenen Betriebswirte sein. Zum anderen hat sich die Perspektive auf das Instrument Kostenrechnung in den letzten Jahren deutlich erweitert.

Aussagen zur Gestaltung der Kostenrechnung folgen in der einschlägigen Literatur zumeist einer – schon fast trivial bzw. selbstverständlich erscheinenden – Leitidee: Ziel der Rechnung muss eine möglichst unverzerrte, „realitätsgerechte" Abbildung des Unternehmensgeschehens sein. Diese Auffassung findet sich bei Ingenieuren wie Betriebswirten übereinstimmend. Sie rekurriert auf einen quasi naturwissenschaftlichen Hintergrund: Kostenrechner haben ein Messinstrument zu gestalten, das eine „unbestechliche" Messung ermöglicht und dessen Genauigkeit nur durch die Kosten der Messung begrenzt wird.

Eine solche Sichtweise verkennt allerdings, dass Naturwissenschaft mit Wirtschafts- und Sozialwissenschaft nur begrenzt etwas gemein hat. Das, was dem Physiker nur in Grenzbereichen begegnet (Heisenberg'sche Unschärferelation), ist für einen Soziologen oder einen Betriebswirt der Normalfall: Das, was Realität ist, hängt zu einem nicht unbeträchtlichen Teil davon ab, was Menschen als Realität wollen. Zumindest Teile davon sind sozial konstruiert. *Informationssysteme müssen damit primär vor dem Hintergrund beurteilt werden, ob und wie sie das Verhalten von Menschen beeinflussen.* Für sie gilt in hohem Maße das Phänomen der Beobachterabhängigkeit („What gets measured, that gets done").

Inwieweit und wie Kostenrechnung das Verhalten von Menschen in einem Unternehmen beeinflusst, hängt von deren Fähigkeiten („Können") und Präferenzen („Wollen") ab. Es macht folglich Sinn, vor die Ausführungen zur Gestaltung von Kostenrechnung Aussagen darüber zu stellen, welches Modell des im Unternehmen handelnden Menschen zugrunde gelegt wird. Hierzu sei im ersten Schritt ein Konzept vorgestellt, das den häufig implizit unterstellten „homo oeconomicus" durch die Einführung kognitiver Begrenzungen erweitert.[1] Dieses Modell ermöglicht es,

---

[1] Vgl. zu diesem Ansatz ausführlich (Meyer und Weber 2010).

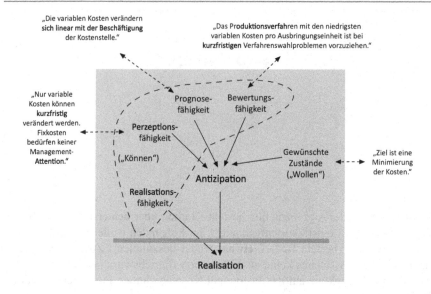

Abb. 2.1 Grundmodell des handelnden Akteurs

im zweiten Schritt unterschiedliche Wirkungen der Kostenrechnung zu differenzieren, die über die traditionelle Diskussion von Kostenrechnungszwecken hinausgeht.

Im dritten Schritt wird die Entwicklung der Kostenrechnung in der Unternehmenspraxis nachgezeichnet. Dies schafft Verständnis für den Kostenrechnungskontext, in den eine Logistikkostenrechnung einzufügen ist.

Der vierte Schritt wendet dann den Blick auf neue Entwicklungen der Kostenrechnung in Theorie und Praxis. Praxisbezogen wird dabei insbesondere auf das Konzept der Prozesskostenrechnung eingegangen, das eine erhebliche inhaltliche Nähe zur Logistikkostenrechnung aufweist. Theoriebezogen werden die Ansätze einer Transaktions- und einer Koordinationskostenrechnung vorgestellt. Beide fokussieren nicht auf unmittelbare Wertschöpfungsprozesse (wie Produktions- oder Transportleistungen), sondern auf spezielle Führungshandlungen. Diese Erweiterung ist auf den von der zweiten bis zur vierten Entwicklungsphase der Logistik steigenden Anteil von Führungsleistungen der Logistik gerichtet. Abschließend sollen dann – analog zum Vorgehen im Abschn. 1 – Aussagen zum empirischen Stand der Kostenrechnung in Deutschland die Ausführungen abrunden.

2.1 Gewählte Modellierung handelnder Akteure

2.1.1 Individueller Akteur

Betrachtet wird zunächst ein einzelner Akteur, z. B. ein Manager eines Logistikbereichs (vgl. zur Veranschaulichung auch Abb. 2.1). Dieser – für ökonomische

Fragestellungen idealisierte – Mensch[2] ist durch ein Set an Eigenschaften gekennzeichnet, die ihn befähigen zu handeln.[3] Zu diesen Eigenschaften zählen zunächst
bestimmte Fähigkeiten. Sie lassen sich im ersten Schritt nach solchen der *Antizipation* („Welche Führungsleistung soll wie und wann erbracht werden?") und solchen
der *Realisation* unterscheiden (Eignung, die vorgedachte Führungsleistung auch
tatsächlich erbringen zu können).

Antizipationsfähigkeit kann abstrakt als Fähigkeit beschrieben werden, Ände-
rungen im Handlungsraum des Akteurs durch die Bildung eines entsprechenden
Willens vorwegzunehmen. Sie kann weitergehend in Perzeptions-, Prognose- und
Bewertungsfähigkeit differenziert werden:

- *Perzeptionsfähigkeit:* Sie besteht darin, relevante Aspekte der Umwelt des Akteurs und seiner selbst wahrzunehmen und damit einer weitergehenden Ver-
arbeitung zur Verfügung zu stellen. Nur das, was wahrgenommen wird, kann
Handlungen auslösen. Damit beschränkt die Perzeptionsfähigkeit das Hand-
lungsrepertoire des Akteurs („blinde Flecken"). Für das Instrument „Kostenrechnung" betrachtet, richtet das implementierte System die Wahrnehmung von
Managern und Mitarbeitern aus. Die dem System zugrunde liegenden Merkmale
(z. B. Periodenbezug, Kostenspaltung, Zurechnungsprinzip[4]) führen dazu, anstehende Entscheidungsprobleme entsprechend einzuordnen. Eine fehlende oder
mangelnde gesonderte Abbildung der Logistikkosten in den üblichen Kostenrechnungssystemen z. B. ruft die Gefahr hervor, Logistikkosten im täglichen
Entscheidungsverhalten unberücksichtigt zu lassen.
- *Prognosefähigkeit:* Hiermit sei die Fähigkeit bezeichnet, Änderungen im Handlungsraum des Akteurs vorherzusehen, oder – mit anderen Worten – entsprechende Erwartungen mit guter Aussicht auf Erfolg (hoher Eintrittswahrscheinlich-
keit) zu bilden. Auch diese Fähigkeit wird von der Kostenrechnung beeinflusst.
Wurde z. B. ein System implementiert, das eine Trennung von fixen und variablen Kosten vornimmt, so erhöht sich die Prognosefähigkeit bezüglich kurzfristiger Entscheidungsprobleme gegenüber einer Vollkostenrechnung erheblich.
Umgekehrt besteht die Gefahr, die Fixkosten auch bei solchen Entscheidungen
zu vernachlässigen, die Auswirkungen über den kurzfristigen Zeitraum hinaus
haben.
- *Bewertungsfähigkeit:* Hierunter sei die Fähigkeit verstanden, relevante Zustände
im Handlungsraum („Entscheidungsalternativen") miteinander wertend zu vergleichen. Die Kostenrechnung bietet hier eine Vielzahl von Kalkülen an, die je
nach Rechnungszweck unterschiedliche Kostengrößen in die Entscheidung ein-

---

[2] Im Folgenden geht es also nicht darum, wie Menschen generell sind, sondern darum, wie sie
modelliert werden sollten, um ökonomische Fragestellungen beantworten zu können.

[3] Vgl. zum Folgenden ausführlich (Bach et al. 1998 und Heine et al. 2010, S. 93–179). Ähnliche Modellierungen finden sich in der ökonomischen Theorie in größerer Zahl, etwa im Feld
der Prinzipal-Agenten-Theorie. Unterschiede der Sichtweisen seien an dieser Stelle nicht näher
ausgeführt.

[4] Hierauf wird später noch im Detail eingegangen.

beziehen. Generell gilt der Grundsatz, nur relevante Kosten zu berücksichtigen.[5] Welche Kosten relevant sind, hängt vom Einzelfall ab.

Den Antizipationsfähigkeiten des handelnden Akteurs stehen seine Realisationsfähigkeiten gegenüber (z. B. einen Transportauftrag durchzuführen oder einen Transportmitarbeiter anzuweisen). Sie drücken sein Vermögen aus, Änderungen im Handlungsraum auch tatsächlich vornehmen bzw. erreichen zu können („Denken allein genügt nicht").

Die Fähigkeiten eines Akteurs sind notwendigerweise begrenzt. Dies gilt für die Antizipationsfähigkeiten („*kognitive Begrenzungen*"[6]) ebenso wie für die Realisationsfähigkeiten. Diese Grenzen beziehen sich auf:

- qualitative Merkmale der jeweiligen Fähigkeit: bezogen auf einen Umschlagsvorgang zeigen sich Restriktionen der Realisationsfähigkeit z. B. in begrenzter manueller Geschicklichkeit, bezüglich der Antizipationsfähigkeit z. B. als Limitierungen des Perzeptionsvermögens (z. B. Übersehen steigender Reaktanz der Transportmitarbeiter).
- deren quantitatives Ausmaß: etwa als maximale Pickgeschwindigkeit pro Zeitintervall in einer Kommissionierungsstelle oder als Beschränkungen der Prognosefähigkeit („so viele unterschiedliche Alternativen kann ich nicht im Kopf behalten").

Akteure haben dank (oder wegen) ihrer begrenzten Fähigkeiten einen potenziellen Handlungsraum. Eine individuelle Richtungsgebung erfahren sie durch die Existenz von Zuständen, die von ihnen gewünscht werden (*individuelle Nutzenfunktion*). Sie füllt die zunächst abstrakte Bewertungsfähigkeit konkret aus. Die gewünschten Zustände erschließen die individuelle Zwecksetzung, während die Fähigkeiten dem Akteur die individuellen Mittel zur Zweckerreichung bereiten.

Die generelle Begrenzung der Fähigkeiten des Akteurs macht es schließlich erforderlich, Vereinfachungen vorzunehmen. Diese betreffen sowohl den Ersatz von Wissen durch (irrtumsgefährdete) Hypothesen,[7] als auch die Verbindung (Clusterung) der zunächst getrennt voneinander dargestellten Antizipationsfähigkeiten zu sog. „internen Modellen".[8] Derartige Modelle umfassen für die jeweils relevanten Problembereiche („Weltausschnitte") zum einen – als Selbstbild des Akteurs – Annahmen über seine eigenen Eigenschaftsausprägungen und deren Nebenbedingungen, zum anderen als handlungsrelevantes „Weltbild" Erwartungen über Bezugsgrößen und Folgen unterschiedlicher Handlungen und Handlungssequenzen. Interne Modelle lassen sich mit anderen Worten als Ordnungsschemata bezeichnen, die sich über die Zeit aufgrund des Aufbaus eigener oder Erwerbs fremder Erfahrung bilden. Sie können für bestimmte Problemkomplexe ausschließlich wirken oder mit anderen konkurrieren. Derartige Konkurrenzsituationen kennt die Psychologie als Rollenkonflikte.

---

[5] Vgl. z. B. (Hummel und Männel 1986, S. 115–123).

[6] Vgl. im Überblick (z. B. Weber und Schäffer 2011, S. 263–268).

[7] Im Grenzfall durch ein bloßes Vertrauen.

[8] Vgl. zu dem Begriff des internen Modells (Senge 1990; Weber et al. 2000a).

Abb. 2.2 Erweiterung des Grundmodells

2.1.2 Kollektive Akteure

Einzelne Manager und Mitarbeiter arbeiten nicht allein. Sie haben sich in Unternehmen zusammengefunden, um im Zusammenwirken gemeinsame Ziele zu verfolgen. Im einfachsten Fall kann man sich unter diesen die Unternehmensziele vorstellen. Allerdings zeigt die praktische Erfahrung, dass diese zum einen nicht quasi gottgegeben, sondern veränderbar sind, und zum anderen von Einzelnen oder ganzen Bereichen systematisch eigene Ziele verfolgt werden („Bereichsegoismus"). Außerdem wird man in der Praxis mit dem Phänomen von Subkulturen konfrontiert, begreifbar als bestimmte Sichten, die Welt zu betrachten und in dieser zu handeln.[9] Hier sind unschwer spezifische Ausprägungen von Antizipationsfähigkeiten zu erkennen.

Folgt man diesen Überlegungen, so macht es Sinn, das Konzept des ökonomischen Akteurs von der Ebene einzelner Menschen zu lösen und auch auf Gruppen von diesen zu beziehen (Abteilungen, Bereiche, Gesamtunternehmen, Supply Chain…). Wie (Abb. 2.2) veranschaulicht, sind die Modelle zum einen von ihren Merkmalen her jeweils identisch bzw. von der betrachteten Ebene unabhängig. Zum anderen bestehen zwischen den Ebenen *wechselseitige Beziehungen*:

- Kollektive Akteure geben für individuelle Akteure einen (maßgeblichen) Teil des Handlungsrahmens vor: Ein Transportarbeiter z. B. ist an die ihm vorgegebenen Transportaufträge gebunden, ein Lagerleiter kann nur nach Absprache mit dem Logistikleiter Kapazitäten verändern, der Logistikbereich selbst konkurriert mit anderen Bereichen um die knappen Investitionsmittel des Unternehmens.
- Umgekehrt ist der durch kollektive Akteure vorgegebene Handlungsrahmen für die individuellen Akteure nicht unveränderbar: Erkennt der Transportarbeiter,

---

[9] „Klassisches Beispiel" ist der Forschungs- und Entwicklungsbereich. Vgl. z. B. (Brockhoff 1994, S. 13).

dass die Zusammenstellung der Transportaufträge zu einem hohen Anteil von Leerfahrten führt, und ist er in der Lage, eine bessere Planung zu machen, wird er mit dieser Verbesserung gute Chancen haben sich durchzusetzen. Für die anderen beiden Beispiele ließe sich analog argumentieren.[10]

Kollektive Akteure können sich auf zwei grundsätzliche Arten bilden: Zum einen bewusst gestaltet, zum anderen emergent. Der erste Fall ist der für Unternehmen zumeist unterstellte. Das Unternehmen wird durch eine Eintragung ins Handelsregister ins Leben gerufen; seine Organe sind z. T. durch das Gesetz vorgeschrieben (z. B. ein Vorstand), z. T. werden sie von diesen gebildet (z. B. die Aufbauorganisation). Emergente, sich selbst herausbildende Strukturen werden nur in Randbereichen gesehen, und zwar dann, wenn Wissensbeschränkungen keine bewusste Gestaltung ermöglichen („Selbstorganisation"). Das Nebeneinander von planvoller Gestaltung und Emergenz betrifft nicht nur die Akteure selbst, sondern auch ihr Zusammenwirken. Ein Teil des Handlungsrahmens wird geplant und explizit formuliert vorgegeben. Beispiele hierfür sind Kompetenzverteilungen oder auch die jährliche Budgetierung. Der andere bildet sich durch das Zusammenwirken der Akteure heraus und ist häufig impliziter Natur (z. B. Routinen).

Bezieht man dieses erweiterte Modell handelnder Akteure auf die Kostenrechnung, so lassen sich folgende Aussagen treffen:

- Kostenrechnung beeinflusst die Antizipation individueller Akteure. Wenn der Leiter des Internen Transports eine Routenplanung für seine Förderzeuge erstellt, so wird er unter Einbeziehung von Kosten zu anderen Ergebnissen kommen, als wenn er allein den Auslastungsgrad der Fahrzeuge optimiert. Versteht er es nicht, richtig mit den Kosteninformationen umzugehen und oder passen diese nicht auf sein Entscheidungsproblem, so besteht eine erhöhte Gefahr von Fehlentscheidungen.
- Kostenrechnung ist bei durchgängiger Implementierung Teil des internen Modells des Akteurs Unternehmung. Damit bekommt die Anwendung der Kostenrechnung für die einzelnen Unternehmensbereiche, Abteilungen oder individuellen Führungskräfte zum einen einen verbindlichen Charakter; zum anderen erleichtert die durchgängige Verwendung die gegenseitige Kommunikation (geteiltes Wissen, einheitliche Sprache).
- Wird das Modell Kostenrechnung von den individuellen Akteuren geteilt, bietet sich auch die Möglichkeit, Kosten zur Lösung von Interessenkonflikten der Akteure heranzuziehen.[11]
- Das Ausgangswissen bezüglich Kostenrechnung ist nicht bei allen Akteuren gleich. Wissensasymmetrien eröffnen diskretionäre Handlungsspielräume, oder mit anderen Worten: Wer auf der Klaviatur der Kostenrechnung spielen kann, hat handfeste Vorteile (z. B. im Bereich der Allokation von Gemeinkosten). Der-

---

[10] Eine solche Wechselwirkung wird auch in anderen Bereichen der Theorie diskutiert, so etwa in der soziologischen Institutionentheorie als Interaktion zwischen „Structure" und „Agency". (Vgl. z. B. Greenwood et al. 2008, S. 13 f).

[11] Diese Möglichkeit spielte – wie gleich zu zeigen sein wird – für die Entwicklung der Kostenrechnung in der Praxis eine zentrale Rolle.

artige Möglichkeiten ziehen Reaktanz bei den „Kostenrechnungs-Unwissenden" nach sich, die das Funktionieren der Kostenrechnung in Frage stellt. Die Kostenrechnung in ihrer Komplexität und Detaillierung zu begrenzen, kann folglich nicht nur aus den für sie anfallenden Kosten, sondern primär aus den Konsequenzen für die Anwendung im täglichen Handeln im Unternehmen abgeleitet werden.

- Ansätze zur Gestaltung und Weiterentwicklung der Kostenrechnung kommen nicht nur vom kollektiven Akteur Unternehmung (etwa die Einführung einer Prozesskostenrechnung ausgelöst durch einen Vorstandsbeschluss); ebenso kann der Anstoß von einzelnen Managern und oder Abteilungen kommen (etwa vom Leiter eines Distributionszentrums). Wird damit eine übergreifende Thematik berührt, kann es zur flächendeckenden Einführung kommen. Stehen (bereichs-) individuelle Motive im Vordergrund, sind entsprechende „Insellösungen" die adäquate Realisierungsform.

Hiermit liegt eine tragfähige Basis vor, um im nächsten Schritt die in der einschlägigen Literatur genannten Zwecke einer Kostenrechnung zu skizzieren, zu ordnen und auf ihre Relevanz zum Aufbau einer Logistikkostenrechnung hin zu beurteilen.

2.2 Zwecke, Orientierungen und Nutzungsarten der Kostenrechnung

Informationen bereitzustellen, ist im Normalfall nicht kostenlos. Dies gilt auch für die Kostenrechnung.[12] Den Kosten müssen mindestens gleich hohe Nutzen gegenüberstehen, damit die Informationsbereitstellung wirtschaftlich ist. Wie schon der Abschn. 2.1. zeigte, bieten sich für die Bestimmung des Nutzens der Kostenrechnung sehr unterschiedliche Ansatzpunkte. Sie werden zumeist unter dem Begriff „Kostenrechnungszwecke"[13] gebündelt. Jedes einschlägige Kostenrechnungslehrbuch enthält einen entsprechenden Abschnitt, und in der Literatur findet sich eine Vielzahl von Ansätzen zu dieser Thematik.[14]

Eine häufig anzutreffende, vergleichsweise einfache Strukturierung differenziert drei Hauptrechnungszwecke[15]:

- *Externe Dokumentationsaufgaben:* Hierunter fällt die Aufgabe der Preiskalkulation gemäß festgelegten Vorschriften (etwa für spezifische Güter betreffende öffentliche Aufträge oder im Rahmen der handelsbilanziellen Bestandsbewertung).[16]

---

[12] Allerdings gibt es derzeit kaum empirische Erfahrung, wie hoch diese Kosten sind.

[13] Zuweilen findet sich auch gleichbedeutend der Begriff „Kostenrechnungsziel" oder „-aufgabe".

[14] Vgl. als eine umfassende Quelle (Aust 1999, S. 44–76).

[15] (Vgl. z. B. Freidank 2008, S. 93).

[16] Unschärfer wird oftmals hier von „Informationsaufgabe" gesprochen. Allerdings ist eine ungerichtete Information grundsätzlich wenig hilfreich, angesichts heutiger Informationsüberflutung unter Umständen sogar kontraproduktiv (information overload).

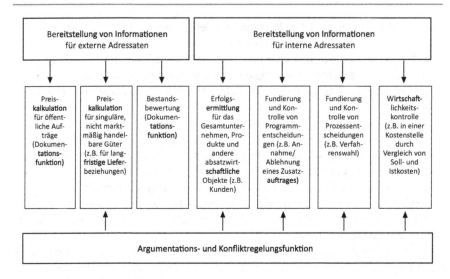

Abb. 2.3 Erweiterter Rechnungszweckkatalog der Kostenrechnung

- (Kurzfristige) *Planungsaufgaben:* Hierzu zählt die Vorbereitung einzelner Entscheidungen ebenso wie der formalzielbezogene Teil der operativen Planung (z. B. jahresbezogene Planung produktbezogener Erfolgsbudgets).
- (Kurzfristige) *Kontrollaufgaben:* Die Kostenrechnung liefert hier diejenigen Ist-Daten, die Plan-Daten zwecks Vergleich und daraus möglichem Lernen gegenübergestellt werden können.

Diese Basisstrukturierung ist in vielen Quellen in vielerlei Richtung weiter aufgespannt worden, und zwar sowohl in die Breite als auch in die Tiefe. Letzteres betrifft insbesondere die Differenzierung von Entscheidungsfeldern (Programm-, Prozess- und Bereitstellungsplanung und weitergehende Spezifizierungen[17]). Die inhaltliche Ausweitung der Rechnungszwecke bezieht zumeist die Nutzung der Kostenrechnung für die Beeinflussung von Menschen mit ein. Ein Beispiel eines solchen, differenzierteren Zweckkanons zeigt (Abb. 2.3). Die dort aufgeführte *Argumentations- und Konfliktregelungsfunktion* adressiert zwei Beeinflussungsrichtungen:

- Die Kostenrechnung soll einerseits als Verhandlungshilfe dienen, beispielsweise für einen Kostenstellenleiter stichhaltige Daten zur Rechtfertigung möglicher Kostenüberschreitungen gegenüber vorgesetzten Instanzen liefern.
- Andererseits kann die Kostenrechnung eine Konfliktregelungsfunktion wahrnehmen. Fordert z. B. der Produktionsleiter eine Fertigung in möglichst großen Losen, der Leiter der Logistik dagegen eine möglichst geringe Lagerhaltung (also möglichst kleine Losgrößen), so kann die Bestimmung der kostengünstigsten

---

[17] (Vgl. z. B. Hummel und Männel 1986, S. 26–35).

Losgröße unter Einbezug von Produktions- und Lagerkosten für alle Beteiligten die akzeptable Grundlage zur Lösung des Konflikts sein.

Diese Erweiterung aufnehmend ist die Zweckdiskussion in jüngerer Zeit durch zwei grundsätzliche Strukturierungsansätze neu belebt worden, die jeweils die Nutzer bzw. „Betroffenen" der Kostenrechnung gesondert betonen: Durch die Dichotomie von Entscheidungs- versus Verhaltensorientierung der Kostenrechnung einerseits und die Differenzierung unterschiedlicher Nutzungsarten der Kostenrechnungsinformationen andererseits.

Die traditionell dominierende Auflistung von Rechnungszwecken reflektiert die anfangs getroffene Feststellung, dass Kostenrechnung lange Zeit als ein quasi unbestechliches, nach naturwissenschaftlichen Kategorien zu gestaltendes Messinstrument dargestellt wurde. Die Rechnungszwecke Planung und Kontrolle (bzw. Entscheidungsfundierung und -kontrolle) wurden deshalb stets vom einzelnen Manager oder Mitarbeiter losgelöst betrachtet; es ging um die Antizipation „des" Unternehmens und seiner Kontrolle. Die Trennung von Entscheidungs- und Verhaltensorientierung[18] löst diese (implizite) Prämisse auf, indem sie unterschiedliche Entscheidungsebenen differenziert:

- Wird die Lieferung von Informationen für einen speziellen Entscheider (an welcher Stelle im Unternehmen auch immer) betrachtet, spricht man von *Entscheidungsorientierung*. Die Kostenrechnung soll ihm helfen, zu besseren Entscheidungen zu kommen.

- Bei der *Verhaltensorientierung* geht es um die Steuerung der Entscheidungen anderer Entscheidungsträger. Von höheren Entscheidungsebenen vorgegebene Kostenrechnungsinformationen stecken den Rahmen für Entscheidungen untergeordneter Manager ab.[19]

Um Entscheidungsorientierung handelt es sich z. B., wenn der Leiter eines Unternehmensbereichs einen kurzfristigen Make-or-buy-Kostenvergleich für eine Produktionsleistung vornimmt. Werden demselben Manager von der Zentrale kalkulatorische Kapitalbindungskosten von 30 % vorgegeben, um ihn zu möglichst geringer Lagerhaltung anzuhalten, so wirkt die Kostenrechnung verhaltensorientiert.

Für die Gestaltung der Kostenrechnung hat die Unterscheidung zwischen Entscheidungs- und Verhaltensorientierung erhebliche Auswirkungen: Während für erstere möglichst problemadäquate (und damit sowohl spezifische wie detaillierte) Daten bereitgestellt werden müssen, gilt es für die Verhaltensorientierung, eine verständliche, manipulationsgeschützte Rechnung zu gestalten.[20] Beide Anforderungen führen zu einer im Vergleich zur Entscheidungsorientierung einfachen Ausgestaltung der Kostenrechnung.[21] Will man beide Orientierungen in einer gemeinsamen Rechnung realisieren, entstehen folglich Zielkonflikte.[22]

---

[18] (Vgl. Ewert und Wagenhofer 2008 S. 6–11).

[19] Vgl. zur Verhaltensorientierung der Kostenrechnung ausführlich auch (Schweitzer und Küpper 2011, S. 610–640).

[20] Vgl. ausführlich (Weber 1994).

[21] Es gilt cum grano salis: Je komplexer, desto manipulationsanfälliger und unverständlicher.

[22] Vgl. ausführlich (Pfaff und Weber 1998; Pfaff et al. 1999).

Die Diskussion unterschiedlicher Nutzungsarten der Kostenrechnung findet ihren Ursprung in den USA, dort teils speziell auf dieses Informationssystem bezogen, teils auf Informationssysteme allgemein. Eine von mehreren ähnlichen[23] Differenzierungen bezieht sich auf einen Beitrag von von Menon und Varadarajan[24]:

- Die Informationen der Kostenrechnung können direkt zur Fundierung spezieller Entscheidungen genutzt werden. In diesem Fall lösen sie unmittelbar Handlungen der Manager aus. Diese entscheidungsorientierte Nutzung sei *instrumentell* genannt.

- Darüber hinaus fördern Kostenrechnungsinformationen das allgemeine Verständnis des Geschäfts und der Situation, in der sich der Manager befindet. Die Informationen führen hier allerdings nicht zu konkreten Entscheidungen. Wenn jedoch die Informationen die Denkprozesse und Handlungen der Manager beeinflussen, sei dies *konzeptionelle* Nutzung der Kostenrechnung genannt.

- Eine dritte Art der Nutzung löst sich explizit von der Annahme, dass die Informationen zuerst vom Manager verarbeitet werden, um unmittelbar oder zu einem späteren Zeitpunkt in Kenntnis der Informationen Entscheidungen zu treffen. Als *symbolische* Nutzung sei es bezeichnet, wenn die Kostenrechnungsinformationen erst dann benutzt werden, wenn die Entscheidung an sich schon getroffen ist, die Informationen aber zur Durchsetzung eigener Entscheidungen und Beeinflussung anderer Akteure angewandt werden.

Diese Differenzierung lässt sich in das anfangs dargestellte Modell des ökonomischen Akteurs leicht einordnen:

- Die instrumentelle Nutzung bezieht sich auf die Nutzung von Kostenrechnungsinformationen für konkrete Prognose- und Bewertungsprobleme. Dabei greift der Akteur auf ein vorhandenes internes Modell zurück, das stark von dem überindividuellen Modell der Kostenrechnung bestimmt wird.

- Die konzeptionelle Nutzung ist nicht als Input auf ein vorhandenes internes Modell gerichtet, sondern dient dazu, ein solches anzustoßen und aufzubauen. Je mehr es einem Unternehmen gelingt, alle Führungskräfte und Mitarbeiter mit der Funktionsweise der Kostenrechnung vertraut zu machen, desto eher sind sie in der Lage, „dieselbe Sprache zu sprechen".[25] Hiermit werden Kommunikationsprobleme beseitigt.

- Die symbolische Nutzung dagegen setzt bewusst eine Unterschiedlichkeit der internen Modelle der betrachteten, auf verschiedenen Ebenen angeordneten Akteure voraus. Diese Unterschiedlichkeit kann zum einen gewollt sein, um kognitiven Begrenzungen zu begegnen. Die hierfür passende Veranschaulichung ist die Frage „Wie sage ich es meinem Kinde"? Wenn ein Vorstand aus seiner

---

[23] Vgl. den Überblick bei (Weber und Schäffer 2011, S. 81–86).

[24] (Vgl. Menon und Varadajaran 1992). Die Unterscheidung wurde von Homburg et al. 1996, S. 36 f)., auf die Kostenrechnung übertragen.

[25] Vgl. zur Sicht der Kostenrechnung als Sprache in Deutschland (Pfaff und Weber 1998, S. 160). International ist diese Sicht weiter verbreitet. Vgl. die grundlegenden Artikel von (Belkaoui 1978; Morgan 1988; Roberts und Scapens 1985).

strategischen Gesamtschau zu einer Entscheidung kommt, die einem drei Hierarchieebenen tiefer angesiedelten Abteilungsleiter vermittelt werden soll, so kann es der richtige Weg sein, anstelle der – vom Abteilungsleiter kaum nachvollziehbaren – strategischen Zielvorgaben Kostengrößen zu verwenden, wenn diese beim Abteilungsleiter zu den für die Strategieumsetzung notwendigen Handlungen führen. Allerdings kann symbolische Nutzung auch bewusste Manipulation zur Erreichung seiner eigenen Ziele durch den Manager bedeuten.

Alle drei Nutzungsarten stellen unterschiedliche Anforderungen an die Gestaltung der Kostenrechnung: Während für die instrumentelle Nutzung ähnlich wie weiter oben für die Entscheidungsorientierung der Kostenrechnung zu argumentieren ist, fordert die konzeptionelle Nutzung einen vergleichsweise einfachen Aufbau der Kostenrechnung: Je komplexer das System, desto schwerer fällt es, die „Kostenrechnungssprache" zu lernen. Kostenrechnung muss in diesem Sinn eine Umgangssprache sein, keine Fachsprache, die nur von wenigen Spezialisten gesprochen wird. Für die symbolische Nutzung schließlich lassen sich unterschiedliche Argumentationen denken. Ist die Kostenrechnung hochkomplex, so lässt sich nur sehr schwer nachverfolgen, ob ein Kostenwert bewusst verändert (manipuliert) wurde. So kann ein dezentraler Abteilungsleiter z. B. eine im Verhältnis zu anderen Abteilungen höhere Belastung mit Overhead dann nicht mehr erkennen, wenn die Kostenrechnung eine vielschichtige, eine Vielzahl von Umlagenarten umfassende Gemeinkostenverteilung vornimmt. Dies zu erkennen kann aber auch heißen, die Kostenrechnung nicht mehr als wichtiges, bindendes Informationsinstrument anzuerkennen, und zu versuchen, auf andere Steuerungsgrößen überzugehen.

Schließlich sei noch eine Differenzierung aufgeführt, die ebenfalls unter Nutzungsart zu subsumieren ist. Sie stammt von Simons und wurde ebenfalls nicht speziell für die Kostenrechnung entwickelt. Simons unterscheidet diagnostische und interaktive Steuerungssysteme:

- *Diagnostische Steuerungssysteme* geben der Unternehmung Sicherheit, ohne dass die ständige Aufmerksamkeit des Managements erforderlich ist. Wie ein Thermostat reguliert sich das System im Idealfall über negative Rückkopplungsschleifen selbst und erfordert im laufenden Betrieb keine weitere Aufmerksamkeit. Die Mechanismen periodischer, stochastischer und ausnahmengetriebener Fremdkontrollen stellen sicher, dass die Kapazität des Managements nur in vertretbarem Umfang in Anspruch genommen wird.[26]
- *Interaktive Steuerungssysteme* stehen im Zentrum der organisationalen Aufmerksamkeit und sollten ständig im Bewusstsein des Managements sein. Sie treiben die Unternehmung und generieren Spannung. So wird die Energie und Aufmerksamkeit des Managements auf den Teil des diagnostischen Systems fokussiert, der in besonderem Maße mit strategischer Unsicherheit behaftet ist.[27] Unter Umständen handelt es sich dabei nur um eine einzige Steuerungsgröße.

---

[26] (Vgl. Simons 1995, S. 59 ff).
[27] (Vgl. Simons 1995, S. 91 ff).

Bezogen auf die Kostenrechnung legt diese Differenzierung die Frage nahe, ob laufend ermittelte und berichtete Kosten eher dem Management das ordnungsgemäße Funktionieren des komplexen Systems der Leistungserstellung vermitteln – etwa verkörpert im System der später noch vorzustellenden Plankostenrechnung –, oder ob Kosten tatsächlich im Fokus des Managementhandelns stehen und somit neue Entscheidungen anstoßen, die das Unternehmen vorantreiben. Die Konsequenzen für die Gestaltung einer Logistikkostenrechnung liegen auf der Hand.

Lässt man zum Abschluss die kurzen Ausführungen zu Zwecken, Orientierungen und Nutzungsarten der Kostenrechnung Revue passieren, so wird zum einen deutlich, wie sehr bei der Gestaltung einer Logistikkostenrechnung von der Leitidee einer möglichst exakten, unverzerrt messenden Rechnung abzugehen ist. Zum anderen gewinnt man einen Eindruck von der *Wichtigkeit, vor der Einführung eines solchen Informationssystems sehr genaue Analysen durchzuführen*, welchen Zwecken die Rechnung insgesamt grundsätzlich dienen könnte, welche davon als besonders wichtig einzuschätzen sind, welche von diesen Zwecken miteinander konkurrierende Gestaltungsimplikationen auslösen, und in Abhängigkeit von der Antwort darauf schließlich, ob eine einzige laufende Rechnung, ein Nebeneinander einer laufenden und mehrerer fallweisen Rechnungen oder allein fallweise Rechnungen[28] realisiert werden sollten.[29]

2.3   Entwicklungsweg der Kostenrechnung

2.3.1   Vollkostenrechnung als Basis

Wie anfangs ausgeführt, gehen die Wurzeln der Kostenrechnung als in der Praxis implementiertes Informationssystem in das 19. Jahrhundert zurück.[30] In der „Gründerzeit" wurde ihr dominant der Zweck der Preiskalkulation zugewiesen.[31] Die Kostenrechnung sollte dazu dienen, die „Selbstkosten"[32] von Produkten als Basis für die Preisfindung zu kalkulieren. Getrieben wurde die Entwicklung zunächst anbieterseitig als Preisrechtfertigung: Das Unbehagen des Kunden ob der geforderten Preishöhe ließ sich durch die Ableitung des Preises aus den Kosten des Anbieters

---

[28] Wie die Diskussion des Entwicklungswegs der Kostenrechnung zeigen wird, kann man allerdings bei einer rein fallweisen Realisierung nicht von einer Logistikkostenrechnung im engeren Sinn sprechen. Der laufende Betrieb ist ein konstituierendes Merkmal eines Kostenrechnungssystems.

[29] Mehrere parallele laufende Rechnungen einzurichten, ist nur eine theoretische Alternative.

[30] Die folgenden Ausführungen basieren auf (Weber 1997).

[31] Vgl. im Detail (Bungenstock 1995, S. 114–128).

[32] Unter den Selbstkosten wird die Summe der Material-, Fertigungs-, Verwaltungs- und Vertriebskosten verstanden, die einem Produkt zugerechnet werden. Wir werden auf Verfahren zur Ermittlung der Selbstkosten, die durchweg Logistikkosten nur unzureichend genau berücksichtigen, an späterer Stelle des Buches (im Teil 4) wieder zurückkommen.

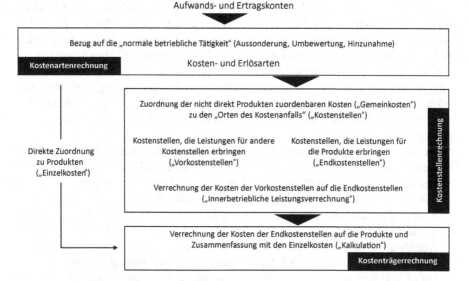

Abb. 2.4 Grundaufbau der Vollkostenrechnung

reduzieren.[33] Später griff die Anbieterseite diese Entwicklung auf und führte sie weiter: Ein wesentlicher Teil der Standardprozeduren der – heute so bezeichneten – *Vollkostenrechnung* wurde im Zuge der Zentralverwaltungswirtschaft des „Dritten Reiches" präzisiert und formalisiert. Ziel der Bemühungen war es:

1. eine möglichst plausible, allgemein akzeptierbare Basis für die Preisfindung zu erarbeiten,
2. den Weg der Kostenermittlung prozessual und instrumentell zu vereinheitlichen,
3. die Kostenermittlung damit zu objektivieren und überprüfbar zu gestalten.

Alle drei Ziele rekurrieren auf die Ausgangssituation erheblicher Informationsasymmetrie zwischen Lieferant und Kunde: Ersterer besitzt das vollständige Wissen bezüglich der Leistungserstellung, letzterer kann nur über Vergleichswerte bei anderen Lieferanten Wissen aufbauen. Je marktloser die Leistungen sind, desto weniger ergiebig ist dieser Weg. Vor diesem Hintergrund lässt sich die Vollkostenrechnung – deren Grundaufbau (Abb. 2.4) zeigt – als ein Instrument kennzeichnen, das darauf gerichtet ist, die Wissensposition des Kunden erheblich zu verbessern. Hiermit wird seine sonst mögliche Ausbeutung durch den Produzenten verhindert,[34] was wiederum das Zustandekommen eines Geschäfts ermöglicht.

---

[33] In diesem Sinne sind Industrieverbände wesentliche Promotoren der Kostenrechnungsentwicklung. (Vgl. Bungenstock 1995, S. 127 f).

[34] Dabei ist jedoch nicht auszuschließen, dass zumindest zu Anfang der Vollkostenrechnung die Verringerung der Informationsasymmetrie durch den Produzenten alles andere als uneigennützig war: Wer einem Kunden einen hohen Preis schlüssig aus eigenen hohen Kosten ableiten kann, hat die besten Voraussetzungen dafür geschaffen, dass der Kunde den hohen Preis auch tatsächlich akzeptiert.

Von Beginn an sollte die Kostenrechnung neben der Beeinflussung von Markt-partnern auch Transparenz über innerbetriebliche Werteflüsse schaffen, die nicht aus der externen Rechnungslegung gewinnbar war. Letztere bildet nur die Bezie-hungen des Unternehmens zu seiner wirtschaftlichen Umwelt ab. Hier ist unschwer eine konzeptionelle Nutzungskomponente der Kostenrechnung zu erkennen. Aller-dings kann diese gewollte Transparenz nicht die starken Normierungsbestrebungen erklären, denen die Kostenrechnung im ersten Drittel des letzten Jahrhunderts aus-gesetzt war, so dass der Preiskalkulationszweck als dominierend angesehen wer-den kann.

Betrachtet man vor diesem Hintergrund die grundsätzlichen Merkmale bzw. Prä-missen der Vollkostenrechnung, so kommt man zu einem sehr stimmigen Bild:

- *Periodenbezug:* Die Vollkostenrechnung ist eine Periodenrechnung. Sie über-nimmt damit die grundsätzliche Erfolgskonzeption der externen Rechnungsle-gung. Offensichtliche „technische" Vorteile[35] begründen diesen Schritt ebenso wie die damit verbundene leichtere Verständlichkeit der neuen Erfolgsgrößen.[36] Allerdings verbirgt sich hinter dem Periodenbezug noch ein weiterer, zentra-ler Vorteil für den Basiszweck der Vollkostenrechnung: Periodisierung bedeutet Unabhängigkeit der Kostenzuordnung von unterschiedlichen Zeithorizonten der Faktordispositionen. Die Einflüsse von Investitionsentscheidungen auf den Er-folg werden durch Abschreibungsbildung mit denen von Entscheidungen über den Einsatz von Repetierfaktoren bzw. Verbrauchsgütern gleichgestellt. Dies begegnet der Gefahr, einzelne Aufträge mit den Kosten von Investitionen zu be-lasten, die für eine Mehrheit von Aufträgen getätigt wurden. Für Ausnahmefälle tatsächlich erfolgter spezifischer Investitionen wird die Position „Sondereinzel-kosten der Fertigung"[37] gebildet.
- *Unabhängigkeit der Kostenanlastung vom individuellen Einzelfall:* Der in der Periodisierung sichtbare Grundgedanke setzt sich im Verrechnungsprinzip der Vollkostenrechnung fort: Das Verursachungsprinzip rechnet Kosten gemäß der anteiligen Inanspruchnahme von Leistungserstellungskapazitäten zu. Dies be-deutet, Aufträge bei gleichen prozessbestimmenden Merkmalen (z. B. notwen-dige Maschinenzeiten) gleich zu behandeln. Andere Auftragsmerkmale (z. B. Beschaffungsalternativen des Kunden oder Spezifitätsgrad des Auftrags beim Produzenten[38]) werden nicht berücksichtigt.[39] Die Präzisierung dieses Grund-

---

[35] Diese Anlehnung macht eine weitgehende Übernahme von Basisdaten aus der externen Rech-nungslegung möglich.

[36] Die Einführung eines neuen Instruments fällt dann leichter, wenn der erforderliche konzeptio-nelle Lernaufwand gering ist: Wer gewohnt ist, in Periodenerfolgen zu denken, wird eine Kosten-rechnung, die in gleicher Weise periodisiert, leichter verstehen als eine solche, die ein anderes Erfolgskonzept verwendet.

[37] Vgl. zum Begriff (z. B. Coenenberg et al. 2009, S. 64).

[38] Diese Vernachlässigung führt z. B. dazu, Standardaufträge mit zu hohen, Sonderaufträge mit zu niedrigen Gemeinkosten zu belasten. Diese Thematik wird uns an späterer Stelle des Buches (im Teil 4) noch intensiv beschäftigen.

[39] Insofern ging es der Rechnung nie um eine möglichst hohe Abbildungsgenauigkeit, sondern stets um eine Abbildungsgerechtigkeit (Verursachungsgerechtigkeit).

prinzips war Gegenstand erheblicher Anstrengungen. Es besteht Konsens über Umfang und Ausgestaltung von Verrechnungsverfahren ebenso wie über die Bedingungen ihres Einsatzes. Damit wurde u. a. die Situation erreicht, dass Preisprüfer bei dem öffentlichen Preisrecht unterliegenden Aufträgen ohne zusätzliche, auftragsspezifische Kalkulationsbedingungen die Rechtmäßigkeit der Preishöhe kontrollieren können. Kalkulationsspielräume sind auf ein Mindestmaß begrenzt.[40]

- *Laufende Rechnung:* Das Merkmal „laufende Rechnung" wird durchweg als ein Identifikationsmerkmal der Kostenrechnung betrachtet.[41] Fallweise Kostenallokationen sind als Zusatzrechnungen anzusehen, nicht als Bestandteil „der" Kostenrechnung. Wenn solche fallweisen Rechnungen zeigen, wie wenig die laufende Kostenrechnung im Einzelfall in der Lage ist, passende Daten zu liefern,[42] wird deutlich, dass die potenzielle Ungenauigkeit durch andere Faktoren „geheilt" werden muss. Als solche Faktoren kommen insbesondere zwei in Frage: Lässt sich die Preiskalkulation zum einen als hoch repetitive Aufgabe einschätzen, so senkt eine laufende Kostenrechnung Informationskosten. Soll zum anderen der Spielraum für „strategische Fehlkalkulationen" (im Sinne einer bewussten Übervorteilung) begrenzt werden, bieten die für eine laufende Rechnung unabdingbaren Standardisierungen des Vorgehens erhebliche Vorteile.[43]

Die Informationsbeziehung zwischen kostenrechnendem Unternehmen und seinen Abnehmern hat – so zeigen die kurzen Ausführungen – zentralen Einfluss auf die Gestaltung der Kostenrechnung in Deutschland genommen. Die Spezifität dieses Einflusses wird etwa im Vergleich zu den USA[44] deutlich. Aufgrund der evolutorischen Entwicklung der Kostenrechnung prägte das Anfangskonzept auch die folgenden Entwicklungsstufen.

---

[40] Nicht auszuschließen ist z. B. die Handlungsweise eines Anbieters, *vor* Auftragsvergabe die Zuordnungsbeziehungen und Verrechnungssätze so festzulegen, dass *nach* Auftragserteilung auf den Auftrag höhere Kosten entfallen, als ohne die sachverhaltsgestaltende Veränderung entfallen wären.

[41] (Vgl. z. B. Hummel und Männel 1986, S. 11 f). Hierauf wurde zu Ende des Abschn. 2.2. bereits hingewiesen. Implizit folgen dem auch alle Standardlehrbücher, wenn sie die Kosten- und Erlösrechnung von der – ebenfalls laufenden – Aufwands- und Ertragsrechnung abgrenzen.

[42] Vgl. im Detail (z. B. Holzwarth 1993).

[43] Eine laufende Kostenrechnung verträgt keine laufenden Veränderungen von Bewertungsansätzen und Verrechnungsprozeduren.

[44] Die in Deutschland übliche Trennung in interne und externe Rechnungslegung ist in amerikanischen Unternehmen ebenso nicht verbreitet wie die standardmäßige Bildung kalkulatorischer Kosten. Zudem weist eine „typische deutsche Kostenrechnung" einen deutlich höheren Detaillierungsgrad auf. So wurde die noch mehrfach in diesem Buch anzusprechende Prozesskostenrechnung als Activity Based Costing zunächst für Unternehmen entwickelt, die keine ausgebaute Kostenstellenrechnung besaßen. (Vgl. Friedl et al. 2010, S. 452).

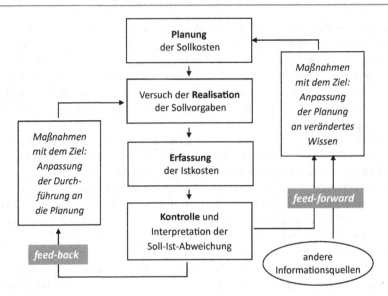

Abb. 2.5 Regelkreis aus Soll- und Istkosten im System der Plankostenrechnung

2.3.2 Kostenplanung und -kontrolle als Erweiterung

Nach dem zweiten Weltkrieg trat die Kostenrechnung in Deutschland in eine neue Phase. Sie ist verbunden mit den Namen Plaut und Kilger. Die Grenzplankosten-rechnung begann, die Unternehmen zu durchdringen. Der dieser Rechnung zugrunde liegende Planungsgedanke ist grundsätzlich nicht neu,[45] wurde aber von Plaut fokussiert: Es ging ihm nicht primär um die Ermittlung von Plankosten für das gesamte Unternehmen, sondern um solche für einzelne „produktive" Kostenstellen. Ziel ist es, einen „möglichst wirksamen Wirtschaftlichkeitsmaßstab für die einzelnen Kostenstellen"[46] zu gewinnen. Motivation dieses Ziels ist ein Kontrollbedürfnis: In der Kostenrechnung wurde ein Instrument gesehen, eine wirtschaftliche Leistungs-erstellung zu ermöglichen.[47] Der Kontrollmaßstab wurde durch detaillierte Soll-kostenfunktionen geliefert, die auf Produktionsfunktionen aufbauten. Dem Ansatz lag folglich eine Ausprägung des in Abb. 2.5 dargestellten Regelkreises zugrunde, der die Zielbildung bzw. Soll-Vorgabe nicht in Frage stellt, somit die Rückkopplung dominant als Feed-back-Schleife unterstellt.

---

[45] Der Planungsgedanke war auch der Vollkostenrechnung nicht gänzlich fremd (vgl. Bungenstock 1995, S. 121), wurde aber für ihren dargestellten Hauptzweck nicht benötigt.

[46] (Plaut 1952, S. 399). Daneben stellt er schon früh auf die Kontrolle der Rentabilität der Kosten-träger ab, bezieht diese allerdings ebenfalls dominant auf die Prozesse in einzelnen Kostenstellen. (Vgl. Bungenstock 1995, S. 129).

[47] Vgl. im Detail (Bungenstock 1995, S. 155).

Betrachtet man diesen Ansatz vor dem Hintergrund von Weisungs- und Informationsbeziehungen, so wird der gänzlich andere Charakter der Grenzplankostenrechnung gegenüber der Vollkostenrechnung deutlich:

- Die Grenzplankostenrechnung ist von ihrer Intention her ausschließlich auf unternehmensinterne Adressaten ausgerichtet.
- Sie ist ein Reflex auf Delegationsbeziehungen zwischen Unternehmens- und oder Fertigungsleitung und Kostenstellenverantwortlichen.
- Sie hat zum Ziel, eine zuvor bestehende Informationsasymmetrie auf Seiten der Unternehmensleitung zu beseitigen und damit moral hazard[48] der Kostenstellenleiter zu verhindern. Träger der Sollkostenfunktionsermittlung waren folglich nicht die Kostenstellenleiter, sondern spezielle Kosteningenieure oder externe Berater (wie etwa die Organisation Plaut).

Die Erfüllung der Intention erfordert neben der Kostenplanung eine entsprechende Kostenkontrolle, die wiederum eine laufende Erfassung von Istkosten voraussetzt. Hierfür bot sich die in den Unternehmen vorhandene Vollkostenrechnung an:

- Sie erfasste laufend und nach akzeptierten, objektivierten Prozeduren die Kosten für einzelne Kostenstellen. Aufgrund der funktionalen Organisation der Unternehmen bestand ein ausreichender Fit zwischen Verantwortung und Produktionsfunktion.[49]
- Die Wirtschaftlichkeitskontrolle war auf Kostenstellenleiter gerichtet. Deren Entscheidungskompetenz bezog sich (allein) auf die Nutzung vorhandener Kapazitäten. Kapazitätsveränderungen wurden von der Unternehmensleitung entschieden. Folglich störte die in der Vollkostenrechnung vorgenommene Periodisierung der Fixkosten nicht.

Die Implementierungslösung der Grenzplankostenrechnung bestand folglich in der Integration in die bestehende Vollkostenrechnung im Bereich der Kostenstellenrechnung. Eine Veränderung der Kostenträgerrechnung – etwa in Form einer Parallelkalkulation – erfolgte zunächst nicht. Sie wurde für den Zweck der Wirtschaftlichkeitskontrolle von Kostenstellenleitern nicht benötigt. Sie hätte ein erhebliches Umdenken bei der für die Produktpolitik zuständigen Unternehmensspitze erfordert, das von den Märkten her noch nicht gefordert war.

Betrachtet man die Grenzplankostenrechnung in dieser Zeit, so kommen zu den Grundmerkmalen der Vollkostenrechnung – deren Kompatibilität soeben skizziert wurde – zwei weitere hinzu:

- *Gewinnbarkeit von Sollkostenfunktionen:* Die Grenzplankostenrechnung geht davon aus, dass Kosten mit hinreichender Sicherheit geplant werden können. Dies ist nur dann möglich, wenn Kostenfunktionen zu ermitteln sind. Dieses wiederum setzt hohe Standardisierung und Repetitivität der Produktionshandlungen

---

[48] Unter moral hazard versteht die neue Institutionenökonomik das opportunistische Bestreben eines Agenten, seinen Arbeitseinsatz zu minimieren, ohne dass der Prinzipal dieses bemerkt. Vgl. im Überblick (z. B. Weißenberger 1997, S. 147–151; Jost 2000, S. 494–496).

[49] Dies schloss allerdings notwendige Verfeinerungen (z. B. durch die Bildung von Kostenplätzen) nicht aus.

voraus. Diese Bedingungen sind am ehesten bei hoher Maschinenbedingtheit der Produktion und hoher Umweltstabilität zu erwarten.

- *Hierarchische Delegationsbeziehungen:* Die Grenzplankostenrechnung geht implizit von einer Delegationsbeziehung zwischen „der" Unternehmensleitung und den einzelnen Kostenstellenleitern aus, wobei es der Instanz gelingt, hinreichend vollständiges Wissen über das delegierte Aufgabenfeld zu gewinnen.

Für die Grenzplankostenrechnung ist damit nicht die Informationsbeziehung zwischen Unternehmen und Markt, sondern eine Weisungsbeziehung zwischen Unternehmens- bzw. Fertigungsleitung und Kostenstellenleitungen konstituierend. Letztere stört erstere nicht. Dies erklärt den Implementierungsweg der Grenzplankostenrechnung als (in die Kostenstellenrechnung) integrierter Bestandteil der Vollkostenrechnung.

2.3.3 Kostenrechnung als Instrument der operativen Unternehmensplanung und -kontrolle

In den 1960er und 1970er Jahren wandelten sich Verkäufer- zu Käufermärkten. Wettbewerb fördert Skaleneffekte. Unternehmen wuchsen in immer stärker konkurrierenden Märkten. Risikoüberlegungen führen zu Diversifizierungsanstrengungen. Komplexität und Dynamik stiegen.

Die Kostenrechnung wurde diesen Tendenzen zum einen durch eine zunehmende Verfeinerung (z. B. durch Kostenplatzbildung) und Detaillierung (etwa im Bereich der Bezugsgrößen) gerecht. Zum anderen griff sie die im aufblühenden Operations Research entwickelten Programmoptimierungskalküle auf. Diese setzen eine Trennung von variablen und fixen Kosten voraus. Eine solche beinhaltet die Vollkostenrechnung nicht. Der Mangel wurde jedoch durch die kostenstellenbezogen realisierte Grenzplankostenrechnung geheilt. Die für Zwecke der Wirtschaftlichkeitskontrolle entwickelte Kostenspaltung lieferte – im Zusammenwirken mit der Unterscheidung von Einzel- und Gemeinkosten – die notwendigen Ausgangsinformationen.[50] Mit diesen Erweiterungen war und ist die Kostenrechnung in der Lage, die wesentlichen Ausgangsdaten zur operativen Planung der Unternehmen bereitzustellen.

Die operative Planung – die in ihrer Grundstruktur in (Abb. 2.6) dargestellt ist – erlangte in Großunternehmen eine zentrale Bedeutung für die Führung der komplexen Strukturen. In aufwendigen, mehrere Monate umfassenden Planungs- und Budgetierungsprozessen wurden Zielvorstellungen der obersten Instanz mit Möglichkeiten der leistenden Einheiten abgeglichen. Unabhängig von der vorherrschenden Richtung (top-down, bottom-up, Gegenstrom[51]) erwies sich die angestrebte Verbindung des Überblickswissens der Unternehmensleitung und des Detailwissens der

---

[50] Konsequent wandelt sich der Titel des Kilger'schen Standardwerks zur Plankostenrechnung zur „Flexiblen Plankostenrechnung und Deckungsbeitragsrechnung" (Kilger 1993).

[51] Vgl. hierzu kurz (Weber und Schäffer 2011, S. 257 f), mit einem empirischen Beleg aus dem WHU-Controllerpanel.

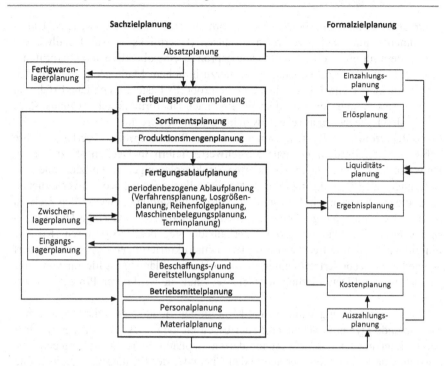

Abb. 2.6 Struktur der operativen Unternehmensplanung

ausführenden Einheiten ohne eine allgemein akzeptierte, durch positive Erfahrung legitimierte Zahlenbasis als undurchführbar. Die Kosten- und Deckungsbeitragswerte der Kostenrechnung gewannen in den Planungsprozessen den Charakter einer Planungssprache, dessen Pflege Controllern übertragen wurde.[52] Die Werte müssen dazu folgende Bedingungen erfüllen:

- *Bezug auf den Planungshorizont:* Aufgrund des Periodenerfolgskonzepts der Kostenrechnung und des Zeithorizonts der Sollkostenfunktionen (1 Jahr und kürzer) wurde und wird diese Bedingung erfüllt.
- *Hohe Erwartungssicherheit:* Große Unternehmen mit einer Vielzahl miteinander verbundener Leistungserstellungsprozesse lassen sich nur dann integriert „beplanen", wenn die einzelnen Planungsansätze mit hoher Sicherheit eintreffen. Hohen Varianzen wohnt bei gewolltem hohen Integrationsgrad die Tendenz inne, sich nicht auszugleichen, sondern zu erheblichen Koordinationsdefekten zu führen. Die Kostenrechnung wird der Bedingung hoher Erwartungssicherheit implizit durch die Unterstellung der Gültigkeit der Sollkostenfunktionen und der durch Preisindizierung erfolgenden Fortschreibung der Gemeinkosten gerecht.

---

[52] Vgl. zur Rolle von Controllern in der Planung im Überblick (Weber und Schäffer 2011, S. 269–278).

- *Objektivität und Überprüfbarkeit:* Informationsasymmetrien zwischen Unternehmensleitung und dezentralen Instanzen (Überblicks- versus Detailwissen) erfordern für einen effizienten Planungsprozess eine objektive und überprüfbare Datenbasis. Die Kostenrechnung ist hierzu in hohem Maße geeignet: Ihre Prozeduren sind vielfach beschrieben und erprobt. Es besteht erhebliche Erfahrung ihrer Anwendung. Sie wird dem Wunsch nach Überprüfbarkeit der Planansätze u. a. durch die systematische Abweichungsanalyse gerecht.

Die Integration der Kostenrechnung in den Planungsprozess verlagerte ihre Schwerpunkte. Produktbezogene Kostenwerte liefern in Deckungsbeitragsform Hinweise für anstehende, in gesonderten Strukturplanungen zu vollziehende Veränderungen des Produktprogramms. Kostenstellenbezogene Kostenwerte dienen dazu, die Realisierbarkeit der von der Unternehmensleitung gewünschten Ziele zu belegen bzw. notwendige Anpassungsbedarfe aufzuzeigen. Geringe Differenzen signalisieren die Realisierbarkeit innerhalb der gegebenen Strukturen (Kostenfunktionen); große Differenzen erfordern Umstrukturierungen. Für solche bedarf es wiederum gesonderter Planungen; die operative Planung ist hierfür von ihrer Ausrichtung und Detaillierung her nicht geeignet; sie wird durch Projektpläne ergänzt.

Die Kostenrechnung richtete sich damit an den Bedürfnissen der Planung aus: Zunehmende Dynamik verringerte oder beseitigte den Wissensvorsprung der Instanz, wie er noch für die Ursprünge der Grenzplankostenrechnung gegeben war. Zunehmende Komplexität verlagerte den Charakter der Planung von Optimierung zu Koordination; zunehmende Dynamik unterstützte diese Entwicklung.

2.4   Konzeptionelle Weiterentwicklungen der Kostenrechnung

Die konzeptionelle Entwicklung der Kostenrechnung ist nicht mit der skizzierten Planungsorientierung beendet. Von den Weiterentwicklungen sollen im Folgenden vier näher dargestellt werden, denen für die Gestaltung einer Logistikkostenrechnung eine besondere Bedeutung zukommt bzw. zukommen kann.

2.4.1   Relative Einzelkostenrechnung

Das erste anzusprechende System – die auf Riebel zurückgehende relative Einzelkostenrechnung[53] – entstand fast zeitgleich mit der Plankostenrechnung und den darauf aufbauenden Deckungsbeitragsrechnungen, die im Vorstehenden bereits eingeordnet wurden. Sie wird trotzdem hier vorgestellt, weil sie sich in einigen

---

[53] Die Bezeichnung des Riebel'schen Systems ist in der einschlägigen Literatur nicht eindeutig. Parallel wird Einzelkosten- und Deckungsbeitragsrechnung oder nur Einzelkostenrechnung verwendet. Vgl. zum Konzept ausführlich (Riebel 1994).

Merkmalen grundlegend von den anderen Kostenrechnungssystemen unterscheidet und damit Anregungen für die Gestaltung einer Logistikkostenrechnung liefern kann.

Ausgangspunkt der relativen Einzelkostenrechnung ist das Bestreben, auf jegliche Schlüsselung von Gemeinkosten zu verzichten. Den Hintergrund hierfür liefert eine stark naturwissenschaftlich geprägte Sicht der Kostenrechnung, die dieser den Charakter eines exakten Messinstruments zuweist. Die möglichst wirklichkeitsnahe Abbildung der Realität[54] ist Kern und Bestimmungsgröße des Riebel'schen Ansatzes. Aus ihr resultieren die folgenden Grundmerkmale des Konzepts:

- *Zahlungsorientierter Kosten- und Erlösbegriff:* Kosten sind ein aus mehreren Merkmalen gebildetes Konstrukt. Insbesondere im vorherrschenden wertmäßigen Kostenbegriff lassen sich mehrere dieser Merkmale nicht exakt messen. Messbarkeit ist jedoch Voraussetzung für ein naturwissenschaftlich geprägtes Verständnis der Kostenrechnung. Objektive Messbarkeit besteht für Zahlungen. Deshalb lehnt sich der Riebel'sche Kosten- und Erlösbegriff eng an das Vorliegen von Zahlungen an.[55]

- *Rekurrieren auf Entscheidungen:* Auslöser für Kosten sind Entscheidungen. Eine objektive Messung muss den Bezug der Zahlungen zu Entscheidungen herstellen.

- *Aufgabe des Periodenerfolgskonzepts:* Das Rekurrieren auf Entscheidungen führt dazu, die Zäsur der Periode zu überwinden: Die Bildung von Abschreibungen bedeutet für Riebel eine unzulässige Schlüsselung von Gemeinkosten, weil für den Anfall von Anlagenkosten die Investitionsentscheidung ursächlich ist, es keine über die Nutzungsdauer der Anlage periodisierten Bereitstellungsentscheidungen gibt. Damit fehlt der Riebel'schen Rechnung ein Identifikationsmerkmal üblicher Kostenrechnung.

- *Vielfalt von Bezugsobjekten:* In Unternehmen findet eine Vielzahl von sehr unterschiedlichen Entscheidungen statt. Für sie Zahlungskonsequenzen zu ermitteln und auszuweisen, bedeutet, deutlich über den Informationsgehalt einer traditionellen Kostenrechnung hinauszugehen. Das Nebeneinander von Kostenarten, Kostenstellen und Kostenträgern wird durch eine Vielzahl weiterer Bezugsgrößen ergänzt.[56]

- *Aufbau von Bezugsgrößenhierarchien:* Entscheidungen werden nicht unabhängig voneinander getroffen, sondern stehen miteinander in Verbindung. Insbesondere finden sich hierarchische Entscheidungsfolgen: Rahmenentscheidungen werden sukzessiv durch Folgeentscheidungen ausgefüllt. Dies bedeutet zum einen, dass der Begriff der Einzelkosten stets relativ zu verwenden ist. Zum anderen lassen

---

[54] Besonders prägnant wird dieser Ansatz auch in der Dissertation seines Schülers (Hummel 1970).

[55] „Kosten sind die durch die Entscheidung über das betrachtete Objekt ausgelösten zusätzlichen... Ausgaben (Auszahlungen)" – (Riebel 1994, S. 427). Allerdings gelingt es auch Riebel nicht immer, auf Hypothesen des Zusammenhangs zwischen Kalkulationsobjekt und Zahlungsanfall zu verzichten.

[56] Vgl. auch den Abschn. 9.1.3. im vierten Teil dieses Buches.

sich Bezugsgrößen oftmals in Hierarchien ordnen (z. B. einzelne Produkteinheit – Produkt – Produktgruppe – Geschäftsfeld).

- *Präzisierung des Zurechnungsprinzips:* Stellt man das Verursachungsprinzip der Vollkostenrechnung dem Marginalprinzip der Plankostenrechnung gegenüber, so ist letzteres durch eine deutlich engere Auffassung der Ursache-Wirkungs-Beziehung zwischen Leistungen und Kosten gekennzeichnet. Das Abstellen auf einzelne Entscheidungen führt zu einer noch weiteren Präzisierung: statt eines eindeutigen wird ein eineindeutiger Zusammenhang verlangt.[57]

Schon die kurzen Ausführungen machen deutlich, dass der Versuch der möglichst objektiven Messung zu einer sehr komplexen Ausgestaltung der Kostenrechnung führt. Sehr hohe Anforderungen an die Güte der Kostenerfassung gehen einher mit solchen an die physische Repräsentation der Daten und an die Fähigkeit, die erfassten Daten adäquat auszuwerten. Die Vernachlässigung der Adressaten der Rechnung bei der Konstruktion des Systems lässt sich als zentraler Kritikpunkt formulieren: Wer eine naturwissenschaftlich motivierte Abbildung der Realität fordert, negiert die Tatsache, dass Informationen „im richtigen Leben" stets das Verhalten der handelnden Akteure beeinflussen, dass die naturwissenschaftlich zu fordernde Beobachterunabhängigkeit im wirtschaftswissenschaftlichen Kontext genau nicht gegeben ist. Dies führt dazu, das Riebel'sche Konzept zumindest in konzeptioneller und symbolischer Rolle abzulehnen. Instrumentell besteht das angesprochene Problem des Nutzungs-Know-hows. Zusammen mit hohen Erfassungs- und Systemkosten wird die fehlende Umsetzung des Ansatzes in der Praxis verständlich.

Dennoch können die Überlegungen von Riebel einen wesentlichen Nutzen bei der Konzipierung einer Logistikkostenrechnung spielen: Sie schärfen den Blick für Zurechenbarkeiten und Ungenauigkeiten und bilden so in einer Gestaltungsdimension einen Referenzpunkt. Wir werden deshalb im Teil 4 dieses Buches noch mehrfach auf das Konzept zurückkommen.

2.4.2 Prozesskostenrechnung

Prozesskostenrechnung ist ein Begriff, der Ende der 1980er Jahre die Kostenrechnungsdiskussion und -gestaltung maßgeblich beeinflusst hat.[58] Die Prozesskostenrechnung wird in Deutschland z. T. auch als Vorgangskalkulation bezeichnet. In den USA werden – bei ähnlichem Inhalt – die Begriffe Activity Based Costing oder Cost-Driver Accounting verwandt.[59] Obwohl z. T. anders dargestellt, bedeutet die

---

[57] Dies bedeutet z. B., dass man Sortenwechselkosten nicht einer einzelnen Sorte, sondern nur den Sorten insgesamt exakt zurechnen kann. Vgl. kurz (Schweitzer und Küpper 2011, S. 56–58).

[58] Wesentlichen Anteil an der Entwicklung der Prozesskostenrechnung in den USA hat Kaplan (vgl. z. B. Kaplan 1988), in Deutschland Horváth (vgl. z. B. Horváth et al. 1993). Beide berichten in späteren Werken auch über konkrete Anwendungserfahrungen. (Vgl. Kaplan und Cooper 1999; Horváth und Partner 1998).

[59] Vgl. im Überblick (Hilton 2008; Horngren et al. 2009).

Prozesskostenrechnung kein neues Kostenrechnungssystem, sondern eine Verfeinerung bestehender.

Die Prozesskostenrechnung setzt speziell an Mängeln in der Behandlung von Gemeinkosten an. Die Kritik betrifft insbesondere die Behandlung von der Fertigung vor- und nachgelagerten Dienstleistungsbereichen, wie z. B. Bestelldisposition, Fertigungsvorbereitung und -steuerung, Lagerung und Transport.[60] Für sie dominieren in der Vollkostenrechnung sehr grobe, pauschale Verrechnungsmodi (z. B. in Form von Umlagenanlastung), und auch in der Plankostenrechnung werden sie unzureichend durchdrungen: Die analytische Kostenplanung wird in den Unternehmen in aller Regel nur auf „produktive" Bereiche, konkret auf Fertigungsendkostenstellen angewandt. Vorleistungen erbringende Kostenstellen, letztlich der gesamte Gemeinkostenbereich, wird von der Rechnung deutlich weniger detailliert berücksichtigt. Durch die verbesserte Durchdringung dieser Bereiche verspricht die Prozesskostenrechnung sowohl eine bessere interne Steuerung als auch eine genauere Produktkalkulation.

Die Prozesskostenrechnung geht in mehreren Schritten vor. Die Schritte sind einem Kostenrechner aus den bekannten Kostenrechnungssystemen weitgehend oder gänzlich geläufig.

2.4.2.1 Schritt: Leistungs- und Prozessanalyse

Grundidee der Prozesskostenrechnung ist es, auch im Gemeinkostenbereich erbrachte Leistungen als Basis für die Zuordnung von Kosten zu Produkten zu verwenden. Verwaltungsleistungen werden in den traditionellen Kostenrechnungssystemen nicht erfasst und kalkuliert. Definitions- und Erfassungsprobleme sind hierfür ebenso begründend wie eine hohe Vielgestaltigkeit der Verwaltungstätigkeit. Die Prozesskostenrechnung nähert sich dem Problem in zwei Schritten:

- Zum einen versucht sie, die Vielfalt der erbrachten Leistungen durch die Bündelung wichtiger Aktivitäten zu Hauptprozessen zu reduzieren, für die sich eine Zuordnung zu den Produkten herstellen lässt. Hauptprozesse fassen Teilprozesse zusammen, die sich über mehrere Kostenstellen hinweg erstrecken. Ein Beispiel hierfür ist etwa der Hauptprozess „Aufnahme eines zusätzlichen Produkts in das Produktionsprogramm" mit den Aktivitäten Konstruktion, Produkttest, Kalkulation, Einplanung in die Produktion, Erstellung von Stücklisten, Vergabe einer Artikelnummer, Einrichtung eines Lagerplatzes und Änderung der Transportplanung.
- Zum anderen analysiert die Prozesskostenrechnung die einzelnen Aktivitäten in den betroffenen Kostenstellen genauer. Dabei geht es zum einen um die Definition und Abgrenzung der einzelnen Aktivitäten, zum anderen um Fragen ihrer Erfassbarkeit. So hat man sich etwa in einer Transportkostenstelle dafür zu entscheiden, ob man als Leistungsmaß die abgefertigte Tonnage („Tonnenkilometer"), das bewegte Transportvolumen, die Zahl bewegter Paletten und oder Behälter, zusätzlich die Transportdauer (z. B. Eiltransporte), vielleicht sogar die Transportzeit (u. U. relevant für die Höhe der Personalkosten: Nachtzuschläge)

---

[60] Hier wird der enge, ja unlösbare Bezug zu einer Logistikkostenrechnung sichtbar.

verwenden will. Alle Merkmale können unterschiedliche Leistungen definieren und mit unterschiedlichem Kostenanfall verbunden sein. Je differenzierter man Aktivitäten definiert, desto schwieriger und aufwendiger wird aber auch die laufende Erfassung der erbrachten Leistungen – wir werden auf diesen Punkt an späterer Stelle des Buches (im Abschn. 6.2 des Buches) noch ausführlich zurückkommen.

2.4.2.2   Schritt: Zuordnung von Kosten zu Prozessen

Jedem Teilprozess bzw. jeder Aktivität sind die von ihm verursachten Kosten zuzuordnen:

* Beanspruchen die unterschiedlichen Aktivitäten dieselben Produktionsfaktoren, so sind Verrechnungsverfahren wie etwa eine Verrechnungssatzkalkulation anzuwenden.
* Unterscheiden sich die Aktivitäten im Erstellungsprozess stark voneinander – werden sie z. B. von unterschiedlich spezialisierten Mitarbeitern erbracht –, so muss man versuchen, die Kostenstelle weiter in kleinere Abrechnungsbezirke aufzuspalten („Kostenplätze").

In beiden Fällen wird man mit den bekannten Problemen der Kostenverbundenheit und der Notwendigkeit ihrer Aufteilung konfrontiert. Hierin unterscheidet sie sich von der traditionell stark auf Produktionsprozesse ausgerichteten Vollkostenrechnung nicht.

2.4.2.3   Schritt: Bestimmung der Kostentreiber

Für die unterschiedenen Prozessarten sind im nächsten Schritt die jeweiligen „Kostentreiber" (Cost Driver) zu ermitteln, also die Faktoren, die die Prozessinanspruchnahme der entsprechenden Leistungen bestimmen. Für die Aktivität Fertigungsplanung wäre dies z. B. die Zahl der zu bearbeitenden Fertigungsaufträge, gegebenenfalls unterteilt in Standard- und Sonderaufträge, für die angesprochene Transportleistung eine der genannten Leistungsgrößen (z. B. Zahl der transportierten Behälter). Besitzt eine Aktivität einen starken Anteil dispositiver Tätigkeit, findet sich ein solcher Kostentreiber nur schwerlich. Derartige Prozesse werden in der Prozesskostenrechnung auch als „leistungsmengenneutral" bezeichnet.[61] Ähnlichkeiten dieses 3. Schritts der Prozesskostenrechnung zum Vorgehen einer Verrechnungssatz- bzw. Bezugsgrößenkalkulation[62] sind trotz der unterschiedlichen Notation nicht zu übersehen.

2.4.2.4   Schritt: Prozessmengenermittlung

Für die Kostentreiber sind die jeweiligen Mengenausprägungen (z. B. Zahl abgewickelter bzw. im nächsten Jahr abzuwickelnder Fertigungsaufträge) zu bestimmen.

---

[61] Die Begriffe „leistungsmengenneutral" und „leistungsmengeninduziert" gehen auf Horváth und Meyer zurück. (Vgl. Horváth und Meyer 1989, S. 216).

[62] Vgl. zu diesen traditionellen Kalkulationsverfahren (z. B. Weber und Weißenberger 2010, S. 301–313), und den Abschn. 11.2.1. im vierten Teil dieses Buches.

Dies bedeutet im Vergleich zum traditionellen Vorgehen in der Kostenrechnung –
wie bereits angemerkt – einen nicht unerheblichen zusätzlichen Aufwand, da derartige Informationen häufig nicht ausreichend erfasst und oder geplant worden sind.
Nur für einen Teil der Daten stehen vorhandene DV-Systeme zur Verfügung (z. B.
Betriebsdatenerfassungssysteme, aus denen man viele materialflussbezogene Daten
gewinnen kann).

2.4.2.5 Schritt: Prozesskostenermittlung

Im fünften Schritt werden Kosten pro Prozessmengeneinheit (z. B. pro Fertigungsauftrag) ermittelt. Dieses Vorgehen gleicht dem von Bezugsgrößen- bzw. Verrechnungssatzkalkulation. Es gibt innerhalb der Befürworter der Prozesskostenrechnung
unterschiedliche Auffassungen, ob man in diese Prozesskosten pro Prozesseinheit
auch die Kosten der leistungsmengenneutralen Prozesse einbeziehen sollte oder
nicht.[63] Dieser Frage liegt die Überlegung zugrunde, ob man die Prozesskostenrechnung nicht nur als Vollkostenrechnung sehen,[64] sondern auch als Teilkostenrechnung gestalten sollte.[65]

Unabhängig davon gilt es, in der praktischen Anwendung der Prozesskostenrechnung einen wichtigen Unterschied zu üblichen Bezugsgrößen- bzw. Verrechnungssatzkalkulationen zu berücksichtigen: In einer Fertigungskostenstelle wird
die Produktionsfunktion wesentlich durch den Produktionsfaktor Anlagen festgelegt; Menschen arbeiten an Maschinen bzw. diesen zu; ihre Arbeitszeit wird durch
die Maschinentakte bestimmt. Verwaltungsprozesse sind dagegen im Wesentlichen
menschendeterminiert. Die Leistung von Menschen ist viel stärker beeinflussbar
und schwankt potenziell weit stärker. Damit unterliegt die Aussage „Kosten pro
ausgeführter Beschaffungsauftrag" in der Bestellabwicklung einer deutlich höheren
Schwankungsbreite als die „Kosten pro gepresstes Blechteil" in der Kostenstelle
Presswerk.

2.4.2.6 Schritt: Prozesskostenkalkulation

Im letzten Schritt werden die Prozesskosten den Produkten im Rahmen der Kostenträgerrechnung belastet. In kostenrechnerischen Termini ausgedrückt, wandelt die
Prozesskostenrechnung dazu den Charakter bisheriger Vorkostenstellen in Endkostenstellen um: Während bislang z. B. die Kosten der Fertigungssteuerung mittels
Schlüsseln auf die Fertigungsendkostenstellen umgelegt wurden, verrechnet sie
ihre Kosten in der Prozesskostenrechnung direkt auf die Produkte. Hierzu muss
man zusätzlich festhalten, wie viel Prozessmengeneinheiten jedes Produkt jeweils
in Anspruch genommen hat. Auch hiermit sind erhebliche Erfassungs- und oder

---

[63] Vgl. (z. B. die bei Horváth 1998, S. 543–545), wiedergegebene Diskussion.

[64] Vgl. zur Sicht der Prozesskostenrechnung als Vollkostenrechnung z. B. Coenenberg et al. 2009,
S. 170.

[65] In der Praxis gebräuchliche Teilkostenrechnungen ordnen den Produkten lediglich die Einzelkosten und die variablen Gemeinkosten zu und ermitteln durch Gegenüberstellung von Kosten und
Erlösen Deckungsbeiträge.

Planungskosten verbunden.[66] Zudem ergeben sich vielfältige Verdichtungsproble-
me, auf die an dieser Stelle aber nicht eingegangen werden soll.

Die Diskussion um die Prozesskostenrechnung hat dazu geführt, den Gemein-
kostenbereichen eine stärkere kostenrechnerische Aufmerksamkeit zukommen zu
lassen. Die Prozesskostenrechnung hat Ende des 20. Jahrhunderts international eine
„Aufbruchsstimmung" innerhalb der Kostenrechnung ausgelöst, dies primär in der
Praxis, in der die eingeführten Konzepte lange Jahre nicht mehr verändert wurden.
Sie hilft Überlegungen zum Aufbau einer Logistikkostenrechnung ebenso, wie sie
als Anlass bzw. Ansatzpunkt für eine Strukturveränderung in den Overhead-Berei-
chen dienen kann.[67]

In Deutschland ist das Konzept allerdings auf deutlich weniger Begeisterung
gestoßen. Der Grund dafür ist die deutlich differenzierte Ausgestaltung der Kostenrechnung, wie sie im Bereich der Kostenstellenrechnung in Deutschland seit
langem üblich ist. Deshalb verwundert es nicht, dass die aktuelle praktische Durchdringung und Nutzung der Prozesskostenrechnung die anfängliche Euphorie nicht
haben bestätigen können.[68]

2.4.3 Transaktionskostenrechnung

Die traditionelle Kostenrechnung basiert – obwohl ursprünglich für die Preisfindung
spezifischer Güter konzipiert – auf einer zumeist nicht explizit genannten Grund-
annahme: Die Produktionsprozesse (einschließlich der vorgelagerten Beschaffung)
können vom Vertrieb insofern separiert werden, als Einzelkunden keinen unmittelbaren Einfluss auf die Gestaltung der Transaktionsstrukturen nehmen. Mit anderen
Worten: Das Unternehmen agiert beschaffungs- und absatzseitig in „klassischen"
Märkten. Es richtet sich auf eine vermutete Nachfrage nach Produkten unterschiedlicher Art und Differenzierung aus und gestaltet nach diesen Erwartungen seine
Beschaffungs-, Produktions- und Distributionsstrukturen. Für die einzelnen Markttransaktionen werden diese Strukturen genutzt, aber von diesen nicht strukturbe-
stimmend bzw. -verändernd beeinflusst. Nur deshalb ist es möglich, die Kosten der
Führung (als strukturgestaltende Instanz) so undifferenziert in der Kostenrechnung
zu behandeln, wie dies durchweg geschieht. Die traditionelle Kostenrechnung ist
auf die Abwicklung eines Massenphänomens ausgerichtet, nicht auf spezifische
Transaktionen zwischen Unternehmen und Kunden.

Eine solche Ausrichtung stößt dann an Grenzen, wenn es – z. B. aus Gründen
stärkerer Differenzierung – zu einem Nebeneinander von Spot- und relationalen
Beziehungen kommt. Dem Aufbau kundenindividueller, längerfristig angelegter
Beziehungen kommt sowohl in der Praxis als auch in der Theorie eine stark stei-

---

[66] Wir werden für die Logistikkostenrechnung an späterer Stelle des Buches (in Abschn. 11.2.3. im vierten Teil) hierauf noch im Detail eingehen.

[67] Diese werden standardmäßig als zentraler Grund für die Einführung einer Prozesskostenrechnung angeführt. (Vgl. z. B. Friedl et al. 2010, S. 446–450).

[68] Vgl. die Hinweise bei (Friedl et al. 2010, S. 476).

Transaktionskosten des Absatzes

- Suchkosten (Kosten der Suche nach einem geeigneten Marktpartner)
- Anbahnungskosten (Kosten der Vorbereitung von Verhandlungen)
- Verhandlungskosten (z.B. Kosten der Rechtsberatung, Reisekosten)
- Entscheidungskosten (z.B. Kosten der Stäbe, interne Durchsetzungskosten)
- Vereinbarungskosten (z.B. Kosten der Vertragsausfertigung)
- Kontrollkosten (z.B. Kosten für eventuell notwendig werdende Vertragsveränderungen)
- Beendigungskosten (z.B. Kosten von Vertragsaufhebungen, Abfindungen)

Transaktionskosten der Beschaffung

- Kosten der Forschung und Entwicklung
- Kosten der transaktionsspezifischen Fertigungsanlagen
- Kosten der Einrichtung einer Organisation für die Durchführung der Transaktion
- Kosten der Einstellung und Schulung von Personal für derartige Transaktionen
- Kosten der Beschaffung transaktionsspezifischer Werkstoffe

Abb. 2.7 Überblick über Transaktionskosten nach Albach

gende Bedeutung zu.[69] Kundenbezogene Einzelgeschäfte bedingen i. d. R. spezielle dispositive Leistungen, sei es für eine Einzelleistung (z. B. gesonderte Vor- und Einplanung eines spezifischen Fertigungsvorgangs für eine kundenspezifische Produktvariante), sei es zur Ermöglichung einer hohen Flexibilität und Reaktionsgeschwindigkeit zur Anpassung an sich ändernde Kundenwünsche.[70] Deshalb steigt die Notwendigkeit, sie in der Kostenrechnung gesondert abzubilden.

Noch ein weiterer Trend im Wettbewerb wirkt in dieselbe Richtung: Unternehmen konzentrieren sich – wie bereits angesprochen – immer mehr auf ihre Kernkompetenzen. Auch komplexe Leistungsbündel (wie in Entwicklungspartnerschaften Teile der Forschung und Entwicklung) werden zunehmend ausgelagert. Derartige Auslagerungen so zu gestalten, dass sie führbar bleiben,[71] erfordert erhebliche dispositive Anstrengungen.

Spezifische Führungsleistungen für derartige relationale Markttransaktionen verursachen spezifische Kosten, die in der traditionellen Kostenrechnung nicht gesondert abgebildet werden. Einen Überblick über die Struktur dieser Kosten gibt (Abb. 2.7).[72] Unter Transaktionskosten des Absatzes werden all jene Kosten zusammengefasst, die zur Vorbereitung, Durchführung und Beendigung von Verträgen über Absatzleistungen beim liefernden Unternehmen anfallen. Die Transaktions-

---

[69] Im Marketing wird die Thematik unter dem Begriff des „Relationship-Marketing" behandelt (vgl. z. B. Bruhn 2001; Nath et al. 2009). Vgl. auch die Ausführungen im 3. Teil dieses Buches (Abschn. 8.2.).

[70] Dies kann zu spezifischen Produktionskonzepten führen, die unter dem Stichwort „Mass Customization" diskutiert werden. Vgl. z. B. Chopra und Meindl 2010, S. 438, ausführlich Homburg und Weber 1996).

[71] Z. B. zur Vermeidung von Abhängigkeit oder von im Zeitablauf fehlender Einschätzungsfähigkeit von Leistungsfähigkeit und Preiswürdigkeit des Lieferpartners.

[72] (Vgl. Albach 1988, S. 1160).

kosten der Beschaffung erfassen den Faktorverzehr für alle transaktionsspezifischen dispositiven Aktivitäten, die zur leistungswirtschaftlichen Abwicklung des Vertragsinhalts erforderlich sind.

Die Frage, ob diese Transaktionskosten in der laufenden Kostenrechnung differenziert abgebildet werden sollen, sei am Beispiel einer Beziehung zwischen einem Kunden und einem Systemlieferanten diskutiert, wie sie insbesondere in der Automobilindustrie häufig anzutreffen ist.[73] Systemlieferant und Kunde sind durch enge wechselseitige Informationsbeziehungen gekennzeichnet. Der Lieferant wird zumeist in die Entstehungsphase des Lieferbedarfs, d. h. in die Produktgestaltung des Kunden, mit einbezogen. Ziel dieser Integration ist das beiderseitige Nutzen des jeweiligen spezifischen Know-hows. Jeweils liegt die Erwartung zugrunde, dass die damit verbundenen Vorteile die Risiken aus gegenseitiger Abhängigkeit überkompensieren.

Für in Interaktion zwischen Lieferant und Kunde entstehende Produkte liegen keine Marktpreise vor. Sie sind aus den Kosten und den (für den Abnehmer oft nicht bekannten) Gewinnvorstellungen des Lieferanten abzuleiten. Insofern scheint eine analoge Ausgangssituation gegeben zu sein, wie sie für die Entstehung der Vollkostenrechnung begründend war. Bei näherer Betrachtung ergibt sich jedoch ein zentraler Unterschied: Für die relationale Beziehung liegt keine derart ausgeprägte Informationsasymmetrie vor; Partner in relationalen Beziehungen nehmen vielmehr im Prozess der Leistungsgestaltung einen weitgehenden Ausgleich zuvor vorhandener Wissensdifferenzen vor. Die Interaktion bezieht sich dabei nicht nur auf das zu liefernde Produkt selbst, sondern explizit auch auf die Strukturen und Prozesse, die beim Lieferanten zur Deckung des Lieferbedarfs erforderlich sind. Damit ergeben sich für die Erfassung des Werteverzehrs beim Lieferanten folgende abweichende Bedingungen:

- Die Analyse des Werteverzehrs bezieht sich auf die voraussichtliche Dauer der relationalen Beziehung, im Falle einer Systemkomponente eines Automobils z. B. auf die Dauer der Laufzeit eines Modells. Ein Periodisierungsansatz, wie er für die Vollkostenrechnung unvermeidlich war, wäre hier unpassend.
- Die Analyse des Werteverzehrs bezieht sich exakt und ausschließlich auf die zu realisierende relationale Beziehung.[74] Dies ist der für die Vollkostenrechnung anfangs konstatierten Unabhängigkeit der Kostenanlastung vom individuellen Einzelfall genau konträr. Ging es dort darum, die einzelnen Aufträge nach exakt gleichen Prozeduren (z. B. Gemeinkostenzuschlägen) zu belasten, geht es in einer relationalen Beziehung um die Ermittlung der *individuellen* Kosten über

---

[73] Vgl. zum Folgenden (Weber 1997, S. 19 f). Eine ausführliche Diskussion findet sich auch bei (Matje 1996, S. 189–238), für den Beschaffungsbereich, und allgemein bei (Weber et al. 2001). Vgl. zu den besonderen Anforderungen an die Logistik in der Automobilindustrie (z. B. Krog und Statkevitch 2008).

[74] Dies bedeutet nicht, dass Verbundeffekte zu anderen relationalen Beziehungen ausgeschlossen werden. Sie sind bei Systemlieferanten die Regel. „Exakt und ausschließlich" bedeutet vielmehr, dass die Analyse speziell für die einzelne betrachtete Beziehung erfolgt, d. h. dass Fragen der Auswirkung auf andere Beziehungen vom Standpunkt der und für die betrachtete(n) Beziehung(en) beantwortet werden.

die Laufzeit der Beziehung. Anfangs erwartete bzw. kalkulierte Werte sind so etwa durch gemeinsame Rationalisierungsüberlegungen vorab und oder im Zeitablauf (Erfahrungskurve) zu beeinflussen, nicht als scheinbar exakt und unveränderbar zu akzeptieren.

- Sind entsprechende längerfristige Lieferverträge mit den erarbeiteten Konditionen geschlossen, bedürfte es eigentlich keiner laufenden Erfassung der tatsächlich anfallenden Kosten. Dennoch werden die Partner in einer relationalen Beziehung kaum darauf verzichten. Die Kostenerfassung fungiert dann als Instrument zur Vertrauenssicherung, indem ein – wenn auch im Vergleich zur Planung ggf. weniger differenzierter – laufender Nachweis über die kostenmäßige Entwicklung der Lieferbeziehung geleistet wird. An dieser Stelle gewinnt eine vorhandene laufende Kostenrechnung an Bedeutung. Der Rückgriff auf ohnehin erfasste Daten erhöht die Glaubwürdigkeit der für den Nachweis gelieferten Zahlen und hilft, das stets potenziell konfliktträchtige Aufteilen von Effizienzgewinnen in der Relation im Zeitablauf auf eine objektive Zahlenbasis zu stellen.[75]

Hierbei handelt es sich schließlich nicht um den einzigen Vorteil einer „normalen", laufenden Kostenrechnung für eine relationale Lieferbeziehung. Das Vorhandensein einer solchen Rechnung hat zum einen eine Signallingfunktion in Bezug auf Kostenmanagementfähigkeiten. Zum anderen besitzt Kostenrechnung – wie bereits angesprochen – die Eigenschaft einer Sprache: Sie erleichtert Kommunikationsprozesse. Wenn sich ein Unternehmen noch nie mit Fragen der Bewertung einzelner Faktorverbräuche (z. B. in Form von Abschreibungsbildung) und noch nie mit der Abgrenzung von Entscheidungsfeldern (z. B. in Fragen der Kostenzurechnung) beschäftigt hat, fällt auch die Diskussion über zusätzliche Kosten einer Lieferbeziehung schwerer als mit diesem Wissen.

Für den in der Entwicklung der Kostenrechnung zweiten wesentlichen Anstoß, die Unterstützung von Weisungsbeziehungen zwischen Management und dezentralen Verantwortlichen (Wirtschaftlichkeitskontrolle), ist für eine Transaktionskostenrechnung im Wesentlichen ablehnend zu argumentieren. Ein derartiger Einsatz setzt ein Normwissen über die zu betrachtenden Transaktionsprozesse voraus, das sich idealerweise in Form von Produktions- und Kostenfunktionen ausprägt. Hierzu muss die Prozessstruktur im Wesentlichen repetitiver Natur sein. Nur dann ist es sinnvoll, spezielle Kostenstellen für derartige homogene Transaktionsteilprozesse oder prozessbündel einzurichten, für diese eine transaktionsbezogene Leistungs- und Kostenplanung vorzunehmen und durch laufend erfasste Kosten eine periodische Kontrolle zu ermöglichen. Ist der Grad der Repetitivität dagegen gering, bleibt der Nutzen (aufwendig) erfasster Kosten ebenfalls gering. Eine solche Situation dürfte in den meisten Unternehmen der Normalfall sein.

Eine Transaktionskostenrechnung erweist sich für die Logistik abschließend insbesondere deshalb als ein interessanter Bezugspunkt, weil sie sich mit der Abbildung von administrativen und dispositiven Leistungen beschäftigt, die auch im Mittelpunkt einer Logistikkostenrechnung stehen. Zudem ergeben sich diverse

---

[75] Hiermit wird eine Ausprägung eines sog. „Open Book Accounting" beschrieben. Wir werden auf dieses im 5. Teil des Buchs im Abschn. 16.2.1.3. noch ausführlicher eingehen.

Überschneidungen, insbesondere, wenn man die Logistik in ihrer vierten Entwicklungsstufe betrachtet. Zudem zeigt die kurze Diskussion der Transaktionskostenrechnung Grenzen in Hinblick auf eine Realisierung als laufende Rechnung auf, die ähnlich auch für eine Logistikkostenrechnung relevant sind.

2.4.4 Koordinationskostenrechnung

Auf der Suche nach Bezugspunkten für die Gestaltung einer Logistikkostenrechnung sei als letztes der Blick auf Grundüberlegungen zu einer Organisations- bzw. Koordinationskostenrechnung gerichtet. Ansatzpunkt für diese ist die in der Organisationstheorie seit langem gestellte Frage, mit welchem Mechanismus sich die Unternehmung am besten koordinieren lässt. Die hierfür erarbeiteten Antworten lassen durchweg Lücken. Dies liegt zum einen an der wesentlichen Problematik, den Nutzen von Koordinationsaktivitäten zu bestimmen. Doch auch dann, wenn man vereinfachend die Annahme gleicher Nutzenhöhe trifft, also lediglich auf Effizienz abstellt, stößt man mit der Frage nach den Kosten unterschiedlicher Koordinationsmechanismen in kostenrechnerisches Neuland vor: „Das traditionelle Rechnungswesen liefert gegenwärtig keine hinreichende Information für die Beantwortung der Frage, ob und unter welchen Bedingungen die Einsparung von Transaktionskosten am Markt sinnvoll ist, weil die zusätzlich entstehenden Koordinationskosten im Unternehmen niedriger sind. Auch für die Wahl zwischen unterschiedlichen Organisationsentwürfen des Unternehmens liefert das Rechnungswesen keine Anhaltspunkte".[76]

Wenn auch bis heute noch keine geschlossene Konzeption einer solchen Koordinationskostenrechnung vorliegt und praktische Anwendungserfahrungen fehlen, so lassen sich dennoch zwei wichtige Erkenntnisse festhalten:

• Zum einen wird man sich bei der Suche nach wesentlichen Kosteneinflussgrößen auf die Höhe der Koordinationskosten an schwer quantifizierbare Größen wie Komplexität, Dynamik und Beschreibbarkeit von Führungs- und Ausführungshandlungen gewöhnen müssen.[77] Wissensmäßige Ausgangsbasis sind keine ingenieurwissenschaftlichen, technischen Kenntnisse, sondern solche des gesamten Führungsprozesses, einschließlich seiner psychologischen und soziologischen Grundlagen.

• Zum anderen kommt eine Koordinationskostenrechnung nicht an der Erkenntnis vorbei, dass Effizienzvergleiche unterschiedlicher Koordinationsmechanismen den Charakter einer komparativ-statischen Analyse aufweisen werden, d. h. nur wenige, in sich konsistent abgestimmte Koordinationszustände miteinander verglichen werden können. Die Idee einer Koordinationskostenfunktion wird dem betrachteten Problem nicht gerecht. Hieraus resultiert die in unserem Zusam-

---

[76] (Albach 1988, S. 1164). Diese Aussage gilt auch knapp ein viertel Jahrhundert später in unveränderter Form.

[77] (Vgl. Weber 1992, S. 172–176). Vgl. auch die Ausführungen im Abschn. 15. im fünften Teil dieses Buches

menhang bedeutsame Konsequenz, dass eine Koordinationskostenrechnung eine fallweise Rechnung darstellen muss, die sich zudem in keinen Periodenraster zwingen lässt; in klassischer Unterteilung des Rechnungswesens ist sie somit als *spezifische Investitionsrechnung* zu identifizieren.

Betrachtet man die kurzen Ausführungen in der Zusammenschau, so liefert das – theoretische – Konstrukt einer Koordinationskostenrechnung einen Eindruck über Inhalt und Probleme einer Logistikkostenrechnung dann, wenn man über material- und warenflussbezogene Dienstleistungen hinausgehend Koordinationsprozesse erfassen und die Logistik in ihrer zweiten und dritten Entwicklungsphase informatorisch unterstützen will. Kritisch wird zu fragen sein, ob die laufende Logistikkostenrechnung wirklich entsprechend komplexer gestaltet werden sollte, um ihre konzeptionelle Nutzung zu ermöglichen. Instrumentelle Nutzung erscheint nur in fallweiser Form der Rechnung denkbar. Eine symbolische Nutzung ist angesichts des noch so ungewohnten Objekts der Rechnung ausgeschlossen.[78]

2.5 Gesamtwürdigung und Perspektiven

An dieser Stelle ist der kurze Streifzug durch den Entwicklungsweg der Kostenrechnung beendet, die Brücke von den Wurzeln zum aktuellen Stand geschlagen. Die Entwicklung beginnt bei der Vollkostenrechnung, die heute oft mit dem Wort „traditionell" gekennzeichnet und damit eher negativ konnotiert wird. Diverse Erweiterungen dieser Ausgangsausprägung haben insbesondere an der Kostenstellen- und der Kostenträgerrechnung angesetzt. Dabei zeigt sich, dass die Weiterentwicklung der Kostenrechnung über die Zeit hinweg nicht nur zu einer Verbesserung ihrer grundsätzlichen Aussagefähigkeit geführt, sondern auch das System immer komplexer gemacht hat.

In dieser Ausgangssituation werden Unternehmen seit geraumer Zeit von *stark gestiegener Wettbewerbsintensität* getroffen. Auf diese haben sie zum Zweck der Abgrenzung von Wettbewerbern mit Produktdifferenzierung reagiert, die zu einer hohen Programmkomplexität führt. Als weitere Konsequenz ist in vielen Märkten eine Veränderung der Erfolgsfaktoren zu beobachten, indem etwa direkte Produktmerkmale (wie Preis oder Qualität) durch Service, Schnelligkeit oder Kundennähe ergänzt oder ersetzt werden.[79] Als letzte hier aufzuführende Konsequenz sei die Verkürzung der Produktlebenszyklen genannt, die in den meisten Märkten stattfindet.

Neben der steigenden Wettbewerbsintensität und mit dieser eng verbunden hat sich gegenüber der Zeit der Gestaltung der traditionellen Kostenrechnung die *Dynamik* der Umwelt erheblich erhöht.[80] Zusätzlich zum Wandel der Erfolgsfaktoren und der Verkürzung der Produktlebenszyklen bedeutet diese auch einen stei-

---

[78] Sie würde deshalb zur Reaktanz führen. Symbolische Nutzung setzt ein ausreichendes Verständnis der empfangenen Information voraus.

[79] Vgl. nochmals die Ausführungen im Abschn. 1.5. dieses Teils des Buches.

[80] Vgl. in der Konsequenz für die Kostenrechnung ausführlich (Weber 1995).

genden Wandel der technischen Prozesse, mithin eine Verkürzung der Prozesslebenszyklen. Betrachtet man die Konsequenzen dieser Effekte, so lassen sich drei Feststellungen treffen:

- Steigende Programmkomplexität führt zu einer steigenden Detaillierung der Produktplanung und kontrolle. Diese wiederum wirkt unmittelbar auf die Kostenrechnung ein. Man trifft mittlerweile auf Unternehmen, die eine fünfstellige Zahl an Produkten kalkulieren.
- Der Wandel der Erfolgsfaktoren führt zu einer Veränderung der Informationsschwerpunkte. Galt es in den 1950er und 1960er Jahren, Kostenreduzierungen in der Produktion zu realisieren, was die Fokussierung auf eine (Produktions-) kostenstellenbezogene Kostenplanung und kontrolle rechtfertigte, stehen heute z. T. nicht-monetäre Größen (wie z. B. Kundennähe) oder Kosten von Dienstleistungsprozessen im Vordergrund (hierzu zählen z. B. die Logistikleistungen). Auf diese sind Planung und Kontrolle auszurichten. Dies bedeutet für die Kostenrechnung im ersten Fall eine Reduktion des Bedarfs an Kosteninformationen, im zweiten Fall eine Veränderung.
- Zu einer solchen Veränderung kommt es auch durch sinkende Produkt- sowie Prozesslebenszyklen dann, wenn die nachfolgenden Produkte bzw. Prozesse von ihrer kostenrechnerischen Abbildung nicht völlig deckungsgleich sind (etwa abweichende Arbeitsgangpläne, geänderte Stücklistenstrukturen u. a. m.). Hiervon ist in der Unternehmenspraxis zumeist auszugehen.

Fasst man diese Effekte in Bezug auf ihre direkten Wirkungen auf die Kostenrechnung zusammen, so kommt man zu einem eher problematischen Befund: Auf der einen Seite steigt die Anforderung an die Komplexität der Kostenrechnung, um die differenzierteren Informationsbedarfe zu befriedigen. Auf der anderen Seite wächst der Änderungsbedarf der abgebildeten Strukturen, Elemente und Beziehungen, wobei die Komplexität diesen Bedarf noch verstärkt.

Will die Kostenrechnung diesen Entwicklungen folgen, so bedeutet dies – bei zunächst unterstellter unveränderter Technologie – eine Erhöhung der mit ihr verbundenen Kosten. Über die Höhe dieser Beträge liegt keine breit publizierte empirische Erfahrung vor,[81] ebenso wenig wie darüber, ob die Unternehmen diese Beträge in voller Höhe investiert oder eine Kombination zusätzlicher Informationskosten und reduzierter Informationsnutzen realisiert haben. Derartige *Nutzenverluste* können aus unterschiedlichen Gründen heraus entstehen:

- Zusätzliche Informationsbedarfe aufgrund gestiegener Komplexität werden bewusst nicht abgedeckt (z. B. Verzicht auf eine laufende Nachkalkulation von Produktvarianten).
- Anpassungsprozesse nehmen Zeit in Anspruch. In dieser Zeit besteht die Gefahr von Informationsdefekten (z. B. Inkonsistenzen). Je höher die Komplexität der Kostenrechnung ausfällt, desto höher ist die Gefahr derartiger Defekte.

---

[81] Schon die Gesamtkosten der Kostenrechnung sind in den Unternehmen kaum bekannt. Vgl. die Angaben bei (Weber 1993b, S. 272–274). Bezeichnend ist, dass das Thema auch in den Standardlehrbüchern (wie z. B. Coenenberg et al. 2009, 2008, oder Schweitzer und Küpper 2011) nicht angesprochen wird.

- Bezieht man die Adressaten der Kostenrechnungsinformationen in die Betrachtung mit ein, so können zusätzliche Informationsverluste durch Kommunikationsprobleme an der Schnittstelle zwischen Kostenrechnungsverantwortlichen und Kostenrechnungsnutzer entstehen, indem veränderte Bedarfe zu spät erkannt und oder artikuliert werden.

Ein letzter anzusprechender Nutzenverlust entsteht unabhängig davon, ob die Kostenrechnung den hergeleiteten Veränderungen vollständig folgen will oder nicht: Ein wesentlicher Nutzen der laufenden Kostenerfassung wurde von Beginn der Kostenrechnung an im Aufbau von Erfahrungswissen gesehen. Steigende Veränderungen führen jedoch zu einem sinkenden Erfahrungsaufbau; Kostenentwicklungen in einem Fertigungsabschnitt z. B. können nicht mehr über mehrere Perioden hinweg dann verfolgt werden, wenn laufend Neustrukturierungen (z. B. Fertigungssegmentierungen) erfolgen.

Sinkende Aussagefähigkeit und steigende Qualitätsmängel reduzieren die Akzeptanz der traditionellen Kostenrechnung beim Nutzer der Kostenrechnungsdaten. Diese vermindert den Nutzen des Informationsinstruments ebenso wie eine zurückgehende Eignung für Verhaltenssteuerungszwecke. Diesem Nutzenrückgang stehen – teils parallel, teils in einer substitutiven Beziehung – *zusätzliche Kosten der Kostenrechnung* gegenüber (z. B. für den Aufbau einer Prozesskostenrechnung oder für die häufigere Änderung von Stammdaten).

Insgesamt zeichnet sich nach diesen Überlegungen die Notwendigkeit ab, jeder Erweiterung der Kostenrechnung eher skeptisch denn a priori unterstützend gegenüber zu stehen. Dies gilt auch für den Aufbau einer Logistikkostenrechnung. Stets muss Sorge dafür getragen werden, nicht durch zusätzliche Detaillierung zu viel Komplexität zu schaffen. Immer muss gefragt werden, ob die Erweiterungen, Verfeinerungen und Ergänzungen der traditionellen Kostenrechnung im Sinne interaktiver Nutzung bzw. konzeptionell zum Modelllernen wirklich erforderlich sind. Hat die modifizierte Kostenrechnung nach entsprechender Zeit ihres Einsatzes diese Aufgaben erfüllt, schließt sich die Frage an, ob sie eine anschließende diagnostische Nutzung unterstützen soll, um die neu gewonnenen Einsichten in die Kosten der Logistik nicht in Vergessenheit geraten zu lassen und so im Vergleich mit anderen, in der Kostenrechnung adäquat abgebildeten Funktionen nicht ins Hintertreffen zu kommen. Kann diese Frage verneint werden, ist es der richtige Weg, die Kostenrechnung wieder entsprechend zurückzubilden. Auch eine Logistikkostenrechnung unterliegt damit grundsätzlich einem Lebenszyklus. Auch für sie gilt das Phänomen der Pfadabhängigkeit.

2.6   Empirische Ergebnisse zu Stand und Erfolgswirkungen der Kostenrechnung

Am Ende der Ausführungen zu Kostenrechnungssystemen stehen – analog zum Abschnitt zur Logistik – empirische Ergebnisse. Die Aussagen beziehen sich jeweils auf Deutschland.

2.6.1 Betrachtete Studien

Grundlage der folgenden Ausführungen sind insgesamt fünf Studien:
- Die erste Studie[82] stammt aus dem Jahr 1992 und befragte Kostenrechnungsverantwortliche in den 48 größten deutschen Unternehmen. Die Rücklaufquote des Fragebogens betrug 65 %.
- Die zweite Studie,[83] durchgeführt 1997, richtete sich in einem triadischen Untersuchungsdesign an jeweils einen Manager mit General-Management-Verantwortung, einen Manager des Bereiches Marketing Vertrieb sowie einen verantwortlichen Kostenrechner bzw. Controller. Ausgewertet werden konnten 105 vollständige Triaden, was einer Rücklaufquote von knapp zehn Prozent entspricht.
- Die dritte Studie[84] fokussierte sich auf mittelständische Unternehmer, enthielt jedoch zusätzliche Fragen, die an den jeweiligen Rechnungswesenverantwortlichen gerichtet waren. 1998 durchgeführt, konnten sich die Auswertungen auf über 500 ausgefüllte Fragebögen stützen, was einer Rücklaufquote von fast 17 % entspricht.
- Die vierte Studie[85] hatte die Erfassung des Standes und der Entwicklungen der Kostenrechnung in Großunternehmen zum Inhalt. Bei den 2005 angesprochenen 243 Unternehmen konnte eine Rücklaufquote von 18,5 % erzielt werden.
- Bei der fünften Studie[86] handelt es sich um das WHU-Controllerpanel, in dem – neben diversen anderen Merkmalen der Controllerbereiche – auch die Kostenrechnung untersucht wird. An der Befragung im Jahr 2007 haben 382 Controller teilgenommen, was einer Rücklaufquote von gut 83 % entsprach.

Alle Erhebungen enthielten – trotz ihrer unterschiedlichen Grundausrichtung[87] – als gemeinsames Element Fragen zu Rechnungszwecken und zum Grundaufbau der Kostenrechnung, so dass einige Quervergleiche möglich sind.

---

[82] (Vgl. Weber 1993a.)

[83] (Vgl. Homburg et al. 1998; Homburg et al. 2000; Aust 1999; Karlshaus 2000). Die beiden zuletzt genannten Quellen enthalten auch einen umfassenden Stand über den internationalen Stand empirischer Forschung zur Kostenrechnung.

[84] (Vgl. Weber et al. 2000a; Reitmeyer und Frank 1999; Reitmeyer 2000; Frank 2000).

[85] (Vgl. Friedl et al. 2009).

[86] Die hier verwendeten Ergebnisse stammen aus dem Jahr 2007 und sind zusammengefasst bei (Weber 2007). Aktuellere Daten weisen keine systematischen Unterschiede auf.

[87] Die erste Studie hatte rein explorativen Charakter und diente als empirisches Schlaglicht für weitere theoretische Arbeiten. Die zweite Studie („Koblenzer Studie") war schwerpunktmäßig auf die empirische Hinterfragung einer neuen Sichtweise der Kostenrechnung als interne Dienstleistung gerichtet. Die dritte Studie bezog sich auf den gesamten Entscheidungsprozess mittelständischer Unternehmer und deren Erfolgsbedingungen. Die vierte Studie war ebenso wie die erste rein explorativ ausgerichtet. Die fünfte Studie schließlich ist als Längsschnittstudie angelegt und auf den gesamten Controllerbereich bezogen.

2.6.2   Zwecke und Nutzungsarten

Betrachtet man den Rechnungszweckkatalog der einen Zeitraum von 15 Jahren abdeckenden Studien, so fallen zwei Dinge ins Auge:

- Die Kostenrechnung ist „lehrbuchgemäß" kurzfristig ausgerichtet. In der Studie aus dem Jahr 1992 liegt jedoch die Unterstützung der Investitionsplanung im Mittelfeld der nach ihrer Bedeutung eingestuften Rechnungszwecke[88]. Die Kostenrechnung dient also in den Augen der Kostenrechner auch dazu, langfristig wirksame Entscheidungen zu fundieren. Bezogen auf die Bedeutung einzelner Entscheidungsfelder, zu denen die Kostenrechnung eine Aussage treffen sollte, kommen die Manager in der Studie von Weber, Frank und Reitmeyer zu einer ähnlichen Einschätzung[89]. Auch hier fällt der starke Anteil von eher langfristigen Entscheidungen auf. Schließlich finden sich auch in der Studie von Friedl et al. langfristige Fragestellungen im Katalog der Rechnungszwecke[90].
- Als zweite übereinstimmende Erkenntnis lässt sich feststellen, dass die Kostenrechner eine deutliche Notwendigkeit zum Ausbau der Kostenrechnung sehen: In der Studie aus dem Jahr 1992 sind alle genannten Rechnungszwecke nach ihrer Einschätzung nur zum Teil oder sogar unzureichend abgedeckt und nehmen in der Zukunft zum Teil deutlich an Bedeutung zu,[91] Anlass und Grund genug, weiter in Kostenrechnung zu investieren (und die Existenzberechtigung der Kostenrechner zu sichern). 2005 gilt analoges für fünf von sechs Rechnungswecken; nur die Bedeutung der Kostenrechnung für die Genauigkeit des Planungsprozesses wird geringer eingeschätzt.[92]

Dass solche Bedeutungseinschätzungen der Kostenrechner von den Managern nicht unbedingt geteilt werden müssen, zeigen die Ergebnisse der Koblenzer Studie. Sowohl die dort befragten Manager mit Gesamtverantwortung als auch die Marketing-Vertriebsmanager kommen zu einer zurückhaltenden Einschätzung der Bedeutung der Kostenrechnung. Diese fällt im Bereich Marketing und Vertrieb noch deutlich geringer aus als im General-Management.[93]

Die Koblenzer Studie ist schließlich auch Quelle für Aussagen zur instrumentellen, konzeptionellen und symbolischen Nutzung der Kostenrechnung. Die Ergebnisse führen über den Stand der einschlägigen Lehrbücher hinaus bzw. zeichnen ein aussagekräftiges Bild des praktischen Einsatzes von Kostenrechnungssystemen. Manager nutzen die Kostenrechnung in erster Linie konzeptionell. D. h. bei den befragten Managern führen die Informationen der Kostenrechnung vor allem zu einem besseren Verständnis ihres Geschäfts und erlauben einen allgemeinen Über-

---

[88] (Vgl. Weber 1993a, S. 267).

[89] Auf einer Skala von 0 bis 100 gemessen.

[90] (Vgl. Friedl et al. 2009, S. 115).

[91] (Vgl. Weber 1993a, S. 267).

[92] (Vgl. Friedl et al. 2009, S. 115).

[93] Hiermit werden die Ergebnisse anderer empirischer Studien bestätigt, die generell eine geringere Ausrichtung der Kostenrechnung und der Controller auf die Funktionen Marketing und Vertrieb feststellen. (Vgl. Karlshaus 2000, S. 10–22).

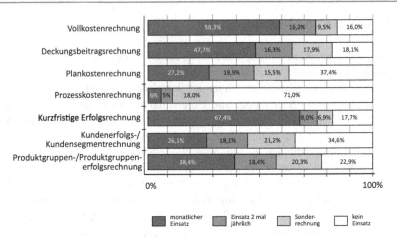

Abb. 2.8 Verbreitung und Anwendung von Kostenrechnungsmethoden bzw. Ausprägungen des Kostenrechnungssystems (entnommen aus Weber et al. 2000a, S. 239)

blick über die Zusammenhänge in ihren Unternehmen. Noch überraschender dürfte für die meisten Kostenrechner die Tatsache sein, dass die Manager die Kostenrechnungssysteme in gleichem Maße symbolisch wie instrumentell nutzen. Vor diesem Hintergrund scheint in der Kostenrechnungstheorie und auch bei den Kostenrechnern eine unvollständige und unrealistische Vorstellung über die tatsächliche Informationsnutzung durch das Management zu existieren.

2.6.3 Systemmerkmale

Wesentliches Kennzeichen empirischer Ergebnisse zu Merkmalen implementierter Kostenrechnungssysteme ist die Heterogenität der Realisierungen in den Unternehmen. So zeigt etwa die Anfang der 1990er Jahre erstellte Studie eine Bandbreite bei den Kostenarten von 10 bis 3.000 und bei den Kostenstellen von 20 bis knapp 100.000 auf.[94] Ähnliches gilt auch für die Studie von Friedl et al.[95] sowie für die Ergebnisse eines Benchmarking-Projekts.[96] Eine Begründung dieser Unterschiedlichkeit – insbesondere aus unterschiedlichem Kontext der Kostenrechnung – ließ sich in allen betrachteten Studien nicht herleiten.

Anders ist bezogen auf die grundsätzliche Auslegung des Systems zu argumentieren. (Abb. 2.8) zeigt die entsprechenden Ergebnisse aus der Mittelstandsstudie. Obwohl seit den 1950er Jahren in der Theorie anders postuliert, lag Ende des 20. Jahrhunderts für die Vollkostenrechnung der mit Abstand höchste Durchdringungsgrad vor. Dies hat sich in den nächsten Jahren geändert: Im WHU-Controllerpanel

---

[94] (Vgl. Weber 1993a, S. 259 f).

[95] (Friedl et al. 2009, S. 112).

[96] (Vgl. Weber et al. 1998, S. 395 f).

sind knapp zehn Jahre später Vollkostenrechnungen in den Unternehmen zwar immer noch weit verbreitet (70,3 %); allerdings werden sie im Verbreitungsgrad von Deckungsbeitragsrechnungen übertroffen (80,9 %).[97]

Für die Gestaltung einer Logistikkostenrechnung besonders bedeutsam ist die geringe Durchdringung der Unternehmen mit der Prozesskostenrechnung. Sie hat sich trotz der sehr umfassenden, lang andauernden und zumeist stark befürwortenden Diskussion der letzten Jahre nicht als laufende Rechnung in deutschen Unternehmen breit durchgesetzt.[98] Vergleicht man die Ergebnisse der 1992er Studie mit den anderen betrachteten empirischen Erhebungen, so ist cum grano salis eine unveränderte Situation der Kostenrechnung festzustellen.[99] Diese Erkenntnis wird bestärkt durch die Antworten auf die Frage innerhalb der 1992er Erhebung bezüglich der jeweils letzten grundlegenden das Kostenrechnungssystem betreffenden Entscheidung. Technische Aspekte (insbesondere Fragen des EDV-Systems) dominierten, konzeptionelle Änderungen waren selten, grundlegende Änderungen die absolute Ausnahme.[100]

Das Ergebnis weitgehender Konstanz verwundert an dieser Stelle der Argumentation nicht: Die Vollkostenrechnung weist im Rahmen verhaltensorientierter Problemstellungen einen Vorteil gegenüber Teilkostenrechnungen auf. Zudem ist sie aufgrund ihrer relativen Einfachheit für konzeptionelle Zwecke besser geeignet. Eine Plankostenrechnung wird für Wirtschaftlichkeitskontrolle und die Ausrichtung auf die operative Planung insbesondere in Großunternehmen benötigt.[101] Andere Erweiterungen erhöhen die Komplexität der Rechnung, was die Verhaltenssteuerung und konzeptionelle Nutzung beeinträchtigen kann. Insofern ist die Skepsis der Unternehmen, den Weg in Richtung höherer Komplexität zu gehen, verständlich.

2.6.4   Erfolgswirkungen

Fundierte Aussagen zum Erfolgsbeitrag der Kostenrechnung finden sich in der einschlägigen Literatur nur selten. In der Regel verbleibt es zum einen beim Verweis auf die „Verkehrsgeltung" dieses Informationsinstruments,[102] zum anderen beim Postulat der Notwendigkeit einer wirtschaftlichen Gestaltung, d. h. insbesondere eine Vermeidung zu hoher Erfassungs- und Systemkosten. Dass Kostenrechnung grundsätzlich zu einer Verbesserung des Entscheidungsverhaltens des Manage-

---

[97] (Vgl. Weber 2007, S. 63).

[98] (Vgl. Homburg et al. 2000, S. 249; Weber 2007, S. 63; Friedl et al. 2009, S. 112).

[99] Zu einer analogen Einschätzung kommt Frank bezogen auf den Mittelstand. (Vgl. Frank 2000, S. 179).

[100] (Vgl. Weber 1993a, S. 275 f).

[101] Entsprechend weist die Koblenzer Studie für die Plankostenrechnung signifikant höhere Anwendungswerte aus.

[102] Wenn Unternehmen über lange Zeit hinweg bestimmte Verhaltensweisen beibehalten, so gilt die Hypothese der Effizienz dieses Verhaltens.

ments führt, steht durchweg außer Frage.[103] Allerdings ist eine solche Auffassung – wie die beiden Studien aus den Jahren 1997 und 1999 zeigen[104] – problematisch oder gar verfehlt:

- Mit Daten der Koblenzer Studie ermittelt Karlshaus einen *signifikanten negativen Einfluss der instrumentellen Nutzung auf den relativen Marktanteil* des Unternehmens, der wiederum signifikant den größten Teil der Umsatzrendite erklärt. Während symbolische Nutzung keine Wirkung ausübt, ist für konzeptionelle Nutzung ein positiver Einfluss festzustellen.[105]
- Die Mittelstandsstudie stellt über alle Unternehmen hinweg keinen signifikanten Zusammenhang zwischen Kostenrechnungseinsatz und Unternehmenserfolg fest. Differenziert man nach unterschiedlichen Strategietypen, so werden Einflüsse sichtbar, die allerdings von den üblichen Hinweisen in der Literatur grundlegend abweichen: Die *Komplexität der Kostenrechnung* hat nämlich eine *signifikante negative Wirkung auf den Unternehmenserfolg.*[106] Weiterhin zeigt sich, dass unabhängig vom Strategietyp zwischen der Einsatzdauer einer ausgebauten Kostenrechnung und dem Markterfolg des Unternehmens ebenfalls ein negativer Zusammenhang besteht.[107]

Indirekte Aussagen zu den Erfolgswirkungen der Kostenrechnung[108] lassen sich auch aus den Daten des WHU-Controllerpanels ableiten. Dort wurden die Controller – wie analog auch bei allen anderen Aufgabenfeldern – nach ihrer Zufriedenheit mit der Kostenrechnung befragt. Zur Auswertung wurden die Antworten durch einen Mediansplit in zwei Gruppen („erfolgreich", „nicht erfolgreich") aufgeteilt. In der Gegenüberstellung beider Gruppen ergaben sich bei den verfolgten Rechnungszwecken und der Nutzung von Kostenrechnungsmethoden und -systemen deutliche Unterschiede[109]:

- Controller, die ihre Kostenrechnung als erfolgreich einschätzen, weisen allen unterschiedenen Kostenrechnungszwecken übereinstimmend eine höhere Bedeutung zu als solche, die ihre Kostenrechnung nicht für erfolgreich erachten. Der größte Unterschied ist dabei beim Zweck der operativen Planung zu beobachten, der zweitgrößte bei der Beeinflussung des Verhaltens von Führungskräften. Nimmt man die Einschätzung der Bedeutung als Indikator für eine stärkere Verfolgung der Rechnungszwecke, dann führt ein Mehr zu einem Besser.

---

[103] Gleiches gilt für die Praxis. So wird in der 1992er Studie die Frage, ob die Kostenrechnung aus den Unternehmen nicht mehr wegzudenken sei, mit ungewöhnlicher Einhelligkeit positiv beantwortet. (Vgl. Weber 1993a, S. 276). Als eine der raren kritischen Stellungnahmen (vgl. Eberenz 2000).

[104] Entsprechende Versuche, die Beziehungen zwischen Kostenrechnungseinsatz und Unternehmenserfolg zu bestimmen, finden sich vorher in der einschlägigen Literatur nicht.

[105] (Vgl. Karlshaus 2000, S. 169–181).

[106] (Vgl. Frank 2000, S. 229 f).

[107] (Vgl. Frank 2000, S. 226).

[108] Insgesamt zeigte sich ein enger Zusammenhang zwischen der Zufriedenheit der Controller mit der Erfüllung ihrer Aufgaben und dem Unternehmenserfolg.

[109] (Vgl. Weber 2007, S. 66).

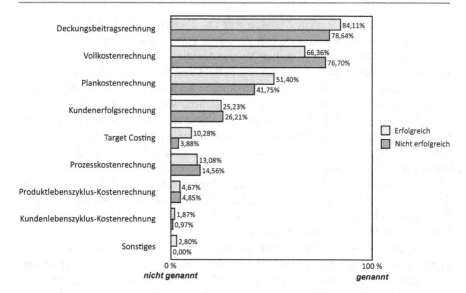

Abb. 2.9 Zusammenhang zwischen dem subjektiven Kostenrechnungserfolg und den primär angewendeten kostenrechnerischen Methoden (entnommen aus Weber 2007, S. 66)

- Ein solcher Zusammenhang besteht bei den Kostenrechnungsmethoden und -systemen nicht (vgl. die Abb. 2.9). Eine hohe Zufriedenheit der Controller geht zwar mit einer stärkeren Nutzung der Deckungsbeitragsrechnung, der Plankostenrechnung und des Target Costings einher. Bei der Vollkostenrechnung zeigt sich dagegen ein deutlicher umgekehrter Zusammenhang, der – schwach ausgeprägt – auch für die Prozesskostenrechnung gilt. Während dieses Ergebnis für die Vollkostenrechnung angesichts der ihr angelasteten erheblichen Probleme weniger überrascht, ist die distanzierte Bewertung der Prozesskostenrechnung nicht zu erwarten gewesen. Nicht nur ihr geringer Durchdringungsgrad lässt sich also als ein Zeichen eher unerfüllter Erwartungen interpretieren.

2.6.5   Zwischenfazit

Insgesamt machen die aktuellen empirischen Ergebnisse deutlich, dass die Gestaltung der Kostenrechnung als zentraler Teil laufender „kaufmännischer" Informationsbereitstellung mit erheblicher Sorgfalt vorgenommen werden muss. Die zumeist postulierte Zielrichtung, zu einer höheren Abbildungsgenauigkeit zu kommen und – z. B. über eine Datenbankorientierung moderner Standardsoftware – immer mehr Rechnungszwecke gleichzeitig abzudecken, ist problematisch, im Einzelfall sogar gefährlich. Zusätzliche Komplexität der Rechnung schadet eher, als sie dem Management nützt. Weiterhin darf nicht (nur) die bislang im Fokus stehende instrumentelle Nutzung die Kostenrechnungsgestaltung bestimmen, sondern dominant die konzeptionelle.

Kostenrechnung hilft dem Management am ehesten über die Schaffung von Verständnis über die grundsätzlichen Zusammenhänge des Geschäfts; sie erweitert das interne Modell der Manager. Verwenden diese die Daten der Kostenrechnung unreflektiert für ihre Dispositionen, besteht eine hohe Wahrscheinlichkeit für Fehlentscheidungen. Zentrale Bedeutung kommt auch der Frage zu, inwieweit die Manager die Kostenrechnung tatsächlich verstehen, was wiederum stark durch die Dienstleistungsqualität der Kostenrechner bestimmt wird. Das Wissen der Manager besitzt einen signifikant positiven Einfluss auf Nutzung und Erfolg der Kostenrechnung. Schließlich gilt es zu beachten, dass die konzeptionelle Nutzung der Kostenrechnung andere konzeptionelle Sichtweisen konkurrenziert, ggf. verdrängt. So gilt allgemein, dass das hinter der Grenzplankostenrechnung stehende Bild hoher Stabilität der Leistungserstellung heute kaum noch die Realität trifft, die Manager durch Denken in diesem Modell gehindert werden, in stärkerem Maße auf eine Veränderung von Strukturen Wert zu legen.

In gleicher Weise ist für die Innen- und Inputsicht des Modells Kostenrechnung zu argumentieren. Kostenrechnung richtet die Aufmerksamkeit des Managements zum einen auf die Optimierung vorhandener Strukturen (insbesondere in der Ausprägung der Plankostenrechnung[110]). In dynamischen Märkten kommt es aber immer mehr darauf an, Strukturen zu verändern. Zum anderen wird die Faktorverzehrseite betont. Kostenrechnung „verleitet" dazu, Kostenreduzierungen anzustreben. Dies kann dazu führen, die Leistungs-, Output- und Wirkungsseite zu vernachlässigen. Das im Abschn. 1.6. skizzierte Ergebnis zur Erfolgswirkung der Logistik zeigt, dass eine solche Fokussierung derzeit in der Unternehmenspraxis falsch wäre.

Das Bemühen, eine Logistikkostenrechnung als Teil der laufenden Kostenrechnung zu gestalten, bedeutet ceteris paribus eine Erhöhung deren Komplexität. Alle angesprochenen Probleme sind auch für sie relevant und müssen berücksichtigt werden. Einer pauschalen Forderung nach der Einführung eines solchen Instruments – wie sie z. B. für die Prozesskostenrechnung standardmäßig formuliert wird – ist somit keinesfalls zu folgen. Wir werden daher in den folgenden Kapiteln stets die Grenzen der Kostenrechnungsgestaltung berücksichtigen bzw. im Auge behalten.

Literatur

Albach H (1988) Kosten, Transaktionen und externe Effekte im betrieblichen Rechnungswesen, ZfB 58:1143–1170

Aust R (1999) Kostenrechnung als unternehmensinterne. Dienstleistung. Deutscher Universitäts-Verlag, Wiesbaden

Bach S et al (1998) Grundmodell einer dynamischen Theorie ökonomischer Akteure. WHU-Forschungspapier 56, Vallendar

Belkaoui A (1978) Linguistic relativity in accounting. Acc Organ Soc 3:97–104

---

[110] Sie erweist sich als problematisch. So zeigt die Mittelstandsstudie auf, dass der stärkste und nachhaltigste positive Einfluss auf den Unternehmenserfolg von marktbezogenen Informationen ausgeht. (Vgl. Weber et al. 2000b, S. 70 f).

Brockhoff K (1994) Management organisatorischer Schnittstellen – unter besonderer Berücksichtigung der Koordination von Marketingbereichen mit Forschung und Entwicklung, Berichte aus den Sitzungen der Joachim-Jungius-Gesellschaft der Wissenschaften. e. V. Hamburg, Göttingen, 12(2):9 ff

Bruhn M (2001) Relationship Marketing: Das Management von Kundenbeziehungen. Vahlen, München

Bungenstock C (1995) Entscheidungsorientierte Kostenrechnungssysteme. Eine entwicklungsgeschichtliche Analyse. Deutscher Universitäts-Verlag, Wiesbaden

Chopra S, Meindl P (2010) Supply chain management. Strategy, planning, and operation, 4. Aufl. MacGraw Hill, Upper Saddle River

Coenenberg AG, Fischer TM, Günther T (2009) Kostenrechnung und Kostenanalyse, 7. Aufl. Schäffer-Poeschel, Stuttgart

Eberenz R (2000) Zelte statt Burgen. Krp 44:71

Ewert R, Wagenhofer A (2008) Interne Unternehmensrechnung, 7. Aufl. Springer, Berlin

Frank S (2000) Erfolgreiche Gestaltung der Kostenrechnung. Determinanten und Wirkungen am Beispiel mittelständischer Unternehmen. Deutscher Universitäts-Verlag, Wiesbaden

Freidank C-C (2008) Kostenrechnung. Grundlagen des innerbetrieblichen Rechnungswesens und Konzepte des Kostenmanagements, 8. Aufl. Oldenbourg Wissenschaftsverlag, München

Friedl G, Frömberg K, Hammer C, Küpper H-U, Pedell B (2009) Stand und Perspektiven der Kostenrechnung in deutschen Großunternehmen. ZfCM 53:111–114

Friedl G, Hofmann C, Pedell B (2010) Kostenrechnung. Eine entscheidungsorientierte Einführung. Vahlen, München

Greenwood R, Oliver C, Sahlin K, Suddaby R (2008) Introduction. In: Greenwood R, Oliver C, Suddaby R, Sahlin K (Hrsg) The sage handbook of organizational institutionalism. Sage, Los Angeles, S 1–46

Heine BO, Hirsch B, Hufschlag K, Lesch M, Meyer M, Müller R, Paefgen A, Pieroth G (2010) Zur Modellierung ökonomischer Akteure mit begrenzten kognitiven Fähigkeiten: Anleitung zu einer problemspezifischen Ausdifferenzierung des Homo oeconomicus. In: Meyer M, Weber J (Hrsg) Controlling und begrenzte Fähigkeiten. Grundlagen und Anwendungen eines verhaltensorientierten Ansatzes. Deutscher Universität-Verlag, Wiesbaden, S 93–179

Hilton RW (2008) Managerial Accounting, 8. Aufl. McGraw-Hill, Boston

Holzwarth J (1993) Strategische Kostenrechnung? Zum Bedarf an einer modifizierten Kostenrechnung für die Bewertung strategischer Entscheidungen. Schäffer-Poeschel, Stuttgart

Homburg C, Weber J (1996) Individualisierte Produktion. HWProd, 2. Aufl. Schäffer-Poeschel, Stuttgart, S 653–664

Homburg C, Weber J, Aust R, Frank S (2000) Management Accounting Follows Strategy? – Zur Strategieabhängigkeit der Kostenrechnung –, ZP 11:307–328

Horngren CT, Datar SM, Foster G, Rajan M, Ittner C (2009) Cost accounting – a managerial emphasis, 13. Aufl. Prentice Hall, Upper Saddle River

Horváth P, Meyer R (1989) Prozesskostenrechnung. Der neue Weg zu mehr Kostentransparenz und wirkungsvolleren Unternehmensstrategien. Controlling 1:214–219

Horváth P, Kieninger M, Mayer R, Schimank C (1993) Prozesskostenrechnung – oder wie die Praxis die Theorie überholt. DBW 53:609–628

Horváth und Partner (1998) Prozesskostenmanagement. Methodik und Anwendungsfelder, 2. Aufl. Vahlen, München

Hummel S (1970) Wirklichkeitsnahe Kostenerfassung. Neue Erkenntnisse für eine eindeutige Kostenermittlung. Erich Schmidt Verlag, Berlin

Hummel S, Männel W (1986) Kostenrechnung 1: Grundlagen, Aufbau und Anwendung, 4. Aufl. Gabler, Wiesbaden

Jost P (2000) Organisation und Motivation. Eine ökonomisch-psychologische Einführung. Gabler, Wiesbaden

Kaplan RS (1988) One cost system isn't enough. Har Bus Rev H 1:61–66

Kaplan RS, Cooper R (1999) Prozesskostenrechnung als Managementinstrument. Campus, Frankfurt a. M.

Karlshaus J-T (2000) Die Nutzung von Kostenrechnungsinformationen im Marketing. Bestands-
aufnahme, Determinanten und Erfolgsauswirkungen. Deutscher Universitäts-Verlag, Wiesbaden

Kilger W (1993) Flexible Plankostenrechung und Deckungsbeitragsrechnung, 10. Aufl. bearbeitet
durch K. Vikas. Gabler, Wiesbaden

Krog EH, Statkevitch K (2008) Kundenorientierung und Integrationsfunktion der Logistik in der
Supply Chain der Automobilindustrie. In: Baumgarten H (Hrsg) Das Beste der Logistik. Innovationen, Strategien, Umsetzungen. Springer, Berlin, S 185–195

Matje A (1996) Kostenorientiertes Transaktionscontrolling. Konzeptioneller Rahmen und Grundlagen für die Umsetzung. Deutscher Universitäts-Verlag, Wiesbaden

Menon A, Varadarajan PR (1992) A model of marketing knowledge use within firms. J Market
56:53–71

Meyer M, Weber J (Hrsg) (2010) Controlling und begrenzte Fähigkeiten. Grundlagen und Anwendungen eines verhaltensorientierten Ansatzes. Deutscher Universitäts-Verlag, Wiesbaden

Morgan G (1988) Accounting as reality construction: towards a new epistemology for accounting
practice. Acc Organ Soc 13:477–485

Nath V et al (2009) An insight into customer relationship management practices in selected Indian
service industries. J Market Commun 4(3):18–40

Pfaff D, Weber J (1998) Zweck der Kostenrechnung? Eine neue Sicht auf ein altes Problem. DBW
58:151–165

Pfaff D, Weber J, Weißenberger BE (1999) Relevance Lost and Found: Kostenrechnung als Steue-
rungsinstrument und Sprache. Replik auf die Anmerkungen von Josef Kloock, Ulf Schiller und
Alfred Wagenhofer zum Beitrag „Zweck der Kostenrechnung" von Dieter Pfaff, Jürgen Weber.
DBW 59:138–143

Plaut HG (1952) Wo steht die Plankostenrechnung in der Praxis? ZfhF NF 4:396–407

Reitmeyer T, Frank S (1999) Gestaltung und Erfolgsfaktoren der Kostenrechnung im Mittelstand.
Krp Sonderheft 2:15–26

Reitmeyer T (2000) Qualität von Entscheidungsprozessen der Geschäftsleitung. Eine empirische
Untersuchung mittelständischer Unternehmen. Deutscher Universitäts-Verlag, Wiesbaden

Riebel P (1994) Einzelkosten- und Deckungsbeitragsrechnung. Grundfragen einer markt- und entscheidungsorientierten Unternehmensrechnung, 7. Aufl. Gabler, Wiesbaden

Roberts J, Scapens R (1985) Accounting systems and systems of accountability – understanding
accounting practices in their organisational contexts. Acc Organ Soc 10:443–456

Schweitzer M, Küpper H-U (2011) Systeme der Kosten- und Erlösrechnung, 10. Aufl. Vahlen,
München

Senge PM (1990) The 5th discipline. The art and practice of the learning organization. New York

Simons R (1995) Levers of control – how managers use innovative control systems to drive strategic renewal. Harvard Business School Press, Boston

Weber J (1992) Die Koordinationssicht des Controlling. In: Spreemann K, Zur E (Hrsg) Controlling. Grundlagen – Informationssysteme – Anwendungen. Gabler, Wiesbaden, S 169–183

Weber J (1993a) Stand der Kostenrechnung in deutschen Großunternehmen – Ergebnisse einer
empirischen Erhebung. In: Weber J (Hrsg) Zur Neuausrichtung der Kostenrechnung. Entwicklungsperspektiven für die 90er Jahre. Schäffer-Poeschel, Stuttgart, S 257–278

Weber J (Hrsg) (1993b) Praxis des Logistik-Controlling. Schäffer-Poeschel, Stuttgart

Weber J (1994) Kostenrechnung zwischen Verhaltens- und Entscheidungsorientierung. KRP
38:99–104

Weber J (1995) Kostenrechnung-(s)-Dynamik – Einflüsse hoher unternehmensex- und -interner
Veränderungen auf die Gestaltung der Kostenrechnung. BFuP 47:565–581

Weber J (1997) Kostenrechnung am Scheideweg? In: Freidank C-C, Götze U, Huch B, Weber J
(Hrsg) Kostenmanagement. Aktuelle Konzepte und Entwicklungen. Springer, Berlin, S 1–23

Weber J, Weißenberger BE, Aust R (1998) Benchmarking des Controllerbereichs – Ein Erfahrungsbericht. BFuP 51:381–401

Weber J, Grothe M, Schäffer U (2000a) ZP-Stichwort: Mentale Modelle. ZP 11:239–244

Weber J, Frank S, Reitmeyer T (2000b) Erfolgreich entscheiden im Mittelstand. Gabler, Wiesbaden

Weber J, Weißenberger BE, Löbig M (2001) Transaktionskostenrechnung: Ansatzpunkte für eine Operationalisierung des Transaktionskostenansatzes innerhalb der Kostenrechnung? In: Jost P (Hrsg.) Der Transaktionskostenansatz in der Betriebswirtschaftslehre. Schäffer-Poeschel, Stuttgart, S 417–447

Weber J (2007) Aktuelle Controllingpraxis in Deutschland. Ergebnisse einer Benchmarking-Studie, Schriftenreihe Advanced Controlling, Bd 59. Wiley VHC, Weinheim

Weber J, Weißenberger BE (2010) Einführung in das Rechnungswesen. Bilanzierung und Kostenrechnung, 8. Aufl. Schäffer-Poeschel, Stuttgart

Weber J, Schäffer U (2011) Einführung in das Controlling, 13. Aufl. Schäffer-Poeschel, Stuttgart

Weißenberger BE (1997) Die Informationsbeziehung zwischen Management und Rechnungswesen. Analyse institutionaler Koordination. Deutscher Universitäts-Verlag, Wiesbaden

Gestaltung einer Logistikkostenrechnung für unterschiedliche Ausprägungen der Logistik

An dieser Stelle der Argumentation sind die Vorüberlegungen geleistet, um nähere Aussagen zur Gestaltung einer Logistikkostenrechnung zu treffen. Die unterschiedlichen Entwicklungsstufen und Ausprägungsformen der Logistik sind ebenso klar wie die Systemvarianten und Zwecke einer Kostenrechnung. Gleichermaßen ist deutlich, dass die Gestaltungsfrage zum einen nicht von einer Abbildungsintention, sondern nur von einer Führungsperspektive aus zu lösen ist, und zum anderen nicht statisch, sondern als Lern- und Entwicklungsprozess gesehen werden muss.

Als Strukturierungskriterium der folgenden Ausführungen dienen die Entwicklungsphasen der Logistik. Ein Informationssystem hat sich grundsätzlich auf das in ihr abgebildete Objekt auszurichten[1]. Für die einzelnen Entwicklungsphasen werden die jeweiligen Anforderungen an die Kostenrechnung abgeleitet und Konsequenzen für Aufbau, Form und Umfang einer Logistikkostenrechnung diskutiert. Dabei wird Kostenrechnung den Aussagen in Abschn. 3.1. folgend als laufendes Informationssystem verstanden[2]. Weiterhin werden Aussagen zur Gestaltung einer Leistungsrechnung und einer Erlösrechnung für die Logistik – der grundsätzlichen Intention des Buches folgend – integriert. Die Aussagen schließen zum einen den einführenden Teil des Buches ab und bilden zum anderen den Rahmen für die vertiefenden und detaillierenden Aussagen der folgenden Teile.

3.1 Material- und Warenflussprozesse als Objekt der Logistikkostenrechnung

In der ersten Phase der Logistikentwicklung geht es darum, Rationalisierungspotenziale in vorher zu wenig und/oder zu unzusammenhängend betrachteten betrieblichen Funktionen zu heben. Lager-, Transport- und Umschlagsvorgänge sind nur

---

[1] Betrachtet man Standardsoftware, so hat man manchmal den Eindruck, als würde sich diese Abhängigkeitsrichtung zumindest teilweise umkehren.

[2] Logistikkostenrechnung bedeutet dann entweder die Integration von Logistikkosteninformationen in die laufende, gesamtunternehmensbezogene Kostenrechnung oder den Aufbau einer gesonderten laufenden „Partialkostenrechnung". Auf die Beurteilung beider Gestaltungsvarianten wird an späterer Stelle noch mehrfach eingegangen.

J. Weber, *Logistikkostenrechnung,*
DOI 10.1007/978-3-642-25173-3_3, © Springer-Verlag Berlin Heidelberg 2012

in Ausnahmefällen (z. B. in grundstoffnahen Industrien) Kernprozesse mit hoher Aufmerksamkeit des Managements. Technologische Entwicklungen (z. B. Lagerautomatisierung, stark verbesserte Betriebsdatenerfassungssysteme) schaffen weitere Chancen für Verbesserung. Spezifische Investitionen ermöglichen ebenso Effizienzsprünge wie Skaleneffekte durch Bündelung und/oder gemeinsame Abstimmung. Im Vordergrund steht der Versuch, die an die Logistik herangetragenen Leistungsanforderungen (z. B. Warenverfügbarkeit, Liefergenauigkeit – in prägnanter, häufig zu findender Ausdrucksweise: „die richtigen Waren in der richtigen Menge zur richtigen Zeit am richtigen Ort" – zu (deutlich) geringeren Kosten zu realisieren. Leistungssteigerungen werden gerne als Nebeneffekt realisiert, stehen aber nicht im Fokus.

Logistikkosten werden zu Beginn der ersten Entwicklungsphase der Logistik zunächst instrumentell gebraucht. Zur Einschätzung, welche Bedeutung die Logistik für ein Unternehmen besitzt, erscheint die Höhe der Logistikkosten als ein hinreichender Indikator[3]. Hohe Werte signalisieren eine höhere Priorität für entsprechende Veränderungsprojekte als niedrige. Instrumenteller Bedarf an Logistikkosten bedeutet inhaltlich, diverse Abgrenzungsfragen klären zu müssen[4]. Der fallweise Ansatz ermöglicht Näherungslösungen, macht die ermittelten Anteilswerte allerdings unternehmens- und situationsspezifisch und damit nicht oder nur sehr eingeschränkt mit anderen Unternehmen vergleichbar[5].

Signalisieren die fallweise erhobenen – und für andere Zwecke kaum verwendbaren – Zahlen einen Handlungsdruck (z. B. weil sie höher ausfallen als im Branchendurchschnitt), geht es in der nächsten Phase um zwei Aspekte: (1) um die monetäre Untermauerung entsprechender Investitionsvorhaben und (2) um den Aufbau eines Steuerungsinstrumentariums der dann neu formierten bzw. unter höheren wirtschaftlichen Druck geratenen Transport-, Umschlags- und Lagerstationen. Dies bedeutet für größere, zentralisierte Bereiche (z. B. ein Distributionslager oder einen Wareneingangsbereich) die gesonderte, differenzierte Berücksichtigung in der Kostenstellenrechnung. Dies lenkt die Aufmerksamkeit des Managements auf Beträge, die vorher in Sammel- oder Leitkostenstellen (z. B. Vertriebsleitung, Beschaffung insgesamt) „untergegangen" waren. Diese Schaffung von Transparenz unterstützt die bedeutungsmäßige Stärkung der Logistik; sie wird fester Teil des Modells Kostenrechnung. Aus methodischer Sicht der Kostenrechnung ergeben sich dabei kaum

---

[3] Basis dieser Aussage sind empirische Einzelfallerfahrungen. Repräsentative Ergebnisse liegen hierzu nach Kenntnis des Verfassers nicht vor. Wie die Ergebnisse der empirischen Erhebung zu Erfolgswirkungen der Logistik im Abschn. 1. gezeigt haben, lässt sich diese Sichtweise allerdings empirisch nicht als hinreichend bestätigen. Der Einfluss auf die Leistungsfähigkeit eines Unternehmens erklärt die Bedeutung der Logistik deutlich besser als ihre Konsequenzen für die Kosten.

[4] Sie werden im dritten Teil des Buches ausführlich diskutiert.

[5] Folglich sind die oftmals publizierten Aussagen zur Höhe von Logistikkosten in Branchen (vgl. z. B. Abb. 7.1 im dritten Teil des Buches) oder das Anführen der Werte von sog. „Best Practices" von erheblicher Problematik gekennzeichnet.

signifikante und erst recht keine neuen Probleme. Eine Erhöhung der Kontierungs-Differenzierung[6] reicht aus.

Etwas mehr Neuland gilt es zu betreten, wenn in den Logistikkostenstellen nicht nur Kosten erfasst, sondern auch geplant und kontrolliert werden sollen. Kostenrechnerische Schwierigkeiten resultieren dann zum einen aus dem Dienstleistungscharakter der Transport-, Umschlags- und Lagerleistungen und der daraus folgenden schwierigen Definier- und Messbarkeit[7]. Zum anderen resultiert aus ihrer zumeist geringen Maschinengebundenheit ein loserer Zusammenhang zwischen Kostenverhalten und Beschäftigung. Der Produktionsfunktion als Basis der Kostenspaltung für die Sachgüterproduktion steht hier – wie bereits angesprochen – ein vergleichsweise vager, von den menschlichen Aufgabenträgern relativ stark zu beeinflussender Zusammenhang gegenüber. Es gilt, dies bei einer Übertragung der Plankostenrechnungsmethodik ebenso zu beachten wie bei der Anwendung des Vorgehens der Prozesskostenrechnung. Allerdings geht mit den zu lösenden kostenrechnerischen Schwierigkeiten eine weitere Bedeutungserhöhung der Logistik einher: Sie kann damit „gleichberechtigt" in die periodische Kostenplanung und -kontrolle eingebunden werden. Nachteile bei der Allokation von knappen Budget- und Investitionsmitteln werden beseitigt oder zumindest deutlich reduziert.

Wie anfangs postuliert[8] und später empirisch bestätigt[9], bildet die Ausrichtung auf material- und warenflussbezogene Dienstleistungen nicht nur die erste Phase der Logistikentwicklung, sondern bleibt auch bei den folgenden Phasen als „underlying" erhalten: Auch eine flussbezogen verstandene Logistik inkludiert in der Unternehmenspraxis Transport-, Umschlags- und Lagerleistungen. Für den „laufenden Betrieb" ist bezogen auf die Differenzierung in der Kostenstellenrechnung analog zu argumentieren wie für die Einführungsphase: Eine gegenüber anderen Unternehmensbereichen gleichberechtigte Berücksichtigung bzw. Stellung im Modell der Kostenrechnung ist Ausdruck einer bedeutungsmäßigen Akzeptanz und Präjudiz einer entsprechenden konzeptionellen Nutzung dieses Informationssystems.

Noch stärker gilt dies, wenn die Logistik auch gesondert in die Kostenträgerrechnung eingebunden wird. Die hierzu notwendigen Schritte sind – wie sich im vierten Teil dieses Buches zeigen wird – komplex und stellen hohe Anforderungen an die Datenerfassung[10]. Wenn es der Logistik deshalb nicht gelingt, die Kostenrechner von der Sinnhaftigkeit einer genaueren, „logistikgerechteren" Kalkulation zu überzeugen, lässt sich daraus auf Schwierigkeiten einer Weiterentwicklung der Logistik schließen: Die Erkenntnis hoher Kostenunterschiede zwischen Basisprodukten und

---

[6] Eine solche Erweiterung des Kostenstellenplans lässt sich als „Geburtsstunde" einer Logistikkostenrechnung ansehen. Die vorher fallweise Informationsbereitstellung wird hier zur laufenden.

[7] Vgl. ausführlich den Teil. 3 dieses Buches.

[8] Vgl. nochmals Abb. 1.1.

[9] Vgl. Weber und Dehler (2000, S. 59 f.).

[10] So sind z. B. den Arbeitsgangplänen der Produktion vergleichbare „logistische Leistungspläne" zu erheben und zu pflegen.

Varianten[11] kann den nötigen Anstoß liefern, die Produktpalette zu bereinigen und/ oder die Fertigung zu segmentieren. Beides sind konkrete Maßnahmen, die der Stufe der Flussorientierung zuzuordnen sind. Die Logistik auch produktbezogen[12] ähnlich zu behandeln wie die Produktion, bedeutet allerdings eine deutlich gestiegene Komplexität der Kostenrechnung, was – wie im Abschn. 2 ausgeführt – ihre Nutzung erschwert bzw. zu Informationsdefekten führen kann. Zur Vermeidung dieses Problems kann die Detaillierung – analog der Rückführung des Detaillierungsgrades in der Produktionskostenerfassung und -verrechnung[13] – mit vorhandener Erfahrung über die Struktur der Kostenverteilung wieder reduziert werden (etwa durch die Einführung gestufter Zuschlagsätze[14]).

Wie bereits angemerkt, setzt eine Abbildung von Transport-, Lager- und Umschlagprozessen in der laufenden Kostenrechnung eine detaillierte Erfassung der material- und warenflussbezogenen Dienstleistungen voraus. Diese bildet den Engpass in der Entwicklung einer Logistikkostenrechnung. Ihre Bedeutung wird dadurch weiter erhöht, dass die erfassten Leistungsdaten nicht nur als Basisdaten für die Kostenrechnung verwendet werden können. Ihnen kommt zur Steuerung von Transport, Umschlag und Lager eine eigenständige Bedeutung zu. Durch ihren direkteren Bezug zur logistischen Leistungserstellung können sie sowohl diagnostisch wie interaktiv für die laufende Steuerung herangezogen werden. Der Logistikkostenrechnung kann folglich eine gesonderte Logistikleistungsrechnung an die Seite gestellt werden. Beide gemeinsam helfen, die Ziele der ersten Entwicklungsphase der Logistik zu erreichen.

3.2 Informationsbereitstellung für die koordinationsbezogene Logistik

Die nächste Phase der Logistikentwicklung zieht – wie im Abschn. 1 ausgeführt – ihr Rationalisierungspotenzial wesentlich aus der Beeinflussung des an die Logistik herangetragenen Bedarfs an material- und warenflussbezogenen Dienstleistungen. Lohnt sich etwa eine bedarfssynchrone Bereitstellung von Material angesichts hoher Kosten der Beschaffungslogistik für sich alleine betrachtet nicht, kann sie in Just-in-time-Konzepten wirtschaftliche Vorteilhaftigkeit gewinnen, wenn eine integrierte Sicht die Nutzen in der Produktions- und Distributionslogistik hinzunimmt. Ein Schwerpunkt der Logistikkostenrechnung muss in diesem Kontext folglich auf

---

[11] Solche Erfahrungen sind bei der erstmaligen Integration der Logistik in die Kostenträgerrechnung die Regel. Vgl. z. B. Kaplan und Cooper (1999, S. 205–229). Den hohen Bedarf einer derartigen Überzeugung werden die im zweiten Teil dieses Buches referierten empirischen Studien zeigen.

[12] Gleiches gilt für die detaillierte Erfassung und Zuordnung von Logistikkosten von bzw. zu Kunden („Kundenerfolgsrechnung").

[13] Vgl. zu Möglichkeiten der Entfeinerung der Kostenrechnung allgemein Weber (1992).

[14] Vgl. im Einzelnen den Abschn. 11.2.4. im vierten Teil dieses Buches.

der ökonomischen Untermauerung derartiger Integrationsprojekte und -ansätze liegen. Sofern Veränderungen innerhalb der Transport-, Umschlags- und Lagerbereiche betroffen sind, liefern die laufend erfassten und ausgewiesenen kostenstellenbezogenen Leistungs- und Kosteninformationen hierzu eine – mittelbar oder unmittelbar – verwendbare Ausgangsbasis. Unabhängig davon nehmen die fallweisen Kostenanalysen keinen Einfluss auf die laufende Kostenrechnung. Gleiches gilt auch für die Wahrnehmung der laufenden Koordinationsaufgabe zwischen den Unternehmensbereichen. Aufgrund der Komplexität des Koordinationsproblems kommen – wie das Beispiel der Produktionsplanung und -steuerung zeigt – Kosten als Steuerungsgröße nicht oder nur partiell zum Einsatz[15]. Die Steuerung erfolgt vielmehr durch Mengen-, Zeit- und Qualitätsdaten. Wenn „unter dem Strich" doch von einer Unterstützung der material- und warenflussbezogenen Kostenrechnung durch die zweite Phase der Logistikentwicklung gesprochen werden kann, dann resultiert dies allein aus der gestiegenen Bedeutung der Logistik im Unternehmen. Sie stärkt die Verhandlungsposition der Logistiker, bei den Kostenrechnern bzw. Controllern eine Verbesserung der ihnen laufend bereitgestellten Logistikkosten zu erreichen.

Die zweite Entwicklungsphase der Logistik ist – wie anfangs ausgeführt – mit ihrer Integration in die strategische Planung verbunden. Allerdings nimmt sie primär eine unterstützende Rolle ein: Als Funktionalstrategie ermöglicht sie die Erreichung von Geschäftsfeldstrategien (z. B. durch die Möglichkeit hoher Lieferflexibilität), übt aber keinen nennenswerten gestaltenden Einfluss auf diese aus. Für die Kostenrechnung hat diese Entwicklung keine Bedeutung. Sie ist primär auf die operative Führung eines Unternehmens ausgerichtet. Ihre Form wird von der Unternehmensstrategie nicht oder nur am Rande beeinflusst[16]. Dies gilt allerdings nicht für die Leistungsrechnung. Sie kann ein wesentliches Hilfsmittel sein, die aus den Geschäftsfeldstrategien abgeleiteten, in der Logistikstrategie formulierten Leistungsanforderungen im operativen Geschäft abzubilden und steuer- sowie kontrollierbar zu machen. Ein hierfür in der Literatur entwickeltes Instrument ist das der Selektiven Kennzahlen[17]. In ähnlicher Weise kann dafür auch eine Balanced Scorecard herangezogen werden[18]. Informationen über die Erlöswirkungen logistischer Leistungen schließlich spielen in der zweiten Entwicklungsphase der Logistik keine

---

[15] Vgl. z. B. Günther und Tempelmeier (2009, S. 325–336). Als typisches Teilplanungsfeld, für das Kosten relevant sind, lässt sich insbesondere die Losgrößenplanung (Bestell- und Fertigungslosgrößen) nennen.

[16] Obwohl in der einschlägigen Literatur ein Einfluss der Strategie auf die Kostenrechnung oftmals postuliert wird vgl. z. B. Schweitzer und Friedl (1997), findet er sich in der Empirie allerdings häufig nicht. Vgl. Homburg et al. (2000), Frank (2000, S. 215). Gleiches gilt auch für die Befragungen des WHU-Controllerpanels. Es gab keinerlei signifikante Unterschiede hinsichtlich der Nutzung von Kostenrechnungsinstrumenten hinsichtlich der beiden Strategietypen Kostenführerschaft und Differenzierung (Quelle: Sonderauswertung der Daten aus 2008). Die üblichen Strategietypen haben kein derart unterschiedliches Geschäft zur Folge, dass dadurch Änderungen des in der Kostenrechnung enthaltenen Modells für deren konzeptionelle Nutzung erforderlich wären.

[17] Vgl. Weber et al. (1995).

[18] Beide Instrumente werden im fünften Teil dieses Buches noch näher vorgestellt.

Rolle; aufgrund des unterstützenden Charakters der Logistik wird deren Potenzial zur Gewinnung von Wettbewerbsvorteilen noch nicht genutzt. Erst dieses wäre aber mit nennenswerten Einflüssen auf die erzielten Erlöse verbunden. Insgesamt geht damit von der zweiten Entwicklungsphase der Logistik ein deutlich geringerer Einfluss auf die Gestaltung einer Logistikkostenrechnung aus, als dies für die vorangehende erste Phase zutrifft.

3.3   Informationsbereitstellung für die flussorientierte Logistik

In der dritten Phase vollzieht die Logistik eine sehr grundlegende Entwicklung: Signifikante Verbesserungen sind nur noch dann zu erzielen, wenn strukturelle Veränderungen des Unternehmens realisiert werden. Dies führt über die TUL-Funktionen weit hinaus und bedeutet insbesondere die Notwendigkeit, die Logistik exponiert in der strategischen Planung zu verankern. Gleichzeitig verändert sich der grundsätzliche Fokus: Die Logistik kann in dieser Phase der Entwicklung nicht mehr als rein unterstützende Funktion gesehen werden; von ihr werden vielmehr aktive Beiträge zur Weiterentwicklung des Unternehmens verlangt. Die Funktionalstrategie nimmt erheblichen Einfluss auf die Geschäftsfeldstrategien. Die Effizienzsicht weitet sich zu einer Effektivitätsbetrachtung.

Der stärkere Fokus auf die Differenzierungswirkungen der Logistik – von denen empirisch, wie gezeigt, eine erhebliche Wirkung auf den Unternehmenserfolg ausgeht – erfordert für die Informationsversorgung, detailliert und intensiv über mögliche Erlöswirkungen der Logistik nachzudenken. Sowohl für die Logistik als auch für das Rechnungswesen gilt es hier jedoch, in erheblichem Maße Neuland zu betreten. Das Feld einer derart marktorientierten Logistikplanung ist bislang in den Unternehmen – sowohl strategisch wie operativ – häufig nicht hinreichend besetzt, und auch in der Theorie gibt es noch erhebliche Lücken[19]. Das Schließen dieser Lücken kann idealtypisch entweder zu einer entsprechenden fallweisen Datengenerierung führen (z. B. mittels Conjoint-Studien), zum anderen eine Ergänzung der laufenden Erlösrechnung[20] bedeuten. Darüber, wie beide Varianten zu gestalten sind, liegen derzeit weder in der Theorie noch in der Praxis nennenswerte Erfahrungen vor[21].

Die geänderte strategische Bedeutung der Logistik zu berücksichtigen, bedeutet weiterhin, ihren Beitrag für die Wertentwicklung des Unternehmens zu bestimmen[22]. Methodisches Hilfsmittel hierzu bietet das Konzept des Shareholder Value[23].

---

[19] Vgl. die grundlegenden Beiträge von Kaminski (1999a, b).

[20] Vgl. zu diesem – in der einschlägigen Literatur sehr vernachlässigten – Teil des Rechnungswesens Männel (1983), Schweitzer und Küpper (2011, S. 83–87), kurz Weber und Weißenberger (2010, S. 334–337).

[21] Die Thematik wird im Abschn. 8.2. im dritten Teil des Buches näher behandelt.

[22] Vgl. zu einem solchen Vorgehen z. B. Christopher (2011, S. 62–66); Pfohl et al. (2008).

[23] Vgl. im Überblick Weber et al. (2004).

Bezogen auf das Discounted Cash Flow-Verfahren als eine der möglichen Konzept-varianten[24] heißt das, die angesprochenen Erlöswirkungen der Logistik ebenso in die Bestimmung der den Free Cash Flows zugrunde liegenden Einzahlungsreihen Eingang finden zu lassen, wie die Logistikkosten in den Auszahlungsreihen zu berücksichtigen. Auch für ein solches Vorgehen liegt kaum praktische Erfahrung vor.

Ist die strategische Ausrichtung adäquat geleistet, kommt es darauf an, die dort beschlossenen Strukturen in operatives Handeln umzusetzen. Hierin ist nicht nur für den Bereich der Logistik ein deutliches Verbesserungspotenzial in den Unternehmen festzustellen[25]. Angesichts der von der Stufe 2 zur Stufe 3 gestiegenen strategischen Bedeutung der Logistik kommt der Beseitigung dieses Mangels nun eine hohe Bedeutung zu. Als hierzu geeignete Instrumente lassen sich die bereits im vorangegangenen Abschnitt angesprochenen Instrumente Selektiver Kennzahlen oder der Balanced Scorecard verwenden, in die sowohl Kosten- und Erlösinformationen wie Leistungsgrößen einfließen können.

Flussorientierte Logistik heißt aber nicht nur, die Logistik stärker in der Planung zu verankern. Alle Führungsbereiche sind betroffen. Erheblicher Ausgestaltungs-bedarf besteht – wie die empirischen Ergebnisse der im Abschn. 1.6.1. genannten Studie zeigen – bezogen auf das Anreizsystem, das im Grad der Flussorientierung derzeit noch erhebliche Defizite aufweist[26]. Insbesondere als Basis für eine Bemes-sung variabler Vergütungsanteile können unterschiedliche Leistungsgrößen dienen, die die erhebliche Bedeutung der Logistik als Instrument zur wettbewerblichen Differenzierung widerspiegeln. Daneben lassen sich auch Logistikkosten als Ba-sis variabler Entgelte heranziehen (z. B. Einhaltung von Kostenvorgaben). Wie im Abschn. 2.2. diskutiert, setzt die Verwendung solcher Daten für Anreizzwecke zum einen eine klare Definition und das Fehlen von Manipulierbarkeit voraus. Beide Anforderungen legen eine laufende Logistikkosten- und -leistungsrechnung nahe, die einen hohen Definitionsgrad verlangt und durch die festliegenden Erfassungs- und Ausweisroutinen individuelle Einflussnahme weitgehend verhindert. Beide An-forderungen sind darüber hinaus derzeit in den meisten Unternehmen der Grund, die Verwendung von Erlösgrößen zur Anreizgestaltung zu verhindern; zu groß sind die Mess- und Abgrenzungsprobleme. Zum anderen muss ein ausreichender Fit der Messgrößen mit dem von der Logistik erwarteten Beitrag zur Erzielung von Wettbewerbsfähigkeit des Unternehmens bestehen. Ansonsten wäre eine zu starke Selektionswirkung zu erwarten. Dieser Gefahr kann durch das Nebeneinander meh-rerer Kosten- und Leistungsgrößen begegnet werden. Allerdings ist die Grenze zu hoher Komplexität des Anreizsystems schnell überschritten.

Flussorientierung in der Organisation eines Unternehmens zu verankern, hat für die laufende Informationsbereitstellung sehr unterschiedliche Konsequenzen. Während eine interne Strukturveränderung die Erlöswirkungen der Logistik nicht

---

[24] Vgl. zu unterschiedlichen methodischen Varianten des Shareholder Value-Konzepts Weber und Schäffer (2011, S. 176 f.).

[25] So ist z. B. die später in diesem Buch noch vorzustellende Balanced Scorecard exakt in der Intention gestaltet worden, Strategie und operatives Geschäft miteinander zu verzahnen.

[26] Vgl. nochmals Abb. 1.7.

unmittelbar berührt, löst die Flussorientierung einen Bedarf an spezifischen Leistungsinformationen aus, die für die Gestaltung und Steuerung des Flusssystems benötigt werden. Ihrer Generierung kommt auch angesichts des abstrakten Charakters des Konstrukts Flussorientierung eine erhebliche (konzeptionelle) Bedeutung zu. Bezogen auf Kostenrechnung geht schließlich ein begrenzender Einfluss aus: Der flussorientierten Organisation geht es um die Vermeidung von Flusshemmungen und Turbulenzen. Der Gesamtfluss ist entscheidend, nicht ein einzelner Abschnitt der Prozesskette. Die Sicht auf einzelne Kostenstellen ist aber ein Charakteristikum der Kostenrechnung. Wird die Prozessidee konsequent umgesetzt, bildet die Funktionsspezialisierung nicht mehr das dominante Organisationsprinzip, sondern Prozesssegmente in ihrem Zusammenwirken. Für die einzelnen Prozesssegmente werden Tätigkeiten unterschiedlicher funktionaler Spezialisierung zusammengefasst; neben Produktionsvorgängen und Instandhaltung zählen dazu auch material- und warenflussbezogene Dienstleistungen. Wenn aber derart heterogene Aktivitäten integriert durchgeführt werden, dann fehlen der Kostenrechnung Produktionsfunktionen als Basis der Kostenerfassung und -verrechnung. In flussorientierten Produktionsstrukturen mit einem hohen Maß an Funktionsintegration macht eine funktionsspezialisiert aufgebaute Kostenstellenrechnung keinen Sinn. Logistikkosteninformationen können (und sollten) fallweise nur bei der Gestaltung derartiger flussorientierter Organisationslösungen einbezogen werden; für die Steuerung des Betriebs derartiger Strukturen sind Logistikkosten nicht geeignet.

Fasst man die kurzen Ausführungen zusammen, so lassen sich drei wesentliche Erkenntnisse festhalten:

1. In der dritten Entwicklungsstufe der Logistik muss die Informationsbereitstellung verstärkt die Erlöswirkungen der Logistik einbeziehen. Ob dies zur Ausweitung der laufenden Erlösrechnung führt oder ob fallweise Informationen ausreichen, ist an dieser Stelle offen[27].

2. Flussorientierung betrifft mehrere Führungsbereiche gleichzeitig. Von allen gehen Informationsbedarfe hinsichtlich Logistikleistungen aus. Ob und inwieweit daraus ein laufender oder (nur) ein fallweiser Informationsbedarf resultiert, ist an dieser Stelle ebenfalls noch offen[28].

3. Die in der zweiten Entwicklungsstufe der Logistik ausgebaute Logistikkostenrechnung wird in der Phase der Flussorientierung eher zum Hemmschuh. In ihr ist die traditionelle funktionsspezialisierte Struktur konserviert. Logistikkosten werden primär für Strukturgestaltung, nicht für die Nutzung der Strukturen benötigt[29].

---

[27] Wir werden darauf im dritten Teil dieses Buches näher eingehen.

[28] Vgl. dazu die Ausführungen im Abschn. 15. im fünften Teil des Buches.

[29] Das für die fallweise Informationsbereitstellung erforderliche Wissen liegt angesichts der in der zweiten Entwicklungsphase der Logistik aufgebauten Erfahrung vor. Auf die Gefahr, dass dieses Wissen über die Zeit erodiert („vergessen wird"), sei an dieser Stelle lediglich hingewiesen.

3.4 Informationsbereitstellung für Supply Chain Management

Die letzte Phase der Logistik-Entwicklung weitet den Blick über die Unternehmensgrenzen hinaus und bezieht Partner der Supply Chain mit ein. Fragen einer Neupositionierung der Unternehmensgrenzen („make, cooperate or buy"[30]) und solche einer interorganisationalen Zusammenarbeit kommen hinzu bzw. gewinnen exponierte Aufmerksamkeit. Beide sind von herausragender strategischer Bedeutung und damit sehr grundsätzlicher Art. Entsprechend sorgfältig müssen die entsprechenden Entscheidungen vorbereitet werden. Hierzu sind auch Kosten-, Leistungs- und Erlösinformationen erforderlich. Sie bilden in den Analysen für die wichtigsten Wertschöpfungspartner Ausschnitte des Potenzials einer gemeinsamen Abstimmung in der Kette ab. Gleichzeitig geben sie Hinweise darauf, ob vergleichbare logistische Fähigkeitsniveaus und Entwicklungspotenziale bestehen. Deutliche Unterschiede sind Prädiktoren für künftige Instabilitäten der Supply Chain. Der Einfluss dieser Vorphase der Supply Chain-Gestaltung auf die Informationsbereitstellung ist zweierlei Natur: Zum einen werden – wie angesprochen – fallweise Informationen benötigt, die alle drei Informationsarten (Kosten, Leistungen und Erlöse) betreffen. Zum anderen ist das Know-how, solche Größen zu ermitteln, ein Teil des Fähigkeitenniveaus eines Unternehmens, in einer Supply Chain mitzuwirken. Unternehmen, die vorherige Entwicklungsstadien der Logistik überspringen wollen, werden deshalb auch wegen mangelnder Kenntnis von Kosten, Leistungen und Erlösen erhebliche Probleme bekommen bzw. scheitern.

In der Phase des Supply Chain-„Betriebs" sind – ähnlich der Argumentation für die dritte Entwicklungsphase der Logistik – unterschiedliche Gestaltungseinflüsse auf die Informationsversorgung zu beobachten:

- Eine zentrale Bedingung für die Stabilität der Kette ist ein *gerechter Interessenausgleich* der beteiligten Unternehmen. Hieraus resultiert als Aufgabe der Logistikkostenrechnung, entsprechende Verrechnungspreisbildungsmodi zu bestimmen und nach deren Abstimmung mit Werten auszufüllen. Zugleich kann sie die Basis bilden, die Kostenentwicklung zu kontrollieren und damit sowohl die Einhaltung der Preisermittlungsregeln zu überwachen, als auch deren ggf. notwendige Anpassung anzustoßen. Die Kostenrechnung übernimmt hier Dokumentationsaufgaben, wird verhaltenslenkend eingesetzt und dient zugleich in konzeptioneller Nutzung in allen an der Supply Chain beteiligten Unternehmen zur Herausbildung einer übereinstimmenden Effizienzsicht. Als Konsequenzen für die Gestaltung der Logistikkostenrechnung resultiert hieraus die Forderung nach geringer Komplexität[31] und hoher Überprüfbarkeit.
- Ein wesentlicher Vorteil der Kettenbildung liegt in der weit schnelleren Informationsweitergabe. Wenn Änderungen der Absatzerwartungen eines auf Endkundenmärkten tätigen Unternehmens gleichzeitig allen Partnern der Supply

---

[30] Vgl. ausführlich und tiefgehend Antlitz (1999).

[31] Diese ist auch deshalb erforderlich, weil in der Kette Unternehmen hoher interner Flussorientierung zusammenarbeiten, für die – wie im vorherigen Abschnitt ausgeführt – ein hoher Detaillierungsgrad einer Logistikkostenrechnung nicht erzielbar ist.

Chain mitgeteilt werden, kommt es zu keinen „Aufschaukelungseffekten" mit den damit verbundenen Ineffizienzen. Voraussetzung hierfür ist eine Standardisierung der innerhalb der Kette fließenden Informationen. Dies bedeutet formal eine Kommunikationsfähigkeit der entsprechenden IT-Systeme. Inhaltlich müssen die gemeinsam verwendeten Informationsarten und -items standardisiert werden. Die in den Unternehmen über deren interne Wertschöpfungsstufen hinweg erfolgte Vereinheitlichung der Leistungsgrößen findet nun ihre Entsprechung im interorganisationalen Kontext. Die Leistungsrechnung wird in diesem Sinne ähnlich genutzt wie die Kostenrechnung: Sie muss erbrachte Leistungen dokumentieren, da an diese Verrechnungsvorgänge ebenso geknüpft sind wie vertragsrechtliche Konsequenzen (Einhaltung von Leistungsstandards). Sie wirkt verhaltenslenkend, da sie koordinativen Einfluss auf die Dispositionen in allen in der Supply Chain zusammengefassten Unternehmen ausübt. Sie wirkt schließlich konzeptionell, indem sie die Aufmerksamkeit auf die gemeinsam vereinbarten Leistungsausschnitte lenkt. Die Konsequenzen für die Gestaltung der Logistikleistungsrechnung entsprechen folglich denen der Logistikkostenrechnung: Geringe Komplexität und hohe Überprüfbarkeit sind für einen Interessenausgleich über mehrere Unternehmen hinweg unverzichtbar.

- Erlöswirkungen schließlich kommen in Supply Chains in sehr unterschiedlicher Form zum Ausdruck. „Isolierte" Marktbeziehungen, die für die dritte Entwicklungsstufe den zentralen Gegenstand einer Logistikerlösrechnung bildeten, betreffen in einer Supply Chain nur noch das letzte Unternehmen der Kette. Für die anderen sind die Erlöswirkungen des einen Unternehmens die Kostenwirkungen des anderen. Leistungs- und Kostenniveaus werden angesichts des notwendigen Integrationsgrades gemeinsam austariert. Damit wird zwar das für die Erlösbestimmung notwendige Know-how benötigt; eine gesonderte Informationsbereitstellung ist dafür aber idealtypisch nicht erforderlich.

Insgesamt ergeben sich damit divergente Wirkungen einer Supply Chain-orientiert verstandenen und realisierten Logistik auf die laufende Informationsversorgung des Logistik-Managements. Nähere Analysen im Einzelfall sind erforderlich, unterschiedliche Lösungen möglich.

3.5 Fazit

Trotz des langen Entwicklungswegs der Kostenrechnung, zahlreicher einschlägiger Lehrbücher sowie eines umfangreichen, über ein halbes Jahrhundert gewachsenen Logistik-Know-hows ist es alles andere als einfach, eine Lösung für das Problemfeld „Logistikkostenrechnung" zu erarbeiten.

Zunächst erweist sich die Beschränkung auf reine Kostenrechnungsfragen schnell als wenig hilfreich bzw. zu restriktiv. Die logistikbezogene Informationsversorgung des Managements erfordert neben Kosten in hohem Maße Leistungen. Sie können Kosten ergänzen, häufig aber auch ersetzen. Zudem kommt ihnen eine Unterstützungsfunktion für die Kostenrechnung zu, da nur auf der Basis einer ausreichend genauen Leistungserfassung Kosten geplant, kontrolliert und zugeordnet werden können. Darüber hinaus wurde deutlich, dass die Fokussierung auf die monetäre Abbildung des Faktorverzehrs eine unzulässige Beschränkung darstellt. Das strategische Potenzial der Logistik liegt in heutigen Märkten – teils wesentlich, teils sogar dominant – auf dem Feld der leistungsmäßigen Differenzierung. Dies macht es erforderlich, auch Informationen über die Erlöswirkungen der Logistik zu gewinnen und bereitzustellen. Von allen drei Informationskategorien ist hier sowohl in der Theorie als auch in der Praxis noch der größte Entwicklungsrückstand zu beobachten.

Weiterhin wurde deutlich, wie heterogen die Gestaltungsvarianten der Informationsversorgung ausfallen können. Der jeweilige Kontext der Logistikausprägung bestimmt in hohem Maße die Anforderungen an eine Logistikkosten-, -leistungs- und -erlösrechnung. „Die" Logistikkostenrechnung als „one size fits all" kann und darf es deshalb nicht geben. Falsch gestaltet, kann sie sogar einen negativen Einfluss auf den Unternehmenserfolg haben, und dies nicht nur durch die von ihr selbst verursachten Kosten[32].

Für die Frage der richtigen Gestaltung ist schließlich nicht nur der aktuelle Kontext in den Unternehmen bestimmend. Vielmehr wurde deutlich, welch hoher Einfluss von dem Entwicklungsweg der Logistik ausgeht. Die in der strategischen Theoriediskussion stark herausgestellte Pfadabhängigkeit wird hier bestätigt. Es geht um den Erwerb von Fähigkeiten, der bestimmten Gesetzmäßigkeiten folgt und Zeit kostet. Entwicklungsstufen können nicht beliebig übersprungen werden.

Der einführende Teil dieses Buches endet also mit der eindringlichen Warnung vor einem „one size fits all"-Anspruch, auf den man insbesondere dann trifft, wenn die Informationsversorgung des Managements aus einer IT-Perspektive heraus bestimmt werden soll. Informationen beeinflussen das Handeln ökonomischer Akteure. Sie sind deshalb auch aus einer ökonomischen Perspektive heraus zu gestalten.

Bevor wir im Folgenden die an dieser Stelle nur skizzenhaften Aussagen zur Form der logistischen Informationsversorgung weiter präzisieren und ausfüllen wollen, sei der Blick im zweiten Teil des Buches jedoch zunächst auf die in Theorie und Praxis geleisteten Vorarbeiten gerichtet.

Literatur

Antlitz A (1999) Unternehmensgrenzen und Kooperationen. Make-cooperate-or-buy im Zusammenspiel von Kompetenz- und Strategieentwicklung. Deutscher Universitäts-Verlag, Wiesbaden

Christopher M (2011) Logistics & supply chain management, 4. Aufl. Prentice Hall, Harlow

---

[32] So findet sich bei Dehler (2001, S. 221), das Ergebnis, dass eine flussorientiert ausgestaltete Kostenrechnung den Erfolg der Logistikleistung eher negativ beeinflusst. Unter Umständen führt eine extensive Ausgestaltung einer flussorientierten Kostenrechnung dazu, dass Kostenziele derart in den Vordergrund gerückt und einseitig verfolgt werden, dass es zu einer geringeren Erfüllung der damit konkurrierenden Zielsetzungen bezüglich der Logistikleistungen kommt.

Dehler M (2001) Entwicklungsstand der Logistik. Messung – Determinanten – Erfolgswirkungen. Gabler, Wiesbaden

Frank S (2000) Erfolgsreiche Gestaltung der Kostenrechnung. Determinanten und Wirkungen am Beispiel mittelständischer Unternehmen. Gabler, Wiesbaden

Günther H-O, Tempelmeier H (2009) Produktion und Logistik, 8. Aufl. Springer, Berlin

Homburg Chr, Weber J, Aust R, Frank S (2000) Management Accounting Follows Strategy? – Zur Strategieabhängigkeit der Kostenrechnung. ZP 11:307–328

Kaminski A (1999a) Marktorientierte Logistikplanung – Grundlagen. In: Weber J, Baumgarten H (Hrsg) Handbuch Logistik. Management von Material- und Warenflussprozessen. Schäffer-Poeschel Verlag, Stuttgart, S 241–253

Kaminski A (1999b) Marktorientierte Logistikplanung – Planungsprozess und analytisches Instrumentarium. In: Weber J, Baumgarten H (Hrsg) Handbuch Logistik. Management von Material- und Warenflussprozessen. Schäffer-Poeschel Verlag, Stuttgart, S 254–288

Kaplan RS, Cooper R (1999) Prozesskostenrechnung als Managementinstrument. Campus Verlag, Frankfurt a. M.

Männel W (1983) Grundkonzeption einer entscheidungsorientierten Erlösrechnung. Kostenrechnungspraxis 27:55–70

Pfohl H-Chr, Köhler H, Röth C (2008) Wert- und innovationsorientierte Logistik – Beitrag des Logistikmanagements zum Unternehmenserfolg. In: Baumgarten H (Hrsg) Das Beste der Logistik. Innovationen, Strategien, Umsetzungen. Springer, Berlin, S 91–100

Schweitzer M, Friedl B (1997) Kostenmanagement bei verschiedenen Wettbewerbsstrategien. In: Becker W, Weber J (Hrsg) Kostenrechnung: Stand und Entwicklungsperspektiven. Gabler-Verlag, Wiesbaden, S 447–463

Schweitzer M, Küpper H-U (2011) Systeme der Kosten- und Erlösrechnung, 10. Aufl. Vahlen, München

Weber J (1992) Logistik als Koordinationsfunktion. Zur theoretischen Fundierung der Logistik. Z Betriebswirtschaft 62:877–895

Weber J, Dehler M (2000) Entwicklungsstand der Logistik. In: Pfohl H-C (Hrsg) Supply Chain Management: Logistik plus? Erich Schmidt Verlag, Berlin, S 45–68

Weber J, Schäffer U (2011) Einführung in das Controlling, 13. Aufl. Schäffer-Poeschel, Stuttgart

Weber J, Weißenberger BE (2010) Einführung in das Rechnungswesen. Bilanzierung und Kostenrechnung, 8. Aufl. Schäffer-Poeschel, Stuttgart

Weber J, Großklaus A, Kummer S, Nippel H, Warnke D (1995) Methodik zur Generierung von Logistik-Kennzahlen. In: Weber J (Hrsg) Kennzahlen für die Logistik. Schäffer-Poeschel, Stuttgart, S 9–45

Weber J, Bacher A, Groll M (2004) Supply Chain Controlling. In: Busch A, Dangelmaier W (Hrsg) Integriertes Supply Chain Management. Theorie und Praxis effektiver unternehmensübergreifender Geschäftsprozesse. Gabler, Wiesbaden, S 147–167

Teil II
Entwicklungsstand der Logistikkosten-, -leistungs- und -erlösrechnung

Logistik als in Unternehmen realisiertes Konzept wurde – wie im ersten Teil des Buches dargestellt – seit Mitte des letzten Jahrhunderts entwickelt und ausgebaut. Im Kern erfolgte eine Heraushebung bzw. gesonderte Betonung von immer schon wahrgenommenen Funktionen der Gewährleistung von Versorgungssicherheit. Neue, vorher nicht in gleicher Form realisierte Tätigkeiten waren damit allenfalls im dispositiven Bereich verbunden. Deshalb wurden die *Kosten* der Logistik schon immer in der Kostenrechnung erfasst, aber nicht gesondert sichtbar. Plakativ steht hierfür die schon alte, aber immer noch gültige Formulierung von LeKashman und Stolle: „The real cost of distribution never stares management in face".[1] Gleiches galt für die Auswirkungen der Logistik auf die *Erlöse* des Unternehmens.

Diese Ausgangssituation bestimmte auch das dritte relevante Teilgebiet der Bereitstellung führungsrelevanter Informationen für das Logistik-Management, die *Logistikleistungen*. Eine ins Detail gehende Abbildung der Logistikkosten und -erlöse setzt eine detaillierte Kenntnis der Logistikleistungen voraus. Wertmäßige Transparenz ist nicht von mengen-, zeit- und qualitätsmäßiger Transparenz zu trennen. Da erstere nicht gefordert war, ging auch kein Impuls auf die Entwicklung einer Logistikleistungsrechnung aus. Auch die traditionelle Trennung der Verantwortung für die Generierung von monetären und nicht-monetären Informationen in den Unternehmen – für erstere war das Rechnungswesen und/oder das Controlling, für letztere die Logistiklinie verantwortlich[2] – begünstigte das Fehlen ausreichender Logistikleistungsinformationen.

Das soeben für die Unternehmenspraxis gezeichnete Bild galt auch für die Theorie. So stellten Pfohl und Hoffmann noch 1984 fest, dass die „von der Betriebswirtschaftslehre zur Verfügung gestellten Kosten- und Leistungsrechnungssysteme... bisher unzureichend auf den speziellen Informationsbedarf des Logistikbereichs ausgerichtet"[3] sind.

---

[1] LeKashman und Stolle (1965, S. 37).

[2] Diese Kluft ist – wie später im empirischen Teil dieses Kapitels belegt – auch heute noch längst nicht überwunden. In der betriebswirtschaftlichen Theorie wird aktuell unter dem Stichwort „Performance Measurement" versucht, Leistungen in das Set führungsrelevanter Informationen zu integrieren. Vgl. zum Überblick z. B. Merchant und Van der Stede (2007), Berry et al. (2009).

[3] Pfohl und Hoffmann (1984, S. 54).

Mit zunehmender Bedeutung der Logistik wurde in den Unternehmen der Ruf nach erfolgswirtschaftlicher Transparenz der Logistik deutlich größer. In der Folge finden sich beginnend in den 1980er Jahren auch in der Literatur entsprechende Ansätze in stark zunehmender Zahl. Zugleich resultieren aus der Entwicklung der Logistik hin in Richtung Flussorientierung und Supply Chain Management neue Fragestellungen für die Informationsbereitstellung. Insofern lässt sich die in diesem Buch behandelte Themenstellung als ein dynamisches Forschungsgebiet kennzeichnen.

Im Folgenden seien diese Entwicklung und der erreichte Stand kurz nachgezeichnet. Auf Grund der grundsätzlichen Ausrichtung des Buches wird dabei keine wissenschaftshistorisch motivierte Zielsetzung verfolgt. Vielmehr geht es darum, einen hinreichend vollständigen *Überblick* zu geben, der zugleich Basis in die Tiefe gehender weiterer Analysen sein kann. An die Stelle ausführlicher Beschreibungen der Ansätze treten folglich – getrennt für konzeptionelle und empirische Arbeiten – stark aggregierte Darstellungen (in Tabellenform) und wenige zusammenfassende Kommentierungen. Der Grad der Aggregation differiert schließlich zwischen Theorie und Empirie. Da ein Teil der konzeptionellen Beiträge jeweils themenbezogen in die folgenden Teile des Buches einfließt, wird der Stand der empirischen Forschung etwas ausführlicher dargestellt. Dies beinhaltet auch das stärker ins Detail gehende Eingehen auf drei empirische Studien.

Konzeptioneller Entwicklungsstand der Logistikkosten-, -leistungs- und -erlösrechnung

4

Spezifische Arbeiten zur Gestaltung einer logistischen Kosten-, Leistungs- und Erlösrechnung finden sich in nennenswerter Zahl erst ab den 1980er Jahren.[1] Es dominieren anfangs kurze, lediglich „knappe Aufrisse der Systematik logistischer Kosten- und Leistungsrechnungen"[2] gebende Aufsätze. Eigenständige Bücher oder Dissertationen fehlten. Die einschlägigen Logistikwerke sahen zumeist nur sehr kurze Abschnitte für die Bereitstellung für das Logistikmanagement relevanter Informationen vor.[3] Bücher zur Kosten- und Leistungsrechnung und/oder zum Controlling beschäftigten und beschäftigen sich auch heute noch nur sehr selten mit der Logistik.[4] Praktische Erfahrung ist ebenso Anlass für die Beiträge wie theoretische Überlegungen. Unter den Autoren dominieren Logistiker deutlich.

Mittlerweile ist das Feld der einschlägigen Publikationen sehr groß geworden. Um einen hinreichend aussagefähigen Überblick zu geben, wird im Folgenden ein zweistufiges Vorgehen gewählt. In einem ersten Schritt erfolgt die Auflistung der wichtigsten Quellen mit ihren Kernmerkmalen. Als solche werden unterschieden der Erscheinungstermin, die Zuordnung der inhaltlichen Aussagen zur Kosten-, Leistungs- und/oder Erlössphäre und – basierend auf den im Kap. 3 des ersten Teils dieses Buches getroffenen Überlegungen – die Zuordnung zur Entwicklungsstufe der Logistik, auf die sich der entsprechende Beitrag schwerpunktmäßig bezieht. Im zweiten Schritt werden dann – für Kosten, Leistungen und Erlöse getrennt – Beispiele für häufig genannte Bestandteile der jeweiligen Informationsart genannt. Strukturelle stehen damit neben inhaltlichen Auswertungen der vorliegenden Quellen.[5]

---

[1] Vgl. die Abb. 2.7 in der ersten Auflage dieses Buches (Weber 1987, S. 50 f.).

[2] Pfohl und Hoffmann (1984, S. 73).

[3] Vgl. z. B. Ballou (1973, S. 463–466), oder Heskett et al. (1973, S. 699–708).

[4] Vgl. als eine der ersten Ausnahmen das mittlerweile in 8. Aufl. erschienene Buch von Reichmann (2011), oder Küpper (2008).

[5] Vgl. auch den Literaturüberblick von Jeschonowski et al. (2009).

J. Weber, *Logistikkostenrechnung,*
DOI 10.1007/978-3-642-25173-3_4, © Springer-Verlag Berlin Heidelberg 2012

4.1 Strukturelle Übersicht

Dem Überblick über die vorliegenden konzeptionellen Quellen dient die mehrteilige Tab. 4.1. Die Einstufung in die vier Entwicklungsstufen der Logistik wurde auf Basis eigener Einschätzung vorgenommen; nicht immer finden sich dafür in den Quellen eigene explizite Hinweise. Der unterschiedliche inhaltliche Umfang bedeutet schließlich keine Qualitätsaussage; z. T. wurden von den Autoren bewusst nur Teilaspekte der Bereitstellung für das Logistik-Management relevanter Informationen beleuchtet.

Generell lässt sich zunächst festhalten, dass die meisten der in der Tab. 4.1 aufgeführten Beiträge wenig ins Detail gehen. Es dominieren kurze Aufsätze. So verwundert es auch nicht, dass die Beiträge zur Lösung von Abgrenzungsproblemen (z. B. der in die Logistikkosten einzubeziehenden Elemente) zumeist kaum etwas beitragen. Ein Grund hierfür kann darin vermutet werden, dass der überwiegende Teil der Quellen von Vertretern der Logistik, nicht von Kostenrechnern oder Controllern verfasst wurde.

Weiterhin ist unmittelbar auffällig, dass es inhaltlich ein starkes Gefälle zwischen der Bearbeitung von Logistikkosten, -leistungen und -erlösen gibt. Letztere werden bislang ausgesprochen „stiefmütterlich" behandelt. Betrachtet man die wenigen in Tab. 4.1 aufgeführten Quellen, für die Hinweise auf Logistikerlöse ausgewiesen werden, genauer, so beschränken sich viele von diesen auf sehr oberflächliche Aussagen.[6] Intensiv und umfassend hat sich bislang nur Kaminski mit Logistikerlösen auseinandergesetzt.

Ebenfalls der Tab. 4.1 entnehmbar ist die Tatsache, dass die Entwicklung der Logistik von der TUL-Perspektive zum Supply Chain Management nicht dazu geführt hat, dass kosten-, leistungs- und erlösbezogene Beiträge aktuell nur noch für die letzte Logistikstufe verfasst werden. Zwar liegt dort das Schwergewicht; ein Blick auf die Jahreszahlen bei den anderen Perspektiven zeigt aber auch dort aktuelle Arbeiten.

Speziell zu *TUL-bezogenen Beiträgen* lassen sich folgende Aussagen treffen: Sie stehen zeitlich am Beginn der Auseinandersetzung mit einer Informationsbereitstellung für das Logistik-Management. Die Perspektive der Autoren ist primär technikgeprägt. Weiterhin fallen eine starke Detailbezogenheit und ein Fokus auf jeweils einzelne logistische Funktionen in der Wertschöpfungskette auf. Schließlich finden sich viele konkrete Beispiele aus der Praxis. Ein Grund hierfür mag darin liegen, dass die Themenkomplexität bei der Beschränkung auf einzelne Ausschnitte der Wertschöpfungskette noch verhältnismäßig einfach erfass- und beschreibbar ist. Folglich liegt auch eine hohe unmittelbare Umsetzbarkeit vor.

Der *koordinationsbezogenen Sicht* der Logistik ist der absolut gesehen größte Teil der Quellen zuzuordnen. Trotz dieser Ausrichtung finden sich allerdings koordinationsspezifische Aspekte häufig nur am Rande behandelt. Zwar wird von den

---

[6] Ein Beispiel hierfür liefert Cavinato, der Kosten „value" gegenüberstellt und fordert: „Increasingly value must be detected, measured, and used even when tangible measurement is not possible" (Cavinato 1992, S. 298).

Tab. 4.1 Überblick über primär konzeptionelle Arbeiten zum Themengebiet „Logistikkosten, Logistikleistungen und Logistikerlöse"

Autoren	Jahr	Logistik-kosten	Logistikleis-tungen	Logistik-erlöse	Logistiksicht
Krippendorf	1955	x	x		Koordination/ Flussorientierung
Bowersox et al.	1969	x	x		TUL
Lewis	1969	x			TUL
Rose	1979	x	x	x	Koordination/ Flussorientierung
Berg	1980	x	x		TUL
Karp	1980	x			TUL
Barret	1982	x	x	x	Koordination
Männel und Weber	1982	x	x		Koordination
Brändle	1984	x	x		TUL
Pfohl und Hoffmann	1984	x	x		Koordination
Weber	1984	x	x		Koordination
Reichmann	1985	x	x		Koordination
Studer	1985	x	x		Koordination/ Flussorientierung
Tyndall	1985	x	x		TUL
Kielmann	1986	x			Koordination
Cavinato	1988	x			TUL
Ishi et al.	1988	x	x		SCM
Sheffi et al.	1988	x			Koordination
Teichmann	1988	x			Koordination
Ablinger	1989	x	x	x	Koordination/ Flussorientierung
Andersson et al.	1989	x	x		TUL
Bäck	1989	x	x		Koordination
Cohen und Lee	1989	x			SCM
Küpper	1989	x	x		TUL
Novack	1989	x	x		Koordination/ Flussorientierung
Wäscher	1989	x			Koordination
Wölfler	1989	x	x		Koordination/ Flussorientierung
Bloech	1990	x			Koordination/ Flussorientierung
Cohen und Moon	1990	x			SCM
Horváth und Renner	1990	x			Koordination
Lindner und Piringer	1990	x	x		Koordination
Schimank	1990	x			Koordination
Weber	1990	x	x		Koordination
Mayer und Renner	1991	x			Koordination
Pfohl und Zöllner	1991	x	x		Koordination/ Flussorientierung
Towill	1991	x	x		SCM

Tab. 4.1 (Fortsetzung)

Autoren	Jahr	Logistik-kosten	Logistikleis-tungen	Logistik-erlöse	Logistiksicht
Wikner et al.	1991	x	x		SCM
Witt	1991	x			Koordination
Blumenfeld et al.	1992	x			Koordination
Cavinato	1992	x	x	x	Flussorientierung
Christopher	1992	x	x		Flussorientierung
Dierich und Teufert	1992	x			Koordination
Duerler	1992	x			TUL
Fröhling	1992	x			TUL
Kummer	1992	x	x		Koordination
Lambert und Stock	1993	x	x	x	Koordination/ Flussorientierung
Larson	1992	x			Koordination
Pacher-Theinburg	1992	x	x		Koordination/ Flussorientierung
Schulte	1992	x	x		Koordination
Shapiro	1992	x	x		Koordination
Towill et al.	1992	x	x		SCM
Davis	1993	x	x		SCM
Foster	1993	x			TUL
Günther	1993	x	'		Koordination
Küpper	1993	x	x		Koordination
Lee und Billington	1993		x		SCM
Männel	1993	x	x		Koordination
Newhart et al.	1993	x	x		SCM
Pyke und Cohen	1993	x			SCM
Reichmann	1993	x	x		Koordination/ Flussorientierung
Reichmann und Fröhling	1993	x			Koordination/ Flussorientierung
Schulte	1993	x	x		Koordination/ Flussorientierung
Wäscher	1993	x	x		Koordination
Weilenmann	1993	x	x		Koordination
Blauermel	1994	x			Koordination
Christy und Grout	1994	x	x		SCM
Diercks	1994	x			TUL
Lambert	1994	x	x		Koordination/ Flussorientierung
Neumann	1994	x	x		Koordination
Pyke und Cohen	1994	x			SCM
Tzafetas und Kapsiotis	1994	x			SCM
Altiok und Ranjan	1995	x	x		SCM
Arntzen et al.	1995	x	x		SCM

Tab. 4.1 (Fortsetzung)

Autoren	Jahr	Logistik-kosten	Logistikleis-tungen	Logistik-erlöse	Logistiksicht
Caplice und Sheffi	1995	x	x		Flussorientierung
Ellram	1995	x			Koordination
Hardt	1995	x	x	x	Koordination
Lee und Feitzinger	1995	x			SCM
Pfohl	1995	x	x		Flussorientierung
Vermast	1995	x	x		Koordination/ Flussorientierung
Vowles	1995	x	x		Koordination/ Flussorientierung
Weber	1995a	x	x		Flussorientierung
Weber	1995b	x			Koordination
Cook und Rogowski	1996	x	x		SCM
Großklaus	1996	x	x	(x)	Koordination/ Flussorientierung
Harrington	1996	x	x		Koordination
Kötting	1996	x	x		Koordination
Mathews	1996	x			Koordination
Panichi	1996	x	x		Koordination/ Flussorientierung
Schlichtherle	1996	x	x		Koordination/ Flussorientierung
Straube und Hartmann	1996	x			Flussorientierung
Swenseth und Godfrey	1996	x			Koordination
Voudouris	1996		x		SCM
Warnick	1996	x			Koordination
Weber	1996	x	x	x	Flussorientierung
Wildemann	1996	x	x		Koordination/ Flussorientierung
Wölfling	1996	x	x		Koordination
Zäpfel und Peikarz	1996, 1998	x	x		SCM
Grundler	1997	x			TUL
Heinz et al.	1997	x			Koordination
Schmidt	1997	x	x		Flussorientierung
Weber et al.	1997	x	x		Flussorientierung
Blank und Seider	1998	x			Koordination
Bonin und Schöb	1998	x			Koordination
Ellram und Siefert	1998	x			Koordination
Hutchinson und Welty	1998	x			SCM
Lambert et al.	1998	x	x		SCM
Martinez et al.	1998	x	x		Flussorientierung

Tab. 4.1 (Fortsetzung)

Autoren	Jahr	Logistik-kosten	Logistikleis-tungen	Logistik-erlöse	Logistiksicht
Schönsleben	1998	x	x		SCM
Weber	1998	x			Flussorientierung
Baumgarten und Wiegand	1999	x	x		SCM
Beamon	1999	x	x	(x)	SCM
Horváth und Brokemper	1999	x			Koordination
Kaminski	1999	x	x	x	Flussorientierung
Weber	1999	x	x	x	SCM
Brewer und Speh	2000	x	x	x	SCM
Brewer und Speh	2001	x	x	(x)	SCM
Holmberg	2000	x	x	x	SCM
Lapide	2000	x	x		SCM
Lapide und Happen	2000	x	x	x	SCM
Werner	2000	x	x		SCM
Gunasekaran et al.	2001	x	x	(x)	SCM
Lin et al.	2001	x	x		SCM
Luczak et al.	2001	x	x		Flussorientierung
Strigl	2001	x	x		Koordination/ Flussorientierung
Seuring	2002	x	x		SCM
Kleijnen und Smits	2003	x	x		Koordination
Zeng und Rossetti	2003	x	x		Koordination/ Flussorientierung
Gunasekaran und Patel	2004	x	x	x	SCM
Krauth et al.	2005	x	x	x	TUL
Simatupang und Sridharan	2005		x		Koordination
Fabbe-Costes und Jahre	2006		x		Koordination
Goldsby et al.	2006	x	x		SCM
Hofman	2006	x	x	x	SCM
Karrer	2006	x	x	x	SCM
Shepherd und Günter	2006	x	x	x	SCM
Walters	2006	x	x	x	SCM
Griffis et al.	2007	x	x		Koordination
Morgan	2007	x	x		SCM
Green et al.	2008	x	x		SCM

meisten Autoren festgestellt bzw. postuliert, dass in der material- und warenflussbezogenen Abstimmung zwischen den betrieblichen Grundfunktionen ein erhebliches Effizienzsteigerungspotenzial liegt; nur wenige zeigen allerdings konkrete
Beispiele dafür auf, worin das Potenzial genau liegt (z. B. in der Abstimmung isolierter Losgrößenplanungen) und wie es genutzt werden kann. Konkrete Koordinationsleistungen werden nur am Rande thematisiert. Gleiches gilt für Koordinationskosten. Allenfalls einzelne Ansätze zur Prozesskostenrechnung bilden hiervon eine
Ausnahme.

Auch bei den zur *flussorientierten Logistik-Perspektive* zuordenbaren Beiträgen
überwiegt der Anteil sehr konzeptioneller Beiträge („man müsste…") stark gegenüber konkreten Gestaltungsvorschlägen. Allerdings finden sich hier auch neue,
fruchtbare Ansätze, wie den Total Cost Approach, die neue, bislang nicht beachtete
Kostenbestandteile erfassen (z. B. Rücksende- und Reklamationskosten).

Bezogen auf die dem *Supply Chain Management* zuzurechnenden Beiträge ist
ein starkes Ansteigen der Zahl der Beiträge festzuhalten. In der Gruppe der aktuellen Quellen überwiegt diese Perspektive. Trotz des expliziten Supply Chain-Bezugs
beschränken sich einige Beiträge auf die Betrachtung einzelner Unternehmen. Eine
unternehmensübergreifende, wertschöpfungskettenbezogene Analyse ist – trotz des
anderen Anspruchs – nicht die Regel. Die in den Beiträgen genannten Kennzahlen
beziehen sich daher häufig auf einzelne Unternehmen und dort – weiter einschrän-
kend – auf die interne Effizienzsteigerung. Gleichermaßen ist ein niedriger Entwicklungsstand einer unternehmensübergreifenden Kostenrechnung festzustellen.
In ihrem Ausbau wird ein wichtiger Hebel gesehen, gemeinsame Nutzenpotenziale
der Wertschöpfungspartner zu erschließen. Schließlich wird der Stand der Informationsbereitstellung häufig als zu unausgewogen angesehen. So werden finanzielle
Kennzahlen und Kostengrößen überbetont, oder die Zahl der betrachteten Größen
ist zu hoch, um eine effiziente Steuerung der Supply Chain mit Hilfe der Kennzahlen zu ermöglichen.[7]

4.2 Übersicht über wichtige Messgrößen

Um einen besseren inhaltlichen Einblick zu geben, seien im Folgenden – als Aus-
wertung der in Tab. 4.1 genannten Literatur – die wichtigsten Messgrößen innerhalb der einzelnen Entwicklungsstufen der Logistik aufgeführt. Hierzu dient die
Tab. 4.2. Zu ihrer Erklärung gilt es, vorab vier Punkte festzuhalten:

1. Prinzipiell gelten die für eine niedrigere Entwicklungsstufe ausgewiesenen
   Kennzahlen auch für übergeordnete Stufen. Kennzahlen früherer Stufen werden bei höheren Stufen aber nicht mehr aufgeführt.
2. Detailkennzahlen – wie z. B. einzelne Aspekte des Lagers – werden nicht
   explizit genannt. Die Liste der Kennzahlen ließe sich somit (fast) unbegrenzt
   verlängern.

---

[7] Vgl. z. B. Gunasekaran et al. (2001, S. 72).

Tab. 4.2 Überblick über für die unterschiedlichen Entwicklungsphasen der Logistik vorgeschlagene Bestandteile von Logistikkosten, Logistikleistungen und Logistikerlösen

Logistiksicht	Für die einzelnen Logistiksichten vorgeschlagene typische (zusätzliche) Informationen		
	Kostengrößen	Leistungsgrößen	Erlösgrößen
TUL-Logistik	Transportkosten (Frachtkosten für Eingangs- und Ausgangsverkehre getrennt) Lagerkosten Handlingskosten Beschaffungskosten Distributionskosten Logistikgesamtkosten pro Einheit	Transportzeit Produktivitätskennzahlen Transport (z.B. Zeit/Kundenstopp) Stillstandzeiten Fahrzeuge Produktivitätskennzahlen Lager und Handling (z.B. Lagerbewe-gungen/ Mitarbeiter) Lagerverweildauer Lagerumschlag Fertigerzeugnisse Kapazitätsauslastung (bezogen auf Lagerplatz, Mitarbeiter u.a.) Bearbeitungsdauer Aufträge Bearbeitete Aufträge pro Mitarbeiter Abwicklungs-Zuverlässigkeit (Fehlerquoten) Umschlagshäufigkeit Lieferzeit Serviceniveau	
Auf die Koordination des Material- und Warenflusses gerichtete Logistiksicht	Abstimmungskosten Dispositions- und Auftragsabwicklungskosten Prozesskosten Total Cost of Ownership	Liefer(termin)treue Lieferfähigkeit/-bereitschaft Lieferflexibilität Lieferbeschaffenheit/-qualität Liefergenauigkeit Lieferhäufigkeit Beschaffungsflexibilität Inform ationsfähigkeit/-bereitschaft Antwortzeit bei Kundenanfragen	Umsatz
Flussbezogene Logistiksicht	Rücksende-/Reklamationskosten „Totalkosten" (Cost to serve)	Flussgrad Kapitalumschlag (Cash Cycle Time)	Deckungsbeiträge
Supply Chain Management-Perspektive	Supply Chain-Gesamtkosten Kosten des Informationsaustauschs in der Supply Chain	Kumulierte Durchlaufzeit (Gesamtprozess: Auftrag bis Auslieferung) Time to Market (von Kundenwunsch über Entwicklung, Produktion bis Auslieferung) Prognosezuverlässigkeit Anpassungsfähigkeit der Supply Chain (z.B. an Veränderung der Kundenwünsche) Intensität des Informationsaustauschs zwischen Partnern Commitment der Supply Chain-Partner Supply Chain Cash-flow-Dauer	Umsatz und Gewinn der Supply Chain (als Ganzes) Kundenprofitabilität Return on Supply Chain-Assets

(3) Die Zuordnung der Kennzahlen zu den Entwicklungsstufen der Logistik ist nicht immer eindeutig möglich. Entsprechende Unschärfen sind zu berücksichtigen.

(4) Es wurden jeweils nur typische Logistik-Kennzahlen berücksichtigt, obwohl in den in der Tab. 4.1 aufgelisteten Quellen häufig auch allgemeine Kennzahlen (wie ROI, Herstellungskosten, Produktqualität, Produktionszeiten etc.) aufgeführt werden.

Geht man die einzelnen Logistiksichten durch, so lassen sich folgende *zusammenfassenden Aussagen* treffen:

- Die TUL-Sicht ist von allen Entwicklungsstufen der Logistik am besten mit Informationen unterstützt. Aufgrund ihres internen Fokus bedeutet das Fehlen von erlösbezogenen Daten kein Defizit. Die Breite gebildeter Leistungskennzahlen ist kaum überschaubar. Allerdings mangelt es häufig an einer engen Kopplung von Leistungs- und Kostenrechnung. Außerdem besteht die Gefahr der Detailverliebtheit und daraus resultierender Zahlenfriedhöfe.

- Beiträge zur zweiten Entwicklungsstufe der Logistik gehen – wie weiter oben ausgeführt – nicht selten nur am Rande auf die spezifischen Kosten- und Leistungsgrößen der material- und warenflussbezogenen Koordination ein (z. B. Abstimmungskosten). Die Abbildung der TUL-Prozesse dominiert. Wiederum ist ein weitgehendes Fehlen erlösbezogener Informationen zu konstatieren. Allerdings bedeutet das Aufkommen von Kennzahlen wie Liefertreue, die ein Abbild der Güte der Koordination darstellen, schon einen erheblichen Entwicklungsschritt der Informationsbereitstellung ebenso wie der Bedeutung der Logistik.

- Viele der Kennzahlen der zweiten Entwicklungsstufe der Logistik behalten auch auf der dritten Stufe weiter Bestand, sie werden nun aber konsequenter ihrer Bedeutung nach verwendet bzw. umgesetzt. Weiterhin werden zusätzliche, unterstützende Kennzahlen entwickelt. Für die Erlöse gilt schließlich das Fortdauern einer stiefmütterlichen Behandlung. Das Verständnis für die Bedeutung von Erlösen steigt aber an; nur mangelt es noch an geeigneten Kennzahlen und Instrumenten.

- Die für das Supply Chain Management vorgeschlagenen Kennzahlensysteme basieren häufig stark auf Kostengrößen. Daneben werden Leistungsgrößen wie z. B. Kapazitätsauslastung oder Kundenzufriedenheit (mit den damit verbundenen Messproblemen) einbezogen. Das größte Defizit besteht bei Erfolgsgrößen; diese werden sehr häufig ausgeblendet. Die verwendeten Kennzahlen sind meist auf niedrigeren Entwicklungsstufen der Logistik wie der TUL-Logistik anzusiedeln. Kennzahlen wie Lagerumschlag oder unternehmensinterne Transportkosten haben nur einen geringen Bezug zum Supply Chain Management. Supply Chain-spezifische Kennzahlen wie Gesamtdurchlaufzeit der Supply Chain-Prozesse oder „Total Cost to serve" werden zunehmend berücksichtigt. In diesem Zusammenhang wird schließlich deutlich, dass der unternehmensübergreifende Aspekt – ein konstituierendes Element des Supply Chain Management – nicht immer, sondern eher selten Berücksichtigung findet. Kennzahlen werden entweder nicht unternehmensübergreifend definiert oder nicht entsprechend ermittelt.

Literatur

Ablinger P (1989) Logistikinformationssysteme als Steuerungs- und Kontrollmittel beim Aufbau einer integrierten Logistik. In: Bäck H (Hrsg) Logistikkosten und Logistikleistung, 6. Logistik-Dialog. Köln, S 285–319

Altiok T, Ranjan R (1995) Multi-stage, pull-type production/inventory systems. IIE Trans 27:190–200

Andersson P, Aronsson H, Storhagen NG (1989) Measuring logistics performance. Eng Costs Prod Eco 17:253–262

Arntzen BC, Brown GG, Harrison TP, Trafton LL (1995) Global supply chain management at digital equipment corporation. Interfaces 25:69–93

Bäck H (1989) Erfolgsstrategie Logistik. 2. Aufl. GBI-Verlag, München

Ballou RH (1973) Business logistics management. Prentice Hall, Englewood Cliffs

Barrett TF (1982) Mission costing: a new approach to logistics analysis. Int J Phy Distrib Mater Manag 12:3–27

Baumgarten H, Wiegand A (1999) Entwicklungstendenzen und Erfolgsstrategien der Logistik. In: Weber J, Baumgarten H (Hrsg) Handbuch Logistik: Management von Material- und Waren-flussprozessen. Schäffer-Poeschel, Stuttgart, S 783–800

Beamon BM (1999) Measuring supply chain performance. Int J Oper Prod Manag 19:275–292

Berg CC (1980) Zur Kosten-Leistungsrechnung logistischer Prozesse in industriellen Unterneh-men. Kostenrechnungspraxis 24:249–254

Berry AJ, Coad AF, Harris EP, Otley DT, Stringer C (2009) Emerging themes in management control: A review of recent literature. Br Account Rev 41:2–20

Blank GS, Seider C (1998) Basis eines erfolgreichen Total Cost Management. Beschaffung aktuell (9):61–64

Blauermel G (1994) Logistikkosten sind Beschaffungskosten. Beschaffung aktuell 1994(4):48

Bloech J (1990) Kostensteuerung in der Logistik. Die Management-Aufgabe. Beschaffung aktuell 1990(12):30–32

Blumenfeld DE, et al (1992) Reducing logistics costs at general motors. In: Christopher M (Hrsg) Logistics: The strategic issues. Chapman & Hall, London, S 207–235

Bonin P-A, Schöb O (1998) Vereinfachte Kostenverrechnung betrieblicher Leistungen bei arbeits-gruppenintegrierter Fertigung. Krp Sonderh 1998(1):35–41

Bowersox DJ, Smykay EW, La Londe BJ (1969) Physical distribution management: logistics pro-blems of the firm, 3. Aufl. Toronto

Brändle R (1984) Logistik-Controlling. In: Management-Enzyklopädie, 2 Aufl, Bd 6. Landsberg, S 252–265

Brewer P, Speh T (2000) Using the balanced scorecard to measure supply chain performance. J Bus Logist 21:75–94

Brewer PC, Speh TW (2001) Adapting the balanced scorecard to supply chain performance. Sup-ply Chain Manag Rev 5(2):48–56

Caplice C, Sheffi Y (1995) A review and evaluation of logistics performance measurement sys-tems. Int J Logist Manag 6(1):61–74

Cavinato J (1988) How to benchmark logistics operations. Distribution 87:93–96

Cavinato J (1992) A total cost/value model for supply chain competitiveness. J Bus Logist 13:285–301

Chisnell PM (1985) Strategic industrial marketing. Prentice Hall, Englewood Cliffs

Christopher M (1992) Logistics and supply chain management. Pitman, London

Christy DP, Grout JR (1994) Safeguarding supply chain relationships. Int J Prod Eco 1994(36):233–242

Cohen MA, Lee HL (1989) Resource deployment analysis of global manufacturing and distribu-tion networks. J Manuf Oper Manag 2:81–104

Cohen MA, Moon S (1990) Impact of production scale economies, manufacturing complexity, and transportation costs of supply chain facility networks. J Manuf Oper Manag 1990(3):269–292

Cook RL, Rogowski RA (1996) Applying JIT principles to continuous process manufacturing supply chains. Prod Invent Manag J 37(1):12–17 (First Quarter)

Davis T (1993) Effective supply chain management. Sloan Manag Rev 34(Summer):35–46

Diercks J (1994) Mit den richtigen Incoterms kann der Einkauf viel Geld sparen. Beschaffung aktuell 6:36–39

Dierich R, Teufert W (1992) Kostenrechnung in einem mittelständischen Unternehmen. In: Deutsches Steuerrecht. S 1629–1636

Duerler BM (1992) Strategisches Logistik-Management. In: Krulis-Randa JS, Hägeli SW (Hrsg) Megatrends als Herausforderung für das Logistik-Management. Bern, S 35–58

Ellram LM (1995) Total cost of ownership. Int J Phy Distrib Logist Manag 25(8):4–23

Ellram LM, Siferd SP (1998) Total cost of ownership: a key concept in strategic cost management decisions. J Bus Logist 19(1):55–84

Fabbe-Costes N, Jahre M et al (2006) Interacting standards: a basic element in logistics networks. Int J Phy Distrib Logist Manag 36:93–111

Foster T (1993) Logistics costs drop to record low levels. Distribution S 6–10

Fröhling O (1992) Prozessorientiertes Portfoliomanagement. Die Betriebswirtschaft 52:341–357

Goldsby TJ, Griffis SE et al (2006) Modeling lean, agile, and leagile supply chain strategies. J Bus Logist 27:57–80

Green KW Jr, Whitten D et al (2008) The impact of logistics performance on organizational performance in a supply chain context. Supp Chain Manag Int J 13:317–327

Griffis SE, Goldsby TJ et al (2007) Aligning logistics performance measures to the information needs of the firm. J Bus Logist 28:35–56

Großklaus A (1996) Ablauforientierte Produktionslogistik: Eine modellbasierte Analyse. Deutscher Universitäts-Verlag, Wiesbaden

Grundler E (1997) Schlüsselfaktor Logistik. Tech Rundsch 13:30–33

Gunasekaran A, Patel C et al (2004) A framework for supply chain performance measurement. Int J Prod Eco 87:333–347

Gunasekaran A, Patel C, Tirtiroglu E (2001) Performance measures and metrics in a supply chain environment. Int J Oper Prod Manag 21:71–87

Günther T (1993) Operative und strategische Entscheidungsunterstützung im Konsumgüterbereich durch „Direkte Produkt-Rentabilität". Controlling 5:64–72

Hardt R (1995) Zielsteuerung und Kapazitätsplanung mit Hilfe der Prozesskostenrechnung. ZP 6:277–296

Harrington L (1996) Logistics assets: should you own or manage? Transp Distrib 37(3):51–54

Heinz K, Jehle E, Mönig M, Schütze A (1997) Prozesskostenrechnung für die Logistik kleiner und mittlerer Unternehmen – Methodik und Fallbeispiele. Dortmund

Heskett JL, Glaskowsky RM, Ivie RM (1973) Business logistics. Physical distribution and materials management, 2. Aufl. The Ronald Press, New York

Hofman D (2006) Getting to world-class supply chain measurement. Supp Chain Manag Rev 4:18–24

Holmberg S (2000) A systems perspective on supply chain measurements. Int J Phy Distrib Logist Manag 30:847–868

Horváth P, Brokemper A (1999) Prozesskostenrechnung als Logistikkostenrechnung. In: Weber J, Baumgarten H (Hrsg) Handbuch Logistik: Management von Material- und Warenflussprozessen. Schäffer-Poeschel, Stuttgart, S 523–537

Horváth P, Renner A (1990) Prozesskostenrechnung. Fortschr Betriebsführung Ind Eng 39(3):100–107

Hutchinson B, Welty JG (1998) Global trends in the consumer markets. Supp Chain Manag Rev Fall 2:58–66

Ishii K, Takahashi K, Muramatsu R (1988) Integrated production, inventory and distribution systems. Int J Prod Res 26:473–482

Jeschonowski D, Schmitz J, Wallenburg CM, Weber J (2009) Management control systems in logistics and supply chain management: a literature review. Logist Res 1:113–127

Kaminski A (1999) Marktorientierte Logistikplanung – Grundlagen. In: Weber J, Baumgarten H (Hrsg) Handbuch Logistik. Management von Material- und Warenflussprozessen. Schäffer-Poeschel, Stuttgart, S 241–253

Karp P (1980) Logistikkosten als Steuerungsinstrument. In: Baumgarten H (Hrsg) Logistik im Unternehmen. Schwachstellen, Lösungen, Perspektiven. Krausskopf-Verlag, Mainz, S 199–223

Karrer M (2006) Supply Chain Performance Management – Entwicklung und Ausgestaltung einer unternehmensübergreifenden Steuerungskonzeption. Gabler, Wiesbaden

Kielmann S (1986) Kosten der Logistik – Abgrenzung, Systematisierung und Verrechnung, Diplomarbeit. Nürnberg

Kleijnen JPC, Smits MT (2003) Performance metrics in supply chain management. J Oper Res Soc 54:507–514

Kötting B (1996) Gewinn mit Prozesskostenrechnung. Distribution 1996(5):17–21

Krauth E, Moonen H et al (2005) Performance measurement and control in logistics service providing. Artif Intell Decis Support Syst, S 239–247

Krippendorf H (1955) Die Kosten des Materialflusses. Rationalisierung 6:133–136

Kummer S (1992) Logistik für den Mittelstand. Huss-Verlag, München

Küpper H-U (1989) Grundzüge einer logistikorientierten Kosten- und Leistungsrechnung. Logist Spektrum 1(3):56–59

Küpper H-U (1993) Controlling-Konzept für die Logistik. In: Männel W (Hrsg) Logistik-Controlling. Wiesbaden, S 39–57

Küpper H-U (2008) Controlling. Konzeption, Aufgaben, Instrumente. Schäffer-Poeschel, Stuttgart

Lambert DM (1994) Logistics cost, productivity, and performance analysis. In: Robeson JF, Copacino WC, Howe RE (Hrsg) The logistics handbook. New York, S 260–302

Lambert DM, Stock JR (1993) Strategic logistics management, 3. Aufl. McGraw-Hill, Homewood

Lambert DM, Stock JR, Ellram LM (1998) Fundamentals of logistics managemen. McGraw-Hill, Boston

Lapide L (2000) True measures of supply chain performance. Supp Chain Manag Rev 4:25–28

Lapide L, Happen I (2000) What about measuring supply chain performance? Achiev Supply Chain Excell Through Technol 2:287–297

Larson PD (1992) Business logistics and the quality loss function. J Bus Logist 13(1):125–147

Lee HJ, Billington C (1992) Managing supply chain inventories: pitfalls and opportunities. Sloan Manag Rev 33:65–73 (Spring)

Lee HJ, Feitzinger E (1995) Product configuration and postponement for supply chain efficiency. In: institute of industrial engineers, 4th industrial engineering research conference proceedings, MacMillan, Toronto, S 43–48

LeKashman R, Stolle JF (1965) The total cost approach to distribution. Bus Horiz 8:33–46

Lewis RJ (1969) Strengthening control of physical distribution costs. In: Bowersox DJ, La Londe BJ, Smykay EW (Hrsg) Readings in physical distribution management. Logist marketing, S 316–330

Lin B, Collins J et al (2001) Supply chain costing: an activity-based perspective. Int J Phy Distrib Logist Manag 31:702–713

Lindner O, Piringer H (1990) Logistik-Controlling. In: Mayer E, Weber J (Hrsg) Handbuch Controlling. Schäffer-Poeschel, Stuttgart, S 211–238

Luczak H, Wiendahl HP, Weber J (Hrsg.) (2001) Logistik-Benchmarking. Praxisleitfaden mit LogiBEST. Springer, Berlin

Männel W (1993) Logistik-Controlling – Controlling materialwirtschaftlicher Prozesse und Systeme. In: Männel W (Hrsg) Logistik-Controlling. Gabler-Verlag, Wiesbaden, S 25–38

Männel W, Weber J (1982) Konzept einer Kosten- und Leistungsrechnung für die Logistik. Z Logist 3(3):83–90

Martinez E, Rodreguez AD, Wilson JK (1998) Quantifying logistics and its effect on the bottom line – A case study. In: annual conference proceedings, council of logistics management, Fall Meeting, Anaheim, California, S 525–544

Mathews R (1996) The final frontier. Progress Groc 75(9):69–72

Mayer R, Renner A (1991) Automatisieren im Betrieb. Maschinenmarkt (26):44–49

Merchant KA, Van Der Stede WA (2007) Management control systems: performance measurement, evaluation and incentives, 2. Aufl. Prentice-Hall, Essex

Morgan C (2007) Supply network performance measurement: future challenges? Int J Logist Manag 18:255–273

Neumann W (1994) Logistik-Controlling. Huss-Verlag, München

Newhart DD, Stott KL, Vasko FJ (1993) Consolidating product sizes to minimize inventory levels for a multi-stage production and distribution systems. J Oper Res Soc 44:637–644

Novack RA (1989) Logistics control: an approach to quality. J Bus Logist 10(2):24–43

Pacher-Theinburg von F (1992) Integriertes Logistik-Controlling in einem Unternehmen der Elektronikbranche. Controlling 4:20–26

Panichi M (1996) Wirtschaftlichkeitsanalyse produktionssynchroner Beschaffungen mit Hilfe eines prozessorientierten Logistikkostenmodells. Bergisch Gladbach

Pfohl H-C (Hrsg) (1995) Organisationsgestaltung in der Logistik, Bd 8. Erich Schmidt Verlag, Berlin (Unternehmensführung und Logistik)

Pfohl H-C, Zöllner W (1991) Effizienzmessung der Logistik. Die Betriebswirtschaft 51:323–339

Pfohl H-Chr, Hoffmann H (1984) Logistik-Controlling. ZfB-Ergänzungsh 2(84):42–70 (Unternehmensführung und Logistik)

Pyke DF, Cohen MA (1993) Performance characteristics of stochastic integrated production-distribution systems. Eur J Oper Res 68(1):23–48

Pyke DF, Cohen MA (1994) Multi-product integrated production-distribution systems. Eur J Oper Res 74(1):18–49

Reichmann T (1985) Logistik-Controlling. Kostenrechnungspraxis 29:151–157

Reichmann T (1993) Kostenrechnung und Kennzahlensystem für das Logistik-Controlling. In: Männel W (Hrsg) Logistik-Controlling. Gabler-Verlag, Wiesbaden, S 87–106

Reichmann Th (2011) Controlling mit Kennzahlen. Die systemgestützte Controlling-Konzeption mit Analyse- und Reportinginstrumenten, 8. Aufl. Vahlen, München

Reichmann T, Fröhling O (1993) Integration von Prozesskostenrechnung und Fixkosten-management. Krp-Sonderh (2):63–73

Rose W (1979) Logistics management. Brown, Dubuque

Schimank C (1990) Strategische Entscheidungsunterstützung durch prozessorientierte Kosteninformationen. In: Horváth P (Hrsg) Strategieunterstützung durch das Controlling. Schäffer-Poeschel, Stuttgart, S 227–247

Schlichtherle O (1996) Prozesskosten der Logistik, Teil 1. Z Logist 17(5–6):41 f

Schmidt A (1997) Zukunftsweisende Logistik schafft Vorsprung im Wettbewerb. Blick durch die Wirtschaft (18.9.97)

Schönsleben P (1998) Integrales Logistikmanagement. Springer, Heidelberg

Schulte C (1992) Logistik-Controlling. Controlling 4:244–253

Schulte H (1993) Prozesskostenmanagement für die Logistik ist der Schlüssel zum Erfolg. Z Logist 14(3):39–42

Seuring S (2002) Supply chain costing – a conceptual framework. In: Seuring S, Goldbach M (Hrsg) Cost management in supply chains. Physica, Heidelberg, S 15–30

Shapiro JF (1992) Integrated logistics management, total cost analysis and optimization modelling. Asia Pac Int J Bus Logist 5(1):33–36

Sheffi Y, Eskandari B, Koutsopoulos HN (1988) Transportation mode choice based on total logistics costs. J Bus Logist 9(2):137–154

Shepherd C, Günter H (2006) Measuring supply chain performance: Current research and future directions. Int J Product Perform Manag 55:242–258

Simatupang TM, Sridharan R (2005) The collaboration index: a measure for supply chain collaboration. Int J Phy Distrib Logist Manag 35:44–62

Straube F, Hartmann R (1996) Zur Optimierung sind transparente Daten nötig. Beschaffung aktuell 1996(2):39–41

Strigl T (2001) Bewertung der Logistikeffizienz von Produktionsunternehmen durch datenbankgestütztes Benchmarking. VDI-Verlag, Düsseldorf

Studer K (1985) Logistik-Controlling zwischen Theorie und Praxis. In: Probst GJB, Schmitz-Dräger R (Hrsg) Controlling und Unternehmensführung. Haupt Verlag, Bern, S 136–150

Swenseth SR, Godfrey MR (1996) Estimating freight rates for logistics decisions. J Bus Logist 17(1):213–231

Teichmann S (1988) Quo vadis, Logistikkostenrechnung? Z Logist 9(3):49–51

Towill DR (1991) Supply chain dynamics. Int J Comput Integr Manuf 4(4):197–208

Towill DR, Maim MM, Wikner J (1992) Industrial dynamics simulation models in the design of supply chains. Int J Phy Distrib Logist Manag 22(5):3–13

Tyndall GR, Busher JR (1985) Improving the management of distribution with cost and financial information. J Bus Logist 6(2):1–18

Tzafestas S, Kapsiotis G (1994) Coordinated control of manufacturing/supply chains using multilevel techniques. Comput Integr Manuf Syst 7:206–212

Vermast T (1995) Einführung eines integrierten Logistik-Controlling. Dissertation, St Gallen

Voudouris VT (1996) Mathematical programming techniques to debottleneck the supply chain of the fine chemical industries. Comput Chem Eng 20(Suppl PtB):1296–1274

Vowles A (1995) La Logistique. CMA Magazine S 12–19

Walters D (2006) Effectiveness and efficiency: the role of demand chain management. Int J Logist Manag 17:75–94

Warnick B (1996) Prozessorientierte Logistikkostenrechnung in einem Handelsunternehmen. Controlling 8:22–30

Wäscher D (1989) Wie können die Kosten im Logistikbereich sichtbar gemacht und beeinflusst werden? Logist Spektrum (3):60–62

Wäscher D (1993) Prozesskostenrechnung als Instrument zur Reduzierung von Beständen, Logistikkosten und Durchlaufzeiten. In: Männel W (Hrsg) Logistik-Controlling. Gabler-Verlag, Wiesbaden, S 155–168

Weber J (1984) Logistikkostenrechnung – Lösungen für die Praxis durch Antworten aus der Praxis. Kostenrechnungspraxis 28:135–143

Weber J (1987) Logistikkostenrechnung. Springer, Berlin

Weber J (1990) Logistik-Controlling: Instrument zur betriebswirtschaftlichen Steuerung – Weg vom Erbsenzählen. Beschaffung aktuell 1990(1):24–30

Weber J (1995a) Prozesskostenrechnung und Veränderung von Organisationsstrukturen. In: Männel W (Hrsg) Prozesskostenrechnung. Bedeutung, Methoden, Branchenerfahrungen, Softwarelösungen. Gabler-Verlag, Wiesbaden, S 27–30

Weber J (1995b) Logistikkostenrechnung. In: Reichmann T (Hrsg) Handbuch Kosten- und Erfolgs-Controlling. Vahlen, München, S 167–183

Weber J (1996) Logistik- und Produktionscontrolling. In: Eversheim W, Schuh G (Hrsg) Produktion und Management „Betriebshütte" Teil 2, 7. Aufl. Berlin, S 18/1–18/32

Weber J (1998) Zur Gestaltung der Kostenrechnung für die Logistik. In: Bogaschewsky R, Götze U (Hrsg) Unternehmensplanung und Controlling. Springer, Heidelberg, S 215–232

Weber J (1999) Stand und Entwicklungsperspektiven des Logistik-Controlling. WHU-Forschungspapier Nr. 61, Vallendar

Weber J, Großklaus A, Kummer S, Nippel H, Warnke D (1997) Methodik zur Generierung von Logistik-Kennzahlen. Betriebswirtschaftlich Forsch Prax 49:438–454

Weilenmann P (1993) Management Accounting für das Logistik-Controlling. In: Männel W (Hrsg) Logistik-Controlling. Gabler-Verlag, Wiesbaden, S 73–86

Werner H (2000c) Supply Chain Management. Grundlagen, Strategien, Instrumente und Controlling. Gabler, Wiesbaden

Wikner J, Towill DR, Naim M (1991) Smoothing supply chain dynamics. Int J Prod Eco 22:231–248

Wildemann H (1996) Entwicklungen in Materialfluss und Logistik. Transfer (15):14–18

Witt K (1991) Consultant's Sicht im Prozeßmanagement. In: Witt F-J (Hrsg) Aktivitätscontrolling und Prozesskostenmanagement. Schäffer-Poeschel, Stuttgart, S 213–230

Wölfler W (1989) Logistik-Controlling im Handel. In: Bäck H (Hrsg) Logistikkosten und Logistikleistung, 6. Logistik-Dialog, Köln, S 339–358

Wölfling B (1996) Logistik-Controlling als Erfolgsinstrument. Logist Unternehm 10(3):88–91

Zäpfel G, Piekarz B (1996) Supply Chain Controlling: Interaktive und dynamische Regelung der Material- und Warenflüsse. Wien

Zäpfel G, Piekarz B (1998) Regelkreisbasiertes Supply Chain Controlling. In: Wildemann H (Hrsg) Innovationen in der Produktionswirtschaft – Produkte, Prozesse, Planung und Steuerung. TCW Transfer-Centrum, München, S 45–95

Zeng AZ, Rossetti C (2003) Developing a framework for evaluating the logistics costs in global sourcing processes: an implementation and insights. Int J Phy Distrib Logist Manag 33:785–803

Empirischer Entwicklungsstand der Logistikkosten-, -leistungs- und -erlösrechnung

Das Themenfeld „logistische Kosten-, Leistungs- und Erlösrechnung" ist insgesamt als ein nur wenig empirisch erforschter Bereich zu kennzeichnen. Ähnlich wie dies im Abschn. 4 für die konzeptionellen Beiträge festgestellt wurde, liegen nennenswerte Arbeiten erst seit Mitte der 1980er Jahre vor.

Ziel der folgenden Ausführungen ist es wiederum, einen *Überblick* zu geben, der auch die Basis für eine vertiefte Analyse bilden kann.[1] Die wichtigsten Studien werden zunächst in Tabellenform vorgestellt. Anschließend erfolgt die genauere Wiedergabe dreier umfassenderer Erhebungen, von denen die eine einen Fokus auf einen unternehmensinternen, flussbezogenen Kontext besitzt, während die anderen beiden sich stärker mit der Informationsbereitstellung in Supply Chain-Beziehungen beschäftigt.

5.1 Übersicht über die vorliegenden empirischen Studien

Die ausgewählten nationalen wie internationalen Studien sind zusammenfassend in der dreiteiligen Tab. 5.1 dargestellt. Erfasst wird ein Zeitraum von gut 25 Jahren. Die Studien sind nach folgenden Kriterien differenziert:

- *Umfang der Erhebung*: Diese Angabe dient u. a. zur Beurteilung der Repräsentativität der Ergebnisse und der Güte der angewendeten statistischen Verfahren. Insgesamt zeigt sich eine erhebliche Heterogenität der Zahl in die Erhebungen einbezogener Unternehmen.
- *Entwicklungsstufe der Logistik*: Hier wird wiederum auf der Unterteilung aus dem 1. Teil dieses Buches zurückgegriffen. Da die empirischen Studien der theoretischen Auseinandersetzung mit der Logistik mit zeitlichem Versatz folgen, verwundert nicht, dass reine TUL-bezogene Erhebungen bis auf eine Ausnahme fehlen. Die aktuellen internationalen Studien sind stark auf Supply Chain Management ausgerichtet.
- *Untersuchungsschwerpunkt*: Hier sind die in den Studien angegebenen hauptsächlichen Erhebungsziele skizziert. Die Tabelle zeigt, dass in einem nicht un-

---

[1] Vgl. kurz auch Weber und Wallenburg (2010, S. 40–43).

J. Weber, *Logistikkostenrechnung*,
DOI 10.1007/978-3-642-25173-3_5, © Springer-Verlag Berlin Heidelberg 2012

Tab. 5.1 Überblick über empirische Studien zum Themengebiet „Logistikkosten, Logistikleistungen und Logistikerlöse"

Autor(en)	Jahr	Umfang(n)	Land	Entwicklungsstufe der Logistik	Untersuchungsschwerpunkt	Konzeptualisierung/ Operationalisierung	Datenerhebung und -grundlage	Methoden	Inhalt und Ergebnisse
Heinrich und Felhofer	1984	21	Österreich	Koordination	Gestaltung der Logistikorganisation und -kommunikationssysteme	Exploratorische Befragung	Fallstudien auf Basis von Interviews	Deskriptive Statistik	Stellenwert der Logistik; Koordinationsstrategien; Stand der Kosten- und Leistungsrechnung für die Logistik
Voegele	1986	12	„Deutschland und benachbartes Ausland"	Koordination	Aufbau- und ablauforganisatorische Eingliederung der Logistik	Exploratorische Befragung	Fragebogen; keine Zufallsauswahl	Deskriptive Statistik	Organisation; Logistikkosten und -kostenrechnung; Logistik-Controlling; Logistikleistung
Gerstenberg	1987	>500	Europa	Koordination	Bestandsaufnahme zur Produktivität in der Logistik	Exploratorische Befragung mit Trends im Vergleich zu früheren Befragungen	Fragebogen; keine Zufallsauswahl	Deskriptive Statistik	Organisation; Messung logistischer Leistungen; Logistik-Produktivität; Servicebedeutung und Informationssysteme in der Logistik
Schleich	1987	17	Deutschland	TUL	Bestandsaufnahme zur Umsetzung von Controllinginstrumenten in der Logistik	Exploratorische Befragung	Fragebogen; keine Zufallsauswahl	Deskriptive Statistik	Organisation; Zielsetzung und Einsatz von Kosten- und Leistungsrechnung und anderen Controllinginstrumenten in der Logistik
Weber	1987	27	Deutschland	Koordination	Bestandsaufnahme zur Erfassung und Verrechnung von Logistikkosten	Exploratorische Befragung	Fragebogen; keine Zufallsauswahl	Deskriptive Statistik	Erfassung von Logistikkosten in der Kostenarten-, -stellen- und -trägerrechnung

Tab. 5.1 (Fortsetzung)

Autor(en)	Jahr	Umfang(n)	Land	Entwicklungsstufe der Logistik	Untersuchungsschwerpunkt	Konzeptualisierung/Operationalisierung	Datenerhebung und -grundlage	Methoden	Inhalt und Ergebnisse
Baumgarten und Zibell	1988	382	Deutschland	Koordination	Trends in der Logistik allgemein (Kosten nur ein Teilaspekt)	Hypothesen und Trendbefragung zu Umschlagshäufigkeit, JIT-Philosophie, Kommunikationssystemen, Transportleistungen, Mitarbeitern für die Logistik und Logistikkosten	Fragebogen; keine Zufallsauswahl	Deskriptive Statistik	Umschlagshäufigkeit von Produkten wird steigen; JIT gewinnt an Bedeutung; Anzahl Lieferanten geht zurück; elektronischer Datenaustausch mit Lieferanten nimmt zu; Transport- und sonstige logistische Dienstleistungen werden zunehmend fremdvergeben; Zahl der Logistikmitarbeiter bleibt konstant; Logistikkosten bleiben konstant
Küpper und Hoffmann	1988	184	Deutschland	Koordination	Bestandsaufnahme zu Ansätzen und Entwicklungstendenzen des Logistik-Controlling	Exploratorische Befragung	Fragebogen; keine Zufallsauswahl	Deskriptive Statistik	Organisation und Merkmale der funktionalen Subsysteme der Logistik; Organisation und Merkmale des Controllingsysteme; Ziele, Aufgaben und Instrumente eines Logistik-Controllings; Anforderungen an die Träger des Logistik-Controllings
Novack	1989	56	Nordamerika	Koordination/Flussorientierung	Bestandsaufnahme zum Kontrollprozess logistischer Prozesse	Exploratorische Befragung	Fragebogen; keine Zufallsauswahl	Deskriptive Statistik	Abgeleitete Erfolgsfaktoren für das Erreichen von Qualität in logistischen Systemen

Tab. 5.1 (Fortsetzung)

Autor(en)	Jahr	Umfang(n)	Land	Entwicklungsstufe der Logistik	Untersuchungsschwerpunkt	Konzeptualisierung/ Operationalisierung	Datenerhebung und -grundlage	Methoden	Inhalt und Ergebnisse
Kummer	1992	111	Deutschland	Koordination	Bestandsaufnahme zum Stand der Logistik im Mittelstand	Exploratorische Befragung	Fragebogen; keine Zufallsauswahl	Deskriptive und induktive Statistik	Bedeutung der Logistik; Logistikverständnis; Organisation; Implementierung von Logistikkonzepten; Unterstützung durch externe Institutionen
Nowicki	1992	130	Deutschland	Koordination	Bestandsaufnahme der betriebswirtschaftlichen Logistik im Unternehmen	Exploratorische Befragung	Fragebogen; keine Zufallsauswahl	Deskriptive Statistik	Organisation; Logistikkosten und -kostenrechnung; Logistik-Controlling
Touche (Management Consultants)	1992	836	Europa	Koordination	Europäischer Vergleich von Logistikkosten und -leistungen	Exploratorische Befragung	Telefoninterviews mit Fragebogen; keine Zufallsauswahl	Deskriptive Statistik	Höhe und Struktur der Logistikkosten; Logistikleistungen
Nowicki	1993	„knapp 900"	Deutschland		Bedeutung und Verfügbarkeit logistischer Kennzahlen			Deskriptive Statistik	Erhebung von Kennzahlen zu Lieferservice, Durchlaufzeiten, Beständen; Leistungen und Kosten der Logistik
Türcks et al.	1993	ca. 1.000	Europa	Koordination	Produktivität und Qualität in der Logistik	Exploratorische Befragung	Fragebogen; keine Zufallsauswahl	Deskriptive Statistik	Logistikorganisation in betrieblichen Funktionen; Logistikkosten; Rationalisierungsansätze
Pohlen und La Londe	1994	22	USA	Koordination	Einsatz von Activity Based Costing in der Logistik	Exploratorische Befragung	Fragebogen; keine Zufallsauswahl	Deskriptive Statistik	Einsatz, Träger und Zweck von ABC in der Logistik

Tab. 5.1 (Fortsetzung)

Autor(en)	Jahr	Umfang(n)	Land	Entwicklungsstufe der Logistik	Untersuchungsschwerpunkt	Konzeptualisierung/ Operationalisierung	Datenerhebung und -grundlage	Methoden	Inhalt und Ergebnisse
The Global Logistics Research Team at Michigan State University	1995	122	Weltweit	Flussorientierung	Erfolgsparameter für die Logistik	Teilweise exploratorische, teilweise modellgestützte Befragung	Interviews; Datenerhebung im Unternehmen	Deskriptive Statistik	Ableitung von Erfolgsparametern für die Logistik
Baumgarten	1996	„16 % von über 4.000" („22 % von über 2.500")	Deutschland	Koordination	Trends in der Logistik allgemein (Kosten und Leistungen nur ein Teilaspekt)	Trendbefragung zu Bedeutung und Elementen der Logistik sowie zur Prozessintegration	Fragebogen; keine Zufallsauswahl	Deskriptive Statistik	Qualitative Ableitung von Erfolgsstrategien für die Logistik; Höhe der Logistikkosten; Bedeutung von logistischen Leistungen
Davis und Drumm	1998	"mehrere Hundert"	Nordamerika	Koordination	Logistikkosten	Jährliche Erhebung verschiedener Aspekte zu Höhe und Struktur von Logistikkosten sowie zu Logistikleistungen	Fragebogen; keine Zufallsauswahl	Deskriptive Statistik	Höhe und Struktur von Logistikkosten und -leistungen im jährlichen Vergleich
Dehler	2001	500	Deutschland	Flussorientierung	Erfolgsauswirkungen von flussorientierter Logistik	Abbildung der Flussorientierung durch Verdichtung von Einzelfragen im Rahmen eines Führungssystems	Fragebogen; keine Zufallsauswahl	Deskriptive und induktive Statistik; Kausalanalyse	Umsetzung des Logistikgedankens in der Führung
Keebler; Keebler und Plank.	1999	355	USA	SCM	Stand der Erfassung von Logistik-Kennzahlen	Exploratorische Befragung	Fragebogen; keine Zufallsauswahl	Deskriptive Statistik	Erfasste Kennzahlen; Kennzahlendefinition; Bedeutung von Kennzahlen und Maßnahmen

Tab. 5.1 (Fortsetzung)

Autor(en)	Jahr	Umfang(n)	Land	Entwicklungsstufe der Logistik	Untersuchungsschwerpunkt	Konzeptualisierung/ Operationalisierung	Datenerhebung und -grundlage	Methoden	Inhalt und Ergebnisse
Stoi	1999	86	Deutschland	Koordination	Bestandsaufnahme zur Prozesskostenrechnung	Exploratorische Befragung	Fragebogen; keine Zufallsauswahl	Deskriptive Statistik	Ziele, Einsatzbereiche, Strategien, Probleme und Erfolgsfaktoren beim Einsatz der Prozesskostenrechnung
van Damme und van der Zon	1999	30	USA	Koordination	Entscheidungsunterstützung für logistische Fragestellungen	Exploratorische Befragung	Interviews; keine Zufallsauswahl	Deskriptive Statistik	Einsatz von Activity Based Costing und Cash Flow Based Accounting
Fawcett et al.	2000	131	Mexico	Koordination	Informationsverarbeitung und -verfügbarkeit	Exploratorische Befragung	Fragebogen; Interviews; Zufallsauswahl	Deskriptive Statistik	Nutzung von Informationen im Unternehmen und in der Supply Chain; höhere Investitionen in Informationssysteme ziehen nicht automatisch eine erhöhte logistische Leistung nach sich
Manunen	2000	17	Finnland	Koordination	Höhe und Struktur der Logistikkosten	Fallstudien in Unternehmen	Interviews; Datenerhebung	Deskriptive Statistik; Simulation	Höhe und Struktur der Logistikkosten
Baiman et al.	2001	n/a	USA	SCM	Organisationsübergreifende Leistungsmessung in der Supply Chain	Modellrechnung	N/A	Lineares Gleichungssystem	Steuerungsmechanismen in der Supply Chain und Leistung der Supply Chain
Norek und Pohlen	2001	91	USA	SCM	Kosteninformationen in der Supply Chain	Exploratorische Befragung	Fragebogen; Interviews; Zufallsauswahl	Deskriptive Statistik	Einsatz von Activity based costing, One-time Audits, Direct Product Profitability und dadurch verbesserte Kosteninformation

Tab. 5.1 (Fortsetzung)

Autor(en)	Jahr	Umfang(n)	Land	Entwicklungsstufe der Logistik	Untersuchungsschwerpunkt	Konzeptualisierung/ Operationalisierung	Datenerhebung und -grundlage	Methoden	Inhalt und Ergebnisse
Stank et al.	2001	3700	USA	SCM	Zusammenarbeit und Koordination in der Supply Chain	Exploratorische Befragung	Fragebogen; Interviews; Zufallsauswahl	Deskriptive Statistik	Zusammenarbeit in der Supply Chain, gestützt durch entsprechende Kosten- und Leistungsinformationen, und Leistung der Supply Chain
Van Hoek	2001	270	Niederlande/ USA	SCM	Einfluss von SCM-Performance Measurementsystemen auf die Verbreitung von 3rd Party Logistik	Exploratorische Befragung; 3 Fallstudien	Telefoninterviews mit Fragebogen; teilweise Zufallsauswahl	Deskriptive Statistik	Einsatz verschiedener Performance Measurement-Größen für Transportlogistik-Dienstleister; Auswirkung auf die Bildung horizontaler Allianzen durch zusätzliche Service-Angebote
Weber und Blum	2001	316	Deutschland	Flussorientierung	Verständnis, Determinanten, Stand und Erfolgsauswirkungen von Logistik-Controlling	Exploratorische Befragung; Verdichtung von Einzelfragen zu Determinanten; Intensität Logistik-Controlling und Erfolgsmaße mit Hilfe von Faktoranalysen	Fragebogen; keine Zufallsauswahl	Deskriptive und induktive Statistik	Organisation; Logistikverständnis; Aufgaben des Logistik-Controllings; Struktur der Logistikkosten
Mentzer et al.	1999	5531	USA	Koordination	Logistikqualität und deren Messung	13 Fokusgruppen; exploratorische Befragung	Fragebogen; Zufallsauswahl aus begrenzter Stichprobe	Deskriptive Statistik	Einflussgrößen Logistikqualität

Tab. 5.1 (Fortsetzung)

Autor(en)	Jahr	Umfang(n)	Land	Entwicklungsstufe der Logistik	Untersuchungsschwerpunkt	Konzeptualisierung/ Operationalisierung	Datenerhebung und -grundlage	Methoden	Inhalt und Ergebnisse
Gavirneni	2002	N/A	USA	SCM	Informationsaustausch in der Supply Chain	Modellrechnung	N/A	Lineares Gleichungssystem	Institutionalisierter Informationsaustausch und Logistikleistung
Kulmala	2002	14	Finnland	SCM	Rolle von Kostenmanagement in Netzwerken	Fallstudien	Interviews; keine Zufallsauswahl	Qualitative Auswertung	Kosteneffiziente Netzwerkbeziehungen, deren Steuerung und sich ergebende komparative Vorteile
Lai et al.	2002	139	Hong Kong	SCM	Supply Chain Performance Measures	Exploratorische Befragung	Fragebogen; Zufallsauswahl aus begrenzter Stichprobe	Deskriptive Statistik	Einschätzung von Supply Chain-Leistung durch Entwicklung einer geeigneten Skala
Morash	2002	1358/111	USA/ Kanada	SCM	Strategiewahl für die Supply Chain	Exploratorische Befragung	Fragebogen; Zufallsauswahl aus begrenzter Stichprobe	Deskriptive Statistik	Gewählte Strategie, Kontext und Logistikleistung
Stapleton et al.	2002	6	USA	Koordination	Messung von Logistikleistung	Desk research	Öffentlich verfügbare Informationen	Deskriptive Statistik	Einschätzung von Logistikleistung
Kulmala	2004	3	Finnland	SCM	Kostenmanagement in der Supply Chain	Fallstudien in Unternehmen	Interviews; keine Zufallsauswahl	Qualitative Auswertung	Einfluss von Macht, Vertrauen und gemeinsamer Wertschöpfung auf die Verfügbarkeit von Kosteninformationen

Tab. 5.1 (Fortsetzung)

Autor(en)	Jahr	Umfang(n)	Land	Entwick- lungsstufe der Logistik	Untersuchungs- schwerpunkt	Konzeptu- alisierung/ Operationalisierung	Datenerhe- bung und -grundlage	Methoden	Inhalt und Ergebnisse
Malina und Selto	2004	1	USA	SCM	Leistungsmessung in der Supply Chain	Fallstudien in Unternehmen; desk research	Interviews; keine Zufallsauswahl	Deskrip- tive Statistik; qualita- tive Aus- wertung	Ausgestaltung von Mess- größen in der Supply Chain und Produktion
Seal et al.	2004	1	UK	SCM	Open Book Accoun- ting/Informations- austausch zwischen Unternehmen	Fallstudie	Interviews; keine Zufallsauswahl	Qualita- tive Aus- wertung	Einfluss verschiedener Stakeholdergruppen auf die Ausprägung von Kosten- und Leistungs- messung und -steuerung
Krauth und Moonen	2005	1	Niederlande	Koordination	Key Performance Indicators in der Logistik	Fallstudie	Interviews; keine Zufallsauswahl	Qualita- tive Aus- wertung	Nutzung von KPIs ex ante im Planungsprozess
Wouters und Sportel	2005	1	Niederlande	Koordination	Übergang von Insel-Messgrößen zu einem integrierten System der Leis- tungsmessung in der Logistik	Fallstudie	Interviews; keine Zufallsauswahl	Qualita- tive Aus- wertung	Starke Abhängigkeit des Erfolgs einer Implemen- tierung des neuen, integ- rierten Systems von der Güte der alten, singulär betrachteten Performance Measurement Größen
Mahama	2006	73	Australien	SCM	Kooperation und Koordination in der Supply Chain	Exploratorische Befragung	Fragebogen; Zufallsaus- wahl aus begrenzter Stichprobe	Deskrip- tive Statistik	Performance Measu- rement Systems und Kooperation

Tab. 5.1 (Fortsetzung)

Autor(en)	Jahr	Umfang(n)	Land	Entwicklungsstufe der Logistik	Untersuchungsschwerpunkt	Konzeptualisierung/ Operationalisierung	Datenerhebung und -grundlage	Methoden	Inhalt und Ergebnisse
Savitskie	2007	34	USA	Koordination	Informationstechnologie in der Logistik	Exploratorische Befragung	Fragebogen; Zufallsauswahl aus begrenzter Stichprobe	Deskriptive Statistik	Cross-regionaler Einsatz von Informationstechnologie in der Logistik
Varila et al.	2007	1	Finnland	Koordination	Activity Based Costing	Fallstudie	Interviews; keine Zufallsauswahl	Deskriptive Statistik; qualitative Auswertung	Grenzen und Möglichkeiten des Einsatzes von Activity Based Costing in der Logistik
Wagner	2008	126	Schweiz	SCM	Kostenmanagement in der Supply Chain	Exploratorische Befragung	Fragebogen; Zufallsauswahl aus begrenzter Stichprobe	Deskriptive Statistik	Kostenmanagement in der Supply Chain und Supply Chain-Kosten und -Leistung
Wouters und Wilderom	2008	1/42	Niederlande	Koordination	Wirkungen der Einführung eines Performance Measurement Systems	Fallstudie und exploratorische Befragung	Interviews; keine Zufallsauswahl	Deskriptive Statistik; qualitative Auswertung	Performance Measurement Systems als befähigende Instanz (im Ggs. zu einschränkender/kontrollierender Instanz)
Yeung	2008	225	Hong Kong	SCM	Verknüpfung von Strategie und Leistung in der Supply Chain	Exploratorische Befragung	Fragebogen; Zufallsauswahl aus begrenzter Stichprobe	Deskriptive Statistik	Supply Chain-Strategiewahl, Effizienz und Gesamtunternehmensleistung

Tab. 5.1 (Fortsetzung)

Autor(en)	Jahr	Umfang(n)	Land	Entwicklungsstufe der Logistik	Untersuchungsschwerpunkt	Konzeptualisierung/ Operationalisierung	Datenerhebung und -grundlage	Methoden	Inhalt und Ergebnisse
Agndal und Nilsson	2009	3	Schweden	SCM	Interorganisationales Kostenmanagement	Fallstudie	Interviews; keine Zufallsauswahl	Qualitative Auswertung	Kooperationsintensität und interorganisationales Kostenmanagement
Wouters	2009	1	Niederlande	Koordination	Entwicklung von Performance Measures für die Logistik	Fallstudie	Interviews; keine Zufallsauswahl	Qualitative Auswertung	Performance Measurement Systems als befähigende Instanz (im Ggs. zu einschränkender/ kontrollierender Instanz)
Fugate et al.	2010	425	USA	Koordination	Leistung in der Logistik allgemein (Kosten nur ein Teilaspekt)	Exploratorische Befragung	Fragebogen; Zufallsauswahl aus begrenzter Stichprobe	Deskriptive Statistik	Effektivität, Effizienz und Logistikleistung

erheblichen Teil der Studien Fragen der Informationsversorgung des Logistik-Managements nur am Rande eine Rolle gespielt haben.

- *Konzeptualisierung/Operationalisierung*: Diese Information gibt Aufschluss über den grundsätzlichen Charakter der empirischen Befragung. Es zeigt sich, dass die überwiegende Zahl der Studien einen explorativen Charakter besitzt. Rein konfirmatorische Studien fehlen völlig. Der erreichte theoretische Kenntnisstand der Logistik scheint nicht dazu anzuregen, empirische Überprüfungen theoretisch abgeleiteter Hypothesen vorzunehmen.
- *Datenerhebung und -grundlage*: Als Erhebungstechnik dominieren Fragebogenerhebungen, die zumeist auch hinreichend großzahlig sind. Daneben finden sich auch einige fallstudienbasierte Studien.
- *Methoden*: Wie sich schon bei der Konzeptualisierung/Operationalisierung angedeutet hat, sind die in den Studien verwendeten statischen Methoden zumeist wenig anspruchsvoll. Einfache Verfahren deskriptiver Statistik (z. B. Mittelwerte, Häufigkeiten) dominieren. Nur in Ausnahmefällen wird methodisch anspruchsvolles Instrumentarium genutzt (wie z. B. Kausalanalyse).
- *Ergebnisse*: Schließlich werden in der letzten Spalte die wichtigsten Ergebnisse wiedergegeben. Der Überblick über die Studien zeigt, dass der überwiegende Teil der Erhebung den Charakter von Bestandsaufnahmen besitzt. Die einer ökonomischen Perspektive entsprechende Erfolgsanalyse macht den absoluten Ausnahmefall aus.

Inhaltlich kann man festhalten, dass die empirische Forschung durchaus noch (sehr) ausbaufähig ist. Dies gilt zum einen bezogen auf das Erfassungsobjekt (unternehmensinterne Fragen dominieren), zum anderen bezogen auf die konzeptionelle Güte der vorliegenden Studien.

5.2   Nähere Darstellung ausgewählter empirischer Studien

5.2.1   Studie von Weber und Blum

Das Feld der Logistikkosten-, -leistungs- und -erlösrechnung ist in der deutschen industriellen Praxis weitgehend unbeackert. Speziell haben sich Controller nur sehr wenig damit beschäftigt. Dieses Ergebnis einer Studie aus dem Jahr 1988 (Küpper und Hoffmann 1988) wurde 2001 auf seine fortdauernde Gültigkeit hin überprüft. Die Studie (Weber und Blum 2001) zum Stand des Logistik-Controlling zeigt, dass sich seit gut einem Jahrzehnt nur geringfügige Veränderungen dieses unbefriedigenden Zustands ergeben haben.[2]

Adressaten der Studie waren die leitenden Logistikmanager deutscher Unternehmen als „Kunden" des Logistik-Controllings. Die befragten Unternehmen stammen aus den Branchen Maschinenbau, Elektrotechnik, Feinmechanik, Optik, Fahrzeug-

---

[2] Auch in den nächsten Jahren scheint sich wenig bewegt zu haben (vgl. die Studie der ZLU 2006, zitiert in Weber und Wallenburg 2010, S. 39 f.).

und Fahrzeugzulieferindustrie sowie der Gummi- und Kunststoffwarenindustrie. Diese Auswahl resultierte aus der Annahme einer relativ vergleichbaren Wertschöpfungskette und somit einer nicht zu stark divergierenden Logistikauffassung. Darüber wurde die Grundgesamtheit auf Unternehmen mit mehr als 200 Mitarbeitern eingegrenzt. Erst ab einer gewissen Größe der Unternehmen kann man von einer intensiven Auseinandersetzung mit dem Themengebiet Logistik ausgehen. Von 1.394 personalisiert versendeten Fragebögen wurden 316 auswertbare Fragebögen zurückgesendet, was einer Rücklaufquote von 23 % entspricht.

Drei Aussagenbereiche der Studie seien im Folgenden näher vorgestellt. Zunächst sollen Aufgaben und Aufgabenträger des Logistik-Controllings betrachtet werden. Dies ermöglicht einen Beleg der oben aufgestellten Behauptung und lässt den Stellenwert der Informationsbereitstellung im Logistik-Controlling deutlich werden. Danach erfolgt ein näheres Eingehen auf spezifische Fragen der Behandlung von Logistikkosten in der Praxis. Am Ende stehen kurze Aussagen zur Erfolgswirkung des Logistik-Controllings.

Aufgaben des Logistik-Controllings Abbildung 5.1 gibt das Verständnis der Unternehmen zu den Aufgaben eines Logistik-Controllings wieder. Die einzelnen Aufgaben sind hierbei absteigend nach der Häufigkeit der Nennungen geordnet. Weiterhin kann man in der Abbildung die Verteilung der jeweils angegebenen Träger der einzelnen Aufgaben anhand der unterschiedlich schraffierten Aufteilung der Säulen erkennen. Sie sei im Folgenden näher kommentiert.

Das erste bemerkenswerte Ergebnis ist der *generell niedrige Ausprägungsstand des Logistik-Controllings*: Die am häufigsten genannte Aufgabe (Kontrolle von Logistikkosten, -leistungen und -budgets) erreicht gerade eine Nennungsquote von ca. zwei Drittel. Im Durchschnitt ordnet weniger als jeder Zweite die genannten Aufgaben dem Logistik-Controlling zu. Von einer derartigen Einschätzung sind auch Kernfunktionen der Controller betroffen, wie z. B. das Berichtswesen oder die Beratung des Managements. Hier scheint noch in erheblichem Maße Aufklärungsbedarf zu bestehen, den die Controller decken müssten.

Auffallend ist weiterhin die starke Fokussierung auf die Bereitstellung von vergangenheitsgerichteten Informationen: Vier der „Top-Five"-Nennungen beziehen sich darauf. Darüber hinaus scheint in der Praxis die Auseinandersetzung mit den Kosten der Logistik ganz oben auf der Agenda des Logistik-Controllings zu stehen. Besonders deutlich wird dies bei dem Vergleich der Tätigkeiten „Erfassung von Logistikkosten" (202 Nennungen) und „Erfassung von Logistikleistungen" (158 Nennungen). Dahinter könnte sich eine Vernachlässigung von Logistikleistungen und potenziellen Erfolgsauswirkungen der Logistik verbergen.

Aber auch bei den Kostenwirkungen bleibt genügend Arbeit zu leisten. Dies zeigt der sehr niedrige Wert bei der Aufgabe „Kalkulation der Logistikkosten": Wer nicht die Logistikkostenanteile in den Gesamtkosten seiner Produkte kennt, weiß nicht, wie falsch die traditionelle Kostenrechnung Logistikkosten zuordnet – wir werden darauf im Teil 4, im 11. Kapitel dieses Buches dieses Buches noch ausführlich eingehen. Ohne diese Kenntnis kann aber auch kein entsprechender Einfluss auf die Produktgestaltung (etwa im Sinne der Vermeidung unnötiger Produktvarianten) genommen werden.

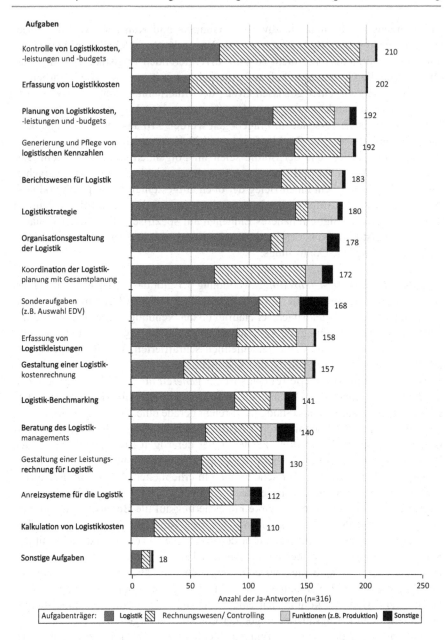

Abb. 5.1 Aufgaben des Logistik-Controllings und deren Träger (Antwort auf die Frage: „Verstehen Sie folgende Aufgaben als Controlling-Tätigkeit der Logistik?") (Entnommen aus Weber und Blum 2001, S. 21)

Wichtige Einblicke bietet auch die Betrachtung der jeweiligen Aufgabenträger, die Abb. 5.1 ebenfalls zeigt. Die Kernaufgaben des Rechnungswesens/Controllings liegen in der Praxis der Studie zu Folge in der Auseinandersetzung mit den Logistikkosten. Weitere Schwerpunkte der Controllingabteilung werden lediglich bei der „Koordination der Logistikplanung mit der Gesamtplanung" und bei der „Gestaltung einer Logistikleistungsrechnung" gesehen. Bei letzterem steht genau so häufig die Logistik in der Verantwortung. Verhältnismäßig wenig Einfluss hat das Rechnungswesen/Controlling auf die „Generierung und Pflege von Kennzahlen", das „Berichtswesen der Logistik" und auf „Anreizsysteme für die Logistik".

Insgesamt ergibt sich somit ein für die Controller typisches Bild: Das, was die Schwerpunkte in ihrer unternehmensbezogenen Tätigkeit bildet,[3] bieten sie auch der Logistik als Unterstützung an; ihr Fokus liegt auf Kosten und auf den Aktivitäten rund um die Budgetierung. Damit aber muss das Logistik-Management *in wesentlichen Führungsfragen ohne Unterstützung durch das Controlling auskommen.* Selbst in der klassischen Controller-Domäne der Informationsversorgung bestehen erhebliche Unterstützungslücken, die die Logistiker selbst ausfüllen müssen. Das Beispiel des Berichtswesens wurde schon angesprochen. Damit ist auch die Chance eines regelmäßigen Kontakts mit dem Logistik-Management vertan. Der Controller steuert nur Kostendaten zum laufenden Berichtswesen bei; eine Berichtsdurchsprache und Diskussion der Entwicklung des Geschäfts kann so nicht erfolgen.

Spezielle Aspekte der Bereitstellung von Logistikkosten Der Anteil der Logistikkosten an den Gesamtkosten wird häufig als wichtiger Indikator für die Effizienz der Logistik eines Unternehmens angesehen. Diverse Erhebungen weisen diese Werte aus.[4] Derartige Werte lassen sich aber nur sehr eingeschränkt als Benchmarks verwenden, da nicht nur die Logistikkosten, sondern auch das Verständnis darüber, was diesen im Detail zuzuordnen ist, von Fall zu Fall stark divergieren können. Bevor man also Logistikkosten von Unternehmen vergleicht und gegebenenfalls sogar Ziele daraus ableitet, sollte man sich über die Abgrenzung der Logistikkosten bewusst sein. Abbildung 5.2 belegt diese Aussage nachhaltig. Sie zeigt in absteigender Reihenfolge die Häufigkeit potentieller Kostenarten, die von Unternehmen als Logistikkosten verstanden werden. Darüber hinaus gibt die Schraffur ein Gefühl dafür, wie hoch der Anteil der jeweiligen Kostenart an den Gesamtlogistikkosten ist. Eine zentrale Aufgabe des Logistik-Controllings besteht deshalb darin, sorgfältig und systematisch die zu erfassenden, auszuweisenden und zu verrechnenden Logistikkosten zu definieren und im Detail abzugrenzen. Diese Basisarbeit ist von ausschlaggebender Bedeutung für die Aussagefähigkeit der Logistikkostenrechnung. Mit ihr wird sich deshalb auch ein eigener Abschnitt im dritten Teil dieses Buches befassen.

Auf Basis der Informationen aus Abb. 5.2 wurde im Rahmen der Studie auch die Höhe der Logistikkosten der Unternehmen in Relation zum Umsatz erfragt. Mit der gebotenen Vorsicht ist dies ein sehr pragmatischer Vergleichsindikator für die

---

[3] Vgl. im Überblick Weber und Schäffer (2011, S. 9–14).

[4] Vgl. hierzu Abb. 7.1 im dritten Teil des Buches.

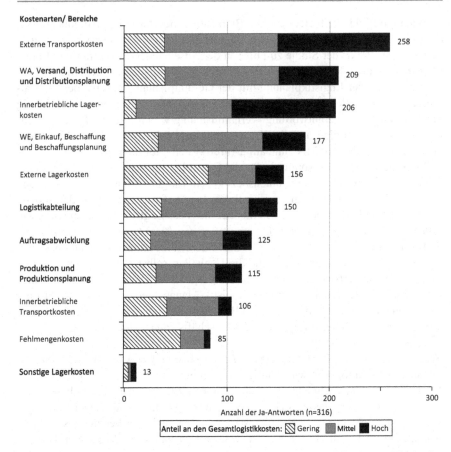

Abb. 5.2 Unterschiedliche Bestandteile der Logistikkosten (Antwort auf die Frage: „Welche der folgenden Bereiche/Kostenarten werden als Logistikkosten erfasst?") (Entnommen aus Weber und Blum 2001, S. 23)

Logistikkosten. Die Ergebnisse untermauern die Hypothese der *stark unterschiedlichen Abgrenzung von Logistikkosten* erneut. Das Spektrum reicht von unter 2,5 % Anteil Logistikkosten am Umsatz bis zu mehr als 17,5 %, was bei Industrieunternehmen als sehr hoher Wert erscheint. Der Schwerpunkt liegt mit über 50 % der antwortenden Unternehmen jedoch zwischen 2,5 % und 7,5 %.

Erfolgswirkungen des Logistik-Controllings Auswirkungen zur Erfolgswirkung des Logistik-Controllings allgemein und relevanter Informationen für das Logistik-Management im Speziellen sind – wie auch der Überblick in Tab. 4.1 gezeigt hat – ausgesprochen rar. Um zu prägnanten Aussagen zu kommen, wurden im ersten Schritt der Studie die unterschiedlichen Aufgabenbereiche und deren Ausprägungen mittels einer Faktorenanalyse zusammengefasst. Im Ergebnis kristallisierten sich drei Faktoren zum Logistik-Controlling heraus:

1. Der erste Faktor gruppiert Fragen, die allesamt als Grundlagen eines Logistik-Controllingsystems bezeichnet werden können:
   a. Erfassung, Planung und Kontrolle von logistischen Leistungen und Kennzahlen,
   b. Planung und Kontrolle von Logistikkosten,
   c. Durchführung von Benchmarking und Sonderanalysen,
   d. Existenz eines logistischen Berichtswesens sowie
   e. Planung und Kontrolle von Logistikbudgets.
   Der dadurch gebildete Faktor wurde mit dem Begriff *„Logistik-Controlling-Basis"* bezeichnet.
2. Der zweite Faktor (*„Logistik-Controlling-Kostendetails"*) fasst die Fragen zu der expliziten Erfassung von Logistikkosten, der Anwendung einer Prozesskostenrechnung im Bereich der Logistik sowie der Berücksichtigung von Logistikkosten in der Produktkalkulation und der Kunden- und Vertriebserfolgsrechnung zusammen.
3. Als dritter Faktor ermittelte die Faktorenanalyse schließlich als eine einzelne Frage die nach der Kenntnis der *Erlöswirkung der Logistik* heraus. Hiermit bestätigte sich die Annahme, dass die Kenntnis über die Auswirkungen der Logistik auf die Erlöse in der Praxis noch sehr gering ist.

Um den Erfolg der Logistik zu messen, wurde eine Reihe unterschiedlicher Indikatoren verwendet, die einzelne Facetten der Erfolgswirkung erfassen. Dazu zählten die

- Logistikkosten,
- Liefertreue,
- Lieferzeit,
- Durchlaufzeiten von Produkten,
- Lager- und Work-in-Progress-Bestände,
- Lieferflexibilität und
- Lieferfähigkeit/-bereitschaft.

Die Indikatoren wurden ebenfalls mittels einer Faktorenanalyse verdichtet und überprüft. Hierbei ergaben sich drei Erfolgsmaße, die unter den Begriffen *„Logistikerfolg über Zeit"*, *„Logistikerfolg relative Kosten"* und *„Logistikerfolg relative Leistung"* zusammengefasst werden können. Mit dem ersten der drei Erfolgsmaße wird die Fähigkeit erfasst, die angesprochenen Indikatoren über die Zeit hinweg zu verbessern. Die beiden anderen Faktoren erfassen dagegen die logistische Position des Unternehmens gegenüber seinen Wettbewerbern, zum einen bezogen auf die Höhe der Logistikkosten, zum anderen bezogen auf die logistische Leistungsfähigkeit. Diesen Erfolgsmaßen wurden die drei vorgestellten Ausprägungen des Logistik-Controllings gegenübergestellt.

Auf den Faktor „Logistikerfolg über Zeit" haben sowohl die Basisaktivitäten des Logistik-Controllings als auch die Kenntnis über Erlöswirkungen der Logistik einen signifikanten Einfluss. Ein solcher fehlt dagegen bezogen auf die Detailkenntnis über Logistikkosten. Bezüglich der Stärke des Einflusses liegt der Faktor „Basisaktivitäten des Logistik-Controllings" deutlich über dem Faktor „Erlöswirkungen der Logistik". Besonders bemerkenswert ist das Bestimmtheitsmaß der durchgeführten Regressionsanalyse. Demnach können 22 % der gesamten Varianz des Erfolgsmaßes durch die genannten Logistik-Controlling-Aktivitäten erklärt werden. Transparenz über logistische (Basis-)Kenngrößen ist zwecks Verständnis und Motivation demnach unabdingbar. Auch die Auseinandersetzung mit Erlöswirkungen der Logistik forciert offenbar die kontinuierliche Verbesserung in der Logistik eines Unternehmen, während eine detaillierte Analyse der Logistikkosten nach den Ergebnissen der Studie eine untergeordnete Bedeutung hat.

Will sich ein Unternehmen über die Logistik einen nachhaltigen Wettbewerbsvorteil im Hinblick auf logistische Leistungen oder Kosten verschaffen, so sind ein tieferes Verständnis und eine genauere Analyse der zugrundeliegenden Mechanismen und Hebel erforderlich. Erwartungsgemäß besitzt der Faktor „Logistik-Controlling Kosten" auf den „relativen Logistikerfolg Kosten" sowie „Logistik-Controlling Erlöse" auf den „relativen Logistikerfolg Leistung" einen signifikanten Einfluss. Die Basisfunktionen eines Logistik-Controllings – wie beispielsweise die Erhebung von Kennzahlen oder ein existentes Berichtswesen der Logistik – reichen zwar als Impuls aus, um die Logistik über die zeitliche Entwicklung zu verbessern, sind aber noch nicht Anstoß genug, gegenüber dem Wettbewerb Vorteile zu erzielen. Von ihnen geht kein direkter Einfluss auf den relativen Logistikerfolg aus. Man kann die Basisfunktionen folglich als eine Art „Pflichtprogramm" bezeichnen. Die Kür beginnt erst bei der detaillierten Analyse von Logistikkosten beim Anstreben der Kostenführerschaft und/oder bei der fundierten Auseinandersetzung und Kenntnis von Erlöswirkungen der Logistik, wenn man im Bezug auf die logistische Leistung den Wettbewerb hinter sich lassen möchte.

5.2.2 Studie von Keebler

Die erste Studie von Keebler wurde 1999 im Auftrag des Council of Logistics Management durchgeführt und bezieht sich auf den Stand der Erfassung von Logistikkennzahlen in US-amerikanischen Unternehmen. Insgesamt liegen der Studie 355 Fragebogen zu Grunde, die einen repräsentativen Überblick versprechen. Die wichtigsten Ergebnisse sind auch in einer Folgepublikation von Keebler zusammengefasst (Keebler 2000), auf die sich die folgenden Aussagen stützen.[5]

Den Unternehmen wurde eine Liste von insgesamt 70 Kennzahlen präsentiert, aus denen sie die von ihnen gemessenen auswählen konnten. Das Ergebnis zeigt Abb. 5.3. Trotz eines hohen Bedarfs an derartigen Messgrößen[6] lässt sich ein signifikantes und erhebliches Defizit der Leistungsmessung feststellen. „A much higher level of logistics measurement was expected, especially for some of the „bread and

---

[5] Die neueste Veröffentlichung von Keebler datiert aus dem Jahr 2009 (Keebler und Plank 2009). Sie geht aber inhaltlich nicht über die Ausgangsveröffentlichung hinaus.

[6] Lt. Keebler streben die US-amerikanischen Unternehmen insbesondere aus drei Gründen die Messung ihrer Logistik-Performance an: (1) um ihre laufenden Kosten zu senken, (2) um ihren Umsatz zu steigern und (3) um ihren Shareholder Value zu erhöhen. Vgl. Keebler (2000, S. 1).

Effectiveness Measures	% Capture	Effciency Measures	% Capture
Involve Trading Partner		**Cost**	
Customer complaints	76,6	Outbound freight cost	87,3
On-time delivery	78,6	Inbound freight cost	68,9
Over/short/damaged	72,3	Inventory carrying cost	60,4
Returns and allowances	69,1	3rd party storage cost	58,6
Order cycle time	62,3	Logistics cost per unit vs. budget	52,4
Overall customer satisfaction	60,8	Cost to serve	37,4
Days sales outstanding	58,7	*Average*	60,8
Forecast accuracy	54,4		
Invoice accuracy	52,1	**Productivity**	
Perfect order fulfillment	39,5	Finished goods inventory turns	80,2
Inquiry response time	29,6	Orders processed/labor unit	43,3
Average	59,5	Product units processed per warehouse labor unit	47,6
		Units processed per time unit	37,2
Internal focus		Orders processed per time unit	36,1
Inventory count accuracy	85,5	Product units processed per transportation unit	21,8
Order fill	80,8	*Average*	44,4
Out of stocks	70,5		
Line item fill	68,5	**Utilization**	
Back orders	64,4		
Inventory obsolescence	62,7	Space utilization vs. capacity	46,5
Incoming material quality	61,6	Equipment downtime	46,0
Processing accuracy	45,0	Equipment utilization vs. capacity	40,4
Case fill	39,1	Labor utilization vs. capacity	35,8
Cash/cash cycle time	32.2	*Average*	42,2
Average	61,1		

Abb. 5.3 Stand des Performance Measurements in der Logistik und im Supply Chain Management in den USA. (Entnommen aus Keebler 2000, S. 2)

butter" measures in logistics, such as on-time delivery, fill rates, and freight costs".[7] Als wesentliche Gründe wurden die fehlende IT-Unterstützung und die Verfügbarkeit von Informationen genannt. Positiven Einfluss nahm insbesondere die Unterstützung durch das obere Management.

Die mangelnde Messung lässt eine mangelnde Fähigkeit zur Gestaltung und Steuerung der Logistik vermuten, die angesichts der hohen wettbewerblichen Bedeutung der Logistik ein erhebliches Problempotential bedeutet. Betroffen von dem Defizit sind alle von Keebler unterschiedenen Abbildungsbereiche. Positiv ließe sich formulieren, dass die für ein Supply Chain Management wichtigen, auf die Wertschöpfungspartner bezogenen Messgrößen zumindest nicht schlechter abgedeckt waren als die traditionellen, intern gerichteten Kennzahlen.

Wie weit US-amerikanische Unternehmen allerdings noch von einer hinreichenden Unterstützung des Supply Chain Managements durch das Performance Measurement absolut entfernt waren, zeigen weitere Ergebnisse der Studie. Eine enge Abstimmung in der Supply Chain setzt eine gemeinsame Planung der beteiligten Partner voraus. Diese muss auf gemeinsam definierten und abgestimmten Messgrößen basieren. Hieran bestand allerdings – wie Abb. 5.4 zeigt – ein erheblicher

---

[7] Keebler (2000, S. 2 f.).

Measurement	Partner Importance Rank	Partner Uses It? (Yes %)	Company Captures It? (No %)	Defined by Partner or Jointly Defined? (Yes %)
On Time Delivery	1	86	21	60
Order Fill	2	75	19	58
Line Item Fill	3	55	31	58
Back Order	4	62	36	55
Order Cycle Time	5	63	38	50
Invoice Accuracy	6	69	48	58
Case Fill	7	32	61	53
Over/Short/Damage	8	61	28	57
Freight Cost	9	44	13	52
Return and Allowances	10	44	31	50
Inquiry Response Time	11	36	60	52
Forecast Accuracy	12	16	46	43

Abb. 5.4 Bedeutung und Messung von Kennzahlen zwischen Partnern der Wertschöpfungskette. (Entnommen aus Keebler 2000, S. 5)

Mangel. Nur die Hälfte der Befragten hielt die Kennzahlen für geeignet, keine Anreize für opportunistisches Verhalten zu geben. Noch weniger Unternehmen – nur ein Drittel – gab an, dass die laufend verwendeten Kennzahlen interorganisational vergleichbar seien und die gegenseitige Koordination unterstützten.

Gründe für diese unbefriedigende Situation liegen im Widerstand gegen Veränderungen, einer Inkompatibilität der IT-Systeme, unterschiedlichen Definitionen der Messgrößen und mangelnden Ressourcen zur Pflege der Kennzahlen. Vertrauen zwischen den Partnern der Supply Chain beeinflusst den Stand des Performance Measurement dagegen positiv.

Insgesamt zeichnet die Studie von Keebler für die USA ein ähnliches Bild, wie es der Erhebung von Weber und Blum für Deutschland zu entnehmen war. Trotz erkannter Wichtigkeit ist der Stand der Kennzahlenpraxis als stark verbesserungsfähig zu bezeichnen. Umfang und Qualität der Leistungsmessung genügen nicht den Anforderungen, die eine den Wettbewerbspotentialen der Logistik entsprechende Gestaltung der unternehmensinternen wie unternehmensübergreifenden Managementinformationen stellen. Insofern verwundert es nicht, dass „many companies capturing measures are not taking action based on the information it provides".[8]

5.2.3 Studie von Weber, Wallenburg and Bühler

Während die Studie von Weber und Blum (2001) bereits einen breiten Überblick zum Stand des Logistik-Controllings in der deutschen industriellen Praxis geliefert hatte, bestand ein Jahrzehnt danach einerseits der Bedarf nach einer generellen

---

[8] Keebler (2000, S. 6).

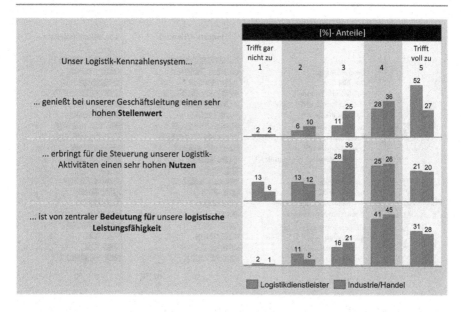

Abb. 5.5 Wichtigkeit von Kennzahlensystemen in der Logistik

Überprüfung der weiteren Entwicklung. Andererseits sollten die auf US-amerikanische Unternehmen fokussierten Erkenntnisse von Keebler (2000) auch für deutsche Unternehmen untersucht werden. Weber et al. führten daher 2011 eine Studie
mit besonderem Fokus auf Logistik-Kennzahlensysteme durch. Um dabei auch der
fortschreitenden Entwicklung der Logistik als eigenständige Industrie Rechnung zu
tragen, wurden nicht nur Logistikmanager aus Industrie und Handel, sondern auch
Manager von Logistikdienstleistern befragt.

Die Studie ergab 432 vollständig auswertbare Fragebögen, davon 252 aus In-
dustrie- und Handelsunternehmen und 180 von Logistikdienstleistern. Auf einige
Schwerpunkte der Studie wird im Folgenden näher eingegangen. Zunächst erfolgt
eine Gegenüberstellung der von Logistikmanagern bewerteten Bedeutung des
Logistik-Controllings mit Kennzahlensystemen und dem tatsächlichen Stand der
Messung von Logistikkennzahlen. Neben einem detaillierten Vergleich zwischen
Industrie-/Handelsunternehmen und Logistikdienstleistern werden dabei auch spezifische, für das Supply Chain Management relevante Aspekte betrachtet. Abschließend werden die Ergebnisse der Studie zur Erfolgswirkung von Kennzahlensystemen in der Logistik über einen Vergleich von erfolgreichen mit weniger erfolgreichen Logistik-Organisationen zusammengefasst.

*Stellenwert und aktueller Stand des Logistik-Controllings mit Kennzahlensys-
temen* Die in Abb. 5.5 dargestellten Ergebnisse zu Fragen nach dem Stellenwert
von logistischen Kennzahlen, ihrem Nutzen für die Steuerung der Logistik und der
Bedeutung für die logistische Leistungsfähigkeit bestätigen die hohe Wichtigkeit,
die Logistikmanager diesem Teilbereich des Controllings inzwischen beimessen.

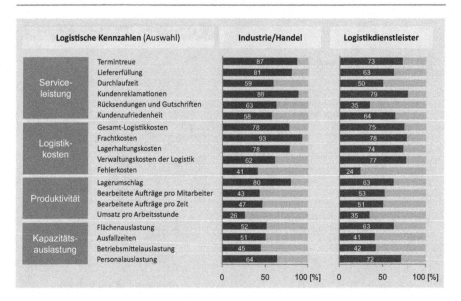

Logistische Kennzahlen (Auswahl)		Industrie/Handel	Logistikdienstleister
Service-leistung	Termintreue	87	73
	Liefererfüllung	81	63
	Durchlaufzeit	59	50
	Kundenreklamationen	88	79
	Rücksendungen und Gutschriften	63	35
	Kundenzufriedenheit	58	64
Logistik-kosten	Gesamt-Logistikkosten	78	75
	Frachtkosten	93	78
	Lagerhaltungskosten	78	74
	Verwaltungskosten der Logistik	62	77
	Fehlerkosten	41	24
Produktivität	Lagerumschlag	80	63
	Bearbeitete Aufträge pro Mitarbeiter	43	53
	Bearbeitete Aufträge pro Zeit	47	51
	Umsatz pro Arbeitsstunde	26	35
Kapazitäts-auslastung	Flächenauslastung	52	63
	Ausfallzeiten	51	41
	Betriebsmittelauslastung	45	42
	Personalauslastung	64	72

0   50   100 [%]   0   50   100 [%]

Abb. 5.6 Stand der Messung von Logistikkennzahlen (Auszug)

Aufgrund der Konzentration von Logistikdienstleistern auf das Kerngeschäft Logistik verwundert der gegenüber Industrie-/Handelsunternehmen noch deutlich höher bewertete Stellenwert von Logistikkennzahlen nur auf den ersten Blick. Da die Logistik bei Industrie- und Handelsunternehmen nur eine Teilfunktion darstellt, die lediglich von 58 % der Teilnehmer als Profit Center (7 %) oder Service Center (51 %), von 42 % jedoch als rein budgetgesteuertes Cost Center betrachtet wurde, erscheint die Wichtigkeit auch hier durchaus hoch bewertet. Dies spiegelt auch die Tatsache wider, dass insgesamt 82 % der Verlader angaben, die Logistik habe eine hohe (44 %) oder sehr hohe (38 %) strategische Bedeutung für ihren Geschäftserfolg.

Umso mehr überrascht vor diesem Hintergrund jedoch die Erkenntnis der Studie, dass zentrale Logistikkennzahlen teilweise nach wie vor nicht flächendeckend genutzt werden. Aufbauend auf den von Keebler 2000, in US- amerikanischen Unternehmen abgefragten Kennzahlen wurde der aktuelle Stand der logistischen Leistungs- und Erfolgsmessung bei den teilnehmenden Unternehmen erhoben. Abbildung 5.6 zeigt einen Auszug dieser Kennzahlen und deren prozentuale Nutzung gemäß den Angaben der Studienteilnehmer.

Während speziell bei den Logistikdienstleistern niedrige Werte für elementare Kennzahlen wie die Liefererfüllung (63 %) oder die Durchlaufzeit (50 %) auffielen, offenbarten Industrie/Handel und Dienstleister bei der Messung von Kundenzufriedenheit (58/64 %) oder Gesamt-Logistikkosten (78/75 %) gleichermaßen Defizite.

Reifegrad und Verwendung von Logistik-Kennzahlensystemen Um neben der Messung spezifischer logistischer Kennzahlen auch den Reifegrad von Kennzahlensystemen hinsichtlich der für das Management relevanten Nutzung zur Steuerung von

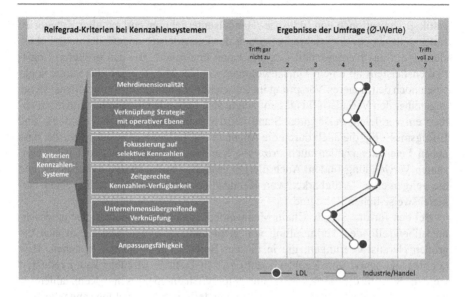

Abb. 5.7 Reifegrad von Logistik-Kennzahlensystemen bei Logistikdienstleistern (LDL) und Industrie-/Handelsunternehmen

Logistikaktivitäten[9] zu erfassen, erfolgte im Vorfeld der Studie eine umfassende Literaturrecherche zu den wesentlichen Eigenschaften fortgeschrittener Kennzahlensysteme. Dabei wurden folgende sechs Kriterien identifiziert und anschließend im Rahmen der Studie abgefragt:

- *Mehrdimensionalität*: Werden neben Finanzkennzahlen auch andere relevante Dimensionen bewertet (z. B. Prozess-, Kunden-, Risikokennzahlen)?
- *Verknüpfung von Strategie und operativer Ebene*: Werden strategische Ziele in ein konsistentes System von Kennzahlen auf allen Ebenen der Organisation überführt?
- *Fokussierung auf selektive Kennzahlen*[10]: Erfolgt eine für die effiziente Steuerung der Logistik notwendige Reduzierung von Informationen auf die wichtigsten Kennzahlen?
- *Zeitgerechte Kennzahlen-Verfügbarkeit*: Stehen aktuelle Kennzahlen für Entscheidungsträger rechtzeitig zur Verfügung?
- *Unternehmensübergreifende Verknüpfung*: Besteht bei der Leistungsmessung eine Verbindung zu externen Partnern (Kunden, Lieferanten, Kooperationspartner)?
- *Anpassungsfähigkeit*: Kann das Kennzahlensystem flexibel auf neue Anforderungen oder Erkenntnisse angepasst werden?

Abbildung 5.7 zeigt die Ergebnisse der Studie entlang dieser Kriterien. Insgesamt wurde ein vergleichbarer Reifegrad zwischen Logistikdienstleistern und den Lo-

---

[9] Vgl. hierzu die Aussage von Fawcett et al. 1997, dass Kennzahlensysteme „have been criticized for failing to address adequately the needs of managers […]".

[10] Vgl. hierzu das Konzept selektiver Kennzahlen von Weber et al. 1995.

gistik-Organisationen von Industrie-/Handelsunternehmen entlang aller Kategorien festgestellt, wobei der leichte Vorsprung der Dienstleister angesichts ihrer Fokussierung auf das Kerngeschäft Logistik kaum überrascht. Bei den größeren Logistikdienstleistern ab einem Umsatzvolumen von 25 Mio. € ergab die Studie sogar einen noch deutlicheren Vorsprung im Entwicklungsstand ihrer Kennzahlensysteme gegenüber den Verladern. Insgesamt zeigte sich über alle teilnehmenden Unternehmen ein vergleichsweise guter Stand bei der mehrdimensionalen Leistungs- und Erfolgsmessung, die auch durch die Angaben der Teilnehmer bestätigt wurde, dass neben Finanzkennzahlen auch Prozess-, Kunden-, Innovations- und Risikokennzahlen Verwendung finden. Auch die Fokussierung auf selektive Kennzahlen und die zeitgerechte Verfügbarkeit von Kennzahlen zeigten in der Studie einen vergleichsweise hohen Reifegrad.

Bei den für das Supply Chain Management relevanten Aspekten der unternehmensübergreifenden Verknüpfung von Kennzahlensystemen bestätigten sich die großen Herausforderungen, die in diesem Bereich nach wie vor bestehen. Hier konnten die schon von Keebler identifizierten Defizite offenbar kaum reduziert werden. Sowohl die Berücksichtigung Supply Chain-spezifischer Kennzahlen als auch gemeinsam mit Kunden und Lieferanten definierte Kennzahlen sahen die Teilnehmer als vergleichsweise schwach ausgeprägt. Defizite bei der Unterstützung der unternehmensübergreifenden Koordination durch das Kennzahlensystem, die sich aus der Erhebung ergeben, überraschen vor diesem Hintergrund nicht.

Teilweise lässt sich der Nachholbedarf bei der Gestaltung von Logistik-Kennzahlensystemen mit der Erkenntnis der Studie erklären, dass sowohl Dienstleister als auch Industrie- und Handelsunternehmen diese offenbar primär zur Ergebnisüberwachung nutzen. Die Nutzung zur tatsächlichen Steuerung von Logistikaktivitäten im Sinne einer Früherkennung und eines proaktiven Eingreifens wurde zwar von den meisten Teilnehmern der Studie als relevant eingestuft, stand aber hinter der reinen Überwachung von Zielen zurück.

Die Wirtschaftlichkeit ihres Logistik-Kennzahlensystems im Sinne einer Kosten-Nutzen-Betrachtung beurteilte eine Mehrheit der Logistik-Manager trotz des offenbarten Verbesserungspotentials bei der Ausgestaltung positiv. Hier wurde in der Studie zunächst die Aussagefähigkeit der einzelnen Teilnehmer abgeprüft. Nur diejenigen, die sich ein detailliertes Verständnis der mit dem Aufbau und der Pflege ihres Logistik-Kennzahlensystems verbundenen Kosten zusprachen, wurden anschließend auch nach ihrer Einschätzung zum Kosten-Nutzen-Verhältnis gefragt.

Erfolgswirkung von Logistik-Kennzahlensystemen Die aus Sicht des Logistik-Managements elementare Frage nach der Erfolgswirkung des Logistik-Controllings wurde in der Vergangenheit nur in wenigen Studien betrachtet. Neben den in Abschn. 5.2.1 vorgestellten Ergebnissen von Weber und Blum 2001, haben Fawcett et al. 1997, in einer empirischen Gegenüberstellung von Produktion und Logistik bei Industrieunternehmen einen Einblick in die positiven Auswirkungen der Verfügbarkeit relevanter Kennzahlen auf die Leistungsfähigkeit der beiden Funktionen ermöglicht.

Um die Erfolgswirkung von Kennzahlensystemen weiter zu untersuchen, nahm die neue Studie von Weber et al. einen Vergleich zwischen den Kennzahlensystemen der besten 20 % der Logistik-Organisationen hinsichtlich der logistischen

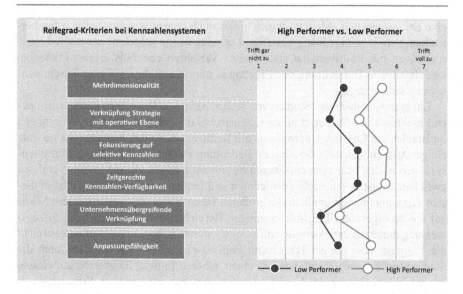

Abb. 5.8 Nachweis der Erfolgswirkung von Logistik-Kennzahlensystemen über Reifegradvergleich

Leistungsfähigkeit – in der Studie als „High Performer" bezeichnet – mit denen der 20 % weniger leistungsfähigen, als „Low Performer" benannten Logistik-Organisationen, vor. Die logistische Leistungsfähigkeit wurde dabei über eine Selbsteinschätzung der teilnehmenden Unternehmen relativ zum Wettbewerb vorgenommen und umfasste folgende Größen:

- Die dauerhafte Erfüllung von Lieferterminen und -mengen
- Die logistische Erfüllung von Kundenerwartungen
- Logistische Gesamtkosten
- Die gesamthafte logistische Leistungsfähigkeit

Die Gegenüberstellung der Kennzahlensysteme von „High Performern" mit denen von „Low Performern" anhand der zuvor gezeigten Reifegradkriterien zeigt, dass erfolgreichere Logistik-Organisationen in der Entwicklung ihrer Kennzahlensysteme weiter fortgeschritten sind.

Im Gegensatz zum Vergleich zwischen Industrie/Handel und Logistikdienstleistern, der nur geringe Unterschiede ergab (Abb. 5.7), zeigte die Gegenüberstellung der „High Performer" mit den „Low Performern" deutliche Ergebnisse (Abb. 5.8). Die leistungsfähigsten Logistik-Organisationen wiesen dabei in allen Kategorien einen deutlich höheren Reifegrad auf. Unter anderem zeigte sich ein erheblicher Vorsprung bei der Anpassungsfähigkeit ihrer Kennzahlensysteme auf spezifische Geschäftsanforderungen. Die Studie unterstreicht damit, dass die valide Forderung nach der Standardisierung von Kennzahlen im Sinne ihrer Vergleichbarkeit nicht mit einer statischen Vorgehensweise beim Aufbau von Kennzahlensystemen verwechselt werden darf.

Indirekt lässt sich aus dem durch die Studie vorgenommen Vergleich zwischen dem Reifegrad der Kennzahlensysteme und der logistischen Leistungsfähigkeit eine Erfolgswirkung ableiten, obgleich dies noch keinen wissenschaftlich fundierten kausalen Zusammenhang bestätigt. Letzterer wurde jedoch über weitere Untersuchungen mit multivariaten statistischen Verfahren ebenfalls erbracht,[11] wobei eine detaillierte Betrachtung der Ergebnisse über den Rahmen dieser Zusammenfassung hinausginge.

Ein Jahrzehnt nach den Studien von Weber/Blum und Keebler bestätigen die neuen Ergebnisse von Weber et al. damit einerseits die bekannten Herausforderungen im Bereich des Logistik-Controllings mit Kennzahlen. Andererseits zeigen sie trotz einiger Ausnahmen, dass die zentrale Bedeutung von leistungsfähigen Kennzahlensystemen in den Management-Etagen der Logistik angekommen ist. Im Vergleich zwischen Industrie-/Handelsunternehmen und Logistikdienstleistern zeigen in diesem Zusammenhang vor allem die größeren Dienstleister, dass sie mit ihrem Fokus auf das Kerngeschäft Logistik in einigen Bereichen der Leistungs- und Erfolgsmessung durchaus eine Vorreiterrolle eingenommen haben. Insgesamt unterstreicht die Tatsache, dass die erfolgreichsten Logistik-Organisationen in allen durch die Studie identifizierten Kernbereichen einen höheren Entwicklungsstand aufwiesen, den wichtigen Beitrag des Logistik-Controllings zur erfolgreichen Steuerung von Logistikaktivitäten.

5.3   Fazit

Die Logistik hat – wie die Ausführungen im ersten Teil des Buches zeigten – in Theorie und Praxis mittlerweile eine hohe Anerkennung gewonnen. Ihr wettbewerbliches Potenzial ist erkannt. Die managementrelevanten Informationen, die zur Ausschöpfung dieses Potenzials erforderlich sind, fehlen jedoch noch in erheblichem Maße.

Defizite bestehen sowohl in konzeptioneller wie in empirischer Hinsicht. Allerdings steigt – unterstützt durch die Aktualität des Performance Measurement – die Zahl der Beiträge, die sich mit der Thematik befassen, an. Auch die Erwartungen in den Nutzen eines Supply Chain Managements nimmt einen positiven Einfluss auf die Entwicklung entsprechender Messkonzepte. Dennoch besteht noch erheblicher Forschungsbedarf. Insbesondere die Markt- und Erlösseite sowie die interorganisationale Zusammenarbeit sind nur unzureichend abgedeckt. In der Empirie zeigt sich ein noch weitergehender Mangel. Selbst „bread and butter measures" fehlen in vielen Unternehmen. Controller haben ihre Informationsversorgungsaufgabe über die Unternehmen hinweg nur sehr schlecht wahrgenommen.

Insgesamt liefert die Analyse des Entwicklungsstandes der Logistikkosten-, -leistungs- und -erlösrechnung in Theorie und Praxis einen erheblichen Handlungsbedarf. Der erste Schritt, diesen Bedarf zu decken, besteht in der Abgrenzung und Definition des „Rechnungsstoffs", der Logistikkosten, -leistungen und -erlöse. Hiermit beschäftigt sich der folgenden Teil 3 des Buches.

---

[11] Vgl. hierzu die Kausalanalyse von Bühler und Wallenburg (2011).

Literatur

Agndal H, Nilsson U (2009) Interorganizational cost management in the exchange process. Manag Account Res 20:85–101

Baiman S, Fisher PE et al (2001) Performance measurement and design in supply chains. Manag Sci 47:173–188

Baumgarten H (1996) Trends und Strategien in der Logistik 2000. Analysen – Potenziale – Perspektiven, Berlin

Baumgarten H, Zibell R (1988) Trends in der Logistik. Huss-Verlag, München

Bühler A, Wallenburg CM (2011) Performance measurement systems in logistics: impact on organizational capabilities and logistics performance. Konferenz Logistik-Management 2011. Bamberg

van Damme DA, van der Zon FLA (1999) Activity based costing and decision support. Int J Logist Manag 10:71–82

Davis HW, Drumm WH (1998) Logistics cost and service 1998. In: council of logistics management (Hrsg) Annual conference proceedings, Anaheim, S 131–141

Dehler M (2001) Entwicklungsstand der Logistik. Messung – Determinanten – Erfolgswirkungen. Universitäts-Verlag, Wiesbaden

Fawcett SE, Calantone R et al (2000) Meeting quality and cost imperatives in a global market. Int J Phys Distrib Logist Manag 30:472–499

Fawcett SE, Smith SR, Cooper MB (1997) Strategic intent, measurement capability, and operational success: making the connection. Int J Phys Distrib Logist Manag 27(7):410–421

Fugate B, Mentzer JT et al (2010) Logistics performance: efficiency, effectiveness, and differentiation. J Bus Logist 31:43–62

Gavirneni S (2002) Information flows in capacitated supply chains with fixed ordering costs. Manag Sci 48:644–651

Gerstenberg F (1987) Produktivität in der Logistik. Schriftenreihe der Bundesvereinigung Logistik e. V, (BVL), Bd 16. Huss-Verlag, München

Heinrich LJ, Felhofer E (1984) Forschungsprojekt Logistik, Empirische Studie Istzustand Logistik. Linz

Keebler JS (2000) The state of logistics management. Supp Chain Logist J 3(Spring) entnommen aus http: www.infochain.org/quarterly/Sp00/Keebler.html

Keebler JS, Plank RE (2009) Logistics performance measurement in th supply chain: a benchmarking. Benchmark: Int J 16:785–798

Krauth E, Moonen, H et al (2005) Performance measurement and control in logistics service providing. In: artificial intelligence and decision support systems, S 239–247

Kulmala HI (2002) The role of cost management in network relationships. Int J Prod Eco 79:33–43

Kulmala HI (2004) Developing cost management in customer-supplier relationships: three case studies. J Purch Supply Manag 10:65–77

Kummer S (1992) Logistik für den Mittelstand. Huss-Verlag, München

Küpper H-U, Hoffmann H (1988) Ansätze und Entwicklungstendenzen des Logistik-Controlling in Unternehmen der Bundesrepublik Deutschland. Ergebnisse einer empirischen Erhebung. DBW 48:587–601

Lai K-H, Ngai EWT, Cheng TCE (2002) Measures for evaluating supply chain performance in transport logistics. Transp Res Part E 38:439–456

Mahama H (2006) Management control systems, cooperation and performance in strategic supply relationships: a survey in the mines. Manag Account Res 17:315–339

Malina M, Selto F (2004) Choice and change of measures in performance measurement models. Manag Account Res 15:441–469

Manunen O (2000) An activity-based costing model for logistics operations of manufacturers and wholesalers. Int J Logist: Res App 3(1):53–66

Mentzer JT, Flint DJ et al (1999) Developing a logistics service quality scale. J Bus Logist 20:9–32

Morash E (2002) Supply chain strategies, capabilities, and performance. Transp J 41:37–54

Norek CD, Pohlen TL (2001) Cost knowledge: a foundation for improving supply chain relationships. Int J Logist Manag 12:37–51

Novack RA (1989) Logistics Control: an approach to quality. J Bus Logist 10(2):24–43

Nowicki M (1992) Logistik-Check. Zum Stand der betriebswirtschaftlichen Logistik im Unternehmen. Ergebnisse einer empirischen Untersuchung. Dortmund

Nowicki M (1993) Umfrage: Logistik-Kennzahlen. Kostenrechnungspraxis 37:348 f

Pohlen TL, La Londe BJ (1994) Activity-based consting in logistics. J Bus Logist 15(2):1–23

Savitskie K (2007) Internal and external logistics information technologies: the performance impact in an international setting. Int J Phys Distrib Logist Manag 37:454–468

Schleich W (1987) Logistik-Controlling in der Praxis. Kostenrechnungspraxis 31:59–61

Seal W, Berry AJ et al (2004) Disembedding the supply chain: institutionalized reflexivity and inter-firm accounting. Account Organ Soc 29:73–92

Stank TP, Keller SB et al (2001) Supply chain collaboration and logistical service performance. J Bus Logist 22:29–48

Stapleton D, Hanna JB et al (2002) Measuring logistics performance using the strategic profit model. Int J Logist Manag 13:89–107

Stoi R (1999) Prozesskostenmanagement in der deutschen Unternehmenspraxis. Eine empirische Untersuchung. Vahlen, München

The Global Logistics Research Team (1995) World class logistics. The challenge of managing continuous change, Oak Brook (IL)

Touche R (1992) European logistics comparative costs and practice. Prepared by Touche Ross distribution and logistics division on behalf of the Institute of Logistics & Distribution Management (ILDM) and the European Logistics Association (ELA). London

Türcks M, Lienau HU, Böllhoff WA (1993) Führend durch Total Supply Quality: Produktivität und Qualität in der Logistik. München

Van Hoek RI (2001) The contribution of performance measurement to the expansion of third party logistics alliances in the supply chain. Int J Oper Prod Manag 21:15–29

Varila M, Seppanen M et al (2007) Detailed cost modelling: a case study in warehouse logistics. Int J Phys Distrib Logist Manag 37:184–200

Voegele AR (1986) Entwicklung von Logistik-Organisationssystemen und deren Anwendung in der Industrie. Verlag Peter Lang, Frankfurt a. M.

Wagner SM (2008) Cost management practices for supply chain management: an exploratory analysis. Int J Serv Oper Manag 4:296–320

Weber J, Blum H (2001) Logistik-Controlling. Konzept und empirischer Stand, Schriftenreihe Advanced Controlling, Bd 20. Vallendar

Weber J. (1987) Logistikkostenrechnung, Springer, Berlin

Weber J, Schäffer U (2011) Einführung in das Controlling, 13. Aufl. Schäffer-Poeschel, Stuttgart

Weber J, Wallenburg CM (2010) Logistik- und Supply Chain Controlling, 6. Aufl. Schäffer-Poeschel, Stuttgart

Weber J, Großklaus A, Kummer S, Nippel H, Warnke D (1995) Methodik zur Generierung von Logistik-Kennzahlen. In: Weber J (Hrsg) Kennzahlen für die Logistik. Schäffer-Poeschel, Stuttgart, S 9–45

Weber J, Bacher A, Groll M (2002) Konzeption einer Balanced Scorecard für das Controlling von unternehmensübergreifenden Supply Chains. Kostenrechnungspraxis 46:133–141

Weber J, Wallenburg CM, Bühler A (2011) Kennzahlensysteme als Erfolgsfaktor im Logistik-Management. 28. Deutscher Logistik-Kongress. Berlin

Wouters M (2009) A developmental approach to performance measures – Results from a longitudinal case study. Eur Manag J 27:64–78

Wouters M, Sportel M (2005) The role of existing measures in developing and implementing performance measurement systems. Int J Oper Prod Manag 25:1062–1082

Wouters M, Wilderom C (2008) Developing performance-measurement systems as enabling formalization: a longitudinal field study of a logistics department. Account Organ Soc 33:488–516

Yeung ACL (2008) Strategic supply management, quality initiatives, and organizational performance. J Oper Manag 26:490–502

Teil III
Abgrenzung von Logistikleistungen, -kosten und -erlösen

Die Analyse des Standes der Logistikkostenrechnung im zweiten Teil dieses Buches hat u.a. eine erhebliche Unschärfe hinsichtlich der genauen Abgrenzung von Kosten, Leistungen und Erlösen der Logistik erbracht. Die Gründe hierfür sind vielschichtig. Zu wenig Aufmerksamkeit für die Abgrenzungsproblematik zählt hierzu ebenso wie Mehrdeutigkeiten des Logistikbegriffs: Die Logistik als Transport-, Umschlags- und Lagerfunktion zu sehen, weist ihr ganz andere Kostenelemente zu als im Fall der Ausprägung der Logistik als Enabler der Flussorientierung bzw. Gestalter einer entsprechenden Führung.

Eine genaue Abgrenzung von Leistungen, Kosten und Erlösen erweist sich aus mehreren Gründen heraus als notwendig:

- Die genaue Definition der drei Größen fällt weder leicht, noch gelingt sie in kurzer Zeit. Vielfältige Diskussionen über die Grenzen der Logistik sind erforderlich. Diese Diskussionen helfen, Idee und Konzept der Logistik zu verbreiten und für dieses zu werben (konzeptionelle Wirkung[1]).
- Eine Funktion wie Logistik – unabhängig von der konkreten Sichtweise – durchschneidet die traditionelle Organisationslogik in den Unternehmen. Das Abweichen vom (funktionalen) Standard macht eine exakte Abgrenzung unabdingbar.
- Das Streben nach einheitlicher Abgrenzung führt erfahrungsgemäß zu einer deutlich höheren Konsistenz. Definiert man z. B. in unterschiedlichen Stufen der Wertschöpfungskette die Größe „Lieferservice" unterschiedlich, so werden stufenübergreifende Optimierungen sehr erschwert. Gleiches unterschiedlich zu benennen, führt ebenso zur Verwirrung, wie Unterschiedliches gleich zu bezeichnen.
- Größen in Inhalt und Umfang konstant zu halten, erlaubt das Erkennen von Veränderungen im Zeitablauf. Hieraus lassen sich Anregungen für Entscheidungen gewinnen (instrumentelle Wirkung[2]).
- Die Beibehaltung der Abgrenzung über die Zeit ermöglicht weiterhin ein leichteres Lernen bei den Informationsempfängern – oder umgekehrt: Unklare Abgren-

---

[1] Vgl. zur konzeptionellen Nutzung von Informationen nochmals Kap. 8 des ersten Teils des Buches.

[2] Vgl. nochmals ebenda.

zungen und daraus resultierende wechselnde Inhalte machen ein solches Lernen unmöglich (konzeptionelle Wirkung).

- Eine genaue Abgrenzung von Kosten, Erlösen und Leistungen erleichtert Vergleiche mit anderen Unternehmen. So hat sich im Zuge von Benchmarking-Projekten eine genaue Definition der verwendeten Kennzahlen als ein wesentlicher Faktor des Projekterfolges gezeigt.[3] Auch schafft die Kenntnis der vielfältigen Abgrenzungsprobleme genügend Selbstvertrauen, wenn publizierte pauschale Kostenrankings für das eigene Unternehmen nur mittelmäßige oder schlechte Werte ausweisen.
- Erst präzise definierte Leistungs-, Kosten- und Erlösgrößen bilden eine tragfähige Basis, flussorientierte Zielvorgaben für das Management zu entwickeln. Der im ersten Teil des Buches festgestellte Entwicklungsrückstand eines logistischen Anreizsystems[4] findet hier eine mögliche Ursache.
- Eng damit verbunden ist die Notwendigkeit präzise definierter Größen für Kontrollzwecke. Unschärfen in der Messung vereinbarter Werte lässt die Wirksamkeit von Kontrollen deutlich schrumpfen[5] (instrumentelle und konzeptionelle Wirkung).

Aufgrund der damit gezeigten hohen Bedeutung einer exakten Abgrenzung von Logistikleistungen, -kosten und -erlösen widmet sich diesem Thema ein umfangreiches eigenes Kapitel. Dessen Aufbau folgt der Differenzierung der drei betrachteten Größen.

---

[3] Vgl. Weber und Wertz (1999, S. 26–28).

[4] Vgl. nochmals den Abschn. 1.6.1. im ersten Teil des Buches.

[5] Diese Wirksamkeit von Kontrollen ist potenziell erheblich. Die im ersten Teil des Buches angesprochene empirische Studie zur Erfolgswirkung der Logistik lässt das Vorhandensein von logistikbezogenen Kontrollen als einen wesentlichen Erfolgsfaktor hervortreten. Vgl. im Detail Dehler (2001, S. 221).

Abgrenzung der Leistungen der Logistik 6

6.1 Grundlagen einer Leistungsdefinition und -abgrenzung

Eine Kostenrechnung verfolgt die Aufgabe, die durch den Verbrauch bzw. Verzehr von Produktionsfaktoren und Fremdleistungen anfallenden Kosten aufzuzeichnen und zweckgerichtet aufzubereiten. Dennoch kann sie nicht ausschließlich auf die Abspiegelung der Inputsphäre beschränkt sein. Eine Reihe von Rechnungszwecken macht es vielmehr erforderlich, auch die Leistungen als Output betrieblicher Faktorkombinationsprozesse zu erfassen. Ohne eine solche Erfassung ließen sich weder aussagefähige Wirtschaftlichkeitskontrollen in Kostenstellen[1] durchführen noch vielfältige Kalkulationsaufgaben lösen (z. B. zur Fundierung von Make-or-buy-Entscheidungen oder zur Verrechnung von zwischen Kostenstellen erbrachten Leistungen). Jede Kostenrechnung muss deshalb entweder auf einer Leistungsrechnung aufsetzen oder – ist eine solche im Unternehmen nicht vorhanden – diese umschließen. Dies gilt auch für eine Logistikkostenrechnung.

Leistungsrechnungen besitzen gegenüber der (reinen) Kostenrechnung hinsichtlich ihres Detaillierungs- bzw. Genauigkeitsgrades immer noch einen erheblichen Entwicklungsrückstand.[2] Dies gilt für die Logistik in besonderem Maße. Für sie herrscht oftmals noch nicht einmal Klarheit darüber, worin das Ergebnis ihrer Aktivitäten im Einzelnen besteht. Einer entsprechenden begrifflichen Festlegung kommt für den Aufbau und die Gestaltung einer laufenden Informationsversorgung für das Logistikmanagement jedoch eine zentrale Bedeutung zu.

Eine Leistungsrechnung gewinnt ihre Bedeutung nicht allein aus einer Zulieferfunktion für die Beantwortung kostenrechnerischer Fragestellungen (etwa der logistikgerechten Kalkulation eines neuen Erzeugnisses). Vielmehr geht – wie auch Abb. 6.1 zeigt – von logistischen Leistungsdaten eine eigenständige Wirkung auf das Logistikmanagement aus. Im ersten Teil dieses Buches wurde durch die empi-

---

[1] Vgl. schon Schmalenbach (1963, S. 435 f.).

[2] Dies gilt analog auch für die Erlösrechnung, die wir im Kap. 3. dieses Teils des Buches noch näher betrachten wollen. So besitzt der bereits 1983 erschienene Beitrag von Männel (Grundkonzeption einer entscheidungsorientierten Erlösrechnung) bis heute nur wenig Nachahmer, und auch in der Praxis ist die Kenntnis von Kosten, Kostenabhängigkeiten und Kostenverbunden zumeist deutlich größer als die von Erlösen, Erlösabhängigkeiten und Erlösverbunden.

J. Weber, *Logistikkostenrechnung,*
DOI 10.1007/978-3-642-25173-3_6, © Springer-Verlag Berlin Heidelberg 2012

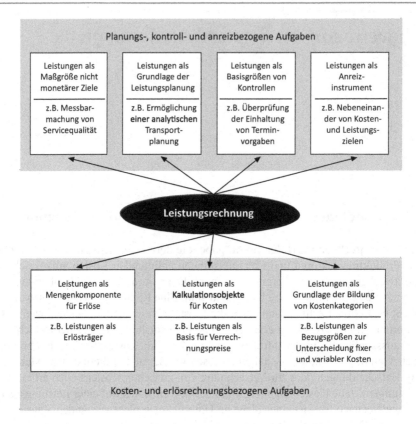

Abb. 6.1 Aufgaben einer logistischen Leistungsrechnung im Überblick

rischen Belege deutlich, wie stark der Einfluss logistischer Leistungsfähigkeit auf den Unternehmenserfolg in der Praxis ausfällt. Leistungen transparent zu machen, die Erfüllung leistungsbezogener Ziele zu dokumentieren, darauf aufbauend leistungsbezogene Anreize zu schaffen und zu operationalisieren, bietet damit einen erheblichen potenziellen Nutzen.

Diesen Nutzen zu eröffnen, setzt aber ein klares Verständnis über das voraus, was eine logistische Leistung im Detail ist. Unterschiedliche Auffassungen ziehen unterschiedliche Messergebnisse nach sich. So führt etwa die Definition der Transport- bzw. Verkehrsleistung „als vollzogene Veränderung des Aufenthaltsorts von Personen oder Gütern, allgemein von Objekten"[3] dazu, prinzipiell eine kaum überschaubare Vielzahl von Leistungsarten unterscheiden zu müssen, man denke z. B. an die schon in mittelständischen Unternehmen große Vielfalt unterschiedlicher Einsatzstoffe, Zwischen- und Endprodukte (Objekte), Lieferstandorte sowie innerbetriebliche Lager- und Bedarfsorte (Aufenthaltsorte). Die in der Praxis

---

[3] Diederich (1977, S. 30). Diederich hat die Verkehrsbetriebslehre in Deutschland wesentlich mitgeprägt.

weit verbreitete Fassung des Transportleistungsbegriffs als das Produkt aus transportierter Gütermenge (gemessen in t) bzw. der Zahl transportierter Personen und der zurückgelegten Transportentfernung reduziert dagegen des Spektrum erbrachter Transportleistungen auf zwei Leistungsarten (Personen- und Tonnenkilometer). Dies ermöglicht eine sehr einfache Form der Leistungserfassung und Verrechnung der Transportkosten auf Kostenstellen bzw. Kostenträger, die die Transporte ausgelöst haben. Die Verringerung der Zahl zu erfassender Leistungsmerkmale schränkt jedoch auch die Aussagefähigkeit der gewonnenen Informationen ein.[4]

Deutlich unterschiedliche Anforderungen an die Erfassung der Leistungen der Logistik und der Kalkulation der für diese anfallenden Logistikkosten erhält man dann, wenn man das Ergebnis logistischer Leistungserstellung nicht – wie zuvor implizit unterstellt – in den Raum- bzw. Zeitveränderungen von Objekten, sondern in der Sicherstellung der Verfügbarkeit von zur Erfüllung des Unternehmensziels erforderlichen Ressourcen sieht. Servicezeiten und Lieferbereitschaftsgrade treten dann an die Stelle vollzogener Veränderungen des Aufenthaltsorts oder des Verfügbarkeitstermins der logistischen Objektfaktoren. Eine Logistikkostenrechnung muss dann nicht (nur) Auskunft über die Kosten eines Transports von A nach B geben können, sondern die Kosten unterschiedlicher Lieferserviceniveaus kalkulieren.

Auf eine in der Schwierigkeit der Abgrenzung und Messung noch deutlich problematischere Ausgangsbasis trifft man schließlich dann, wenn man die Ebene der material- und warenflussbezogenen Dienstleistungen verlässt und flussgerichtete Führungsaufgaben betrachtet. Die Durchführung einer prozessorientierten Reorganisation oder die Einführung einer servicegradbezogenen Anreizstruktur sind in sich komplex und stark kontextspezifisch. Die Merkmale zur Definition der Leistung lassen sich weder einem „Standardkatalog" entnehmen, wie wir ihn später für Materialflussleistungen kurz vorstellen werden, noch besteht die Chance, den Leistungsumfang hinreichend präzise messen zu können. Eine Leistungsrechnung für logistische Führungsleistungen erweist sich zum derzeitigen Stand des Wissens als nicht sinnvoll gestaltbar. Zudem sind die (echten) Führungsleistungen i. d. R. nicht repetitiver Natur, so dass kaum Lerneffekte zu erwarten wären.

Weitet man den Blick auf den betriebswirtschaftlichen Leistungsbegriff allgemein, so ist wenig Hilfestellung für das Abgrenzungsproblem festzustellen. Zwei Hauptmeinungen stehen sich gegenüber: Zum einen bezeichnet man mit Leistung „die bewerteten, sachzielorientierten Real- und Nominalgütererstellungen".[5] Leistungen sind als Wertgröße in dieser Auslegung Gegenbegriff der Kosten. Diese Begriffsfassung wird zunehmend durch den Begriff des Erlöses ersetzt. Zum

---

[4] Damit wird die Verwendbarkeit der Leistungsinformationen als Grundlage für Kostenanalysen und Kostenkontrollen stark reduziert. Selbst der komplexe Diederich'sche Leistungsbegriff weist hier Grenzen auf. So ist es z. B. für den Wirtschaftlichkeitsvergleich zwischen Luft- und Seefracht von hoher Bedeutung, nicht nur auf die zu überwindende Raumdistanz und die zu transportierenden Güter abzustellen, sondern zusätzlich auch den Zeitbedarf zur Durchführung der Raumüberbrückung mit einzubeziehen.

[5] Freidank (2008, S. 18).

anderen versteht man den Leistungsbegriff enger im Sinne des Mengengerüsts der bewerteten Güterentstehung, indem man Leistungen als das Ergebnis wirtschaftlicher Tätigkeit auffasst.[6] Letztere wird ausgeübt, um bestehende Bedarfe von Akteuren im Markt zu befriedigen, seien es Endkonsumenten oder Unternehmen. Für die gesuchte Antwort ist es somit von zentraler Bedeutung, welche Art von Bedarf die Logistik decken soll bzw. welche Art von Bedarf an die Logistik herangetragen wird.

Wichtige Hinweise für die Definitions- und Abgrenzungsfrage sind schließlich aus der Dienstleistungsliteratur zu gewinnen.[7] Wenngleich auch hier eine erhebliche Begriffsweite zu konstatieren ist, hat unter dem Stichwort Dienstleistungsqualität eine Differenzierung weite Verbreitung gefunden, die auf einer Input-Output-bezogenen Sichtweise aufsetzt und drei Qualitätsdimensionen unterscheidet[8]:

- *Potenzialqualität*: Diese bildet die Leistungsfähigkeit und Leistungsbereitschaft ab, die auf den Prozess der Leistungserstellung hin ausgerichtet sind.
- *Prozessqualität*: In der Prozessqualität werden sämtliche Aspekte der angebotenen Dienstleistung berücksichtigt, die dem Prozess der Leistungserstellung zugeordnet werden können.
- *Ergebnisqualität*: Diese erfasst die am Ende des Leistungserstellungsprozesses vorliegenden Leistungen bzw. Produkte sowie den Grad der Erreichung der für diese geltenden Ziele.

Bezogen auf die vorab geführte Diskussion möglicher Logistikleistungsdefinitionen weist die Qualitätsdifferenzierung auf eine zusätzliche Leistungsdimension hin („Potenzialleistungen"); zugleich fehlt ihr der Wirkungsbezug, dem für die Logistik eine wichtige Bedeutung zukommt.

Fasst man diese Überlegungen zusammen, so lassen sich insgesamt vier aufeinander aufbauende Definitionsebenen für die material- und warenflussbezogenen Dienstleistungen unterscheiden (vgl. zum Folgenden auch die Abb. 6.2).

Auf der niedrigsten Definitionsebene steht das Verständnis der Logistikleistungen als *Bereitstellung eines Leistungspotenzials*. Diese „Bereitschaftsleistung" schafft für den Empfänger der Leistung eine Einsatzoption, die unterschiedlich genutzt werden und damit einen unterschiedlich hohen Wert annehmen kann. Konkrete Beispiele sind die Bereitstellung von Lagerflächen oder die Ausleihung eines einsatzbereiten Gabelstaplers an eine Fertigungskostenstelle.

Auf der nächstniedrigen Definitionsebene steht das Begriffsverständnis der *Logistikleistung als erbrachter Logistikprozess*, wie es im Begriff „Betriebsleistung" zum Ausdruck kommt. Der prozessbezogene Definitionsansatz wird in der einschlägigen Literatur nicht für alle logistischen Teilfunktionen, sondern lediglich für den Transportbereich vorgeschlagen. Dies verwundert nicht, weist ein Lagerungsprozess als Kombination lagerwirtschaftlicher Produktionsfaktoren doch eine nur sehr begrenzte quantitative Anpassungsfähigkeit auf. Im Gegensatz zu der dynamischen

---

[6] Vgl. z. B. Diederich (1977, S. 31).

[7] Vgl. stellvertretend für die umfangreiche einschlägige Literatur Bruhn und Meffert (2001) und Corsten und Gössinger (2007).

[8] Vgl. Donabedian (1980) und Homburg und Krohmer (2009, S. 932–936).

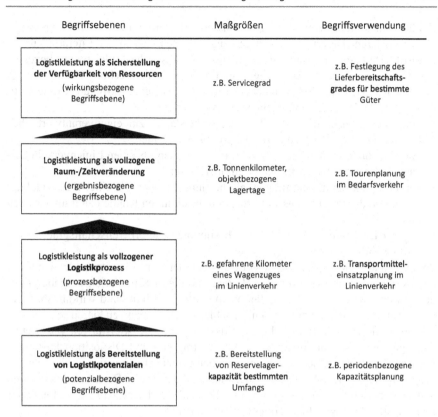

Begriffsebenen	Maßgrößen	Begriffsverwendung
Logistikleistung als Sicherstellung der Verfügbarkeit von Ressourcen (wirkungsbezogene Begriffsebene)	z.B. Servicegrad	z.B. Festlegung des Lieferbereitschafts-grades für bestimmte Güter
Logistikleistung als vollzogene Raum-/Zeitveränderung (ergebnisbezogene Begriffsebene)	z.B. Tonnenkilometer, objektbezogene Lagertage	z.B. Tourenplanung im Bedarfsverkehr
Logistikleistung als vollzogener Logistikprozess (prozessbezogene Begriffsebene)	z.B. gefahrene Kilometer eines Wagenzuges im Linienverkehr	z.B. Transportmittel-einsatzplanung im Linienverkehr
Logistikleistung als Bereitstellung von Logistikpotenzialen (potenzialbezogene Begriffsebene)	z.B. Bereitstellung von Reservelager-kapazität bestimmten Umfangs	z.B. periodenbezogene Kapazitätsplanung

Abb. 6.2 Unterschiedliche Ebenen des Logistikleistungsbegriffs

Produktionsweise im Transport lassen sich im Lager nur sehr wenige „eigentliche" Prozesse beobachten (z. B. Konservierungsmaßnahmen).

Der prozessbezogenen Begriffsfassung ist die *ergebnisbezogene Leistungsdefinition* übergeordnet. Diese fragt nach der direkten „Ausbringung" der Lager- und Transportaktivitäten. Die begriffliche Über- bzw. Unterordnung wird unmittelbar deutlich, wenn man bedenkt, dass Logistikprozesse lediglich eine notwendige, jedoch keine hinreichende Bedingung sind, um für einzelne Objektfaktoren Raum- und/oder Zeitdisparitäten zu überwinden. Innerhalb der ergebnisbezogenen Definitionsebene lassen sich insbesondere bezüglich Transport- bzw. Verkehrsleistungen sehr unterschiedliche Auffassungen darüber feststellen, wie viele Identifikationsmerkmale zur Beschreibung einer Raumveränderung erforderlich sind – wir werden darauf an späterer Stelle noch einmal zurückkommen.

Auf der obersten Begriffsebene stehen schließlich Definitionen, die die Leistungen der Logistik als Beitrag zur *Sicherstellung der Verfügbarkeit benötigter Ressourcen* auffassen und damit die Erfüllung der im ersten Teil des Buches als Kernaufgabe der Logistik herausgestellten Versorgungsfunktion direkt adressieren. Sie stellen darauf ab, welche Wirkung mit vollzogenen objektbezogenen Raum- und

Zeitüberbrückungen erreicht wird, und lassen sich somit kurz als wirkungsbezogen charakterisieren. Derartige Begriffsfassungen finden sich in der Literatur nur für Logistikleistungen insgesamt, nicht auf einzelne logistische Teilleistungen bezogen.

Alle vier aufgeführten Begriffsebenen finden ihre Entsprechung in unterschiedlichen Kategorien von Bedarfen der Nachfrager logistischer Aktivitäten. Eine Fertigungskostenstelle z. B. kann unabhängig voneinander

- von einer Transportkostenstelle einen Gabelstapler zur eigenverantwortlichen Bewegung der gefertigten Zwischenprodukte ausleihen,
- von einer anderen Kostenstelle des internen Transports einen Linienverkehr aufbauen oder einen Kettenförderer betreiben lassen,
- den Fuhrpark damit beauftragen, ein bestimmtes Quantum einer Endproduktart direkt von der Produktionsstätte zu einem bestimmten Kunden zu transportieren und
- von der Beschaffungslogistik einen bestimmten Lieferbereitschaftsgrad für die Einsatzstoffe fordern.

Somit sind alle vier Kategorien von Leistungen der Logistik potentielle eigenständige Kalkulationsobjekte. Vor dem Hintergrund dieser Kalkulationsaufgabe gilt es deshalb im nächsten Schritt, die faktor-, prozess-, ergebnis- und wirkungsbezogenen Leistungen näher zu präzisieren. Anschließend wird dann zu klären sein, ob und inwieweit die für material- und warenflussbezogene Dienstleistungen getroffenen Aussagen auch für darauf bezogene Administrations- und Dispositionsleistungen Relevanz besitzen. Diese Ausführungen geben dann auch Hinweise für die Abgrenzung von flussorientierten Führungsleistungen, die zentraler Bestandteil der dritten und vierten Entwicklungsstufe der Logistik sind.[9] Auf eine Auflistung konkreter Leistungskataloge wird hier schließlich verzichtet.[10]

6.2 Präzisierung der Logistikleistungen

6.2.1 Potenzialbezogene Logistikleistungen

Ausgangspunkte einer Präzisierung potenzialbezogener Logistikleistungen sind sowohl das bereitgestellte Potenzial als auch der Bereitstellungsprozess. Die Präzisierung des Bereitstellungsobjekts muss an bestimmten Merkmalen des betreffenden logistischen Produktionsfaktors ansetzen. Analog wie dies für die Bestimmung der Produktqualität gilt, lassen sich sowohl die Merkmalsauswahl als auch die Feststellung der Merkmalsausprägungen ökonomisch nicht allgemeingültig, d. h. nicht allein aus der technisch/physikalischen bzw. biologischen Gestaltung des bereitgestellten Gutes ableiten. Ihre Präzisierung kann prinzipiell nur unter Einbeziehung

---

[9] Die anfangs getroffene Aussage grundsätzlicher Gestaltungsprobleme einer führungsbezogenen Leistungsrechnung bleibt davon unberührt.

[10] Vgl. zu solchen Auflistungen z. B. Weber und Wallenburg (2010, S. 138–162). Zudem finden sich Beispiele auch in diesem Buch, und zwar im vierten Teil im Abschn. 10.4.

der Bedarfsstruktur des Leistungsempfängers erfolgen.[11] Ausgangspunkt muss stets ein festgelegter bzw. festzulegender Bedarf sein, für dessen Deckung die Logistik einen geeigneten Produktionsfaktor bereitzustellen hat.[12] Präzisierung des Bedarfsobjekts bedeutet somit die Herausarbeitung des an dieses gestellten Anforderungsprofils bzw. – anders ausgedrückt – die *Bestimmung seiner Eignung für eine bestimmte Aufgabe.*

Fragen der Eignung von Produktionsfaktoren diskutiert die einschlägige Literatur insbesondere für Personal. Die entwickelten Aussagensysteme nehmen dabei stets Bezug auf die an einzelnen Arbeitsplätzen zu erfüllenden Anforderungen. Für deren Bestimmung sind standardisierte Merkmalskataloge entwickelt worden, von denen insbesondere das sogenannte „Genfer Schema" in der Praxis weite Verwendung gefunden hat.[13] Auf ihrer Basis lassen sich für operative Transport-, Umschlags- und Lagertätigkeiten[14] leicht Anforderungsprofile bzw. Arbeitsbeschreibungen herleiten.

Auch für die zweite wesentliche Potenzialfaktorart, die häufig Objekt von Bereitstellungsleistungen der Logistik darstellt, für den Produktionsfaktor Anlagen, liegen umfangreiche Auflistungen von Eignungsmerkmalen vor. So unterscheidet etwa Männel funktionale Eignung (die z. B. durch Determinanten der Kapazität und der leistungswirtschaftlichen Elastizität konkretisiert wird), Integrationseignung, „ästhetische" Eignung, Dauerhaftigkeit und Sicherheit.[15] Wiederum steht ein Raster zur Verfügung, der sich als Basis zur Präzisierung des Bedarfs an logistischen Produktionsfaktoren, hier an Förder-, Lager- und Umschlagsanlagen, verwenden lässt.

Neben der gewünschten Eignung des logistischen Produktionsfaktors wird eine potenzialbezogene Leistung der Logistik weiterhin durch mengenmäßige und zeitliche Determinanten des Bereitstellungsbedarfs bestimmt. Hierbei handelt es sich im einfachsten Fall um die Summe der „Ausleihzeiten" (z. B. Gabelstaplerstunden). Ein solcher Definitionsansatz setzt etwa die Bereitstellung von zehn Gabelstaplern

---

[11] Vgl. bereits z. B. Juran (1990), und für Dienstleistungen Stauss und Hentschel (1991). Diese Einschätzung gilt auch aktuell in unveränderter Weise.

[12] Dieser Bezugspunkt der Leistungsdefinition impliziert zwei Konsequenzen. Zum einen führt eine mangelhafte Erfüllung bestimmter vorgegebener bzw. verlangter Anforderungen als Merkmale des Bedarfs zum Misslingen der Leistung. Dies ist z. B. dann der Fall, wenn für die Aufnahme von Zwischenprodukten einer Fertigungskostenstelle zu kleine oder zu wenig robuste Behälter zur Verfügung gestellt werden. Zum anderen hat umgekehrt eine Überschreitung der Mindestanforderungen keine Erhöhung des Leistungsvolumens zur Folge. Benötigt etwa eine Verwaltungskostenstelle vom Personenwagen-Fuhrpark für Reisetätigkeiten eines Mitarbeiters einen Mittelklasse-PKW, so wird ihr durch die Bereitstellung eines Oberklasse-Fahrzeugs kein zusätzlicher (ökonomischer) Nutzen gestiftet.

[13] Das Schema wurde auf einer internationalen Tagung für Arbeitsbewertung 1950 entwickelt; vgl. Gehle (1950). Vgl. zu arbeitswissenschaftlichen Schemata allgemein Preis (2011, S. 27 f).

[14] Gleiches gilt – bei allerdings deutlich höheren Quantifizierungsproblemen – auch für dispositive Aktivitäten. Allerdings wird der Fall, dass der Logistikbereich z. B. einen Planer an andere Stellen des Unternehmens „ausleiht", nur vergleichsweise selten vorkommen.

[15] Vgl. Männel (1979, S. 1469 f.), und die dort angegebene Literatur.

eines bestimmten Typs für jeweils ein Stunde der Bereitstellung eines einzigen Gabelstaplers für zehn Stunden gleich. Beide Bereitstellungsvarianten werden aber
nur in seltenen Fällen dem Anforderungsprofil des Leistungsempfängers in gleicher
Weise entsprechen. Eine deshalb erforderliche stärkere Differenzierung muss sowohl die Zahl benötigter Faktorquanten als auch die Länge des(r) Bereitstellungs-
intervalls(e), darüber hinaus aus den gleichen Gründen[16] auch dessen (deren) zeitliche Lage berücksichtigen. Als letztes Präzisierungsmerkmal verbleibt schließlich
noch die räumliche Komponente des Bedarfs des Leistungsempfängers. Einer Fertigungskostenstelle nützt es so wenig, wenn ein angeforderter Gabelstapler an einem
räumlich entfernten Fördermittel-Sammelpunkt bereitsteht, Bedarfsort und Bereit-
stellungsort also auseinanderklaffen.

> Eine potenzialbezogene Leistung der Logistik lässt sich damit zusammenfassend als die
> Erfüllung des Bedarfs an einer bestimmten logistischen Produktionsfaktorart definieren,
> wobei der Bedarf durch den Leistungsempfänger hinsichtlich der gewünschten (Mindest-)
> Eignung des Produktionsfaktors, der Zahl bereitgestellter Faktoreinheiten, des Orts sowie
> der Dauer und der zeitlichen Lage der Bereitstellung bzw. Überlassung präzisiert wird.

6.2.2 Prozessbezogene Logistikleistungen

Auch die Festlegung einer prozessbezogenen Leistung der Logistik folgt dem Weg
einer Präzisierung derjenigen Art und Eigenschaften bzw. Merkmale der erbrachten
logistischen Aktivitäten, die Elemente des Anforderungsprofils der Leistungsempfänger sind.

Die Festlegung der Art des benötigten Prozesses wird maßgeblich dadurch geprägt, welche Eigenschaften der (potenziellen)[17] logistischen Objektfaktoren verändert bzw. erhalten werden sollen.[18] Hieran anknüpfend lassen sich zumindest
Transport-, Umschlags- und Lagertätigkeiten unterscheiden („TUL"). Eine stärkere
Differenzierung nimmt häufig implizit auf Prozessmerkmale Bezug. Während man
etwa Lagerungen in Gebäuden von Freilagerungen angesichts unterschiedlicher
Umwelteinflüsse allein unter Bezug auf die stofflichen Eigenschaften der Objektfaktoren trennen kann, lassen sich Unterschiede einer LKW-Fahrt und einer Fahrt
eines Binnenschiffes nur dann konstatieren, wenn man z. B. auf die zur Raumüberwindung erforderliche Zeitdauer und die (den) zur Verfügung stehende(n) Lade-
fläche(-raum) abstellt. Zu den bedarfsrelevanten Prozessmerkmalen zählen insbesondere die Dauer (z. B. Betriebszeit eines Kettenförderers), der zur Verfügung

---

[16] Der Bedarf des Leistungsempfängers ist häufig terminiert und lässt sich nicht beliebig ver-
schieben.

[17] Das Betreiben eines Kettenförderers für einen Fertigungsbereich als Beispiel einer prozessbezogenen Leistung der Logistik ist nicht zwangsläufig mit der Inanspruchnahme der Prozesskapazität
verbunden. Die Eignung der Prozessart muss deshalb bezogen auf das erwartete zu transportieren-
de Teilespektrum definiert werden.

[18] Vgl. im Detail die Ausführungen zur ergebnisbezogenen Definition der Logistikleistungen.

stehende Kapazitätsquerschnitt[19] (z. B. Nutzlast eines Förderbandes), die zeitliche und räumliche Lage der Prozesse (z. B. Nachtfahrt) sowie die Zahl (gleichzeitig) benötigter Prozesseinheiten. Für die Prozessarten Transporte und Warenumschlag kommt noch das Merkmal Prozessintensität (z. B. Fahrtgeschwindigkeit) hinzu.

Eine prozessbezogene Leistung der Logistik lässt sich damit – analog der zuvor aufgeführten faktororientierten Begriffsfassung – als die Erfüllung des Bedarfs an einer bestimmten logistischen Prozessart definieren, wobei der Bedarf durch den Leistungsempfänger hinsichtlich des Kapazitätsquerschnitts, der Intensität, der Zahl benötigter Prozessquanten, des Orts sowie der Dauer und der zeitlichen Lage der Prozessdurchführung präzisiert wird.

6.2.3 Ergebnisbezogene Logistikleistungen

Wie anfangs skizziert, bezieht sich die Mehrzahl der Definitionen von Logistikleistungen in der einschlägigen Literatur auf das (unmittelbare) Ergebnis logistischer Aktivitäten (vollzogene Raum- und/oder Zeitüberwindung von Objekten). Auf eine Präzisierung des ergebnisbezogenen Leistungsbegriffs sei deshalb besondere Sorgfalt verwendet.

Die vorliegenden ergebnisbezogenen Definitionsansätze stellen durchgängig auf *wirtschaftlich relevante Eigenschaften von Objektfaktoren logistischer Leistungserstellung* ab, die es zu verändern (z. B. Aufenthaltsort) bzw. zu erhalten gilt (stoffliche Eigenschaften). Sie lassen aber allesamt eine Reihe von Fragen offen.

Die schon mehrfach angesprochene Definition der Verkehrsleistung unter Bezugnahme auf die Merkmale Anfangsort, Bestimmungsort und Art des Objektfaktors setzt beispielsweise einen zwanzigstündigen, hochgradig unbequemen Personentransport von A nach B im Güterwaggon einer dreistündigen komfortablen Fahrt im ICE gleich. Die Forderung nach Erhaltung der stofflichen Eigenschaften der Transportobjekte geht an der Tatsache vorbei, dass diese Merkmale von Objektfaktoren von jeglicher Art von Leistungserstellungsprozess verändert werden, von Sachleistungsprozessen lediglich bedeutend stärker. So wird man beispielsweise stressbedingten Gewichtsverlust von Vieh auf dem Weg zum Schlachthof als kaum veränderbar betrachten und tolerieren, d. h. trotz der Veränderung des Gewichts als physikalischer Eigenschaft das Vorliegen einer Transportleistung konstatieren. Es gilt somit, differenziert vorzugehen. Hierzu dient Abb. 6.3, die im Folgenden kurz beschrieben wird.

Im ersten Schritt muss danach differenziert werden, ob die Logistikleistung auf einzelne Objektfaktoren gerichtet ist oder explizit Mehrheiten von Objekten zum Inhalt hat. Letzteres trifft etwa für Kommissionierungsprozesse zu, die zwar bestimmte Eigenschaften aller einzelnen Güter beeinflussen, deren Wesen aber nur als zielgerichtete Zusammenfassung mehrerer Güterarten zu erfassen ist.

Logistische „Kern"merkmale einzelner Objektfaktoren sind ohne Zweifel der aktuelle Aufenthaltsort und Termin („Überwindung von Raum-Zeit-Disparitäten").

---

[19] Vgl. zum Begriff des Kapazitätsquerschnitts insbesondere Riebel (1954, S. 78).

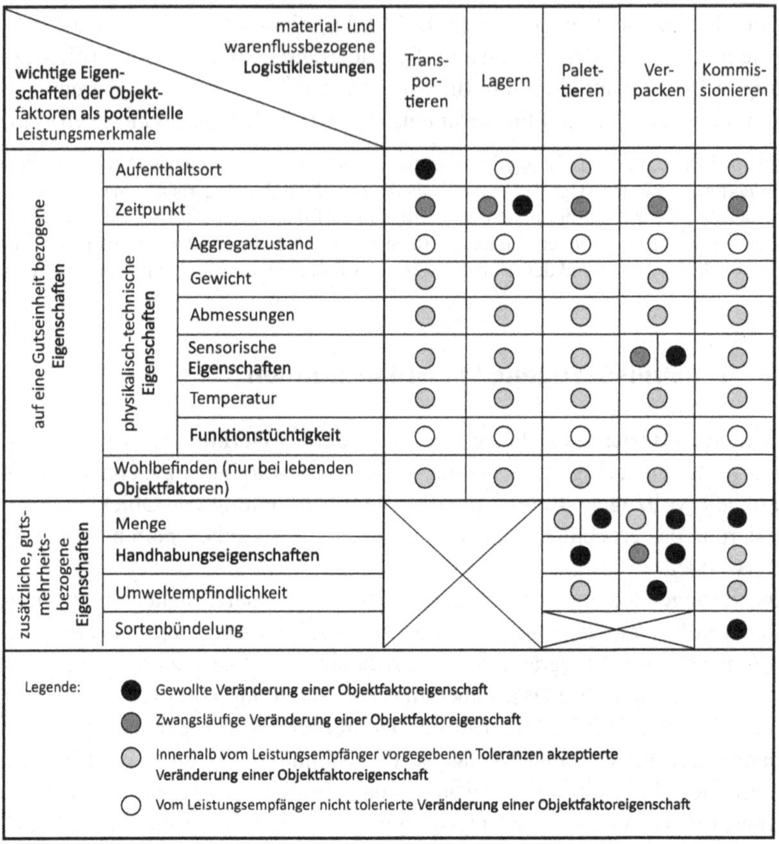

Abb. 6.3 Ergebnisbezogen definierte Logistikleistungen

Wie die ersten beiden Zeilen der Abb. 6.3 zeigen, lässt sich aber von der Veränderung eines einzelnen dieser beiden Merkmale nicht auf eine bestimmte logistische Leistungsart schließen. Transporte nehmen – wie jeder Realprozess – zwangsläufig Zeit in Anspruch, wie umgekehrt Lagerungen nicht selten (man denke etwa an Getreidesilos) mit kleinen Raumveränderungen verbunden sind. Will man das Charakteristikum einzelner Leistungsarten herausarbeiten, gilt es vielmehr zu unterscheiden, ob die Orts- bzw. Zeitveränderungen bewusst gewollt sind bzw. nur toleriert (weil mit ersterer verbunden) werden (vgl. die entsprechenden Markierungen in Abb. 6.3). Schon für die leistungsartenbezogene Klassifizierung ergebnisbezogener Leistungen der Logistik ist es deshalb erforderlich, auf das konkrete Anforderungsprofil der Empfänger von Logistikleistungen Bezug zu nehmen.

Ein derartiger Bezug fehlt in der einschlägigen Literatur zumeist völlig. Dies muss nicht verwundern, besteht doch in den meisten Fällen intersubjektiv kein Dissens bezüglich der konkreten Zuordnung. Das von vielen Unternehmen praktizierte Abholen der Beschäftigten vom und das Zurückbringen zum Wohnort ist ebenso

eindeutig eine Transportleistung, wie man die Aufbewahrung eines Beschaffungs-
loses im Eingangslager als Lagerleistung identifizieren kann. Gleichfalls unproblematisch lässt sich ein Röllchenlager als zugleich Lager- und Transportleistungen
erbringendes Betriebsmittel klassifizieren. Es dient gleichzeitig der Raumüberwindung und Zeitüberbrückung, ist somit nur beiden logistischen Leistungsarten gemeinsam zuordenbar.

Die Notwendigkeit einer Einbeziehung des Bedarfs des Leistungsempfängers in
die Leistungsdefinition wird jedoch deutlich, wenn man eine weitgehend übereinstimmende Bedürfnislage unterschiedlicher Leistungsempfänger nicht mit hinreichender Plausibilität unterstellen kann. Die Verschiffung von Gütern von Amerika
nach Europa beispielsweise bedeutete im vorletzten Jahrhundert eindeutig das Erbringen einer Transportleistung. Der Transportauftrag wurde nur deshalb vergeben,
um die Raumdistanz zu überwinden. Heute, beim Vorliegen eines weitaus schnelleren alternativen Transportweges (Luftfracht), können dagegen zuweilen auch
Zeitüberbrückungsüberlegungen in die Wahl des Schiffstransports eingehen. Dies
ist z. B. dann der Fall, wenn bei anstehenden Preiserhöhungen auf dem Beschaffungsmarkt der Lagerraum für die „zu früh" eingekauften Güter nicht ausreichte.
In Abhängigkeit von dem im Einzelfall vorliegenden Bedarfsprofil des Leistungsempfängers bedeutete die Schiffsbeförderung dann entweder eine Transport- oder
aber eine kombinierte Transport- und Lagerleistung.

Das Bedarfsprofil ist auch weiterhin dafür maßgebend, ob die vollzogene Erhaltung oder Veränderung einzelner Merkmale der Objektfaktoren tatsächlich eine
vom Leistungsempfänger abgenommene Leistung bedeutet oder nicht. Während
– um ein extremes, aber besonders prägnantes Beispiel zu nennen – bei Flucht-
bewegungen im Rahmen von Kriegshandlungen nur die Schaffung von Distanz
zum Frontgebiet, nicht die dafür erforderliche Zeit, ja nicht einmal unbedingt der
Ankunftsort von Interesse ist, besitzt die Einhaltung von Lieferterminen in kom-
petitiven Märkten eine zentrale Bedeutung. Zu spät zu liefern zieht Preisnachlässe
oder Konventionalstrafen nach sich. Die unterschiedliche Bedarfsstruktur führt zu
unterschiedlichen Antworten auf die Frage, bis zu welcher Grenze prinzipiell un-
erwünschte Veränderungen von Objektfaktoreigenschaften toleriert werden, bevor
der Leistungsempfänger die Leistung als misslungen einstuft.

Die *Notwendigkeit einer individuellen Festlegung von Grenzwerten* für die Veränderung von Objektfaktormerkmalen wird bei den in Abb. 6.3 in den Zeilen drei
bis acht ausgewiesenen stofflichen (physikalisch-technischen) Eigenschaften besonders deutlich. Allein für den Aggregatszustand und die Funktionstüchtigkeit (bei
technischen Aggregaten) kann man von einer einheitlichen Einschätzung der Leistungsempfänger ausgehen: Veränderungen sind nicht akzeptabel.[20] Für die anderen
stofflichen Merkmale sind dagegen prinzipiell sehr unterschiedliche Toleranzgrenzen möglich. Während etwa bei der Lagerung von Tiefkühlkost die (niedrige) Tem-

---

[20] Gegen diese Aussage spricht auch nicht, dass für Transport- und Lagerzwecke nicht selten bewusst Veränderungen des Aggregatszustandes vorgenommen werden (z. B. Verflüssigung von Erd-
gas zur Verschiffung). Diese Veränderungen sind aber als eigenständige den Transport bzw. eine
Lagerung vor- und nachbereitende Aktivitäten zu sehen.

peratur der angelieferten Ware in einer sehr engen Bandbreite eingehalten werden muss, kommt z. B. bei Blechen der Lagertemperatur generell und damit auch ihrer exakten Einhaltung keinerlei Bedeutung zu. Bezogen auf das Merkmal „Gewicht" lassen sich beispielsweise als zwei Extreme der Transport von Packeis in südliche Länder zur Trinkwassergewinnung und der Transport von Goldbarren gegenüberstellen. Schon diese wenigen Beispiele zeigen, dass die Toleranzgrenzen für die Veränderung einzelner stofflicher Eigenschaften im Wesentlichen von der Art der Objektfaktoren abhängen. Allerdings sind auch hier zusätzliche leistungsempfängerbezogene Unterschiede möglich. Während etwa bei der Lagerung von für den Verzehr bestimmten Weinen der Geschmack möglichst keiner (negativen) Veränderung unterliegen sollte, hat diese sensorische Eigenschaft bei zu Industriealkohol zu destillierenden Weinen keine Bedeutung.

Über physikalisch-technische Merkmale hinaus müssen bei lebenden Objektfaktoren noch (im weitesten Sinne) psychologische Eigenschaften berücksichtigt werden, die in der Zeile neun der Abb. 6.3 unter dem Begriff „Wohlbefinden" zusammengefasst sind. Ein ständig mit Erschütterungen verbundener Transportprozess beispielsweise wird die Zufriedenheit der Reisenden weitaus stärker stören als eine ruhige, gleichmäßige Fahrt. Dies kann dazu führen, dass trotz ansonsten völlig identischer Veränderung der anderen Eigenschaften der Objektfaktoren unterschiedliche Transportleistungen vorliegen.

Schließlich weist Abb. 6.3 in den Zeilen 10–13 Merkmale aus, die Güterzusammenfassungen betreffen. Eine Verpackungsleistung z. B. kombiniert den zu lagernden bzw. zu transportierenden Objektfaktor mit Verpackungsmaterial und verändert damit seine sensorischen Merkmale, Handhabungseigenschaften und Umweltempfindlichkeit. Darüber hinaus beinhalten Verpackungsleistungen häufig auch Mengenänderungen, indem eine bestimmte Anzahl von Objektfaktoreinheiten in einer Packung zusammengefasst wird.

Aus der Abb. 6.3 lassen sich unmittelbar die Begriffsbestimmungen der einzelnen ergebnisbezogenen logistischen Leistungsarten ableiten. Für eine Transportleistung als Beispiel ergibt sich so die folgende Definition:

> Eine ergebnisbezogen definierte Transportleistung bedeutet die Erfüllung des vom Leistungsempfänger präzisierten Bedarfs an einer Veränderung des Aufenthaltsorts des für die Leistungserstellung zur Verfügung gestellten Objektfaktors unter Einhaltung von ebenfalls vom Leistungsempfänger festgelegten Restriktionen bezüglich der Veränderungen der Merkmale Zeitpunkt, Gewicht, Abmessungen, sensorische Eigenschaften, Temperatur und (bei lebenden Objektfaktoren) Wohlbefinden, wobei jede einzelne Veränderung durch die Angabe eines Anfangs- und Endwerts definiert ist.

6.2.4 Wirkungsbezogene Logistikleistungen

Die Wirkung vollzogener (insbesondere) Orts- und Zeitveränderungen der Leistungsdefinition zugrunde zu legen, bedeutet darauf abzustellen, inwieweit der Bedarf des Leistungsempfängers an einem bestimmten Gut von der Logistik „richtig" – d. h. seinen artmäßigen, qualitativen, mengenmäßigen, zeitlichen und räumlichen

Anforderungen entsprechend[21] – befriedigt worden ist.[22] Die Logistikleistung wird damit als Erfüllungsgrad eines vorgegebenen Bedarfsprofils prinzipiell eine maximal den Wert 100 annehmende Prozentzahl.[23] Dies kommt etwa in der einzelne logistische Leistungen zusammenfassenden Definition des Lieferbereitschaftsgrades als das prozentuale Verhältnis aus der Anzahl termingerecht ausgelieferter Bedarfsanforderungen und der Gesamtzahl der Bedarfsanforderungen zum Ausdruck.

Eine derartige Messung wirkungsbezogener Leistungen der Logistik entspricht einem „Schwarz-weiß-Denken" (allein bei 100 %iger Erfüllung des Anforderungsprofils liegt eine logistische Leistung vor), das sehr divergente Bedingungskonstellationen gleichstellt. Die logistische Leistung eines Auslieferungslagers, das überhaupt keinen Kunden beliefert, stimmte mit der eines anderen, alle Kunden lediglich einen Tag zu spät mit den richtigen Erzeugnissen in der richtigen Menge versorgenden Lagers überein; für das Leistungsniveau eines Ersatzteillagers wäre es unerheblich, ob eine Anforderung über ein Teil oder eine solche über 10.000 Teile nicht bzw. nicht vollständig befriedigt würde. Eine differenzierte wirkungsbezogene Definition der Logistikleistung sollte deshalb auch den Grad der (negativen) Abweichungen vom Anforderungsprofil des Leistungsempfängers in die Begriffsfestlegung mit einbeziehen. Hierzu ist es – wie in Abb. 6.4 dargestellt – hilfreich, die unterschiedlichen Möglichkeiten einer solchen Abweichung zu systematisieren.[24] Sieht man von räumlichen Divergenzen ab,[25] lassen sich die folgenden elementaren Abweichungsarten unterscheiden:

- *Mengenabweichung*: Hier sind zwei Fälle zu unterscheiden. (1) Der Ressourcenbedarf wird zwar terminlich und qualitativ richtig, mengenmäßig jedoch – endgültig – nur zum Teil gedeckt. Der Leistungsempfänger akzeptiert die Fehlmenge. (2) Der Ressourcenbedarf wird (mengen-, -qualitäts- oder -terminbedingt) überhaupt nicht befriedigt. Die Fehlmenge entspricht der Bedarfsmenge.

---

[21] Für die folgenden Überlegungen wird das Bedarfsprofil als gegeben vorausgesetzt, eine Prämisse, die nicht frei von Problemen ist. Die Logistik muss damit jeglichen – auch kurzfristigen – Änderungen des Bedarfs folgen. Etwa von anlagenausfallbedingten Umschichtungen des Fertigungsprogramms ausgehende Fehlmengen werden in einer solchen Sichtweise also als Fehlleistungen der Logistik, nicht der ursächlich verantwortlichen Fertigungsstelle zugeordnet.

[22] Die Mengendifferenz wird als „Fehlmenge" bezeichnet. Vgl. zum Fehlmengenbegriff die Diskussion im Abschn. 7.2.3. dieses dritten Teils des Buches.

[23] Zugleich bedeutet ein solcher Definitionsansatz, nicht mehr zwischen logistischen Leistungsarten (etwa Transport- oder Lagerleistungen) unterscheiden zu können. Zwar lässt sich z. B. der Lieferbereitschaftsgrad eines bestimmten Lagers feststellen. Für den Leistungsempfänger ist es jedoch uninteressant, ob sein Bedarf durch Lagermaterial oder durch direkt angelieferte Ware gedeckt wird.

[24] Obwohl in der Abbildung und der folgenden Diskussion ein breites Spektrum möglicher Ausprägungen aufgespannt wird, ließen sich bei näherer Differenzierung noch deutlich mehr Fälle differenzieren. Allerdings geht es hier nicht um Vollständigkeit, sondern darum, das Grundproblem verständlich zu machen.

[25] Mögliche Abweichungen vom richtigen Ort der Ressourcenbereitstellung sind aus Vereinfachungsgründen nicht in die Systematisierung aufgenommen, zumal ihnen – u. a. wegen der schnellen Ausgleichmöglichkeit durch Transporte – praktisch nur wenig Relevanz zukommt.

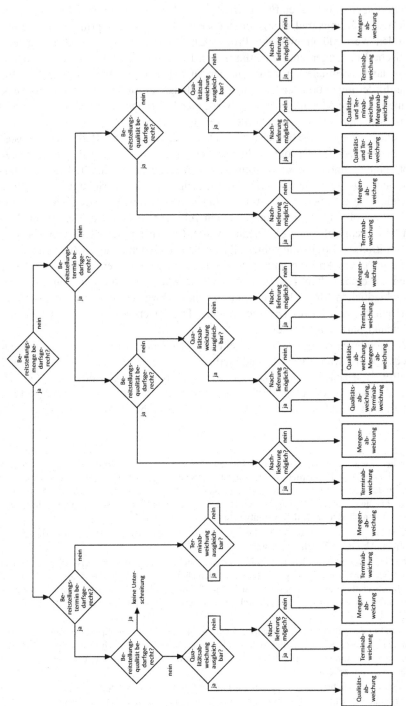

Abb. 6.4 Systematisierung möglicher Unterschreitungen des verfügbarkeitsbezogenen Anforderungsprofils der Leistungsempfänger

- *Terminabweichung*: Die (oder ein Teil der) Ressourcen werden (wird) zwar mengenmäßig und qualitativ richtig, jedoch zu früh oder zu spät bereitgestellt. Der Leistungsempfänger akzeptiert die Terminüberschreitung.[26]
- *Qualitätsabweichung*: Die (oder ein Teil der) Ressourcen werden (wird) zwar mengenmäßig und terminlich richtig bereitgestellt, weisen (weist) aber Qualitätsmängel auf. Der Leistungsempfänger akzeptiert die Minderqualität.

Daneben tritt die kombinatorische Qualitäts- und Terminabweichung auf: Die (oder ein Teil der) Ressource(n) werden (wird) sowohl zu spät als auch in minderer Qualität bereitgestellt. Der Leistungsempfänger akzeptiert beide Unterschreitungen seines Anforderungsprofils.

Den Einfluss der einzelnen Abweichungsarten auf die Höhe der erbrachten logistischen Leistung zu präzisieren, muss bei der Erfassung des jeweiligen Abweichungsumfangs ansetzen. Dies fällt bei Fehlmengen am leichtesten. Allerdings reicht es dazu nicht aus, lediglich das Mindermengenquantum und die betroffene Objektfaktorart festzuhalten. Wie später noch bei der Diskussion zur Quantifizierung von Fehlmengenkosten auszuführen, muss es für den Leistungsempfänger nicht indifferent sein, wann eine Fehlmengensituation auftritt[27] und wie häufig er einer solchen ausgesetzt ist.[28] Eine Mengenabweichung ist damit erst durch die Merkmale Objektfaktorart, Mengendifferenz Bedarfsmenge/Bereitstellungsmenge und Termin des Auftretens der Fehlmenge vollständig zu beschreiben. Entsprechend lässt sich eine Terminabweichung unter Nennung der Objektfaktorart und -menge sowie des (terminierten) Verspätungsintervalls präzisieren. Während Termine und Mengen leicht zu messen sind, wird man schließlich bei der für die – ganz analoge[29] – Definition der Qualitätsabweichung notwendigen Quantifizierung der Minderqualität komplexitätsbedingt mit erheblichen Messproblemen konfrontiert.

Sind die Abweichungen in der skizzierten Art aufgezeichnet, muss im zweiten Schritt bestimmt werden, in welchem Maße – letztlich um wie viele Prozentpunkte – sie jeweils zu einer Verminderung des Erfüllungsgrades des von den Leistungsempfängern vorgegebenen Anforderungsprofils führen. Die hierfür benötigte Messlatte kann die Logistik nicht selber auflegen, sie ist vielmehr auf die Präferenzstruktur der Leistungsempfänger angewiesen. Selbst wenn es sich bei diesen sämtlich um innerbetriebliche Stellen handelte, stellten sich einer umfassenden Quantifizierung der Präferenzen jedoch erhebliche Schwierigkeiten entgegen. Am ehesten erscheinen Einzelgewichtungen realistisch, wenn z. B. eine Fertigungsstelle für ein bestimmtes Material angibt, dass im Zweifel der Qualitätstreue eine größere Be-

---

[26] Im Falle einer zu frühen Lieferung wird diese Akzeptanz zumeist unproblematisch erfolgen – allerdings nur dann, wenn ausreichend Lagerraum zur Verfügung steht.

[27] So zeigen beispielsweise viele Einzelhandelskunden in der Vorweihnachtszeit mehr Verständnis für ausverkaufte Produkte als im restlichen Jahr.

[28] Oftmalige Fehlmengensituationen können so den Eindruck von Unzuverlässigkeit hervorrufen, der u. U. zum Verlust des Kunden führt.

[29] Eine Qualitätsabweichung ist durch die Merkmale Objektfaktorart und -menge, Differenz Bedarfsqualität/Bereitstellungsqualität und Termin des Auftretens von Minderqualität zu beschreiben. Für die kombinierte Qualitäts- und Terminabweichung kommt noch das (terminierte) Verspätungsintervall dazu.

deutung zukommt als der Termintreue. Hiermit ist man jedoch weit davon entfernt, etwa fünf Tage Terminverzögerung für 1.000 Stück des Gutes A eindeutig gegen drei Tage Terminverzögerung für 20 Stück in minderer Qualität bereitgestellter Ware B aufrechnen zu können.

Will man trotz dieser Bewertungsprobleme nicht nur auf einfache Maßgrößen wie den Lieferbereitschaftsgrad (in anfangs wiedergegebener Definition) zurückgehen, verbleibt nur der Weg, den artmäßig, quantitativ, qualitativ und terminlich festgelegten Einzelbedarfen der Leistungsempfänger (z. B. den in einem Lager eingehenden Bestellungen) zum einen die vollständig bedarfsgerechten Ressourcenbereitstellungen (im begonnenen Beispiel die terminlich, mengenmäßig und qualitativ richtigen Lieferungen), zum anderen Zahl, Art und Umfang der Unterschreitungen des Anforderungsprofils gegenüberzustellen. Durch dieses Verharren auf der Mengen- und Zeitebene lassen sich die einzelnen wirkungsbezogen definierten logistischen Leistungen zwar nur noch in Ausnahmefällen addieren bzw. zusammenfassen. Gleiches wurde aber auch schon für die anderen drei Begriffsebenen der Leistungen der Logistik festgestellt.

6.3 Logistische Administrations- und Dispositionsleistungen

Anfangs wurde die Definition einer eigenständigen führungsbezogenen Leistungskomponente der Logistik als für Zwecke einer Logistikkostenrechnung nicht zielführend bezeichnet. Dennoch kommt administrativen und repetitiven dispositiven Aktivitäten der Logistik eine wichtige Bedeutung zu. Die material- und warenflussbezogenen Dienstleistungen bedürfen zu ihrer Durchführung vorgelagerter Führungs- und begleitender Verwaltungstätigkeit. Beide Leistungsarten sind wiederholt in ähnlicher Form zu erbringen und dürfen in ihrem Umfang in Bezug auf die physischen Leistungen nicht vernachlässigt werden.

Administrative Leistungen begleiten den Material- und Warenfluss in vielfältiger Weise. Sie haben im Wesentlichen informationsgenerierenden Charakter, wie am Beispiel einer Eingangsregistrierung veranschaulicht werden soll. Betrachtet sei hierzu ein Registrierungsbüro an einem Werkstor, in dem die Lieferpapiere einfahrender LKW und Bahn-Waggons von mehreren Mitarbeitern in ein DV-System eingegeben werden. Diese Eingabe – als administrative Leistung – umfasst neben der reinen Erfassung auch eine Prüfung der Richtigkeit der Sendung hinsichtlich Art, Menge, Qualität und Termin. Damit wird planmäßig ankommendes Material im Logistiksystem des Unternehmens verfügbar gemeldet bzw. unplanmäßiges Ankommen von Material erkannt und den entsprechenden Disponenten weitervermittelt.

Dispositive Leistungen lassen sich – der im ersten Teil des Buches vorgestellten Strukturierung folgend[30] – in Planungs-, Kontroll-, Informations-, Organisations- und Personalführungsaktivitäten unterteilen. Ein repetitiver Charakter kommt dabei insbesondere den drei erst genannten Leistungsarten zu. Als Beispiel einer

---

[30] Vgl. nochmals die Abb. 1.4 im Abschn. 1.4. des ersten Teil des Buches.

weitergehenden Differenzierung innerhalb dieser Leistungsarten lassen sich für die Produktionslogistik u.a. die Festlegung der Bearbeitungsreihenfolge und Maschinenbelegung, die Bestimmung der Fertigungslosgrößen, die Festlegung des Transportmitteleinsatzes und die innerwerkliche Tourenplanung aufführen.

Vergleicht man administrative und dispositive Leistungen mit den in den vorangegangenen Abschnitten behandelten material- und warenflussbezogenen Dienstleistungen, so ergeben sich für die Definition und Abgrenzung keine grundlegenden Unterschiede. Vielmehr ist die Differenzierung von vier Leistungsebenen auch hier tragfähig bzw. sinnvoll, wie am Beispiel der Bestelldisposition gezeigt werden soll:

* *faktorbezogen* lässt sich die Leistung z. B. in zur Verfügung stehenden Mitarbeiterstunden oder Rechnerzeiten messen;
* *prozessbezogen* bieten sich etwa die tatsächlichen Einsatz- bzw. Nutzungszeiten als Messgröße an;
* *ergebnisbezogene* Messgrößen sind z. B. die Zahl disponierter Teile, ggf. noch weiter differenziert nach Teilearten (wie etwa A-, B- und C-Teilen);
* *wirkungsbezogen* schließlich kommt man zu den schon von den physischen Leistungen bekannten Verfügbarkeits- und Servicegraden.

Die Leistung einer Bestelldisposition kann mit unterschiedlichen dieser Leistungswerte gleichzeitig gemessen werden.[31] Sie bieten sich jeweils spezifisch als Basis für strukturelle[32] und prozessuale[33] Entscheidungen an.

6.4 Durchführung der Abgrenzung

Für die Durchführung der Leistungsabgrenzung sind insbesondere drei Aspekte von besonderer Bedeutung, die im Folgenden kurz diskutiert werden sollen.

6.4.1 Ausrichtung auf Verwendungszwecke

Eine ins Detail gehende Analyse der unterschiedlichen Begriffsebenen der Logistikleistungen hat – so zeigt die Diskussion der vorangehenden Abschnitte – sehr komplexe Definitionen zur Folge. Diese sind zum einen mit zum Teil kaum überwindlichen Messproblemen behaftet. Zum anderen führen sie dazu, dass praktisch jede einzelne Leistung ein Unikat ist. Damit könnten keine Leistungsaggregationen erfolgen, die die Logistikleistungen Produktionsmengen vergleichbar zusammenfassten. Zur Ermittlung von Kalkulationsobjekten einer laufend geführten Kostenrechnung sind derartige Definitionen inoperabel. Sie vermögen lediglich im Sinne einer „Maximalaufspannung" den Rahmen zu liefern, innerhalb dessen Vereinfachungen vorgenommen werden müssen. Reduktionen der Komplexität können so

---

[31] Vgl. das Beispiel bei Weber und Wallenburg (2010, S. 150–153).

[32] Z. B. Schaffung von Personalreserven, um Spitzenlasten besser bewältigen zu können.

[33] Z. B. zur Erhöhung des Leistungsgrades der Mitarbeiter.

beispielsweise beim ergebnisbezogenen Leistungsbegriff an zwei Stellen ansetzen: Zum einen kann eine Verringerung der Zahl und Messgenauigkeit zu verändernder Eigenschaften der Objektfaktoren ins Augen gefasst werden. Zum anderen besteht die Möglichkeit, den Verschiedenheitsgrad der zu lagernden und zu transportierenden Güter durch die Bildung von Objektfaktorklassen zu reduzieren.

Vereinfachungen können darüber hinaus auch zum Wechsel der verwendeten Kategorie von Leistungen der Logistik führen: Für die Steuerung der Warenauslieferung muss man zwar sowohl das auszuliefernde Gut (bei empfindlichen Gütern entfallen z. B. bestimmte nur schlecht ausgebaute Wegstrecken), den entsprechenden Kunden (einige Kunden verlangen z. B. eine bestimmte Anlieferungsstunde, andere räumen mehr terminliche Flexibilität ein) und den Bestimmungsort kennen und damit auf den ergebnisbezogenen Logistikleistungsbegriff abstellen; für die Kostenplanung der die Auslieferung vornehmenden Transportkostenstelle reicht aber häufig die insgesamt in der Planungsperiode (z. B. in einem Monat) zu fahrende Transportstrecke aus. Die Fahrzeugeinsatzstelle benötigt sogar nur die Fahrttermine und -dauern, mithin (lediglich) prozessbezogene Leistungsinformationen. Für die beiden zuletzt genannten Aufgaben der Logistikkostenrechnung ist das hohe Detaillierungsniveau der auf die Veränderung und/oder Erhaltung von Objektfaktoreigenschaften gerichteten Begriffsfassung weder erforderlich (Einsparung von Erfassungsaufwand) noch sinnvoll; die aus der Verwendung einer solchen Leistungsdefinition resultierenden differenzierten Daten müssten nämlich in einem zusätzlichen Arbeitsschritt rechnungszweckbezogen vereinfacht werden (im Beispiel: Errechnung der Transportstrecke aus den Angaben zu Ziel- und Ausgangsorten).

Logistikleistungen sind damit grundsätzlich auf den jeweils bestehenden Informationsbedarf hin ausgerichtet festzulegen. Dies hat zur Konsequenz, dass stets ein (gleichzeitiges) Nebeneinander unterschiedlicher Begriffsfassungen vorliegen muss. Die Definitionsaufgabe obliegt jeweils dem Verantwortlichen im konkreten unternehmensindividuellen Einzelfall. Allgemein lässt sich lediglich darauf hinweisen, dass eine sinnvolle Arbeitsteilung zwischen laufend und fallweise erfolgender Leistungsdefinition und -erfassung anzustreben ist, die nicht nur Erfassungskosten spart, sondern durch die Reduktion der Komplexität der Informationsbereitstellung die Nutzung der Informationen durch die Führungskräfte erleichtert.[34]

Eine solche Arbeitsteilung kann z. B. für eine Gabelstapler-Transportkostenstelle konkret bedeuten, als für die Kostenerfassung und -aufzeichnung maßgeblichen Leistungsmaßstab allein die Einsatzstunden der Fahrzeuge zu verwenden. Da der Anfall von Logistikkosten wesentlich aus Bereitstellungs- und Einsatzentscheidungen der logistischen Produktionsfaktoren resultiert, lassen sich schon unter Bezug auf diese vereinfachte Variante eines prozessbezogenen Leistungsbegriffs die wesentlichen Aussagen über die Beweglichkeit und Abhängigkeit der Logistikkosten gewinnen, die sowohl für die Kostenplanung und Kostenkontrolle in der Transportkostenstelle als auch für die Verrechnung ihrer Kosten von zentraler Bedeutung sind. Auf diesen ständig aufgezeichneten Leistungsdaten können dann für spezielle Rechnungszwecke fallweise genauere Leistungsmessungen aufsetzen, im einfachs-

---

[34] Vgl. zu einer ausführlichen Diskussion (Weber 1996).

ten Fall etwa dadurch, dass mit Hilfe repräsentativer Stichprobenuntersuchungen aus den Einsatzzeiten der Gabelstapler-Transportstrecken und Transportvolumina für die verschiedenen Objektfaktorarten abgeleitet werden. Allerdings muss man bei einer derartigen Arbeitsteilung zwischen laufender und fallweiser Leistungs-messung sicherstellen, dass die in der laufenden Rechnung ausgewiesenen Leis-tungsdaten tatsächlich nur für die standardmäßig zu erfüllenden Rechnungszwecke angewendet werden. Ansonsten besteht die Gefahr von Fehlentscheidungen.

6.4.2 Ausgleich zwischen Erfassungsgenauigkeit und Erfassungskosten

Die erfassungstechnischen Ausgangsbedingungen für Logistikleistungen sind in den Unternehmen sehr unterschiedlich. Das Spektrum reicht von einer weitgehend kompletten Datenbasis bis zu einem gänzlichen Fehlen benötigter Daten. Typische Datenquellen in der material- und warenflussbezogenen Logistik sind Steuerungs-systeme für automatische Läger oder fahrerlose Transportsysteme und Materialver-folgungssysteme. Weitgehend vollständige Informationen in der Produktion liefern Betriebsdatenerfassungssysteme und Produktionsplanungs- und -steuerungssys-teme mit den ihnen zugrunde liegenden Arbeitsgangplan- und Stücklistendateien. In Beschaffung und Distribution kann man zumeist auf Bestell- bzw. Versanddis-positionssysteme zurückgreifen, die ebenfalls vielfältige Ausgangsdaten für eine logistische Leistungsrechnung bereithalten. Sie stehen bis auf die Realisierung der Schnittstellen grundsätzlich kostenlos zur Verfügung. Sollten aus anderen Über-legungen heraus Entscheidungen zur Einführung oder zum Redesign solcher In-formations- und Steuerungssysteme anstehen, muss die Logistik folglich ein hohes Interesse an der Mitgestaltung haben.[35]

Wie Abb. 6.5 veranschaulicht, ist ein solcher Idealfall hoher Erfassungsgenau-igkeit und niedrigerer Erfassungskosten allerdings nicht die Regel. Wie auch Er-fahrungen bei der Konzeptionierung und Umsetzung der Prozesskostenrechnung zeigen,[36] sind auch fallweise oder permanente Einzelerfassungen erforderlich, um die nötigen Informationen zu erlangen. Bei der Nutzung solcher Datenquellen ist darauf zu achten, dass keine unerwünschten Verzerrungen auftreten („wer schreibt, der bleibt"), d. h. kein unmittelbarer Anreiz besteht, sich durch Manipulation der Daten persönliche Vorteile zu verschaffen. Die Beherrschung dieses Risikos voraus-gesetzt, kann eine fallweise, ins Detail gehende Erfassung von Leistungsstrukturen durchaus zu einer höheren Erfassungsgenauigkeit führen als eine aus Kostengrün-den deutlich weniger differenzierte permanente Erhebung auf Basis technischer Systeme. Allerdings lässt erstere keine kurzfristigen Entwicklungen erkennen.

---

[35] Eine enge Einbindung bedeutete aber wohl auch eine Mitbeteiligung an den Systemkosten.

[36] Vgl. nochmals den Abschn. 2.4.2. im ersten Teil des Buchs.

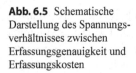

Abb. 6.5 Schematische Darstellung des Spannungsverhältnisses zwischen Erfassungsgenauigkeit und Erfassungskosten

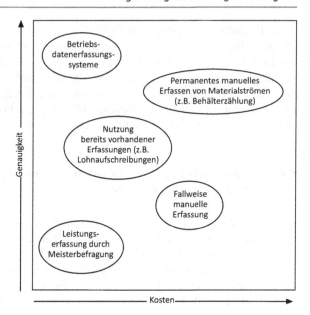

6.4.3 Detaillierte Festlegung der Definitionsmerkmale

Schließlich sei noch ein Aspekt besonders betont, dem in der praktischen Implementierung häufig nicht die gebührende Aufmerksamkeit zuerkannt wird. Die mit einer instrumentellen und konzeptionellen Verwendung von Logistikleistungsinformationen verbundenen Vorteile lassen sich nur dann realisieren, wenn die Leistungsmessung auf dem Fundament einer präzisen Definition der zu erfassenden und auszuweisenden Leistungen aufsetzt. Eine solche steht grundsätzlich nie außer Frage; allerdings zeigen eigene Erfahrungen,[37] dass der Umfang der an dieser Stelle zu investierenden Zeit und der Zahl der zu involvierenden Personen systematisch unterschätzt wird. Zwei typische Phänomene sind zu beobachten:

1. Für als wichtig ausgewählte Leistungsarten finden sich an verschiedenen Stellen des Unternehmens *bereits vorhandene Definitionen* (z. B. Durchlaufzeiten, Fehlmengen usw.), die allerdings im Detail voneinander abweichen. Eine gleiche Bezeichnung ist kein Garant für übereinstimmende Inhalte. Hinter den Unterschieden stehen zum einen Kontextspezifika (z. B. mag man eine Mengenabweichung von 1 % in einer auf Lager produzierenden Produktionsstelle durchaus tolerieren, während in einer Versandstelle eine solche Abweichung als Fehlmengensituation klassifiziert würde). Zum anderen wurden die Festlegungen nicht abgestimmt miteinander vorgenommen, so dass ein Koordinationsbedarf besteht.

2. Die Definition von Leistungsgrößen bzw. Kennzahlen führt zu einer sehr *grundsätzlichen Auseinandersetzung mit dem Wertschöpfungssystem und seiner Steue-*

---

[37] Sie wurden zum einen in einer umfangreichen Arbeitskreisarbeit gewonnen (vgl. Weber 1995). Zum anderen speisen sie sich aus der Mitgestaltung eines BMBF-Projektes, dessen Ergebnis u.a. in der Formulierung der VDI-Richtlinie 4400 bestand. Vgl. (Luczak et al. 2004).

(B1.11) Mittlere Durchlaufzeit Wareneingang

$$= \frac{\sum_{n=1}^{\text{Anzahl Wareneingangspositionen}} (\text{Durchlaufzeit pro Wareneingangsposition}_n)}{\text{Anzahl Wareneingangspositionen}} [\text{BKT}]$$

Ziel

Die Leistungsfähigkeit des Wareneinganges kann u.a. daran gemessen werden, wie lange es dauert, die angelieferten Artikel der Fertigung bereitzustellen. Insbesondere durch Liegezeiten und aufwendige Qualitätskontrollen kann die Freigabe des Materials an die Produktion verzögert werden.

Beschreibung

Durchlaufzeit pro Wareneingangsposition ist die Zeitdifferenz zwischen der Wareneingangsbuchung und der letzten Lagereinbuchung (d.h. der kompletten Wareneingangsposition) ins Materiallager bzw. in das Work-in-Progress-Lager (falls die Produkte direkt in die Produktion geliefert werden).

Anzahl Wareneingangspositionen ist die Gesamtzahl der gelieferten Wareneingangspositionen im Erfassungszeitraum.

Messpunkte und zu erfassende Daten

Wareneingangsbuchung
(Bestellnummer, Bestellposition, Artikelnummer, Wareneingangsnummer, Buchungsdatum BKT)

Lagereinbuchung Materiallager
(Bestellnummer, Bestellposition, Artikelnummer, Wareneingangsnummer, Buchungsdatum BKT)

Materialübergabe an Fertigung
(Bestellnummer, Bestellposition, Artikelnummer, Wareneingangsnummer, Buchungsdatum BKT)

Berechnungsvorschrift

Die Durchlaufzeit Wareneingang ist die Differenz in BKT zwischen der letzten

- Lagereinbuchung Materiallager (Buchungsdatum BKT), falls Lieferung an Materiallager
  oder Materialübergabe an Fertigung (Buchungsdatum BKT), falls Lieferung an Produktion

und

- Wareneingangsbuchung (Buchungsdatum BKT)

Abb. 6.6 Beispiel eines Definitionsblattes einer logistischen Leistungskennzahl (*BKT* = Betriebskalendertage)

rung. Ob z. B. eine Durchlaufzeitgröße in einem bestimmten Fertigungsabschnitt wirklich festgelegt und erfasst werden soll, wird um so intensiver hinterfragt, je höher der Definitionsaufwand ausfällt. Umfangreiche Prozesse zur Definition der Leistungsarten sind geradezu ein valider Prädiktor für den Erfolg der Logistikleistungsrechnung. Sie ermöglichen – als konzeptioneller Nutzen – einen gemeinsamen Wissensaufbau und schaffen die Basis für eine hinreichende Akzeptanz der erfassten Werte. Nachträgliche Dissonanzen werden so vermieden.

Um die Definitionsarbeit zu erleichtern, sollte ein festes Vorgehen für jede festzulegende Leistungsgröße bzw. Kennzahl gewählt werden. Ein Beispiel hierfür zeigt die Abb. 6.6.[38] Ein derart sorgfältig gestaltetes Vorgehen bildet auch die Basis für DV-technische Implementierungen.

---

[38] Entnommen aus Weber und Wertz (1999, S. 27). Diese Größe ist – leicht modifiziert – auch in die VDI-Richtlinie 4400 eingegangen. Vgl. VDI-Gesellschaft Fördertechnik Materialfluss Logistik (2009).

Literatur

Bruhn M, Meffert H (2001) Dienstleistungsmanagement. Von der strategischen Konzeption zur praktischen Umsetzung. Gabler-Verlag, Wiesbaden

Corsten H, Gössinger R (2007) Dienstleistungsmanagement, 5. Aufl. Oldenburg-Verlag, München

Dehler M (2001) Entwicklungsstand der Logistik. Messung – Determinanten – Erfolgswirkungen. Deutscher Universitäts-Verlag, Wiesbaden

Diederich H (1977) Verkehrsbetriebslehre. Gabler-Verlag, Wiesbaden

Donabedian A (1980) The definition of quality and approaches to its assessment – explorations in quality assessment and monitoring, Bd. 1. Health Administration Press, Ann Arbor

Freidank C-C (2008) Kostenrechnung. Grundlagen des innerbetrieblichen Rechnungswesens und Konzepte des Kostenmanagements, 8. Aufl. Vahlen-Verlag, München

Gehle F (1950) Internationale Tagung über Arbeitsbewertung in Genf. REFA Nachrichten 3(2):32–34

Homburg C, Kromer H (2009) Marketingmanagement. Strategie – Instrumente – Umsetzung – Unternehmensführung, 3. Aufl. Gabler-Verlag, Wiesbaden

Juran JM (1990) Handbuch der Qualitätsplanung. Verlag Moderne Industrie, Landsberg

Luczak H, Weber J, Wiendahl H-P (Hrsg) (2004) Logistik-Benchmarking. Praxisleitfaden mit LogiBEST, 2. Aufl. Springer, Berlin

Männel W (1979) Produktionsanlagen, Eignung von. In: HWProd (Hrsg). Schäffer-Poeschel, Stuttgart, S 1465–1481

Männel W (1983) Grundkonzeption einer entscheidungsorientierten Erlösrechnung. Krp 27:55–70

Preis A (2011) Controller-Anforderungsprofile. Eine empirische Untersuchung, Diss. Vallendar 2011

Riebel P (1954) Die Elastizität des Betriebes. Westdeutscher Verlag, Köln

Schmalenbach E (1963) Kostenrechnung und Preispolitik, 8. Aufl. Westdeutscher Verlag, Köln

Stauss B, Hentschel B (1991) Dienstleistungsqualität. WiSt 20:238–244

VDI-Gesellschaft Fördertechnik Materialfluss Logistik (2009) VDI-Richtlinie 4400 – Logistikkennzahlen, Gründruck. Düsseldorf

Weber J (1996) Selektives Rechnungswesen. ZfB 66:925–946

Weber J (Hrsg) (1995) Kennzahlen für die Logistik. Schäffer-Poeschel, Stuttgart

Weber J, Wallenburg CM (2010) Logistik- und Supply Chain Controlling, 6. Aufl. Schäffer-Poeschel, Stuttgart

Weber J, Wertz B (1999) Benchmarking excellence, Schriftenreihe advanced controlling, Bd. 10 Vallendar

Abgrenzung der Kosten der Logistik 7

7.1 Grundlagen einer Kostendefinition und -abgrenzung

Die vorangegangenen Ausführungen haben ein erhebliches und im Umfang oftmals unterschätztes Abgrenzungsproblem aufgezeigt. Wer dieses vorschnell allein auf den generell (stark) verbesserungsfähigen Stand einer Leistungsrechnung zurückführen will und damit für die Abgrenzung der Logistikkosten ein deutlich leichteres Spiel erwartet, geht allerdings fehl. Die Abgrenzungsprobleme bei den Logistikkosten sind vielfältig, heterogen und im Ergebnis weitreichend: Wenn es etwa darum geht, in einem Benchmarking die Höhe der Logistikkosten unterschiedlicher Unternehmen miteinander zu vergleichen, können Unterschiede nicht nur auf divergente Effizienzen zurückzuführen sein, sondern auch (oder sogar allein) aus unterschiedlich vorgenommenen Logistikkostenabgrenzungen resultieren. Ein eindrückliches Beispiel liefern die von Pfohl[1] zusammengestellten Ergebnisse mehrerer empirischer Untersuchungen der 1990er Jahre zu Höhe und Struktur der Logistikkosten, die auch Abb. 7.1 zeigt: Die einzelnen Zahlen weichen für die jeweiligen Länder trotz der zeitlich sehr eng zusammenliegenden Erhebungszeitpunkte signifikant voneinander ab.

Derartige Abgrenzungsprobleme verlieren nur dann graduell an Schärfe, wenn Zeitvergleiche angestellt werden und davon auszugehen ist,[2] dass die unterschiedlichen Abgrenzungen nicht von Erhebungszeitpunkt zu Erhebungszeitpunkt verändert werden. Ein bekanntes Beispiel solcher Zeitvergleiche ist die in Zusammenarbeit mit der European Logistics Association in 18 europäischen Ländern durchgeführte Studie von A.T. Kearney, die einen zunächst sinkenden, dann wieder steigenden Anteil der Logistikkosten an den Gesamtkosten der Unternehmen[3] feststellt bzw. prognostiziert (vgl. die Abb. 7.2).

Abgrenzungsprobleme der Logistikkosten speisen sich aus sehr unterschiedlichen Quellen. Zunächst und offensichtlich bestehen *Ausstrahlungseffekte von der Definition der Logistik* und den von ihr zu erbringenden Leistungen:

---

[1] Pfohl (2000, S. 54 f.). Dort finden sich auch die jeweiligen Quellenangaben.

[2] Sicherheit darüber besteht aber nicht.

[3] Als Proxi gemessen am Jahresumsatz.

J. Weber, *Logistikkostenrechnung*,
DOI 10.1007/978-3-642-25173-3_7, © Springer-Verlag Berlin Heidelberg 2012

Kostenart	Untersuchung	Anteil der Kosten in Prozent vom Umsatz			
		Deutsch land	Frank- reich	Europa	USA
Transportkosten	Touche Rose 1992	2,10	2,14	–	–
	A.T. Kearny 1993	2,57	2,67	3.00	–
	LMZ 1993	5,18	2,18	2,53	3,29
	Touche Ross 1995	2,30	2,60	1,80	–
Lagerhauskosten	Touche Rose 1992	2,86	1,65	–	–
	A.T. Kearny 1993	1,94	1,79	2,30	–
	LMZ 1993	2,18	2,06	2,26	2,06
	Touche Ross 1995	1,00	2,70	1,60	–
Lagerhaltungskosten	Touche Rose 1992	1,13	2,02	–	–
	A.T. Kearny 1993	2,14	2,92	2,90	–
	LMZ 1993	0,88	1,59	1,76	2,00
	Touche Ross 1995	1,20	1,10	0,80	–
Verpackungskosten	Touche Rose 1992	0,24	0,34	-	–
	Touche Ross 1995	0,30	0,20	0,30	–
Systemkosten [1]	Touche Rose 1992	–	0,06	–	–
	A.T. Kearny 1993	1,57	1,42	1,90	–
	LMZ 1993	2,24	1,53	1,65	1.00
	Touche Ross 1995	1,20	0,70	1,30	–
Gesamtlogistikkosten	Touche Rose 1992[2]	6,33	7,22	–	–
	A.T. Kearny 1993[3]	8,22	8,80	10,10	–
	LMZ 1993[4]	10,47	7,38	8,29	8,39
	Erlangen-Nürnb. 1994[5]	–	11,60	–	–
	Coca-Cola 1994[6]	10,00	9,00	8,14	–
	Touche Ross 1995[7]	6,00	7,30	5,80	–
	ELA 1997[8]	11,30	6,90	7,20	–

1 Zu den Systemkosten gehören u.a. **Auftragsabwicklungskosten, Administrationskosten,** EDV-Kosten.
2 Befragung von 836 Unternehmen in Deutschland, Spanien, Frankreich, Italien, den Niederlanden und Großbrittanien im Jahre 1991 (Touche Ross, 1992, S. 34).
3 Befragung von 1.000 europäischen Unternehmen im Jahr 1992 (A.T. Kearny, 1993).
4 **Vergleichende Untersuchung der Logistikkosten in Deutschland, den Niederlanden,** Frankreich, **Großbrittanien und den USA im Jahr 1992** (O.V., 1993).
5 Umfrage im Jahr 1991 bei französischen Unternehmen (Brendel/Müller-Steinfahrt, 1994a; Brendel/Müller-Steinfahrt, 1994b, S. 47).
6 Studie aus dem Jahr 1994 zur Zusammenarbeit zwischen Konsumgüterherstellern und Handelsunternehmen (Coca-Cola Retailing Research Group - Europe, 1994).
7 Befragung von 589 Unternehmen in Belgien, Deutschland, Frankreich, Italien, den Niederlanden, Spanien und Groß-brittanien im Jahr 1994 (Touche Ross, 1995, S. 24).
8 Befragung von 163 Unternehmen in Belgien, Deutschland, Frankreich, Griechenland, **Großbrittanien, Norwegen, Italien,** Portugal, der Schweiz, Schweden und Spanien (European **Logistics Association,** 1997, S. 11).

Abb. 7.1 Überblick über die Ergebnisse empirischer Studien zur Höhe der Logistikkosten. (Verkürzt entnommen aus Pfohl 2000, S. 54 f.)

• Allen vier im ersten Teil dieses Buches unterschiedenen Entwicklungsstufen der Logistik sind sehr divergente Leistungsbündel und daraus resultierende Kosten zugeordnet. Sieht man etwa in der Logistik allein eine Führungsfunktion zur Umsetzung des Flussprinzips, so kommen Transport-, Umschlags- und Lager-

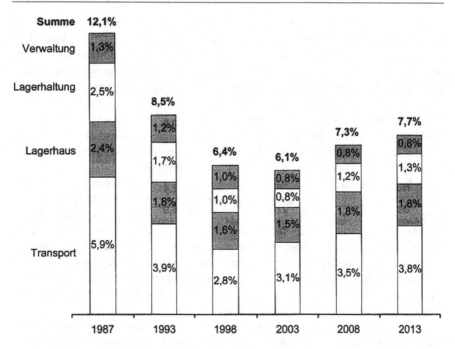

Abb. 7.2 Anteil der Logistikkosten in Prozent vom Jahresumsatz. (Entnommen aus nach Pfohl 2010, S. 53)

kosten gegenüber den Kosten anderer Leistungserstellungsprozesse keine besondere Bedeutung zu; für eine TUL-Logistik bilden sie dagegen den Kern der Logistikkosten.

• Auch innerhalb der vier Sichten bestehen sehr unterschiedliche Möglichkeiten, den Funktionsumfang der Logistik festzulegen. Bezogen auf die TUL-Sicht gilt es so zum einen, die einzelnen Verrichtungstypen jeweils konsistent Unternehmensfunktionen zuzuordnen (z. B. die Frage zu beantworten, ob eine Reifelagerung (wie das Aushärten eines Klebstoffs in einer Klebeverbindung) zu den Produktions- oder zu den Lagerungsprozessen zählt). Zum anderen muss der Differenzierungsgrad der Kosten(- und Leistungs-)erfassung festgelegt werden: Es lohnt kaum, jeden kleinen Transport-, Umschlags- und Lagerungsvorgang in der Produktion akribisch kostenmäßig als Logistikkosten abzubilden.

Quasi originäre Probleme folgen aus Definitions- und Ansatzspielräumen von Kosten generell. Diese beginnen bei der Frage des Kostenbegriffs. So weicht der Kostenbegriff des Riebel'schen Systems der relativen Einzelkostenrechnung[4] in der Wirkung auf eine laufende Kostenrechnung deutlich vom in den anderen Kostenrechnungssystemen verwendeten wertmäßigen Kostenbegriff ab.[5] Unterschiedliche Kostenhöhen können weiterhin aus *unterschiedlich gewählten Bewertungen* resul-

---

[4] Vgl. nochmals Abschn. 2.4.1. des ersten Teils dieses Buches.

[5] Die Abweichung resultiert insbesondere aus dem Verzicht auf eine Periodisierung der Kosten.

tieren. Dies betrifft im Wesentlichen zwei Kostenarten: zum einen die Abschreibungen auf Logistikanlagen,[6] zum anderen die Kosten des im Material- und Warenfluss gebundenen Kapitals. Angesichts der zentralen Bedeutung von Beständen innerhalb aller Sichten der Logistik bedarf die Festlegung der Kapitalbindungskosten dabei besonderer Aufmerksamkeit. Schließlich resultieren Abgrenzungsprobleme aus der Frage, ob auch entgehende Erlöse zu den Kosten der Logistik gezählt werden sollen. Diese für die „normale" Kostenrechnung zumeist nur kursorisch behandelte Problemstellung ist für die Logistikkostenrechnung deshalb bedeutsam, weil sie mit den aus Servicegradmängeln resultierenden negativen Erfolgswirkungen unmittelbar eine zentrale Outputkomponente der Logistik adressiert.

Insbesondere auf diese Gründe zurückzuführende Definitions- und Abgrenzungsspielräume der Logistikkosten erschweren (bzw. verhindern) nicht nur die angesprochenen überbetrieblichen Kostenvergleiche. Wie anfangs in diesem dritten Teil des Buches ausgeführt, ist eine konsistente und konstante Definition darüber hinaus unabdingbar, um Logistikkostenziele in das Anreizsystem von Logistikverantwortlichen aufzunehmen und über eine systematische Kostenplanung und -kontrolle ein kontinuierliches Lernen zu ermöglichen. Hinreichende Klarheit über Umfang und Entwicklung der Logistikkosten ist – mit anderen Worten – eine notwendige Bedingung für ein professionelles Logistikmanagement.[7]

Vor diesem Hintergrund verwundert es, dass in der einschlägigen Literatur die Frage der Abgrenzung nur am Rande behandelt wird. So fehlt etwa in den einschlägigen Controlling-Lehrbüchern von Reichmann[8] und Küpper[9] in den Abschnitten zum Logistik-Controlling eine entsprechende Diskussion völlig. In gängigen Lehrbüchern zur Logistik reicht das Spektrum von kurzen Hinweisen auf die Notwendigkeit der Abgrenzung (z. B. Ihde,[10] Göpfert[11]) bis zu detaillierteren Ausführungen (z. B. Pfohl[12]). Hilfestellung aus dem Rechnungswesen bzw. der Kostenrechnung ist schließlich nicht zu erwarten. So finden sich Logistikkosten als Stichwort in den beiden traditionellen Kostenrechnungs-Standardwerken von Hummel und Männel[13] und Kilger[14] nicht. Im gerade in der 10. Auflage erschienenen Werk von Schweitzer

---

[6] So führt eine Abschreibung auf Wiederbeschaffungskosten systematisch zu (erheblich) höheren Abschreibungsbeträgen als eine Abschreibung auf Anschaffungskosten. Vgl. zu einem kurzen Überblick Weber und Weißenberger (2010, S. 329–334).

[7] „Most of the early obstacles confronting full implementation of the integrated logistics management concept appear to have been removed. The lack of adequate cost data, however, has prevented logistics management from reaching its full potential" (Lambert und Stock 1993, S. 583 f.). Diese Aussage trifft auch heute noch in vielen Unternehmen zu.

[8] Vgl. Reichmann (2011, S. 357–380).

[9] Vgl. Küpper (2008, S. 494–497).

[10] Vgl. Ihde (1991, S. 17).

[11] Vgl. Göpfert (2000, S. 303).

[12] Vgl. Pfohl (2004, S. 237–240).

[13] Vgl. Hummel und Männel 1986.

[14] Vgl. Kilger (1993). Dies gilt auch für die fortgeführte 12. Auflage, Kilger et al. (2007).

und Küpper 2011, wird man zwar im Stichwortverzeichnis fündig, nicht aber auf der angegebenen Seite im Buch.

Im Folgenden sollen deshalb die Abgrenzungsprobleme im Detail diskutiert werden. Die Reihenfolge der Bearbeitung rekurriert dabei auf die jeweilige Bedeutung der Abgrenzung für die Höhe der Logistikkosten.

7.2 Dimensionen des Abgrenzungsproblems

7.2.1 Leistungsinduzierte Abgrenzungsprobleme

Im ersten Teil des Buches wurden mehrfach Probleme der Abgrenzung der Logistik von anderen Unternehmensfunktionen angesprochen. Diese Schwierigkeiten strahlen auch auf die Festlegung des Logistikkostenbegriffs aus. Selbst dann jedoch, wenn man in einem ersten Schritt die Betrachtung auf die Kosten der Planung, Durchführung und Kontrolle von material- und warenflussbezogenen Dienstleistungen beschränkt, tritt eine Reihe von Ermittlungsproblemen auf.

Derartige Schwierigkeiten resultieren zunächst daraus, dass Raum- und Zeitüberbrückungsaktivitäten in vielfältiger Weise in den betrieblichen Leistungserstellungsprozess eingebunden sind. Dies wird unmittelbar deutlich, wenn man an die Vielzahl von zumeist unkontrollierten Zwischenlagerungen vor und hinter einzelnen Fertigungsstufen bei mehrstufiger Produktion denkt. Bestandsgeführte und damit einer kostenmäßigen Erfassung leicht zugängliche Zwischenlager sind die Ausnahme. Das heterogene Bündel derartiger volumenmäßig jeweils nur geringer logistischer Leistungen in der Kostenrechnung vollständig abzubilden, bereitet zwar keine grundsätzlichen Schwierigkeiten. Grenzen werden aber von den Informationskosten sowie den negativen Konsequenzen hoher Komplexität der Kostenrechnung gesetzt.[15]

Auf grundsätzlichere Abgrenzungsprobleme trifft man dann, wenn logistische Leistungen mit Hilfe von Potenzialfaktoren erbracht werden, die auch der Leistungserstellung für andere Unternehmensfunktionen dienen. Diese gemeinsame Nutzung kann dabei entweder alternierend oder simultan erfolgen.

Eine *alternierende* Nutzung liegt beispielsweise bei Personal vor, das zeitlich nacheinander sowohl Produktionsanlagen bedient als auch Handlingsarbeiten an dem zu bearbeitenden Material bzw. den ausgebrachten Zwischen- und Endprodukten durchführt. Die für diese Arbeiter anfallenden Personalkosten sind Gemeinkosten der Logistik einerseits und der Fertigung andererseits. Als solche lassen sie sich je nach gewähltem Kostenrechnungssystem sehr unterschiedlich auf die beiden Unternehmensfunktionen aufteilen: Während eine Vollkostenrechnung nach dem ihr innewohnenden Verursachungsprinzip eine anteilige Verrechnung bzw. Anlastung vornimmt, fragt eine (Grenz-)Plankostenrechnung nach der Variabilität der jeweiligen Beträge und macht eine Zuordnung von der Antwort darauf abhängig. Das

---

[15] Vgl. nochmals Abschn. 2.6.2. im ersten Teil des Buches.

im ersten Teil des Buches skizzierte Konzept der relativen Einzelkostenrechnung schließlich verzichtete auf eine Aufteilung gänzlich.

Ein Beispiel für die *gleichzeitige* Nutzung eines Potenzials durch mehrere Unternehmensfunktionen sind komplexe Produktionsanlagen, die in einer durch die Anlagenprojektierung unveränderbar vorgegebenen Weise Stoff- und Raumveränderungsprozesse simultan erbringen. Auch die mit diesen Gebrauchsgütern verbundenen Kosten sind prinzipiell Gemeinkosten, für die jedoch Kostenaufteilungen selbst für mittel- und langfristige Fragestellungen keine brauchbaren Ergebnisse liefern. Bedenkt man, dass praktisch kein Produktionsprozess ohne – wenn auch nur geringe – Bewegungen des Materials vonstatten geht, sollte man im konkreten Anwendungsfall angesichts der zumeist ausgeprägten Dominanz stoffverändernder Leistungen von Produktionsanlagen deren Kosten vollständig dem Produktionsbereich zuordnen.

Abgrenzungsprobleme von Transport-, Umschlags- und Lagerkosten (im engeren Sinn) resultieren auch aus der – insbesondere im Zuge von Supply Chain-Überlegungen geäußerten – idealtypischen Forderung, das Blickfeld der Logistik nicht auf das eigene Unternehmen zu beschränken, sondern unter Einbeziehung von Kunden und Lieferanten die gesamte Logistikkette zu betrachten. Ein prägnantes, diese Auffassung begründendes Beispiel sind Verpackungen, deren optimale Gestaltung nur unter Einbeziehung des jeweiligen Marktpartners festgelegt werden kann. In der Berücksichtigung derartiger zwischenbetrieblicher Kosten-Trade-Offs liegt ein erheblicher Teil wertschöpfungsstufenübergreifender Koordination von Material- und Warenflüssen (Supply Chain Management).

Sie zu bestimmen, konkret die von Kunden und/oder Lieferanten scheinbar „kostenlos" erbrachten Lagerungen (z. B. bei fertigungssynchroner Anlieferung), Transporte (z. B. Lieferung frei Haus) und sonstigen Logistikleistungen (z. B. Materialkennzeichnung zur automatischen Materialerkennung und -verfolgung) kostenmäßig zu erfassen, ist zwar prinzipiell Aufgabe eines erfolgswirtschaftlichen logistischen Informationssystems. Ein Ausweis in der laufenden Kostenrechnung (und damit eine Einbeziehung in die vorzuhaltenden Logistikkosten) erweist sich aber aus mehreren Gründen heraus als *unzweckmäßig*:

- Kenntnis der Kosten-Trade-Offs zu Lieferanten und Kunden wird nur sporadisch, fallweise benötigt. Ein standardmäßiger, auf Durchschnittswerten basierender Ausweis lieferte für ein einzelnes Entscheidungsproblem stets ungenaue oder sogar falsche Informationen. Allenfalls für Betriebsvergleiche könnte man auf die Daten zurückgreifen.
- Für die Bewertung der von Marktpartnern unentgeltlich erbrachten Logistikleistungen steht kein objektiver Wertansatz zur Verfügung. Z. B. fiktive Lagerkostenanteile aus den Marktpreisen eines Lieferanten herauszurechnen, eröffnet einer symbolischen Gestaltung der Kostenrechnung Tür und Tor. Eine instrumentelle und konzeptionelle Nutzung kann damit erheblich beeinträchtigt werden.
- Die Einbeziehung derartiger Kosten-Trade-Offs ist ein für die Kostenrechnung generell unübliches Vorgehen. Es bedeutete z. B. für die Produktionskosten, aus den Kosten eines fremdbezogenen Zwischenprodukts, das parallel auch selbst hergestellt wird, einen bestimmten Kostenbetrag für die Produktion beim Lie-

feranten herauszurechnen, um eine (fiktive) Summe insgesamt angefallener (Eigen- und Fremd-)Fertigungskosten zu ermitteln. Derartige Ansätze in der laufenden Kostenrechnung finden sich weder in der einschlägigen Literatur noch in der Praxis.[16]

Kosten-Trade-Offs der geschilderten Art sollten deshalb weder standardmäßig erfasst und ausgewiesen noch überhaupt in den Logistikkostenbegriff einbezogen werden. Für sie erweist sich eine für entsprechende Logistikentscheidungen fallweise durchgeführte Bestimmung als weitaus zweckmäßiger.

Erhebliche zusätzliche Probleme für eine allgemeingültige Definition der Logistikkosten offenbaren sich, wenn man die bisher betrachtete „TUL-Perspektive" aufgibt und die Logistik ihrer zweiten Sichtweise entsprechend als ein Instrument zur (kurzfristigen) Koordination der anderen Unternehmensbereiche versteht. Für eine Logistikkostenrechnung bedeutet dies im ersten Schritt, neben den Kosten der Planung, Durchführung und Kontrolle von Transporten und Lagerungen auch die Kosten der dispositiven Abstimmungsprozesse – wie z. B. der Fertigungssteuerung – zu erfassen.

Dieser erste Schritt bereitet keine prinzipiellen Schwierigkeiten – er vermindert sogar Kostenzurechnungsprobleme, indem bei enger Sichtweise der Logistik als Gemeinkosten mehrerer Unternehmensbereiche auszuweisende Beträge nun zu Einzelkosten der Logistik werden. Massive Abgrenzungsprobleme bestehen aber für den Teil der von derartiger Koordination ausgelösten bzw. beeinflussbaren Kosten, der nicht für die Durchführung von Transport-, Umschlags- und Lagerprozessen anfällt. Konkret lautet die Frage, ob bislang als Beschaffungs-, Produktions- und Absatzkosten identifizierte Kosten (nur) deshalb zu Logistikkosten werden bzw. man sie als solche erfassen und ausweisen sollte, weil sie gemeinsam mit Transport-, Umschlags- und Lagerkosten von der Logistik als Steuerungsinstanz disponiert werden. Im Produktionsbereich z. B. mag man hier zunächst an die Rüstkosten denken, deren Höhe unmittelbar mit der Höhe der Zwischenlagerkosten verknüpft ist (Fertigungslosgrößenproblem). Enge Substitutionsbeziehungen bestehen aber auch zu den variablen Produktionskosten. Dies wird am Beispiel intensitätsmäßiger Anpassung als Reaktion auf kurzfristige Materialfehlmengen deutlich. Schließlich sind auch die Bereitschaftskosten des Produktionsbereichs Gegenstand von – dann allerdings mittel- und langfristigen – Abstimmungsentscheidungen und damit potenzieller Rechnungsstoff einer Logistikkostenrechnung, man denke etwa an die Wechselbeziehungen zwischen Transportkosten und Anlagenkosten bei der Festlegung der optimalen Zahl und Größe von Betriebsstätten.

Wie auch Abb. 7.3 zeigt, reicht damit das Spektrum verrichtungsorientiert abgegrenzter Logistikkosten von den Kosten der Planung, Steuerung und Kontrolle zielgerichteter Raum- und Zeitüberbrückungsprozesse bis hin zu allen Kosten, die von der Logistik im eigenen Unternehmen und über die Unternehmensgrenzen hinweg in Unternehmen der Supply Chain beeinflusst werden. Von diesen unterschiedlichen

---

[16] Für fallweise Betrachtungen können solche Analysen allerdings in hohem Maße Sinn machen und werden deshalb in relationalen Kunden-Lieferanten-Beziehungen in der Praxis standardmäßig angewendet.

Kostenschichten	Zusätzlich gewinnbare Erkenntnisse	Erfassung
Kosten bereits derzeit schon getrennt ausgewiesener physischer (z.B. interner Transport) und administrativ-dispositiver Bereiche (z.B. Transportsteuerung), die unmittelbare Material- und Warenflussleistungen erbringen	Durch zusammengefasste Darstellung bessere Information über die Bedeutung der Logistik insgesamt und über Schwerpunkte innerhalb dieser	Ermittlung der Informationen durch andere Zuordnung bislang bereits vorhandener Kostenstellen; laufende Erfassung
Kosten physischer oder administrativer Bereiche, die unmittelbare Material- und Warenflussleistungen erbringen, aber bislang nicht separiert waren	Weitere Verbesserung für Informationen über die Bedeutung der Logistik insgesamt, über Schwerpunkte innerhalb dieser und über Verbindungen zwischen diesen	Ermittlung der Informationen durch Trennung bisheriger Kostenstellen und Einrichtung zusätzlicher Kostenplätze; laufende Erfassung
Kosten solcher Bereiche, die durch eine entsprechend umfassende Sicht der Logistik neu als Logistikbereiche erkannt werden (z.B. Fertigungssteuerung)	Sicht der gesamten auftragsflussbezogenen Kosten; Basis zum Erkennen der Wechselwirkungen zwischen physischen, administrativen und dispositiven Kosten	Ermittlung der Informationen durch andere Zusammenfassungen bislang bereits vorhandener Kostenstellen; laufende Erfassung
Kosten anderer Bereiche, die bei grundsätzlichen Änderungen des Logistikkonzepts mit betroffen sind (z.B. Kosten automatisierter Fertigung zum Zwecke einer höheren Lieferflexibilität)	Wesentliche Bedeutung im Rahmen langfristiger Strukturentscheidungen (z.B. Komplexitätskosten für grundlegende Produkt- und Prozessentscheidungen)	Ermittlung der Informationen durch spezielle Zusammenfassung bzw. Zentrierung von Kosten (potenziell) aller Unternehmensbereiche; fallweise Erfassung
Kosten von Logistikfunktionen, die nicht im Unternehmen, sondern bei den vor und/oder nachgelagerten Gliedern der Logistikkette (Lieferanten, Kunden) anfallen (z.B. für Just-in-time-bedingte Läger beim Kunden)	Informationsbasis für unternehmensgrenzenüberschreitende Logistikoptimierungen, Preis- und Konditionenverhandlungen mit Kunden und Lieferanten	Ermittlung der Informationen in enger Kooperation mit dem(n) Marktpartner(n) und/oder auf Basis eigener Erfahrung; fallweise Erfassung

Abb. 7.3 Zusammenfassende Betrachtung der verrichtungsbezogenen Abgrenzung der Logistik

Kostenschichten sollten nur die ersten drei standardmäßig in der Logistikkostenrechnung als Logistikkosten erfasst und ausgewiesen werden. Die Wechselwirkung
zu den Kosten anderer unternehmensinterner Bereiche und zu Kosten von anderen
Unternehmen *sollten fallweisen Analysen überlassen bleiben*. Eine laufende Rechnung wäre damit überfrachtet bzw. könnte nicht den notwendigen Feinheitsgrad
aufweisen.

Schließlich stehen einer allgemeingültigen Definition der Logistikkosten auch
objektbezogene Abgrenzungsprobleme entgegen. Wie im ersten Teil des Buches
ausgeführt, sind zwar grundsätzlich alle Produktionsfaktoren und Produkte eines
Unternehmens potenzielle Objekte logistischer Prozesse; man beschränkt sich aber
sowohl in der Theorie als auch in der Praxis zumeist auf die Betrachtung des Materials sowie der Zwischen- und Endprodukte. Da von der Art her gleiche Prozesse
angesprochen werden, macht es Sinn, zusätzlich auch die personal- und anlagen-
bezogenen logistischen Aktivitäten mit einzubeziehen.

7.2.2 Bewertungsinduzierte Abgrenzungsprobleme

Anders als im Fall der bisher diskutierten Abgrenzungsprobleme steht es für die
Kosten des in den Objektfaktoren logistischer Leistungserstellung gebundenen Kapitals prinzipiell außer Zweifel, derartige Beträge unter den Logistikkostenbegriff
zu subsumieren. Alle in der einschlägigen Literatur vorgeschlagenen Strukturierungen des Rechnungsstoffs einer Logistikkostenrechnung weisen Kapitalbindungskosten bzw. Zinsen aus. Dieser Kostenart kommt zudem eine sehr große betragsmäßige Bedeutung zu. So findet sich z. B. bei Davis und Drumm ein Anteil von
21,5 % an den gesamten Logistikkosten, der zudem stärker steigt als die anderen
Bestandteile der Logistikkosten.[17]

Zinskosten exakt zu quantifizieren und intersubjektiv nachprüfbar Objektfaktoren zuzuordnen, bereitet indes erhebliche Schwierigkeiten. Diese betreffen – wie
noch zu zeigen sein wird – schon die Erfassung des Mengengerüsts. Auf den ersten
Blick sichtbar dokumentieren sie sich aber bei der Festlegung des „richtigen" Zinssatzes. Zuweilen als Ergebnis eines Verhandlungsprozesses zwischen unterschiedlichen Unternehmensbereichen ermittelt,[18] werden sehr unterschiedlich hohe Zins-
sätze festgelegt.[19] Erhebliche Differenzen sowohl der absoluten Höhe der Logistikkosten als auch des Anteils der Logistikkosten an den Gesamtkosten sind die Folge.
Die Bestimmung der Kapitalbindungskosten ist damit ein wichtiges, bei der Festlegung des Rechnungsstoffs einer Logistikkostenrechnung zu lösendes Problem. Es
lässt sich in ein Zuordnungs- und ein Bewertungsproblem unterteilen.

Zuordnungsprobleme resultieren daraus, dass die Finanzierung eines Unternehmens nicht aus einer Summe einzelmaßnahmenbezogener Partialfinanzierungen

---

[17] Vgl. Davis und Drumm (2000, S. 65 und S. 70).

[18] Vgl. die sehr anschauliche Beschreibung bei Heskett et al. 1973, S. 350 f.

[19] Dieses zeigt auch eine empirische Erhebung von Währisch (vgl. zusammenfassend Währisch
2000, S. 684–686).

besteht, sondern darauf gerichtet ist, insgesamt ein Gleichgewicht zwischen Kapitalbedarf und Deckungsmitteln zu erreichen. Aussagen über die Kapitalbindungskosten einzelner Objekte bzw. Maßnahmen erfordern deshalb eine mehrstufige Analyse.

Im ersten Analyseschritt hat man zu bestimmen, welche Realgüter im Unternehmen Kapital binden (Ermittlung der „Kapitalträger"). Ausgangspunkt hierzu ist die – fast triviale – Erkenntnis, dass der Auszahlungen hervorrufende Faktor- bzw. (Fremd-)Leistungsinput üblicherweise[20] dem Einzahlungen erzielenden Leistungsoutput zeitlich vorausgeht und somit vorzufinanzieren ist. Originäre Kapitalträger sind damit sämtliche von außen bezogene auszahlungswirksame Güter und Dienste. Verfolgt man jeweils gesondert ihre Bindung vom Auszahlungszeitpunkt über ihren Einsatz im Leistungserstellungsprozess bis zur Verwertung der mit ihnen produzierten Leistungen, so erreicht man eine vollständige Erfassung des zu deckenden Finanzierungsbedarfs.

Die Verfolgung der Kapitalbindung für jeden von außen bezogenen Produktionsfaktor erweist sich aber als sehr aufwendig, wie auch die Analogie zur Verrechnung der Kosten innerbetrieblicher Leistungen zeigt. Dort geht man typischerweise nicht den – prinzipiell möglichen[21] – Weg, die Kosten innerbetrieblicher Leistungen kostenartenweise den Endprodukten zuzurechnen, sondern nimmt eine Bündelung dieser Beträge zu den (Gesamt-)Kosten einzelner dieser Leistungen vor. Eine solche Bündelung bedeutete auf das hier diskutierte Problem bezogen, die Kapitalbindung nicht für Material, Energie, Fremdleistungen usw. direkt, sondern (nur) für die aus diesen Faktoren sukzessiv erstellten Leistungen zu erfassen. Ab dem Zeitpunkt, an dem ein zu Auszahlungen führender primärer Produktionsfaktor zur Ausbringung einer solchen Leistung beiträgt, endet die faktorbezogene Erfassung des Kapitalbedarfs, indem der Wert des gebundenen Kapitals in den Wert der innerbetrieblichen Leistung einfließt.[22] Sieht man von Sonderfällen – wie etwa zu transportierendem Personal – ab, so werden durch diese rechnungstechnische „Übergabe" einsatzfaktorbezogener Kapitalbindungen auf innerbetriebliche Leistungen sämtliche logistische Objektfaktoren zu (originären oder derivativen) Kapitalträgern.

Allerdings nehmen die zu lagernden und/oder zu bewegenden Güter nicht die gesamte Kapitalbindung der für ihre Erstellung eingesetzten Produktionsfaktoren auf. Hierfür sind insbesondere zwei Gründe maßgebend:

Zum einen erfolgt eine vollständige „Übergabe" der Kapitalbindung eines von außen bezogenen Produktionsfaktors an die innerbetriebliche Leistung nur für solche Güter und Dienste, deren Auszahlungsstrom (weitgehend) proportional vom Leistungsoutput abhängt. Typische Beispiele sind auftragsbezogen beschafftes Ma-

---

[20] Allerdings gilt dies im Handel häufig nicht. Die Waren sind dort oftmals bereits abverkauft, bevor sie beim Lieferanten bezahlt werden müssen.

[21] Vgl. zu dieser als Primärkostenrechnung bezeichneten Vorgehensweise Plaut (1984, S. 70 f.). und den kurzen Hinweis bei Freidank (2008, S. 287).

[22] Entsprechend dem Nacheinander der einzelnen Leistungserstellungsprozesse führt ein solches Vorgehen zu sukzessiv steigenden Kapitalbindungskosten der erstellten Zwischenprodukte bis zur Fertigstellung des Endprodukts.

terial und Akkordlöhne. Anschaulich lässt sich für sie konstatieren, dass sie zwar „in der richtigen Menge", bezogen auf den Einzahlungsrückfluss aber „zu früh" beschafft wurden. Diese Zeitdistanz wird in der Kapitalbindungsdauer der erstellten Leistungen erfasst bzw. berücksichtigt.

Ihnen stehen Produktionsfaktoren gegenüber, die – die letzte Charakterisierung aufgreifend – das Unternehmen sowohl „zu früh" als auch in „zu großen Mengen" bereitgestellt hat. Dies trifft typischerweise[23] auf Kosten von Potenzialfaktoren (wie beispielsweise Anlagen) zu. Sie geben ihre Kapitalbindung im Laufe der Nutzungsdauer durch die sukzessive Verrechnung von Abschreibungsbeträgen in den Wert der mit ihnen erstellten Leistungen ab. Hiermit wird aber nur ein Teil der für den Faktor anfallenden Kapitalbindungskosten erfasst, da dabei der im Zeitablauf sinkende Restbetrag der (noch) nicht durch Einzahlungsrückflüsse kompensierten Anschaffungsauszahlung unberücksichtigt bleibt. Deshalb wird für den Produktionsfaktor Anlagen zumeist eine gesonderte periodische Verzinsung vorgenommen, die sich im einfachsten Fall durch die Formel: „Halber Anschaffungswert × Zinssatz" bestimmt.

Gegen eine „Kapitalübergabe" von Auszahlungspotenzialen an innerbetriebliche Leistungen werden jedoch – und dies schlägt unmittelbar die Brücke zum zweiten Analyseschritt der Bestimmung von Kapitalbindungskosten logistischer Objektfaktoren, der Ermittlung der Kapitalbindungshöhe – grundsätzliche kostentheoretische Einwände erhoben. Aus der Sicht des Marginal- oder des noch weitergehenden Identitätsprinzips[24] können einer zu lagernden oder zu transportierenden innerbetrieblichen Leistung exakt nur jene Kosten zugerechnet werden, die durch ihre Erstellung zusätzlich anfallen bzw. die – in umgekehrter Sichtweise – wegfallen würden, verzichtete man auf sie. Relevante Kapitalbindungshöhe einer innerbetrieblichen Leistung sind in einer solchen Perspektive damit nicht die „vollen" Herstellkosten. Ihre Bestimmung darf nur am variablen Anteil ansetzen und muss aus diesem die auszahlungswirksamen Kosten herausfiltern. Kosten von Potenzialfaktoren und deren Auszahlungen zählen hierzu nicht. Unterschiedliche Kostenrechnungssysteme führen somit auch bezogen auf die Kapitalbindungskosten zu unterschiedlichen Höhen der Logistikkosten.

Als Problem der Ermittlung der Kapitalbindungshöhe wird zumeist auch das Phänomen diskutiert, dass der Strom angelieferter Güter häufig dem dafür zu leistenden Auszahlungsstrom zeitlich vorausgeht, dem Unternehmen also Produktionsfaktoren und Fremdleistungen eine gewisse Zeit „unentgeltlich"[25] zur Verfügung stehen. Diese von den Lieferanten nicht gesondert in Rechnung gestellte Finanzierung wird üblicherweise als sogenanntes „Abzugskapital" bezeichnet, das auch zinslose Darlehen und Kundenanzahlungen umfasst. Es vermindert die Höhe des insgesamt zu verzinsenden betriebsnotwendigen Kapitals, das multipliziert mit

---

[23] Ausnahmen sind z. B. Leasingverträge mit verteilter Auszahlungsstruktur.

[24] Vgl. zum Identitätsprinzip Riebel (1994, S. 409–429).

[25] „Unentgeltlichkeit" meint hier das Fehlen kapitalbezogener Zahlungsverpflichtungen. Räumt ein Unternehmen einem anderen eine Zahlungsfrist ein, ist der damit einhergehende wirtschaftliche Nachteil c.p. jedoch in den Preisen der gelieferten Güter enthalten.

einem Zinssatz die Gesamthöhe kalkulatorischer Zinsen ergibt. Dieser Kostenbetrag wird dann in einem zusätzlichen Verrechnungsschritt auf die Kostenstellen und
Kostenträger verteilt.[26]

Zusätzliche Abgrenzungsprobleme ergeben sich bei der Ermittlung des „richtigen" Zinssatzes (*Bewertungsproblem*). Der Gesamt-Finanzierungsbedarf eines
Unternehmens wird aus einer Vielzahl mit unterschiedlichen Kapitalkostenniveaus
versehener Kapitalquellen gedeckt, beginnend bei dem mit keinen vertraglich de-
terminierten, zwangsläufigen Auszahlungen verbundenen Eigenkapital bis hin zu
kurzfristigem, teurem Fremdkapital, wie z. B. Kontokorrentkrediten. Der für die Finanzierung eines Unternehmens bestimmende Grundsatz der Gesamtdeckung verhindert eine kapitalquellenbezogen differenzierte Zurechnung. Zur Lösung des sich
damit offenbarenden Problems stehen sehr unterschiedliche Wege offen.

Dem typischen Vorgehen der Kostenrechnung entsprechend („es werden nur die
Kosten erfasst, die auch tatsächlich angefallen sind") kann man als naheliegenden
Wert den Zinssatz angeben, der sich durch die Division der Zinssumme durch das
gesamte zur Verfügung stehende (Eigen- und Fremd)Kapital ergibt. In summa, ge-
samtunternehmensbezogen führt dies zum Ausweis der tatsächlich innerhalb der
Periode geleisteten Zinsauszahlungen. Das Eigenkapital bleibt damit „kostenlos".

Eine andere Vorgehensweise zur Bestimmung eines einheitlichen Zinssatzes
greift marginalanalytisches Gedankengut auf. Eine solche Vorgehensweise würde
bedeuten, jede Kapitalbindung mit dem höchsten zu zahlenden Zinssatz zu bewer-
ten, unterstellend, dass bei Veränderungen der Kapitalbindung stets nur die teuerste
Finanzierungsquelle betroffen wird. Allerdings sind die zugrunde liegenden Prämissen problematisch:

• Zum einen finanziert sich ein Unternehmen aus sehr vielen, volumenmäßig jeweils nur vergleichsweise geringen Quellen. Ein z. B. durch eine deutliche Senkung der Lagerbestände freigesetzter Kapitalbetrag überstiege deshalb häufig
  das Bereitstellungsvolumen der teuersten Finanzierungsquelle.

• Zum anderen bestimmt sich die Finanzierungsstruktur eines Unternehmens kei-
  neswegs nur aus (reinen) Kostenüberlegungen heraus. Die teuerste Finanzierungsquelle ist folglich nicht zwangsläufig die unter Einbeziehung aller kapital-
  strukturentscheidungsrelevanter Kriterien „schlechteste" und damit nicht die, die
  bei Reduzierung des im Lager gebundenen Kapitals zuerst eingeschränkt würde.

Marginalanalytische Wertansätze sind darüber hinaus strenggenommen nur zur
Wertermittlung für jeweils eine ganz bestimmte, „individuelle" Grenz-Entschei-
dungssituation geeignet. Für eine laufende, vom Einzelfall losgelöste Kostenerfassung bestehen zumindest hinsichtlich einer instrumentellen Verwendung erhebliche
Bedenken.

Eine dritte Möglichkeit des Vorgehens besteht schließlich darin, das eingesetz-
te Kapital mit einem einheitlichen Opportunitätskostensatz zu belegen. Diese Vorgehensweise entspricht dem wertmäßigen Kostenbegriff und ist zumindest für die

---

[26] Wollte man dieses näherungsweise Vorgehen durch eine exakte Erfassung ersetzen, bedürfte es
einer genauen Zahlungsstromanalyse, die allerdings erhebliche Komplexität und Erfassungskosten
nach sich zöge.

Vollkostenrechnung typisch. Angesetzt wird ein für Eigen- und Fremdkapital einheitlicher Zinssatz, der sich oftmals an dem für langfristige, risikofreie Kapitalanlagen erzielbaren Zins orientiert. Aktuell hat dieses Vorgehen theoretische Unterstützung aus dem Lager der Kapitalmarkttheorie erhalten. Im Rahmen *wertorientierter Steuerungskonzepte*[27] ist es erforderlich, zukünftige Zahlungsströme zu diskontieren. Hierzu werden Kapitalkosten benötigt. Diese leiten sich aus Eigen- und aus Fremdkapitalkosten her.

Die Eigenkapitalkosten werden bei am Kapitalmarkt notierten Unternehmen als Renditeerwartungen der Investoren verstanden und mit Hilfe des Capital Asset Princing Models[28] analysiert.[29] Das CAPM greift auf den Kapitalmarkt zurück[30] und drückt die Renditeerwartung für eine Vermögensanlage als Summe aus dem Zinssatz einer risikolosen Kapitalmarktanlage und einer Risikoprämie aus. Als de facto risikolose Anlage werden beispielsweise langfristige staatliche Schuldverschreibungen angesehen. Die Risikoprämie setzt sich aus zwei Komponenten zusammen: Die erste der beiden spiegelt das allgemeine Risiko wider, das eine Vermögensanlage in den Aktienmarkt selbst ergibt. Sie wird als Differenz der Rendite eines Marktportfolios, meist eines repräsentativen Aktienindexes, und der Rendite der risikolosen Vermögensanlage berechnet. Die zweite Komponente drückt das unternehmensspezifische Risiko aus, welches mit einer Vermögensanlage in das Wertpapier des betrachteten Unternehmens eingegangen wird. Der sogenannte Betafaktor zeigt die Volatilität (Kursschwankungsbreite) der spezifischen Vermögensanlage im Verhältnis zur Volatilität des Marktportfolios. Dabei ist der Betafaktor definiert als das Verhältnis der Kovarianz der Rendite der spezifischen Vermögensanlage mit der Rendite des Marktportfolios zu der Varianz der Rendite des letzteren.

Die Ermittlung der Fremdkapitalkosten greift gewöhnlich auf die vertraglich fixierten Kosten der einzelnen Fremdkapitalformen zurück und gewichtet sie entsprechend ihres Anteils. Bei der abschließenden Verknüpfung von Eigen- und Fremdkapitalkosten zu einem als *Weighted Average Cost of Capital (WACC)* bezeichneten Gesamtkapitalkostensatz auf Basis der bestehenden Finanzierungsstruktur werden schließlich auch Steuereffekte berücksichtigt.

Wertorientierte Steuerungskonzepte erfreuen sich in der Praxis großer Beliebtheit. Da sie zudem in der Lage sind, die spezifische Risikosituation des einzelnen Unternehmens zu berücksichtigen, bieten sie sich als Kapitalkostensatz für die Kapitalbindungskosten geradezu an. Insbesondere für die konzeptionelle Verwendung der Kostenwerte bilden sie eine hinreichende Basis. Für unternehmensübergreifende Kostenvergleiche bedeutet aber das Rekurrieren auf das CAPM-Modell potenzielle Wertunterschiede gemäß unterschiedlicher Risikosituationen der verglichennen Unternehmen, die entsprechend zu berücksichtigen sind. Zudem gibt es zuneh-

---

[27] Vgl. im Überblick z. B. (Weber et al. 2004).

[28] Vgl. z. B. Brealey et al. (2011, S. 213–240).

[29] Auf die Diskussion alternativer Modelle sei an dieser Stelle verzichtet.

[30] Für ein nicht am Kapitalmarkt notiertes Unternehmen besteht die Möglichkeit eines Analogieschlusses, oder es ist der von den Eignern gewünschte Eigenkapitalkostensatz zu wählen.

mend Unternehmen, die auf Grund der relativ großen Komplexität wertorientierter Steuerung von diesem Konzept wieder abgehen.[31]

Im Ergebnis zeigt sich, dass eine der wichtigsten Logistikkostenarten erheblichen Erfassungs- und Bewertungsproblemen ausgesetzt ist. Die konkrete Lösung dieser Probleme beeinflusst die Höhe der Logistikkosten maßgeblich. Dies muss in zwischenbetrieblichen und intertemporalen Vergleichen berücksichtigt werden.

7.2.3 Fehlleistungsbezogene Abgrenzungsprobleme

Ziel der Logistik ist es sicherzustellen, dass ein gegebener Bedarf an Gütern und/ oder Diensten in seiner mengenmäßigen, qualitativen, zeitlichen und räumlichen Dimension sowie der Art nach „richtig", d. h. dem Anforderungsprofil des Bedarfsträgers entsprechend, befriedigt wird. Eine „falsche" logistische Aufgabenerfüllung kann folglich prinzipiell zwei unterschiedliche Ursachen besitzen. Sie leitet sich zum einen aus einer unnötigen Überschreitung des Anforderungsprofils her, aus der Unwirtschaftlichkeiten resultieren, wie etwa dann, wenn im Beschaffungsbereich zu große Sicherheitsbestände lagern. In diesem Fall müssen – prinzipiell vermeidbare – Mehrkosten in Kauf genommen werden, die die Logistikkostenrechnung als Teil der Logistikkosten laufend erfasst.

Besteht der Grund unzureichender logistischer Aufgabenerfüllung zum anderen in der Unterschreitung einzelner oder mehrerer Elemente des vom jeweiligen Nachfrager der Logistikleistungen gesetzten Anforderungsrahmens, so kann die Nachfrage nicht in allen ihren Merkmalen vollständig gedeckt werden. Eine solche Situation wird als das Vorliegen einer Fehlmenge (im Angelsächsischen stock out oder stock depletion) bezeichnet. Die begriffliche Hervorhebung der Mengenkomponente der Nachfrage kann dabei den – falschen – Eindruck hervorrufen, Fehlmengen beschränkten sich allein auf im Bezug zum Bedarf zu wenig ausgelieferte Mengen (nicht nachlieferbare Fehlmengen, wie z. B. im Fall der Rationierung von Gütern).[32] Fehl „mengen" liegen jedoch auch dann vor, wenn der Bedarf zwar quantitativ vollständig, jedoch terminlich zu spät (zu früh) oder räumlich falsch gedeckt wird (Fall der prinzipiell nachlieferbaren Fehlmenge). Zwar tritt im Ergebnis zunächst beim Nachfrager insofern eine gleiche Situation ein, als er – am gewünschten Ort und zur gewünschten Zeit – nicht über die gewünschte Menge verfügt. Lieferterminverzögerungen lassen sich aber häufig durch die Nachfrager, ein falscher Anlieferungsort durch den Lieferanten wieder ausgleichen, so dass im Vergleich zur (endgültig) fehlenden Menge sehr unterschiedliche erfolgswirtschaftliche Konsequenzen zu erwarten sind. Besteht die unzureichende logistische Aufgabenerfüllung schließlich darin, z. B. durch ein falsches Transportverfahren die Qualität der gelieferten Güter unzulässig zu vermindern, so sind mit diesen „Fehlqualitäten" unter Umständen überhaupt keine Fehl„mengen" verbunden, dann nämlich, wenn der Nachfrager – zumeist unter Durchsetzung von Preisnachlässen – die Waren trotzdem abnimmt.

---

[31] Vgl. ausführlich Weber (2009).

[32] Vgl. auch nochmals die Diskussion der Abb. 6.4.

Neben dieser begrifflichen Verkürzung nimmt das einschlägige Schrifttum auch inhaltlich in zweifacher Hinsicht Einengungen vor. Zum einen werden Fehlmengen zumeist ausschließlich als ein lagerwirtschaftliches Problem angesehen, durch mangelnde Transportprozesse bedingte Fehlmengen vernachlässigt.[33] Zum anderen diskutiert man das Auftreten von Fehlmengen und deren Konsequenzen schwerpunktmäßig als ein distributionslogistisches Problem. Die product availability bzw. Lieferbereitschaft ist ein zentrales Element des Lieferservices. Verfügbarkeits „lücken" von Gütern oder Diensten betreffen aber originär auch den Beschaffungs- und Produktionsbereich, sie werden in der Distribution häufig gar nicht sichtbar. Losgrößenplanungsmodelle beziehen so z. B. anlaufbedingte Fehlmengen im Rahmen der Rüstkosten standardmäßig in die Optimierung ein, ganze Abteilungen befassen sich mit der Feststellung und Beseitigung von Qualitätsmängeln. Um dem Fehlmengenphänomen umfassend gerecht zu werden, ist es deshalb erforderlich, stets das Gesamtsystem Unternehmung zu betrachten.

Fehlmengenkosten sind ein *Sammelbegriff für erfolgswirtschaftliche Konsequenzen solcher unzureichender logistischer Aufgabenerfüllung, die aufgrund von Unterschreitungen einzelner oder mehrerer Elemente des vom jeweiligen Nachfrager der Logistikleistung gesetzten Anforderungsprofils entstehen.* Unterschiedliche Arten dieser Kosten leiten sich deshalb von unterschiedlichen Arten der von Fehlmengensituationen ausgelösten Erfolgswirkungen bzw. betroffenen Erfolgsvariablen ab. Um diese zu systematisieren, erweist es sich als sinnvoll zu differenzieren, ob, inwieweit, wo (in welchem Unternehmensbereich) und wie der logistische Aufgabenträger auf die Unterschreitung(en) des Anforderungsrahmens des Nachfragers reagiert bzw. reagieren kann. Diese Differenzierung liegt der zweiteiligen Abb. 7.4 zugrunde, auf die sich die folgende Diskussion stützt.

Eine grundsätzliche Möglichkeit, auf eine Fehlmengensituation zu reagieren, besteht darin, den „Fehler" vollständig zu beseitigen. Wird ein zu exportierendes Produkt z. B. zu spät fertig gestellt, um es noch termingerecht auf dem Schiffsweg zum Kunden zu transportieren, lässt sich gegebenenfalls durch eine Auslieferung per Luftfracht eine Überschreitung des Lieferzeitpunkts vermeiden. Derartige vollständige „Korrekturen" sind immer dann möglich, wenn Unterschreitungen des Anforderungsprofils logistischer Leistungen frühzeitig erkannt werden und zugleich zusätzliche (z. B. Nachproduktion verdorbener Lagermengen) und/oder veränderte (wie etwa der soeben angesprochene Übergang von Schiffs- auf Luftfracht) Prozesse durchgeführt werden können. Sie lassen sich – wie auch Abb. 7.4 entnehmbar – bezogen auf die Kunden als Nachfrager ceteris paribus um so leichter vornehmen, je „früher" die Fehlmengen im Leistungserstellungsprozess auftreten. Materialbezogene Liefertermüberschreitungen können so schon durch diverse produktionswirtschaftliche Anpassungsmaßnahmen (Umstellungen des Produktionsprogramms, Erhöhung der Produktionsgeschwindigkeit usw.) aufgefangen werden, während man Terminverzögerungen im Absatzbereich allenfalls noch durch beschleunigte und/oder zusätzliche Lieferprozesse begegnen kann. Wie ersteres Beispiel zeigt,

---

[33] So stößt man im verkehrs- bzw. transportwirtschaftlichen Schrifttum kaum auf den Terminus Fehlmenge.

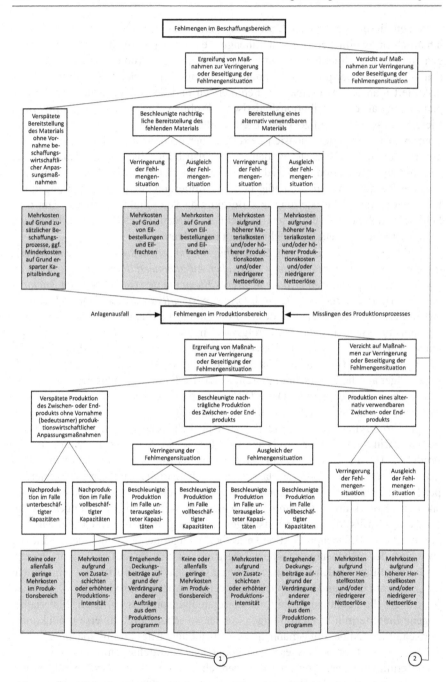

Abb. 7.4 Überblick über Erscheinungsformen und Ursachen von Fehlmengen

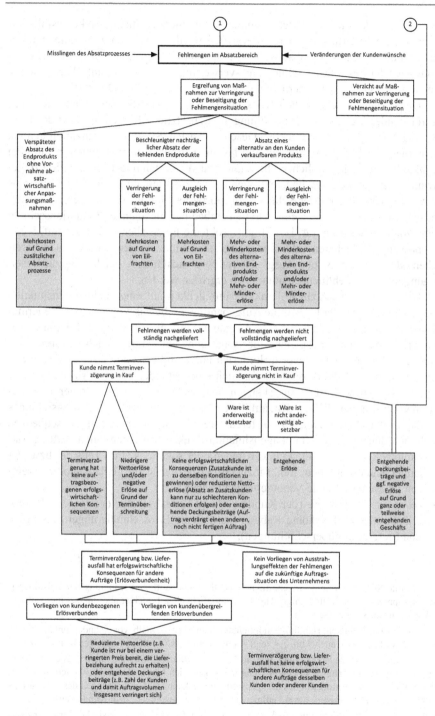

Abb. 7.4 (Fortsetzung)

müssen die Aktivitäten zur Beseitigung von Fehlmengensituationen keinesfalls immer in dem Unternehmensbereich ergriffen werden, in dem die Fehlmengen anfallen oder erstmals offenbar werden. Anpassungsmaßnahmen in nachgelagerten Stationen der Leistungserstellung und -verwertung oder abgestimmte Aktivitäten in mehreren oder in allen Unternehmensbereichen sind ebenso möglich.[34]

Die erfolgswirtschaftlichen Konsequenzen eines vollständigen Ausgleichs unzureichender logistischer Zielerfüllung sind zusätzliche Kosten in Form der Kosten der Abweichung vom üblichen Geschäftsbetrieb. Sie können prinzipiell in allen Unternehmensbereichen anfallen und lassen sich nur dann bestimmen, wenn man exakte Kenntnis des „üblichen" bzw. „normalen" Kostenniveaus besitzt. Sie zu gewinnen, fällt zuweilen sehr leicht, wenn etwa zur Einhaltung eines Liefertermins ein normalerweise auf der Schiene transportiertes Gut auf dem teureren Luftweg ausgeliefert wird oder man eine fehlmengenbedingt ausfallende Produktionsschicht am Wochenende nachholt. Ermittlungsprobleme treten aber z. B. dann auf, wenn Anpassungsmaßnahmen aufeinander abgestimmt in mehreren Unternehmensbereichen oder aber – z. B. zum Ausgleich von Streikausfällen – gleichzeitig zur Beseitigung mehrerer Fehlmengensituationen ergriffen werden.

Die zweite grundsätzliche Reaktionsmöglichkeit auf eine Fehlmengensituation besteht darin, dass der logistische Aufgabenträger – bewusst oder gezwungenermaßen – die unzureichende logistische Aufgabenerfüllung nur zu einem Teil durch Anpassungsmaßnahmen ausgleicht oder sogar ganz auf derartige „Korrekturen" verzichtet.[35] Anders als im zuvor diskutierten Fall resultiert hieraus zusätzlich zu den bzw. anstelle der Mehrkosten häufig auch eine Veränderung des Erlösanfalls. Art und Umfang dieser Veränderung hängen davon ab, wie die Endnachfrager der logistischen Leistungen, die Kunden, auf die Unterschreitung des Anforderungsrahmens reagieren.[36] Dabei ist danach zu differenzieren, ob die erlösmäßigen Konsequenzen lediglich den von der Fehlmengensituation direkt betroffenen einen Auftrag, das gesamte Nachfrageverhalten eines Kunden oder sogar das eines Teils der bzw. der gesamten Kundschaft betreffen. Einzelauftragsbezogene, die geplanten oder vereinbarten Erlöse betreffende Veränderungen können

- *reduzierte Nettoerlöse* (der Kunde verlangt Preisabschläge (verringerte Bruttoerlöse) oder z. B. erhöhte Rabatte (zusätzliche Erlösschmälerungen) als Folge von Lieferterminüberschreitungen),[37]

---

[34] Je stärker die produktionswirtschaftliche (sachliche und zeitliche) Kopplung der Leistungserstellungsprozesse ist, desto weniger Handlungsmöglichkeiten bestehen allerdings, einen solchen „Anpassungsmix" vorzunehmen.

[35] Beide grundsätzlichen Handlungsmöglichkeiten müssen deshalb voneinander unterschieden werden, weil sie – wie auch Abb. 7.4 zeigt – abweichende erlösmäßige Konsequenzen besitzen.

[36] Eine stufenbezogene Betrachtung, wie sie Abb. 7.4 vornimmt, lässt erkennen, dass ein Verzicht auf Anpassungsmaßnahmen in einem Unternehmensbereich häufig durch Aktivitäten in folgenden Stationen des Leistungsflusses kompensiert werden kann. Zu Veränderungen des Erlösanfalls kommt es deshalb erst dann, wenn Fehlmengensituationen gegenüber dem Kunden auftreten.

[37] Vgl. zu dem begrifflichen und rechnungstechnischen Zusammenhang zwischen Bruttoerlösen, Nettoerlösen und Erlösschmälerungen Weber und Weißenberger (2010, S. 335–337).

- *entgehende Deckungsbeiträge* (der Kunde tritt vom bislang noch nicht bearbeiteten Auftrag zurück),
- *entgehende Erlöse* (der Kunde tritt vom schon (fast) fertig gestellten, nicht anderweitig verwertbaren Auftrag zurück) oder
- *negative Erlöse* (Schadenersatzzahlungen oder Konventionalstrafen bei Nichtlieferfähigkeit)[38] sein.

Akzeptiert der Kunde im Back-order-Fall dagegen die vorübergehende Fehlmengensituation vollständig, so treten keine Erlösverminderungen, im Grenzfall sogar Erlössteigerungen, auf. Lange Lieferzeiten in der Automobilindustrie führen so zuweilen dazu, dass der Kunde ein geordertes Fahrzeug aufgrund zwischenzeitlicher Preiserhöhungen zu einem erhöhten Entgelt abnehmen muss.

Während diese fehlmengenbedingten Erlös- bzw. Erfolgsveränderungen – ebenso wie die aus Anpassungsmaßnahmen resultierenden Mehrkosten – (zumindest ex post) prinzipiell hinreichend exakt quantifizierbar sind, wird man mit erheblichen Erfassungsproblemen konfrontiert, wenn von einer Fehlmengensituation Ausstrahlungseffekte auf künftige Geschäfte des Unternehmens ausgehen, wenn – mit anderen Worten – die Erlöse des von einer Fehlmenge betroffenen Auftrags mit den Erlösen anderer Aufträge verbunden sind.[39] Die Literatur diskutiert derartige, zu zukünftigen Nachfrageverlusten führende Kaufverbundenheiten zumeist nur für den (einzelnen) Abnehmer des betrachteten Auftrags und spricht von „Goodwill-Verlusten".[40] Wie auch Abb. 7.4 zeigt, können aber Unternehmen – insbesondere solche, die auf Märkten mit hoher Markttransparenz agieren – auch einem Rückgang der Nachfrage anderer Kunden ausgesetzt sein. Diese Nachfragewirkungen zu quantifizieren, fällt sehr schwer. Befragungen der Kunden führen allenfalls zu ordinalen Aussagen und auch Experimente auf Teilmärkten oder Reklamationsanalysen sind in ihrer Aussagefähigkeit beschränkt. Bei einer Einbeziehung derartiger Fehlmengenkosten in Planungsmodelle muss deshalb stets die (eingeschränkte) Qualität der verwendeten Daten berücksichtigt werden.

Fehlmengenkosten lassen sich schließlich auch nach ihrer Abhängigkeit von bestimmten Einflussgrößen differenzieren. Als wichtigste Kriterien sind in diesem Zusammenhang zu nennen:

- mit der *Zahl auftretender Fehlmengensituationen* variierende Fehlmengenkosten. Hierzu können z. B. Vertragsstrafen und entgehende Deckungsbeiträge von durch Terminverzögerungen verlorenen Aufträgen zählen;
- mit dem *Fehlmengenvolumen* variierende Fehlmengenkosten. Beispiele hierfür sind etwa Mehrkosten des Fremdbezugs von sonst selbst hergestellten Zwischenprodukten;

---

[38] Unter „negativen Erlösen" versteht Männel ein „ungewolltes, aber auf Grund widriger Umstände eingetretenes negatives Ergebnis der Geschäftstätigkeit" (Männel, 1975, S. 43).

[39] Vgl. zum Phänomen der Erlösverbundenheit und dessen Konsequenzen für das interne Rechnungswesen den grundlegenden Beitrag bei Riebel (1994, S. 98–148).

[40] Vgl. z. B. schon Arrow et al. (1958, S. 21).

- mit dem *Fehlmengenvolumen und der Dauer der Fehlmengensituationen* variierende Fehlmengenkosten. Hierunter fallen z. B. Preisnachlässe, deren Höhe mit dem Ausmaß der Terminüberschreitung zunimmt.

Als Fazit der vorangegangenen Ausführungen lässt sich festhalten, dass sich Fehlmengenkosten aus sehr heterogenen Bestandteilen zusammensetzen, in unterschiedlichen Unternehmensbereichen anfallen, ihre Höhe von einer Vielzahl von Einflussgrößen abhängt, sie damit stets nur für den individuellen Einzelfall exakt bestimmbar sind und sie schließlich von unterschiedlichen „Verursachern" (neben „fehlerhaften" Logistikdispositionen z. B. auch von Anlagenausfällen) ausgelöst werden. Diese Komplexität ist sicher ein maßgeblicher Grund dafür, dass Fehlmengenkosten typischerweise nicht in der laufenden Kostenrechnung erfasst und ausgewiesen werden. Zur Beurteilung der Zweckmäßigkeit eines solchen Vorgehens muss man sich Klarheit darüber verschaffen, ob bzw. welche Bestandteile von Fehlmengenkosten im laufenden Rechnungswesen erfassbar sind. Wie bereits angesprochen, ergibt sich diesbezüglich ein sehr heterogenes Bild. Am unproblematischsten gelingt der Ausweis von Vertragsstrafen (negativen Erlösen) oder reduzierten Umsätzen (Erlösschmälerungen). Fehlmengenbedingte Mehrkosten im Beschaffungs-, Produktions-, Absatz- und Logistikbereich zu ermitteln, setzt die Kenntnis des optimalen Kostenniveaus voraus und kann deshalb Erfassungsprobleme hervorrufen. Dennoch fällt der Ausweis von Mehrkosten für Eilfrachten, Fremdbezug oder Überstunden und Zusatzschichten noch vergleichsweise leicht. Dagegen sind die Schwierigkeiten der Erfassung von Erfolgsminderungen aufgrund eines fehlmengenbedingten Nachfragerückgangs für eine laufende interne Rechnung prinzipiell nicht lösbar. Neben der grundsätzlichen Quantifizierungsproblematik bedürfte es zur Bereitstellung auch nur annähernd exakter Daten eines wirtschaftlich nicht tragbaren Erfassungsaufwands, da die zu ermittelnden Erfolgswirkungen von Kunde zu Kunde und von Zeitabschnitt zu Zeitabschnitt sehr unterschiedlich sein können und folglich laufend eine Vielzahl von Befragungen bzw. Tests durchgeführt werden müsste.

Diese Fülle von Problemen legt es – anders als im Rahmen ähnlicher Überlegungen für die Kapitalbindungskosten postuliert – nahe, auf einen standardmäßigen Ausweis von fehlmengenbedingten Erlöseinbußen zu verzichten. Nur dann, wenn der konzeptionelle Verwendungszweck der Kosteninformationen im Vordergrund steht, Fehlmengen eine erhebliche erfolgswirtschaftliche Bedeutung besitzen und diese nicht ausreichend über Aufzeichnung und Ausweis von Fehlmengensituationen und -umfang widergespiegelt werden kann, bietet sich die Aufnahme von Fehlmengenkosten als fester Bestandteil der Logistikkosten an.

7.3 Durchführung der Abgrenzung

Vergleicht man die Abgrenzungsprobleme der Logistikkosten mit den vorab diskutierten Abgrenzungsproblemen der Logistikleistungen, so lassen sich einige signifikante *Unterschiede* feststellen:

- Die Wirkung der Abgrenzung ist erheblich transparenter: Wenn sich durch eine konsistente Definition des Servicegrads Vorteile in bereichsübergreifenden Planungen und Steuerungen ergeben, so fällt es schwer, sie in ihrer Höhe und Art genau zu messen. Wenn umgekehrt die Höhe der Kapitalbindungskosten vom Durchschnittssatz aus kostenlosem Eigenkapital und langfristigem Fremdkapital zu einem kapitalmarktorientierten WACC verändert wird, sind Veränderungen der gesamten Logistikkosten im zweistelligen Prozentsatzbereich unmittelbar ablesbar.
- Das Abgrenzungsproblem ist nicht von der Bedeutung her, wohl aber was den Abgrenzungsumfang betrifft, deutlich weniger komplex.
- Die Abgrenzungsaufgabe kann von den Kostenrechnern bzw. Controllern – mit Ausnahme der fehlleistungsbezogenen Kosten – weitgehend ohne Hilfe der Logistiker gelöst werden. Die Leistungsabgrenzung setzt dagegen deren intensive Mitarbeit voraus.

Alle drei Aspekte erleichtern die Abgrenzung komparativ erheblich. Die für die Leistungen maßgeblichen Kriterien für die Abgrenzung gelten dagegen für die Kosten in gleicher Weise:

- *Ausrichtung auf die Verwendungszwecke:* Die Ausführungen haben deutlich gemacht, dass es für die Abgrenzungsprobleme keine einheitlichen Lösungen gibt. Unternehmen mit einer strikten Ausrichtung ihrer Steuerungssysteme an kapitalmarktrelevanten Größen werden beispielsweise keine Alternative zum WACC als Kapitalkostensatz besitzen, während für ein eigentümerfinanziertes, kapitalknappes mittelständisches Unternehmen der Opportunitätskostensatz den besseren Wertansatz darstellen kann. Die Frage nach der anzustrebenden Detaillierung (z. B. in der Herauslösung von Logistikkosten aus den Produktionskosten) wird u. a. von der intendierten Rolle einer Logistikkostenrechnung bestimmt (instrumentell versus konzeptionell). Eine sehr ins Detail gehende operative Planung – als drittes und letztes Beispiel – verlangt eine genauere Abgrenzung der Logistikkosten als eine operative Planung, die lediglich Rahmencharakter besitzt.
- *Ausgleich zwischen Erfassungsgenauigkeit und Erfassungskosten:* Wie gezeigt, wird der Grad der Selektion und Abgrenzung von Logistikkosten – bewegt man sich im Denkrahmen traditioneller Kostenrechnungssysteme – insbesondere von Erfassungskosten begrenzt. Jeden kleinsten Transport-, Umschlags- und Lagervorgang kostenmäßig abzubilden, setzt präzise Leistungserfassungssysteme voraus und erhöht in der Kostenrechnung die Zahl von Zurechnungen und Zurechnungsobjekten. Weiterhin bedürfen diese Strukturen laufender Pflege, was die Kosten der Logistikkostenrechnung weiter erhöht. Auch wenn für eine instrumentelle Nutzung detaillierte Daten gebraucht würden, könnte ein Zusammenspiel einer komparativ wenig differenzierten laufenden Rechnung und fallweiser zusätzlicher Datenerhebung gegenüber einer ständigen Detaillierung der wirtschaftlichere Weg sein.[41] Eine primär konzeptionelle Nutzung der Kostenrechnung setzt der Erfassungsgenauigkeit erheblich engere Grenzen.

---

[41] Vgl. zu solchen Lösungen ausführlicher Weber (1996). Wir werden auf diese Ideen noch häufig in diesem Buch zurückkommen.

- *Detaillierte Festlegung der Definitionsmerkmale:* Wie dies für jede Abgrenzung gilt, müssen die Abgrenzungstatbestände im Detail und nachvollziehbar festgehalten werden. Im Vergleich zur Leistungsdefinition ist der hierfür erforderliche Aufwand bei der Kostenfestlegung allerdings deutlich überschaubarer.

Schließlich sei auch an dieser Stelle nochmals hervorgehoben, wie wichtig die Kommunikation der getroffenen Abgrenzung für die Empfänger der Kosteninformationen ist. Gerade dann, wenn sich die Festlegung der Logistikkostenextension bei den Logistik-Führungskräften und Managern anderer Bereiche nicht intuitiv erschließt, ist es für den Kostenrechner bzw. den Controller unabdingbar, die vorgenommene Abgrenzung und deren Motivation so lange aktiv zu vermitteln, bis ein ausreichendes Verständnis besteht. Hier liegt ein zentraler Erfolgsfaktor für deren Arbeit.[42]

Literatur

Arrow KJ, Karlin S, Scarf H (1958) Studies in mathematical theory of inventory and production. University Press, Stanford

Brealey RA, Myers SC, Allen F (2011) Corporate finance, 10. Aufl. McGraw-Hill, New York

Davis HW, Drumm WH (2000) Logistics cost and service 2000. In: Council of Logistics Management (Hrsg) Annual Conference Proceedings. New Orleans, S 61–73

Freidank C-C (2008) Kostenrechnung. Grundlagen des innerbetrieblichen Rechnungswesens und Konzepte des Kostenmanagements, 8. Aufl. Oldenburg-Verlag, München

Göpfert I (2000) Logistik: Führungskonzeptionen. Gegenstand, Aufgaben und Instrumente des Logistikmanagements und -controllings. Vahlen-Verlag, München

Heskett JL, Glaskowsky RM, Ivie RM (1973) Business logistics. Physical distribution and materials management, 2. Aufl. New York

Hummel S, Männel W (1986) Kostenrechnung 1: Grundlagen, Aufbau und Anwendung, 4. Aufl. Gabler-Verlag, Wiesbaden

Ihde GB (1991) Transport, Verkehr, Logistik. Gesamtwirtschaftliche Aspekte und einzelwirtschaftliche Handhabung. Vahlen-Verlag, München

Kilger W (1993) Flexible Plankostenrechnung und Deckungsbeitragsrechnung, 10. Aufl. Gabler, Wiesbaden (bearbeitet durch K. Vikas)

Kilger W, Pampel J, Vikas K (2007) Flexible Plankostenrechnung und Deckungsbeitragsrechnung, 12. Aufl. Gabler, Wiesbaden

Küpper H-U (2008) Controlling. Konzeption, Aufgaben, Instrumente. Schäffer-Poeschel, Stuttgart

Lambert DM, Stock JR (1993) Strategic logistics management, 3. Aufl. Irwin, Homewood

Männel W (1975) Erlösschmälerungen. Gabler, Wiesbaden

Pfohl H-C (2000) Logistiksysteme. Betriebswirtschaftliche Grundlagen, 6. Aufl. Springer, Berlin

Pfohl H-C (2004) Logistikmanagement. Konzeption und Funktionen, 2. Aufl. Springer, Berlin

Pfohl H-C (2010) Logistiksysteme. Betriebswirtschaftliche Grundlagen, 8. Aufl. Springer, Berlin

Plaut HG (1984) Grenzplankosten- und Deckungsbeitragsrechnung als modernes Kostenrechnungssystem. Kostenrechnungs Praxis 28:20–26, 67–72

Reichmann T (2011) Controlling mit Kennzahlen. Die systemgestützte Controlling-Konzeption mit Analyse- und Reportinginstrumenten, 8. Aufl. Vahlen, München

---

[42] Dies fällt deutlich schwerer als zumeist gedacht. Vgl. noch einmal die empirischen Erfahrungen zur Einführung und Verankerung wertorientierter Steuerung bei Weber (2009).

Riebel P (1994) Einzelkosten- und Deckungsbeitragsrechnung. Grundfragen einer markt- und entscheidungsorientierten Unternehmensrechnung, 7. Aufl. Gabler, Wiesbaden

Schweitzer M, Küpper H-U (2011) Systeme der Kosten- und Erlösrechnung, 10. Aufl. München

Währisch M (2000) Der Ansatz kalkulatorischer Kostenarten in der industriellen Praxis. ZfbF 52:678–694

Weber J (1996) Selektives Rechnungswesen. ZfB 66:925–946

Weber J (2009) Erfahrungen mit wertorientierter Steuerung. Der Betrieb 62:297–303

Weber J, Weißenberger BE (2010) Einführung in das Rechnungswesen. Bilanzierung und Kostenrechnung, 8. Aufl. Schäffer-Poeschel, Stuttgart

Weber J, Bramsemann U, Heineke C, Hirsch B (2004) Wertorientierte Unternehmenssteuerung. Konzepte – Implementierung – Praxisstatements. Gabler, Wiesbaden

Abgrenzung der Erlöse der Logistik

8

Die dritte abzugrenzende Informationskategorie sind die von der Logistik verursachten Erlöse. Für sie besteht ein ähnlich großer Präzisierungs- und Abgrenzungsbedarf.

8.1 Grundlagen einer Erlösdefinition und -abgrenzung

Die Ausführungen im ersten Teil des Buches haben für den Kontext der folgenden Ausführungen zweierlei klargemacht: Zum einen hat sich im Zuge der Entwicklung des „Konzepts Logistik" der Fokus von Effizienzsteigerung hin zur Erhöhung der Effektivität verschoben; die Wirkung der Logistik auf die wettbewerbliche Leistungsfähigkeit ist zumindest an die Seite der Frage weiterer Kosteneinsparungen getreten. Zum anderen haben die mehrfach angesprochenen empirischen Erhebungen gezeigt, wie groß der Hebel einer Leistungssteigerung für den Unternehmenserfolg tatsächlich ist.[1] Um die Gründe und genauen Wirkungsrichtungen dieses Zusammenhangs näher zu erkennen, ist es erforderlich, neben den Logistikleistungen auch die von diesen ausgehenden Erlöswirkungen näher zu analysieren.

Kenntnis der Höhe, Zusammensetzung und Beeinflussbarkeit von Logistikerlösen ist aus einer ganzen Reihe von Gründen heraus erforderlich, von denen im Folgenden einige ausgewählte genannt seien:

- *Berücksichtigung der Logistik in der Produktgestaltung*: Die Kunden offerierten Produkte bieten i. d. R. diesen ein breites Spektrum an nutzenstiftenden Merkmalen. Eine der im Marketing üblichen Differenzierungen[2] unterscheidet neben dem eigentlichen, für sich alleine nicht vermarktungsfähigen „core product" ein „formal product", das aus dem Kernprodukt durch (zumeist) obligatorische Zusatzleistungen hervorgeht, die dessen Vermarktungsfähigkeit gewährleisten, und ein „augmented product", das durch die Ergänzung eines Dienstleistungskranzes entsteht. Logistikgetriebene Erlöse können auf den beiden ersten Produktstufen z. B. durch eine die Logistikkosten beim Kunden senkende Konstruktion aus-

---

[1] Vgl. nochmals den Abschn. 1.6. im ersten Teil des Buches.

[2] Vgl. Keller (2008, S. 3), der sich auf Levitt (1980), beruft.

J. Weber, *Logistikkostenrechnung*,
DOI 10.1007/978-3-642-25173-3_8, © Springer-Verlag Berlin Heidelberg 2012

Abb. 8.1 Schematische Darstellung des Zusammenhangs
zwischen Logistikkosten und
Logistikerlösen in Abhän-
gigkeit vom logistischen
Leistungsniveau

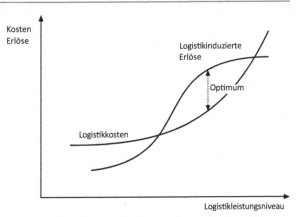

gelöst werden.[3] Für den Dienstleistungskranz sind die Bezüge unmittelbar. Letztere Leistungsmerkmale (z. B. Servicegrade) sind im Nachhinein auch deutlich
leichter zu verändern als erstere. Mangelnde Berücksichtigung der potenziellen
Erlöswirkungen unterschiedlicher logistischer Leistungsniveaus können deshalb
auch im Nachhinein besser korrigiert werden.

- *Marktorientierte Logistikplanung*: Die Festlegung der Dienstleistungsausprä-
gung der Logistik fällt – im Rahmen einer grundsätzlichen Logistikstrategie und
eines Kontextes gegebener Produkte – in den Aufgabenbereich der operativen
Planung. Grundsätzlich besteht ein Optimierungsproblem bezüglich der Höhe
des anzubietenden logistischen Leistungsniveaus und der dafür anfallenden Kosten. Die Lösung dieses Problems setzt die Kenntnis der Erlöswirkungen unterschiedlicher Leistungsniveaus voraus. Zusammenhänge, wie sie Abb. 8.1 visu-
alisiert, finden sich in der einschlägigen Literatur oft,[4] allerdings fast ebenso oft
kritische Einschätzungen ob der Generierbarkeit der erforderlichen Informationen.[5] Daher verwundert die folgende Aussage nicht: „Das größte Problem ist,
dass die Logistikleistung überhaupt nicht markt- und wettbewerbsbezogen gesteuert wird".[6]

- *Marktorientierte Logistikkontrolle*: Ob und inwieweit das Unternehmen den gesetzten marktorientierten Zielen tatsächlich entspricht, lässt sich nur durch eine
Kontrolle feststellen. Die systematische Erfassung der Zielerreichung ermöglicht
ein marktbezogenes Lernen (z. B. über den tatsächlichen Zusammenhang zwi-

---

[3] Z. B. durch eine Senkung der Instandhaltungskosten mittels verstärkter Verwendung von Norm-
bauteilen.

[4] Vgl. z. B. Ballou (2004, S. 109f).

[5] Vgl. als ein Beispiel Delfmann et al. (1992, S. 616): „Die mengen- und wertmäßigen Auswirkungen des Lieferservice zu messen, ist schwierig, … Die Vorstellung, eine gewinnoptimale Service-
strategie realisieren zu können, ist deshalb nicht operational".

[6] Maier-Rothe (1987, S. 130). Diese Aussage gilt auch heute in vielen Unternehmen noch in
hohem Maße. Ein zentraler Grund dafür liegt darin, dass die dafür notwendigen Informationen
fehlen: „Often, too little is known about the effect of physical distribution service changes on
revenues" (Ballou 2004, S. 736).

schen der Zufriedenheit des Kunden mit dem offerierten logistischen Leistungsniveau und der erreichten Kundenbindung) und sichert ein notwendiges „Ernst-
Nehmen" der Ziele durch das zuständige Management.

- *Marktorientierte Anreizgestaltung*: Das systematische Gegenüberstellen von Soll
  und Ist bedeutet einen wichtigen Schritt, um die Aufmerksamkeit des Managements auszurichten und entsprechende Handlungen anzustoßen. Eine noch höhere Bindung lässt sich i. d. R. dann erzielen, wenn die Zielerreichung mit Anreizen
  verbunden ist. Knüpft man z. B. einen nicht unerheblichen Teil der variablen
  Vergütung eines Vertriebsmanagers an die Erfüllung von Servicegradzielen, so
  wird damit die Wahrscheinlichkeit der Zielerreichung erhöht. Da mit der Incentivierung eine starke Richtungsgebung erzielt wird, muss jedoch hohe Klarheit ob
  der Wichtigkeit der so hervorgehobenen Ziele gegenüber den nicht mit Anreizen
  versehenen anderen Ziele vorliegen[7]. Wenn beispielsweise die Zufriedenheit der
  Kunden mit dem logistischen Leistungsniveau Tantiemen begründend ist, muss
  stets kritisch hinterfragt werden, ob aus der dann erreichbaren hohen Zufriedenheit tatsächlich eine Wirkung auf den Unternehmenserfolg ausgegangen ist.

Schließlich sei auf einen Aspekt hingewiesen, der die Unterscheidung unterschiedlicher Nutzungsarten von Informationen wieder aufgreift: Fehlen Informationen über
die Erlöswirkungen der Logistik im Set der den Logistikverantwortlichen laufend
bereitgestellten Informationen gänzlich, besteht die Gefahr, dass sie im täglichen
Handeln der Manager vernachlässigt werden. Auch wenn die Ausführungen zur
Bestimmung von Fehlmengenkosten und die wenigen genannten Zitate erhebliche
Probleme der Bestimmung der Erlöswirkungen signalisieren und damit einer instrumentellen Nutzung laufend bereitgestellter erlösbezogener Informationen enge
Grenzen gesetzt sind, könnte eine solche Bereitstellung dennoch *im Sinne einer
konzeptionellen Nutzung angebracht* sein. Im Folgenden sei deshalb untersucht,
welche Möglichkeiten hierzu bestehen.

8.2   Analyse der Erfolgs- und Erlöswirkungen der Logistik

Ausgangspunkt der Ableitung von Erlöswirkungen der Logistik sei die übergeordnete Frage ihrer Erfolgswirkung. In einfachster Form lässt sich Erfolg als das Produkt aus Absatzmenge mal Absatzpreis der Produkte abzüglich der für ihre Erstellung anfallenden Kosten ermitteln. Diese drei erfolgsbestimmenden Variablen sind
originäre Ansatzpunkte einer Erfolgsanalyse:

1. Eine leistungsfähige Logistik kann zu einer *Erhöhung der Absatzmenge* führen, indem sie maßgeblicher Grund für die Gewinnung gänzlich neuer Kunden
   (z. B. bislang Kunden des stationären Handels für Internet-Bestellungen) bzw.
   die Gewinnung von Kunden von Wettbewerbern (z. B. hoher Servicegrad als
   Grund des Wechsels zwischen Lieferanten) darstellt. In gleicher Weise kann sie
   über eine wirkungsvolle Kundenbindung die Abwanderung von eigenen Kun-

---

[7] Diese starke Fokussierung legt es auch nahe, die incentivierten Ziele im Zeitablauf zu verändern.

den verringern oder ganz vermeiden und damit Reduktionen der Absatzmenge verhindern.

2. Eine leistungsfähige Logistik kann der maßgebliche Grund einer gegenüber Konkurrenzprodukten erhöhten Preisstellung sein und/oder bestehende Preise *resistenter gegen wettbewerbsinduzierte Preisreduzierungen* machen. Der Einfluss kann dabei direkt sein (z. B. Aufschlag für 24-Stunden-Lieferung gegenüber 48-Stunden-Lieferung) oder indirekt wirken (als einer von ggf. weiteren Produktmerkmalen bzw. Merkmalen des Dienstleistungskranzes).

3. Eine leistungsfähige Logistik kann – wie an dieser Stelle hinlänglich klar ist – helfen, *Kosten zu reduzieren*. Wiederum kann der Einfluss in direkter (z. B. Reduzierung der Logistikkosten bei gleicher logistischer Leistung) oder indirekter Form vorliegen. Bei letzterer ist insbesondere an die Vermeidung von Kundengewinnungskosten aufgrund durch Logistik erzielter höherer Kundenbindung zu denken.

Von diesen grundsätzlichen Ansatzpunkten der Ergebniswirkung der Logistik schlägt sich der erste sowohl in der Kosten- als auch in der Erlösrechnung nieder. Wirkungen auf die Preishöhe betreffen idealtypisch allein die Erlösrechnung, während Kostenreduzierungen direkt[8] nur in der Kostenrechnung erfasst werden. Für die hier zu diskutierende Frage sind somit insbesondere die Mengen- und Preiswirkungen von Interesse.

Ansatzpunkt für ihre Ausprägung ist die Bedeutung logistischer Leistungsmerkmale für die Kaufentscheidung von Kunden.[9] Diese wird primär durch die mittels der erworbenen Produkte und/oder Leistungen erzielte Bedarfsdeckung des Kunden (bzw. den erzielten Kundennutzen) bestimmt. Zur Beantwortung der Frage, welche Bedeutung dabei logistische Leistungsmerkmale einnehmen, liefert – über die im Abschn. 8.1 schon diskutierte grundsätzliche Strukturierung hinausgehend – das Instrument der im Dienstleistungsmarketing bewährten Kontaktprozessanalyse eine Hilfestellung. Sie zerlegt den gesamten Prozess der (Dienst-)Leistungserstellung aus Kundensicht in Teilphasen. Durch die möglichst vollständige Kennzeichnung potenzieller Interaktionspunkte zwischen Anbieter und Kunde wird so über den gesamten Besitzlebenszyklus ein breites Spektrum möglicher logistischer Leistungspotenziale abgeleitet. „Eine Verengung der potentiellen Logistikleistungen auf Elemente der Vorkaufphase und eine Betrachtung nicht kaufentscheidender Leistungselemente kann so überwunden werden".[10] Abbildung 8.2 veranschaulicht Vorgehen und möglichen Inhalt einer solchen Analyse.[11]

---

[8] Dennoch besteht auch bei Kostenreduzierungen ein potenzieller Bezug zur Erlöshöhe: Werden – insbesondere in einer relationalen Lieferanten-Kunden-Beziehung – Kosteneinsparungen an den Kunden weitergegeben, so besteht ein negativer Einfluss auf die Erlöshöhe, dem c.p. höhere Absatzmengen gegenüberstehen, so dass per Saldo die Erfolgswirkung positiv ausfällt (ausfallen sollte).

[9] Vgl. zum Folgenden insbesondere Kaminski (1999a, b) und die dort angegebene Literatur.

[10] Kaminski (1999a, S. 249).

[11] Ebenda, S. 250.

Abb. 8.2 Identifikation von Logistikleistungen mit Hilfe der Kontaktpunktanalyse

Sind mit Hilfe solcher oder ähnlicher Analysen die potenziellen Wirkungen logistischer Leistungsmerkmale auf den Kundennutzen herausgearbeitet, können diese drei aus der Sicht des Unternehmens bedeutsamen und von ihm gestaltbaren Prozesse Kundengewinnung, Deckung des Kundenbedarfs und Kundenbindung zugeordnet werden:

1. *Kundengewinnung*: Hier kann die Logistik zum einen als Merkmal des Dienstleistungskranzes Kundenpräferenzen treffen und damit „quasi handlungslos" neue Kunden erreichen und/oder von Wettbewerbern abziehen. Betrachtet man aktive Prozesse der Kundengewinnung (z. B. Werbung oder Kundengespräche), so können logistische Leistungsmerkmale zum anderen in diesen gesondert hervorgehoben werden (z. B. Werbung mit einem hohen Servicegrad).

2. *Deckung des Kundenbedarfs*: In dieser Phase werden die auf die Produkte bezogenen logistischen Leistungsversprechungen erfüllt und erzeugen so – etwa durch Lieferzuverlässigkeit – Kundenzufriedenheit. Zu diesen Leistungsversprechungen können auch logistische Zusatzleistungen zählen (z. B. Tracking and Tracing).

3. *Kundenbindung*: Neben der Bindungswirkung von Kundenzufriedenheit kann die Logistik auch aktiv zur Kundenbindung beitragen, indem etwa logistisches Know-how zur Weiterentwicklung der Logistikfähigkeit des Kunden vermittelt wird.

Für Art und Höhe der Wirkungen logistischer Leistungsmerkmale auf den Erfolg sind schließlich noch zwei weitere wichtige Einflussgrößen festzuhalten: Zum einen ist es von erheblicher Bedeutung, ob das logistische Leistungsniveau quasi unveränderbar vom Markt vorgegeben wird oder ob ein Differenzierungspotenzial besteht. Zum anderen spielt es eine wichtige Rolle, ob zwischen Lieferant und Kunde eher eine Spotbeziehung oder eine relationale Beziehung gegeben ist.[12] Aus der Kombination dieser beiden Aspekte ergeben sich – wie auch Abb. 8.3 zeigt – ins-

---

[12] Vgl. zu dieser Unterscheidung allgemein Berry (1983, S. 25 ff.), Levitt (1983, S. 87 ff).

Abb. 8.3 Strukturierung zur Systematisierung der Erfolgswirkungen der Logistik

gesamt vier Fälle, die im Folgenden für die drei zuvor genannten Phasen Kundengewinnung, Bedarfsdeckung und Kundenbindung diskutiert werden sollen. Die Diskussion richtet sich dabei jeweils an folgender Struktur aus:

- Spezifizierung der Ergebniswirkung,
- Erfassbarkeit der Ergebniswirkung und
- Empfehlung, wo (z. B. in der Kostenrechnung oder der Erlösrechnung) und wie
  häufig (fallweise oder laufend) die Wirkungen erfasst und ausgewiesen werden
  sollen.

*Fall 1: Festliegendes, zu erfüllendes logistisches Leistungsniveau beim Vorlie-
gen von Spotbeziehungen* Eine derartige Ausgangssituation herrscht in vielen
B2C-Märkten[13] vor, wenn etwa im Konsumgüterbereich Kunden eine bestimmte,
markttübliche Lieferfähigkeit erwarten. Sie ist aber auch in B2B-Märkten häufig
anzutreffen. So müssen etwa Lieferanten in bestimmten Bereichen des Großhan-
dels eine wochenweise Anlieferung der Bestellungen zu einem festen Wochentag
gewährleisten, um eine Optimierung der Warenannahme zu ermöglichen. Greift
man eine im Marketing übliche Unterteilung in Anforderungsklassen auf,[14] so
kommt der logistischen Leistungsfähigkeit im Fall 1 der Charakter einer *Basisanforderung* zu. Für den Kunden bedeutet dieses Leistungsmerkmal des Produkts einen
unverzichtbaren Bestandteil seiner Nutzenerwartungen; eine Übererfüllung dieser
Erwartungen schafft keine Kundenzufriedenheit, eine Unterschreitung dagegen
hohe Unzufriedenheit. Die logistische Leistungsfähigkeit kann folglich nicht zur

---

[13] „B2C" steht für „Business to consumer", „B2B" für „Business to business".

[14] Die Unterscheidung von Basisanforderungen, Leistungsanforderungen und Begeisterungsan-
forderungen geht auf Kano zurück. Vgl. Kano et al. (1984).

aktiven Kundengewinnung eingesetzt werden. Gleiches gilt für die Phasen der Kundenbedarfsdeckung und der Kundenbindung.

Damit geht von der logistischen Leistungsfähigkeit keine gesonderte Erlöswirkung im Sinne zusätzlicher Erlöse aus. Eine Erfolgswirkung besteht lediglich auf der Kostenseite: Ziel muss es hier sein, die logistischen Fähigkeiten in eine Reduzierung der Logistikkosten umzusetzen.[15] Wird das vom Markt geforderte Leistungsniveau unterschritten, resultieren jedoch in Gestalt von Fehlmengenkosten erhebliche Wirkungen auf die Erlöse. Auf die Probleme, diese Wirkungen exakt zu quantifizieren, wurde schon im Abschn. 7 ausführlich eingegangen.

Fall 2: Festliegendes, zu erfüllendes logistisches Leistungsniveau beim Vorliegen von relationalen Beziehungen Relationale Beziehungen nehmen als spezielle Form der Unternehmenskooperation in ihrer Bedeutung erheblich zu. Das bekannteste Beispiel liefert die Automobilindustrie. Eine Komponente der engen Bindung der Systemlieferanten an die Automobilproduzenten sind Just-in-time-Lösungen oder ähnlich aufwendige Lieferkonzepte. Ihre Beherrschung wird von den Lieferanten als Basisanforderung der Lieferbeziehung vorausgesetzt. Nur sporadisch ist der Versuch zu beobachten, logistische Zusatzleistungen anzubieten. So könnte z. B. ein großer Systemlieferant eine Differenzierungsmöglichkeit darin sehen, bei Einführung eines neuen Produkts in der Angebotsphase auch ein komplettes kundenspezifisches Logistikkonzept vorzulegen. In dieser Möglichkeit liegt letztlich der zentrale Unterschied zur logistischen Situation in Spotbeziehungen.

Die Wirkung auf den Unternehmenserfolg ist bei relationalen Beziehungen grundsätzlich ähnlich einzuschätzen wie bei Spotbeziehungen. Allerdings bestehen zum einen (deutlich) bessere Voraussetzungen für eine Quantifizierung. So sind etwa für Lieferverzögerungen oder -ausfälle zumeist genaue Folgen fixiert (Vertragsstrafen). Zum anderen kann von der Umsetzung logistischer Leistungsfähigkeit in Kostenreduzierungen ein negativer Einfluss auf den Erlös ausgehen. Dies ist dann der Fall, wenn in den langfristigen (z. B. für die Produktionszeit einer Baureihe abgeschlossenen) Lieferverträgen eine Verpflichtung zur Weitergabe von Kostenreduzierungen formuliert wird. Da vom Automobilhersteller generell Erfahrungseffekte beim Lieferanten in der Vertragslaufzeit erwartet werden, kann die Logistik in einer solchen Situation allerdings ein wesentlicher Garant des Gesamterfolgs der Lieferbeziehung sein.

Fall 3: Vom Unternehmen (in Grenzen) gestaltbares logistisches Leistungsniveau beim Vorliegen von Spotbeziehungen In vielen Märkten sind anbietende Unternehmen nicht an feste, marktübliche Leistungsniveaus der Logistik gebunden, sondern besitzen – zumindest in Grenzen – Gestaltungsspielräume. Ein Beispiel hierfür ist der Versandhandel, in dem Kunden häufig zwischen unterschiedlichen Leistungsniveaus auswählen können (z. B. 24- versus 48-Stunden-Zustellung). Logistische Leistungsmerkmale erlangen dann den Charakter von Leistungsanforderungen:

---

[15] Mit dieser Situationsbeschreibung ist exakt der Fall angesprochen, der die Entwicklung der Logistik in der Unternehmenspraxis von Beginn an bis in die heutige Zeit hinein dominierte.

Höhere Leistungsfähigkeit führt zu einer höheren Bedarfsdeckung des Kunden und diese zu höherer Zahlungsbereitschaft und/oder Kundenzufriedenheit. Hiervon wiederum gehen positive Effekte auf die Kundengewinnung (z. B. Herausstellen von Lieferservice in der Werbung) und Kundenbindung aus (Imagewirkung, positive Erfahrungen). In Grenzfällen kann logistischen Leistungsmerkmalen schließlich auch der Charakter von Begeisterungsanforderung zukommen. Wenn ein Kunde z. B. auf eine hohe Lieferzuverlässigkeit großen Wert legt und vom Anbieter neben dem Versprechen, diese zu gewährleisten, auch die Möglichkeit von Tracking and Tracing eingeräumt bekommt, mag dieses nicht erwartete Leistungsmerkmal durchaus Begeisterung auslösen, mit entsprechenden Folgerungen für Kundenzufriedenheit und Kundenbindung.

Ergebniswirkungen ergeben sich im Fall des gestaltbaren logistischen Leistungsniveaus zum einen in direkter Form, und zwar dann, wenn eine Fakturierbarkeit der höheren Leistung bei den Spot-Kunden besteht. Zum anderen kann das Leistungsniveau Auswirkungen auf andere Größen nehmen, die den Unternehmenserfolg nachhaltig beeinflussen. In den entsprechenden im ersten Teil des Buches angesprochenen empirischen Studien[16] wurden hierzu die Anpassungsfähigkeit und der Markterfolg des Unternehmens modelliert. Beide wurden vom logistischen Leistungsniveau signifikant und in ganz erheblichem Maße beeinflusst. Bei näherer Analyse zeigte sich über den globalen Zusammenhang hinaus ein erheblicher Einfluss der Dynamik des Wettbewerbs auf den Unternehmenserfolg:

1. Bei *hoher Dynamik* des Absatzmarktes verhilft eine hohe Logistikleistung dem Unternehmen dazu, Nachfrageschwankungen und Änderungen der Kundenwünsche erfolgreich zu bewältigen. Das Angebot einer im Vergleich zum Wettbewerb überlegenen Serviceleistung trägt zur Zufriedenheit und Loyalität der bestehenden Kunden bei und hilft, neue Kunden zu gewinnen, für die möglicherweise Alternativprodukte nicht oder nur mit geringeren Serviceleistungen (z. B. längeren Wartezeiten) erhältlich sind. Eine überlegene Logistikleistung kann in derartigen Situationen daher einen besonders hohen Erfolgsbeitrag leisten. Die Wirkung geht dabei ausschließlich über Anpassungsfähigkeit des Unternehmens und Markterfolg, d. h. die Unternehmen können ein höheres logistisches Leistungsniveau nicht in höhere Erlöse umsetzen.

2. In einem relativ *stabilen Marktumfeld* ist es dagegen für Unternehmen sehr wohl möglich, sich die über das Wettbewerbsniveau hinausgehenden Logistikleistungen vom Abnehmer monetär vergüten zu lassen. Wahrscheinlich ist eine relativ stabile Marktkonstellation erforderlich, damit die Abnehmer in der Lage sind, die unterschiedlichen Logistikleistungen der einzelnen Anbieter überhaupt wahrzunehmen. Der direkte Einfluss der Logistikleistung auf den wirtschaftlichen Erfolg ist bei einer niedrigen Dynamik so stark, dass die Logistikleistung insgesamt eine deutlich höhere Bedeutung für den wirtschaftlichen Erfolg besitzt als bei hoher absatzmarktbezogener Dynamik.

Aus diesen Überlegungen ergeben sich für die Erfassung der Erfolgswirkungen zwei Konsequenzen: Zum einen lassen sich im betrachteten Fall in der Tat separat

---

[16] Vgl. den Abschn. 1.6. im ersten Teil des Buches.

erfassbare Erlöse feststellen. Allerdings treten sie nur in bestimmten Marktsituationen in nennenswertem Umfang auf. Zum anderen richtet sich der wesentliche Teil der Wirkung des logistischen Leistungsniveaus in indirekter Form auf den Unternehmenserfolg, d. h. über die Beeinflussung der Anpassungsfähigkeit und des Markterfolgs. Eine separate Erfassbarkeit in laufender Erlösrechnung liegt nicht vor. Erlöswirkungen abzuschätzen, bleibt dann *fallweisen Analysen* überlassen.[17]

Fall 4: Vom Unternehmen (in Grenzen) gestaltbares logistisches Leistungsniveau beim Vorliegen relationaler Beziehungen Aussagen zum Fall eines gestaltbaren logistischen Leistungsniveaus beim Vorliegen relationaler Beziehungen ergeben sich im Wesentlichen aus der Verbindung der Ausführungen zu den Fällen 2 und 3: Das logistische Leistungsvermögen kann hier die kritische Fähigkeit sein, um die relationale Beziehung aufzubauen (Ergänzung des Grundnutzens des Produkts um logistische Leistungsfähigkeit), diese Beziehung zu pflegen (Liefersicherheit als Merkmal der Zuverlässigkeit des Lieferanten) und weiterzuentwickeln (durch logistische Systemfähigkeit, z. B. durch den Ausbau der Beziehung in Richtung Supply Chain Management, d. h. einer gegenseitigen Anpassung der Prozesse). In einem solchen Fall ist keine Separierbarkeit der logistikinduzierten Erfolgswirkungen zu erwarten. Es besteht die Notwendigkeit zur Betrachtung der relationalen Beziehung als Ganzes.

Insgesamt führt die nähere Analyse der Erfolgswirkungen der Logistik einerseits zu einem – für Logistikverantwortliche sehr erfreulichen – Ergebnis: Logistik bedeutet in den heutigen Märkten ein sehr wirkungsvolles Instrument, den Unternehmenserfolg zu steigern. Ihre Wirkung ist signifikant und bedeutsam. Zum anderen erweist sich aber eine Messung dieses Einflusses im laufenden Rechnungswesen als sehr schwierig. Im Regelfall lassen sich keine gesonderten Erlöse laufend ausweisen. Selbst wenn eine Erfassbarkeit besteht, machen diese Erlöse nur einen (geringen) Teil der Erfolgswirkung aus. Die dominante Wirkung logistischer Leistungsfähigkeit erstreckt sich auf den Markterfolg und die Anpassungsfähigkeit des Unternehmens.

Damit sind Anstrengungen, eine eigenständige „logistische Erlösrechnung" zu gestalten, zum Scheitern verurteilt. Erfolgswirkungen der Logistik abzubilden, muss fallweisen Analysen vorbehalten sein. Eine Betonung der im Spezialfall separat erfassbaren logistikinduzierten Erlöse wäre instrumentell sinnvoll, würde aber konzeptionell die Gefahr bergen, dass die gesamte Erlöswirkung der Logistik fälschlicher Weise mit diesen gesonderten ausgewiesenen Beträgen gleichgesetzt würde. Deshalb sollten die angesprochenen fallweisen Analysen auch dafür genutzt werden, kritische logistische Leistungskomponenten zu separieren, um diesen dann einen exponierten Platz in der laufenden logistischen Leistungsrechnung einzuräumen. Durch ein solches Vorgehen kann vermieden werden, dass Probleme einer separaten Erfassbarkeit der Erlöswirkungen der Logistik zu ihrer Vernachlässigung im täglichen Managementhandeln führen – die in der Vergangenheit dominante

---

[17] Vgl. zu einem solchen Vorgehen z. B. Kaminski (1999b, S. 269–282).

Sicht der Logistik als Instrument zur Kosteneinsparung macht die Gefahr unmittelbar deutlich.

8.3 Fazit

Fragen der „richtigen" Definition und Abgrenzung von Begriffen gilt als ein typisches Spielfeld von Wissenschaftlern und ist auch unter diesen nicht übermäßig beliebt: Entsprechende Diskussionen werden leicht zum Selbstzweck und führen zu Ergebnissen, denen eine gewisse Beliebigkeit anhaftet. Dennoch gilt die Erkenntnis, dass ohne Klarheit der Begriffe keine Wissenschaft möglich ist. Die Lösung von Problemen setzt voraus, sie exakt formulieren zu können.

Dieser Zusammenhang gilt in analoger Form für die Praxis. Ohne eine exakte Abgrenzung von Messgrößen ist ein auf ihnen aufbauendes rationales Management unmöglich. Hiervon sind auch die Termini Logistikkosten, Logistikleistungen und Logistikerlöse nicht ausgenommen. Bei allen drei Begriffen herrscht weder in der Theorie noch in der Praxis eine hinlängliche Klarheit bezüglich Begriffsumfang und -inhalt. Zudem liegt ein potenziell sehr breiter Korridor möglicher Festlegungen vor. Systematische, präzise Abgrenzung tut deshalb Not.

Den (nicht unerheblichen) Kosten der Abgrenzungstätigkeit steht in zweifacher Hinsicht ein hoher Nutzen gegenüber: Zum einen werden Logistikkosten, -leistungen und -erlöse für praktisch alle Führungsentscheidungen in der Logistik benötigt. Sie bilden den Boden für eine rationale Führung der Logistik. Neben dieser instrumentellen Nutzung kommt der Abgrenzung zum anderen aber auch eine konzeptionelle Bedeutung zu: Eine systematische, breit verankerte Abgrenzungsdiskussion führt zu einem erheblichen zusätzlichen Know-how des Managements, und dies nicht nur unter den Logistikverantwortlichen. Damit geht das Bild einer akademischen Pflichtübung in die gänzlich falsche Richtung. Die für die Abgrenzungsdiskussion verwendete Zeit ist eine gute Investition in die Leistungsfähigkeit der Logistik – und damit, wie gezeigt, in die Wettbewerbsfähigkeit des Unternehmens.

Literatur

Ballou RH (2004) Business logistics/supply chain management. Planning, organizing, and controlling the supply chain, 5. Aufl. Prentice Hall, Upper Saddle River
Berry LL (1983) Relationship Marketing. In: Berry LL et al (Hrsg) Emerging perspectives on service marketing Chicago. American Marketing Association, S 25 ff.
Delfmann W, Darr W, Simon R-P (1992) Lieferservice. In: Diller H (Hrsg) (1992) Vahlens großes Marketing Lexikon. Vahlen, München, S 614–616
Kaminski A (1999a) Marktorientierte Logistikplanung – Grundlagen. In: Weber J, Baumgarten H (Hrsg) Handbuch Logistik. Management von Material- und Warenflussprozessen. Schäffer-Poeschel, Stuttgart, S 241–253

Kaminski A (1999b) Marktorientierte Logistikplanung – Planungsprozess und analytisches Instrumentarium. In: Weber J, Baumgarten H (Hrsg) Handbuch Logistik. Management von Material- und Warenflussprozessen. Schäffer-Poeschel, Stuttgart, S 254–288

Kano N et al (1984) Attractive quality and must be quality. Hinshitsu 14:39–48

Keller KL (2008) Strategic brand management building, measuring, and managing brand equity, 3. Aufl. Prentice-Hall, Upper Saddle River

Levitt T (1983) After the sale is over. Harv Bus Rev 61(January-February):87 ff.

Levitt T (1980) Marketing success through differentiation – of anything. Harv Bus Rev 58(January-February):83–91

Maier-Rothe C (1987) Logistik als kritischer Erfolgsfaktor. In: Arthur D, Little Internat (Hrsg) Management der Geschäfte von morgen, 2. Aufl. Gabler, Wiesbaden, S 128–142

Teil IV
Gestaltung einer Logistikkosten- und -leistungsrechnung für Material- und Warenflussprozesse

Im Teil 1 dieses Buches wurde herausgearbeitet, dass dem Ausbau der Kostenrechnung hinsichtlich der anfallenden material- und warenflussbezogenen Kosten eine wichtige Bedeutung für die Entwicklung der Logistik zukommt. Ebenso wurde deutlich, dass dieser Ausbau der Kostenrechnung nicht ohne das tragende Fundament einer Leistungsrechnung für die Logistik erfolgen kann. Beide Teilgebiete einer laufenden Informationsbereitstellung für die Logistik stehen deshalb im Fokus der Ausführungen im vierten Teil dieses Buches.

Der Argumentationsgang folgt – wie auch Abb. 1 zeigt – dem typischen Aufbau einer Kostenrechnung: Sie nimmt ihren Anfang in der erstmaligen Erfassung des Rechnungsstoffs in der *Kostenartenrechnung*. Diese bildet die Datenquelle der Kostenstellenrechnung und der Kostenträgerrechnung. Mit der Trennung in Einzel- und Gemeinkosten bereitet die Kostenartenrechnung die Aufteilung des Datenstroms auf letztere beide Folgerechnungen vor. In der *Kostenstellenrechnung* werden die Logistikkosten entweder in eigenen Kostenstellen oder als Teil der Kosten anderer Kostenstellen erfasst und verrechnet. Will man – etwa für Zwecke der operativen Planung – die Abhängigkeit der Logistikkosten von der Beschäftigung der jeweiligen Kostenstelle kennen, ist eine entsprechende Kostenauflösung vorzunehmen. In der *Kostenträgerrechnung* fließen die Einzel- und die Gemeinkosten produktbezogen wieder zusammen. Ein Teil der Voraussetzungen für die Zuordnung der Gemeinkosten zu den Produkten wurde bereits in der Kostenstellenrechnung – durch die innerbetriebliche Leistungsverrechnung – gelegt. Der andere Teil erfordert gesonderte Kalkulationsgrundlagen: Für Produktionsvorgänge sind dies Arbeitsgangpläne; für die material- und warenflussbezogenen Dienstleistungen müssen entsprechende Daten gesondert geschaffen werden („logistische Leistungspläne").

Spätestens an dieser Stelle wird die zentrale Bedeutung einer Logistikleistungsrechnung deutlich. Von ihrer Güte wird die Güte der Logistikkostenrechnung wesentlich bestimmt. Ersterer kommt darüber hinaus für die Steuerung in den Kostenstellen eine originäre Funktion zu.

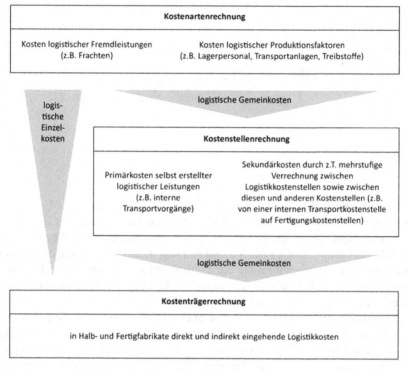

Abb. 1 Schematische Darstellung der Einbindung der Logistik in die laufende Kostenrechnung des Unternehmens

Die folgenden Ausführungen versuchen jeweils, theoretische Überlegungen mit praktischer Anschauung zu verbinden. Insofern finden sich viele Beispiele in den Argumentationsgang eingefügt, die den Abstraktionsgrad der konzeptionellen Grundlagen kontrastieren.

Erfassung der Logistikkosten in der Kostenartenrechnung

9

Im Folgenden werden zunächst kurze allgemeine Aussagen zur Kostenartenrechnung als Erfassungssystem der Kosten getroffen. Daran schließen sich spezifische Ausführungen zu logistischen Kostenarten an.

9.1 Aufgaben und Gestaltung der Kostenartenrechnung

9.1.1 Überblick

Die Kostenartenrechnung ist das Teilgebiet der Kostenrechnung, dem in der einschlägigen Literatur komparativ die geringste Aufmerksamkeit gewidmet wird. „Die Kostenartenrechnung dient dazu, die innerhalb einer Periode anfallenden Kosten in einer vollständigen, eindeutigen und überschneidungsfreien Weise zu erfassen und für die Kostenstellen- und Kostenträgerrechnung bereitzustellen".[1] Entweder verbleibt es bei dem Verweis auf die Erfassungsaufgabe[2], oder es finden sich zusätzlich Hinweise auf wenig bedeutsame Randfunktionen („summarische Kostenkontrollen in Form horizontaler oder vertikaler Kostenvergleiche"[3]).

Die geringe „kostenrechnerische Attraktivität" der Kostenartenrechnung leitet sich auch daraus her, dass der Spielraum ihrer Gestaltung engen Beschränkungen unterliegt: Die Kostenartenrechnung speist sich in der Praxis im Wesentlichen aus der Finanzbuchhaltung. Den weit überwiegenden Teil des Kostenstoffs übernimmt sie unverändert („*Grundkosten*"), wenige Aufwandspositionen werden (optional)

---

[1] Weber und Weißenberger (2010, S. 315).
[2] So etwa bei Schweitzer und Küpper (2011, S. 78).
[3] Hummel und Männel (1986, S. 87).

J. Weber, *Logistikkostenrechnung,*
DOI 10.1007/978-3-642-25173-3_9, © Springer-Verlag Berlin Heidelberg 2012

umbewertet („*Anderskosten*"[4]); nur in seltenen Ausnahmen[5] kommen Kosten hinzu, denen keine Aufwandspositionen gegenüberstehen („*Zusatzkosten*"). Der enge Bezug zur Finanzbuchhaltung reduziert die Erfassungskosten ebenso, wie er die Datenqualität angesichts der Prüfungspflichtigkeit der externen Rechnungslegung erhöht. Gleichzeitig folgt, dass die Struktur der Aufwandskonten die der Kostenarten wesentlich prägt. Typischerweise findet beim Übergang eine Verdichtung statt, da für die Kostenstellen- und Kostenträgerrechnung eine so hohe Differenzierung von Kostenarten, wie sie die Finanzbuchhaltung enthält, nicht erforderlich ist. Die Ausdifferenzierung spezifischer Logistikkostenarten bedeutet umgekehrt, dass entsprechende Detaillierungen auch in der Finanzbuchhaltung vorgenommen werden müssen. Dies steigert den Komplexitätsgrad des Rechnungswesens. Allerdings sind daraus kaum aus kognitiven Begrenzungen der Nutzer erwachsende Probleme zu erwarten, die im ersten Teil des Buches als wesentlicher Grund für die Forderung nach relativer Einfachheit der Kostenrechnung angeführt wurden: Die in der Kostenartenrechnung erfassten Werte entstehen nicht durch mehrstufige, verschlungene Allokationen, wie dies für die Kostenstellen- und insbesondere für die Kostenträgerrechnung gilt. Vielmehr sind die Werte sehr urbelegnah und damit sowohl leicht verständlich wie leicht nachvollziehbar.

9.1.2 Differenzierungsbedarf

Die Frage nach dem sinnvollen Grad der Differenzierung von Kostenarten lässt sich mittels Antworten auf zwei Unterfragen klären:
1. Welche Eigenschaften von Kosten benötigt man für kostenrechnerische Aufgaben (z. B. zur Kalkulation eines Erzeugnisses oder zur Kontrolle der Wirtschaftlichkeit in einer Kostenstelle)?
2. Welche dieser Eigenschaften können bereits im „Urstadium", d. h. zum Zeitpunkt der erstmaligen Erfassung der Kosten, bestimmt bzw. ermittelt werden?

Zu (1) Die Aufgaben der Kostenartenrechnung leiten sich zum einen aus den Aufgaben der Kostenstellenrechnung und der Kostenträgerrechnung ab. Die Erfassungstiefe muss auf der einen Seite ausreichen, Beträge eindeutig Kostenstellen oder Kostenträgern zuzuordnen.[6] Auf der anderen Seite lässt sich in der Kostenstellen-

---

[4] Typischerweise verfährt man so bei den Abschreibungen, die in der Finanzbuchhaltung häufig degressiv, in der Kostenrechnung dagegen linear angesetzt werden. Unter dem Stichwort „Harmonisierung des Rechnungswesens" sind solche Unterschiede in den letzten Jahren aber weitgehend beseitigt worden, indem die Kostenrechnung die Abschreibungen als Grundkosten übernommen hat.

[5] Hier sind insbesondere kalkulatorische Zinsen auf das im Unternehmen gebundene Eigenkapital zu nennen. Diese für die Logistik so wichtige Kostenart wurde bereits im Teil 3 dieses Buches (im Abschn. 7.2.2) ausführlich diskutiert.

[6] Diese Aussage rekurriert auf dem typischen Vorgehen, Kostenbeträge entweder (als Einzelkosten) Produkten oder (als Gemeinkosten) Kostenstellen zuzuordnen. Für Kalkulationszwecke macht es keinen Sinn, die Einzelkosten parallel auch Kostenstellen zuzuordnen (die Materialkosten einer Rohkarosse z. B. der Kostenstelle Endmontage). Ein solches Vorgehen wäre allerdings unter Motivationsaspekten (Wirtschaftlichkeitskontrolle) durchaus vertretbar.

Differenzierungsgrund	Differenzierungswirkung	Beispiele
Heterogenität der Dispositionsaufgabe	Ermöglichung von Spezialisierungseffekten	Trennung von Transportversicherungen und Frachten
Heterogenität der Mengen- und/oder Wertentwicklung	Diagnostische Funktion	Trennung von Eil- und Normalfrachten
Kritische Bedeutung	Interaktive Funktion	Gesonderter Ausweis von Konventionalstrafen für Lieferterminüberschreitungen

Abb. 9.1 Ansatzpunkte einer Differenzierung von Kostenarten aus originären Aufgaben der Kostenrechnung heraus

und in der Kostenträgerrechnung der von der Kostenartenrechnung vorgegebene Detailgrad nicht mehr nachträglich erhöhen. Nur Verdichtungen sind noch möglich. Entsprechend muss die Kostenartenrechnung dem Differenzierungsbedarf der Kostenstellen- und der Kostenträgerrechnung nachkommen.

Zum anderen kann die Kostenartenrechnung auch *originäre Informationsaufgaben* erfüllen. In ihr wird die Kostenstruktur ebenso sichtbar wie die betragsmäßige Bedeutung einzelner Kostenarten und deren Veränderung (etwa Verschiebungen innerhalb der Ausgangsfrachten in Richtung teurer Eilfrachten). Diese Informationen sind unmittelbar für ein Management einzelner Kostenarten verwendbar (wie dies etwa viele Unternehmen für Frachten tun). Dafür, welche Kostenarten entsprechend zu differenzieren sind, lassen sich – wie Abb. 9.1 zeigt – unterschiedliche Ansatzpunkte dispositiver Aktivität differenzieren, die teils getrennt, teils gemeinsam wirksam sind.[7] Unternehmensspezifika führen zu unternehmensindividuellen Gestaltungen der Kostenartenrechnung.

Schließlich gilt es noch, auf ein *Strukturierungsproblem* hinzuweisen, das insbesondere aus dem Nebeneinander unterschiedlicher Spezialisierungseffekte resultiert und am Beispiel der Anlagenkosten deutlich gemacht werden soll. Bei Anlagenkosten denkt man zunächst an den Kaufpreis der Maschinen, maschinellen Einrichtungen und Gebäude bzw. deren Miet- oder Leasingkosten. Für deren Bereitstellung fallen stets auch (unterschiedlich hohe) Anschaffungsnebenkosten an, die fester Bestandteil der Anschaffungskosten sind.[8] Diese kostenartenbezogene Vermischung ist aus mehreren Gründen sinnvoll:

---

[7] Vgl. zu den Begriffen diagnostische und interaktive Nutzung nochmals den Teil 1, Abschn. 2.2, dieses Buches.

[8] Zu den Anschaffungsnebenkosten zählen gemäß § 255 Abschn. 1 HGB alle Kosten, „die geleistet werden, um einen Vermögensgegenstand … in einen betriebsbereiten Zustand versetzen, soweit sie dem Vermögensgegenstand einzeln zugerechnet werden können". Hierunter fallen Dienstleistungskosten ebenso wie Kosten der Nullserie, Kosten, die vor dem eigentlichen Beschaffungsakt anfallen (beispielsweise Reisekosten für den Besuch von Fachmessen), in gleicher Weise wie Kosten im Anschluss an die Anlagenauslieferung (z. B. Kosten des Einbaus einer Stetigförderanlage).

Produktionsfaktorart-bezogen differenzierte Kostenarten	Phasen des Faktor-„Lebenszyklus"	Beispiele
Personalkosten	Einstellung	Kosten der Stellenanzeige
	Bereithaltung	Gehaltskosten
	Einsatz	Überstundenlöhne
	Freisetzung	Abfindungszahlungen
Anlagenkosten	Bereitstellung	Anschaffungskosten eines Fördermittels
	Bereithaltung	Kosten der Fremdinstandhaltung eines Lagerdaches
	Einsatz	Kosten für betriebsstundenabhängig durchzuführende Instandhaltung eines Fördermittels
	Ausmusterung	Abbruchkosten für ein Lagergebäude
Materialkosten	Bereithaltung	Kosten für die Lagerung von Verpackungsmaterial
	Verbrauch	Kosten für verbrauchtes Verpackungs-material
Energiekosten	Bereithaltung	Stromgrundgebühr
	Verbrauch	**Kosten des Ladens von Batterien von E-Fördermitteln**
Kosten für Lizenzen und andere Rechte	Bereitstellung	Kosten einer behördlichen Genehmigung zur Errichtung eines Lagergebäudes
	Nutzung	Kosten der Inanspruchnahme einer Verpackungs-Stücklizenz
Dienstleistungskosten	Bereitstellung	Versicherungskosten für ein Lagergebäude
	Nutzung	Reinigungsgebühren für ein Fahrzeug

Abb. 9.2 Systematisierung der Kostenarten nach unterschiedlichen Phasen des Lebenszyklus der Produktionsfaktoren

- Das Leistungsgefüge eines Unternehmens setzt sich aus einer Vielzahl aufeinander aufbauender Prozesse zusammen. Jeder Prozess (z. B. die Endmontage eines Automobils) benötigt für seine Durchführung Produktionsfaktoren (z. B. Montagebänder). Diese stehen dem Prozess aber nicht automatisch zur Verfügung, sondern müssen jeweils erst bereitgestellt und bereitgehalten werden. Diese Bereitstellung und Bereithaltung erfordern eigene Prozesse (z. B. Installation oder Instandhaltung des Montagebandes). Für diese wiederum sind Produktionsfaktoren erforderlich (wie z. B. Instandhaltungstechniker). Diese müssen ihrerseits bereitgestellt und -gehalten werden (z. B. Personentransport zur Kostenstelle) usw. Jeder Versuch, diese mehrfache Ineinanderschachtelung „sauber" in der Kostenartenrechnung abzubilden, muss scheitern[9], zumal – wie Abb. 9.2 zeigt

---

[9] Hiermit ist ein Problem angesprochen, das üblicherweise unter dem Stichwort „Primärkostenrechnung" diskutiert wird. Vgl. hierzu – veranschaulicht durch ein Beispiel – Plaut (1984, S. 70f.), und Kilger et al. (2007, S. 402).

– dieses Problem nicht auf Anlagen beschränkt ist, sondern alle Produktionsfaktoren betrifft.

• Die Nebenkosten sind im Verhältnis zu Kaufpreis bzw. Miete/Leasing zumeist unbedeutend.

• Die Nebenkosten sind untrennbar an die Anlage gebunden; ohne die Entscheidung, die Anlage für einen Produktionsprozess einzusetzen, wären sie nicht angefallen. Sie sind nur in sehr geringem Umfang eigenständig disponibel.

Ein ähnliches Zuordnungsproblem besteht für die Kosten des in den Anlagen gebundenen Kapitals; allerdings ist die Lösung abweichend: Abschreibungen und kalkulatorische Zinsen werden in aller Regel kostenartenbezogen getrennt.[10] Zwar gilt auch hier die Feststellung eines engen dispositiven Verbundes. Jedoch ist die Höhe der kalkulatorischen Zinsen im Vergleich zu den Abschreibungen erheblich und ihr Kostenverhalten potentiell unterschiedlich.[11] Auch Kosten der Anlageninstandhaltung, anlagenbezogener Versicherung oder anlagenwertbezogener Steuern werden aus analogen Gründen als getrennte Kostenarten erfasst.

Zu (2) Informationsquelle für die Kostenartenrechnung sind – über die Buchungen der Finanzbuchhaltung – die einzelnen Rechnungsbelege. Sie lassen eine Zuordnung zu Kostenarten grundsätzlich zu. Ausnahmen betreffen z. B. Sammelrechnungen, die unterschiedliche Leistungsarten umfassen, jedoch für diese keine gesonderten Beträge ausweisen.[12]

Größere Probleme können aus der Wertkomponente der Rechnungen resultieren. Der ausgewiesene Rechnungsbetrag bildet lediglich die Obergrenze zu leistender Zahlungen. Typisch sind Betragsreduzierungen bei zügiger Zahlung (Skonti) und jahresbezogene Gesamtumsatzrabatte (Boni). In der externen Rechnungslegung müssen derartige Kostenminderungen von den Anschaffungskosten abgesetzt werden. Diesem Vorgehen schließt sich auch die Kostenrechnung an. Will man hohe Erfassungsgenauigkeit erreichen, sind eingebuchte Beträge nachträglich entsprechend zu korrigieren. Ansonsten reichen die Verwendung von Standardannahmen (z. B. durchschnittliches Skontierungsverhalten einer bestimmten Kundengruppe) und eine periodenweise vorzunehmende Korrektur aus.

Ebenfalls grundsätzlich zum Zeitpunkt der Kostenerfassung verfügbar sind die Informationen zur Zuordnung der Kostenbeträge zu Kostenträgern oder Kostenstellen (Einzel- oder Gemeinkosten). Hierzu dienen entweder Standarddaten (insbesondere Stücklisten für die Materialkosten und Arbeitsgangpläne für die Fertigungslöhne) oder Einzelzuordnungen (z. B. auftragsbezogene Erfassung der Personalzeiten

---

[10] Das heißt nicht, dass sie auch in der Kostenstellenrechnung getrennt ausgewiesen werden müssen. Vielmehr findet dort häufig eine Zusammenfassung zu einer mit „Kapitalkosten" bezeichneten Position statt.

[11] Wie im Abschnitt zur Kostenkategorienbildung (10.3) noch auszuführen, sind viele Anlagen einem Gebrauchsverschleiß ausgesetzt, der zu von der Nutzung abhängigen Kosten führen kann. Kalkulatorische Zinsen fallen aber von der Nutzung unbeeinflusst an.

[12] Will man trotzdem differenziertere Zuordnungen realisieren, sind entweder Standardannahmen zugrunde zu legen oder stichprobenweise Analysen vorzunehmen. Ansonsten bleibt es bei einer Art „Sammelkostenart".

oder Kontierung einer Fremdinstandhaltungsrechnung auf eine Lagerkostenstelle, für die die Instandhaltungsleistung erbracht wurde). Sowohl für die Kostenträger- als auch für die Kostenstellenzuordnung bestimmt die Genauigkeit der Erfassung die Genauigkeit der Zuordnung. So werden manche Kostenbeträge nur deshalb als Gemeinkosten Kostenstellen zugewiesen, weil der Erfassungsaufwand für eine produktbezogene Zuordnung nicht eingegangen werden soll (sog. „unechte Gemeinkosten"). Ein Beispiel hierfür sind in vielen Unternehmen Ausgangsfrachten, die in der Kostenstelle Distributionslogistik gesammelt und dann pauschal im Rahmen der Vertriebsgemeinkosten den Produkten zugeschlüsselt werden. Ein analoges Vorgehen findet sich auch in der Kostenstellenrechnung (z. B. Zuordnung von wenig bedeutsamen Kostenpositionen zu Leitkostenstellen anstelle einer kostenstellengenauen Zuordnung).

Ein weiteres Problem gilt es bei der Kostenerfassung zu lösen, das insbesondere von dem Rechnungskonzept der auf Riebel zurückgehenden relativen Einzelkosten- und Deckungsbeitragsrechnung thematisiert wurde.[13] Wie angesprochen, übernimmt die Kostenartenrechnung die meisten Aufwandsarten als Kostenarten. Dies gilt auch für die Abschreibungen, die häufig lediglich wertmäßig korrigiert werden.[14] Das Phänomen der Abschreibungsbildung entstammt dem Bemühen um eine periodengerechte Zuordnung von Aufwendungen bzw. Kosten. Eine einheitliche theoretisch abgeleitete Allokationsvorschrift existiert hierfür nicht. Was als gerecht gilt, ist Gegenstand von Konventionen[15] und mit nicht unerheblichen Spielräumen behaftet. Riebel bezeichnet Abschreibungen deshalb – unter Ausweitung des üblichen Gemeinkostenbegriffs – als „Periodengemeinkosten".[16] In dem Bestreben, jegliche Gemeinkostenschlüsselung zu vermeiden, schlägt er vor, sich von der Sichtweise der Kostenrechnung als kalenderzeitbezogene Periodenrechnung zu lösen und die Bereitstellungskosten in ihrem Gesamtbetrag für ihre gesamte Bindungsdauer zu erfassen.[17] Diese *unperiodische Sicht* erweist sich zum einen aber als ungleich komplexer. Ein solches Vorgehen erfordert zum anderen einen Bruch mit einem Grundmerkmal traditioneller Kostenrechnungssysteme und steht zugleich im Widerspruch zum Erfolgskonzept der externen Rechnungslegung. Hiermit sind erhebliche Einschränkungen der konzeptionellen wie der instrumentellen[18] Nutzung

---

[13] Vgl. umfassend Riebel (1994).

[14] Durch die Wahl eines anderen Abschreibungsverfahrens (linear statt degressiv) und anderer Abschreibungsdauern (tatsächliche statt steuerrechtliche Standarddauer). Allerdings nimmt – wie bereits angesprochen – der Anteil der Unternehmen zu, die die Abschreibungen als Grundkosten übernehmen („Harmonisierung des Rechnungswesens").

[15] Z. B. entsprechenden Bestimmungen im Handels- und Steuerrecht.

[16] Riebel (1994, S. 96).

[17] Vgl. ebenda, S. 87–95. Die Frage anteiliger Kosten für anteilige Nutzungen des gesamten durch eine Anlage repräsentierten Nutzungspotentials stellt sich dann erst in spezifischen Auswertungsrechnungen. Die Basisdaten bleiben – im Sinne eines Datenbankansatzes – unverdichtet und damit vielfältig auswertbar. Vgl. zu einem derartigen „Grundrechnungskonzept" Riebel (1994, S. 149–175).

[18] Bei Männel findet sich so der Hinweis, dass ein derartiges Vorgehen bei dem die Daten Auswertenden „außerordentlich hohe Interpretationsfähigkeiten, -anstrengungen und -aufwendungen voraus[setzt]" (Männel 1983, S. 61).

der Kostenrechnung verbunden. Insofern wundert es nicht, dass die Praxis dem Riebel'schen Vorschlag nicht gefolgt ist. Es besteht deshalb auch kein Anlass, für eine Logistikkostenrechnung auf eine Abschreibungsbildung zu verzichten.

9.1.3 Datenbankorientierte Gestaltung

Eine andere Idee Riebels spielt für die Kostenerfassung eine bedeutendere Rolle. Angesichts der potenziell sehr vielfältigen Auswertungszwecke der erfassten Kostenbeträge schlägt er vor[19], die Kosten mit einer Reihe von Prädikatsmerkmalen[20] zu versehen, die es ermöglichen, sie unterschiedlichen Blickwinkeln entsprechend zu selektieren. Für die Kosten eines zur Instandsetzung eines Förderbandes benötigten Antriebsmotors etwa heißt das konkret, neben dem Rechnungsbetrag die Motorspezifikation (z. B. für Zwecke einer anlagenteilbezogenen Schwachstellenanalyse), das betreffende Fördermittel (beispielsweise zur Planung seines optimalen Ersatzzeitpunkts) und dessen Stamm- und Einsatzkostenstelle (z. B. zur Kostenerfassung und – weiterverrechnung) festzuhalten. Mit je mehr derartigen Prädikatsmerkmalen ein Kostenbetrag „versehen" ist, d. h. je mehr unterschiedlichen Bezugsobjekten er zugeordnet werden kann, in desto stärkerem Maße vermag die Kostenrechnung auf spezielle Informationsanfragen relevante Informationen zu liefern.

Gegenüber dem normalen Aufbau (Abfolge von Kostenarten-, -stellen- und -trägerrechnung) führt ein solches Vorgehen in zweifacher Hinsicht zu Veränderungen: Zum einen wird die Zahl möglicher Zurechnungsobjekte von Kosten erweitert; an die Seite von Kostenstellen und Kostenträgern treten u. a. Lieferanten, Distributionskanäle und Kunden.[21] Zum anderen ändert sich die „entweder – oder" – Zuordnung zu einer „und"-Beziehung: Prinzipiell wird dieselbe Kostensumme für unterschiedliche Bezugsobjektarten jeweils nur „umsortiert".

Die Festlegung der Ausprägung der Prädikatsmerkmale, d. h. die Präzisierung entsprechender Bezugsobjekte, erfolgt nach den Vorstellungen von Riebel so, dass jegliche Schlüsselung von Kosten vermieden wird. Hieraus resultiert die Notwendigkeit, unterschiedliche Aggregationsstufen der nach einem bestimmten Kriterium gebildeten Bezugsobjekte vorzusehen, d. h. diese in Form einer Hierarchie zu ordnen. So lassen sich etwa – wie auch Abb. 9.3 veranschaulicht – die Treibstoffkosten einem einzelnen Gabelstapler, die Kosten eines auf diesen Fördermitteltyp spezialisierten Handwerkers nur auf den gesamten Gabelstapler-Pool, die Kosten einer Tankstelle nur sämtlichen diesel- oder benzingetriebenen Fördermittelarten gemeinsam direkt zurechnen. Diese Beispiele machen zum einen den erheblichen zur Zuordnung erforderlichen Informationsbedarf deutlich. Zum anderen wird sichtbar, dass die Idee der *Bezugsgrößenhierarchien* nicht auf die Kostenartenrechnung be-

---

[19] Vgl. z. B. Riebel (1994, S. 158ff).

[20] Der in der Kostenrechnung gebräuchlichere Begriff ist der des Bezugsobjekts bzw. der Bezugsgröße.

[21] Einer solchen kunden- und marktbezogenen Erweiterung kommt aktuell eine hohe Bedeutung zu.

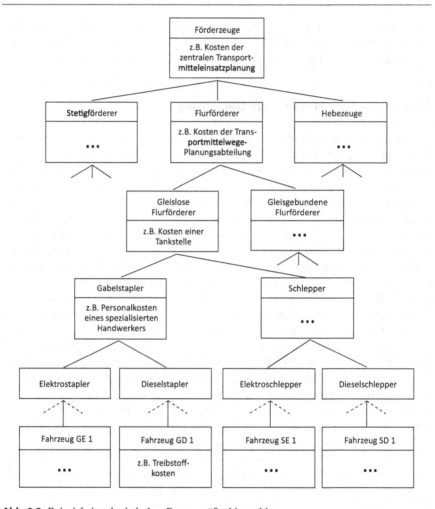

Abb. 9.3 Beispiel einer logistischen Bezugsgrößenhierarchie

schränkt ist, sondern Kostenarten-, Kostenstellen- und Kostenträgerrechnung miteinander verbindet.

Insgesamt erfordert der Aufbau von Bezugsgrößenhierarchien zur mehrdimensionalen Erfassung aller Logistikkosten eine Informationsdifferenzierung und -detaillierung, die deutlich über die üblichen Anforderungen an die Kostenerfassung hinausgehen. Mit den zusätzlichen Auswertungsmöglichkeiten steigt auch die Komplexität der Kostenrechnung erheblich. Dies generiert – wie bereits mehrfach angesprochen – Nutzungsprobleme ebenso wie hohen Aufwand ständiger Pflege der Daten: Je differenzierter die Erfassung, desto größer die Wahrscheinlichkeit notwendiger Änderungen im Zeitablauf und desto größer die Gefahr, derartige Änderungen aus Aufwandsgründen oder aufgrund mangelnder Sorgfalt zu unterlassen. Auch wenn der Standardsoftware der Kostenrechnung die Umsetzung der Bezugs-

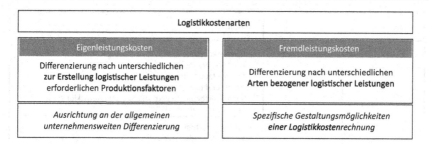

Abb. 9.4 Unterschiedliche Freiheitsgrade einer Logistikkostenrechnung bei Eigen- und Fremdleistungskosten

größenidee keine nennenswerten Probleme mehr bereitet, sollte sie nur behutsam, mit Augenmaß, umgesetzt werden. Der Nutzen einer Kostenrechnung bestimmt sich nicht durch die breite Palette an Möglichkeiten, die sie „theoretisch" bietet, sondern durch ihre Nutzung „im täglichen Betrieb".

9.2 Berücksichtigung von material- und warenflussbezogenen Dienstleistungen in der Kostenartenrechnung

Aufgabe der Kostenartenrechnung ist – wie ausgeführt – die Bereitstellung von Einzel- und Gemeinkosten für die Kostenstellen- und die Kostenträgerrechnung. Logistische *Einzelkosten* sind Fremdleistungskosten, die unmittelbar für Produkte und/oder deren Vorstufen erbracht werden und diesen zurechenbar sind. Logistische *Gemeinkosten* fallen dagegen auf Kostenstellen an, deren Leistungen im Zuge der Leistungsverrechnung an andere Kostenstellen und/oder Produkte verrechnet werden. Sie können sowohl Fremdleistungskosten (z. B. Übernahme der Spitzenlast eines innerbetrieblichen Verkehrs durch einen Logistikdienstleister) als auch Eigenleistungskosten sein (Kombination von Fahrzeugen, Personal, Treibstoffen und anderen Produktionsfaktoren für die Durchführung des eigenen Verkehrs). Die Unterscheidung von Fremd- und Eigenleistungskosten bestimmt auch die folgenden kurzen allgemeinen Ausführungen.

Wie auch Abb. 9.4 zeigt, stellen sich für die Erfassung logistischer Kosten in der Kostenartenrechnung ganz unterschiedliche Ausgangsbedingungen. Während für die Fremdleistungskosten sehr weitgehender Handlungsspielraum hinsichtlich Strukturierung und Differenzierung besteht, liegen bei den Eigenleistungskosten deutliche Restriktionen vor: Die für die logistische Leistungserstellung erforderlichen Produktionsfaktoren sind von der Faktorart her unspezifisch; Personal, Anlagen, Energie u. a. m. werden über die gesamte Wertschöpfung hinweg benötigt. Die logistische Kostenartenrechnung bedarf deshalb bezüglich der Eigenleistungskosten allenfalls nur geringer Abweichungen vom generell geltenden Vorgehen (d. h. eine erhöhte Differenzierung, jedoch keine andere Struktur).

Kostenarten		Beispiele
Transportkosten	Straßenverkehr	– Fernverkehrsfrachten – Nahverkehrsfrachten – Sammelladungsfrachten – Paket- und Expressgutfrachten – versandartbedingte Verpackungs- und Abwicklungskosten (z.B. Verpackungskosten)
	Schienenverkehr	– Stückgutfrachten – Kosten des Ladungsverkehrs – Rollgelder – Expressgutfrachten – versandartbedingte Verpackungs- und Abwicklungskosten (z.B. Umschlagskosten)
	Schiffsverkehr	– Binnenschiffsfrachten – Seeschiffsfrachten – sonstige Frachtbestandteile (z.B. Kleinwasserzuschlag) – versandartbedingte Verpackungs- und Abwicklungskosten (z.B. Lösch- und Ladegeld)
	Luftverkehr	– Luftfrachten – versandartbedingte Verpackungs- und Abwicklungskosten (z.B. Umschlagskosten)
Lagerkosten		– Lagerungsgebühren – Handlingsgebühren (z.B. Ein- und Auslagerungsgebühren, Kommissionierungsgebühren)
Sonstige Logistikkosten		– Kosten aus Kontraktlogistik – Sonstige Logistikkosten (z.B. Versicherungskosten)

Abb. 9.5 Beispielhafte Systematisierung logistischer Fremdleistungskosten

Logistische Fremdleistungskosten lassen sich in erster Linie nach den unterschiedlichen Arten erbrachter Material- und Warenflussleistungen differenzieren. Abbildung 9.5 zeigt hierfür eine Grundgliederung, die mit Beispielen illustriert ist. Die „Artenreinheit" der Zuordnung zu den einzelnen Kostenarten bestimmt sich dabei wesentlich aus den zugrunde liegenden Fakturen (Rechnungen).[22] Rechnet ein Spediteur erbrachte Transport- und Lagerleistungen in getrennten Positionen ab, so fällt eine entsprechende Zuordnung leicht. Gehen unterschiedliche Teilleistungen verbunden in einen gemeinsamen Rechnungsbetrag ein – wie z. B. dann, wenn ein Unternehmen im Rahmen einer Kontraktlogistik-Vereinbarung die gesamte Bereitstellung einer Materialgruppe übertragen hat –, so sind die Kosten in eine entsprechende Sammelkostenart („Sonstige Logistikkosten") einzustellen. Alternativ bietet sich die Möglichkeit, die Kosten mittels Schlüssel auf leistungsartenbezogene

---

[22] Im Beispiel der Abb. 9.5 ist dies auch der Grund für das Fehlen einer eigenständigen Logistikkostenart „Umschlagskosten". Kosten von Dritten erbrachter Umschlagsleistungen sind bei den Transport- und den Lagerkosten ausgewiesen, da Umschlagsleistungen in aller Regel nicht getrennt von Transporten und Lagerungen erbracht werden.

Kostenarten	Unterkostenarten	beispielhafte weitere Unterteilung
Kosten von Transport-anlagen	Motorwagen und Zugmaschinen Sattelauflieger und Anhänger Unstetigförderer Stetigförderer Sonstige Transportanlagen Gleisanlagen Sonstige Transportwege	
Kosten von Umschlags-anlagen	Krananlagen Aufzüge Sonstige Umschlagsanlagen Umschlagshilfsmittel Verpackungsanlagen	– Abschreibungen – Mieten und Leasinggebühren – Kapitalbindungskosten – Instandhaltungskosten – Sonstige Anlagenkosten
Kosten von Lager-anlagen	Lagergebäude Lagergestelle Lagerfördermittel Kälte- und Klimaanlagen Sonstige Lagereinrichtungen	
Kosten sonstiger Logistikanlagen		

Abb. 9.6 Beispielhafte Systematisierung logistischer Anlagenkosten

Logistikkostenarten aufzuteilen. Als Vorteil eines solchen Vorgehens könnte eine bessere Vergleichbarkeit in zwischenbetrieblichen oder intertemporalen Vergleichen gesehen werden. Allerdings muss hinterfragt werden, ob dieser Vorteil die mit jeder Schlüsselung verbundenen Probleme aufwiegt.[23]

Logistische Eigenleistungskosten können in zweifacher Weise unterschiedlich differenziert erfasst werden: Zum einen bestehen Freiheitsgrade in der artmäßigen Aufspannung. In Abb. 9.6 werden beispielhaft für die Anlagenkosten[24] vier Anlagenhauptgruppen unterschieden, die jeweils in Untergruppen aufgelöst sind. Diese Differenzierung kann bis zur getrennten Abbildung aller einzelnen Anlagen getrieben werden.[25] Zum anderen lassen sich pro dann vorliegender Unterkostenart unterschiedlich viele Kostenartenbestandteile ausweisen. Abbildung 9.6 zeigt auch hierfür ein Beispiel. Die Grenze der Differenzierung wird zum einen durch die Erfassungskosten, zum anderen durch die Komplexität der Logistikkostenrechnung gesetzt. Insbesondere dann, wenn die Informationen den Arbeitsbereich der Kostenrechner verlassen, Logistikkosten z. B. in einem Kostenstellenbericht ausgewiesen

---

[23] Vgl. zur Problematik der Kostenschlüsselung – als vehementesten Kritiker – Riebel (1994), als quasi roter Faden durch alle Beiträge seines Buches.

[24] Vgl. zur grundsätzlichen Unterscheidung von Logistikkostenarten auch nochmals Abb. 9.2.

[25] Damit wird dann pro Anlagenstammsatz eine Kostenart erzeugt. Dieses Vorgehen ist in der Praxis durchaus nicht unbekannt. Im Abschn. 2.6. im ersten Teil des Buches wurde auf eine empirische Studie verwiesen, in der eine Maximalzahl von 3.000 Kostenarten für ein Unternehmen festgestellt wurde. Ein Grund für diese Zahl ist die Differenzierung innerhalb der Anlagenkosten.

werden, kann eine hohe Differenzierungstiefe zu Problemen für die instrumentelle und konzeptionelle Nutzung der Kosteninformationen führen.

Literatur

Hummel S, Männel W (1986) Kostenrechnung 1: Grundlagen, Aufbau und Anwendung, 4. Aufl. Gabler, Wiesbaden

Kilger W, Pampel J, Vikas K (2007) Flexible Plankostenrechnung und Deckungsbeitragsrechnung, 12. Aufl. Gabler, Wiesbaden

Männel W (1983) Grundkonzeption einer entscheidungsorientierten Erlösrechnung. Krp 27:55–70

Plaut, HG (1984) Grenzplankosten- und Deckungsbeitragsrechnung als modernes Kostenrechnungssystem. Krp 28:20–26, 67–72

Riebel P (1994) Einzelkosten- und Deckungsbeitragsrechnung. Grundfragen einer markt- und entscheidungsorientierten Unternehmensrechnung, 7. Aufl. Gabler, Wiesbaden

Schweitzer M, Küpper H-U (2011) Systeme der Kosten- und Erlösrechnung, 10. Aufl. Vahlen, München

Weber J, Weißenberger BE (2010) Einführung in das Rechnungswesen. Bilanzierung und Kostenrechnung, 8. Aufl. Schäffer-Poeschel, Stuttgart

Erfassung der Logistikkosten in der Kostenstellenrechnung

10

Die Kostenstellenrechnung erfasst die Gemeinkosten und verdichtet sie in einem mehrstufigen Prozess solange, bis sie in einem finalen Verrechnungsschritt den Produkten als Kostenträger belastet werden können. Im Folgenden werden Aufbau und Vorgehen der Kostenstellenrechnung zunächst kurz allgemein dargestellt. Daran schließen sich logistikspezifische Ausführungen an, die wiederum mit Unternehmensbeispielen angereichert sind.

10.1 Aufgaben und Gestaltung der Kostenstellenrechnung

Die Kostenstellenrechnung macht vom Verrechnungsumfang her den Hauptteil der Kostenrechnung aus. Nach Kostenstellen differenziert, übernimmt die Kostenstellenrechnung im ersten Schritt die Gemeinkosten und ordnet sie als sog. „Primärkosten" Kostenstellen zu. „Kostenstellen sind funktional, organisatorisch oder nach... anderen Kriterien voneinander abgegrenzte Teilbereiche eines Unternehmens, für die die von ihnen jeweils verursachten Kosten erfasst und ausgewiesen, gegebenenfalls auch geplant und kontrolliert werden".[1] An dieser Definition werden einige Merkmale und Eigenschaften der Kostenstellenrechnung deutlich:

- *Funktionale Abgrenzung*: 1) Kostenstellen entsprechen im Grundsatz[2] Leistungsstellen; sie bilden damit die innerbetriebliche Wertschöpfungskette ab und schaffen entsprechende Transparenz. Die Kostenstellenrechnung für sich alleine betrachtet wirkt hier insbesondere in konzeptioneller Weise. Daneben ist die Abbildung der Wertschöpfungskette Voraussetzung für die Kalkulation der in dieser Kette erzeugten Produkte. 2) Die Erfassung von Kosten für einzelne Leistungserstellungsprozesse erfolgt umso genauer, je differenzierter letztere betrachtet werden. Kostenstellen sollten deshalb in der Weise gebildet werden, dass jeweils möglichst weitgehend eindeutige kausale Beziehungen zwischen den anfallenden Kosten und den von der Kostenstelle erstellten Leistungen feststellbar sind.

---

[1] Hummel und Männel (1986, S. 190).

[2] Daneben werden DV-mäßig noch diverse Summen- und Verrechnungskostenstellen geführt, die insbesondere Verrechnungszwecken dienen.

J. Weber, *Logistikkostenrechnung*,
DOI 10.1007/978-3-642-25173-3_10, © Springer-Verlag Berlin Heidelberg 2012

Begrenzend wirken Erfassungsmöglichkeiten und -kosten ebenso wie zu hohe Komplexität mit den im ersten Teil des Buches ausgeführten, daraus resultierenden Nutzungsdefekten.[3]

- *Organisatorische Abgrenzung*: 1) Soll die Kostenstellenrechnung nicht nur Verrechnungsaufgaben erfüllen, sondern auch der Verhaltenssteuerung der für die Leistungserstellung Verantwortlichen dienen, dann muss sie Kosten ausweisen, die auf die jeweiligen Verantwortungsbereiche bezogen sind. Diese Aufgabe ist dann unproblematisch, wenn die Organisationsstruktur – „klassisch" – einer funktionalen Gliederung folgt. Gilt dies nicht, konkurrieren die funktionale und die organisatorische Abgrenzung. Eine typische Lösung, auf die später noch Bezug genommen wird, ist die Bildung von Kostenplätzen innerhalb organisatorisch geprägter „Mischkostenstellen".[4] 2) Das Nebeneinander der originären verhaltenssteuernden Aufgabe und der Funktion als Informationslieferant der Kostenträgerrechnung führt dazu, dass innerhalb der kostenstellenbezogen ausgewiesenen Kosten ein beträchtlicher Teil von Beträgen enthalten ist, die sich von einem Kostenstellenleiter nicht beeinflussen lassen.[5] Allerdings weist die Kostenstellenrechnung diese Beträge nicht gesondert aus.

- *Kostenstellenbezogene Kostenplanung und -kontrolle*: Höhe und Struktur des Kostenanfalls können für eine Kostenstelle nicht nur im Ist erfasst werden, sondern auch Gegenstand von Kostenplanungen und -kontrollen sein. Hierzu sind kostenstellenbezogene Analysen hinsichtlich der Abhängigkeit der Kosten von den erbrachten Leistungen (Kostenauflösung) erforderlich. Je höher der funktionale Spezialisierungsgrad der Leistungserstellung, desto einfacher fällt diese, und desto leichter kann ein Kostenstellenleiter die Verantwortung für die Ergebnisse von Soll-Ist-Vergleichen übernehmen.

Kostenstellen können nach ihrer verrechnungstechnischen Stellung innerhalb der Kostenstellenrechnung insbesondere[6] in Vor- und Endkostenstellen differenziert werden. Unter einer Vorkostenstelle[7] versteht man eine Kostenstelle, deren Leistungen für andere Kostenstellen erbracht werden. Endkostenstellen wirken dagegen direkt an der Bereitstellung, Fertigstellung und Vermarktung der absatzbestimmten

---

[3] „Beim Separieren einzelner Kostenstellen sollte man prinzipiell nur so weit differenzieren, wie dies wirtschaftlich gerechtfertigt erscheint und die Übersichtlichkeit nicht gefährdet" (Hummel und Männel 1986, S. 198). In der Praxis wird gegen dieses Postulat nicht selten verstoßen. Vgl. den empirischen Befund bei Weber et al. (1998, S. 396); bei einem der untersuchten Unternehmen überstieg die Anzahl gebildeter Kostenstellen sogar die Anzahl der Mitarbeiter um den Faktor 2!

[4] Allerdings steht dieser Weg nicht immer zur Verfügung. Wie im ersten Teil des Buches schon angesprochen, bedeutet die Realisierung einer konsequent prozess- bzw. flussorientierten Organisation den weitgehenden Verzicht auf funktionale Spezialisierung und damit die Unmöglichkeit funktionaler Kostenstellenbildung.

[5] Vgl. den empirischen Befund bei Weber et al. (1998, S. 397); der Wert der kostenstellenbezogen beeinflussbaren Kosten lag dort jahresbezogen im Durchschnitt deutlich unter einem Drittel der Gesamtkosten. Monatlich beeinflussbar waren davon weniger als die Hälfte.

[6] Daneben lassen sich – wie bereits angesprochen – auch Sammel-, Knoten- und Verrechnungskostenstellen differenzieren.

[7] Parallel findet sich für sie auch der Begriff der Hilfskostenstelle.

	Verrechnung sämtlicher in einer Kostenstelle angefallenen Kosten	Verrechnung nur eines Teils der in einer Kostenstelle angefallenen Kosten
Kakulation des Leistungsvolumens als Ganzes	In der Vollkostenrechnung typische Form der Verrechnung von Vorkostenstellen auf andere Vor- oder Endkostenstellen auf Basis von Schlüsseln (z.B. mittels des Stufenleiterverfahrens)	In Teilkostenrechnungssystemen nur in Ausnahmefällen zur Verrechnung der variablen Gemeinkosten verwendete Vorgehensweise
Kalkulation einzelner erbrachter Leistungen	In der Vollkostenrechnung zur Erzielung hoher Verrechnungsgenauigkeit und insbesondere zur Verrechnung von Sonderleistungen durchgeführt (z.B. Kostenstellenausgleichsverfahren)	Typische Form der innerbetrieblichen Leistungsverrechnung in Teilkostenrechnungssystemen; aus Vereinfachungsgründen vorgenommener Sonderfall innerhalb der Vollkostenrechnung (Kostenartenverfahren)

Abb. 10.1 Überblick über unterschiedliche Verfahren der innerbetrieblichen Leistungsverrechnung

Produkte bzw. Leistungen mit. Entsprechend den unterschiedlichen Leistungsempfängern haben die beiden Kostenstellengruppen auch unterschiedliche „Kostenempfänger": Vorkostenstellen verrechnen ihre Kosten auf andere (Vor- oder End-) Kostenstellen, Endkostenstellen dagegen direkt auf die Produkte. Ausgenommen von dieser Regel sind nur einige wenige Sonderfälle.[8]

Dafür, wie eine Kostenverrechnung zwischen Kostenstellen erfolgt, hält die Kostenrechnungsliteratur eine Vielzahl von Verfahren bereit. Abbildung 10.1 strukturiert diese im Überblick.[9]

Zunächst gilt es zu unterscheiden, ob alle Kosten der Vorkostenstellen sukzessiv auf die Endkostenstellen verrechnet werden sollen oder ob dies nur für einen Teil der Kosten zutrifft. Ersteres ist für die Vollkostenrechnung typisch,[10] letzteres für die unterschiedlichen Spielarten von Teilkostenrechnungssystemen.

Die Weiterverrechnung aller Kosten bedeutet für die Kostenstellenrechnung, dass im Verlauf der „innerbetrieblichen Leistungsverrechnung" sukzessiv alle Vorkostenstellen vollständig entlastet werden müssen. Dieses kann unterschiedlich genau erfolgen. Wird eine Vorkostenstelle pauschal auf der Basis des gesamten Leistungsvolumens verrechnet, so greifen die hierzu verwendeten Verfahren zumeist auf

---

[8] Es kommt vor, dass eine Endkostenstelle außerhalb ihres normalen Fertigungsprogramms Leistungen für andere Kostenstellen erbringt, eine Dreherei z. B. ein Ersatzteil für die Werkzeugmaschine einer anderen Kostenstelle fertigt. Für diese Sonderfälle sind die beiden in Abb. 10.1 genannten Vorgehen Kostenarten- und Kostenstellenausgleichsverfahren vorgesehen.

[9] Vgl. zu den innerhalb der vier Felder der Matrix jeweils verwendeten Verfahren im Detail z. B. Weber und Weißenberger (2010, S. 369–378).

[10] Hiervon gibt es nur die Ausnahme des Kostenartenverfahrens: Aus Gründen möglichst geringen Erfassungs- und Verrechnungsaufwands werden einer – betragsmäßig unbedeutenden – innerbetrieblichen Leistung dort nur die Einzelkosten zugeordnet und auf eine Beaufschlagung mit anteiligen Gemeinkosten verzichtet.

einfache Kostenschlüssel zurück. Für eine Instandhaltungsstelle sind dies z. B. die Anlagenwerte der von ihr betreuten Anlagen, für eine Arbeitsvorbereitung die Zahl gesteuerter Fertigungskostenstellen. Derartige Schlüssel sind ungenau, aber sehr leicht zu handhaben. Eine genauere Verrechnung setzt eine detailliertere Kenntnis der Leistungsentstehung und -inanspruchnahme voraus. Führt die Instandhaltungs-kostenstelle etwa ein eigenes Auftragswesen, in dem für jede erbrachte Instand-haltungsleistung Art, Menge und Empfänger festgehalten werden, so kann die Kos-tenentlastung anhand von Einzelverrechnungen erfolgen.[11] Einzelleistungsverrech-nung ist auch bei den bereits angesprochenen Sonderfällen der Leistungserstellung von Endkostenstellen für andere Kostenstellen erforderlich. Bestehen schließlich wechselseitige Leistungsverflechtungen, so werden diese in der Praxis durchweg durch Iteration berücksichtigt.[12]

Ein ähnliches Vorgehen gilt für den Fall, dass nur ein Teil der Primärkosten ande-ren Kostenstellen weiterbelastet werden soll. Die Kosten werden hierzu in fixe und variable Anteile aufgespalten.[13] Die Fixkosten verbleiben jeweils auf den leistenden Kostenstellen. Hiermit gelingt es, sukzessiv die Gemeinkosten zu bestimmen, die sich mit Änderungen der Beschäftigung des Unternehmens gleichgerichtet verän-dern. Zusammen mit den Einzelkosten liegt eine produktbezogene Kosteninforma-tion vor, der für eine Reihe von Entscheidungen eine hohe Bedeutung zugemessen wird (z. B. Bestimmung von Preisuntergrenzen, optimale Produktions- und Ab-satzprogrammplanung). Die auf den Kostenstellen verbliebenen Fixkosten werden schließlich entweder in einem Zuge (Direct Costing) oder sukzessive (Fixkostende-ckungsrechnung) Produkten zugeordnet. Hierzu weisen beide Spielarten von Teil-kostenrechnungen einen retrograden Aufbau der Kostenträgerrechnung auf.[14]

Insgesamt betrachtet bildet die Kostenstellenrechnung den Kern des Kosten-rechnungssystems. Sie besitzt sowohl wichtige eigene Informationsaufgaben, als sie auch die Basis für die Kostenträgerrechnung bildet. Dieses Nebeneinander, die aus der Komplexität der Wertschöpfungsprozesse in den Unternehmen folgende hohe Eigenkomplexität ("Verschiebebahnhof der Gemeinkosten") und die diversen Freiheitsgrade, die dem Kostenrechner für ihre Ausgestaltung offen stehen, führen in Summe zu einer vom einzelnen Kostenstellenleiter nur begrenzt leistbaren Nach-vollziehbarkeit der Kostenstellenrechnung mit entsprechenden Problemen instru-menteller und konzeptioneller Nutzung.

---

[11] Ein solches Vorgehen folgt den Prinzipien der Bezugsgrößen- bzw. Verrechnungssatzkalkula-tion, die begrifflich zumeist der Kostenträger-, nicht der Kostenstellenrechnung zugeordnet wird.

[12] Das alternativ mögliche Gleichungsverfahren erweist sich in der praktischen Anwendung in DV-gestützten Systemen als umständlicher als das Iterationsverfahren. Erfolgt aber eine Formulie-rung der Leistungsbeziehungen in Gleichungsform, ist die Kostenstellenrechnung bei sehr großen Datenmengen aber sehr viel schneller durchzuführen. Vgl. Zwicker (2004).

[13] Auf Verfahren und Vorgehen der Kostenauflösung wird im Abschn. 10.3 dieses Teils des Buches im Detail eingegangen.

[14] Vgl. zu beiden Verfahren im Überblick Weber und Weißenberger (2010, S. 369–371).

10.2 Berücksichtigung von material- und warenflussbezogenen Dienstleistungen in der Kostenstellenrechnung

Eigene Kostenstellen für logistische Leistungsbereiche finden sich schon seit langem in den Kostenstellenplänen der Unternehmen. Bei diesen handelt es sich aber zumeist um kunden- und lieferantennahe Bereiche, wie etwa große Versandläger, die Bestelldisposition oder den Fuhrpark für die Warenauslieferung und den Zwischenwerksverkehr. Innerhalb des Unternehmens und speziell innerhalb der Produktion trifft man zumeist nur auf wenige spezifische Logistikkostenstellen, so insbesondere auf eine Kostenstelle „Interner Transport", in der – und dies zumeist nicht vollständig – die innerwerklichen Transportvorgänge zusammengefasst sind. Die innerbetriebliche Logistik ist in vielen Unternehmen – wie gezeigt[15] – noch immer eine Black Box.

Nicht nur für eine aussagefähige Kostenplanung und -kontrolle, sondern auch für die Verrechnung der Logistikkosten resultieren aus dieser Erfassungspraxis erhebliche Schwächen: Die im Bereich der Fertigung entstehenden Logistikkosten können so lediglich als undifferenzierter Bestandteil der Fertigungsgemeinkosten nach Verrechnungsgesichtspunkten der Fertigungskosten den Produkten angelastet werden:

- Innerhalb von Fertigungsendkostenstellen bedeutet dies eine Einbeziehung der Logistikkosten in die Maschinenstundensätze bzw. die Fertigungsgemeinkostenzuschläge, die nach Produktionsgesichtspunkten den Produkten zugeordnet werden. Weichen die Fertigungs- von den Lager-, Transport- und Umschlagsintensitäten ab, ergeben sich entsprechende Verzerrungen der Abbildung.
- Gehen Logistikkosten undifferenziert in Vorkostenstellen der Fertigung ein – wie z. B. dann, wenn ein Zwischenlager kostenmäßig der Fertigungsbereichsleitung zugeordnet wird –, unterliegen sie den ohnehin schon ungenauen auf die Produktion gerichteten Schlüsseln (z. B. Verteilung nach der Zahl der Fertigungsmitarbeiter in den geleiteten Fertigungskostenstellen).

Die mit einer stärkeren bzw. bedeutungsgemäßen Berücksichtigung der Logistik in der Kostenstellenrechnung verbundenen Vorteile lassen sich kurz in vier Punkten zusammenfassen:

- Logistikkostenstellen machen – in einer konzeptionellen Funktion – als „Messstellen" transparent, wo im Unternehmen material- und warenflussbezogene Dienstleistungen erbracht werden und an welcher Stelle im Wertschöpfungsprozess damit Logistikkosten anfallen. Insbesondere dann, wenn die logistischen Leistungen nicht oder nur unzureichend genau erfasst werden, kommt dieser „Indikationsfunktion" eine hohe Bedeutung zu. Die Kenntnis der dadurch gelieferten Informationen ist eine notwendige Voraussetzung, um Rationalisierungsmöglichkeiten im Material- und Warenfluss überhaupt erkennen zu können.
- Eine Erfassung der Logistikkosten auf Kostenstellen bietet die Möglichkeit zur Erhöhung der Wirtschaftlichkeit der Leistungserstellung. Sie schafft zum einen die Voraussetzung für Kostenbewusstsein beim Kostenstellenleiter. Eine spezielle Kostenplanung und darauf aufbauende Kostenkontrollen lassen nicht

---

[15] Vgl. Abschn. 5.2.1 im zweiten Teil des Buches.

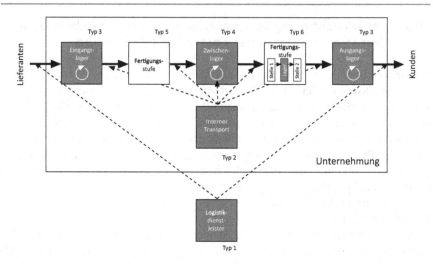

Abb. 10.2 Überblick über unterschiedliche Typen logistischer Leistungserstellung

unbeträchtliche Einsparungen erwarten. Zum anderen eröffnet die kostenstellenbezogene Kostenerfassung die Möglichkeit, Verrechnungssätze für die erbrachten Leistungen zu bilden. Diese sind ihrerseits die notwendige Voraussetzung dafür, fundierte Entscheidungen über den richtigen Bereitstellungsweg der Leistungen, also z. B. für die Wahl zwischen Eigen- und Fremdtransport, treffen zu können (konzeptionelle und instrumentelle Funktion der Logistikkostenstellenrechnung).

- Eine leistungsentsprechende Verrechnung der Logistikkosten mittels Verrechnungssätzen kann – im Sinne einer konzeptionellen Wirkung – dazu führen, dass das Kostenbewusstsein bei den Leistungsempfängern steigt, Logistikleistungen somit sparsamer nachgefragt werden als bislang.
- Schließlich bilden Logistikkostenstellen die notwendige Voraussetzung dafür, die Logistikkosten verursachungsgerecht in der Produktkalkulation zu berücksichtigen. Hier wirken die Informationen sowohl instrumentell wie konzeptionell.

Für den Modus der Erfassung von Logistikkosten in der Kostenstellenrechnung ist es von Bedeutung, auf welche Weise material- und warenflussbezogene Dienstleistungen erbracht werden. Abbildung 10.2 macht deutlich, welche Typen logistischer Leistungsbereiche grundsätzlich zu unterscheiden sind.

Der für die Kosten- und Leistungserfassung einfachste Fall liegt dann vor, wenn logistische Leistungen von Unternehmensexternen erbracht werden (Typ 1). Eine derartige Form der Leistungserstellung trifft häufig für den außerbetrieblichen Transport zu. Die Kosten der Fremdlogistikleistungen werden – wie bereits ausgeführt – in der Kostenartenrechnung erfasst. Für einen großen Teil von ihnen muss die Kostenstellenrechnung keinerlei Erfassungs- und Verrechnungsaufgaben übernehmen. So werden beispielsweise Ausgangsfrachten häufig unmittelbar Produkten (als Sondereinzelkosten des Vertriebs), Eingangsfrachten direkt Einsatzstoffen (als Beschaffungsnebenkosten) belastet. Typischerweise erscheinen Fremdlogistikkosten nur dann in der Kostenstellenrechnung, wenn Fremdlogistikleistungen in den Prozess der Produkterstellung eingebunden sind (z. B. Übernahme von Transportaufgaben in einem Zwischenlager).

Eine weitere, ebenfalls vergleichsweise geringe Probleme der Leistungs- und Kostenerfassung hervorrufende Form logistischer Leistungserstellung ist dadurch gekennzeichnet, dass Lagerungen, Transporte und Umschlagsaktivitäten in großer Zahl mit dafür speziell bereitgestellten Produktionsfaktoren erbracht werden. Für derartige Leistungsbereiche sind – wie bereits angesprochen – in der Praxis auch in der Vergangenheit häufig eigene Kostenstellen eingerichtet worden. Wie Abb. 10.2 deutlich macht, kann man zwei Ausprägungen solcher Kostenstellen unterscheiden:

- Leistungsbereiche, in denen ausschließlich Logistikleistungen einer (einzigen) Art erzeugt werden (Typ 2). Hierzu zählen insbesondere Transportstellen, die an unterschiedlichen Stellen im Material- und Warenfluss Transporte durchführen. Ihre Leistungen exakt zu erfassen und zu verrechnen, erfordert prinzipiell den Aufbau eines entsprechenden Auftragswesens.[16]
- Leistungsbereiche, in denen ausschließlich Logistikleistungen unterschiedlicher Art erbracht werden, und die weiter danach zu unterteilen sind, ob sie alle Leistungsarten selbst produzieren (z. B. Hochregallager mit eigenen Gabelstaplern zur Ver- oder Entsorgung des Regalförderzeugs) (Typ 3) oder auf Leistungen anderer logistischer Leistungsbereiche zurückgreifen (etwa Zwischenläger, die zur Ein-, Um- und Auslagerung Leistungen des innerbetrieblichen Transports in Anspruch nehmen) (Typ 4). Im ersten Fall muss die Kostenerfassung und -verrechnung für mehrere Leistungsarten getrennt erfolgen. Im zweiten Fall ist eine innerbetriebliche Leistungsverrechnung zwischen logistischen Kostenstellen erforderlich.

Erhebliche Probleme, logistische Aktivitäten in der Kostenstellenrechnung zu berücksichtigen, treten für solche Leistungsbereiche auf, die Logistikleistungen eng verzahnt und untrennbar verbunden mit Fertigungs- oder sonstigen betrieblichen Leistungen erstellen (Typ 5). Ein typisches, in Abb. 10.2 aufgeführtes Beispiel ist eine einstufige Fertigungskostenstelle, die fertigungssynchron ver- und entsorgt, d. h. die Beschickung und Entsorgung der Produktionsanlage bzw. -linie vornehmen muss. Wenngleich häufig – da direkt an die Produktionsleistungen gekoppelt – die Logistikleistungserfassung leicht fällt, wird man kostenseitig mit Verbundproblemen konfrontiert. Das Gehalt des Leiters eines Presswerks – als Beispiel aus dem dispositiven Bereich – lässt sich nicht „richtig" auf die Tätigkeitsbereiche Materialflusssteuerung und Steuerung der Produktionstechnik aufteilen. Geschieht dies dennoch, handelt es sich um Gemeinkostenschlüsselung. Für eine instrumentelle Verwendung lassen sich solche „anteiligen" Kosten kaum verwenden. Konzeptionell

---

[16] Manche Unternehmen haben für ihren internen Transport ein solches Auftragswesen in sehr detaillierter Form realisiert, indem sie für jeden einzelnen Einsatz eines Fördermittels u. a. art- und mengenmäßig die beförderten Objekte, die Transportstrecke und/oder die Transportdauer festhalten. Ein Transportauftrag ist dann eine spezielle Form eines Innenauftrags und so z. B. mit einem Instandhaltungsauftrag vergleichbar.

gesehen macht die Aufteilung aber durchaus Sinn – wir werden darauf im Abschnitt zur Kostenauflösung noch genauer eingehen.

Nicht leicht fällt schließlich die kostenstellenbezogene Logistikkosten- und -leistungserfassung auch in solchen Bereichen, in denen die Erstellung der material- und warenflussbezogenen Dienstleistungen teils eng verzahnt und untrennbar verbunden, teils separierbar mit bzw. von der Erstellung der Produktions- oder sonstigen betrieblichen Leistungen erfolgt (Typ 6). Zu denken ist dabei insbesondere an mehrstufige Fertigungskostenstellen, die eine Vielzahl von Kurztransporten zwischen den Maschinen durchführen und vor bzw. nach den einzelnen Fertigungsvorgängen Hand- oder Zwischenlager aufgebaut haben. Dies können gesondert abgegrenzte Bereiche sein oder sie bestehen lediglich aus einer mehr oder weniger großen Zahl von mit Material oder Zwischenprodukten gefüllten Behältern. Der Kostenstellenrechnung wird es in derartigen Fällen zwar eher als für den zuvor dargestellten Leistungsbereichstyp gelingen, Kosten zu separieren, die sich der Logistik direkt zurechnen lassen. Dafür eröffnen sich aber zusätzliche Probleme der Erfassung der zum einen vielfältigen, zum anderen jedoch jeweils nur vergleichsweise wenig bedeutsamen logistischen Leistungen.

Um die Komplexität der Kostenstellenrechnung nur so wenig wie möglich zu erhöhen, sollten zusätzliche Logistikkostenstellen nur dann gebildet werden, wenn folgende drei Bedingungen gleichzeitig erfüllt sind:

• Die betrachteten Lager-, Transport- und Umschlagskosten wurden bislang zu pauschal erfasst, kontrolliert und verrechnet.
• Eine gesonderte Erfassung lohnt sich von der absoluten Kostenhöhe her.
• Die betrachteten Logistikkosten lassen sich gesondert disponieren.

Diese – restriktiven – Bedingungen werden dazu führen, einen Teil von in „Mischkostenstellen" erbrachten logistischen Leistungen nicht gesondert kostenmäßig abzubilden.

10.3   Ermittlung von Kostenabhängigkeiten

Die Kosten nach ihrer Abhängigkeit von den erbrachten Leistungen zu differenzieren, ist ein Standardmerkmal sämtlicher Teilkostenrechnungssysteme. Es gibt einen tieferen Einblick in die Struktur des Kostenanfalls und ermöglicht eine bessere Informationsbereitstellung für marginalanalytisch motivierte Fragen. Solche liegen auch für die Logistik in breiter Front vor. Die Beantwortung so unterschiedlicher Fragestellungen wie z. B.

• Lohnt sich bei erwarteten Preiserhöhungen am Beschaffungsmarkt die Vorverlegung eines geplanten Beschaffungszeitpunkts?
• Welche Kosteneinsparungen resultieren aus einem „Leerfahren der Produktionspipeline" vor anstehenden Phasen von Kurzarbeit?
• Wie verändern sich die Kosten von Gabelstaplertransporten, wenn das Transportvolumen über das ganze Jahr um 20 % zurückgeht?

- Welchen Beitrag können Vorratssenkungen langfristig für eine Steigerung des Unternehmenserfolgs leisten?
- Welche kostenmäßigen Konsequenzen bringt eine bestimmte Reduzierung der Zahl von Auslieferungslägern mit sich?

setzt übereinstimmend die Kenntnis der Abhängigkeit der Logistikkosten von den erbrachten Logistikleistungen voraus. Diese ist auch für die Kalkulation und Weiterverrechnung der Logistikkosten auf die die Leistungen beanspruchenden Kostenstellen bzw. Produkte hilfreich. Für die Logistik auf eine in der Kostenrechnung sonst übliche Kostenspaltung zu verzichten, ist ohne weitere Analyse sowohl aus instrumenteller wie aus konzeptioneller Nutzungssicht der Informationen wenig sinnvoll.

Bevor im Folgenden detailliert auf die Besonderheiten einer Auflösung der Logistikkosten eingegangen wird, seien kurze allgemeine Ausführungen vorangestellt.

10.3.1 Überblick

Dem historisch gesehen ersten Kostenrechnungssystem, der Vollkostenrechnung, ist eine Trennung der Kosten nach ihrer Abhängigkeit vom erbrachten Leistungsvolumen fremd. Ihren Aufbau bestimmen Zurechenbarkeitsfragen, keine solche nach Kostenveränderungen. Für die vor und nach dem zweiten Weltkrieg entwickelten Teilkostenrechnungssysteme bilden letztere jedoch jeweils den Kristallisationskern:

- Der *Grenzplankostenrechnung* geht es – wie im ersten Teil des Buches skizziert – um die Beeinflussbarkeit des Kostenanfalls durch Kostenstellenverantwortliche. Diese haben zwar keinen unmittelbaren Einfluss auf die ihnen zur Verfügung gestellte Kapazität, wohl aber auf die Art ihrer Nutzung. Sollen sie zu einem wirtschaftlichen Verhalten angehalten werden, ist es erforderlich, den Zusammenhang zwischen dem Kostenanfall und der Kapazitätsinanspruchnahme zu kennen. Da letztere in einer Sachgüterproduktionsumgebung unmittelbar von der Menge und Zusammensetzung der zu erstellenden Leistungen abhängt, geht es gleichzeitig um die Abhängigkeitsbeziehung zwischen Kosten und Leistungen.
- Das *Direct Costing* und die *Fixkostendeckungsrechnung* sehen den Erfolg des Unternehmens allein durch den Absatzmarkt bestimmt. Bestandsveränderungen dürfen keinen Einfluss auf den Periodenerfolg nehmen. Deshalb sind den Produkten nur diejenigen Kosten zuzuordnen, die sich mit ihrer Erstellung unmittelbar verändern. Auch dieser Ansatz führt zur Notwendigkeit, die Kosten nach ihrer Beziehung zu den Leistungen zu analysieren. Zugleich wird damit eine adäquate Produktions- und Absatzprogrammplanung im Rahmen gegebener Kapazitäten möglich.

Der Zusammenhang zwischen Leistungserbringung und Kostenanfall lässt sich grundsätzlich von zwei Seiten angehen (vgl. zum Folgenden auch Abb. 10.3 und die später für die Logistik erfolgende detaillierte Diskussion):

- Nimmt man eine vorhandene Vollkostenrechnung als Basisrechnung an, so bedeutet eine Auflösung der kostenstellenbezogen erfassten Gemeinkosten in Kos-

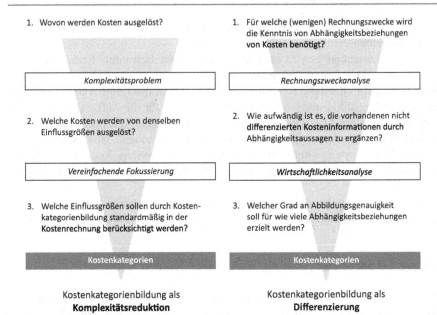

1. Wovon werden Kosten ausgelöst?

Komplexitätsproblem

2. Welche Kosten werden von denselben Einflussgrößen ausgelöst?

Vereinfachende Fokussierung

3. Welche Einflussgrößen sollen durch Kosten-kategorienbildung standardmäßig in der **Kostenrechnung berücksichtigt werden?**

Kostenkategorien

Kostenkategorienbildung als
Komplexitätsreduktion

1. Für welche (wenigen) Rechnungszwecke wird die Kenntnis von Abhängigkeitsbeziehungen **von Kosten benötigt?**

Rechnungszweckanalyse

2. Wie aufwändig ist es, die vorhandenen nicht differenzierten Kosteninformationen durch Abhängigkeitsaussagen zu ergänzen?

Wirtschaftlichkeitsanalyse

3. Welcher Grad an Abbildungsgenauigkeit soll für wie viele Abhängigkeitsbeziehungen erzielt werden?

Kostenkategorien

Kostenkategorienbildung als
Differenzierung

Abb. 10.3 Unterschiedliche Ansatzpunkte zur Bildung von Kostenkategorien

tenkategorien eine *Differenzierung*. Welche und wie viele Kostenkategorien ge-bildet werden und wie genau die Auflösung erfolgt, wird von den zu erfüllenden Informationsaufgaben bestimmt. Für die „ausweistechnischen" Fragestellungen des Direct Costing ist z. B. ein geringerer Genauigkeitsgrad erforderlich als für die verhaltensorientierten Aufgaben einer Grenzplankostenrechnung.[17]

• Kommt man von einer fallweisen Analyse der Abhängigkeitsbeziehung zwischen Kostenanfall und Leistungserbringung, so bedeutet die Bildung von Kostenka-tegorien dagegen eine (starke) *Vereinfachung* der Komplexität. Eine Vielzahl unterschiedlichster Abhängigkeitsausprägungen wird zu wenigen Kategorien verdichtet.

Entsprechend diesen beiden Wegen finden sich in der einschlägigen Literatur unter-schiedliche Verfahren der Kostenauflösung. Der auf regressionsanalytischer Aus-wertung von Kosten-Leistungsmengen-Paaren der Vergangenheit aufbauenden ma-thematisch-statistischen Kostenauflösung steht die planmäßige Kostenauflösung gegenüber, die detailliert an der dem Kostenanfall zugrundeliegenden Produktions-funktion ansetzt.[18]

Unabhängig von der Ermittlung ist die Frage nach der Zahl der Kategorien zu beantworten. Je höher diese gewählt wird, desto genauer kann die Abhängig-

---

[17] Je ungenauer die Ermittlung der von einem Kostenstellenleiter zu verantwortenden Kosten, des-to unwirksamer die Abweichungsanalysen und desto geringer c.p. die Motivation, den gesetzten Zielen zu folgen.

[18] Vgl. zu Verfahren der Kostenauflösung kurz z. B. Coenenberg et al. (2009, S. 68–72).

keit eingefangen werden; allerdings steigen in gleichem Maße die Komplexität der Rechnung und die damit verbundenen Probleme. In der Praxis hat sich eine durchgängig vorfindbare Lösung herausgebildet; unterschieden werden (nur) *zwei* Kostenkategorien, die zumeist als variabel und fix bezeichnet werden[19]: Sachlich und zeitlich genau abgegrenzte Kosten nennt man variabel (fix) hinsichtlich einer bestimmten Einflussgröße, wenn sich die Kostenhöhe bei Variation dieser Größe innerhalb eines angegebenen Intervalls ändert (nicht ändert). Auch bezüglich der dieser Unterteilung zugrunde liegenden Prämissen besteht Übereinstimmung[20]:

- Die Unterteilung von variablen und fixen Kosten stellt auf einen Betrachtungs-zeitraum von einem halben bis zu einem Jahr ab.[21] „Variabel" bedeutet deshalb nicht „mit kleinen und kurzfristigen Mengenänderungen veränderlich". Das Ab-stellen auf die Halbjahres- bis Jahresfrist ist für die Zuordnung vieler Personal-kosten essenziell: Während die Kosten eines im Zeitlohn beschäftigten Ferti-gungsmitarbeiters schicht- und monatsbezogen fix sind, besteht in der längeren zeitlichen Perspektive die Möglichkeit, ihn bei Reduktion der Leistungsmenge um- oder freizusetzen – wir werden auf diesen Zusammenhang später noch im Detail zurückkommen.
- Die Unterteilung von variabel und fix gilt für einen bestimmten leistungswirt-schaftlichen Kontext, ist z. B. nur für einen Beschäftigungsspielraum zwischen 70 % und 100 % definiert.[22] Liegt die Ist-Beschäftigung einer Kostenstelle außerhalb dieses Intervalls, sind gesonderte Abhängigkeitsanalysen erforderlich.
- Variabel wird als proportional verstanden, Beschäftigungsabhängigkeit mit Be-schäftigungsproportionalität gleichgesetzt. Diese (erhebliche) Vereinfachung er-weist sich für Auswertungen als überaus hilfreich.[23] Aufgrund der Beschränkung des vorab angesprochenen Beschäftigungsintervalls zeigen empirische Analysen zudem nur geringe damit in Kauf zu nehmende Ungenauigkeiten auf.[24]
- Für die Trennung der Kosten in variable und fixe Elemente nimmt man schließ-lich auch an, dass die Kosten bei Beschäftigungsausweitung auf Basis derselben

---

[19] Zwei abweichende Begriffspaare seien ergänzend genannt: Im Riebel'schen System der relati-ven Einzelkosten- und Deckungsbeitragsrechnung findet sich die Unterscheidung zwischen Leis-tungs- und Bereitschaftskosten (vgl. Riebel 1994, S. 87 f.). Abgesehen von der von Riebel stets angestrebten höheren Abbildungsgenauigkeit entsprechen *Leistungskosten* variablen Kosten und *Bereitschaftskosten* fixen Kosten. Deyhle benutzt statt fixen Kosten den Begriff *Strukturkosten*, denen *Produktkosten* gegenüberstehen (vgl. z. B. Deyhle 1994, S. 34). Aufgrund der hohen Zahl von ihm ausgebildeter Controller kommt dem Begriffspaar – im Gegensatz zur Unterscheidung von Leistungs- und Bereitschaftskosten – in der Praxis nennenswerte Bedeutung zu.

[20] Vgl. zum Folgenden Weber und Weißenberger (2010, S. 343–345).

[21] „Es hat sich in der Praxis als richtig und sinnvoll herausgestellt, bei der Gliederung der Kosten nach ihren fixen und proportionalen Bestandteilen von einer Fristigkeit von etwa einem halben Jahr bis zu einem Jahr auszugehen" (Plaut 1984, S. 24). Diese Frist entspricht – nicht zufällig! – der Frist der operativen Planung.

[22] Als das Beschäftigungsintervall, für das ein Produktionssystem technologisch ausgelegt ist.

[23] Für den Fall nicht-linearer Kostenverläufe könnte man z. B. keine einheitlichen Kosten pro Leistungseinheit ermitteln.

[24] Vgl. die umfassenden Quellenangaben bei Kilger (1993, S. 150 f).

funktionalen Beziehung steigen, die ihr Sinken bei Beschäftigungsrückgang bestimmt. Kostenremanenzen[25] werden damit vernachlässigt.

Eine wichtige Bedeutung im Prozess der Kostenauflösung kommt schließlich der Differenzierung der Produktionsfaktoren in Ver- und Gebrauchsgüter bzw. Repetier- und Potenzialfaktoren zu. Während erstere in einem Leistungserstellungsprozess verbraucht bzw. immer wieder neu eingesetzt werden müssen, sind letztere in der Lage, einer Vielzahl von Einzelprozessen zu dienen. Mit dieser Eigenschaft ist ein wichtiges Präjudiz für die Zuordnung zu fixen und variablen Kosten gegeben:

- Will man die Kosten von Gebrauchsgütern bzw. Potenzialfaktoren einzelnen Nutzungsquanten zurechnen, müssen die Zusammenhänge zwischen der Faktorinanspruchnahme und dem gesamten zur Verfügung stehenden Nutzungspotenzial bekannt sein. In trivialer Weise ist dies dann gegeben, wenn eine Anlage geleast wird und die Höhe der Leasingzahlungen von der Dauer der Anlagennutzung abhängt.[26] Der nächsteinfache Fall liegt vor, wenn im Unternehmen hinreichende Erfahrung über das Verschleißverhalten eines Potenzials besteht und dieses dominant von seiner Nutzung bestimmt wird (wenn z. B. die durchschnittliche Lebensdauer einer Anlage in Betriebsstunden gemessen werden kann). Typischerweise sind neben dem nutzungsabhängigen Verschleiß allerdings auch andere Verschleißarten (insbesondere Zeitverschleiß) wirksam.[27] Im Falle rein zeitabhängigen Verschleißes eines Potenzialfaktors verursacht dieser fixe Kosten; gehen zeit- und nutzungsabhängiger Verschleiß Hand in Hand, besteht entweder die Möglichkeit, die Potenzialfaktorkosten in variable und fixe Kosten aufzuspalten[28] oder sie derjenigen Kostenkategorie in Gänze zuzuordnen, die dominiert.[29]

- Während für Potenzialfaktorkosten in toto Fixkostencharakter dominiert, ist es bei den Repetierfaktorkosten umgekehrt. Gehen Repetierfaktoren allerdings nicht direkt in die zu erstellende Leistung ein (wie z. B. Hilfsstoffe), sondern werden sie von Potentialfaktoren zu deren Einsatz benötigt (z. B. Betriebsstoffe), so hängt der Kostencharakter der Repetierfaktorkosten von der Nähe der Potenzialfaktoren zur Leistungserstellung ab: Antriebstrom eines Regalförderzeugs fällt in die Kategorie der variablen Kosten, Strom für die Beleuchtung des Hochregallagers verursacht fixe Kosten.

---

[25] Vgl. zum Begriff der Kostenremanenz z. B. Weber und Weißenberger (2010, S. 345). International wird der Begriff der „cost stickiness" verwendet. Vgl. Anderson et al. (2003); Banker et al. (2010).

[26] In einem solchen Fall kann man allerdings auch die Auffassung vertreten, dass nicht eine Anlage als Ganzes den zu betrachtenden Produktionsfaktor darstellt, sondern eine anlagenbezogene Dienstleistung, die in beliebig kleinen „Portionen" beschafft werden kann. Damit würde aus dem Potenzial- ein Repetierfaktor.

[27] Vgl. im Überblick Hummel und Männel (1986, S. 163–165).

[28] Eine solche Aufteilung erweist sich allerdings methodisch als überaus problematisch.

[29] Wird ein PKW eines Fuhrparks pro Jahr nur wenig genutzt, wird sein Werteverzehr überwiegend durch den Zeitverschleiß bestimmt. Seine Kosten sind fix. Eine hohe Nutzung begründet jedoch seine Ersatzbeschaffung im Verlust seiner technischen Einsatzfähigkeit; damit hängen seine Kosten primär von der Nutzung ab. Die PKW-Kosten sind dann dominant variabel.

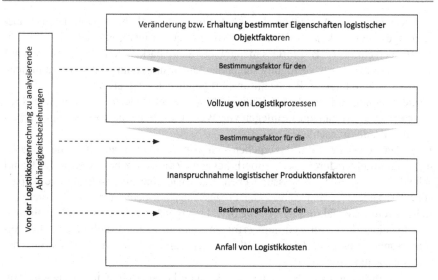

Abb. 10.4 Überblick über grundsätzliche Schritte zur Erfassung der Abhängigkeitsbeziehungen zwischen Logistikkosten und Logistikleistungen

10.3.2 Analyse der Abhängigkeitsbeziehungen zwischen Logistikkosten und Logistikleistungen

Wie soeben gezeigt, ist das Herausarbeiten der Abhängigkeit der Kosten von Leistungen kein Logistik-spezifisches Problem. Im Folgenden sollen deshalb die einzelnen Schritte der Analyse nur jeweils auf mögliche für Transport-, Umschlags- und Lagerleistungen geltende Besonderheiten hin untersucht werden.

Wie Abb. 10.4 im Überblick zeigt, ist im ersten Schritt zu bestimmen, welche Einflüsse von den erbrachten Leistungen auf die dafür durchgeführten Transport-, Umschlags- und Lagerprozesse ausgehen. Dies bedingt zunächst die Herausarbeitung der

- einzelprozessrelevanten Merkmale der Objektfaktoren (wie z. B. Volumen, Gewicht, Aggregatzustand, Wert und Verderblichkeit),
- einzelprozessrelevanten Bestimmungsgrößen der Raumüberwindung und/oder Zeitüberbrückung (wie etwa Absendungs- und Bestimmungsort, Versand- und Ankunftstermin, Termin des Beginns und Endes der Lagerung) und
- prozessprogrammrelevanten Merkmale des Leistungsprogramms (wie zeitpunkt- und zeitraumbezogene Unterschiedlichkeit der Objektfaktoren, zeitpunkt- und zeitraumbezogenes Neben- und Nacheinander von Raumüberwindungen und/oder Zeitüberbrückungen).

Anschließend muss bestimmt werden, in welcher Weise diese Merkmale bzw. Bestimmungsgrößen Einfluss nehmen auf

- die Art des Prozesses (z. B. Ausschluss von Freilagerung bei Tiefkühlkost),
- dessen Merkmale, wie insbesondere Dauer (z. B. Begrenzung der Transportdauer durch stoffliche oder wirtschaftliche Verderblichkeit der Objektfaktoren),

Intensität (z. B. Ausnutzen der (häufig unwirtschaftlichen) maximalen Transportgeschwindigkeit zur Einhaltung von Lieferterminen), Nutzung des Kapazitätsquerschnitts (z. B. Einfluss mangelnder Stapelbarkeit von Objektfaktoren auf die Ausnutzung zur Verfügung stehenden Lagerraumvolumens) sowie räumliche und zeitliche Lage (z. B. Nachttransport gefährlicher Güter) und

- die Zahl und Reihenfolge gleichzeitig bzw. nacheinander zu vollziehender Prozesse (z. B. permanentes Einlegen von Werkstücken in eine kontinuierlich arbeitende Produktionsanlage).

Lagerungsbezogene Spezifika ergeben sich insbesondere daraus, dass die Prozessdauer unmittelbar durch die zu überbrückende Zeitdistanz bestimmt wird. Damit scheidet eine zeitliche Anpassung ebenso aus wie eine intensitätsmäßige Anpassung. Da zudem Veränderungen der Prozesskapazität bedingt durch den maßgeblichen Produktionsfaktor Lagerfläche bzw. Lagergebäude oft nur in großen Quanten und für einen längeren Zeitraum erfolgen können, haben Erhöhungen oder Verminderungen des Bedarfs an Lagerleistungen zumeist nur eine Veränderung der Lagerauslastung zu Folge.

Diese für Lagerprozesse geltenden Besonderheiten treffen in ähnlicher Form auch auf *Linienverkehrsprozesse* zu. Die regelmäßige Bedienung inner- und außerbetrieblicher Relationen lässt nach Abschluss der auf Erwartungen bezüglich des Transportleistungsvolumens basierenden Transportplanung (Erarbeitung eines „Fahrplans") nur querschnittsmäßige Veränderungen zu, um sich an ergebende unterschiedliche Transportaufkommen anzupassen (Einsatz von Fahrzeugen unterschiedlicher Kapazität). Art, Zahl, Häufigkeit und Dauer der Fahrten stehen fest. Im Falle des Bedarfs- oder *Gelegenheitsverkehrs* stehen dagegen prinzipiell alle Formen der Variation des Produktionsvolumens offen. Spezifika im Vergleich zu industriellen Produktionsprozessen resultieren jedoch aus der besonderen Bedeutung des Orts der Leistungserstellung. Veränderungen des Leistungsprogramms haben bedingt durch damit verbundene Veränderungen der Paarigkeit der Verkehrsströme häufig auch Veränderungen der Nutzung des Kapazitätsquerschnitts zur Folge (z. B. Erhöhung des Anteils der Leerfahrten).

Sind die zur Logistikleistungserstellung erforderlichen Prozesse in ihren relevanten Merkmalen bestimmt, muss man im nächsten Schritt analysieren,

- welche Art von Produktionsfaktoren (z. B. Tanks zur Lagerung von Flüssigkeiten)
- mit welchen Merkmalen (z. B. zulässiges Gesamtgewicht eines LKW)
- in welcher Menge (z. B. Treibstoffverbrauchsmenge eines Gabelstaplers)
- wie lange (z. B. 12-stündige Nutzung eines LKW zur Durchführung eines Transports im Zwischenwerksverkehr)
- zu welcher Zeit (z. B. nächtliche Beschäftigung von Personal zur Bewachung eines Lagers)
- an welchem(n) Ort(en)

in Anspruch genommen wird. Wie dies auch für andere Prozessarten gilt, fällt die Quantifizierung dieser Abhängigkeitsbeziehungen für einige Produktionsfaktoren leicht. So erfordert z. B. ein LKW-Transport bestimmter Dauer stets den gleichlangen Einsatz eines Fahrers. So können neben der Transportentfernung mit der

Fahrtgeschwindigkeit, Gewichtsauslastung, Haltestellenzahl, Zahl der Beschleunigungs- und Bremsvorgänge, dem Grad und der Länge der Straßensteigungen, dem Straßenzustand, der Jahreszeit und Witterung sowie dem Zustand und Alter der Fahrzeuge eine große Zahl weiterer wichtiger Einflussgrößen auf die Menge des zur Durchführung von Straßenverkehrsprozessen erforderlichen Treibstoffes aufgezählt werden,[30] die zudem noch zum Teil miteinander verknüpft sind. So wächst etwa mit steigender Fahrtgeschwindigkeit bei normalen Verkehrsverhältnissen die Zahl der Brems- und Beschleunigungsvorgänge.

Der letzte Schritt, die Abhängigkeit der Logistikkosten von Logistikleistungen zu bestimmen, besteht darin, die kostenmäßigen Konsequenzen der Inanspruchnahme logistischer Produktionsfaktoren zu ermitteln. Wie bei den beiden zuvor skizzierten Abhängigkeitsbeziehungen zeigen sich erneut komplexe Interdependenzen (z. B. hervorgerufen durch Phänomene wie Mengenrabatte oder Boni). Für die Logistik spezifische Probleme bestehen jedoch nicht.

10.3.3 Bildung logistischer Kostenkategorien

10.3.3.1 Überblick

Kostenkategorien im hier verstandenen Sinn sind *Gruppen von Kosten, die sich bezogen auf wichtige Einflussgrößen gleich oder sehr ähnlich verhalten.* Wie anfangs angesprochen, beinhaltet die Bildung von Kostenkategorien stets eine Reduktion des Komplexitätsgrades der Abhängigkeitsbeziehungen zwischen Kosten und Leistungen. Zum einen „unterdrückt" man die für weniger bedeutsam erachteten Einflussgrößen, verdichtet etwa das breite, im vorangegangenen Abschnitt genannte Spektrum an Bestimmungsfaktoren für den Treibstoffverbrauch eines LKW auf die Transportentfernung. Zum anderen werden Verknüpfungen zwischen den Einflussgrößen „zerschnitten", wie etwa dann, wenn man zwei Kostenkategorien, „lagerdauerabhängige Kosten" und „von der Zahl der Ein-, Um- und Auslagerungsvorgänge abhängige Kosten", isoliert nebeneinander ausweist, ohne zu berücksichtigen, dass häufig die Dauer der Lagerung eines Objektfaktors mit der Zahl der für ihn erfolgenden Umlagerungsvorgänge positiv korreliert. Je weniger Kostenkategorien ausgewiesen werden, d. h. je stärker man die Komplexität der Abhängigkeitsbeziehungen reduziert, desto weniger Aussagefähigkeit – verstanden in instrumenteller Hinsicht – kommt den Kosteninformationen zu: Die Aussage, x % der Kosten eines bestimmten Verkehrsträgers seien verkehrsleistungsvolumenabhängig, trifft aufgrund der hohen Aggregation nur im Durchschnitt zu. Die Bedienung z. B. topographisch sehr ungünstiger Relationen kann tatsächlich weit höhere variable Kosten hervorrufen. Je mehr Kostenkategorien jedoch in der Logistikkostenrechnung unterschieden werden, desto höhere Kosten der Datenerfassung und -pflege fallen an und desto höhere Komplexität weist die Rechnung auf. Die Zahl zu bildender

---

[30] Und diese Liste ist sicher nicht vollständig. So nimmt z. B. auch die Art der verwendeten Reifen und deren Luftdruck durch Veränderungen des Rollwiderstandes Einfluss auf die Höhe des Treibstoffverbrauchs.

Kostenkategorien ist dementsprechend zum einen ein Komplexitäts-, zum anderen ein Wirtschaftlichkeitsproblem, das sich zwar grundsätzlich auch für die „normale", gesamtunternehmensbezogene Kostenrechnung stellt, für deren Lösung bezogen auf die Logistik aber Spezifika zu beachten sind.

Trotz der automatisierungsbedingten Fixkostenbelastung sind die erstellten Leistungen bei industriellen (Sachleistungs-)Produktionsprozessen noch immer eine wesentliche Einflussgröße für den Anfall von Kosten. Ein signifikanter Teil der Gesamtkosten zählt zu den variablen Kosten. Im Logistikbereich verändern sich dagegen nur vergleichsweise wenige Kosten mit dem Volumen vollzogener Beseitigung von Raum-/Zeitdisparitäten. Maßgebliche Kosteneinflussgrößen auf die Höhe der Transportkosten sind – wie schon mehrfach angesprochen – nicht die zu bewegenden Güter, sondern Merkmale der zu vollziehenden Ortsveränderungsprozesse, und zwischen Transportleistungen und Transportprozessen besteht keine unmittelbare (proportionale) Beziehung. Selbst im Bedarfsverkehr lässt sich aufgrund der Möglichkeit unterschiedlicher Beladungsgrade nicht „automatisch" von mehr Transportleistung auf mehr Transportkosten schließen.

Ein noch „loserer" Zusammenhang zwischen Leistung einerseits und den zu ihrer Erbringung erforderlichen Prozessen und den von ihnen verursachten Kosten andererseits liegt im Lagerbereich vor: Für die eigentliche Zeitüberbrückung fallen im Wesentlichen nur direkt an die Objektfaktoren gebundene Beträge zusätzlich an (insbesondere Kapitalbindungskosten). Kosten des Lagergebäudes, der Lagereinrichtung, der Klimatisierung des Lagers usw. sind davon in ihrer Höhe (fast) völlig unbeeinflusst. Für material- und warenflussbezogene Dienstleistungen trifft eine auch für viele andere Dienstleistungsproduktionen typische Situation zu: Der wesentliche Kostenanfall wird durch die Gewährleistung einer Betriebsbereitschaft ausgelöst, für die man einen statischen und einen dynamischen Teil differenzieren kann: Der *statische* Teil betrifft z. B. bei einem Linienverkehr die einsatzbereite Bereitstellung der Fahrzeuge und der Fahrer, der *dynamische* die Durchführung des Verkehrs, unabhängig davon, ob die Transportkapazität ausgeschöpft wird oder nicht. Die zusätzlichen Kosten der Nutzung dieser Kapazität sind überaus gering (insbesondere zusätzlicher Treibstoffverbrauch aufgrund des zusätzlich zu transportierenden Gewichts). In Lagerungsprozessen sind selbst solche geringen zusätzlichen Kosten die Ausnahme (ggf. Kosten der Lagerpflege).

Für Logistikkostenstellen machte es deshalb grundsätzlich Sinn, die Kostenkategorie der variablen Kosten weiter zu differenzieren. An die Seite der „normalen", allerdings hier betragsmäßig eher unbedeutenden *leistungsvariablen* Kosten treten dann solche variablen Kosten, die sich unmittelbar mit Dauer und Häufigkeit logistischer Prozesse verändern (*prozessvariable* Kosten). Auch wenn man den Begriff der variablen Kosten im Verhältnis zu seinem „klassischen", auf Sachgüterproduktion ausgerichteten Ursprung derart ausweitet, fällt jedoch der bei weitem größte Teil der Logistikkosten als Fixkosten an. Deshalb erscheint es im Rahmen der Vorüberlegungen sinnvoll, in einem nächsten Schritt zu versuchen, den Fixkostenblock weiter hinsichtlich seiner „Nähe" zur Leistungserstellung zu differenzieren. Ein solcher Ansatz zur Ermittlung von mittelfristig variablen bzw. sprungfixen Kosten sei im Folgenden skizziert.

Ansatzpunkt dieser Analyse ist die Frage, ob und inwieweit die von einem bestimmten logistischen Prozess bei Reduzierung des Prozessvolumens[31] nicht mehr (vollständig) benötigte Kapazität von Potenzialfaktoren über die Freisetzung ganzer Potenzialeinheiten zum Abbau der Fixkosten führen kann, ob und inwieweit also eine quantitative oder substituierende Anpassung möglich ist. Wie Abb. 10.5 im Einzelnen zeigt, sind hierbei zwei grundsätzliche Fälle zu unterscheiden: Benötigt ein Leistungsprozess von einer Produktionsfaktorart gleichzeitig mehrere Einheiten (z. B. Arbeiter in einer Lagerhalle) und erbringen diese – wie zumeist der Fall – gleichartige oder zumindest ähnliche Tätigkeiten, so führt eine über Kurzzeiträume hinausgehende Reduzierung des Prozessvolumens häufig zu einer Freisetzung der gesamten Periodenkapazität einzelner Faktoreinheiten. Dies lässt eine quantitative Anpassung der Kapazität zu, die ihrerseits einen unmittelbaren Rückgang der Fixkosten zur Folge haben kann.

Ein solcher Fall ist keinesfalls nur dann gegeben, wenn die Fixkosten eine kurzfristige Bindungsdauer[32] besitzen, man z. B. einige kurzfristig geleaste Fördermittel freisetzt. Auch bei mehrjährigen Bindungsfristen kann häufig ein schneller Kostenabbau erfolgen. Dies gilt zum einen dann, wenn entweder auf den Einzelprozess bezogen oder – bei entsprechenden Umsetzungsmöglichkeiten (z. B. Einsatz nicht benötigter Transportarbeiter in der Produktion) – unternehmensweit heterogene Altersstrukturen und damit Restbindungsdauern der gleichartigen Potenziale vorliegen. In diesem Fall wird der Ersatzbeschaffungsbedarf der Zahl freigesetzter Potenzialeinheiten entsprechend reduziert. Zum anderen lassen sich Potenziale dann, wenn sie sich im Eigentum des Unternehmens befinden, oftmals ohne Schwierigkeiten (wie z. B. Fördermittel) vor dem Ablauf ihrer Nutzungs- und damit Bindungsdauer am Markt veräußern. Lediglich für den Fall, dass die freigesetzten Faktoreinheiten weder Neubeschaffungen an anderer Stelle verzögern bzw. vermeiden noch adäquat verkauft werden können,[33] lassen sich auf kürzere Sicht keine oder nur geringe[34] Kostenreduzierungen erreichen. Die gesamte Kostenentlastung wird erst dann erzielt, wenn nach Ablauf der Bindungsdauer sonst erforderlicher Ersatz derselben Potenzialeinheiten vermieden wird.

Setzt die mittelfristige Reduktion des Prozessvolumens – als zweiter grundsätzlich möglicher Fall – nur einen Teil der Periodenkapazität einer Potenzialfaktoreinheit frei – sei es, dass dieser Faktor für den Logistikprozess singulär ist (wie z. B. der Leiter einer Lagerkostenstelle), sei es, dass er mehrfach benötigt wird (eines von mehreren Lagerregalen wird nur noch zu einem Teil ausgenutzt) –, so hat dies

---

[31] Die Diskussion zum Abbau von Kapazitäten für sich erhöhende Prozessvolumina ist analog zu führen.

[32] Bindungsdauer bezeichnet jeden Zeitraum, in dem ein Unternehmen an ein Potenzial durch rechtliche und/oder wirtschaftliche Gründe gebunden ist, es also nicht freisetzen kann.

[33] Ein solcher Fall liegt häufig bei Vertragspotenzialen vor.

[34] Geringe Reduzierungen der Fixkosten kann man bei einigen Anlagen durch die Verringerung des Grades ihrer Betriebs- bzw. Einsatzbereitschaft erzielen. Für einen im Zwischenwerksverkehr eingesetzten LKW bedeutete dies z. B., ihn bei fehlenden Einsatzmöglichkeiten abzumelden und damit die Kosten der KfZ-Steuer und -Versicherung einzusparen.

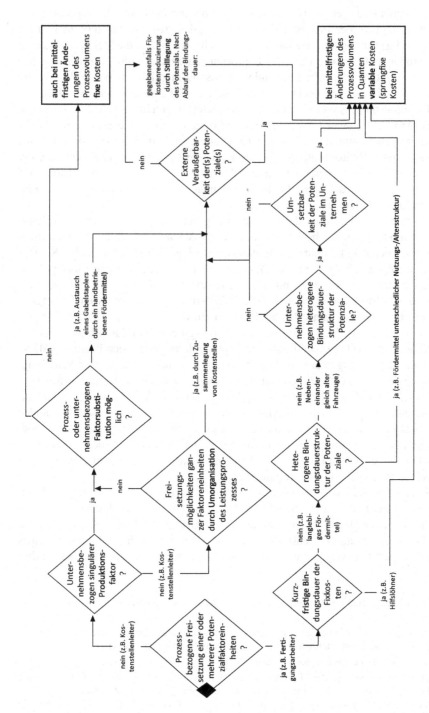

Abb. 10.5 Analyseraster zur Bestimmung sprungfixer Logistikkosten

weit seltener entsprechende Kostensenkungen zur Folge: Die querschnittsmäßige
Anpassung einer Lagereinrichtung erspart ebenso wenig Kosten wie die intensitätsmäßige Anpassung des Lagerleiters, sofern ein zurückgehendes Lagervolumen
überhaupt auf die Arbeitsgeschwindigkeit der Lagerverwaltung Einfluss nimmt.
Leistungsprozessvolumenabhängige Kostensenkungen sind in diesem Fall zumeist
das Resultat substituierender Anpassungen.

Faktorsubstitutionen können – wie wiederum auch Abb. 10.5 zeigt – sowohl ein-
zelprozessbezogen erfolgen (z. B. Veräußerung eines gebrauchten Linienbusses und
Kauf eines Kleinbusses bei dauerhaft zurückgehender Zahl der vom Personal-Fuhr-
park zu transportierenden Arbeitnehmer) als auch neben dem betrachteten Logistikprozess andere Prozesse im Unternehmen betreffen. Ein typisches Beispiel hierfür
liefert der Produktionsfaktor Fläche bzw. Raum. Zumindest in Großunternehmen
lässt sich die durch Reduzierung von Zwischenlagerungen freigesetzte Fläche häufig für Mehr- oder Neubedarfe in der Fertigung verwenden, so dass Um- oder Neu-
bauten vermeidbar sind. Neben substituierender Anpassung der Kapazität an ein
zurückgehendes Prozessvolumen besteht schließlich auch noch die Möglichkeit,
durch Zusammenfassungen bislang separater Prozesse jeweils für sich allein nur
zum Teil auslastbare Potenziale in ihrer Zahl zu reduzieren. Durch die organisatorische Zusammenlegung zweier logistischer Kostenstellen ist so z. B. einer der
beiden Kostenstellenleiter freisetzbar, was spätestens nach Ablauf seiner Kündi-
gungsfrist zum Wegfall des an ihn zu zahlenden Gehalts führt.

Die kurze Diskussion zeigt, wie sich Fixkosten weitergehend danach aufspalten
lassen, wie derartige Beträge auf nachhaltige Änderungen des Volumens zu erstel-
lender Leistungen reagieren (können). Da eine Vielzahl logistischer Entscheidungsprobleme derartige Beschäftigungsänderungen zum Inhalt hat, kommt diesen zusätzlichen Informationen potenziell eine hohe Priorität zu. Um sie zu gewinnen,
sind allerdings – wie gezeigt – detaillierte, aufwendige Analysen erforderlich. Zudem steigt zum einen die Komplexität der Rechnung; zum anderen verwendet die
„normale", gesamtunternehmensbezogene Kostenrechnung in aller Regel nur zwei
Kostenkategorien (fix und variabel).

In der Konsequenz bedeutet das, Logistikkostenstelle für Logistikkostenstelle
zu hinterfragen, wie die im Vorangehenden angedeutete Differenzierung zweier variabler und zweier fixer Kostenkategorien zu zwei Kategorien verdichtet werden
können. Um hierfür Hilfestellung zu leisten, seien im Folgenden nähere Analysen
für die beiden logistischen Hauptprozesse, Transporte und Lagerungen, angestellt.
Sie sollen in ihrer Komplexität und Detaillierung nicht Vorbild für die praktische
Gestaltung sein, sondern nur die Grundlage einer im Einzelfall sinnvollen Vereinfachung bilden.

10.3.3.2 Transportkostenkategorien

Die Unterscheidung gesonderter Teilprozesse der betrieblichen Transportwirtschaft
folgt den einzelnen zur Erledigung eines Transportauftrags zu vollziehenden Ana-
lyseschritten: Sofern erforderlich, steht am Anfang die Schaffung der Betriebsbereitschaft des Transportmittels, das anschließend zum Bedarfsort bewegt und dort

beladen werden muss. Nach der Durchführung des Transports sind schließlich Entladevorgänge durchzuführen.

Schaffung der Betriebsbereitschaft Die Herstellung der Betriebsbereitschaft eines Fördermittels erfordert – sofern es nicht stillgesetzt wurde[35] – Aktivitäten, zu denen z. B. Funktionsüberprüfungen, Betankungen und Rüstvorgänge (z. B. Anbringen spezieller Stapler-Hilfsmittel wie etwa Gabeln, Rohrträger) zählen. Als maßgeblicher Produktionsfaktor wird typischerweise Transportpersonal benötigt. Den Umfang des Faktorbedarfs bestimmt insbesondere der transportgutbezogene Spezialisierungsgrad der Fördermittel, die Zahl durchzuführender Transportaufträge, deren Unterschiedlichkeitsgrad sowie die Einsatzdauer und Belastungsart der Fördermittel. Sofern für das Personal Überstundenlöhne und ähnliche leistungsbezogene Zusatzentgelte zu entrichten sind, liegen prinzipiell variable Kosten vor. Ob die gesamten Personalkosten als prozessvariable Kosten betrachtet werden sollten, hängt von der Enge der Beziehung zwischen Prozessmenge und Zahl benötigter Mitarbeiter ab.

Nutz- und Leerfahrten Für Transporte ist es typisch,[36] dass die ladebereiten Transportmittel zum zu bewegenden Gut gebracht werden (müssen). Dies bedingt ein Nebeneinander von Nutz- und Leerfahrten. Beide gilt es für Zwecke der Kostenanalyse zu trennen: Zwar nehmen beide den Prozess der Raumüberwindung in Anspruch. Transportleistungen können jedoch nur von Nutzfahrten erbracht und damit leistungsvariable Kosten nur auf Nutzfahrten Bezug nehmend bestimmt werden. Zudem unterscheidet sich die Prozessinanspruchnahme zumindest in der Ausnutzung der Raum-, Flächen- oder Gewichtskapazität.[37]

Konkret stellt sich die Frage, welcher Einfluss vom Volumen (Art, Menge, Umfang, Zusammensetzung, zeitliche Ballung) zu erbringender Transportleistungen auf die Art (Nutz- oder Leerfahrt), Anzahl und Dauer von Transportprozessen ausgeht. Sie lässt sich nicht allgemein, sondern nur in Bezug auf die jeweilige Organisationsform der Transportdurchführung (Linien- oder Bedarfs- bzw. Gelegenheitsverkehr) beantworten. Da beim Linienverkehr für einen bestimmten Zeitabschnitt Fahrtstrecken, Haltepunkte, die Reihenfolge ihrer Bedienung und Bedienungszeitpunkte (häufig in Form eines Fahrplanes) auf der Grundlage des erwarteten Transportaufkommens festgelegt sind, nimmt das tatsächlich zu bewältigende Volumen zu transportierender Güter keinen Einfluss auf Zahl, Dauer, zeitliche Lage und Intensität der Transportprozesse.[38] Prozessvariable Kosten können beim Linienver-

---

[35] In diesem Fall kommen noch Tätigkeiten wie Reinigen, Montieren von Reifen, Probefahrten usw. dazu.

[36] Ausgenommen von dieser Regel sind einige Formen stationärer Transportmittel, wie z. B. Kettenförderer, Kreisförderer und Fließbänder.

[37] Daneben kann sich u. a. auch die Prozessgeschwindigkeit verändern (leere LKW fahren – zumindest bergauf – schneller als beladene).

[38] Wird in Abhängigkeit vom Transportaufkommen – wie zuweilen im innerbetrieblichen Transport anzutreffen – die Bedienungsfrequenz variiert, so liegt eine Mischform zwischen Linien- und Bedarfsverkehr vor.

kehr lediglich aus der unterschiedlichen Ausnutzung der Transportkapazität resultieren. Sie präzisieren sich als Differenz der Nutzfahrt- und der Leerfahrt-Prozesskosten. Allerdings gilt es, zwei Probleme zu beachten:

• Zum einen lassen sich – eine entsprechende Erfassungsgenauigkeit vorausgesetzt – oftmals nur sehr geringe Kostenänderungen bei Veränderungen der Ausnutzung der Transportkapazität feststellen.

• Zum anderen erweist sich eine exakte Erfassung häufig als zu aufwendig oder nicht durchführbar. Ein Nachbetanken einer Diesel-Zugmaschine nach wenigen hundert Metern Fahrt von einer Werkhalle zur anderen für Zwecke einer Verbrauchsmessung ist völlig unrealistisch, für Förderbänder fehlen in aller Regel eigene Stromzähler. Die Mehrkosten von Nutz- gegenüber Leerfahrten lassen sich damit nicht laufend, sondern nur fallweise durch Sonderuntersuchungen ermitteln. Sie können deshalb – wenn überhaupt – nur für Zwecke der Kostenplanung, nicht zur Kostenkontrolle verwendet werden.

Im Falle des Bedarfs- oder Gelegenheitsverkehrs wird lediglich das „Transportvermögen"[39] zu Anfang einer Periode (weitgehend) festgelegt. Die konkret auftretenden Transportbedarfe bestimmen dann die Ausnutzung dieser Betriebsbereitschaft, d. h. Art, Umfang, Dauer, Zusammensetzung, zeitliche Ballung und Ausnutzung der Transportprozesse. Diese direkte Leistungsabhängigkeit lässt einen im Vergleich zum Linienverkehr deutlich höheren Anteil von leistungsvariablen Kosten erwarten. Zurechnungsprobleme führen jedoch zu einer Korrektur dieser Annahme.

Eine direkte Zurechenbarkeit der prozessvariablen Kosten von Transporten zu transportierten Gütern (Transportleistungen) besteht am ehesten bei stationären Fördermitteln, wie intermittierend betriebenen Förderbändern, Kränen und Aufzügen: Das Förderband läuft in diesem Fall nur solange, bis das Transportgut vollständig bewegt ist, das Leistungsvolumen bestimmt unmittelbar die Prozessdauer.[40] Bei ambulanten Fördermitteln trifft diese unmittelbare Beziehung nur dann zu, wenn ein festes, vom Transportvolumen nicht beeinflusstes Verhältnis zwischen Nutz- und Leerfahrten vorliegt. Ein solches festes Verhältnis ist dann gegeben, wenn

• für ein Fördermittel an jedem Ankunftsort Güter zum Weitertransport vorliegen (kein Auftreten von Leerfahrten) oder

• ein Fördermittel nach dem Erbringen einer Transportleistung stets wieder zum Ausgangsort („Einsatzzentrale") zurückkommen muss. Eine solche Situation tritt nicht selten im Zwischenwerksverkehr und beim Einsatz von Gabelstaplern (z. B. zum Entladen von LKW und Einlagern in einer Lagerhalle) auf.

Eine Veränderung des Transportvolumens, genauer von Art (insbesondere Gewicht, Volumen, Stapelfähigkeit, Aggregatzustand und Gefahrenklasse), Menge, jeweiliger Raumdisparität und zeitlicher Ballung zu transportierender Güter, be-

---

[39] Diederich (1977, S. 115).

[40] Bei Kränen und Aufzügen kann sich allerdings das Problem unterschiedlicher Ausnutzung der jeweiligen Einzelprozesskapazität (z. B. Ladefähigkeit einer Kabine) ergeben, so dass mit einer Veränderung des Transportvolumens strenggenommen nicht zwangsläufig eine Veränderung der Einsatzzeit des Fördermittels verbunden sein muss.

wirkt in solchen Fällen eine gleichgerichtete Veränderung der Zahl und/oder Dauer durchzuführender (Nutz- bzw. Nutz- und Leer-)Fahrten.[41] Liegt dagegen keine feste Kopplung von Nutz- und Leerfahrten vor, wird ein Fördermittel beispielsweise funkgesteuert eingesetzt und wartet am Zielort des zuletzt durchgeführten Transportauftrags auf einen neuen Einsatzbefehl, so können (begrenzte) Erhöhungen des Transportvolumens ganz oder teilweise durch Erhöhungen der Ausnutzung der Transportprozesskapazität, d. h. durch eine bessere Auslastung einzelner Prozesse einerseits und eine Reduzierung des Anteils der Leerfahrten andererseits „aufgefangen" werden (et vice versa). Im Grenzfall unterscheidet sich damit der Bedarfsverkehr vom Kostenverhalten her nicht vom Linienverkehr; die leistungsvariablen Kosten sind wiederum allein die Kosten des Mehrverbrauchs von Produktionsfaktoren beim Übergang von einer Leer- zu einer Nutzfahrt.

Allerdings wird man in der Praxis kaum eine derartige Kostenzuordnung vornehmen. Da zwar nicht zwangsläufig für jede einzelne zu bewegende Mengeneinheit, jedoch für größere Veränderungen des Leistungsvolumens eine positive Korrelation zu Art, Anzahl und Dauer durchzuführender Fahrten vorliegt, geht man üblicherweise vereinfachend von einem im Durchschnitt konstanten Verhältnis von Nutz- und Leerfahrten („Leerfahrtzuschlag") aus. Die hiermit verbundenen Ungenauigkeiten werden in Kauf genommen.

Unabhängig von der konkreten Einordnung in leistungs- und prozessvariable Kosten setzt die Bestimmung der variablen Kosten an den durchzuführenden Prozessen und deren Merkmalen an. Es stellt sich konkret die Frage, welche Kosten durch die Fahrt eines bestimmten Fördermittels auf einer bestimmten Transportstrecke mit einer bestimmten Auslastung der Transportkapazität zusätzlich anfallen. Analysen zu ihrer Beantwortung sind in der Literatur schon seit langer Zeit durchgeführt worden.[42] Unstrittig werden Kostenpositionen aufgeführt wie Treibstoff- und Energiekosten, rein nutzungsabhängige Instandhaltungskosten, im Zwischenwerksverkehr auftretende Straßenbenutzungsgebühren und Fahrerspesen, gegebenenfalls anfallende Grenzübertrittsgebühren und ähnliche Sonderkosten. Unterschiedliche Auffassungen bestehen jedoch zum einen bezüglich der kostenmäßigen Konsequenzen des Verschleißes von Fördermitteln. Dies betrifft schon Reifen- und Schmierstoffkosten. Wenngleich die Kosten für Reifen und Schmierstoffe tatsächlich nicht automatisch mit Veränderungen der Laufleistung bzw. Einsatzdauer der Fördermittel variieren, besteht jedoch zumeist bezogen auf das gesamte Transportvolumen eines bestimmten Zeitabschnitts (z. B. eines Monats) eine so enge Korrelation, dass der Ausweis als variable Kosten unproblematisch ist. Auffassungsunterschiede liegen zum anderen bezüglich des Ansatzes von Abschreibungen vor. Einer strikten Zuweisung zu den Fixkosten steht das Konzept einer gebrochenen Abschreibung gegenüber, das einen nutzungsabhängigen von einem zeitabhängigen

---

[41] Aufgrund des Quantencharakters der Prozesskapazität liegt allerdings strenggenommen keine stetige, sondern eine sprunghafte, treppenförmige Abhängigkeit vor. Die – bildlich gesprochen – Breite der Stufen wird aber bezogen auf das Transportvolumen in der Regel so klein sein, dass man von einer proportionalen Beziehung ausgehen kann.

[42] Vgl. z. B. Illetschko (1962, S. 51–54), oder Dumke (1974, S. 157–185).

Abschreibungsteil trennt, ein Vorgehen, das durchaus problembehaftet ist: Obwohl im Durchschnitt aller Fälle ohne Zweifel dauerhafte Veränderungen der Einsatz-dauer eines Fördermittels ceteris paribus auf die Lage des Ersatzzeitpunkts und/oder die Höhe des Resterlöswerts einwirken und damit die Höhe der Potenzial-faktorkosten beeinflussen, trifft eine derartige Abhängigkeit zum einen nicht für jede einzelne Fahrt zu. Zum anderen lässt sich auch mittelfristig der Einfluss nicht exakt quantifizieren. Zieht man das ausführlich dargestellte Konzept mittelfristiger Abhängigkeit vom Prozessvolumen hinzu, so besteht für einen Teil der Fixkosten wegen des Nebeneinanders einer größeren Zahl gleichartiger Potenziale (z. B. Ga-belstapler-Pool) schließlich ein sprungfixer Kostencharakter.

Be- und Entladung Be- und Entladungen sind als eigenständige (zumeist sehr kurze) Transportvorgänge aufzufassen, die nicht selten noch per Hand, daneben häufig auch mit speziellen Transportmitteln (z. B. Kränen) durchgeführt werden. Prinzipiell ergeben sich damit dieselben Kostenabhängigkeiten, Kostenkategorien und zu ihrer Bildung zu beachtenden Besonderheiten, wie sie soeben ausführlich diskutiert wurden.

Spezifika betreffen zum einen die Bedeutung und Ausprägung einzelner Kosten-einflussgrößen. So stimmt z. B. die Transportentfernung häufig als Parameter für alle Güter überein und unterliegt keinen Veränderungen; neben dem Transportvo-lumen und dem Transportgewicht nehmen handlingsspezifische Eigenschaften der zu be- und entladenden Waren (z. B. Verpackung, Palettierung, Stapelungsgrad) einen erheblichen Einfluss auf Art, Zahl und Dauer der Be- und Entladeprozesse. Zum anderen können sich Abweichungen bezüglich der betragsmäßigen Bedeutung der einzelnen Kostenkategorien ergeben: So lassen sich dann, wenn zur Be- und Entladung stationäre Fördermittel zur Verfügung stehen, die auf einen einzelnen Bewegungsprozess bezogen fixen Fördermittelkosten häufig auch bei mittelfristi-gen Änderungen des Prozessvolumens nicht in ihrer Höhe verändern, da in solchen Fällen zumeist jeweils nur ein singuläres Fördermittel (z. B. eine Krananlage) die Be- und Entladungen durchführt.

Fazit Die vorab getroffenen Aussagen lassen sich wie folgt zusammenfassen:
- Unterschiedliche Kostenabhängigkeiten und -einflussgrößen machen es erfor-derlich, die einer Kostenkategorienbildung zugrunde liegende Analyse nach Teilprozessen des Transports getrennt durchzuführen.
- Ausgangspunkt der Kostenkategorienbildung ist stets der einzelne zu erbringen-de Prozess mit den jeweils kostenanfallsrelevanten Merkmalen.
- Zur Unterscheidung von leistungs- und prozessvariablen Kosten ist es erforder-lich zu untersuchen, in welcher Weise Merkmale der zu transportierenden Güter Einfluss auf die für die Prozessdurchführung anfallenden Kosten nehmen.
- Ob, welche und wie viele dieser Merkmale für die Bildung von Kostenkatego-rien herangezogen werden (sollten), hängt – neben dem schon angesprochenen Aspekt adäquater Komplexität – zum einen vom Unterschiedlichkeitsgrad der zu befördernden Waren (ein Nebeneinander von Blechcoils und Schaumstoffen etwa erfordert es ganz offensichtlich, nach den Prozessmerkmalen Transportge-

wicht und Transportvolumen zu unterscheiden), zum anderen von der jeweiligen Transportprozessart ab (für einen Gabelstapler ist die wesentliche Kosteneinflussgröße die Einsatzdauer, für ein Förderband zusätzlich das Transportgewicht). Je weniger auf transportobjektbezogene Prozessmerkmale abgestellt wird, desto ungenauer ist die Kostenkategorienbildung.

- Die Differenzierung von leistungs- und prozessvariablen Kosten leitet sich wesentlich aus der gewählten Organisationsform der Transportdurchführung (Linien- oder Bedarfsverkehr) ab. Die der Zuordnung zugrunde liegenden Abhängigkeitsanalysen werden häufig durch Erfassungsprobleme behindert. Deshalb kann es – auch angesichts der Vermeidung hoher Komplexität – sinnvoll sein, sie zu einer Kostenkategorie zusammenzufassen.

10.3.3.3 Lagerkostenkategorien

Warenannahme Die erste zur Lagerung eines Gutes zu erfüllende Aufgabe besteht darin, die Materialien, Zwischen- und Endprodukte am beabsichtigten Ort der Lagerung an- bzw. entgegenzunehmen. Diese Warenannahme umfasst ein von Lager zu Lager sehr unterschiedliches Tätigkeitsspektrum. Während sich in einem nicht bestandsgeführten Zwischenlager zwischen zwei Produktionsstufen Warenannahmeaktivitäten häufig – sofern sie überhaupt separierbar sind – auf das Abladen vom Transportmittel beschränken, müssen im Bereich der Eingangslagerung zumeist Erfassungs- (z. B. Wiegen, Zählen), Kontroll- (wie etwa das Überprüfen der Lieferscheine) und Entstapelungs- bzw. Entpackungsvorgänge durchgeführt werden. Deren Umfang (Zahl, Dauer und Häufigkeit) wird maßgeblich vom Volumen entgegenzunehmender Güter bestimmt. Variable Kosten sind damit überwiegend leistungsvariabel.

Leistungsvariable Kosten resultieren bei strenger Betrachtung im Wesentlichen allerdings nur aus dem Einsatz des für die Warenannahme dominierenden Produktionsfaktors Personal. Sie fallen dann an, wenn Lagerarbeiter außerhalb ihrer normalen Arbeitszeit Tätigkeiten erbringen müssen, für die gesonderte Zahlungen (Überstundenlöhne, Sonn- und Feiertagszuschläge usw.) zu leisten sind. Für die „normalen" Entgelte gilt die Zuordnung zu den sprungfixen (bei entsprechender Anpassbarkeit an das Leistungsvolumen) oder den fixen Kosten. Die restlichen Kosten schließlich (z. B. die Kosten für Mess- und Zähleinrichtungen, wie etwa Waagen) sind vom Lagerdurchsatz auch auf mittlere Sicht nicht beeinflusst und damit fix.

Lagervorbereitung Zur Lagervorbereitung zählen Tätigkeiten wie etwa das Einfüllen der Lagerobjekte in Lagerhilfsmittel (z. B. Gitterboxen), das Anbringen von Schutzstoffen (z. B. Konservierungsmitteln, Ölen, Farbstoffen), das Verpacken sowie das Einfrieren von Naturprodukten zur Tiefkühllagerung. Wie die Warenannahme ist auch die Lagervorbereitung eine nicht in allen betrieblichen Lägern und für alle Objektfaktoren gleichermaßen separat zu erfüllende Aufgabe. Weiterhin besteht Übereinstimmung dahingehend, dass als Produktionsfaktor das Personal dominiert. Abweichend sind bei einigen Vorbereitungsprozessen jedoch auch

Material (z. B. Verpackungsmaterial und Schutzstoffe) und Energie (insbesondere zur Frostung) von Bedeutung.

Die Zuordnung der Personalkosten zu Kostenkategorien kann sich wesentlich auf die soeben erarbeiteten Aussagen stützen. Allerdings ist darauf zu verweisen, dass die für die Warenannahme bedeutsamen Objektfaktoreigenschaften nicht immer mit den für die Lagervorbereitung wichtigen Gutsmerkmalen übereinstimmen müssen. So kommt – um ein ganz triviales Beispiel zu nennen – der Transportverpackung zwar für die Warenannahme eine besondere Bedeutung zu, da ihr Umfang und ihre „Beseitigbarkeit" in erheblichem Maße Personalkapazität bindet bzw. beeinflusst. Für die Lagervorbereitung ist sie jedoch – da zuvor beseitigt – irrelevant.

Die zum Schutz der Lagerobjekte aufzuwendenden Materialkosten sind leistungsvariable Kosten, deren Höhe von der Menge, Lagerungsempfindlichkeit sowie Oberfläche und Oberflächenstruktur der Güter abhängt. Die zur Frostung benötigte Energie wird wesentlich von der Menge und dem Volumen abzukühlender Waren beeinflusst. Für die mit ihr verbundenen Kosten können jedoch Zuordnungsschwierigkeiten zu den Kostenkategorien leistungs- und prozessvariable Kosten auftreten, da die Frosteinrichtungen typischerweise zur Aufrechterhaltung der Leistungsbereitschaft eine entsprechend niedrige Temperatur auch ohne Vorliegen eines aktuellen Frostungsbedarfs aufweisen müssen. Im konkreten Einzelfall ist zu bestimmen, ob sich Kosten dieser „Grundlast" als prozessvariable Kosten separieren lassen und ob ein getrennter Ausweis beider Kostenkategorien wirtschaftlich vertretbar und verständlich ist.

Ein-, Um- und Auslagerung Ein-, Um- und Auslagerungsvorgänge sind (Kurz-) Transporte in Lägern, die entweder von lagerinternen Transportmitteln (z. B. Regalförderzeugen, Förderbändern, Aufzügen) bzw. Lagerpersonal oder aber von Leistungsstellen des internen Transports (als innerlogistische Leistungen) durchgeführt werden. Um die Überschneidungen zur Diskussion der Transportkostenkategorien möglichst gering zu halten, sei hier lediglich der erste der beiden unterschiedenen Fälle und auch dieser nur kurz diskutiert.

Wird die Ein-, Um- oder Auslagerung per Hand vollzogen, wie dies beispielsweise häufig in kleineren, dezentralen Lägern (wie etwa Instandhaltungsstützpunkten zugeordneten Ersatzteillägern) der Fall ist, so lassen sich die daraus resultierenden Personalkosten in gleicher Weise den verschiedenen Kostenkategorien zuordnen, wie dies für die Entgelte der mit der Warenannahme und Lagervorbereitung beschäftigten Lagerarbeiter vorgenommen wurde. Für die Zuordnung der Kosten benutzter Fördermittel ist es bedeutsam, nach der Kontinuität ihrer Arbeitsweise zwischen Stetigförderern und Unstetigförderern zu unterscheiden. Stetigförderer – wie z. B. ein die Warenannahmestelle mit dem Ladeplatz des Regalförderzeugs verbindendes Förderband – bieten permanent Beförderungsmöglichkeiten an. Auf die Dauer und Intensität dieser Prozesse nehmen die transportierten Güter keinen Einfluss. Die durch den Betrieb von Stetigförderern anfallenden variablen Kosten für (insbesondere) Energie und Instandhaltung zählen damit zu den (von der Einsatzdauer der Fördermittel abhängigen) prozessvariablen Kosten. Intermittierend arbeitende Fördermittel (wie z. B. Gabelstapler, Regalförderzeuge) werden dagegen nur in Bewegung gesetzt, um Ortsveränderungen von Gütern durchzuführen (Nutzfahrt) bzw. durch die Bewegung zum Transportgut diese zu ermöglichen (Leerfahrt). Dieser Leistungsbezug ordnet prinzipiell die variablen Kosten der Fördermittel den leistungsvariablen Kosten zu, da typischerweise von einem konstanten, nicht von der Höhe des Transportbedarfs abhängigen Nutzungsgrad der Transportkapazitäten ausgegangen werden kann.

Für die Einordnung der vom Transportprozessvolumen kurzfristig nicht beeinflussten Fördermittelkosten in Kostenkategorien ist insbesondere die Zahl gleichartiger Fahrzeuge bzw. Fördermitteleinheiten von Bedeutung. Bis auf ein in größeren Lägern zuweilen zu beobachtendes Nebeneinander mehrerer Gabelstapler trifft man zumeist auf jeweils nur ein einziges zur Ein-, Um- und Auslagerung benutztes Fördermittel (z. B. ein Regalförderzeug). Damit liegen typischerweise fixe Kosten vor.

Lagerung Die Zeitüberbrückung von Objektfaktoren bedarf bis auf nur zuweilen erforderliche Lagerpflege- und -kontrollaktivitäten keiner aktiv durchzuführenden Prozesse, sondern lediglich der kombinierten Bereitstellung eines Bündels von Produktionsfaktoren. Hierzu zählen von den Objektfaktoren losgelöste Potenziale (z. B. Lagergebäude und -einrichtung) und Dienstleistungen (wie etwa die Lagerversicherung) ebenso wie direkt an den lagernden Gütern anknüpfende Faktoren (wie z. B. die Gewerbekapitalsteuer[43]).

Wenngleich mit den im dritten Teil des Buches herausgearbeiteten Ungenauigkeiten behaftet,[44] sind Zinsen für das in den Objektfaktoren während der Lagerung gebundene Kapital Kosten, deren Höhe mit dem Umfang der Lagerung, genauer mit Menge und Wert der gelagerten Güter sowie deren Lagerdauer variiert. (Kalkulatorische) Kapitalbindungskosten gehören deshalb der Kostenkategorie leistungsvariable Kosten an. Der Einfluss von Lagermenge, -wert und -dauer auf die Höhe der Zinskosten ist offensichtlich und signifikant.

Die Einordnung der Kosten der Lagergutversicherung in Kostenkategorien hängt von der konkreten Ausgestaltung des Versicherungsvertrages ab. Stellt dieser – wie üblicherweise der Fall – auf den maximalen Versicherungswert ab, besteht keine unmittelbare Abhängigkeit der Versicherungskosten vom aktuell lagernden Warenbestand. Sie fallen durch aufgrund von Erwartungen über das Lagervolumen getroffene Dispositionen an, sind somit Fixkosten.

Lagerschwund tritt durch Verderb oder Diebstahl lagernder Waren auf. Der Verderb ist auf die einzelne Gutsart bezogen prinzipiell eine Funktion der Lagerdauer, typischerweise aber zumeist kein stetiger, sondern ein diskreter Zusammenhang: Erst das Überschreiten eines bestimmten Schwellenwerts (Haltbarkeitsdatum) löst Verderb aus, der dann allerdings den gesamten Lagerbestand betrifft. Zur Beantwortung der Frage, ob bzw. wie die Höhe des Verderbs vom Lagervolumen abhängt, muss die Verbindung zwischen Lagerbestand und Lagerdauer hergestellt werden. Hierzu dient die Kennziffer Lagerumschlagshäufigkeit. Nur dann, wenn sich diese

---

[43] Wenn man bei Kostensteuern überhaupt vom Entgelt für einen Faktorverzehr sprechen will.

[44] Vgl. nochmals Abschn. 10.2.2.

mit einer Variation des Lagerbestandes nicht verändert, besteht zwischen Lagervolumen einzelner Objektfaktoren und Kosten durch Verderb bedingten Lagerschwundes ceteris paribus eine proportionale Beziehung, was eine Zuordnung zu
den bestandsabhängigen leistungsvariablen Kosten zur Folge hat. In den anderen
Fällen wird der Verderb zugleich auch vom Lagerdurchsatz bestimmt.[45] Ist der Lagerschwund auf Diebstahl zurückzuführen, so lässt sich keine hinreichend exakte
Beziehung zu Lagerbestand oder Lagerdurchsatz herstellen. Die entsprechenden
Kosten sind damit in die Kostenkategorie Fixkosten einzuordnen und – da für einzelne Güterarten unterschiedlich – prinzipiell ebenso lagergüterartspezifisch auszuweisen wie die variablen Kosten durch Verderb bedingten Lagerschwundes. Die in
vielen Lägern nur geringe Höhe der jeweils anfallenden Beträge lässt jedoch waren-
gruppenbezogene Zusammenfassungen oder auch einen lagerbezogen einheitlichen
Ausweis zu.

Kosten der Lagereinrichtungen (z. B. Regale, Silos usw.), Kosten der Lagerfläche und – sofern separierbar – Kosten des Lagergebäudes verändern sich schließlich nur durch langfristig wirksame kapazitätsverändernde Dispositionen. Sie zählen damit i. d. R. zu den Fixkosten.

Lagernachbereitung und Warenabgabe Die für die Lagernachbereitung und Warenabgabe zu vollziehenden Tätigkeiten entsprechen – quasi nur „spiegelverkehrt"
– denen der Lagervorbereitung und Warenannahme. Verpackungs-, Kommissionie-
rungs- und Verladetätigkeiten (z. B. Einlegen der Waren in Transporthilfsmittel)
dominieren. Weitgehende Analogie besteht somit auch für die Produktionsfaktor-
struktur und die Abhängigkeit der von diesen Faktoren ausgelösten Kosten. Als
leistungsvariable Kosten fallen insbesondere Verpackungsmaterialkosten an. Ein
Nebeneinander mehrerer mit der Lagernachbereitung und Warenabgabe beschäf-
tigter Lagerarbeiter vorausgesetzt, sind die Personalkosten – mit Ausnahme der
Überstundenlöhne und ähnlicher Entgeltbestandteile – sprungfixe Kosten. Sofern
Anlagen zur Lagernachbereitung (z. B. Verpackungsmaschinen) und Warenabgabe
benötigt werden, lösen sie zumeist Fixkosten aus.

Fazit Die vorab getroffenen Aussagen lassen sich wie folgt zusammenfassen:
- Eine Analyse der Abhängigkeit von Lagerkosten muss an den verschiedenen
  zur Zeitüberbrückung von Gütern zu vollziehenden Teilprozessen ansetzen. Das
  pauschale Abstellen auf ein Lager oder – noch undifferenzierter – die Lagerwirt-
  schaft eines Unternehmens insgesamt hilft nur wenig weiter.
- Unter den Kostenkategorien dominieren Fixkosten. Als leistungsvariable Kosten
  fallen im Wesentlichen nur (kalkulatorische) Kapitalbindungskosten an.
- Der in der Literatur vorzufindenden Differenzierung kurz- oder mittelfristig
  lagerleistungsabhängiger Kosten in einen lagerbestands- und einen lagerdurch-
  satzbestimmten Teil ist grundsätzlich zu folgen. Sie bedarf jedoch der Präzisie-

---

[45] Daneben kommt auch der gewählten Lagerhaltungsstrategie (z. B. first in – first out) eine maßgeblichen Bedeutung zu.

rung, da die kostenanfallsrelevanten Merkmale der Lagergüter von Teilprozess zu Teilprozess voneinander abweichen (können).

- Inwieweit derartige Präzisierungen vorzunehmen sind, hängt von der Verschiedenartigkeit der Lagergüter und dem Ausmaß der Konstanz des Leistungsprogramms ab. Wirtschaftlichkeitsüberlegungen und der Aspekt der Komplexität können so z. B. zu unterschiedlichen Lösungen des Problems Kostenauflösung führen.

10.3.3.4 Zwischenfazit

An dieser Stelle sind die unterschiedlichen Möglichkeiten der Bildung von Logistikkostenkategorien deutlich geworden. Nach den teils grundsätzlichen, teils beispielsbezogenen Ausführungen verbleibt ein Spektrum von zwei bis vier Kategorien, die für alle betrachteten material- und warenflussbezogenen Dienstleistungen zur Auswahl anstehen. Zur Unterstützung dieser Auswahl seien abschließend die wichtigsten Zwecke eines kostenstellenbezogenen Ausweises der Logistikkosten rekapituliert:

- Die auf die einzelne Kostenstelle gerichtete Planung und Kontrolle der Kosten zielt auf die effiziente Durchführung von Prozessen innerhalb einer gegebenen Kapazität ab. Für die Effizienz hat das Verhältnis zwischen vollzogenen Raum-/Zeitveränderungen und hierfür durchgeführten Prozessen eine wichtige Bedeutung. Immer dann, wenn dieses Verhältnis (z. B. durch eine mehr oder weniger gute Tourenplanung) vom Kostenstellenleiter maßgeblich beeinflusst werden kann, spricht dies für eine Differenzierung von leistungs- und prozessvariablen Kosten. Allerdings kann der Einfluss auch im Rahmen der Abweichungsanalyse berücksichtigt werden.[46] Die Komplexität wird damit aus der Kostenerfassung in die Kontrolle verlagert. Ähnlich ist für sprungfixe Kosten zu argumentieren. Verfügt der Leiter der Logistikkostenstelle über hinreichende Einflussmöglichkeiten auf die vom Prozessvolumen mittelfristig bestimmten Kapazitäten, so sollten diese gesondert berücksichtigt werden. Als Alternative zu einer weiteren Kostenkategorie besteht wiederum die Möglichkeit der Zuordnung zu den variablen Kosten verbunden mit der „Heilung" der Ungenauigkeiten dieser Zuordnung im Rahmen gesonderter Abweichungsanalysen.
- Die periodische gesamtunternehmensbezogene Kostenplanung ist auf die Zwecke der operativen Planung ausgerichtet. Diese muss aus Koordinationsgründen eine übereinstimmende Grundstruktur der Einzelplanungen sicherstellen. Für die Produktionskostenstellen baut sie – wie im ersten Teil des Buches dargestellt – auf der dort vorfindbaren Trennung in variable und fixe Kosten auf. Dieser Auflösungsgrad, der angesichts der allgemeinen Unsicherheit einer Jahresplanung völlig ausreicht, ist in gleicher Weise für die Logistikkostenstellen bestimmend.

---

[46] In ähnlicher Motivation verzichtet man in Produktionskostenstellen auf eine Differenzierung der variablen Kosten und bildet bei entsprechendem Bedarf z. B. Intensitäts-, Losgrößen- und ähnliche Abweichungen. Vgl. zur Abweichungsanalyse im Überblick z. B. Schildbach und Homburg (2009, S. 285–297).

- Ähnlich ist schließlich für die Kostenverrechnung zu argumentieren. Wählt das Unternehmen in der Kostenträgerrechnung das Konzept der Nettoergebnisbildung, sind die gebildeten Kostenkategorien für die Kalkulation zu Vollkosten zu verdichten. Wird eine Bruttoergebnisrechnung realisiert, so liegt dieser eine Trennung in variable und fixe Kosten zugrunde. In den Kostenstellen möglicherweise vorhandene weitergehende Differenzierungen sind für die Kostenträgerrechnung in aller Regel nicht relevant.

Damit spricht abschließend vieles dafür, die Bildung von Logistikkostenkategorien trotz der ausgeführten Spezifika *analog der Kategorienbildung in Produktionskostenstellen zu vollziehen.* Einen eigenen Weg zu gehen, böte zwar zusätzliche Genauigkeit, erhöhte aber die Komplexität. Damit verringerte sich c.p. die Verständlichkeit der Rechnung für die Nutzer der Kosteninformationen. Allerdings haben die umfassenden Ausführungen auch die Grenzen der Aussagefähigkeit der Kostenkategorien aufgezeigt. Von einer unmittelbaren instrumentellen Nutzung für Einzelentscheidungen ist dringend abzuraten. Fallweise Analysen müssen die laufend bereitgestellten Kosteninformationen einordnen, korrigieren und ergänzen.

10.4 Ausweis von Logistikleistungen und Logistikkosten für unterschiedliche Typen von Logistikkostenstellen

Der Kostenstellenrechnung stellen sich – wie gezeigt – sehr unterschiedliche Schwierigkeiten, will sie die anfangs skizzierten, von ihr zu erfüllenden Informationsaufgaben für die Logistik lösen. Diese Probleme im Detail zu beleuchten, ist wesentlicher Inhalt der folgenden Ausführungen, die hierzu jeweils ein Beispiel der Leistungsbereichs-Typen 2, 4 und 6 heranziehen. Zusammen mit den schon getroffenen Aussagen zur Strukturierung der Logistikkostenarten lassen sich damit alle grundsätzlichen kostenstellenbezogenen Erfassungs- und Verrechnungsprobleme von Logistikkosten detailliert ansprechen.[47]

Ziel der folgenden Ausführungen ist es, am Beispiel dreier Kostenstellen zu diskutieren,

- welche Logistikkostenarten kostenstellenbezogen erfasst und wie diese für die Verantwortlichen der Kostenstelle aufbereitet werden können,
- welche Logistikleistungen erbracht werden, wie sich diese messen und kostenstellenbezogen ausweisen lassen,
- welche Kostenkategorien unterschieden und vorgehalten werden können, und schließlich
- wie man die Logistikkosten auf Logistikleistungen empfangende Kostenstellen und/oder Produkte verrechnen kann.

---

[47] So lässt sich der Typ 5 als ein Ausschnitt des Typs 6 diskutieren. Den Typ 3 wiederum kann man weitgehend mit Hilfe der Typen 2 und 4 beschreiben. Vgl. zu der Typologie nochmals Abb. 10.2.

Dem die gesamten Ausführungen durchziehenden Gedanken angemessener Komplexität der Kostenrechnung folgend, werden dabei auch stets Aussagen getroffen, welcher Genauigkeits- und Differenzierungsgrad sinnvoll erscheint.

10.4.1   Beispiel Kostenstelle des Internen Transports

Als erstes Beispiel soll eine zum Verantwortungsbereich des Internen Transports zählende Kostenstelle betrachtet werden, die einen Gabelstapler-Pool mit zwei Typen von Fahrzeugen (2,8 t- und 3,5 t-Stapler) bereithält und einsetzt.

Leistungsstruktur Das Leistungsprogramm der Kostenstelle „Gabelstapler-Fuhrpark" umfasst drei Leistungskategorien. Als hauptsächliches Arbeitsfeld werden für die unterschiedlichsten Fertigungsbereiche auf Anforderung (Einzel-)Transporte erbracht. Daneben nimmt eine Produktionsstätte zur Abwicklung ihres Transportbedarfs eine bestimmte Zahl von Gabelstaplern kontinuierlich in Anspruch, die vom Gabelstapler-Fuhrpark täglich einsatzbereit (bemannt, betankt, mit benötigten Transporthilfsmitteln ausgerüstet) bereitgestellt werden. Schließlich werden weitere Fahrzeuge an andere Fertigungskostenstellen „ausgeliehen", die diese in eigener Regie mit eigenem Personal betreiben.

Kostenarten Prinzipiell bereitet die Erfassung der für den Gabelstapler-Fuhrpark anfallenden Kosten(arten) keine besonderen, sich von für „normale" Kostenstellen stellenden Problemen abweichende Schwierigkeiten. Die spezifische Kostenstruktur erfordert eine tiefere Differenzierung nach Kostenarten insbesondere im Bereich der Fördermittelkosten. Fremdlogistikkosten sind dagegen nicht relevant.

Für die Kosten der genutzten und eingesetzten Potenzialfaktoren gibt es ebenso keine prinzipiellen Besonderheiten zu beachten. Aufgrund des Charakters der Kostenrechnung als Periodenerfolgsrechnung ist es unabdingbar, Abschreibungen zu bilden, auch wenn die Aufteilung der Anschaffungs- oder Herstellungskosten auf einzelne Jahre der Nutzung der Potenziale stets Schlüsselungsprobleme aufwirft.[48] Dann, wenn mit dem Einsatz der Potenziale ein erheblicher Einfluss auf die Nutzungsdauer vorliegt (Dominanz nutzungsabhängigen Verschleißes), ist – wiederum Logistik-unspezifisch – die Frage der Zuordnung zu Kostenkategorien (leistungs- oder prozessvariabel versus sprungfix) zu lösen.

Auch für die Personalkosten besteht schließlich kein Grund, vom im Unternehmen üblichen Vorgehen abzugehen: Der Grad der Genauigkeit reicht von einem nach Entgeltklassen differenzierten Pauschalentgelt für den einzelnen Mitarbeiter bis hin zum Ausweis der personenindividuellen Entgelte, differenziert nach Grundentgelt und diversen Zuschlägen bzw. Zulagen.

Logistikleistungserfassung Die Erfassung der von der Gabelstapler-Kostenstelle erbrachten Leistungen fällt für die beiden Arten der Fördermittel-Bereitstellung

---

[48] Vgl. zu dieser Diskussion nochmals Abschn. 9.1.2 dieses Teils des Buches.

leicht: Man hat lediglich festzuhalten, wann welcher (bemannte oder unbemannte) Gabelstapler wie lange an welche Kostenstelle „ausgeliehen" wurde. Den Bezug auf die dort mit den Fahrzeugen bewegten Gütermengen herzustellen, ist keine Aufgabe der Leistungsrechnung der betrachteten Fuhrpark-Kostenstelle.[49]

Für die Aufzeichnung der im Gelegenheitstransport erbrachten Transportleistungen stehen unterschiedlich aufwendige Wege unterschiedlicher Genauigkeit zur Auswahl. Wie schon kurz angesprochen, führt eine Erfassung der einzelnen Transportvorgänge mit Hilfe entsprechender Transportaufträge zu den genauesten Ergebnissen. Jeder gemeldete Transportbedarf löst in diesem Fall die Ausstellung eines Auftrags aus, der vom Fahrer nach Durchführung der Güterbewegung mit den entsprechenden Daten (zumindest[50]: benutztes Fördermittel, Dauer des Einsatzes, die die Transporte anfordernde Kostenstelle, Art und Menge der beförderten Güter) zu versehen ist. Diese auftragsbezogen[51] erfassten Mengen- und Zeitinformationen bilden eine Datenbasis, die nicht nur für die Verrechnung der Logistikkosten auf die die Logistikleistungen empfangenden Kostenstellen und/oder Produkte, sondern auch für eine Vielzahl von Dispositionen innerhalb der Fuhrpark-Kostenstelle herangezogen werden kann.[52] Zwar sind mit einer derartig exakten Leistungserfassung im Vergleich zu anderen Erfassungsmodi höhere Erfassungsaufwendungen verbunden. Diese lassen sich jedoch – insbesondere im Falle einer entsprechenden IT-Unterstützung – auf ein akzeptables Maß begrenzen.

Verzichtet man auf eine gesonderte Aufzeichnung einzelner Transportaufträge, so stehen mehrere – stets in Zusammenhang mit der Verrechnung der Kostenstellenkosten zu sehende – Möglichkeiten zur Auswahl, (trotzdem) die Leistungsstruktur abzubilden. Verfügt das Unternehmen über eine detaillierte Materialflussplanung, so kann man sich ganz von der Erfassung von Ist-Werten lösen und die Transportleistungen durch die Verknüpfung von durch die Produktionsplanung festgelegten Transportbedarfen (z. B. Ausstoßmengen eines Presswerks) und Standard-Transportzeiten für einzelne Quanten dieser Transportobjekte (z. B.: zum Aufnehmen, Bewegen und Einstapeln eines bestimmten Pressteils von der Presse P zum Lager L 5,5 min) ermitteln. Vergleiche der Soll- mit den Ist-Zeiten erfordern zusätzlich

---

[49] Die Bestimmung der für ein bestimmtes Produkt anfallenden Logistikkosten erfordert deshalb eine zusätzliche Logistikleistungserfassung in den die Bereitstellungsleistungen empfangenden Kostenstellen. Hierauf wird im Rahmen der Diskussion der Lagerkostenstelle noch einzugehen sein.

[50] Weitere wichtige Informationen lieferte etwa die Unterteilung der Einsatzzeit nach der Dauer der Hin- und Rückfahrt zum bzw. vom Einsatzort und der „reinen" Einsatzdauer sowie die Aufzeichnung des Anteils von Nutz- und Leerfahrten in der Einsatzkostenstelle. Wegen des damit verbundenen erheblichen Erfassungsaufwands lassen sich solche Daten lediglich im Rahmen von weitgehend automatischen Betriebsdatenerfassungssystemen gewinnen.

[51] Bei den Aufträgen muss es sich nicht zwangsläufig um Einzelaufträge handeln. Ständig in gleicher Weise auftretende Transportaufträge lassen auch die Einrichtung von Sammel- oder Daueraufträgen zu, ohne dass dadurch die Erfassungsgenauigkeit unzulässig eingeschränkt würde.

[52] So lassen sich z. B. die Ist-Einsatzzeiten der Fahrzeuge laufend überwachen und geplanten Soll-Zeiten gegenüberstellen, so werden durch die einzelfahrzeugbezogene Leistungserfassung wichtige Informationen für die Gabelstapler-Bereitstellungsplanung geliefert.

die Aufzeichnung der kostenstellenbezogenen Einsatzzeiten der Fördermittel.[53] Allein diese festzuhalten (und auf ihrer Basis Transportkosten zu verrechnen), verwischt dagegen die Grenzen zwischen den anfangs angesprochenen prozess- und den ergebnisbezogenen Transportleistungen. Von der Transportkostenstelle durchzuführende Planungen, Steuerungen und Kontrollen der für die einzelnen Objektfaktorarten durchzuführenden Transportvorgänge lassen sich bei einem derartigen Erfassungsmodus nur noch sehr eingeschränkt realisieren. Gleiches gilt für die Zuordnung der Transportkosten für Zwecke der Produktkalkulation.[54] Die geringste Abbildungsgenauigkeit liegt schließlich dann vor, wenn – aufbauend auf Vorperiodenwerten unter Einbeziehung signifikanter Änderungen von Leistungsstruktur und Leistungsvolumen – lediglich periodenbezogen für jede Transporte in Anspruch nehmende Kostenstelle das Leistungs-Gesamtvolumen geplant wird, man dessen Realisierung allenfalls stichprobenartig überwacht, somit streng genommen keinerlei Ist-Erfassung vornimmt.

Ausweis der Logistikleistungen Eng verbunden mit dem gewählten Erfassungsmodus ist die in der Transportkostenstelle vorzusehende Art des Ausweises erbrachter ergebnisbezogener Logistikleistungen. Eine globale periodenbezogene Leistungsplanung verhindert jeglichen Leistungsausweis. Das Festhalten der Einsatzstunden lässt als Leistungsbericht nur die Angabe dieser Stunden – gegebenenfalls nach Fördermittelarten differenziert – zu, spiegelt mithin keine ergebnisbezogenen, sondern lediglich prozessbezogene Leistungen wider. Eine auf detaillierten Materialflussplanungen oder auf einem Transportauftragssystem basierende Leistungserfassung schließlich macht eine breite, nach Transportobjektarten differenzierende Aufspannung des Leistungsausweises möglich. Schon aus Gründen der Operationalität heraus wird man den Detaillierungsgrad der Datenerfassung für den Datenausweis jedoch deutlich reduzieren müssen, d. h. Transportmengen und Transportzeiten nur für die wichtigsten Objektfaktorgruppen der Kostenstellenleitung präsentieren. Sofern sich die zu einer solchen Objektfaktorgruppe zusammengefassten Güter transportwirtschaftlich nicht signifikant unterscheiden, weisen die aggregierten Leistungsinformationen für Dispositionen der leistenden Kostenstelle zudem eine hinreichende Genauigkeit auf.

Für unser Beispiel könnte dies schematisch zu einer Form der Leistungserfassung kommen, wie es Abb. 10.6 veranschaulicht. Getrennt für die beiden Fahrzeugtypen sind die Leistungsmengen der drei Arten erbrachter Leistungen aufgeführt, jeweils unter Angabe der entsprechenden Leistungsempfänger. Für Bereitstellungs- und Prozessleistungen sind dies (zwangsläufig) Kostenstellen. Für Bewegungsleistungen wird dagegen unterstellt, dass die Transportkostenstelle eine nach wichtigen Objektfaktorklassen (unterschiedlichen Pressteilarten) differenzierende Leistungs-

---

[53] Müssen für eine Kostenstelle unterschiedliche Transportobjektarten bewegt werden, lässt allerdings eine solche Zeiterfassung Soll-Ist-Vergleiche nur für das gesamte Transportvolumen zu.

[54] Im Unterschied zur Bereitstellung eines (bemannten oder unbemannten) Fördermittels für andere Kostenstellen zählen im Falle der Nachfrage ergebnisbezogener Transportleistungen beide angesprochenen Problemfelder zum Aufgabenbereich der leistenden Transportkostenstelle.

	2,8-t-Fahrzeuge	3,5-t-Fahrzeuge
Bereitstellungsleistungen (in Monaten)	141,0	43,0
für Kstst 4711	12,5	42,0
für Kstst 4818	22,0	0,0
...	...	...
für Kstst 4898	5,0	1,0
Prozessleistungen (in Stunden)	32.348,0	1.125,0
für Kstst 3409	12.430,0	1.125,0
für Kstst 3410	122,0	0,0
...	...	...
für Kstst 3501	9.566,5	0,0
Bewegungsleistungen (in Stunden)	250.980,5	80.960,0
für Pressteile Typ 1	430,0	1.125,0
für Pressteile Typ 2	33.350,0	1.330,0
...	...	...
für Pressteile Typ 26	45.110,0	25.502,0

Abb. 10.6 Ausweis der erbrachten Leistungen der betrachteten Transportkostenstelle

erfassung und Leistungszuordnung durchführt, da die Pressteile innerhalb des jeweiligen Typs vergleichbare Anforderungen an den Staplertransport stellen.

Unabhängig von dieser Aufstellung erbrachter Leistungen können weitere leistungsbezogene Informationen für den Leiter der Transportkostenstelle relevant sein. Für seine Managementaufgabe sind neben inputbezogenen Daten (z. B. Zahl eingesetzter Fahrzeuge, Verfügbarkeitsgrade der Fahrzeuge, Krankenstand der Mitarbeiter) auch Informationen über angefallene Fehlleistungen von Bedeutung (z. B. Zahl von Transportunfällen, Servicegrad der Fahrzeugbereitstellung für die anderen Kostenstellen, evtl. Verzögerungszeiten bei der Transportdurchführung). Weiterhin spielt für ihn die Einhaltung von vorgegebenen Leistungszielen eine herausgehobene Bedeutung. Der ihm periodisch (z. B. monatlich) zur Verfügung gestellte Leistungsbericht kann deshalb – wie Abb. 10.7 veranschaulicht – deutlich vom für Verrechnungszwecke erforderlichen Set an Leistungsinformationen der Abb. 10.6 abweichen.

Kostenkategorienbildung Wie ausführlich diskutiert, lassen sich in einer Logistikkostenstelle in hoher Differenzierung prinzipiell vier unterschiedliche Arten von Kostenkategorien trennen (leistungsvariable, prozessvariable, sprungfixe und fixe Kosten). Dieser Auflösungsgrad sei im Folgenden zunächst für die Staplerstelle angewendet.

	2,8-t-Fahrzeuge			3,5-t-Fahrzeuge		
	Soll	Ist	Abwei-chung	Soll	Ist	Abwei-chung
Bereitstellungsleistungen (in Stunden)	150	141	-6,00%	40	43	7,50%
Prozessleistungen (in Stunden)	32.500	32.348	-0,47%	1.100	1.125	2,27%
Bewegungsleistungen (in Stunden)	250.000	250.980	0,39%	82.500	80.960	-1,83%
Servicegrad ausgeliehene Fahrzeuge (in Prozent)	100,00	92,50%	-7,50%	100,00	98,50%	-1,50%
Anzahl von Transport-unfällen	1	0	-1	1	1	0
Verfügbarkeit der Fahrzeuge	82,50%	78,75%	-3,75%	85,00%	86,85%	1,85%
Krankenstand (in Tagen)	10	0	-10	1	1	0

Abb. 10.7 Leistungsbericht für die betrachtete Kostenstelle

Angesichts des vorliegenden Nebeneinanders einer Vielzahl gleichartiger Fahrzeuge besteht für einen großen Teil der Faktorkosten (Bereitstellungskosten der Gabelstapler, nicht direkt betriebsstundenabhängige Instandhaltungskosten, Personalkosten der Fahrer u. a.) eine mittelfristige Abhängigkeit vom zu bewältigenden Leistungsvolumen. Zu den verbleibenden fixen Faktorkosten zählen beispielsweise die Personalkosten der Kostenstellenleitung und der in Anspruch genommenen baulichen Einrichtungen.

Die in der Fuhrpark-Kostenstelle aufgezeichneten, einzelfahrzeug- bzw. fahrzeugtypbezogen erfassten kurzfristig variablen Kosten werden weitestgehend von der Einsatzdauer der Fahrzeuge bestimmt. Ihre Einordnung in die Kategorien prozess- und leistungsvariable Kosten[55] hängt zentral von der Leistungsstruktur des Gabelstapler-Parks ab. Sollte die Fuhrpark-Kostenstelle für an andere Unternehmensbereiche „ausgeliehene" Fahrzeuge neben den sprungfixen Gabelstapler-Faktorkosten in geringem Maße auch einsatzdauerabhängige Kosten tragen müssen (z. B. laufstundenabhängige Instandhaltungskosten), so sind diese ebenso prozessvariable Kosten wie die durch das Betreiben „kompletter" Fahrzeuge für andere Kostenstellen zusätzlich ausgelösten Beträge (z. B. Treibstoffkosten). Mit den im Abschn. 10.3.3 genannten Ungenauigkeiten behaftet hat man die einsatzdauervariablen Kosten im Falle der pressteilbezogenen Transportnachfrage dagegen der Kostenkategorie leistungsvariable Kosten zuzuordnen.

---

[55] In Abhängigkeit von der Genauigkeit der Leistungserfassung kann diese Einordnung entweder auf Ist-Daten beruhen oder aber auf Planungswerten aufsetzen.

Ausweis der Logistikkosten Der Aufbau des Kostenberichts (zweiteilige Abb. 10.8) wird durch die vertikale Gliederung nach Kostenarten und die horizontale Strukturierung nach Kostenkategorien bestimmt. Die Differenzierungstiefe der unterschiedenen Kostenarten folgt der diskutierten Maximalaufspannung. Die Untergliederung der Kostenkategorien lässt zunächst jeweils die Beträge erkennen, die den beiden Gabelstaplertypen separat zugeordnet werden können. Die darüber hinaus ausgewiesenen sonstigen (sprungfixen und fixen) Faktorkosten kennzeichnen Fahrzeugtyp-unspezifische Beträge, insbesondere Kosten der von jedem Gabelstapler in gleicher Weise genutzten Transporthilfsmittel und Kosten der Kostenstellenadministration.

Wie bei den Ausführungen zu Leistungserfassung und -ausweis soll auch für die Kosten abschließend eine vereinfachte Ausweisvariante vorgestellt werden, die Abb. 10.9 zeigt. Sie stellt auf das übliche Differenzierungsschema einer Plankosten- und/oder Deckungsbeitragsrechnung[56] ab und nimmt in mehrfacher Hinsicht eine Vereinfachung des Kostenausweises vor:

- die Gliederungstiefe der Kostenarten wurde reduziert,
- statt der vier Kostenkategorien finden sich jetzt nur noch die in der Kostenrechnung üblichen zwei differenziert, und
- sämtliche Kosten der Kostenstelle sind den beiden Gablerstaplertypen (als Kostenplätze) zugeordnet.[57]

Der Fit zur auch für den Produktionsbereich gewählten Differenzierungstiefe der Kostenrechnung und die Pointierung der Aussage des Kostenausweises (z. B. insbesondere das Herausstellen des hohen Anteils von Kosten, die mit den erbrachten Leistungen im Zeithorizont einer periodischen Kostenplanung variieren) stehen als Vorteile dem Informationsverlust gegenüber.

Verrechnung der Logistikkosten Welche Kosten in welchem Umfang auf Kostenstellen und/oder Kostenträger weiterverrechnet werden sollen, hängt wesentlich davon ab, welchen Zwecken die Kostenverrechnung dienen soll. Dies ist wesentlich von der Frage bestimmt, in welchem Kostenrechnungssystem die Verrechnung erfolgt.[58] Wir wollen im Folgenden bei dem „theoretisch" exaktesten[59] Vorgehen beginnen und dieses sukzessiv auflösen.

---

[56] Auf den Ausweis der Spalten für die Planwerte und für die Abweichungen ist aus Übersichtlichkeitsgründen verzichtet worden.

[57] Für die Löhne und Gehälter wurden als Basis die den Staplertypen direkt zurechenbaren Löhne, für die sonstigen Personalkosten die Summe aus Löhnen und Gehältern verwendet. Die Verteilung der Transporthilfsmittelkosten und der sonstigen Anlagenkosten erfolgte anhand der Gabelstaplerkosten. Die Sonstigen Kosten schließlich wurden anhand der Summe der anderen Kosten aufgeteilt.

[58] Wie im ersten Teil des Buches ausgeführt, sind die Kostenrechnungssysteme auf bestimmte Zweckbündel ausgerichtet.

[59] Wie bereits mehrfach angemerkt, bezieht sich diese Exaktheit allerdings nur auf eine instrumentelle Sichtweise der Kostenrechnung und dort auf eine Welt von Entscheidungsproblemen ohne opportunistische und kognitiv begrenzte Entscheidungsträger. Trotz dieser Einschränkungen ist der Riebel'sche Ansatz gut geeignet, Zurechnungsgrenzen aufzuzeigen.

	leistungsvariable Kosten		prozessvariable Kosten		Faktorkosten						Summe
					sprungfixe Kosten			fixe Kosten			
	2,8t-Fahrzeuge	3,5t-Fahrzeuge	2,8t-Fahrzeuge	3,5t-Fahrzeuge	2,8t-Fahrzeuge	3,5t-Fahrzeuge	sonstige sprungfixe Kosten	2,8t-Fahrzeuge	3,5t-Fahrzeuge	sonstige fixe Kosten	
Personalkosten											
Grundlöhne	0	0	0	0	4.590	1.268	0	0	0	182	6.040
Arbeitsleistungsunabhängige Zusatzentgelte	0	0	0	0	340	94	0	0	0	14	448
Standardsatz für soziale Abgaben und andere Lohnnebenkosten	0	0	0	0	3.946	1.090	0	0	0	156	5.192
Kosten der Beschäftigung von Transportarbeitern	0	0	0	0	8.876	2.452	0	0	0	352	11.680
Zusätzliche Kosten des Einsatzes von Transportarbeitern	582	204	0	0	0	0	0	0	0	0	786
Lohnkosten von Logistikmitarbeitern	582	204	0	0	8.876	2.452	0	0	0	352	12.466
Grundgehälter	0	0	0	0	0	0	0	96	48	458	602
Arbeitsleistungsunabhängige Zusatzentgelte	0	0	0	0	0	0	0	7	3	40	50
Standardsatz für Soziale Abgaben und andere Gehaltsnebenkosten	0	0	0	0	0	0	0	52	26	248	326
Kosten der Beschäftigung von Transportangestellten	0	0	0	0	0	0	0	155	77	746	978
Zusätzliche Kosten des Einsatzes von Transportangestellten	0	0	0	0	0	0	0	5	0	0	5
Gehaltskosten von Logistikmitarbeitern	0	0	0	0	0	0	0	160	77	746	983
Sonstige Personalkosten	0	0	0	0	0	0	0	0	0	15	15
Summe	582	204	0	0	8.876	2.452	0	160	77	1.113	13.464
Anlagenkosten											
Abschreibungen	0	0	0	0	1.303	390	0	0	0	0	1.693
Kapitalbindungskosten	0	0	0	0	280	85	0	0	0	0	365
Mieten und Leasinggebühren	0	0	0	0	35	229	0	0	0	0	264
Inspektionskosten	63	25	18	2	0	0	0	0	0	0	108
Wartungskosten	158	71	28	7	0	0	0	0	0	0	264
Instandsetzungskosten	0	0	0	0	368	144	0	0	0	0	512
Instandhaltungskosten	221	96	46	9	368	144	0	0	0	0	884
Sonstige Kosten von Gabelstaplern	0	0	0	0	0	0	0	19	15	0	34
Kosten von Gabelstaplern	221	96	46	9	1.986	848	0	19	15	0	3.240

Abb. 10.8 Differenzierter Kostenausweis für die betrachtete Transportkostenstelle

	leistungsvariable Kosten		prozessvariable Kosten		Faktorkosten						Summe
					sprungfixe Kosten			fixe Kosten			
	2,8t-Fahrzeuge	3,5t-Fahrzeuge	2,8t-Fahrzeuge	3,5t-Fahrzeuge	2,8t-Fahrzeuge	3,5t-Fahrzeuge	sonstige sprungfixe Kosten	2,8t-Fahrzeuge	3,5t-Fahrzeuge	sonstige fixe Kosten	
Anlagenkosten											
Kosten von Gabelstaplern	221	96	46	9	1.986	848	0	19	15	0	3.240
Abschreibungen	0	0	0	0	0	15	237	0	0	0	252
Kapitalbindungskosten	0	0	0	0	0	7	114	0	0	0	121
Instandhaltungskosten	0	0	0	0	0	1	33	0	0	0	34
Kosten von Transporthilfsmitteln	0	0	0	0	0	23	384	0	0	0	407
Gebäudekosten	0	0	0	0	0	0	0	0	0	84	84
Sonstige Anlagenkosten	0	0	0	0	0	0	0	0	0	76	76
Summe	221	96	46	9	1.986	871	384	19	15	160	3.807
Material-kosten											
Schmierstoffkosten	13	5	4	0	0	0	0	0	0	0	22
Kosten sonstigen für die Logistik benötigten Materials	0	0	0	0	0	0	0	0	0	5	5
Summe	13	5	4	0	0	0	0	0	0	5	27
Energie-kosten											
Treibstoffkosten	361	163	186	46	0	0	0	0	0	0	756
Stromkosten	51	0	9	0	0	0	0	0	0	11	71
Kosten sonstiger für die Logistik benötigter Energie	0	0	0	0	0	0	0	0	0	5	5
Summe	412	163	195	46	0	0	0	0	0	16	832
Portokosten	0	0	0	0	0	0	0	0	0	2	2
Kosten sonstiger Dienstleistungen	0	0	0	0	0	0	0	0	0	615	615
Summe	0	0	0	0	0	0	0	0	0	617	617
Kosten von Transportschäden	0	0	0	0	52	14	0	0	0	0	66
Sonstige Logistikkosten	0	0	0	0	0	0	0	0	0	25	25
Gesamtkosten	1.228	468	245	55	10.914	1.228	384	179	92	1.936	18.838

Abb. 10.8 (Fortsetzung)

	variable Kosten		fixe Kosten		Gesamtkosten		
	2,8t-Fahrzeuge	3,5t-Fahrzeuge	2,8t-Fahrzeuge	3,5t-Fahrzeuge	2,8t-Fahrzeuge	3,5t-Fahrzeuge	Summe
Lohnkosten	9.458	2.656	275	77	9.733	2.733	12.466
Gehaltskosten	0	0	742	241	742	241	983
Sonstige Personalkosten	0	0	12	3	12	3	15
Personalkosten	9.458	2.656	1.029	321	10.487	2.977	13.464
Abschreibungen	1.303	390	0	0	1.303	390	1.693
Kapitalkosten	280	85	0	0	280	85	365
Mieten und Leasing	35	229	0	0	35	229	264
Instandhaltungskosten	635	249	0	0	635	249	884
Sonstige Staplerkosten	0	0	19	15	19	15	34
Staplerkosten	2.253	953	19	15	2.272	968	3.240
Transporhilfsmittelkosten	270	137	0	0	270	137	407
Sonstige Anlagenkosten	0	0	112	48	112	48	160
Anlagenkosten	2.523	1.090	131	63	2.654	1.153	3.807
Materialkosten	17	5	4	1	21	6	27
Energiekosten	607	209	12	4	619	213	832
Transportschäden	52	14	0	0	52	14	66
Sonstige Kosten	0	0	488	154	488	154	642
GESAMTKOSTEN	12.657	3.974	1.664	543	14.321	4.517	18.838

Abb. 10.9 Vereinfachter Kostenausweis für die betrachtete Transportkostenstelle

Nach den Grundsätzen der Riebel´schen Einzelkosten- und Deckungsbeitragsrechnung kommt eine Weiterverrechnung der in Hilfskostenstellen anfallenden Kosten *„nur für messbare innerbetriebliche Leistungen* in Frage, deren Verzehr bei den abnehmenden Kostenstellen direkt erfasst wird. Da die Bereitschaftskosten des Hilfsbetriebes in Bezug auf die erbrachten Leistungen Gemeinkosten sind, dürfen wir den innerbetrieblichen Leistungen nur die jeweiligen *variablen Kosten* und die durch den einzelnen Auftrag *zusätzlich verursachten fixen Kosten* zurechnen".[60] Ein „buchstabengetreues" Verrechnen der Transportkosten nach diesen Grundsätzen stellt zwar sicher, dass die die Leistungen empfangenden Kostenstellen allein mit relevanten Kosten belastet werden, belässt jedoch einen beträchtlichen Teil von Kosten bei der Transportkostenstelle, die selbst bei hohen Anforderungen an die Verrechnungsgenauigkeit unproblematisch weiterverrechnet werden könnten.

Der Bezug der Kostenzurechenbarkeit auf einen einzelnen zu leistenden Auftrag bedeutet, eine (sehr) kurzfristige Sichtweise einzunehmen. Er geht letztlich davon aus, dass jeder nachgefragte Transportvorgang für sich allein disponiert wird. Üblicherweise lassen sich – zumindest innerbetrieblich – Transportaufträge jedoch mit Lieferabrufen im Rahmen vereinbarter Beschaffungskontingente vergleichen, da die einzelnen Güterbewegungen in eine periodenbezogene, zwischen der Transportkostenstelle und den Leistungen empfangenden Unternehmensbereichen abgestimmte Leistungsplanung eingebettet sind. Anders als bei der für einzelne Leistungseinheiten erfolgenden Überlegung, welche Kosten von der Entscheidung

---

[60] Riebel (1994, S. 41) (Hervorhebungen im Original).

Leistungsart	Verrechnungssatzbestandteile	2,8t- Fahrzeuge	3,5t- Fahrzeuge
Bewegungs- leistungen	Pro zur Güterbewegung absolvierte Einsatz- stunde zu verrechnende leistungsvariable Kosten	4,89	5,78
	Pro zur Güterbewegung absolvierte Einsatz- stunde zu verrechnende sprungfixe Kosten	37,40	38,91
	Pro zur Güterbewegung absolvierte Einsatz- stunde zu verrechnende fixe Kosten	6,52	7,34
Prozess- leistungen	Pro zur Durchführung des Transportprozesses absolvierte Einsatzstunde zu verrechnende prozessvariable Kosten	2,91	3,25
	Pro zur Durchführung des Transportprozesses absolvierte Einsatzstunde zu verrechnende sprungfixe Kosten	37,40	38,91
	Pro zur Durchführung des Transportprozesses absolvierte Einsatzstunde zu verrechnende fixe Kosten	6,22	6,93
Bereitstellungs- leistungen	Pro Bereitstellungsmonat zu verrechnende variable Kosten des Einsatzes der Fahrzeuge	1.070,88	1.196,00
	Pro Bereitstellungsmonat zu verrechnende sprungfixe Kosten des Einsatzes der Fahrzeuge	2.218,84	3.326,00
	Pro Bereitstellungsmonat zu verrechnende fixe Kosten des Einsatzes der Fahrzeuge	509,91	743,12

Abb. 10.10 Verrechnungssatzbestimmung für die betrachtete Transportkostenstelle

„Transport: ja oder nein?" abhängen, kann man beim Abstellen auf längerfristige Leistungs„rahmen" nicht von der Prämisse gegebener Kapazitäten ausgehen. Periodenbezogene Transportleistungsprogramme sind vielmehr häufig die Basis zur Festlegung der Transportkapazitäten. Da diese für den betrachteten Gabelstapler-Pool in vergleichsweise sehr kleinen Quanten verändert werden können, besteht eine enge Korrelation zwischen dem von einer Leistungen empfangenden Kostenstelle periodenbezogen nachgefragten Leistungsvolumen und den zu seiner Bewältigung einzugehenden (sprungfixen) Faktorkosten. Deshalb führte das in der Einzelkosten- und Deckungsbeitragsrechnung postulierte Verbleiben im Block nicht weiterverrechneter Kosten der leistenden Kostenstelle zu Interpretationsproblemen.

Überlegungen dieser Art führen in Systemen der Plankostenrechnung dazu, die sprungfixen Kosten der Gabelstapler und ihrer personellen Besetzung zusätzlich zu den variablen Kosten auf Basis des geplanten oder insgesamt nachgefragten Leistungsvolumens auf die Transporte in Anspruch nehmenden Unternehmensbereiche bzw. Transportobjekte zu verrechnen. In einer Vollkostenrechnung müssen schließlich auch die verbleibenden fixen Kosten weiterverrechnet werden. Unterschiedliche Schlüssel stehen hierzu zur Verfügung.

Diese Vorüberlegungen führen zu folgendem Vorgehen: Die Leistungsverrechnung (Abb. 10.10) folgt den Prinzipien einer Verrechnungssatzkalkulation. Die ausgewiesenen 4,89 € pro für die Bewegung von Gütern erbrachter Einsatzstunde eines 2,8 t-Gabelstaplers etwa ergeben sich damit als Quotient der fahrzeugtypspezifi-

schen leistungsvariablen Kosten (1.228 T €) und der entsprechenden Bewegungsleistung (250.980 h[61]). Für die analoge Bestimmung der 2,91 € pro prozessleis-
tungsbezogener Einsatzstunde[62] müssen wegen des Anfalls fahrzeugeinsatzdauer-
variabler Kosten die Modalitäten der erbrachten Bereitstellungsleistungen beachtet
werden. Für sie wurde unterstellt, dass den anfordernden Kostenstellen stets einsatzbereite, lediglich noch zu bemannende Fahrzeuge an die Hand gegeben werden,
Betankung und Instandhaltung damit der Fuhrparkkostenstelle obliegen. In den
auf Bereitstellungsmonate bezogenen Verrechnungspreis der Bereitstellungsleis-
tung sind deshalb anteilige Beträge für prozessvariable Kosten einzubeziehen, die
nicht dem Satz pro Prozessleistungsstunde belastet werden dürfen.[63] Die getrennt
zu verrechnenden sprungfixen Faktorkosten stimmen für prozess- und bewegungs-
leistungsbezogene Einsatzfelder der Gabelstapler im Wertansatz überein,[64] während
in die Ermittlung der entsprechenden Beträge für die Fahrzeugbereitstellung keine
Personalkosten einbezogen werden.[65] Die Fixkosten der beiden Fahrzeugtypen sowie die verbleibenden Kosten der Kostenstelle lassen sich im letzten Schritt auf
unterschiedlichem Wege den erbrachten Leistungen zuordnen. Gewählt wurde im
Beispiel die einfachste Form einer prozentualen Beaufschlagung.[66]

　　Unterscheidet die „normale" Kostenrechnung des Unternehmens nur zwei Kostenkategorien in der Kostenverrechnung, so können die jeweils ersten beiden Verrechnungssätze schließlich zu einem für variable Kosten zusammengefasst werden.

---

[61] Vgl. hierzu und zum Folgenden nochmals Abb. 10.6 und 10.8.

[62] Die im Vergleich zum bewegungsbezogenen Verrechnungssatz geringe Kostenhöhe erklärt sich
daraus, dass für erstere Leistungsart im Beispiel ein hoher Anteil außerhalb der normalen Arbeitszeit erfolgender und damit mit den entsprechenden zusätzlichen Personalkosten verbundener Leistungserstellung vorliegt.

[63] Insofern ergibt sich der Betrag von 2,91 €/h nicht als Quotient von 245 T € und 32.384 h;
„Verteilungsbasis" ist vielmehr die Summe aus Bereitstellungs- (141 Monate×23 Tage/Mo-
nat×16 Stunden/Tag=51.888 Stunden) und Prozessleistungsstunden. Die bereitstellungsdauer-
abhängigen Kosten mit 1.070,88 € pro Monat ermitteln sich analog als Produkt der 2,91 €/h mit
der monatlichen Stundenzahl eines Fahrzeugs (368 h) (vgl. zu den Zahlen nochmals Abb. 10.6
und 10.8).

[64] Der Betrag von 37,40 €/h errechnet sich als Summe der sprungfixen Personalkosten (8.876 T €)
dividiert durch die Summe der Leistungs- und Prozessstunden (250.980+32.384=283.364 h), also
31,32 €/h, zuzüglich – nach der Logik der Berechnung der folgenden Fußnote – des Ergebnisses
der Division der restlichen sprungfixen Kosten (2.038 T €) durch die Gesamtzahl erbrachter Einsatzstunden (335.252 h), also 6,08 €/h.

[65] Der Betrag von 2.218,84 ergibt sich als Division der Differenz 10.914−8.876=2.038 (Heraus-
rechnung der Personalkosten) und der Gesamtzahl erbrachter Einsatzstunden (250.980+32.384+
51.888=335.252), multipliziert mit der monatlichen Stundenzahl eines Fahrzeugs.

[66] Dies bedeutet im ersten Schritt den Bezug der fahrzeugtypbezogenen Fixkosten auf die anderen
Kosten des Fahrzeugtyps (für die 2,8 t-Fahrzeuge als Beispiel 179/(1.228+245+10.914)=1,45 %).
Im zweiten Schritt werden die sonstigen sprungfixen und fixen Kosten (384+1.936=2.320 T €)
summiert und im dritten Schritt auf die restlichen Kosten (18.838−2.320=16.518 T €) bezogen.
Im Ergebnis resultiert ein Zuschlagssatz von 14,05 %. Dieser wird zu den fahrzeugtypspezifischen
Sätzen addiert und ist im letzten Schritt jeweils mit der Summe der beiden anderen Verrechnungs-
preise zu multiplizieren.

10.4.2 Beispiel Lagerkostenstelle

Leistungsstruktur Als Beispiel einer Lagerkostenstelle dient ein Pressteillager, das von einem vorgelagerten Presswerk ein breites Spektrum von Groß- und Klein-pressteilen übernimmt, lagert und an mehrere Kostenstellen des Rohbaus abgibt. Das Lager ist in einem speziellen Gebäude untergebracht. Die Pressteile werden in teilespezifischen, nicht stapelfähigen Gestellen bzw. Behältern gleicher Grund-fläche angeliefert und von fünf dem Lager bereitgestellten und von diesem betrie-benen Gabelstaplern ein- und ausgelagert. Die Lagerung erfolgt als Bodenlagerung.

Kostenarten Für die Erfassung und den Ausweis der Kosten(arten) der betrach-teten Lagerkostenstelle ergeben sich im Vergleich zu den entsprechenden auf den Gabelstapler-Pool bezogenen Ausführungen kaum Spezifika. Strukturierung und Gliederungstiefe der Personalkosten stimmen überein. Innerhalb der Anlagenkos-ten dominieren die Lagermittelkosten sowie die Kosten des Lagergebäudes. Hinzu kommen die objektfaktorbezogenen Kapitalbindungskosten.

Bei der Bestimmung von Raum- oder Flächenkosten[67] ist man allerdings – an-ders als im betrachteten Beispiel – nicht selten besonderen Problemen ausgesetzt, und zwar dann, wenn das betrachtete Lager zusammen mit anderen (zumeist Ferti-gungs-)Kostenstellen einen größeren Gebäudekomplex (z. B. eine Fertigungshalle) nutzt. Typischerweise werden in einem solchen Fall anteilige Raum- oder Flächen-kosten angesetzt. Dieses Vorgehen bedeutet eine Schlüsselung von Gemeinkosten, die für eine instrumentelle Nutzung der Logistikkostenrechnung Probleme bereiten kann. Eine solche Bewertung in Anspruch genommener Gebäudeabschnitte lässt sich am ehesten dann für Entscheidungsrechnungen verwenden, wenn eine poten-zielle Reduzierung der Kapazitätsinanspruchnahme den Aufbau mit zusätzlichen Auszahlungen verbundener Gebäudekapazitäten an anderer Stelle verhindert.[68] Aus konzeptioneller Sicht ist der Ansatz anteiliger Kosten dagegen das „richtige" Vor-gehen.

Logistikleistungserfassung Die auf die Überwindung von Zeitdisparitäten gerich-teten Leistungen eines Lagers vollständig zu erfassen, setzt voraus, Lagerzu- und -abgänge art- und mengenmäßig sowie terminlich festzuhalten, darüber hinaus dann, wenn – durch Verderb, Diebstahl oder ähnliche Gründe bedingt – Lagerschwund auftritt bzw. auftreten kann, auch die Lagerbestände, getrennt nach Objektfaktor-arten, aufzuzeichnen. Eine solche umfassende Bestandsführung ist für alle mit auto-matischen Regalförderzeugen arbeitende (Hoch-)Regallager standardmäßig durch automatische Erfassungseinrichtungen gewährleistet. Derartige Betriebsdatenerfas-sungssysteme sind allerdings auf die Lager insgesamt bezogen noch nicht die Regel.

---

[67] Die Diskussion gilt analog für die Bestimmung der Kosten von Transportwegen.

[68] Ein solcher Fall liegt z. B. dann vor, wenn für geplante Umstrukturierungen des Fertigungsab-laufs (etwa für die Einrichtung von Fertigungsinseln) zusätzliche Fläche benötigt wird, ein sonst erforderlicher Anbau aber durch die Umstellung eines Lagers von Boden- auf Regallagerung ver-mieden werden kann.

Ein erheblicher Anteil von Lagerleistungen bleibt darüber hinaus in vielen Unternehmen unerfasst. Bei diesen handelt es sich zumeist[69] um Lagerungen in der „Produktions-Pipeline", um Lagerbestände von angearbeiteten, auf ihren baldigen (Wieder-)Einsatz im Fertigungsprozess „wartenden" Zwischenprodukten, für die das traditionelle Vorgehen der Produktkalkulation keine standardmäßigen, an die Güterbewegung direkt gekoppelten Wertbestimmungen vorsieht,[70] für die man somit eine Lagerbestandsführung als nicht erforderlich bzw. unwirtschaftlich ansieht. Hierzu zählen auch die im Beispiel betrachteten Pressteile. Bedenkt man, dass der Anteil der Liegezeiten an der gesamten Durchlaufzeit bei Auftragsfertigung häufig 90 % erreicht bzw. überschreitet, diese Anteile stark schwanken können und schließlich in angearbeiteten Produkten erhebliche Kapitalbeträge gebunden sind, so wird der potenzielle Nutzen einer Erfassung der Zwischenproduktlagerungen deutlich. Um für derartige Objektfaktoren die Lagerinanspruchnahme zu bestimmen, stehen prinzipiell zwei unterschiedlich genaue, zugleich unterschiedlich aufwendige Wege zur Auswahl.

Zum einen kann man – wie für andere Läger auch – eine manuelle oder automatische Bestandsführung implementieren. Angesichts der damit verbundenen vergleichsweise hohen Kosten wird sich dieses Vorgehen nicht bei allen Zwischenlägern realisieren lassen. Insbesondere für kleinere Lagerumfänge bietet es sich deshalb zum anderen an, auf die Produktionsstatistiken der Teile liefernden und empfangenden Kostenstellen zurückzugreifen, durch den Vergleich von Ausbringungs- und Einsatzmengen sowie -terminen Lagerdurchsatz und Lagerbestände zu ermitteln. Dem Vorteil sehr geringer damit verbundener Informationskosten steht der Nachteil gegenüber, Lagerschwund erst im Rahmen körperlicher Bestandsaufnahmen aufspüren zu können.

Die auf die Verfügbarkeit von Gütern gerichteten Leistungen des Lagers abzubilden, verlangt zusätzlich zur Erfassung von Lagerdurchsatz und -bestand, Zahl und Ausmaß von Fehlmengensituationen festzuhalten, konkret (zumindest)

• wie häufig Anforderungen der Rohbaukostenstellen nicht vollständig befriedigt werden konnten,
• wie hoch der Wert nicht bedarfsgerecht bereitgestellter Objektfaktormengen war,
• wie lange Zeit die Leistungsempfänger auf den Ausgleich der Fehlmengensituationen warten mussten und
• (sofern auftretend) für welche Teileumfänge (mengen- und wertmäßig) endgültig keine Nachlieferung erfolgte (Fehlmengen im engeren Sinn).

---

[69] Weiterhin bleiben aus Wirtschaftlichkeitsüberlegungen heraus häufig kleine dezentrale Lagerumfänge („Handläger") von einer exakten Leistungserfassung ausgenommen.

[70] Während für Rohstoffe oder andere Materialarten Lagerbewegungen direkt oder indirekt für Kalkulationszwecke herangezogen werden (müssen) – beispielsweise in einem Instandhaltungsmateriallager die Aufzeichnung der Lagerabgänge (Materialentnahmescheine) zur Bestimmung der Kosten einzelner Instandhaltungsaufträge unabdingbar sind –, zieht man Daten über Lagerbestände an Zwischenprodukten bzw. Halbfertigfabrikaten zumeist lediglich im Rahmen der periodischen Bestandsbewertung der externen Rechnungslegung heran. Zwischenabrechnungen einzelner Fertigungsaufträge unterbleiben.

Diese Informationen sind eine wesentliche Basis zur optimalen Dimensionierung des Zwischenlagers, unabhängig davon, ob diese Dispositionsaufgabe primär dem Verantwortungsbereich der Kostenstellenleitung zugewiesen ist oder übergeordneten Stellen (z. B. der Fertigungsablaufplanung) obliegt. Auch wenn der Lagerverantwortliche in letzterem Fall auf Zahl und Ausmaß von Fehlmengensituationen unmittelbar kaum Einfluss nehmen kann, kommt dem Ausweis dieser Größen dennoch eine hohe Bedeutung zu: Sie signalisieren ein Problem, das in der Lagerkostenstelle sichtbar wird. Aufgabe der Lagerleitung ist es dann, diese Informationen an die Materialflussverantwortlichen weiterzugeben, die die Situation verbessern können. Die Erfassung der Verfügbarkeitsdaten kann wiederum entweder im Rahmen einer Lagerbestandsführung oder basierend auf Produktionsplänen bzw. Produktionsstatistiken erfolgen.

Ausweis der Logistikleistungen Der Leistungsbericht der betrachteten Lagerkostenstelle (vgl. Abb. 10.11) ist in der Vertikalen durch eine Strukturierung nach Objektfaktorarten, in der Horizontalen durch eine Untergliederung nach verschiedenen Komponenten von Leistungen und Fehlleistungen gekennzeichnet. Als wichtigste Leistungsarten werden Ein- und Auslagerungsvorgänge sowie im Periodendurchschnitt vorzunehmende Lagerungen für jede Pressteilart gesondert ausgewiesen, dies nicht nur durch Angabe der jeweiligen Objektfaktormenge, sondern auch bezogen auf Lager- bzw. Transporthilfsmitteleinheiten. Diese zusätzliche Information gibt ein besseres Bild der Umschlagsleistungen, sie ist die Voraussetzung für eine Zurechnung der für Ein- und Auslagerungen anfallenden sprungfixen Kosten auf die Pressteile und ermöglicht die (rechnerische) Ermittlung der pressteilartspezifischen Lagerflächenbelegung. Letztere Werte können dazu herangezogen werden, der Lagerleitung als Kennzahl den durchschnittlichen Lagerauslastungsgrad der abgelaufenen Abrechnungsperiode zu dokumentieren. Die Strukturierung der Fehlleistungen folgt schließlich den weiter oben getroffenen Aussagen.

Auf die Wiedergabe eines vereinfachten Leistungsberichts sei an dieser Stelle aus Platzgründen verzichtet. Analog zum dargestellten Vorgehen bei der Transportkostenstelle (vgl. nochmals Abb. 10.7) enthielte er neben Ist- auch Plandaten sowie Abweichungen. Außerdem würden weitergehende Informationen wie Teilereichweiten, Abweichungen von Sollreichweiten oder Lagerschäden zur Führung in der Kostenstelle hilfreich sein.

Kostenkategorienbildung Der betragsmäßig größte Teil der in der betrachteten Lagerkostenstelle anfallenden Lagerkosten sind Faktorkosten. Sprungfixen Charakter besitzen davon zum einen die von der Fuhrparkkostenstelle monatlich belasteten Kosten der für die Ein-, Um- und Auslagerung eingesetzten Gabelstapler sowie die Kosten der diese bedienenden, im Lager beschäftigten Arbeiter. Sprungfixe Faktorkosten lösen zum anderen auch die – insbesondere in automatisierten Lägern sehr bedeutsamen – Lagerhilfsmittel (Boxen, Gestelle) aus. Leistungsvariable Kosten fallen – bis auf vernachlässigbar geringe Beträge für Lagerpflege (z. B. für bei langen Lagerdauern erforderliches Erneuern der Ölauflage bei Blechpressteilen) –

| Pressteilarten | Lagerleistung | | | | | | | Fehlleistung | | | | |
| | Lagerdurchsatz | | | | durchschnittlicher Lagerbestand | | | | | | | |
	Einlagerungsmenge	Auslagerungsmenge	zu bewegende Menge insgesamt	zu bewegende Lagermitteleinheiten	Stück	belegte Lagerfläche	Bestandswert	Zahl von Fehlmengensituationen	vorübergehend fehlende Teile	Wert vorübergehend fehlender Teile	Dauer der Fehlmengensituation	Endgültig fehlende Teile
12.392	69.120	69.120	138.240	576	3.302	21,0	11.490	2	595	2.071	4	0
12.392 B	75.100	76.350	151.450	689	6.938	48,0	26.711	0	0	0	0	0
12.392 C	453.130	455.990	909.120	3.788	17.665	111,0	68.010	1	15	98	1	0
12.412	21.500	20.000	41.500	519	3.551	67,5	23.188	0	0	0	0	0
12.414	125.010	125.100	250.110	1.001	2.842	18,0	7.815	0	0	0	0	0
12.414 B	89.560	89.560	179.060	717	4.036	25,5	12.592	0	0	0	0	0
12.179 A	15.100	10.630	25.730	129	8.496	64,5	45.283	0	0	0	0	0
12.179 B	849.980	850.140	1.700.120	8.502	22.059	166,5	117.574	0	0	0	0	0
12.179 C	154.990	153.180	308.170	1.541	7.582	57,0	40.412	1	770	4.104	1	0
12.179 D	964.000	977.390	1.941.390	9.707	18.715	141,0	99.750	3	1.680	8.954	3	0
15.105	123.760	118.790	242.550	12.128	10.180	765,0	137.939	0	0	0	0	0
15.400	1.265.120	1.265.160	2.530.280	4.217	9.379	24,0	21.196	0	0	0	0	0
15.501 A	151.800	151.130	302.930	8.655	3.082	133,5	49.651	0	0	0	0	15
15.501 B	5.120	9.780	14.900	66	426	0,0	0	1	25	403	1	0
15.501 C	1.150	1.140	2.290	10	0	3,0	612	0	0	0	0	0
22.198	1.566.240	1.566.090	3.132.330	4.016	38	7,5	5.356	0	0	0	0	0
22.199	3.458.800	3.489.610	6.948.410	8.909	3.456	30,0	24.102	2	5.450	8.502	1	0
22.200	2.526.000	2.524.790	5.050.790	6.475	15.450	25,5	20.248	0	0	0	0	0
22.205	226.500	225.400	451.900	580	12.980	6,0	3.944	0	0	0	0	0
22.206	53.210	53.210	106.420	137	8.850	18,0	14.602	0	0	0	0	0
22.207	1.149.800	1.139.850	2.289.650	2.936	4.329	9,0	7.662	0	0	0	0	0
22.208	556.010	557.980	1.113.990	1.393	3.887	7,6	5.519	0	0	0	0	0
22.210	230	490	720	2	1.556	4,5	3.298	0	0	0	0	0
23.500 A	1.547.000	1.551.890	3.098.890	6.198	5.890	18,0	20.379	0	0	0	0	0
23.500 B	121.990	121.980	243.970	488	345	1,5	1.193	0	0	0	0	0
23.500 C	5.250	4.960	10.210	21	799	3,0	2.780	0	0	0	0	0
30.115	365.000	366.200	731.200	20.891	1.998	87,0	32.307	0	0	0	0	0
30.116	186.660	195.800	372.460	10.642	435	19,5	7.068	0	0	0	0	0
30.117	12.450	12.320	24.770	708	115	6,0	1.929	0	0	0	0	0
30.118 A	886.530	866.500	1.773.030	147.753	3.409	427,5	152.655	0	0	0	0	0
30.118 B	709.000	708.340	1.417.340	118.112	3.508	439,5	157.789	0	0	0	0	0
30.118 C	12.250	16.380	28.630	2.386	0	0,0	0	1	55	2.503	1	55
35.100	5.600	5.590	11.190	400	46	3,0	546	0	0	0	0	0
Summe	35.543.740			384.708		2.758,5	1.123.614	11			12	70
Verfügbare Lagerfläche (in qm)						3.280,0						
Lagerauslastungsgrad						84,1%						

Abb. 10.11 Leistungserfassung und -ausweis für die betrachtete Lagerkostenstelle

	Leistungs- variable Kosten	Sprungfixe Kosten		Fixe Kosten	Gesamt- kosten
		Umschlag	Lagerung		
Grundlöhne	0	391	0	92	483
Arbeitsleistungsunabhängige Zusatzentgelte	0	29	0	7	36
Standardsatz für soziale Abgaben und andere Lohnnebenkosten	0	336	0	79	415
Kosten der Beschäftigung von Transportarbeitern	0	756	0	178	934
Zusätzliche Kosten des Einsatzes von Lagerarbeitern	0	0	0	0	0
Lohnkosten von Logistikmitarbeitern	0	756	0	178	934
Grundgehälter	0	0	0	96	96
Arbeitsleistungsunabhängige Zusatzentgelte	0	0	0	7	7
Standardsatz für soziale Abgaben und andere Gehaltsnebenkosten	0	0	0	52	52
Kosten der Beschäftigung von Transportangestellten	0	0	0	155	155
Zusätzliche Kosten des Einsatzes von Lagerangestellten	0	0	0	0	0
Gehaltskosten von Logistikmitarbeitern	0	0	0	155	155
Sonstige Personalkosten	0	0	0	3	3
Personalkosten	0	756	0	336	1.092
Kosten von Gabelstaplern	0	198	0	0	198
Abschreibungen	0	0	669	0	669
Kapitalbindungskosten	0	0	255	0	255
Instandhaltungskosten	0	0	138	0	138
Kosten von Lagerhilfsmitteln	0	0	1.062	0	1.062
Abschreibungen	0	0	0	132	132
Kapitalbindungskosten	0	0	0	116	116
Instandhaltungskosten	0	0	0	34	34
Gebäudekosten	0	0	0	282	282
Sonstige Anlagenkosten	0	0	0	35	35
Anlagenkosten	0	198	1.062	317	1.577
Materialkosten	0	0	0	12	12
Energiekosten	0	0	0	56	56
Dienstleistungskosten	0	0	0	16	16
Kosten des in den Lagerbeständen durch- schnittlich gebundenen Kapitals	90	0	0	0	90
Kosten von Lagerschäden	0	0	0	0	0
Gesamtkosten	90	954	1.062	737	2.843

Abb. 10.12 Kostenausweis für die betrachtete Lagerkostenstelle

allein für das in den Objektfaktoren gebundene Kapital an. Prozessvariable Kosten treten im betrachteten Lager nicht auf.[71]

Ausweis der Logistikkosten Der Kostenbericht (Abb. 10.12) entspricht in seinem Grundaufbau exakt dem in der Abb. 10.8 für die Transportkostenstelle dargestellten. Allerdings verzichtet er auf die Strukturierung des Kostenausweises

---

[71] Zu dieser Kostenkategorie zählen in einem Tiefkühllager die zur Aufrechterhaltung der Lager-temperatur anfallenden Energiekosten.

Pressteilarten	Leistungs- variable Kosten	Lagermittelkosten		Um- schlags- kosten	Summe	Verrech- nete an- teilige Fixkosten
		Kosten pro Lager- mittel- einheit	Zu ver- rechnende Lager- mittel- kosten			
12.392	919	135	1.890	1.428	3.318	1.483
12.392 B	2.136	135	4.320	1.708	6.028	2.857
12.392 C	5.440	135	9.990	9.390	19.380	8.721
12.412	1.855	135	6.075	1.287	7.362	3.226
12.414	625	135	1.620	2.481	4.101	1.654
12.414 B	1.007	135	2.295	1.777	4.072	1.777
12.179 A	3.622	135	5.805	320	6.125	3.411
12.179 B	9.405	135	14.985	21.075	36.060	15.907
12.179 C	3.232	135	5.130	3.820	8.950	4.263
12.179 D	7.980	135	12.690	24.062	36.752	15.654
15.105	11.035	565	288.150	30.064	318.214	115.222
15.400	1.695	135	2.160	10.453	12.613	5.007
15.501 A	3.972	565	50.285	21.455	71.740	26.377
15.501 B	0	565	0	1.056	1.056	370
15.501 C	48	565	1.130	164	1.294	470
22.198	428	168	840	9.955	10.795	3.928
22.199	1.928	168	3.360	22.084	25.444	9.579
22.200	1.619	168	2.856	16.051	18.907	7.183
22.205	315	168	672	1.438	2.110	849
22.206	1.168	168	2.016	340	2.356	1.233
22.207	612	168	1.008	7.278	8.286	3.114
22.208	441	168	840	3.453	4.293	1.657
22.210	263	168	504	5	509	270
23.500 A	1.630	312	3.744	15.364	19.108	7.257
23.500 B	95	312	312	1.210	1.522	566
23.500 C	222	312	624	53	677	315
30.115	2.584	975	56.550	51.786	108.336	38.817
30.116	565	975	12.675	26.380	39.055	13.865
30.117	154	975	3.900	1.755	5.655	2.033
30.118 A	12.212	975	277.875	366.258	644.133	229.690
30.118 B	12.623	975	285.675	292.782	578.457	206.850
30.118 C	0	975	0	5.915	5.915	2.070
35.100	43	775	1.550	992	2.542	905
Summe	89.889		1.061.526	953.639	2.015.165	736.669

Abb. 10.13 Verrechnungssatzbestimmung für die betrachtete Lagerkostenstelle

nach Leistungsträgern (Objektfaktorarten). Wie die in Abb. 10.13 wiedergegebene Leistungsverrechnung zeigt, liegen die Kostendaten zwar entsprechend differenziert erfasst vor. Bedingt durch das breite Spektrum umgeschlagener und gelagerter Pressteilarten würde ein derartig weit untergliederter Kostenausweis jedoch zu einem zu komplexen, den Informationsbedürfnissen der Adressaten des Kostenberichts nicht entsprechenden Berichtsaufbau führen.

Verrechnung der Logistikkosten Basis der Verrechnung der für das Lager erfassten Logistikkosten sind die für Objektfaktoren erbrachten Zeitveränderungen. Aufgrund des im betrachteten Beispiel vorliegenden Fehlens lagerdurchsatzabhängiger leistungsvariabler Kosten werden als kurzfristig lagerleistungsabhängige Kosten lediglich Kapitalbindungskosten verrechnet. Primäres Bezugsobjekt der Verrechnung sind die einzelnen Pressteilarten. Erfasst die Kostenstellenrechnung neben

Kostenträgergemeinkosten – wie an anderer Stelle bereits angesprochen[72] – auch Kostenträgereinzelkosten kostenstellenbezogen, so erfolgt über den Objektfaktorbezug gleichzeitig eine Zuordnung der Kapitalbindungskosten zu den die Lagerleistungen empfangenden Kostenstellen.

Analog der entsprechenden für die Transportkostenstelle geführten Diskussion werden drei verschiedene Verrechnungssätze für die Pressteilarten ausgewiesen, die die unterschiedliche Nähe zum Leistungsvolumen widerspiegeln. Eine solche Zuordnung muss – der jeweils dominierenden Kosteneinflussgröße gemäß – für die Kosten der Ein-, Um- und Auslagerung am Lagerdurchsatz, für die Lagermittelkosten am (durchschnittlichen[73]) Lagerbestand festmachen. Die Berechnung der fixen Kosten erfolgt auf Basis der Summe aus leistungsvariablen und sprungfixen Kosten. Eine nähere Diskussion der Berechnung erscheint aufgrund der leichten Nachvollziehbarkeit dieses Beispiels nicht erforderlich zu sein.

10.4.3   Beispiel Fertigungskostenstelle

Leistungsstruktur Als Beispiel einer sowohl Produktions- als auch Logistikleistungen erbringenden „Mischkostenstelle" sei ein zwei Fertigungsstufen umfassendes Presswerk betrachtet, das im ersten Produktionsvorgang aus Blechcoils Platinen zuschneidet, diese zwischenlagert und anschließend zu Pressteilen weiterverarbeitet. Das Leistungsspektrum des betrachteten Presswerks umfasst damit zwei Leistungskategorien. Produktionsleistungsarten sind die Blechzuschneidung und Blechverformung sowie die ihnen vorgelagerten Rüstvorgänge der Produktionsmittel. Als logistische Leistungen fallen an:

- Krantransporte der Blechcoils zu den Zuschneideanlagen, der Platinenstapel zum Platinenlager und von diesem zu den Pressen; dieses Leistungsspektrum wird von einer einzigen Krananlage erbracht.
- Lagerung der zugeschnittenen Platinen zwischen den beiden Fertigungsstufen; die Lagerung der palettierten Teile erfolgt als Bodenlagerung chaotisch auf einer nicht fest abgegrenzten Fläche der Fertigungskostenstelle.
- Teilehandling an den Zuschneideanlagen (Entnehmen der Platinen und Einstapeln auf Paletten) und Pressen (Aufnehmen der Platinen von den Platinenstapeln, Einlegen in die Presse, Herausnehmen der Pressteile); diese Logistikleistungen werden von dem Bedienungspersonal der jeweiligen Produktionsanlagen neben der reinen Maschinenbedienung mit erbracht.
- Einstellen der Pressteile in spezielle Gestelle bzw. Behälter; mit dieser Tätigkeit ist gesondertes Personal beschäftigt.

---

[72] Vgl. nochmals die Fußnote 6 im Kap. 9 dieses Buches.

[73] Ein solches Abstellen auf einen Durchschnittswert kann aber (erhebliche) Ungenauigkeiten zur Folge haben. Erfordert etwa ein Lagergut ein spezielles, nicht anderweitig verwendbares Lagermittel (z. B. ein Spezialgestell, wie dies häufig zur Lagerung sperriger Teile in einem Hochregallager erforderlich ist), so wird die Anzahl benötigter Lagermitteleinheiten nicht vom durchschnittlichen, sondern vom maximalen Lagerbestand bestimmt.

Aufbauend auf den Ausführungen zu den beiden „reinen" Logistikkostenstellen sollen im Folgenden nur noch die Spezifika diskutiert werden, die sich aus dem Charakter der Fertigungsstelle als „Mischkostenstelle" ergeben.

Kostenarten Logistikkosten zu erfassen und auszuweisen, bereitet für zwei der soeben genannten Logistikleistungsarten keine besonderen Probleme: Den Krantransporten sind die Kosten der Krananlage und die Personalkosten der Kranfahrer, dem Einstellen der Pressteile in Lager- bzw. Transporthilfsmittel die Personalkosten der entsprechenden Mitarbeiter zuzuordnen. Für die Platinenlagerung hat man zunächst – den in den Platinen durchschnittlich gebundenen Kapitalbeträgen entsprechend – Kapitalbindungskosten zu ermitteln. Weiterhin fallen Kosten für die zur Lagerung (und zum Transport[74]) benötigten Paletten an. Schließlich stellt sich die Frage, ob der Lagerung auch Kosten für benötigte Lagerfläche zugeordnet werden können. Wie bereits diskutiert, bedeutete eine anteilige Zurechnung von Raumkosten im betrachteten Beispiel eine Schlüsselung von Gemeinkosten, derer man sich bei Auswertungen von Daten bewusst sein muss.

Ähnlich ist für die Kosten der die Produktions- und Logistikleistungen in Personalunion erbringenden Fertigungsarbeiter zu diskutieren. Eine Aufteilung der Lohnkosten des Maschinenbedienungspersonals auf die Fertigung und die Logistik entsprechend den jeweiligen Zeitanteilen ist für gesonderte Dispositionen in der Kostenstelle auf Grund der engen Kopplung beider Arbeitsleistungsarten im gegebenen Mensch-Maschinen-System nicht möglich bzw. erforderlich. Darüber hinaus werden die entsprechenden Logistikkostenanteile schon derzeit, unter Verwendung gebräuchlicher Methoden der Erfassung und Verrechnung von Fertigungskosten, hinreichend exakt den erzeugten Zwischen- oder Endprodukten zugerechnet. Eine in der Kostenstelle erfolgende Aufteilung auf die Produktion und die Logistik erfüllt somit nur einen konzeptionellen Zweck (einheitliche Bewertung aller erbrachten Logistikleistungen).

Will ein Unternehmen Schlüsselungen so weit wie möglich vermeiden, so muss eine anteilige Zuordnung der genannten Kosten zu den Logistikkosten unterbleiben. Für eine Plankostenrechnung Kilger'scher Prägung stellt sich das Problem nicht drängend, da zum einen die Raumkosten ohnehin fix sind[75] und zum anderen die Handlingskosten der Fertigungsmitarbeiter im Plankostensatz der bedienten Maschine erfasst werden. Nur für eine Vollkostenrechnung müssten die anteiligen Kosten der Logistik zugeordnet werden, wenn nicht erhebliche Erfassungskosten dem entgegenstehen. Dies ist für die Flächenkosten nicht zu erwarten, für die Handlingskosten allerdings wahrscheinlich.

---

[74] Wie dies analog für die Behälter und Gestelle in der betrachteten Lagerkostenstelle galt, wird das Volumen benötigter Paletten im Wesentlichen von der Menge lagernder Platinen bestimmt. Insofern lassen sich die Palettenkosten als lagervolumenabhängige und damit der Lagerung zuzuordnende Kosten auffassen.

[75] Im Fokus dieses Kostenrechnungssystems steht – wie im ersten Teil des Buches ausgeführt – die Planung und Kontrolle variabler Kosten.

Abgrenzungsfragen dieser Art sind in „Mischkostenstellen" typisch. Ihre unterschiedliche Lösung lässt sich als ein Grund für die sehr unterschiedlichen Logistikkostenanteile der Unternehmen anführen, die in empirischen Erhebungen offenbar werden.[76]

Logistikleistungserfassung Die in der betrachteten Fertigungskostenstelle erbrachten Logistikleistungen lassen sich im Wesentlichen aus dort schon bislang geführten Aufzeichnungen ableiten. Maßgebliche Datenquelle ist die Fertigungssteuerung, die das Fertigungsprogramm art- und mengenmäßig sowie terminlich festlegt. Aus den von ihr dazu erstellten Fertigungsaufträgen (Losen) lassen sich
- Handlingsvolumina der Maschinenbediener und der die Pressteile in die Lagermittel einstellenden Arbeiter ableiten,
- durch die platinenspezifische Gegenüberstellung der Fertigstellungstermine der Zuschneiderei und der Zeitpunkte des Produktionsbeginns in der Blechverformung Zwischenlagermengen und Zwischenlagerzeiten im Platinenlager errechnen[77] und
- die teilespezifischen Transportvolumina bestimmen, die vom Kran bewältigt werden (müssen). Da in der betrachteten Kostenstelle eine chaotische Lagerung vorliegt, unterschiedliche Platinenarten somit im Durchschnitt gleiche Fahrtstrecken bedingen, sind keine weiteren Aufzeichnungen zur Präzisierung der Transportleistungen erforderlich.

Ausweis der Logistikleistungen Der in Abb. 10.14 dargestellte Leistungsbericht trägt der Tatsache Rechnung, dass in der betrachteten Kostenstelle eine Vielzahl unterschiedlicher Leistungsarten erbracht wird. Für die beiden Fertigungsstufen getrennt sind jeweils die stoffumformenden Produktionsleistungen (Platinenzuschnitt und Blechverformung), die ihnen vorgelagerten Rüstleistungen und die Transport-, Lager- und Handlingsleistungen aufgezeichnet. Für letztere Leistungskomponente[78] sieht der Leistungsbericht für die Fertigungsstufe Presswerk einen separaten Ausweis der Zeiten für das Beschicken der Pressen und das Befüllen der Behälter und Gestelle vor, da das Teilehandling jeweils von unterschiedlichem Personal durchgeführt wird.

Kostenkategorienbildung Leistungsvariable Logistikkosten fallen – von unterstellten geringen arbeitsleistungsabhängigen Zusatzentgelten der Lohnempfänger abgesehen – lediglich für die zwischenlagerbedingte Kapitalbindung und den Betrieb

---

[76] Vgl. nochmals Abb. 7.1 im dritten Teil des Buches.

[77] Eine Bestimmung des Lagerschwundes ist allerdings auf diesem Wege nicht möglich; sie bedarf zusätzlicher körperlicher Bestandsaufnahmen.

[78] Dem Zahlenbeispiel liegt für die Handlingsleistungen die vereinfachende Prämisse zugrunde, dass die Zeiten zum Einlegen eines Teils in die Zuschneideanlagen bzw. Pressen für alle Platinen bzw. Pressteilarten übereinstimmen, darüber hinaus für das Einhängen bzw. Einlegen in die Behälter oder Gestelle eine proportionale Beziehung zur Zahl zu befüllender Transport- bzw. Lagermittel besteht.

Leistungen Platinenzuschnitt und Platinenlager

	Produktionsleistungen				Rüstleistungen			Logistikleistungen			
			Zeiten des Bedienungspersonals		Auflegungshäufigkeit	ø Losgröße	Rüstzeiten	Transportierte Paletten	Gelagerte Paletten		
Platinenart	Produktionsmenge	Produktionswert	Bedienungszeiten	Handlingszeiten					Stück	belegte Lagerfläche	Bestandswert
12	2.930.480	6.902.704	5.577	13.014	12	244.210	261	11.360	126.305	252	298.080
15	1.551.910	14.757.903	2.954	6.892	52	29.840	1.132	15.520	14.980	300	142.460
22	9.532.450	10.676.344	18.143	42.332	6	1.588.740	131	9.532	796.910	398	892.539
23	1.674.990	3.919.477	3.188	7.438	12	139.580	261	2.233	69.820	47	163.379
30	2.170.600	28.434.860	4.131	9.639	52	41.740	1.132	43.412	20.890	209	273.659
35	5.600	53.312	11	25	1	5.600	22	2	0	0	0
Σ	17.886.040	64.744.600	34.004	79.340	186		4.084	82.059	1.028.905	1.206	1.770.117

Leistungen Presswerk

	Produktionsleistungen				Rüstleistungen			Logistikleistungen	
			Zeiten des Maschinenbedienungspersonals		Auflegungshäufigkeit	ø Losgröße	Rüstzeiten	Zahl gefüllter Behälter und Gestelle	Handlingszeiten
Pressteilarten	Produktionsmenge	Produktionswert	Bedienungszeiten	Handlingszeiten					
12.392	69.120	240.537	1.075	358	4	1.728	90	288	72
12.392 B	75.100	289.135	1.168	389	5	1.502	113	341	86
12.392 C	453.130	1.744.550	7.050	2.350	34	1.332	771	1.888	477
12.412	21.500	140.395	334	111	2	1.075	45	268	67
12.414	125.010	343.777	1.945	648	16	781	362	500	126
12.414 B	89.500	279.240	1.392	464	5	1.790	113	358	90
12.179 A	15.100	80.483	234	78	2	755	45	75	18
12.179 B	849.980	4.530.393	13.225	4.408	52	1.634	1.179	4.249	1.073
12.179 C	154.990	826.096	2.411	803	15	1.033	340	774	195
12.179 D	964.000	5.138.120	14.999	5.000	52	1.853	1.179	4.820	1.218
15.105	123.760	1.676.948	1.925	641	12	1.031	272	6.188	1.563
15.400	1.265.120	2.859.171	19.685	6.562	26	4.865	589	2.108	532
15.501 A	151.800	2.445.498	2.362	787	52	291	1.179	4.337	1.095
15.501 B	5.120	82.483	79	26	1	512	22	146	36
15.501 C	1.150	18.526	17	5	1	115	22	32	8
22.198	1.566.240	2.427.672	24.370	8.124	12	13.052	272	2.008	507
22.199	3.458.800	5.395.728	53.818	17.940	20	17.294	453	4.434	1.120
22.200	2.526.000	3.940.560	39.304	13.102	17	14.858	385	3.238	818
22.205	226.500	364.665	3.524	1.174	3	7.550	68	290	73
22.206	53.210	87.796	827	276	2	2.660	45	68	17
22.207	1.149.800	2.035.146	17.890	5.964	6	19.163	136	1.474	372
22.208	556.010	789.534	8.651	2.884	3	18.533	68	695	175
22.210	230	487	3	1	1	23	22	0	0
23.500 A	1.547.000	5.352.620	24.071	8.024	52	2.975	1.179	3.094	781
23.500 B	121.990	422.085	1.898	632	12	1.016	272	243	61
23.500 C	5.250	18.270	81	27	1	525	22	10	2
30.115	365.000	5.902.050	5.679	1.893	52	701	1.179	10.428	2.635
30.116	186.660	3.033.225	2.904	968	52	358	1.179	5.333	1.347
30.117	12.450	208.911	193	64	12	103	272	355	89
30.118 A	886.530	39.698.813	13.794	4.598	75	1.182	1.701	73.877	18.668
30.118 B	709.000	31.890.820	11.032	3.677	70	1.012	1.587	59.083	14.930
30.118 C	12.250	557.375	190	63	33	37	748	1.020	257
35.100	5.600	66.528	87	29	12	46	272	200	50
Summe	17.752.900	122.887.643	276.217	92.070	714		16.181	192.222	48.558

Abb. 10.14 Leistungserfassung und -ausweis für die betrachtete „Mischkostenstelle"

der Krananlage an. Zu den sprungfixen Kosten zählen die Kosten der Beschäftigung des Maschinenbedienungs- und Handlingspersonals ebenso wie die Kosten der Lagerhilfsmittel (Paletten). Fixe Logistikkosten sind schließlich – bedingt durch die Singularität der Förderanlage – die verbleibenden, nicht zu den leistungsvariablen Kosten zählenden Kosten des Kranes.

Ausweis der Logistikkosten Der Kostenbericht der Fertigungskostenstelle – auf dessen Wiedergabe aus Platzgründen hier verzichtet sei – bietet im Vergleich zu den Kostenberichten der beiden Logistikkostenstellen kaum konzeptionelle Spezifika. Der Ausweis der spezifischen Transport- und der Lagerkosten erfolgt – da jeweils ein erhebliches Kostenvolumen gesondert erfassbar ist – auf eigenen Kostenplätzen. Folgt man dem Gedanken der Vollkostenrechnung, so sind auf den Fertigungskostenplätzen die Logistikanteile gesondert anzugeben. Ansonsten wären sie für Sonderuntersuchungen auf Basis der Leistungserfassung separierbar.

Verrechnung der Logistikkosten An dieser Stelle zu diskutierende Verrechnungsspezifika betreffen zum einen die in ihrer Höhe geringen leistungsvariablen Kosten des Krantransports. Wenngleich prinzipiell gesondert objektfaktorbezogen kalkulierbar, legen es Wirtschaftlichkeitsüberlegungen nahe, sie zusammen mit den für das Einstellen der Pressteile in die Gestelle und Behälter anfallenden Personalkosten als variablen Teil eines nicht weiter differenzierten Logistikkostensatzes zu verrechnen.

Zum anderen steht die Frage an, ob bzw. wie man die Handlingsarbeiten des Maschinenbedienungspersonals in der Kostenverrechnung sichtbar machen sollte. Das Argument konzeptioneller Wirkung besteht hier nicht oder nur sehr eingeschränkt. Da keine höhere Verrechnungsgenauigkeit erzielbar wäre, kann deshalb von einer Einbeziehung in den Logistikverrechnungssatz abgesehen werden.[79] Im Ergebnis bedeutet dies, getrennte Verrechnungssätze für Fertigungsleistungen und Logistikleistungen vorzusehen, letztere untergliedert nach den Objektfaktorarten Platinen und Pressteile. Den Platinen werden als leistungsvariable Kosten die im Platinenlager anfallenden Kapitalbindungskosten, als sprungfixe Kosten die Kosten der Lagerhilfsmittel und Lagerschäden sowie sämtliche Krankosten zugeordnet. Für das Pressteilhandling fallen lediglich sprungfixe Kosten an, die den einzelnen Pressteilarten zugerechnet werden.

---

[79] Das Problem, Logistikkosten in der Kostenstellenrechnung exakter als bisher zu verrechnen, reduziert sich für die betrachteten Gemeinkosten somit letztlich auf die Frage ihrer richtigen Bezeichnung. Sie wie bisher als Fertigungskosten zu verrechnen, bedeutete zwar, in (Zwischen- oder End-)Kostenträgerkalkulationen mit den gesondert ausgewiesenen Logistikkostenkomponenten (z. B. für die Inanspruchnahme des Eingangslagers) nicht alle tatsächlich erbrachten Logistikleistungen kostenmäßig zu erfassen. Eine derartige Kennzeichnung ist jedoch kein Selbstzweck. Die Erweiterung traditioneller Kalkulationen um Logistikkostenbestandteile – auf die später noch intensiv eingegangen wird – dient vielmehr dazu, bislang undifferenziert und damit nicht in ihren speziellen Abhängigkeitsbeziehungen abgebildete Kostenblöcke exakt zu erfassen und damit eine genauere Ermittlung produktspezifischer Kosten zu ermöglichen. Wenn – wie im betrachteten Fall – eine Erhöhung der Abbildungsgenauigkeit nicht erreichbar ist, bedarf es somit auch keiner Veränderung des bisherigen Prozederes.

Literatur

Anderson M, Banker R, Janakiraman S (2003) Are selling, general, and administrative costs „sticky"? J Acc Res 41:47–63

Banker R, Byzalov D, Plehn-Dujowich J (2010) Sticky cost behavior: theory and evidence. Unpublished working paper, Temple University

Coenenberg AG, Fischer ThM, Günther Th (2009) Kostenrechnung und Kostenanalyse, 7. Aufl. Schäffer Poeschel, Stuttgart

Deyhle A (1994) Controller-Praxis. Führung durch Ziele – Planung – Controlling. Bd. I: Unternehmensplanung und Controllerfunktion, 10. Aufl. Verlag für Controllingwissen, Gauting

Diederich H (1977) Verkehrsbetriebslehre. Gabler, Wiesbaden

Dumke H-P (1974) Kosten-optimaler Fuhrpark-Einsatz im Werksverkehr. Dissertation, Frankfurt a. M

Hummel S, Männel W (1986) Kostenrechnung 1: Grundlagen, Aufbau und Anwendung, 4. Aufl. Gabler, Wiesbaden

Illetschko LL (1962) Innerbetrieblicher Transport und betriebliche Nachrichtenübermittlung. Poeschel, Stuttgart

Kilger W (1993) Flexible Plankostenrechnung und Deckungsbeitragsrechnung, 10. Aufl. Gabler, Wiesbaden (bearbeitet durch Vikas K)

Plaut HG (1984) Grenzplankosten- und Deckungsbeitragsrechnung als modernes Kostenrechnungssystem. Krp 28:20–26, 67–72

Riebel P (1994) Einzelkosten- und Deckungsbeitragsrechnung. Grundfragen einer markt- und entscheidungsorientierten Unternehmensrechnung, 7. Aufl. Gabler, Wiesbaden

Schildbach T, Homburg C (2009) Kosten- und Leistungsrechnung, 10. Aufl. Lucius & Lucius, Stuttgart

Weber J, Weißenberger BE (2010) Einführung in das Rechnungswesen. Bilanzierung und Kostenrechnung, 8. Aufl. Schäffer Poeschel, Stuttgart

Weber J, Weißenberger BE, Aust R (1998) Benchmarking des Controllerbereichs – Ein Erfahrungsbericht. BFuP 51:381–401

Zwicker E (2004) Einführung in die operative Zielverpflichtungsplanung und -kontrolle. Berlin

Verrechnung der Logistikkosten in der Kostenträgerrechnung

11

Die Kostenträgerrechnung bildet den letzten Schritt des Abrechnungsgangs der Kostenrechnung: Aussagen über Produkte und andere absatzwirtschaftliche Bezugsobjekte[1] sind erst dann möglich, wenn die nötigen Vorarbeiten in der Kostenarten- und der Kostenstellenrechnung geleistet sind. Eine herausgehobene Bedeutung kommt der Kostenträgerrechnung zumindest auch entwicklungsgeschichtlich zu, weil die Vollkostenrechnung, die unterschiedlichen Spielarten von Deckungsbeitragsrechnungen und die Prozesskostenrechnung um Fragen der „richtigen" Kalkulation von Erzeugnissen herum entstanden sind.

Im Folgenden werden zunächst einführend allgemein Aufgaben und Vorgehen der Kostenträgerrechnung skizziert, bevor die Bedeutung einer logistikgerechten Kalkulation grundsätzlich und anhand von Beispielen deutlich gemacht wird. Die Diskussion unterschiedlicher Gestaltungsmöglichkeiten einer solchen Kalkulation schließt sich an, bevor ein Unternehmensbeispiel die Diskussion abschließt.

11.1 Aufgaben und Gestaltung der Kostenträgerrechnung

Im traditionellen Aufbau der Kostenrechnung bildet die Kostenträgerrechnung den Abschluss des Vorgehens.[2] Ihre Gestaltungsmöglichkeiten hängen damit wesentlich von der Ausgestaltung der vorgelagerten Kostenarten- und Kostenstellenrechnung ab. Diese Abhängigkeit betrifft nicht nur die Genauigkeit der ausgewiesenen Werte – was insbesondere für die in diesem Buch behandelte Fragestellung von Bedeutung ist –, sondern auch die grundsätzliche Form der Kostenträgerrechnung (Netto- und/oder Bruttoergebnisse).

---

[1] Z. B. Kunden, Vertriebswege oder Märkte.

[2] Vgl. nochmals Abb. 9.1. Diese „Abschlussfunktion" liegt in datenbankorientierten Realisierungen der Kostenrechnung, wie sie moderne Software bietet, nicht mehr physisch, wohl aber logisch vor.

Die Kernaufgabe der Kostenträgerrechnung lag ursprünglich[3] in der Ermittlung der Nettoergebnisse der Produkte (als Differenz zwischen (Netto-)Erlösen und Vollkosten).[4] Diese Kalkulation basiert auf dem *Verursachungsprinzip*, d. h. die auf den Endkostenstellen gesammelten Gemeinkosten werden gemäß anteiliger Inanspruchnahme der jeweiligen Kapazitäten auf die Erzeugnisse und deren Einheiten verteilt und mit den Einzelkosten zusammengeführt. Hierfür werden unterschiedliche Verfahren vorgeschlagen,[5] von denen in der Praxis insbesondere zwei weit verbreitet sind:

- *Lohnzuschlagskalkulation*: Dieses Verfahren bezieht die in den Endkostenstellen anfallenden Gemeinkosten auf die dort erfassten Fertigungseinzelkosten (Fertigungslöhne). Je mehr Fertigungslöhne für ein Produkt anfallen, d. h. je mehr direkte produktbezogene menschliche Arbeit zu leisten ist, desto höher wird der Betrag angelasteter Gemeinkosten. Angesichts des hohen Anteils manueller Arbeit zu Beginn des 20. Jahrhunderts dominierte diese Kalkulationsmethode und entsprach dem Postulat der Verursachungsgerechtigkeit hinreichend. Zudem erfordert sie – liegen die Fertigungseinzelkosten in der Kostenartenrechnung vor – keine zusätzlichen Informationen.

- *Verrechnungssatz- bzw. Bezugsgrößenkalkulation*: Dieses Kalkulationsverfahren bezieht die Gemeinkosten einer Endkostenstelle auf Einheiten der Nutzung der Kapazität dieser Stelle. Diese Einheiten können unterschiedlich gemessen werden. Bestimmen Produktionsanlagen wesentlich die Kapazität einer Kostenstelle, ist es üblich, deren Einsatzdauer zu wählen („Maschinenstundensatzrechnung"). Lässt sich die Nutzung outputbezogen messen, bilden Leistungseinheiten die Basis der Verrechnungssätze.[6] Angesichts der Verschiebung der Bedeutung der Produktionsfaktoren Anlagen und menschliche Arbeitsleistung dominieren Verrechnungssatzkalkulationen zunehmend die Kalkulationspraxis.

Ausnahmen betreffen die Endkostenstellen von Beschaffung, Verwaltung und Vertrieb, in denen andere Formen einer Zuschlagskalkulation angewendet werden. Zuschlagsbasis im Bereich der Beschaffung sind die Anschaffungskosten der beschafften Güter; für die Verwaltungs- und Vertriebskostenstellen werden die Herstellkosten der Erzeugnisse verwendet. Während in der Beschaffung der Materialwert auf den ersten Blick[7] noch als eine hinreichend plausible Maßgröße für die Inanspruchnahme erscheint, bestehen zwischen Verwaltungs- und Vertriebsleistungen auf der einen und Herstellkosten auf der anderen Seite allenfalls sehr lockere Beziehungen. Die wenig verursachungsgerechte Form der Kalkulation wird (nur)

---

[3] Vgl. nochmals die Ausführungen im Abschn. 2.3 des ersten Teils dieses Buches.

[4] Vgl. zu den Aufgaben der Kostenträgerrechnung allgemein Hummel und Männel (1986, S. 258 f.), oder Freidank (2008, S. 155–157).

[5] Vgl. im Überblick Weber und Weißenberger (2010, S. 304–310).

[6] Sind diese weitgehend homogen, kann eine einfache Division der Kostenstellenkosten durch die Kostenstellenleistung erfolgen; bei Unterschiedlichkeit müssen diese im Sinne einer Äquivalenzzahlenkalkulation berücksichtigt werden. Vgl. im Detail die voranstehende Quelle.

[7] Wir werden im Folgenden noch im Detail sehen, dass der erste Blick täuschen kann, dass folglich eine logistikgerechte Kalkulation zu deutlich anderen Verrechnungsergebnissen führt.

deshalb angewendet, weil keine standardmäßige Erfassung der Leistungen der jeweiligen Kostenstellen erfolgt, sei es aufgrund schwieriger Messbarkeit, sei es aus Wirtschaftlichkeitsgründen.

Neben der Preiskalkulationsaufgabe – die sowohl für Kundenbeziehungen als auch für die Bestandsbewertung wichtig ist – soll die Kostenträgerrechnung auch Hilfestellung für das Management des Erzeugnisprogramms leisten. Dies bedeutet im Detail, dass Kenntnis über die Erfolgsstruktur und die relative Erfolgshöhe der Erzeugnisse geliefert, Programmoptimierungen bei gegebenen Kapazitäten ermöglicht und Aussagen über unterschiedliche Formen von Preisuntergrenzen getroffen werden sollen. Für alle drei Fragerichtungen ist eine Spaltung der Kosten erforderlich. Da eine Vollkostenrechnung diese nicht vorsieht, kann die Kostenträgerrechnung nur in Systemen der Plankosten- und Deckungsbeitragsrechnung eine derartige Hilfestellung leisten. In diesen Systemen ist die Kostenträgerrechnung dann prinzipiell[8] retrograd aufgebaut: Von Netterlösen beginnend werden in mehreren Stufen Kosten abgezogen und Bruttoergebniswerte (Deckungsbeiträge) ermittelt.

11.2   Berücksichtigung von material- und warenflussbezogenen Dienstleistungen in der Kostenträgerrechnung

11.2.1   Traditionelles Vorgehen

Alle heute in der Praxis gebräuchlichen Kostenrechnungssysteme sind stark auf den Kostenträger „Produkte" ausgerichtet. Produkte sind auch ein zentrales Kalkulationsobjekt bei dem Bemühen, anfallende Logistikkosten möglichst exakt – oder zumindest angemessen genau[9] – zu kalkulieren. Der Grad der erreichbaren Verbesserung ist in den meisten Unternehmen trotz fortdauernder Appelle aus der Theorie noch erheblich.[10]

- *Zurechnungsfehler durch Materialgemeinkostenzuschläge*: Beschaffungslogistikkosten werden i. d. R. als Zuschlag bezogen auf den Materialwert (Materialgemeinkostenzuschlag) umgelegt. Nur ein geringer Teil (z. B. spezifische Frachten) wird (als Beschaffungsnebenkosten) direkt materialbezogen zugeordnet. Kaum ein Kostenbetrag im Wareneingang und in der Bestelldisposition hängt jedoch tatsächlich vom Wert der beschafften Teile ab. Der Zusammenhang stimmt allenfalls für einige Transportversicherungen. Selbst die Kapitalbindungskosten

---

[8] „Prinzipiell" will deutlich machen, dass in der Praxis von der „reinen Lehrbuchmeinung" häufig abgewichen wird und oftmals auch Teilkostenkalkulationen progressiv aufgebaut sind.

[9] Welche der beiden Charakterisierungen zutrifft, hängt – wie an dieser Stelle der Diskussion klar sein sollte – erheblich davon ab, welche Rolle die Kostenrechnung spielen soll.

[10] Die folgenden Ausführungen greifen eng auf Weber und Wallenburg (2010, S. 207–228), zurück.

werden nur zum Teil vom Wert eines Teils bestimmt.[11] Für den derzeitigen Ver-
rechnungsmodus spricht nur seine Einfachheit.

- *Zurechnungsfehler durch Fertigungsgemeinkostenzuschläge*: Die Kosten der
  Produktionslogistik werden häufig nicht gesondert zugeordnet, sondern als Teil
  der Fertigungsgemeinkosten der Endkostenstellen behandelt. Die Zuordnung zu
  den Fertigungsendkostenstellen erfolgt i. d. R. zudem nicht exakt (als Ergebnis einer leistungsbezogenen Verrechnung), sondern lediglich mittels pauschaler
  Umlagen. Auch dieses pauschale Vorgehen kann die unterschiedliche Nutzung
  der Logistikkosten durch die Produkte nicht richtig erfassen: Es ist allenfalls
  in Ausnahmefällen zutreffend, dass ein Produkt mit höheren Fertigungs(einzel)
  kosten in gleichem Maße auch höhere Logistikkosten verursacht.
- *Zurechnungsfehler durch Vertriebsgemeinkostenzuschläge*: Für die Kosten der
  Distributionslogistik gilt Analoges wie für die Kosten im Bereich der Beschaffungslogistik: Es erfolgt eine pauschale Verrechnung als Zuschlagsatz (Vertriebsgemeinkosten), hier bezogen auf die Herstellkosten der Produkte. Wiederum
  sind nur separierbare Beträge (als Sondereinzelkosten des Vertriebs) von diesem
  pauschalen Vorgehen ausgenommen.

Die in der Praxis übliche[12] Kostenträgerrechnung verteilt die Logistikkosten – pointiert ausgedrückt – mit der Pauschalität einer Gießkanne, wobei einige Löcher un-
gerechtfertigt größer sind als andere. Ein Kleinauftrag wird genauso behandelt wie
ein Großauftrag, ein Just-in-time-Teil genauso wie eine Teileart, die einmal im Jahr
bewegt wird, eine nur selten gefertigte Spezialvariante eines Produkts genauso wie
das Basisprodukt, von dem permanent große Mengen hergestellt und abgesetzt werden. Diese Erkenntnis ist nicht neu. Schmalenbach hat das Phänomen schon 1899
präzise beschrieben:

> Unkurante Sorten, welche in kleinen Quantitäten gemacht werden, erfordern höhere Preise;
> besonders das Verwaltungspersonal hat oft grosse Scherereien dadurch. … So wirken die
> Gestaltungskosten dieser [nicht gängigen] Artikel schädlich auf die kuranten Sorten ein.
> Einer weitgehenden Arbeitsteilung stehen gerade diese Unkuranten oft entgegen. So weit
> eine exakte Feststellung dieser Einflüsse möglich ist, darf sie nicht unterbleiben. Eine
> richtige Kalkulation würde auch auf dem Markte ihren Einfluss zeigen in der Weise, dass
> manche kurante Ware die unkurante verdrängen würde, und das wirkte günstig auf die
> Produktion zurück (Schmalenbach 1899, S. 107).

Dennoch besteht bis heute ein erheblicher Handlungsbedarf.[13] Er wird noch dadurch
vergrößert, dass Produkte nicht mehr die einzigen Kostenträger darstellen, die für
unterschiedliche Fragestellungen von Bedeutung sind. Kunden, Vertriebswege,
Marktsegmente oder ähnliche absatzwirtschaftlich relevante Kalkulationsobjekte
spielen für die Wettbewerbsposition des Unternehmens eine zentrale Rolle.[14] Gerade

---

[11] Z. B. sind unterschiedliche lagernde Teile häufig durch unterschiedliche Zahlungsmodalitäten
gekennzeichnet.

[12] Vgl. nochmals die empirischen Ergebnisse im Teil 2 dieses Buches.

[13] In der Literatur findet sich eine Vielzahl von Beispielen, wie groß die „Fehler" einer traditionellen Kalkulation ausfallen. Vgl. exemplarisch Liberatore und Miller (1998, S. 132–134).

[14] Vgl. z. B. Krafft und Albers (2000, S. 515).

für sie haben exakt zugeordnete Logistikkosten ein großes Gewicht, da die entsprechenden Logistikleistungen[15] einen wesentlichen Teil der spezifischen Transaktionen ausmachen, die nicht im Rahmen der produktbezogenen Kalkulation gesondert berücksichtigt werden.

11.2.2 Grundsätzliches Vorgehen zur adäquaten Berücksichtigung der Logistik in der Kostenträgerrechnung

Die adäquate Berücksichtigung der material- und warenflussbezogenen Dienstleistungen in der Kostenträgerrechnung erfordert – wie in den anderen Teilgebieten der Kostenrechnung – keine grundsätzliche Änderung deren Aufbaus, sondern bedeutet lediglich eine Differenzierung des Vorgehens. Die zentrale Herausforderung liegt dann, wenn die in den Abschn. 9 und 10 dieses Teils des Buches genannten Schritte gegangen sind, außerhalb der Kostenrechnung, und zwar in der (möglichst) lückenlosen Aufzeichnung der für jedes Produkt über den gesamten Wertschöpfungsprozess erforderlichen material- und warenflussbezogenen Dienstleistungen. Für jedes Erzeugnis muss mit anderen Worten festgehalten werden, welche logistischen Leistungsarten in welchem Maße in Anspruch genommen wurden. Im Bereich der Produktion sind solche Informationen in Form von Arbeitsgangplänen vorhanden. Entsprechende „*logistische Leistungspläne*" aufzubauen, ist die notwendige Bedingung, um die material- und warenflussbezogenen Dienstleistungen adäquat zu kalkulieren.

Logistische Leistungspläne haben die Aufgabe, für jedes Erzeugnis über alle für dieses erforderlichen Bearbeitungsstufen hinweg festzuhalten, welche TUL-Leistungen in welchem Maße erforderlich sind bzw. in Anspruch genommen wurden. Wesentliche Ausgangsinformationen zum Aufbau derartiger Pläne liefern Stücklisten und die bereits angesprochenen Arbeitsgangpläne, die durch die Erfassung logistischer Arbeitsstationen zu ergänzen sind. Ein konkretes Beispiel zeigt Abb. 11.1, die im Folgenden kurz erläutert werden soll.

Betrachtet wird ein einfach aufgebautes Produkt A, das man sukzessiv in insgesamt vier unterschiedlichen Fertigungskostenstellen herstellt. In das Erzeugnis gehen als Primärbedarf vier Materialarten, ein Bauteil und eine Baugruppe ein, die jeweils fremdbezogen werden. Alle sechs Produktbestandteile werden an einem gemeinsamen Eingangslager angeliefert und dort eingelagert. Lagerungsvorgänge finden darüber hinaus noch in drei Zwischenlägern, die am Ende der Fertigungskostenstellen B, C und D eingerichtet sind, sowie im Absatzlager statt. Güterbewegungen sind im Rahmen des außerbetrieblichen Transports, von den Lieferanten zum Eingangslager und vom Ausgangslager zu den Kunden, im innerbetrieblichen Transport zwischen den Fertigungskostenstellen und den verschiedenen Lägern zu vollziehen. Vereinfachend sei unterstellt, dass kostenstellenintern keine weiteren Logistikleistungen erbracht werden bzw. diese kostenmäßig nicht separierbar sind.

Aufgrund dieses Material- und Warenflusses ergibt sich der im rechten Teil der Abb. 11.1 dargestellte logistische Leistungsplan, der schon bei derart einfachen

---

[15] Z. B. höhere Servicelevels für Großkunden oder Etablierung einer 24-Stunden-Auslieferung für einen neuen Internet-Vertrieb.

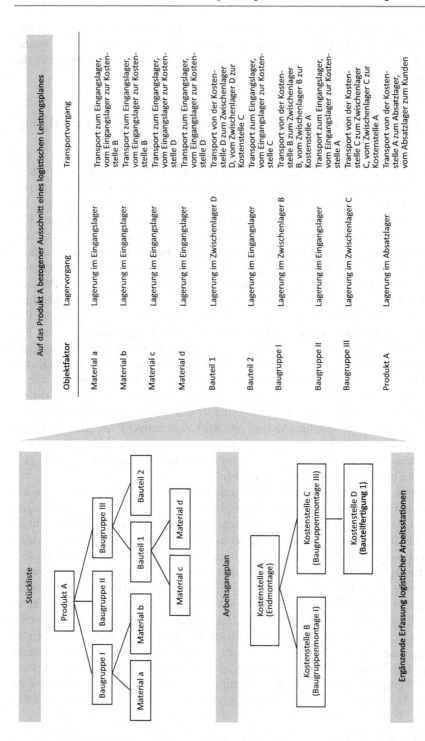

Abb. 11.1 Aufbau von logistischen Leistungsplänen zur adäquaten Berücksichtigung der Logistik in der Kostenträgerrechnung

Produktstrukturen einen nicht unbeträchtlichen Umfang aufweist. Die in ihm festgehaltene Leistungsstruktur muss in einem anschließenden Schritt um Mengen- und Zeitdaten ergänzt werden, die die entsprechende Inanspruchnahme der einzelnen Leistungsstellen festhalten. Dies fällt – aufbauend auf der in den vorherigen Abschnitten ausführlich beschriebenen Logistikleistungserfassung der verschiedenen Typen von Kostenstellen – ex post prinzipiell leicht. Allerdings bereitet die Ermittlung derartiger Daten für Vorkalkulationen bezogen auf Lagerleistungen beträchtliche Schwierigkeiten: Umfang und Dauer von Lagerungen sind in erheblichem Umfang dispositionsbedingt, hängen etwa von der festgelegten Losgröße oder der realisierten Bearbeitungsreihenfolge der um knappe Kapazitäten konkurrierenden Kunden- bzw. Fertigungsaufträge ab und können somit in ihrem Ausmaß signifikant schwanken. Ihre Antizipation ist nur dann hinreichend exakt möglich, wenn man im Rahmen von integrierten Kundenanfrage- und Angebotsbearbeitungssystemen den zu kalkulierenden Auftrag „probeweise" in das bis dato bestehende Fertigungsprogramm aufnimmt und so die Auswirkungen auf Fertigungstermine und Inanspruchnahme von Fertigungskapazitäten simuliert. Ansonsten lassen sich lediglich aus Erfahrung gewonnene Mindest- oder Standardlagerzeiten ansetzen, Werte, von denen die tatsächlichen Lagerzeiten für einen konkreten Kunden- oder Fertigungsauftrag erheblich abweichen können.

Abschließend sei mit Hilfe eines Kalkulationsbeispiels veranschaulicht, wie Logistikkosten auf diesen Vorarbeiten aufbauend in die Ermittlung der Kosten eines Erzeugnisses eingebunden werden können. Wie die auf dem Beispiel der Abb. 11.1 aufbauende Abb. 11.2 zeigt, erfordert dies eine erhebliche Erweiterung traditioneller Kalkulationsschemata, die weit über die Bildung eines Beschaffungslogistik-, Fertigungslogistik- und Absatzlogistikgemeinkostensatzes hinausgeht.

Betrachtet wird die Abrechnung eines Kundenauftrags, der auf die Abnahme einer größeren Menge des Produktes A gerichtet ist. Die hierfür erfolgende, auf leistungsvariable Kosten bezogene Kalkulation ermittelt zunächst die Kosten der Baugruppe I, die in der Kostenstelle B aus den Materialien a und b hergestellt wird. Die erste Verfeinerung traditioneller Kalkulation besteht in der differenzierten Erfassung der Kosten des Transports vom Lieferanten zum Unternehmen[16] sowie der im Eingangslager materialspezifisch anfallenden Logistikkosten.[17] Weiterhin findet sich im Abrechnungsgang eine eigene Position zur Berücksichtigung der Kosten der Lagerung der Baugruppe I im Zwischenlager B – diese Beträge sind in traditionellen Kalkulationen undifferenzierbare Bestandteile der Fertigungsgemeinkosten. Zusammen mit den in der Kostenstelle B anfallenden Fertigungskosten ergeben

---

[16] Die entsprechenden Beträge könnte man in traditioneller Terminologie als „Sondereinzelkosten der Beschaffung" bezeichnen.

[17] Für sämtliche in der beispielhaften Kalkulation angegebenen Logistikkostenbeträge wurde unterstellt, dass als leistungsvariable Kosten lediglich Kapitalbindungskosten anfallen. Diese wurden in der Rechnung auf Basis eines Zinssatzes von 8 % p.a. berechnet. Ihre genaue Höhe ergibt sich aus der dem Rechengang entnehmbaren Kapitalbindung und unterstellten Lagerzeiten der auftragsbezogen beschafften Materialien (12/26/10/35 Tage für die Materialarten a/b/c/d), Bauteile (8/12 Tage für die Bauteile 1/2), Baugruppen (4/30/6 Tage für die Baugruppen I/II/III) und das fertige Produkt A (45 Tage).

Stückgutfrachten	455,12
Verpackungs- und Abwicklungskosten	26,30
Transportkosten	481,42
Anschaffungskosten	5.624,58
Beschaffungskosten des Materials a	6.106,00
Lagerkosten Eingangslager	16,06
Kosten des Materials a	6.122,06
Stückgutfrachten	155,18
Verpackungs- und Abwicklungskosten	15,82
Transportkosten	171,00
Anschaffungskosten	1.998,55
Beschaffungskosten des Materials a	2.169,55
Lagerkosten Eingangslager	12,36
Kosten des Materials b	2.181,91
Fertigungskosten Kostenstelle B	823,12
Herstellkosten der Baugruppe I	9.127,09
Lagerkosten Kostenstelle B	8,00
Herstell- und Lagerkosten der Baugruppe I	9.135,09
Stückgutfrachten	376,88
Verpackungs- und Abwicklungskosten	81,99
Transportkosten	458,87
Anschaffungskosten	15.004,95
Beschaffungskosten der Baugruppe II	15.463,82
Lagerkosten Eingangslager	101,68
Kosten der Baugruppe II	15.565,50
Stückgutfrachten	980,01
Verpackungs- und Abwicklungskosten	28,50
Transportkosten	1.008,51
Anschaffungskosten	36.870,10
Beschaffungskosten des Materials c	37.878,61
Lagerkosten Eingangslager	51,89
Kosten des Materials c	37.930,50
Stückgutfrachten	46,15
Verpackungs- und Abwicklungskosten	5,45
Transportkosten	51,60
Anschaffungskosten	1.500,00
Beschaffungskosten des Materials d	1.551,60
Lagerkosten Eingangslager	11,90
Kosten des Materials d	1.563,50
Fertigungskosten Kostenstelle D	4.985,99
Herstellkosten des Bauteils 1	44.479,99
Lagerkosten Zwischenlager D	97,49
Transportkosten Zwischenlager D - Kostenstelle C	14,23
Herstell-, Lager- und Transportkosten des Bauteils 1	44.591,71
Stückgutfrachten	6.876,91
Verpackungs- und Abwicklungskosten	1.001,01
Transportkosten	7.877,92
Anschaffungskosten	89.562,03
Beschaffungskosten des Bauteils 2	97.439,95
Lagerkosten Eingangslager	277,64
Kosten des Bauteils 2	97.717,59
Fertigungskosten Kostenstelle C	11.054,90
Herstellkosten der Baugruppe III	153.364,20
Lagerkosten Zwischenlager C	201,88
Transportkosten Zwischenlager C - Kostenstelle A	870,23
Herstell-, Lager- und Transportkosten der Baugruppe III	154.436,11
Fertigungskosten Kostenstelle A	4.936,93
Transportkosten Kostenstelle A - Absatzlager	1.045,34
Summe	185.118,97
Lagerkosten Absatzlager	1.825,82
Stückgutfrachten	6.976,10
Verpackungs- und Abwicklungskosten	1.801,73
Transportkosten	8.777,83
Summe	195.722,62

Kosten des Produkts A / Herstellkosten des Produkts A / Herstellkosten des Produkts A

Abb. 11.2 Beispiel einer durch die Einbeziehung von Logistikkosten erweiterten Produktkalkulation

sich die gesamten von der Bereitstellung der Baugruppe I in der benötigten Stückzahl ausgelösten Kosten.

Zusätzlich zu den für die Baugruppe I skizzierten Kalkulationspositionen sind zur Ermittlung der Kosten der Baugruppe III Kosten des innerbetrieblichen Transports zwischen Zwischenlagern und Kostenstellen anzusetzen.[18] Auch derartige Beträge macht eine traditionelle Kalkulation nicht sichtbar. Gleiches gilt schließlich für die zum Abschluss des Abrechnungsgangs ausgewiesenen Transportkosten für die Auslieferung des Auftrags zum Kunden: Ausgangsfrachten werden häufig nicht gesondert Aufträgen bzw. Produkten zugeordnet, sondern innerhalb der Vertriebsgemeinkosten pauschal herstellungskostenproportional zugeschlüsselt.

Wie Abb. 11.2 zeigt, bereitet die Einbindung spezifischer Logistikkostenpositionen in die Produktkalkulation – wenn entsprechende Basisinformationen vorliegen – keine grundsätzlichen Probleme. Sie bedarf lediglich einer Erweiterung der Zahl zu berücksichtigender Kalkulationspositionen. Nur der Feinheitsgrad der Rechnung, nicht ihr Grundaufbau ist zu verändern.

11.2.3 Beispiel zur Veranschaulichung des Verbesserungspotenzials traditioneller Kalkulation

Die beiden letzten Abschnitte stellten – quasi in einer Schwarz-Weiß-Malerei – der nicht gesonderten Berücksichtigung der Logistikkosten in der Kostenträgerrechnung eine differenzierte Kalkulationsvariante gegenüber. Um für diese Abweichungen ein Gefühl entwickeln zu können, sei im Folgenden ein praktisches Beispiel wiedergegeben.[19]

Betrachtet wird ein großes mittelständisches Unternehmen mit einem Kostenvolumen von ca. 800 Mio. € und einem Produktspektrum von gut 4.500 Produkten. Aus diesem seien sechs aus unterschiedlichen Produktgruppen stammende Erzeugnisse näher betrachtet. Insgesamt liegen die in Abb. 11.3 aufgeführten Ausgangsdaten vor. Die Abbildung zeigt acht Logistikkostenstellen, für die gesonderte Kosten- und Leistungsinformationen gegeben sind. Bei diesen handelt es sich um eine für Zwecke des Beispiels vorgenommene Auswahl. Allerdings könnte dieses Vorgehen auch in der Praxis der richtige Weg sein: Die Konzentration auf vergleichsweise wenige, allerdings jeweils für einen hohen Logistikkostenblock stehende Kostenstellen (im Beispiel ca. 12,5 % der Gesamtkosten) ermöglicht eine noch überschaubare Komplexität der Logistikkostenkalkulation.

Geht man die produktbezogenen Ausgangsdaten durch, werden die Anforderungen an die Logistikleistungserfassung deutlich, die hier als erfüllt unterstellt sind. Als Leistungsmessgröße der Bestelldisposition muss pro Erzeugnis die Zahl von

---

[18] Im Beispiel wurde unterstellt, dass zwischen dem Eingangslager und den Kostenstellen A, B und D ein Ringverkehr besteht, transportobjektbezogene leistungsvariable Kosten somit nicht anfallen. Dementsprechend enthält die Kalkulation der Kosten der Baugruppe I keine internen Transportkosten.

[19] Dieses Beispiel wurde entnommen aus Weber und Wallenburg (2010, S. 218–224).

Produktbezogene Ausgangsdaten

	Produkt A1	Produkt A2	Produkt B1	Produkt B2	Produkt C1	Produkt C2	Andere Produkte	Summe
Zahl der A-Teile	2	0	24	25	48	50	255	404
Zahl der B-Teile	14	7	55	60	23	25	820	1.004
Zahl der C-Teile	55	70	155	196	44	48	3.955	4.523
Bestellvolumen								
- Zahl an Behältern	4.450	535	15.750	26.850	18.750	19.450	425.678	511.463
- Materialeinzelkosten	1.550.750	215.875	4.515.487	6.896.381	1.450.750	1.560.545	145.685.679	161.875.467
Durchschnittlicher Eingangslagerbestand	35.125	45.745	105.634	141.345	75.635	98.451	8.345.705	8.847.640
Auflegungshäufigkeit	18	2	36	48	48	48	815	1.015
Internes Transportvolumen (in Behältern)	3.950	600	16.125	28.238	28.750	30.125	1.250.765	1.358.553
Durchschnittlicher Versandlagerbestand	145.950	225.750	198.566	205.675	125.675	115.390	15.345.750	16.362.756
Versandvolumen								
- Zahl der versendeten Behälter	5.150	750	18.550	32.900	28.985	30.434	550.456	667.225
- Zahl der Lieferungen	25	2	115	125	255	255	4.550	5.327
Fertigungseinzelkosten	4.487.915	700.500	10.234.790	16.550.534	3.750.129	3.965.345	212.583.956	252.273.169

Sonstige Ausgangsdaten

Kostenstellen	Bestell-disposition	Waren-annahme	Eingangs-lager	Versand-disposition	Einkauf	Summe Ma-terialbereich	Interner Transport	Fertigungs-steuerung	andere Ferti-gungshilfs-stellen	Summe Ferti-gungs-hilfsstellen
Summe der Gemeinkosten	2.223.671	4.114.776	2.550.980	11.555.895	9.440.990	18.330.417	18.955.234	5.345.905	35.789.145	60.090.284
Summe der Einzelkosten						161.875.467				

Kostenstellen	Fertigungs-hauptstellen	Versand-lager	Versand-transport	Verkauf	Vertrieb insgesamt	Verwaltung	Summe
Summe der Gemeinkosten	195.655.348	10.125.900	32.567.856	6.998.112	61.247.763	44.235.670	379.559.482
Summe der Einzelkosten	252.273.169						414.148.636

Abb. 11.3 Ausgangsdaten der Vergleichskalkulation

eingehenden Teilen spezifiziert nach A, B oder C-Teilen bekannt sein. Wie ausgeführt, sind hierzu die meisten Unternehmen DV-technisch in der Lage (Stücklisten). Gleiches gilt bezüglich der Einlagerung für den durchschnittlichen Eingangslagerbestand. Problematisch dagegen ist die Leistungsmessung für die Warenannahme. Die Ausgangsdaten weisen als Messgröße die Zahl an eingegangenen Behältern aus. Um über die Gesamtzahl (511.463) zu verfügen, benötigt man entweder eine unmittelbare Erfassung des Materialflusses (z. B. durch Scanning oder durch Erfassungsgeräte an den Staplern) oder man muss aus den beschafften Materialmengen über festliegende Behälterinformationen (Behälterdatenbank) und Materialflusswege im Wareneingang den Umfang der Abfertigungsaufgabe errechnen. Im Beispiel fehlt jegliche über reine Mengendaten hinausgehende Differenzierung. Die einzelnen behälterbezogenen Abfertigungsvorgänge im Wareneingang werden damit als unmittelbar vergleichbar angesehen – eine nicht unproblematische Unterstellung, die allerdings eine erhebliche Vereinfachung des Erfassungsproblems bedeutet.

Ähnliche Probleme bereitet die Leistungserfassung für den innerbetrieblichen Transport, die ebenfalls als Bezugsgröße die Behälterzahl wählt. Hier ist die Unterstellung vergleichbaren Transportaufwandes für alle Behälter aller unterschiedlichen Produkte jedoch noch weitgehender bzw. realitätsferner. Die von einer solchen Prämisse ausgehenden Ungenauigkeiten sollten deshalb möglichst in fallweisen, stichprobenartigen Analysen von Zeit zu Zeit überprüft werden.

Wiederum unproblematisch sind die Bezugsgrößen für die Produktionssteuerung (Auftragshäufigkeit) und die Versanddisposition (Zahl der Lieferungen) zu bestimmen. Im Versandlager wird wie im Wareneingangsbereich nur der durchschnittliche Bestandswert als für die Kalkulation verwandte Messziffer der Leistungen gewählt. Die Leistungen der noch verbleibenden Logistikkostenstellen des Versandtransports (Eigentransporte) abzubilden, fällt schließlich wiederum schwerer. Im Beispiel ist die sehr ungenaue, damit aber vergleichsweise leicht erfassbare Messgröße „Zahl der versendeten Behälter" zugrunde gelegt. Im Idealfall wären die Daten einer einzelobjektbezogenen Leistungserfassung heranzuziehen.

Als sonstige Ausgangsdaten sind schließlich nur die Zahlen ausgewiesen, die zum angestrebten Kalkulationsvergleich unabdingbar sind. Insbesondere fehlt eine Differenzierung der nicht-logistischen Fertigungshilfsstellen und der Endkostenstellen in der Fertigung. Der gesamte Fertigungsbereich muss damit „in einem Zug" kalkuliert werden. Für das Aussagenziel des Beispiels ist diese Vereinfachung jedoch unproblematisch. Das traditionelle Kalkulationsvorgehen zeigt Abb. 11.4. Im ersten Schritt werden die Zuschlagsätze für die Material-, Fertigungs- und Vertriebsgemeinkosten bestimmt. Im zweiten Schritt erfolgt die Verknüpfung dieser Kalkulationswerte mittels Zuschlagskalkulation. Ob ein Unternehmen im Bereich der Fertigung tatsächlich – wie hier unterstellt – die traditionelle Lohnzuschlagskalkulation oder aber eine Maschinenstundensatzrechnung anwendet, ist aber für die Art der Zurechnung von Fertigungslogistikkosten unerheblich. Beide Kalkulationsverfahren sind nicht auf logistische Fragestellungen ausgerichtet.

Will man logistikgerecht kalkulieren, muss man die unterschiedlichen Logistikkostenstellen direkt mittels einer Verrechnungssatz- bzw. Bezugsgrößenkalkulation auf die Produkte verrechnen. Die Vorbereitung hierzu zeigt Abb. 11.5. Für die ein-

Vorbereitung der Kalkulation

Kostenstellen	Bestell-disposition	Waren-annahme	Eingangs-lager	Einkauf	Summe Ma-terialbereich	Interner Transport	Fertigungs-steuerung	andere Fertigungshilfsstellen	Summe Ferti-gungshilfsstellen
Summe der Gemeinkosten	2.223.671	4.114.776	2.550.980	9.440.990	18.330.417	18.955.234	5.345.905	35.789.145	60.090.284
Summe der Einzelkosten					161.875.467				
Umlagen bzw. Aggregation					18.330.417				
Gemeinkostenzuschlagssatz					11,32%				

Kostenstellen	Fertigungs-hauptstellen	Versand-lager	Versand-disposition	Versand-transport	Verkauf	Vertrieb insgesamt	Verwaltung	Summe
Summe der Gemeinkosten	195.655.348	10.125.900	11.555.895	32.567.856	6.998.112	61.247.763	44.235.670	379.559.482
Summe der Einzelkosten	252.273.169							414.148.636
Umlagen bzw. Aggregation	255.745.632					61.247.763	44.235.670	793.708.118
Gemeinkostenzuschlagssatz	101,38%					8.90%	6,43%	

Durchführung der Kalkulation

	A1	A2	B1	B2	C1	C2	Summe
Materialeinzelkosten	1.550.750	215.875	4.515.487	6.896.381	1.450.750	1.560.545	16.189.788
Materialgemeinkosten	175.603	24.445	511.324	780.931	164.280	176.713	1.833.295
Materialkosten	1.726.353	240.320	5.026.811	7.677.312	1.615.030	1.737.258	18.023.083
Fertigungseinzelkosten	4.487.915	700.500	10.234.790	16.550.534	3.750.129	3.965.345	39.689.213
Fertigungsgemeinkosten	4.549.960	710.142	10.375.669	16.778.347	3.801.748	4.019.927	40.235.523
Fertigungskosten	9.037.605	1.410.642	20.610.459	33.328.881	7.551.877	7.985.272	79.924.736
Herstellkosten	10.763.958	1.650.962	25.637.269	41.006.193	9.166.907	9.722.529	97.947.819
Vertriebsgemeinkosten	957.926	146.925	2.281.559	3.649.299	815.798	865.245	8.716.753
Verwaltungsgemeinkosten	691.854	106.116	1.647.837	2.635.675	589.203	624.916	6.295.600
Selbstkosten	12.413.738	1.904.004	29.566.665	47.291.166	10.571.909	11.212.691	112.960.173

Abb. 11.4 Traditionelle Kalkulation

Vorbereitung der Kalkulation

Kostenstellen	Bestelldisposition	Warenannahme	Eingangslager	Interner Transport	Fertigungssteuerung	Versandlager	Versanddisposition	Versandtransport
Summe der Gemeinkosten	2.223.671	4.114.776	2.550.980	18.955.234	5.345.905	10.125.900	11.555.895	32.567.856
Kalkulation Bestelldisposition								
- 8*A-Teile + 4*B-Teile + C-Teile								
- Kosten pro A-Teil	11.771							
- Kosten pro B-Teil	1.511,29							
- Kosten pro C-Teil	188,91							
Kalkulation Warenannahme								
- Kosten pro bestelltem Behälter		8,05						
Kalkulation Eingangslager								
- Kosten pro Euro Lagerbestand			0,29					
Kosten interner Transport								
- Kosten pro transportiertem Behälter				13,95				
Kalkulation Auftragsvorbereitung								
- Kosten pro Fertigungsauftrag					5.267			
Kalkulation Versandlager								
- Kosten pro Euro Lagerbestand						0,62		
Kalkulation Versanddisposition								
- Kosten pro Lieferung							2.169,31	
Kalkulation Versandtransport								
- Kosten pro versendetem Behälter								48,81

Kostenstellen	andere Fertigungshilfsstellen	Fertigungshauptstellen	Einkauf	Verkauf	Verwaltung
Gemeinkostensumme	35.789.145	195.655.348	9.440.990	6.998.112	44.235.670
Umlage Fertigungshilfsstellen	-35.789.145	35.789.145			
Summe Gemeinkosten		231.444.493	9.440.990	6.998.112	44.235.670
Zuschlagsbasis		252.273.169	161.875.467	688.224.685	688.224.685
Gemeinkostenzuschlagssatz		91,74%	5,83%	1,02%	6,43%

Abb. 11.5 Vorbereitung einer logistikgerechten Kalkulation

zelnen Logistikkostenstellen werden jeweils auf die erbrachten Leistungen bezogene Verrechnungssätze ermittelt, anders als im Kalkulationsbeispiel der Abb. 11.2
nun nicht auf Basis von Teil-, sondern von Vollkosten. Da mit diesem Vorgehen die
Logistikkostenstellen abrechnungstechnisch zu Endkostenstellen werden, reduziert
sich der Fertigungsgemeinkostenzuschlag um gut 10 %. Eine noch weit stärkere Reduzierung gilt für den Beschaffungs- und den Vertriebsbereich; hier sind nur noch
die jeweiligen Marketingfunktionen per Zuschlag umzulegen.

Am Ergebnis zeigt Abb. 11.6 die exakte Zuordnung der Logistikkosten. Unter
Inkaufnahme einer moderaten Verlängerung der Kalkulation, die DV-technisch keine Schwierigkeiten bereitet, werden Vollkostenwerte für die Produkte ermittelt, die
deutlich von denen der traditionellen Kalkulation abweichen. Die Gesamtsumme
der Kosten ist bis auf geringe Abweichungen gleichgeblieben,[20] die Kosten sind
jedoch anders verteilt. Die zum Schluss ausgewiesenen Differenzwerte lassen sich
keinesfalls als übertrieben bzw. praxisfern bezeichnen. Bislang vorliegende Erfahrungen aus fallweisen Analysen zeigen vielmehr, dass man eher mit (deutlich)
höheren Differenzen rechnen kann. Der Wert der durch derartige Kalkulationen gewonnenen Informationen für die Steuerung des Produktions- und Absatzprogramms
ist evident.

11.2.4   Näherungslösungen zur besseren Berücksichtigung der Logistik in der Kostenträgerrechnung

Die vollständige Berücksichtigung der Logistik in der Kostenträgerrechnung, so
wie sie im Abschn. 11.2.2 vorgestellt wurde, erfordert ein überaus breites Spektrum
sehr differenzierter Leistungsdaten als Ausgangsbasis und generiert eine erhebliche
zusätzliche Komplexität. Deshalb sind Vereinfachungen für die praktische Realisierung unverzichtbar. Vereinfachungen können sich grundsätzlich auf zwei Aspekte
beziehen, zum einen auf die angestrebte Kalkulationsgenauigkeit, zum anderen auf
der Häufigkeit, mit der die kalkulationsrelevanten Werte erfasst und/oder ausgewiesen werden. Beide Gesichtspunkte sollen im Folgenden näher beleuchtet werden.[21]

11.2.4.1   Unterschiedliche Kalkulationsgenauigkeit
Die Ausgangssituation für eine exakte Logistikkostenkalkulation ist in den Unternehmen potenziell sehr unterschiedlich (vgl. zum Folgenden auch Abb. 11.7):
- Unternehmen verfügen über sehr unterschiedliche Anteile von Logistikkosten an
  den Gesamtkosten.
- Für Unternehmen spielt die Logistik sehr unterschiedliche Rollen, von der des
  „key success factors" bis hin zu der einer unbedeutenden Nebenfunktion.

---

[20] Bei diesen Abweichungen handelt es sich nicht um einen Rundungs- bzw. Rechenfehler. Vielmehr berücksichtigt diese Differenz den Umverteilungseffekt, der durch die Veränderung des Kal-
kulationsmodus zwischen den betrachteten Produkten und dem restlichen Erzeugnisprogramm des
Unternehmens stattgefunden hat.

[21] Modifiziert entnommen aus Weber und Wallenburg (2010, S. 224–228).

	A1	A2	B1	B2	C1	C2	Summe
Materialeinzelkosten	1.550.750	215.875	4.515.487	6.896.381	1.450.750	1.560.545	16.189.788
Kosten Bestelldisposition							
- A-Teile	3.023	0	36.271	37.782	72.542	75.564	225.182
- B-Teile	10.579	5.290	41.560	45.339	17.380	18.891	139.038
- C-Teile	10.390	13.224	29.281	37.027	8.312	9.068	107.301
Kosten Warenannahme	35.801	4.304	126.710	216.011	150.846	156.477	690.150
Kosten Eingangslager	10.137	13.189	3.457	40.753	21.807	28.386	144.720
Verrechnung Einkaufskosten	90.444	12.590	263.355	402.215	84.611	91.015	944.230
Materialkosten	1.711.113	264.472	5.043.121	7.675.507	1.806.248	1.939.946	18.440.409
Fertigungseinzelkosten	4.487.915	700.500	10.234.790	16.550.534	3.750.129	3.965.345	39.689.213
Fertigungsgemeinkosten	4.117.375	642.664	9.389.765	15.184.056	3.440.503	3.637.950	36.412.314
Kosten Interner Transport	55.112	8.372	224.984	393.991	401.135	420.320	1.503.914
Kosten Arbeitsvorbereitung	94.804	10.534	189.608	252.811	252.811	252.811	1.053.380
Fertigungskosten	8.755.207	1.362.069	2.039.148	32.381.393	7.844.579	8.276.426	78.658.821
Herstellkosten	10.466.320	1.626.541	25.082.269	40.056.900	9.650.827	10.216.372	97.099.230
Kosten Versandläger	90.319	139.703	122.880	127.280	77.773	71.408	629.362
Kosten Versanddisposition	54.233	4.339	249.470	271.163	553.173	553.173	1.685.551
Kosten Versandtransport	251.376	36.608	905.442	1.605.879	1.414.784	1.485.511	5.699.601
Verrechnung Verkaufskosten	106.425	16.539	255.045	407.313	98.133	103.884	987.339
Vertriebskosten	502.354	197.189	1.532.838	2.411.634	2.143.863	2.213.976	9.001.853
Verwaltungsgemeinkosten	672.723	104.546	1.612.164	2.574.659	620.307	656.658	6.241.057
Selbstkosten	11.641.397	1.928.276	28.227.271	45.043.193	12.414.997	13.087.006	112.342.140
Differenz zu traditioneller Kalkulation	-772.341	24.273	-1.339.394	-2.247.974	1.843.088	1.874.315	-618.033
Differenz in Prozent	-6,22%	1,27%	-4,53%	-4,75%	17,43%	16,72%	-0,55%

Abb. 11.6 Logistikgerechte Kalkulation

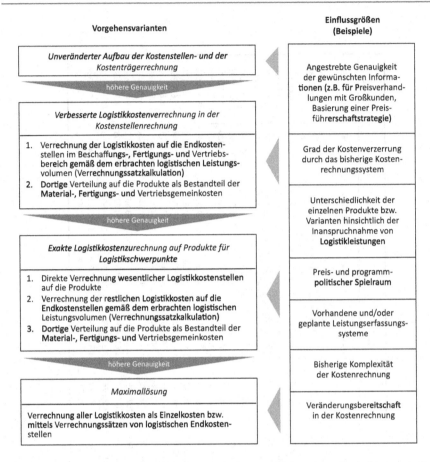

Abb. 11.7 Unterschiedliche Genauigkeitsgrade der Berücksichtigung von Logistikkosten in der Kalkulation

- Unternehmen sind in sehr unterschiedlichem Maße „von außen" (z. B. von Kunden) gefordert, Aussagen über Logistikkostenanteile innerhalb der Herstellkosten oder Selbstkosten zu treffen.
- Unternehmen verfügen über sehr unterschiedliche Ausgangssituationen der Produktkalkulation (z. B. hinsichtlich des verwendeten Verfahrens oder des allgemeinen Genauigkeits- und Detaillierungsniveaus).
- Unternehmen haben unterschiedlich heterogene und unterschiedlich breite Produktprogramme, so dass die Logistikkosten im Status Quo unterschiedlich „falsch" den Produkten zugeordnet werden.
- Unternehmen weisen sehr unterschiedliche Bereitschaft aus, über eine Veränderung der Kalkulation, darüber hinaus des gesamten Kostenrechnungssystems, nachzudenken und diese zu vollziehen.
- Unternehmen besitzen schließlich sehr unterschiedliche Ausgangssituationen bezüglich der Logistikleistungserfassung.

Vor diesem Hintergrund verbietet sich die Idee eines einheitlichen Normkonzepts einer Logistikkostenkalkulation. Für die angestrebte Kalkulationsgenauigkeit sind damit sehr unterschiedlich konkrete, unternehmensspezifische Lösungen denkbar, die im Folgenden idealtypisch zu insgesamt vier Möglichkeiten verdichtet werden sollen.

Variante 1: Der Aufbau der Kostenträgerrechnung bleibt unverändert. Diese „Null-Lösung" ist letztlich nur dann unbefriedigend, wenn sie aus Unwissenheit realisiert wird, wenn sie sich nicht als Ergebnis einer detaillierten, auf die unternehmensbezogenen Kontextfaktoren bezogenen Analyse ergibt. Es gibt Unternehmen, für die die Logistik eine untergeordnete Rolle spielt und/oder für die aufgrund ihrer Wettbewerbsposition und -strategie der mögliche Unterschied im Kalkulationsergebnis kaum relevant ist. Für diese Unternehmen stehen andere Aufgaben im Vordergrund als der Ausweis von Logistikkostenanteilen.

Variante 2: Die Kalkulation wird unverändert gelassen, die Ausgangsbasis der Kalkulation aber im Bereich der Kostenstellenrechnung verbessert. Variante 2 unterscheidet sich von der Variante 1 in Aufbau und Differenzierung des Kalkulationsschemas nicht. Eine erhöhte Genauigkeit resultiert allein aus der kostenstellenmäßig exakten Erfassung der Logistikkosten und ihrer separierten Weiterverrechnung im Zuge der innerbetrieblichen Leistungsverrechnung. Hierfür ist es erforderlich, kostenstellenbezogene Leistungsmaße (Bezugsgrößen) zu definieren und zu erfassen, in einer Umschlagsstelle z. B. abgefertigte Behälter. Ein Produktbezug – im Beispiel: erfassen, was die Behälter exakt enthalten – ist nicht erforderlich. Dies schränkt den zusätzlichen Erfassungsaufwand ein. Der für Zwecke der Kalkulation erzielte Genauigkeitsgewinn ist allerdings (stark) beschränkt, da die Logistikkosten von den Endkostenstellen unverändert nach falschen Maßgrößen weiterbelastet werden: Das in der Fertigung logistikintensivste Produkt muss keinesfalls das sein, das auch die höchsten Fertigungsminuten beansprucht.

Variante 3: Die Kalkulation wird um wichtige Logistikendkostenstellen verlängert. Diese Variante liegt dem ausführlich dargestellten Beispiel des letzten Abschnitts zugrunde. Was als „wichtige" Logistikkostenstelle gelten kann, die man als Endkostenstelle in der Kalkulation berücksichtigt, ist jeweils im Einzelfall zu entscheiden. Den zusätzlichen Erfassungskosten steht der Nutzen höherer Genauigkeit der Herstell- bzw. Selbstkostenbestimmung gegenüber, der wiederum wesentlich von den zu Anfang dieses Abschnitts genannten Faktoren beeinflusst wird.

Variante 4: Alle Logistikkostenstellen werden als Endkostenstellen aufgefasst. Diese Maximallösung wird sich nur in solchen Unternehmen realisieren lassen, die – z. B. auf Basis ausgebauter Betriebsdatenerfassungssysteme – über die meisten benötigten Daten bereits verfügen. Selbst dann ist allerdings die (geringe) zusätzliche Genauigkeit gegen die deutlich erhöhte Komplexität aufzuwiegen, die sich einer konzeptionellen Nutzung der Informationen entgegenstellt.

Keine der vier skizzierten Varianten hat alle Vorteile auf ihrer Seite; lediglich im Fall des Status Quo kann man ohne Gefahr die Tendenzaussage wagen, dass die Nichtberücksichtigung der Logistik in der Kalkulation zu hohe Ungenauigkeiten bedeutet, die operative und ggf. auch strategische Gefahren hervorrufen. Die anderen drei Varianten stehen zur Disposition, generalisierende Aussagen sind kaum möglich. Allenfalls kann man die Vermutung wagen, dass ein schrittweises „Hineinwachsen" in höhere Genauigkeit – sowie höhere Erfassungskosten und Komplexität – für die Akzeptanz und das Augenmaß der letztlich gewählten Lösung sich als sehr vorteilhaft erweist.

Unabhängig von den vier skizzierten Varianten sind auch im Detail noch erhebliche Spielräume für Vereinfachungen gegeben. Diese seien im Folgenden für zwei Beispiele aus dem Bereich der Beschaffungs- und Distributionslogistikkosten diskutiert.

1. Für eine genaue Zurechnung der Beschaffungslogistikkosten sind detaillierte Informationen über Sendungsgrößen und -häufigkeiten sowie Verpackungen erforderlich. Liegen keine Standard-Packordnungen für die Materialien vor, lässt sich eine behälterzahlbezogene Zurechnung der Beschaffungslogistikkosten nicht realisieren (analoges gilt für die Distributionslogistik). In diesem Fall bleibt als Verbesserungsmöglichkeit lediglich übrig, differenzierte wertbezogene Zuschlagsätze (unterschiedliche Material- bzw. Vertriebsgemeinkostenzuschläge) zu bilden. Angesichts der geringen Repräsentanz des Warenwerts für die Logistikkostenverursachung können diese im einfachsten Fall den Einfluss der Anschaffungs- bzw. der Herstellkosten reduzieren. Die Abweichungen zu den jeweils richtigen Verrechnungen der Logistikkosten sind immer noch erheblich, aber geringer als im Fall des einheitlichen Zuschlagsatzes. Die Zahl unterschiedener Teileklassen und die Genauigkeit der Zuschlagssatzermittlung lässt sich jedoch (fast) beliebig verfeinern. Es gibt Unternehmen, die im Bereich der Beschaffungslogistik bis zu zehn und mehr unterschiedliche Zuschlagsätze verwenden. Fallweise, sehr ins Detail gehende Kostenanalysen vermeiden bei einem solchen Vorgehen laufenden Erfassungsaufwand.

2. Ein- und Ausgangsfrachten werden – obwohl ihrem Charakter nach Einzelkosten – zumeist nicht als solche behandelt, sondern pauschal verrechnet. Sie haben somit verrechnungstechnisch den Status unechter Gemeinkosten. Hierfür sind Erfassungsschwierigkeiten maßgebend. Angesichts der großen Zahl von Materialarten und Produkten sowie der für diese über das Jahr hinweg jeweils erfolgenden An- bzw. Auslieferungen ist eine Einzelerfassung nur in Ausnahmefällen wirtschaftlich tragbar. Zudem sind auch – echte Gemeinkosten begründend – Kostenverbunde zu beobachten, wie etwa dann, wenn ein Sammeltransport in toto, d. h. pro Fahrt, und nicht als Summe von Einzelfrachten belastet wird.

Mehrere Hilfswege bieten sich zur Lösung des Zuordnungsproblems an. Ist die Zahl der zu versendenden Produkte bzw. anzuliefernden Materialarten sowie der Kunden bzw. der Lieferanten noch hinlänglich überschaubar, kann man mit periodenbezogen konstant gehaltenen Standardfrachtsätzen arbeiten, die man von Zeit zu Zeit durch fallweise Analysen aktualisiert. So rechnen beispielsweise einige Unternehmen der Kartonindustrie mit Standardwerten „Euro pro kg und km" jeden Versandauftrag gemäß der Entfernung des Kunden und dem

Gewicht der Sendung ab. Weiter vereinfachend kann man Entfernungsklassen für Lieferanten bzw. Kunden bilden (z. B. innerhalb 100 km, zwischen 100 und 500 km und über 500 km vom Anlieferungs- bzw. Versendungsort entfernt) oder Gewichts- bzw. Volumenklassen für die Lieferungen ermitteln, für die man jeweils Standard-Frachtkostensätze bereithält. Ebenso ist es – noch stärker vereinfachend – möglich, beide Klassenbildungen miteinander zu kombinieren. Endpunkt einer solchen Reduzierung der Abbildungsgenauigkeit ist die Unterscheidung nur weniger Sendungstypen, etwa als Kombination der Entfernung (nah, mittlere Entfernung, weit entfernt) und des Umfangs der Sendung (Kleinsendung, Sendung mittlerer Größe und Großsendung). Zieht man – im Sinne einer ABC-Analyse – die vergleichsweise wenigen hohe Logistik-Einzelkosten verursachenden Sendungen vorab heraus und rechnet die dafür anfallenden Kosten exakt zu, verfügt man auch mit einer solchen Typisierung noch über ein einfach anzuwendendes, aber trotzdem hinlänglich genaues Vorgehen.

11.2.4.2   Unterschiedliche Kalkulationshäufigkeit

Der zweite Weg der Vereinfachung betrifft die Häufigkeit einer exakten Kalkulation der Logistikkosten und wurde im vorangegangenen Abschnitt bereits implizit angesprochen: Auch bei einer nur fallweisen logistikgerechten Kalkulation lassen sich vielfältige Anregungs- und Entscheidungsinformationen gewinnen, wie z. B.

- Erkennen der „richtigen" Kosten einzelner Produkte bzw. Produktkategorien (z. B. Auftragsgrößenklassen),
- Erkennen des Kostenabweichungsgrades gegenüber der derzeitigen Kalkulation,
- Gewinnung von Basisgrößen für die Änderungen in der laufenden Standardkalkulation (z. B. durch gezielte, produkt- bzw. produktgruppenspezifische Veränderung der Zuschlagsätze).

Im Gegensatz zur laufenden Kalkulation kann man sich darauf beschränken, die „richtigen" Logistikkosten stichprobenhaft mit begrenztem Anspruch auf Genauigkeit zu erfassen. Schon das wird zumeist aufwendig genug sein. An der Tragweite der gewonnenen Erkenntnisse ändert das fallweise Vorgehen dann, wenn es mit hinreichender Sorgfalt durchgeführt wurde, kaum etwas. Lediglich ist man nicht dazu in der Lage, Kostenstrukturveränderungen automatisch zu erkennen. Nur in wenigen Unternehmen werden diese aber so bedeutsam ausfallen und/oder die Preis- und Programmpolitik potentiell so stark beeinflussen, dass eine laufende Erfassung der Kostenstrukturen unabdingbar erscheint. Ein fallweises Vorgehen muss deshalb nicht als „quick-and-dirty"-Lösung angesehen werden, sondern kann den optimalen Ausgleich zwischen dem Wert dadurch gewonnener Informationen und der Höhe dafür angefallener Erfassungskosten darstellen.

11.2.5   Zwischenfazit

Die Kalkulation lässt sich gewissermaßen als die „Krone der Kostenrechnung" bezeichnen. Um sie durchführen zu können, muss eine Vielzahl von Vorarbeiten erfüllt sein. Sie erfordert eine Maximalaufspannung von Basisdaten. Analog gilt dies auch für die Kalkulation der Logistikkosten. Sie werden in den Unternehmen produktbezogen meist ungenau, die tatsächliche Kostenverursachung verzerrt widerspiegelnd, zugerechnet. Angesichts der Höhe des Verrechnungsfehlers sind die kalkulationsbedingten Kostenunterschiede erheblich und damit bedeutsam: Sie können dazu führen, dass das Produktions- und Absatzprogramm deutlichen Bereinigungen und Umstrukturierungen unterzogen werden muss.

Selbst dann, wenn die Logistik in der Kostenarten- und insbesondere in der Kostenstellenrechnung adäquat berücksichtigt ist, wird eine exakte, alle Logistikprozesse einbeziehende Kalkulation oftmals aber an einem zu hohen Erfassungsaufwand scheitern. Deshalb sind pragmatische Hilfswege zu beschreiten. Für die laufende Überprüfung der Kosten- und Erfolgsentwicklung der Produkte wird die damit gelieferte Zurechnungsgenauigkeit zumeist ausreichen; im Falle sich abzeichnender Handlungsbedarfe (z. B. deutlicher Verluste einzelner Produkte) sind ohnehin stärker ins Detail gehende, fallweise Analysen erforderlich.

Schließlich liefert die prozessbezogene Kalkulation der Logistikkosten auch für andere Kalkulationsobjekte als Produkte eine breite informatorische Ausgangsbasis: Logistikkosten von Versandaufträgen als Beispiel können häufig leichter einzelnen Kunden als einzelnen Produkten zugeordnet werden.

Literatur

Freidank C-C (2008) Kostenrechnung. Grundlagen des innerbetrieblichen Rechnungswesens und Konzepte des Kostenmanagements, 8. Aufl. Oldenbourg Wissenschaftsverlag, München

Hummel S, Männel W (1986) Kostenrechnung 1: Grundlagen, Aufbau und Anwendung, 4. Aufl. Gabler, Wiesbaden

Krafft M, Albers S (2000) Ansätze zu einer Segmentierung von Kunden – Wie geeignet sind herkömmliche Konzepte? ZbF 52:515–536

Liberatore MJ, Miller T (1998) A Framework for Integrating Activity-based Costing and the Balanced Scorecard into Logistics Strategy Development and Monitoring Process. J Bus Logist 19(2):131–154

Schmalenbach E (1899) Buchführung und Kalkulation im Fabrikgeschäft. Deutsch Metall-Industrie-Zeitung 15:98 f., 106 f., 115–117, 124 f., 130 f., 138 f., 147 f., 156 f., 163–165, 171 f.

Weber J, Wallenburg CM (2010) Logistik- und Supply Chain Controlling, 6. Aufl. Schäffer-Poeschel, Stuttgart

Weber J, Weißenberger BE (2010) Einführung in das Rechnungswesen. Bilanzierung und Kostenrechnung, 8. Aufl. Schäffer Poeschel, Stuttgart

Unternehmensbeispiel Henkel Adhesive Technologies

12

12.1 Henkel und Adhesive Technologies im Überblick

Henkel, im Jahr 1876 gegründet, beschäftigt heute weltweit rund 47.000 Mitarbeiter. Davon arbeiten 80 % außerhalb Deutschlands. Diese starke Internationalität des Unternehmens zeigt sich insbesondere durch die Präsenz in den Wachstumsregionen. So erzielte Henkel im Jahr 2011 einen Umsatz von 15,6 Mrd. €, 42 % davon wurden in den Emerging Markets (Osteuropa, Afrika/Nahost, Lateinamerika und Asien ohne Japan) erwirtschaftet. Im Jahr 2004 lag dieser Anteil nur bei 26 %. Die Konzernaktivitäten werden aus Düsseldorf durch die Henkel AG & Co. KGaA gesteuert. Die Henkel AG & Co. KGaA ist sowohl operativ tätig als auch Mutterunternehmen des Henkel-Konzerns mit sieben deutschen und 170 ausländischen Tochtergesellschaften.

Das operative Geschäft gliedert sich in drei Unternehmensbereiche mit nachfolgenden Umsatzanteilen in 2011: Wasch-/Reinigungsmittel (27 %), Kosmetik/Körperpflege (22 %) sowie Adhesive Technologies (50 %). Den verbleibenden Anteil (1 %) erzielt das Segment Corporate. Die drei Unternehmensbereiche werden als weltweit verantwortliche strategische Geschäftseinheiten von Düsseldorf aus geführt und durch die ebenfalls global aufgestellten Funktionen (z. B. Finanzen, HR) unterstützt. Auf diese Weise werden die Synergien des Konzernverbunds optimal genutzt. In den Unternehmensbereichszentralen erfolgen die Festlegung der unternehmerischen Ziele und Strategien sowie die Ausgestaltung des Führungs-, Steuerungs- und Kontrollinstrumentariums einschließlich des Risikomanagements. Die Verantwortung für die Umsetzung der jeweiligen Strategien in den Regionen und Ländern liegt in den Tochtergesellschaften. Die Leitungsorgane dieser Gesellschaften führen ihre Unternehmen im Rahmen der jeweiligen gesetzlichen Bestimmungen, Satzungen und Geschäftsordnungen sowie nach den Regeln der weltweit

---

Der Abschnitt wurde von Dr. Christian Hebeler und Andreas Küper (beide Henkel AG & Co. KGaA, Düsseldorf) verfasst. Dr. Christian Hebeler ist Head of Group Financial Controlling und Dipl.-Wirtsch.-Ing. Andreas Küper ist Manager Business Controlling Western Europe im Unternehmensbereich Adhesive Technologies.

geltenden Grundsätze zur Unternehmensführung, den so genannten Henkel Corporate Standards.

Henkel hält global führende Marktpositionen im Konsumenten- und im Industriegeschäft. Im Unternehmensbereich Wasch-/Reinigungsmittel umfasst das Produktangebot Universalwaschmittel, Spezialwaschmittel und Reinigungsmittel. Zum Sortiment des Unternehmensbereichs Kosmetik/Körperpflege gehören Produkte für die Haarkosmetik, Körper-, Haut- und Mundpflege sowie für das Friseurgeschäft. Kern der nachfolgenden Ausführungen ist der Unternehmensbereich Adhesive Technologies. Henkel Adhesive Technologies ist Weltmarktführer bei Klebstoffen, Dichtstoffen und in der Oberflächentechnik für Konsumenten und Handwerker sowie bei industriellen Anwendungen. Das äußerst breite Portfolio dieses Unternehmensbereiches besteht im industriellen Bereich aus Produkten für die Branchen Automobil, Verpackung, Luftfahrt, Elektronik, langlebige Gebrauchsgüter und Metall sowie für Wartung, Reparatur und Instandhaltung. Produkte und Systemlösungen werden unter Marken wie Loctite, Teroson oder Technomelt vertrieben. Neben dem Industriegeschäft zählen Kleb- und Dichtstoffsysteme für Heim- und Handwerker sowie für den Bedarf im Haushalt, der Schule und im Büro zum Portfolio. Diese Produkte werden zum Beispiel unter den Marken Pritt, Methylan, Ceresit oder Pattex vertrieben. Aufbauorganisatorisch ist Adhesive Technologies in fünf markt- und kundenfokussierte strategische Geschäftseinheiten gegliedert:

1. Das Geschäftsfeld Klebstoffe für Konsumenten, Handwerk und Bau umfasst Markenprodukte für private und handwerkliche Endanwender sowie für das baunahe Handwerk.
2. Das Geschäftsfeld Transport und Metall betreibt das Geschäft mit großen internationalen Kunden der Automobil- und Metall verarbeitenden Industrie mit maßgeschneiderten Systemlösungen und spezialisiertem technischen Service über die gesamte Wertschöpfungskette – vom bandbeschichteten Stahl bis zur Endmontage von Kraftfahrzeugen.
3. Im Geschäftsfeld Allgemeine Industrie gehören kleine und mittelgroße Hersteller aus einer Vielzahl von Branchen zum Kundenkreis – von der Haushaltsgeräte- bis zur Windkraftindustrie.
4. Im Geschäftsfeld Verpackungs-, Konsumgüter- und Konstruktionsklebstoffe zählen sowohl Großkunden als auch mittlere und kleine Hersteller der Konsumgüter- und Möbelindustrie zu den Kunden.
5. Im Geschäftsfeld Elektronik bieten wir unseren Kunden aus der Elektronikindustrie weltweit eine breite Palette von innovativen Hightech-Klebstoffen und Lötmaterialien für die Fertigung von Mikrochips und Elektronikbaugruppen an.

Die Unterschiedlichkeit der Geschäftsfelder lässt unschwer erkennen, dass sowohl die jeweilige Kundenstruktur als auch die Art der Geschäftsmodelle verschiedenartigste Anforderungen an das jeweilige Supply Chain Management und die Logistik stellen. Für die Ausgestaltung des Supply Chain-Modells und der Logistik haben darüber hinaus zwei Aspekte maßgebliche Bedeutung, einerseits die regionale Managementstruktur der strategischen Geschäftseinheiten sowie andererseits die unterschiedlich bestehende Produktionsinfrastruktur in den Regionen. Ende 2011 waren das 143 Produktionsstandorte weltweit, davon 23 in Westeuropa, 25 in Osteuropa, 27 in Nordamerika, 11 in Lateinamerika, 48 in Asien/Pazifik sowie 9 in Afrika/Nahost.

Anzumerken ist, dass bei Henkel unter Supply Chain Management begrifflich der gesamte Wertschöpfungsprozess von der Eingangslogistik über die Produktion bis hin zur Ausgangslogistik als Schnittstelle zum Kunden verstanden wird. Die Logistik hingegen umfasst die material- und warenflussbezogenen Aufgabenstellungen der Lagerung und des Transportes im System der Supply Chain. Das Ziel ist eine logistikkostenoptimale Bereitstellung der Produkte für den Kunden entsprechend den vereinbarten Bedingungen hinsichtlich Qualität, Menge, Ort und Zeitfenster.

In den folgenden Ausführungen wird zunächst der übergreifende Entwicklungsstand der Kostenrechnung bei Henkel im Kontext des Konzernrechnungswesens dargelegt. Anschließend wird der Bereich Logistik im System des Supply Chain Management bei Henkel Adhesive Technologies eingeordnet. Die Ausgestaltung der Kostenarten-, Kostenstellen- und Kostenträgerrechnung für die Logistik ist Kern des Beitrages, der mit Entwicklungstendenzen in der Logistik und im Logistikcontrolling bei Henkel Adhesive Technologies schließt.

12.2 Entwicklungsstand der Kostenrechnung

In der 136-jährigen Unternehmensgeschichte von Henkel hat die spezifische Ausgestaltung der Kostenrechnung, insbesondere mit Blick auf die historische Entwicklung der Kostenrechnung in Deutschland, eine lange Tradition und weiterhin einen sehr hohen Stellenwert. Ziele der Kostenrechnung sind deshalb neben der Produktkalkulation vorrangig die Wirtschaftlichkeits- und Erfolgskontrolle. Im Mittelpunkt des internen Rechnungswesen stand – und steht heute noch – eine nach dem Umsatzkostenverfahren aufgestellte, mehrstufig gegliederte Deckungsbeitragsrechnung, die im Laufe der Zeit entsprechend neuer Anforderungen modifiziert wurde[1].

Als wesentliche Treiber für die Weiterentwicklung der Kostenrechnung bei Henkel in den vergangenen 15 Jahren können die folgenden Aspekte festgehalten werden:
• Internationalisierung des externen Rechnungswesens,
• Komplexitätsreduktion in der Kostenrechnung sowie
• Automatisierung und Standardisierung des Rechnungswesens auf Basis von SAP sowie Verlagerung transaktionaler Prozesse in Shared Service Center

Die erste bedeutende Reorganisation der Kostenrechnung erfolgte im Kontext der Internationalisierung und Harmonisierung der Rechnungslegung nach IAS/IFRS im Jahr 1997[2]. Für Henkel als global tätiges Unternehmen mit hoher Akquisitions-

---

[1] Vgl. Bernd (2006, S. 172 und 182),

[2] Vgl. Bernd (2006, S. 169 ff.) und Hebeler (2006, S. 111 ff.).

tätigkeit im Ausland war die Vereinheitlichung der unterschiedlichen Rechnungssysteme notwendig und hilfreich, um eine konsistente Konzernsteuerung dauerhaft sicherzustellen. Bilanzierungs- und Bewertungsansätze wurden auf der Basis von IAS vereinheitlicht und kalkulatorische Kostenarten damit abgeschafft – ein wichtiger Meilenstein für Henkel mit dem Blick auf eine klare und einheitliche Kommunikation von Rechnungswesendaten im internationalen Konzernverbund.

Eine zweite umfassende Reorganisation der Kostenrechnung im Jahr 2005 hatte das Ziel, die Informationsversorgung der Leitungsorgane weiter zu verbessern und gleichzeitig auch eine Entfeinerung der Kostenrechnung durch vereinfachte Abrechnungsstrukturen zu erreichen[3]. Internes und externes Benchmarking zeigten, dass sich gerade die gewachsenen detaillierten Abrechnungsstrukturen als Komplexitätstreiber im Planungs- und Budgetierungsprozess erwiesen. Es stellte sich die Grundsatzfrage, ob der Nutzen zusätzlicher Abrechnungskomplexität tatsächlich mehr Transparenz und eine bessere Entscheidungsfindung bewirken kann. Die Vereinfachung der Planungs- und Abrechnungsstrukturen erfolgte vorrangig in zwei Bereichen, zum einen im Bereich der Fertigungskostenermittlung, zum anderen im Bereich der Sekundärkostenverrechnung.

- Mit Bezug auf die *Fertigungskostenermittlung* wurde die bei Henkel über Jahrzehnte praktizierte Optimalkostenrechnung vereinfacht, die sehr ausgefeilt die chemischen Produktionsprozesse abbildete[4]. Ein wichtiger Vorteil der Neugestaltung waren eine Umgliederung der Beschäftigungsabweichung in der Deckungsbeitragsrechnung und die Angleichung der Ergebnismargenkonzepte. Der Deckungsbeitrag in der internen Ergebnisrechnung divergiert nunmehr nicht mehr zur Bruttomarge in der externen Gewinn- und Verlustrechnung nach IFRS.
- Im Bereich der *Sekundärkostenverrechnung* wurde die innerbetriebliche Leistungsverrechnung funktionaler Kosten neu gestaltet. Es wurde eine Komplexitätsreduktion in zwei Dimensionen erreicht: Einerseits kann auf die mehrstufige Allokation der Funktionskosten („Kaskadenverrechnung") verzichtet werden, andererseits müssen sich die einzelnen Kostenstellenverantwortlichen nicht mehr mit zum überwiegenden Teil nicht beeinflussbaren Kostenumlagen auseinandersetzen. Diese Änderung ging einher mit einer deutlichen Reduktion der Anzahl von Gemeinkostenstellen, was aus Sicht von Henkel eine effektivere Kostenkontrolle dieser Bereiche ermöglicht.

Mit Blick auf die IT-technische Infrastruktur bilden regionale SAP-Plattformen mit vereinheitlichten Prozessen das Rückgrat des Finanz- und Rechnungswesens sowie der Kostenrechnung. Aus Sicht der Kostenrechnung verfügen die Konzerngesellschaften auf den regionalen SAP-Plattformen über einen standardisierten Kostenartenplan sowie eine harmonisierte Kostenstellenhierarchie. Große Teile der in SAP standardisierten transaktionalen Finanz- und Kostenrechnungsprozesse werden dabei durch die Henkel Shared Service Center in Malina (Philippinen), Interlomas (Mexiko) und Bratislava (Slowakei) verantwortlich durchgeführt. Neben Skaleneffekten wird durch diese Zentralisierung auch eine bessere Prozess- und System-

---

[3] Vgl. Hebeler (2011, S. 137 f.).

[4] Vgl. Hebeler und Langer (2006, S. 47).

Governance sichergestellt. Ferner werden durch die Standardisierung zentrale Kostenauswertungen ermöglicht, d. h. ohne „bottom-up" Anfragen.

12.3   Logistik im System der Kostenrechnung

12.3.1   Ziele und Organisationsstruktur der Logistik

Der Bereich Logistik als Teil des Henkel Supply Chain Managements ist ein wichtiger Werthebel in der Umsetzung der definierten strategischen Prioritäten von Henkel Adhesive Technologies (siehe ausführlich Geschäftsbericht 2011, S. 84 f.). Im Ergebnis ist das erfolgreiche Umsetzen der definierten Maßnahmenbündel durch die am Kapitalmarkt kommunizierten Finanzziele 2012 – im Kern eine Umsatzrendite von 14 % – konkretisiert. Der Anspruch von Operational Excellence in den Bereichen Produktion und Supply Chain insgesamt sowie in der internen und externen Logistik hat dabei zum Ziel, eine kosten- und wettbewerbsoptimale Bereitstellung der Produkte für den Kunden gemäß vereinbarter Lieferbedingungen sicherzustellen. Es lassen sich somit drei Zielsetzungen für die Logistik zusammenfassen:

• Kostenoptimierung
• Serviceoptimierung
• Nachhaltigkeit in der Logistik

Der Anspruch auf Kosten- und Serviceoptimierung muss sich messbar in Kennzahlen wie Herstellungs- und Transportkosten in Prozent vom Umsatz sowie in Servicekennzahlen (z. B. OTIF = on-time and in-full) niederschlagen. Beispiele für Optimierungen im Bereich der Logistik sind der laufende Konsolidierungsprozess der Produktions- und Lagerstandorte. Mit Blick auf die Bedeutung der innerkonzernlichen Verbundbeziehungen müssen Lösungen entwickelt werden, die möglichst viel Synergien zwischen konzerninternen und konzernexternen Lager- und Transportfragestellungen ermöglichen.

Die Herausforderungen einer möglichst optimalen Ausgestaltung der Logistik, gerade auch mit Blick auf die Realisierung von Synergieeffekten zwischen den Strategischen Geschäftseinheiten, zeigen folgende Beispiele. So führt die Art und die Bedeutung des Baugeschäftes in Osteuropa dazu, dass es aufgrund sehr transportkostensensibler Produkte wie schwerer, sandhaltiger Zementprodukte betriebswirtschaftlich zweckmäßig ist, immer wieder neue Produktionsstandorte in einem bestimmten Kundenradius aufzubauen, um auf diese Weise den Markt zu erschließen. In der Regel sind dann nur geringe Lagerkapazitäten an der Fabrik erforderlich, da eine Belieferung der Handelspartner direkt erfolgen kann. Im Gegensatz dazu werden in den Bereichen der Konsumentenklebstoffe und der Automobilindustrie oder Allgemeinen Industrie Produktionsanlagen mit hoher Kapitalbindung eingesetzt und Produkte hergestellt, für die Transportkosten gewichtsbedingt zum Teil eine untergeordnete Rolle spielen (z. B. Pritt-Klebestifte, Loctite-Sekundenkleber). Ferner sind die Produkte dieser Geschäftsfelder oft auch Gefahrgüter, die spezielle Sicherheitsstandards und Transportbehältnisse (z. B. Chemikalien zur Oberflächenbehandlung), mitunter Kühlung (z. B. Loctite Hochleistungsklebstoffe) während des Transportes notwendig machen. In solchen Produktkategorien ist eine Belieferung der globalen Märkte zum Teil aus einer Fabrik kein Einzelfall, so dass der Transportplanung für die konzerninternen Geschäftsbeziehungen eine besondere Bedeutung zukommt. So betrug der zu konsolidierende konzerninterne Umsatz im Jahr 2011 im Unternehmensbereich Adhesive Technologies 1,7 Mrd. €, bei einem externen Umsatz von 7,7 Mrd. €.

Mit Blick auf die Zielsetzung und den Unternehmenswert Nachhaltigkeit sollen effiziente und umweltschonende Transportkonzepte umgesetzt werden. Die hohen Anforderungen und gesetzten Ziele im Bereich Nachhaltigkeit (siehe ausführlich Nachhaltigkeitsbericht 2011, S. 4 f. und 11 f.) gelten deshalb nicht nur intern, sondern sind auch Teil bei der Vergabe von Aufträgen an Transportpartner. Zur systematischen Bewertung von Logistikdienstleistern gehört unsere Erwartung an die Definition von Energiesparzielen, Maßnahmen zur Modernisierung der Fahrzeugflotte sowie Investitionen in Programme zur Routenoptimierung oder Emissionserfassung.

Aufbauorganisatorisch ist der Bereich Logistik in zwei Verantwortungsbereiche getrennt, den Aufgaben im Bereich Einkauf sowie den operativen Aufgaben in den Unternehmensbereichen. Der Einkauf übernimmt die Suche und Auswahl der Logistikpartner auf Basis der definierten Anforderungskriterien durch die Unternehmensbereiche. Mittlerweile werden weltweit zu über 90 % die Transporte vom Produktionsstandort zum Lager und vom Lager zu den Kunden von externen Logistikunternehmen durchgeführt. Um die Synergien in Henkel insgesamt zu optimieren, ist es Aufgabe des Einkaufs, auf Basis einheitlicher Richtlinien unternehmensweit strategische Logistikpartner zu definieren und Kostensenkungspotentiale gemeinsam mit den Geschäften zu realisieren. Das Potential bei Adhesive Technologies ist charakterisiert durch weltweit über 2000 Logistikvertragspartner, einem Kostenblock von über 400 Mio. € (rd. 5,2 % vom Umsatz), etwa 5 Mio. transportierter Paletten und einem Volumen von 4,2 Mio. t Fracht. Organisatorisch ist die für Logistikdienstleistungen zuständige Einkaufsabteilung entsprechend der regionalen Managementstruktur von Adhesive Technologies aufgestellt. Das operative Management der Material- und Warenflüsse liegt in der Verantwortung der Unternehmensbereiche, d. h. die Steuerung und Abwicklung des Tagesgeschäfts in Kooperation mit Logistikdienstleistern. Diese Aufgaben werden durch die jeweiligen Supply Chain-Abteilungen in den strategischen Geschäftseinheiten wahrgenommen.

12.3.2 Rechnungszwecke im Rahmen der Logistik

Zur Beurteilung und Entscheidungsfindung bei der Lösung der skizzierten Logistikoptimierungsaufgaben kommen den Informationen aus der Kostenrechnung große Bedeutung zu. Wesentlicher Rechnungszweck im Bereich Logistik ist deshalb die verursachungsgerechte Ermittlung und Abrechnung der Lager- und Transportkosten von Kundenaufträgen. Dies gilt auch für eine möglichst genaue Abrechnung der internen Logistikkosten im Produktionsumfeld, die letztlich in den Fertigungskosten aufgehen. Ziel ist es, eine entscheidungsorientierte Deckungsbeitragsrechnung für die Analyse der Kundenprofitabilität zu erstellen. Mit Blick auf den hohen Anteil an konzerninternen Lieferungen ins In- und Ausland hat die angemessene Verrechnung von Logistikkosten ebenfalls eine hohe Bedeutung, einerseits mit Blick auf eine steuerlich richtige – im Sinn von validen Transferpreisen – sowie andererseits eine aus Anreizsicht adäquate, d. h. bei Henkel kostendeckende Weiterbelastung zwischen den Tochtergesellschaften. Mit Blick auf die Komplexität des Geschäftes und der mitunter mehrstufigen Zurechnungsproblematik ist Kostentransparenz für eine effektive Kostenkontrolle ein weiterer Rechnungszweck. Zweckmäßige Transparenz über die Kostentreiber und deren Kontrolle im internen und externen Material- und Warenfluss sollen dabei auch eine bedarfsgerechte Transportplanung unterstützen.

Aus den Anforderungen des Einkaufs und der operativen Steuerung der Logistikpartner ergeben sich weitere Rechnungszwecke, die durch spezielle Nebenrechnungen und nicht durch die laufende Kostenrechnung abgedeckt werden. Dabei geht es beispielsweise um die Konsolidierung der Ausgaben je Logistikdienstleister, um etwa Vertragsverhandlungen oder Lieferantenkonsolidierungen vorzubereiten. Die Messung der Servicequalität der Vertragspartner im Sinne der vereinbarten Parameter und die Dokumentation und Analyse von Lieferdokumenten zur Fundierung von etwaigen Regressforderungen oder Zahlungsminderungen sind weitere Rechnungszwecke aus Sicht des Logistikcontrollings. Neuere Rechnungszwecke ergeben sich aus dem Themenkomplex der Nachhaltigkeit in der Logistik, die beispielsweise auf die Erfassung von Emissionsdaten der Transportpartnerunternehmen abzielen.

12.4 Ausgestaltung der Logistikkostenrechnung

12.4.1 Begriffliche Abgrenzung und Grundstruktur

Logistikkosten werden bei Henkel als Fracht- und Lagerkosten bezeichnet und in der weltweit gültigen Konzernbilanzierungsrichtlinie, dem sogenannten Corporate Standard of Accounting, einheitlich definiert. Die Fracht- und Lagerkosten umfassen alle Kostenbestandteile, die beim Absatz von Fertigwaren und anderen an externe Kunden verkauften Produkten durch externe und innerbetriebliche Güter und Leistungen für die Palettennutzung, die Lagerbeschickung, die Lagerung und die Kundenbelieferung entstehen. Die genannten Aktivitäten werden auch als Ausgangslogistik bezeichnet. In der Deckungsbeitragsrechnung werden Fracht- und Lagerkosten als eine konsolidierte Kostenzeile berichtet und sind Teil der Vertriebskosten in der Gewinn- und Verlustrechnung nach IFRS.

Anzumerken ist, dass die Kosten der Eingangslogistik in den Herstellungskosten aufgehen. Die Eingangslogistik besteht aus den Kosten für Belieferung der Produktion mit Rohstoffen, deren Lagerung sowie der produktionsinterne Transport von Halbfertigerzeugnissen zwischen verschiedenen Produktionswerken. Als physische Trennlinie zwischen Herstellungskosten auf der einen und Fracht- und

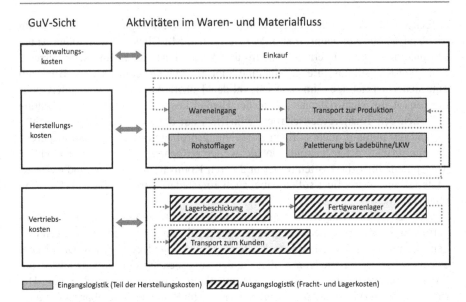

Abb. 12.1 Abgrenzung von Logistikkosten

Lagerkosten – als Teil der Vertriebskosten – auf der anderen Seite gilt die Lade-
rampe des Produktionswerks für die Transporte zu Fertigwarenlager oder Kunden.
In Abb. 12.1 wird die kostenrechnerische Abgrenzung aus Sicht der Gewinn- und
Verlustrechnung dem Material- und Warenfluss gegenübergestellt. Im Folgenden
sind die Fracht- und Lagerkosten (Ausgangslogistik) Kern der Ausführungen.

Die Grundstruktur der Kostenrechnung bei Henkel in SAP sowie die wesentliche
Terminologie veranschaulicht die Abb. 12.2. Dabei beschäftigen sich das sogenannte Gemeinkosten-Controlling mit der Kostenarten- und Kostenstellenrechnung und
das sogenannte Produktkosten-Controlling mit der Produktkostenplanung sowie
der Kostenträgerrechnung. Letztere wird dann in der Struktur einer Deckungsbeitragsrechnung (Profit Center Rechnung) auf den verschiedenen Ergebnisobjekten
respektive Kostenträgern (z. B. Artikel, Kunde, Strategische Geschäfseinheit) als
artikelbezogene Ergebnisrechnung erstellt.

12.4.2 Kostenartenrechnung

Die Kostenartenrechnung als erste Stufe der Kostenrechnung dient zur Abgrenzung, Erfassung und Gliederung der definierten Fracht- und Lagerkosten. Ziel ist
die belegmäßige Erfassung und Dokumentation der betragsmäßigen Entwicklung
der Kostenarten im Zeitablauf. Ein einheitlicher Kostenartenplan gewährleistet eine
transparente Kostenkontrolle in den verschiedenen Bereichen der Logistik. Die Differenzierung der Logistikkostenarten orientiert sich am Waren- und Materialfluss
sowie an den alternativen Transportmöglichkeiten. Die Logistikkostenartenrech-

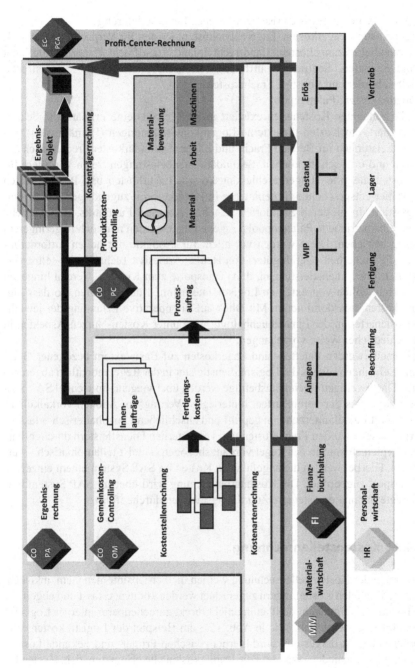

Abb. 12.2 Grundstruktur und Terminologie der Kostenrechnung bei Henkel

nung gliedert sich bei Henkel in vier Hauptkategorien mit 15 zugehörigen Kostenarten:

1. Lagerbeschickungskosten (Replenishment): Lagerbelieferung
2. Lagerkosten: Lagerkosten, Lagernebenkosten, Kosten für Verpackungsmaterial
3. Kundenbelieferungskosten: Landfracht Inland, Landfracht Export, Landfracht zum Seehafen, Seefracht, Luftfracht, Retouren, Kurierfracht, Expressfracht, Selbstabholer und Sonstige Frachtkosten
4. Palettenkosten: Palettenpool

Für alle genannten Kostenarten existiert in SAP jeweils eine Primär- und Sekundärkostenart, um Kosten für externe Logistikdienstleistungen (Primärkosten) und interne Leistungen im Bereich Fracht und Lager (Sekundärkosten) rechnerisch abgrenzen und erfassen zu können. Sekundärkostenbelastungen treten vor allem für die Kostenkategorien Lagerbeschickungskosten, Lagerkosten und Palettenkosten auf, da hier entsprechende firmeninterne Infrastruktur mit zugehörigen Kostenstellen existiert. In größeren Standorten bestehen zum Teil Fuhrparks, Bahnbetriebe sowie selbstbetriebene Palettenpools. Eigene Läger werden nur noch in geringerem Umfang betrieben. Diese werden vor allem für Produkte mit hohen Anforderungen an die Sicherheit (Gefahrgüter) von Henkel Adhesive Technologies selbst verantwortet. Frachtdienstleistungen, d. h. Transporte zum Kunden, werden hingegen fast ausschließlich von externen Logistikunternehmen übernommen, so dass hier Primärkostenarten dominieren. Mit Blick auf die operative Erfassung der jeweiligen Kostenarten in der Finanzbuchhaltung wird unter Kosten-Nutzen-Aspekten in unterschiedlicher Weise vorgegangen:

- Einerseits werden Paletten- und Lagerkosten auf Basis extern bezogener Güter und Leistungen seitens der Logistikdienstleister in der Regel monatlich abgerechnet. Die jeweiligen Rechnungsbeträge werden überwiegend im Henkel SAP System auf Basis der vereinbarten, hinterlegten Vertragskonditionen vorkalkuliert, von den Logistikunternehmen geprüft und anschließend buchhalterisch erfasst.
- Andererseits werden Frachtkosten und von externen Dienstleistern durchgeführtes Replenishment in der Regel vorgangsbezogen – meist teilautomatisch – verbucht. Hierbei werden die angefallenen Kosten im SAP System einem einzelnen Transport zugeordnet. Die Kostenartenbuchung wird über im SAP System hinterlegte parametergesteuerte Zuordnungstabellen durchgeführt.

12.4.3 Kostenstellenrechnung

Im Rahmen der Kostenstellenrechnung werden die betriebsinternen Gemeinkosten, die nicht direkt den Kostenträgern zugeordnet werden können, erfasst und abgerechnet. Insofern erfolgt auch die Planung nicht direkt zurechenbarer interner Logistikkosten über Kostenstellen. Wie in Abb. 12.3 am Beispiel der Logistikkostenstelle Interner Fuhrpark dargestellt, wird hierbei zwischen Primär- und Sekundärkostenerfassung unterschieden. Während die Primärkosten alle originären, d. h. Kosten für unternehmensextern bezogene Güter und Leistungen, umfassen, handelt es sich bei den Sekundärkosten um die Kosten der innerbetrieblich bezogenen Leistungen. Die

Berichte
- Kst-Übers.bogen IST
- Kst-Detailbogen Ist
- Per. Kapazität IST
- Per. Leistung IST
- Periodenaufriß KoA
- Periodenaufriß KST

Variation: Merkmale
- Buchungskreis
- Kostenstelle

Variation: Buchungskreis
- Buchungskreisgruppe
  - 0001 Henkel AG & Co. KGaA

```
Kst.-Übers.bogen IST              Berichtsgruppe YKPA      Seite  1/ 2

Kostenstelle / Gruppe    6336000001    TRUCK FLEET
Geschäftsjahr            2010
Periode                  1 bis  3                          KP
Währung                  EUR                               WV
Datum                    21.04.2011
```

Kostenarten (Werte in Tausend)		Vorjahr	Budget	E-Wert	Hochrech	IST	Abw. f. Budg
***	CEP400 MATERIAL COSTS COST O	170	260	220	208	52	13-
***	CEP402 OTHER MANUFACTORING S	3	0	0	1	0	2-
***	CEP403 ENERGY COSTS	8	18	18	2	0	4-
***	CEP409 COSTS FOR RECEIVED SE	956	1.000	1.148	930	233	17-
****	CEP40 MATERIAL CONSUMPTIONS	1.136	1.286	1.386	1.141	285	36-
****	CEP89 STOCK CHANGE ACCOUNTS	0					
*****	CEPMAT MATERIALCOSTS	1.137	1.296	1.386	1.141	285	36-
***	CEP411 SALARIES/WAGES	831	845	766	717	179	32-
***	CEP413 OTHER SOCIAL BENEFITS	38	25	32	64	16	10
***	CEP414 SOCIAL CONTRIBUTIONS	168	190	162	163	41	7-
***	CEP416 RETIREMENT BENEFITS	52	56	34	51	13	1-
****	CEP41 PERSONAL EXPENSES	1.108	1.117	994	995	249	31-
****	CEP42 DEPRECIATION	487	486	486	487	122	0
***	CEP431 TRAVEL EXPENSES	1	3	3			1-
***	CEP432 REPRESENTATIONS	0					
***	CEP433 CONSULTING COSTS	20	11	11	9	2	8-
***	CEP434 ANCILLARY PERSONAL EX	3	8	8	8		2-
***	CEP435 POSTAGE FEES & TELECO	1	3	3	6	0	1-
***	CEP436 OFFICE SUPPL./BOOKS/M	24	3	23	25	6	6
****	CEP43 ADMINISTRATION COSTS	50	27	47	35	9	2-
****	CEP44 ASSET EXPENSES	595	731	722	411	183	88-
****	CEP45 RENTS/LEASES	43	30	30	10	3	5-
****	CEP47 OTHER EXPENSES/COST T	75	84	83	117	29	8
*****	CEPADM OTHER EXPENSES	763	872	882	573	143	75-
*****	CEPACC ACCRUALS				70	17	17
******	CEP PRIMARY COSTS	3.496	3.761	3.748	3.265	816	124-
*****	CES51 PERSONAL SERVICES	2	4	4	4	1	8-
***	CES532 WAREHOUSE TECHN MATER	0					
***	CES534 ENGINEER SERVICES	11	19	19			5-
***	CES539 OTHER ADM SERVICES	17-					
*****	CES53 TECHNICAL/ADM.SERVICE	6-	19	19			5-
***	CES541 WORKSHOP SERVICES/TEC	24	25	25	56	14	8
***	CES543 MAINTENANCE	163	200	200	4	1	49-
*****	CES54 WORKSHOP SERVICES	188	225	225	60	15	41-
*****	CES57 OTHER SERVICES	658	864	686	745	186	30-
******	CES SECONDARY COSTS	840	1.113	934	808	202	76-
*******	RESSORTKOSTEN	4.336	4.873	4.682	4.073	1.818	200-

Abb. 12.3 SAP-Kostenstellenbericht (Beispiel Kostenstelle Interner Fuhrpark)

im abgebildeten Kostenstellenbericht aufgelisteten Kostenartengruppen basieren auf einer speziell für die Kostenstellenrechnung definierten Kostenartenhierarchie. Sie ermöglichen die Zusammenfassung der genutzten Kostenarten auf unterschiedlichen Aggregationsebenen.

Kostenstellen sollen insbesondere eine wirksame Kostenkontrolle von abgegrenzten Verantwortungsbereichen ermöglichen. Die Abgrenzung der Logistikkostenstellen erfolgt einerseits anhand ihrer Funktion gemäß der vier Hauptlogistikprozesse (Lagerbeschickung, Lagerhaltung, Kundenbelieferung und Palettenpool) und andererseits anhand der Aufbauorganisation der jeweiligen Organisationseinheit. Generell müssen Kostenstellen durch einen zuständigen Kostenstellenleiter geplant und überwacht werden. Für die Kosten- und Wirtschaftlichkeitskontrolle stehen mehrere Kostenstellenberichte zur Verfügung. Im oben dargestellten Kostenstellenbericht werden für eine vorausschauende Abschätzung der Kosten auf Jahressicht den unterjährig angefallenen Istkosten mehrere Vergleichsperioden (Gesamtjahr)

Fracht- und Lagerkosten Deutschland (03/200X)

Category		Jan	Febr	Mar	total
Replenishment	Replenishment external	187.927	284.861	323.242	796.030
	Henkel transport fleet	61.469	67.656	70.029	199.155
Replenishment		**249.396**	**352.518**	**393.271**	**995.185**
Warehousing	Warehousing Additional expenses	2	3.317	7.225	10.545
	Warehouse Damaged goods	24.968	33.117	27.324	85.409
	Warehouse Düsseldorf East	571.909	392.625	302.158	1.266.691
	Warehouse Porta Westfalica	32.235	18.953	18.632	69.819
	Warehouse Kolding	4.167	2.083	2.083	8.333
	Warehouse Langenfeld	282.777	153.317	140.865	576.958
	Warehouse Nördlingen	238.914	116.667	117.531	473.112
	Warehouse Goch	90.000	45.000	45.000	180.000
	Warehouse Hirschberg	315.142	316.357	307.637	939.136
	Warehouse Garching	52.108	49.381	54.154	155.644
	Warehouse Wächtersbach	52.226	26.113	26.113	104.452
	Warehouse Düsseldorf PTS	31.667	21.644	16.251	69.562
	Warehouse Dresden	32.000	16.000	16.430	64.430
	Warehouse Hannover	54.918	47.876	74.690	177.484
	Warehouse Unna	128.559	260.996	203.641	593.196
	Warehouse Düsseldorf V01	50.294	59.062	50.269	159.624
	Warehouse Düsseldorf W01	79.842	79.842	79.842	239.526
	Warehouse Welkenraedt/Schönbach	440.122	231.663	238.560	910.345
	Warehousing Others	-304.981	239.259	57.734	-7.988
Warehousing		**2.176.869**	**2.113.271**	**1.786.138**	**6.076.278**
Freight	Land freight domestic	1.232.116	1.424.839	1.284.599	3.941.555
	Land freight international	2.388.006	2.579.156	2.800.551	7.767.712
	Transport to seaport	80.718	111.469	81.102	273.289
	Sea freight	137.106	222.036	161.117	520.259
	Airfreight	169.762	252.597	191.159	613.518
	Return deliveries	52.496	75.292	57.078	184.866
	Courier Fees	314	-589	176	-99
	Freight Additional expenses	400	983	1.651	3.034
Freight		**4.060.918**	**4.665.783**	**4.577.432**	**13.304.133**
Pallets	Pool Düsseldorf	586.986	305.896	374.093	1.266.974
	Pool Heidelberg	28.925	12.385	13.502	54.812
	Pallets external	2.598	3.915	5.008	11.520
Pallets		**618.508**	**322.196**	**392.603**	**1.333.306**
Total		**7.105.691**	**7.453.768**	**7.149.444**	**21.708.902**

Abb. 12.4 Darstellung einer Logistikkostenübersicht in € (Beispiel Deutschland)

gegenübergestellt. Mit Hilfe der Vergleichsperioden Vorjahr, Plan (Budget) und Erwartungswert (Latest Best Estimate) sowie der Hochrechnung als mathematische
Projektion der Istkosten wird ein differenzierter Vergleich nach Kostenarten für eine
wirksame Kostensteuerung ermöglicht. Weitere Kostenstellenberichte stellen auch
den monatlichen Kostenverlauf dar, um etwaige saisonale Effekte abschichten zu
können.

Aufgrund der harmonisierten Kostenstellenhierarchie in den regionalen SAP
Plattformen werden Kostenanalysen auch auf gesellschaftsübergreifenden Ebenen
unterstützt. Beispielsweise können für Westeuropa die gesamten Lagerkosten zentral aus dem System mit den jeweils zugrundeliegenden Kostenarten und Einzel-
buchungen auf den Kostenstellen der Tochtergesellschaften abgefragt werden. Mit
Blick auf die Funktion der Kostenstellenrechnung erlaubt dies die Recherche sowohl des originären Kostenanfalls als auch der Kostenverrechnung im System der
Kostenstellenrechnung. In Abb. 12.4 ist exemplarisch die Logistikkostenübersicht

für Deutschland dargestellt, die eine Kostendifferenzierung auf Basis der Kreditoren (Logistikpartner) und der einzelnen Kostenstellen in den Bereichen Lager (Warehousing), Replenishment und Paletten vornimmt. Die Frachtkosten sind – aufgrund der Vielzahl von Kreditoren – nach den primären Frachtkostenarten unterteilt.

Die Verrechnung von Fracht- und Lagerkosten als Vorstufe zur Kostenträgerrechnung erfolgt im Rahmen des Monatsabschlusses über sogenannte SAP Innenaufträge (vgl. auch Abb. 12.2). Innenaufträge fungieren hierbei als Kostensammler und bilden damit die Basis für eine finale Weiterbelastung der Fracht- und Lagerkosten auf die Kostenträger. Um eine produktgruppen- und geschäftsbereichsspezifische Kostenzuordnung zu ermöglichen, gibt es jeweils eine 1:1-Beziehung zwischen Innenauftrag und zugehörigem Profitcenter.

Bei der Verrechnung von Kostenstellen werden Leistungsarten festgelegt, die auf Prozentschlüsseln oder Standardverrechnungssätzen gemäß dem Durchschnitts- bzw. Verursachungsprinzip basieren. Die Verrechnungsschlüssel orientieren sich dabei an festgelegten Hauptkostentreibern. Beispiele für Kostentreiber im Bereich Lagerkosten sind Tonnage, Anzahl von Paletten im Warenausgang oder Anzahl von belegten Palettenplätzen. Für Palettenkosten werden schlicht die Anzahl der genutzten Paletten im Fracht- und Lagerbereich als Bezugsgröße verwendet.

Bei Prozentschlüsseln ist eine regelmäßige Überprüfung und Aktualisierung der Bezugsgrößen durch das zuständige Controlling entscheidend. Vorteil dieses Verfahrens ist eine vollständige Kostenverrechnung. Allerdings erfordern geänderte Kostengewichtungen, etwa durch Organisations- und Produktmixänderungen, ein laufendes Monitoring. Mit der Verrechnung über Standardkostensätze wird auf Basis erwarteter Mengen und Kosten ein festgelegter Betrag pro Leistungseinheit (z. B. EUR/Tonne) gemäß dem monatlichen Leistungsanfall auf die Innenaufträge belastet. Dieses Verfahren passt sich im Gegensatz zur Verrechnung über Schlüssel automatisch an mögliche strukturelle Gewichtsverschiebungen an. Etwaige Unter- oder Überverrechnung durch abweichende Istmengen bzw. Istkosten erfordern ebenfalls eine regelmäßige Prüfung durch das Controlling.

Im Bereich der Primärkostenerfassung werden in der Regel zwei Verfahren zur Kostenverteilung auf die Innenaufträge angewendet: Paletten- und Lagerkosten werden – vergleichbar mit der Verrechnung von Kostenstellen – über festgelegte, turnusmäßig aktualisierte Prozentverteilungsschlüssel anteilsmäßig auf die verschiedenen Innenaufträge verbucht. Bei der Verbuchung von Frachtkosten dominiert eine andere Methode. Hier werden entsprechende Kosten vorgangsbezogen dem physischen Transportvorgang zugeordnet, d. h. im SAP-System einer entsprechenden Transportnummer. Die Kostenzuordnung zu den Innenaufträgen erfolgt hierbei analog zur Profitcenterfindung des mit dem Transport verbundenen Umsatzes. Ermöglicht wird die effiziente Durchführung dieses Prozesses durch eine transportspezifische Rechnungsstellung seitens der Transportdienstleister. Diese basiert wiederum auf einer automatischen Vorkalkulation der Frachtkosten im Henkel SAP System. Auf Basis hinterlegter Vertragskonditionen je Transportdienstleister erfolgt mit Hilfe von Transportparametern (Startort, Zielort, Transportgewicht und Transportart, z. B. LKW, Luftfracht, Thermotransport, Expressfracht) eine exakte Berechnung des Frachtrechnungsbetrags im Rahmen einer Vorkalkulation.

Der Dienstleister prüft und korrigiert gegebenenfalls bei etwa nicht vertragsmäßig abgedeckten Aufträgen die ermittelten Daten mit Hilfe seines SAP Zugriffs und leitet das Ergebnis anschließend an das Henkel Rechnungswesen zur Abrechnung weiter. Im Rahmen der Rechnungserfassung durch die Henkel Buchhaltung führt das System einen automatischen Abgleich mit der Frachtvorkalkulation durch. Abweichungen zwischen Rechnungsbetrag und Vorrechnung müssen manuell bestätigt werden. Vorteile dieses Verfahrens sind zum einen eine verursachungsgerechte Kostenzuordnung und zum anderen eine Verknüpfung von Kosten mit operativen Logistikinformationen des Transportvorgangs (z. B. Warenempfänger, Abgangslager) bei weitgehender Automatisierung der Buchungsverarbeitung.

12.4.4 Kostenträgerrechnung

Die Kostenträgerrechnung bildet die Basis für die artikel- und kundenbezogene Deckungsbeitragsrechnung respektive für die kurzfristige Erfolgsrechnung der strategischen Geschäftseinheiten. Die Kostenbestandteile der artikelbezogenen Deckungsbeitragsrechnung sind dabei die folgenden:
Bruttoumsatz
Artikel- und Kundenerlösminderungen
Nettoumsatz
Provisionen
Fracht- und Lagerkosten
Materialkosten
Fertigungskosten
Produktdeckungsbeitrag
Logistikkosten werden dabei in der Ergebnisrechnung aus Vereinfachungsgründen nur in einer Kostenzeile berichtet. Damit ist eine separate Analyse der beiden Komponenten Fracht und Lager in der Ergebnisrechnung nicht direkt möglich.

Aus Sicht des monatlichen Standardreportings kann eine Produktdeckungsbeitragsrechnung für das rd. 90.000 Artikel große Produktportfolio in vielfältiger Segmentierung (z. B. Kunde, Technologie, Innovation, Produktgruppen, produzierendes Werk, Tonnage) dargestellt werden. Dies erfolgt in einem speziellen Business Warehouse auf Basis der SAP COPA Daten. Eine weiterführende Deckungsbeitragsrechnung erfolgt bis zur Sub-Ebene der fünf Strategischen Geschäftseinheiten. Dies sind etwa 15 Organisationseinheiten, für die monatlich eine vollständige Ergebnisrechnung bis zum EBIT im Konzernreportingsystem ermittelt wird.

Zur Erstellung der artikel- und kundenbezogenen Deckungsbeitragsrechnung werden kalkulatorische Kostensätze (EUR/Tonne), sogenannte COPA-Konditionen verwendet. Das bedeutet, dass bei Verkauf eines Artikels im Sinne des Umsatzkostenverfahrens jeweils anteilige Fracht- und Lagerkosten die Ergebnisrechnung belasten. Die Belastung erfolgt auf Basis der in einer Abrechnungsperiode umgesetzten Verkaufstonnage. So werden entsprechende ergebnisrelevante Fracht- und Lagerkosten auf die Ergebnisobjekte in der Deckungsbeitragsrechnung generiert.

Die kalkulatorischen Kostensätze werden pro Tochtergesellschaft profitcenterspezifisch ermittelt und sind das Ergebnis der Kostenarten- und Kostenstellenrechnung. Dabei wird der verbuchte Kostenanfall je Innenauftrag ergänzt um notwendige Rückstellungen für nicht periodengerecht verbuchte Rechnungen, die im Rahmen des Monatsabschlusses als Abgrenzung bilanziell festgelegt werden.

Die kalkulatorischen Fracht- und Lagerkonditionen berücksichtigen immer den Erwartungswert für das laufende Geschäftsjahr. Änderungen werden nur bei relevanten, mittel- und/oder langfristig wirksamen Effekten durchgeführt. Auf diese Weise werden Schwankungen der Fracht- und Lagerkosten auf den Kostenträgern und in der Ergebnisrechnung möglichst gering gehalten. Um Kostenunter- oder Überdeckungen in der Erfolgsrechnung zu minimieren und rechtzeitig auf Logistikkosteneffekte reagieren zu können, ist ein regelmäßiger Abgleich zwischen Istkosten und abgegrenzten Kosten durch das jeweilige Controlling notwendig. Durch dieses Verfahren der Kopplung von Istkosten und abgegrenzten Kosten werden strukturelle Unterschiede in der operativen Logistik in der Ergebnisrechnung berücksichtigt. So unterscheiden sich die relativen Lager- und Transportkosten (Kosten pro Gewichtseinheit) in der Regel deutlich zwischen großvolumigen, schweren Bautechnikprodukten einerseits und Hochleistungsklebstoff-Produkten für die Elektronik-Industrie andererseits. In bestimmten Fällen, in denen eine profitcenterspezifische Kostenzuordnung nicht ausreicht, erfolgt eine kundengenaue Ermittlung der kalkulatorischen Kostensätze und erhöht damit zusätzlich die Genauigkeit der Artikeldeckungsbeitragsrechnung.

Zur Analyse der Fracht- und Lagerkosten nutzt das zuständige Controlling vorrangig die kurzfristige Erfolgsrechnung auf der Ebene der Konzernberichterstattung. Kosteneffekte werden durch relative Kennzahlen in der Ergebnisrechnung aufgezeigt. Für tiefer gehende Abweichungsanalysen werden zusätzlich die Daten der Kostenstellen- und Kostenartenrechnung herangezogen. Auf Regions- und Länderebene existieren hierfür in der Regel zusätzliche Berichte und Tools.

Generell soll eine wirksame Unternehmenssteuerung die Einhaltung der Planergebnisziele ermöglichen. Letztere sind meist festgelegte Margenziele (z. B. Gross Profit, ROS). Laufende Plan-Ist-Vergleiche, ergänzt um Abweichungsanalysen gegenüber den jeweiligen Vorjahreszahlen sind Teil des monatlichen Standardreportings. Mit Blick auf den Logistikkostenblock werden die relativen Kennzahlen Fracht- und Lagerkosten in Prozent vom Fremdumsatz und sowie als Kosten pro Tonne verwendet. Abbildung 12.5 zeigt einen exemplarischen Bericht, der den monatlichen Verlauf der Fracht- und Lagerkosten in Prozent vom Fremdumsatz gegenüber Plan und Vorjahr darstellt.

Analoge Auswertungen werden in monatlichen Abständen für die absoluten sowie relativen Kosten aufbereitet. Neben diesen Gegenüberstellungen von Zeitreihen existieren außerdem Staffelwertvergleiche sowie sogenannte „Run-Rate-Analysen", bei denen gleitende Durchschnitte dem Plan gegenübergestellt werden.

Die monatlichen Berichte sind standardisiert und werden durch das zentrale Supply Chain & Operations Controlling erstellt sowie anschließend an die jeweiligen Controlling Abteilungen der strategischen Geschäftseinheiten und Regionen verteilt. Der Aufbau der Berichte orientiert sich dabei an den Geschäftsverantwort-

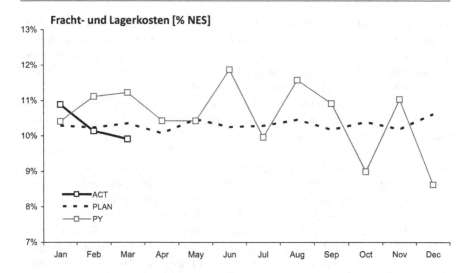

Abb. 12.5 Exemplarische Zeitreihe von Fracht- und Lagerkosten (% vom Fremdumsatz)

lichkeiten gemäß Organisationsstruktur, beginnend mit globalen Reports, über regionale hin zu länderspezifischen Analysen jeweils getrennt nach den strategischen Geschäftseinheiten.

12.5 Entwicklungsperspektiven

Die wachsenden Anforderungen an die Logistik als Werthebel werden nicht nur deren konzeptionelle Weiterentwicklung beschleunigen, sondern führen auch aus Sicht von Henkel Adhesive Technologies zu einer Renaissance der Logistikkostenrechnung. Dies ist auf folgende relevante Themen zurückzuführen:

- Optimierung der Kundenprofitabilität (z. B. Lieferfrequenzen, Mindestbestellmengen)
- Laufende Reduktion der Supply Chain-Kosten (z. B. Operational Excellence)
- Weitergehende Konsolidierung der Produktionsinfrastruktur in Mature Markets (z. B. Transportkostenvorteile vs. Fertigungskosten, Make-or-Buy-Entscheidungen)
- Ausbau der Kapazitäten in Emerging Markets (z. B. strategische Standortplanung)
- Weiterentwicklung der Kunden- und Lieferantenbeziehungen (z. B. Service Strategie und Service Modelle)
- Verbesserung der Synergien zwischen Strategischen Geschäftseinheiten (z. B. Anzahl der Lager)
- Optimierung des Produktportfolio (z. B. Verringerung der Variantenvielfalt)
- Entwicklung nachhaltiger Logistikkonzepte (z. B. umweltschonende Transportkonzepte)

- Regionalisierung der Supply Chain-Verantwortung (z. B. zentrale Produktions- und Transportplanung)
- Verbesserung der Planung und Simulation von Logistikkosten (z. B. Investitionsrechnung, Ergebniswirkung volatiler Treibstoffkosten)

Generell leiten sich aus diesen Themen zwei Hauptanforderungen an die Logistikkostenrechnung ab:

- Erstens wird durch die Leitungsorgane eine höhere Transparenz über Transport- und Lagerkosten und deren Kostentreiber gefordert. Damit gilt es abzuwägen, inwieweit die laufende Kostenrechnung dauerhaft erweitert werden muss. Zu berücksichtigen ist hier der erfahrungsgemäß hohe Ressourceneinsatz, der mit Änderungen in den laufenden Finanz-, Kostenrechnungs- und IT-Systemen verbunden ist.
- Zweitens führt die Vielfältigkeit der aus den Themengebieten abgeleiteten Fragestellungen zu einer wachsenden Zahl von Ad-hoc-Analysen, die eine Simulation von Logistikkosten im Rahmen der Unternehmenssteuerung erfordern. Dies verlangt eine Flexibilisierung der (Logistik)Kostenrechnung. Aus diesem Grund wird derzeit untersucht, inwieweit intelligente Datenmodelle es erlauben, eine effiziente Analyse der in den Systemen hinterlegten Daten (z. B. Kostenarten, Rechnungs- und Buchungsbelege) zu unterstützen, ohne die bestehende IT-Infrastruktur und Prozesse im Finanz- und Rechnungswesen ändern zu müssen.

Der dargestellte zunehmende Analyse- und Steuerungsbedarf führt auch zur Fragestellung, ob es zweckmäßig ist, ein separates Logistikcontrolling zu institutionalisieren. Derzeit werden die Aufgaben im Rahmen des Supply Chain & Operations Controlling auf den verschiedenen Hierarchieebenen wahrgenommen[5]. Ein aktuelles Benchmarking hat ergeben, dass eine Verbesserung der Service Level als auch Einsparungen durch ein erweitertes Supplier-Controlling der Logistikpartner und durch ein verbessertes Claimmanagement erreicht werden können. Aufgrund dieser Aufgabenerweiterung, die eine detailliertere Steuerung und Kontrolle der Logistikdienstleister vorsieht, wird die Notwendigkeit der Funktion des Logistikcontrollings unterstützt. Henkel Adhesive Technologies hat sich zunächst entschieden, ein eigenständiges Logistikcontrolling aufgrund laufender Aktivitäten projektbezogen zu institutionalisieren. Ziel ist es, in einem ersten Schritt den notwendigen erweiterten Informationsbedarf für die Logistiksteuerung festzulegen. In einem zweiten Schritt muss über den Weiterentwicklungsbedarf der Logistikkostenrechnung und abgeleiteter Berichtssysteme unter Berücksichtigung der Implementierungskosten entschieden werden.

In einer Gesamtbetrachtung aus Sicht des Controlling-Ansatzes bei Henkel Adhesive Technologies bleibt anzumerken, dass zusätzliche Transparenz und Informationsbedürfnisse des Managements wie für die Logistik gefordert, aktiv durch das Controlling „gesteuert" werden müssen. Konkret bedeutet dies, festzulegen, an welcher Stelle möglicherweise auslaufende Informationsbedarfe eine Komplexitätsreduktion im Reporting zugunsten eines erweiterten Logistikcontrollings erlauben.

---

[5] Vgl. Schmidt und Hebeler (2005, S. 265 f.).

Literatur

Bernd H (2006) Auswirkungen von IFRS auf die Unternehmenssteuerung bei Henkel. In: Franz K-P, Winkler C (Hrsg) Unternehmensteuerung und IFRS. Oldenbourg Wissenschaftsverlag, München, S 167–195

Hebeler C (2006) Harmonisierung des internen und externen Rechnungswesens bei Henkel. In: Horváth P (Hrsg) Controlling und Finance Excellence. Schäffer-Poeschel, Stuttgart, S 111–127

Hebeler C (2011) Reorganisation der Kostenrechnung bei Henkel. In: Weber J, Schäffer U (Hrsg) Einführung in das Controlling, 13. Aufl. Schäffer-Poeschel, Stuttgart, S 136–138

Hebeler C, Langer M (2006) Schönfelds Beitrag zur Anwendung statistischer Methoden in der Kostenrechnung aus Sicht der Henkel KGaA. In: Weber J (Hrsg) Prägende Controllingkonzepte. Gabler, Wiesbaden (ZfCM Sonderheft 1/2006, S 47–49)

Schmidt M, Hebeler C (2005) Controlling in der Henkel-Gruppe. ZfCM 49(4):264–267

Implementierungsfragen

13

In diesem abschließenden Kapitel zum Konzept einer auf material- und waren-flussbezogene Dienstleistungen gerichteten Kostenrechnung seien zwei Aspekte herausgestellt, die für die praktische Umsetzung der geäußerten Ideen eine erhebliche Bedeutung besitzen. Zum einen soll in einem längeren Abschnitt die Frage der DV-technischen Implementierung am Beispiel der Standardsoftware SAP ERP diskutiert werden. Es wird sich zeigen, dass Software dieser Art in der Lage ist, das skizzierte Konzept praktisch vollständig umzusetzen. Die hierzu getroffenen Ausführungen sind von SAP erstellt und unverändert übernommen worden. Um dieses auch im laufenden Text sichtbar zu machen, ist er – wie im vorangegangenen Abschnitt – grau hinterlegt.

Während Aspekte der DV-technischen Realisierung das „Implementierungskönnen" betreffen, geht es zum anderen auch um das „Implementierungswollen". Hier sind Fragen angesprochen, die typischerweise unter dem Begriff des „Change Managements" thematisiert werden.

13.1 Implementierung mit Hilfe der Standardsoftware ERP (früher SAP R3)[1]

13.1.1 Einleitung

13.1.1.1 Ziele der Logistikkostenrechnung

Im Zeitalter der Globalisierung und der Unternehmensoptimierung durch Supply Chain Management, Customer Relationship Management und vergleichbarer Initiativen kommt der Minimierung von Transport- und Lagerkosten und somit der Logistikkostenrechnung besondere Bedeutung zu. Da durch neueste Technologien auch solche Unternehmen global agieren können, die noch vor wenigen Jahren

---

[1] Der Abschnitt wurde von Janet Salmon verfasst. Sie ist Chief Product Owner for Management Accounting, SAP AG, Walldorf, Autorin des Fachbuches „Controlling with SAP – Practical Guide" von SAP Press (ISBN: 978-1-59229-392-6) und schreibt regelmäßig über Controlling-Themen für SAP Financials Expert (http://www.financialsexpertonline.com)

J. Weber, *Logistikkostenrechnung*,
DOI 10.1007/978-3-642-25173-3_13, © Springer-Verlag Berlin Heidelberg 2012

regional eingeschränkt waren, kommt es zu einem verstärkten Konkurrenz- und Preiskampf. Die Minimierung nicht wertschöpfender Aktivitäten wie (insbesondere innerbetrieblicher) Transport und Lagerhaltung ist, auch unter Berücksichtigung globaler Beschaffungs-, Produktions- und Absatzmöglichkeiten, noch wichtiger als zuvor.

Die Ziele moderner Optimierungsinitiativen sind nur dann zu erreichen, wenn eine stete, transparente und aussagekräftige Kostenanalyse die Lenkung der Unternehmen unterstützt. Dies bezieht sich einerseits auf die laufende Stück- und Periodenrechnung: Die Logistikkosten sollen Entscheidungsobjekten wie Materialien, Produktgruppen, aber auch bspw. Produktionswerken oder Kunden zuordenbar sein. Andererseits müssen die Logistikkosten im Hinblick auf personelle und gerätetechnische Investitionen erkenn- und steuerbar sein. Da die Ursache für erhöhte Logistikkosten nicht nur in den die Leistung erbringenden Unternehmensbereichen liegt, sondern oftmals in anderen Funktionsbereichen wie Disposition, Produktion oder Distribution, die die entsprechende Leistung anfordern, ist ein funktionsübergreifendes, die Unternehmensstrukturen berücksichtigendes Cost Management gefragt.

13.1.1.2 Einordnung des „Controllings" im SAP ERP

Das Controlling ist integraler Bestandteil des SAP ERP Financials. SAP ERP Financials unterstützt durch die Bereitstellung von Software und Services die im Financials anfallenden Aufgaben und bietet zahlreiche Funktionen und Services, von der Zahlungsabwicklung bis zur Erstellung von Bilanz und Gewinn- und Verlustrechnung, von der Kalkulation einzelner Produkte bis zur Bereitstellung strategischer Simulations- und Entscheidungsdaten.

Im Rahmen von SAP Financials wird den Anforderungen eines modernen Cost Managements durch die Kombination von SAP ERP Controlling mit dem SAP Enterprise Performance Management (SAP EPM) Rechnung getragen (vgl. Abb. 13.1). Während SAP ERP Controlling als operatives System die Grundlage für die zeitnahe Steuerung (realtime) inner- und außerbetrieblicher Abwicklungen bildet, unterstützen SAP EPM in erster Linie die strategische Entscheidungsfindung im Management und ergänzen die Anforderungen traditioneller Kostenrechnungstheorien durch modernstes Strategie-Management.

13.1.1.3 Leistungsmerkmale des „Controllings" im SAP ERP

SAP ERP ist ein auf Client-Server-Architektur basierendes System. SAP ERP ist branchenübergreifend einsetzbar; die Adaption der Funktionalität an die Anforderungen einzelner Branchen wird seitens der SAP durch die Bereitstellung von Industry Solutions – bspw. für die Automobilindustrie – sichergestellt. Für SAP ERP wurden Ende des Jahres 2010 weltweit etwa 27.000 Installationen in mehr als 19.000 Unternehmen gezählt. Hinzu kommen weltweit etwa 18.500 Installationen in mehr als 13.000 Unternehmen, die noch mit SAP R/3 arbeiten. SAP ERP wird sowohl von mittelständischen Unternehmen als auch von multinational operierenden Konzernen eingesetzt. Nachfolgend soll ein Überblick über die wichtigsten Leistungsmerkmale des Controllings im SAP ERP gegeben werden:

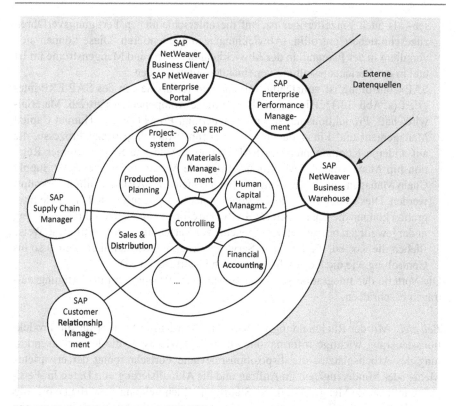

Abb. 13.1 Cost Management mit SAP ERP

- Das Controlling im SAP ERP unterstützt sowohl traditionelle als auch moderne Verfahren der Kosten- und Leistungsrechnung, zwischen denen nicht explizit gewählt werden muss, sondern die parallel zum Einsatz kommen können. Auf die wichtigsten Kostenrechnungstheorien und ihre Darstellung innerhalb des Controllings im SAP ERP wird in Abschn. 12.1.2 eingegangen.
- Die vom Controlling im SAP ERP zur Verfügung gestellten Daten können zur Erstellung von ad-hoc-Auswertungen, zur laufenden Kontrolle und Steuerung von Organisationseinheiten und Prozessen und zur periodischen Analyse herangezogen werden. Dadurch stehen bspw. Informationen über günstige Abwicklungsalternativen oder über Outsourcing-Potential bereit. SAP Controlling dient desweiteren der Bereitstellung von Bewertungsdaten, die den gesetzlichen Anforderungen der Einsatzländer genügen (inkl. IFRS, und lokaler GAAPs). Für weltweit agierende Unternehmen können mehrere parallele Bewertungsansätze im Controlling bereitgestellt werden und auch zwischen legaler, Konzern- und Profit-Center-Bewertung unterschieden werden.
- Durch das Setzen von Customizing-Parametern wird das System an die kostenrechnerischen und durch logistische Abwicklungen bedingten Unternehmensanforderungen angepasst. So kann bspw. ein Unternehmen, das sowohl Mas-

sen- als auch Einzelfertiger ist, auf die unterschiedlichen Fertigungsverfahren zugeschnittene Controlling-Abwicklungen implementieren. Diese können sich vor allem in der Planung, in der Abwicklung der Wert- und Mengenströme im Ist und in der Berichtsgestaltung voneinander unterscheiden.

- SAP Controlling ist vollständig mit anderen Komponenten des SAP ERP integriert (s. Abb. 13.1). Hier seien als wichtigste Komponenten Vertrieb, Materialwirtschaft, Produktionsplanung und -steuerung, Projektsystem, Human Capital Management und Finanzbuchhaltung genannt. Auch logistische Prozesse, die auf anderen Komponenten des SAP Business Suite wie SAP Customer Relationship Management, SAP Product Lifecycle Management oder SAP Supply Chain Management abgewickelt werden, können mit SAP Controlling verknüpft werden. Dies ist durch eine lose Kopplung der Systeme möglich. Durch die Integration können die Basisdaten für SAP Controlling zeitgleich mit ihrer Erfassung in der jeweiligen operativen Komponente zur Verfügung stehen. Auf diese Weise fließen die Kosten, die für einen Serviceauftrag im CRM anfallen, genau so ins Controlling wie die Kosten für einen Kundenauftrag im SD.

Die Vorteile der Integration seien am Beispiel der Produktion mit Fertigungsaufträgen beschrieben.

Beispiel: Mit der Rückmeldung im SAP ERP werden im System für die Produktionssteuerung wichtige Informationen hinterlegt wie bspw. die Kapazitätsentlastung des Arbeitsplatzes, die dispositionsrelevante Fortschreibung der erwarteten Mehr- oder Minderzugänge im Auftrag und die Aktualisierung von Daten im Fertigungsauftrag wie Mengen, Termine, Status. Die Rückmeldung des Arbeitsvorgangs hat jedoch auch Einfluss auf die Fortschreibung der mitlaufenden Kalkulation im SAP Controlling. So führt bspw. die Rückmeldung der am Arbeitsplatz erbrachten Leistungen zur Entlastung der relevanten Kostenstelle und zur Belastung des Kostenträgers (in diesem Falle des Fertigungsauftrags) mit der entsprechenden Leistungsart. Auf dem Fertigungsauftrag werden sowohl die erbrachten Leistungsmengen als auch die daraus resultierenden Kosten fortgeschrieben. War am Arbeitsvorgang auch eine retrograde Materialentnahme vorgesehen, so erfolgt mit der Rückmeldung der Abbau von Materialreservierungen und Bestandsmengen. Zeitgleich erfolgt eine entsprechende Buchung in der Finanzbuchhaltung (bspw. Aufwand aus Verbrauch an Rohstoffen aus Rohstoffbestand) und die Belastung des Fertigungsauftrags mit den entnommenen Materialien, deren Mengen und den daraus resultierenden Kosten.

Auch andere logistische Vorgänge haben oftmals Auswirkungen auf das SAP Controlling. Beispielhaft genannt seien das Anlegen von Kundenaufträgen und Fertigungsaufträgen, das Erzeugen von Bestellanforderungen und Bestellungen und das Buchen von Materialzugängen an Lager. Zusammenfassend kann festgehalten werden, dass im SAP Controlling i. d. R. eine gesonderte Erfassung von Kosten nicht notwendig ist, da jeder kostenrechnungsrelevante Geschäftsvorfall Informationen über die fortzuschreibenden Mengen, Kosten, die Kostenart und das Kontierungsobjekt (z. B. den Kostenträger) in sich trägt.

13.1.2　Einordnung theoretischer Ansätze der Kostenrechnung im Controlling des SAP ERP

Ein effizientes Controlling ist immer dann durchführbar, wenn auf Basis realistischer Annahmen Zielgrößen definiert wurden, die nach dem Auflaufen von Istkosten als Vergleichsbasis herangezogen werden können. Diesem Gedanken entspricht das Konzept der Plankostenrechnung. Die Ermittlung der Plankosten (in SAP: Standardkosten) eines Produktes erfolgt im Rahmen einer Plankalkulation zum Material. Ergänzend wird den Anforderungen der Istkostenrechnung, die tatsächlich angefallenen Kosten aufzuzeigen, durch die Istkalkulation im SAP Controlling entsprochen.

Da die Bewertung der logistischen Vorgänge immer zum Zeitpunkt der Erfassung stattfindet, wird mit einem Planpreis bewertet. Da in der Regel die tatsächlichen Kosten für die Bereitstellung der Fertigungsleistung vom Plan abweichen, können am Periodenende die Differenzen entweder zu einer Nachbelastung der Fertigungsaufträge oder zu einer Nachbelastung der Materialien im Material Ledger führen. Dies führt in manchen Ländern und Industrien zu einer nachträglichen Anpassung des Bestandswertes.

SAP ERP bietet neben dem Prinzip der Vollkostenrechnung, in dem Gemeinkosten proportional im Verhältnis zu Einzelkosten auf Kostenträger weitergeleitet werden (als Gemeinkostenzuschläge oder als fixe Bestandteile von verrechneten Leistungsarten), die Möglichkeit zur Teilkostenrechnung. Als Teilkostenrechnungssysteme sollen hier insbesondere die stufenweise Fixkostendeckungsbeitragsrechnung und das System der relativen Einzelkosten nach Riebel angesprochen werden. Während erstere eine möglichst verursachungsgerechte Zuordnung der Fixkosten in Abhängigkeit von der Produktnähe anstrebt, ist im System der relativen Einzelkosten eine Zuordnung von Fixkosten auf fast beliebige Merkmalskombinationen möglich. Beiden Ansätzen wird durch die Zuordnung von Kosten zu Merkmalskombinationen in der Ergebnisrechnung entsprochen. Ein der stufenweisen Fixkostendeckungsbeitragsrechnung nahe kommendes Kontierungssystem lässt sich zudem durch die Verwendung einer nach Produkten und Produktgruppen aufgebauten Kostenträgerhierarchie abbilden.

In den vergangenen Jahren wurde immer deutlicher, dass hinsichtlich der Kostenoptimierung Fragestellungen auftreten, die sich nicht ausschließlich durch die Konzentration auf Kostenstellen und Kostenträger beantworten lassen. Hier sei insbesondere auf die Prozesskostenrechnung hingewiesen, mit deren Hilfe im Gegensatz zur zumeist verantwortungsorientierten Kostenstellenrechnung eine verantwortungsbereichsübergreifende Sicht von Unternehmensabläufen abgebildet werden kann. Die Prozesskostenrechnung hat den Anspruch, die klassischen Fehler der traditionellen Kostenrechnung, insbesondere deren Behandlung der Gemeinkosten, zu beheben. So wird eine bessere Steuerung der Gemeinkostenbereiche, die um den eigentlichen Produktionsprozess herum angesiedelt sind (wie Disposition oder externes Transportwesen) und eine höhere Genauigkeit bei der Produktkalkulation erreicht. Beispiele für Geschäftsprozesse sind der Einkaufsprozess, der Prozess der Auftragsabwicklung oder der Einlagerungsprozess. In der jüngeren Vergangenheit entscheiden sich immer mehr Unternehmen dafür, die Logik der Prozesskostenrechnung partiell in den Bereichen einzusetzen, in denen es bisher besonders schwierig zu sein schien, Gemeinkosten verursachungsgerecht zuzuordnen. In diesem Falle ordnet sich die Prozesskostenrechnung als eine Verrechnungsmethode in das SAP Controlling ein.

Neben der im SAP ERP integrierten Prozesskostenrechnung bietet SAP Profitability and Cost Management (SAP PCM) die Möglichkeit an, eine Prozesskostenrechnung auf einer separaten Plattform durchzuführen, die mehr Flexibilität für Modellierung und Simulationen bietet.

Zusammenfassend kann festgehalten werden, dass in SAP Controlling keine Einschränkung auf bestimmte Kostenrechnungssysteme besteht. In vielen Fällen ist eine praxisorientierte Kombination verschiedener Ansätze aus der Theorie sinnvoll und mit SAP Controlling auch durchführbar.

13.1.3 Aufbau der Anwendungskomponente „Controlling" unter Berücksichtigung der Logistikkostenrechnung

SAP Controlling setzt sich aus einzelnen Anwendungskomponenten zusammen (vgl. Abb. 13.2), deren Bedeutung nachstehend kurz beschrieben wird:

- Die Kostenartenrechnung dient der Strukturierung der Kostenarten. Kostenarten können über Kostenartengruppen zusammengefasst werden. Kostenartengruppen können hierarchisch aufgebaut werden und werden bspw. bei der Bezuschlagung als Basis oder im Berichtswesen zu Auswertezwecken verwendet.
- Das *Gemeinkosten-Controlling* unterteilt sich im SAP ERP in folgende Bereiche:
  - Die *Kostenstellenrechnung* dient der Kontrolle der Wirtschaftlichkeit einzelner Funktionsbereiche. Sie ist ein geeignetes Hilfsmittel, um angefallene Gemeinkosten dem Ort ihrer Entstehung entsprechend zu analysieren. Abweichungen auf Kostenstellen dienen als Steuerungssignale, aufgrund derer die verantwortliche Person korrigierend in die Geschäftsabläufe eingreifen kann. Neben der Kontrolle funktionaler Verantwortungsbereiche wird durch die Kostenstellenrechnung auch wichtige Vorarbeit für nachfolgende Teilbereiche der Kostenrechnung geleistet. Durch die Verfahren der Leistungsverrechnung (direkt und indirekt), Umlage oder Verteilung können die Kosten z. B. an Innenaufträge, Projekte, Kostenträger oder an die Ergebnisrechnung verrechnet werden.
  - *Innenaufträge* dienen der Planung, Sammlung und Abrechnung der Kosten innerbetrieblicher Maßnahmen und Aufgaben. Neben anderen Unterscheidungskriterien ist eine Unterscheidung von Innenaufträgen nach ihrem Controllingziel möglich. So kann bspw. zwischen Innenaufträgen für zeitlich begrenzte Maßnahmen, Innenaufträgen für stete Kostenkontrolle und statistischen Innenaufträgen unterschieden werden. Zu den typischen Einsatzmöglichkeiten von Innenaufträgen für stete Kostenkontrolle gehört die Kontrolle einzelner Fahrzeuge eines Fuhrparks. Statistische Innenaufträge erlauben Auswertungen nach anderen Gesichtspunkten als die Kostenstellenrechnung.

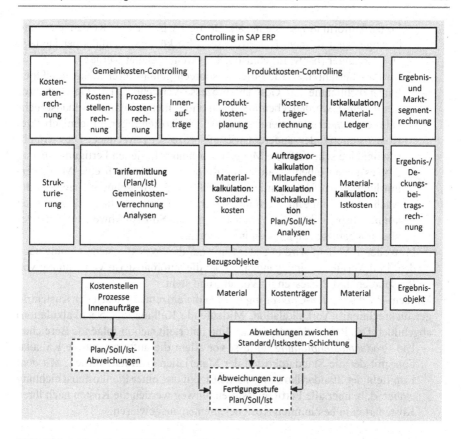

Abb. 13.2 Aufbau des SAP ERP-Controllings

So können in einem Unternehmen bspw. alle anfallenden Kosten für Kraftstoff, Reparaturen, Versicherung etc. auf die Kostenstelle Fuhrpark mit einer Nebenkontierung auf den jeweiligen statistischen Innenauftrag gebucht werden. Auf der Kostenstelle wird angezeigt, welche Kosten in welcher Höhe insgesamt für alle Fahrzeuge angefallen sind. Aus den einzelnen Innenaufträgen kann ersehen werden, wie hoch die Kosten je Fahrzeug sind.

- *Prozesskostenrechnung*: Durch die Verrechnung von Geschäftsprozessen aufgrund von Prozesstreibern und Prozessmengen kann die Kostenverrechnung entlang der Wertschöpfungskette verursachungsgerechter als durch eine Zuschlagsrechnung erfolgen. Die von den Prozessen in Anspruch genommenen Ressourcen werden in Abhängigkeit von Ressourcentreibern an die Prozesse verrechnet. In der Prozesskostenrechnung des SAP ERP werden zwei grundsätzliche Verfahren unterschieden:
  - Im Push-Verfahren werden die Ressourcen nach der Methode der reinen Kostenverteilung per Umlage oder Verteilung auf die Prozesse weitergeleitet. Dabei können beispielsweise statistische Kennzahlen des SAP ERP

Logistikinformationssystems als Bezugsbasis für die Kostenverteilung herangezogen werden. Die Prozesse selbst können ebenfalls per Umlage an Empfänger (bspw. Ergebnisobjekte) weitergeleitet werden.

– Im Pull-Verfahren werden die Ressourcen gemäß ihrer mengenmäßigen Inanspruchnahme auf Geschäftsprozesse verrechnet. Die Geschäftsprozesse selbst werden ebenfalls nach ihrer mengenmäßigen Inanspruchnahme an andere Kontierungsobjekte wie Kostenträger, Ergebnisobjekte, Kostenstellen oder andere Geschäftsprozesse verrechnet. Dies erlaubt sowohl eine sehr einfache Mengenzuordnung (für jeden Fertigungsauftrag gibt es genau einen Qualitätskontrollprozess) wie auch eine Mengenermittlung, die auf Mengen im SAP ERP wie die Ausschussmenge oder die Nacharbeitsmenge im Fertigungsauftrag zugreift. Umfassende Analysen können bspw. über die Verursachung von Soll/Ist-Abweichungen oder über ungenutzte Kapazitäten informieren.

Im weiteren Verlauf wird in erster Linie auf die Prozesskostenrechnung nach dem Pull-Verfahren eingegangen, wobei die automatisierte Verrechnung von Ressourcen und Prozessen im Vordergrund steht.

• Mit dem *Produktkosten-Controlling* werden die einzelnen Phasen der Kostenträgerstückrechnung (Vorkalkulation, Mitlaufende Kalkulation, Nachkalkulation) abgebildet. Das Produktkosten-Controlling unterteilt sich in folgende Bereiche:

– Die *Produktkostenplanung* umfasst vor allem die auftragsneutrale Kalkulation, mit der die Standardkosten der Materialien ermittelt werden. Mit dem Ermitteln der Standardkosten geht die Erzeugung einer Plankostenschichtung einher, d. h. über alle Fertigungsstufen hinweg werden die Kosten nach ihren Kostenarten in bestimmten Kostenelementen ausgewiesen.

Beispiel: Hat ein Fertigerzeugnis zehn Fertigungsstufen und werden voraussichtlich in jeder Fertigungsstufe Kosten für internen Transport von Fertigungslinie zu Fertigungslinie anfallen, so können diese Transportkosten in einem gemeinsamen Kostenelement ausgewiesen werden. Betrachtet man die Kostenschichtung des Fertigerzeugnisses, so werden die über die gesamte Fertigungsstruktur voraussichtlich anfallenden Transportkosten gemeinsam ausgewiesen.

Zusätzlich zur Kostenschichtung können zur Kalkulation ein Einzelnachweis (Ausweis einzelner Kalkulationspositionen) und eine bewertete Strukturstückliste (hierarchische Darstellung bewerteter Stücklistenpositionen und Arbeitsvorgänge) angezeigt werden.

Weitere Kostenschichtungen, die die Primärkosten ausweisen, die über die Leistungsart aus der Kostenstellenrechnung übernommen worden sind, oder die an der Wertschöpfung beteiligten Partner (Buchungskreis, Werk, Profit Center) darstellen, sind auch möglich.

– Die *Kostenträgerrechnung* umfasst die Vorkalkulation der einzelnen Kostenträger (z. B. Fertigungsaufträge), die mitlaufende Kalkulation, unter der das (zeitgleiche) Fortschreiben der während der Leistungserstellung entstandenen Kosten auf dem Kostenträger verstanden wird, und die Nachkalkulation, die sowohl die Verrechnung von Periodenkosten auf den Kostenträger als auch die Ermittlung von Ware in Arbeit und Abweichungskategorien und die

Abrechnung von Daten an andere Komponenten umfasst. Innerhalb der Kostenträgerrechnung können die Produktionskosten einzelner Fertigungsstufen detailliert untersucht werden. So kann bspw. ermittelt werden, welcher Anteil der Kosten darauf entfällt, dass während der Produktion eines Materials ein bestimmter Transportprozess zu häufig durchgeführt wurde (z. B. weil fehlerhafte Materialien an die Linie gestellt wurden) oder dass der Transportprozess zu teuer war (z. B. wegen Unterbeschäftigung auf den abgebenden Kostenstellen).

– Die *Istkalkulation* (Material-Ledger) beinhaltet das Sammeln der zu einem Material über alle Fertigungsstufen hinweg in einer Periode angefallenen Kosten. Auf Basis dieser Daten wird die Istkostenschichtung ermittelt, wobei hierbei dieselben Kostenelemente wie in der Plankostenschichtung verwendet werden. Die Istkalkulation liegt somit der Analyse der zwischen Plankostenschichtung und Istkostenschichtung auftretenden Abweichungen zugrunde (bspw. geplante Transportkosten versus Isttransportkosten aller Fertigungsstufen). Sie wird zudem u. a. zur Bewertung von Materialien herangezogen. Mit der Istkalkulation ist auch eine Nachverrechnung der Abweichungen über Buchungskreise hinweg und ein Ausweis der Materialkosten nach parallelen Bewertungsansätzen möglich.

• Die *Ergebnisrechnung* (auch: Ergebnis- und Marktsegmentrechnung) dient der Erstellung des kurzfristigen Betriebsergebnisses. Das kurzfristige Betriebsergebnis kann gleichermaßen nach dem Umsatzkostenverfahren und dem Gesamtkostenverfahren erzeugt werden. Somit entspricht die Ergebnisrechnung den Anforderungen der Kostenträgerzeitrechnung, wobei die Auswertungen der Ergebnis- und Marktsegmentrechnung über unterschiedliche Dimensionen wie Produkt, Produktgruppe, Kunde, Region oder Vertriebskanal erfolgen können. Das Kontierungsobjekt der Ergebnisrechnung ist das Ergebnisobjekt, das über die jeweils relevanten Merkmale, denen die Kosten verursachungsgerecht zugeordnet werden, bestimmt wird.

Beispiel: Werden bei der Auslieferung von Waren mehrere Kunden in einer Tour angefahren und erhalten diese Kunden wiederum mehrere Produkte unterschiedlicher Produktgruppen, so stellt sich die Frage, ob man die Kosten auf die einzelnen Produkte herunterbrechen oder nur den Kunden zuordnen soll. Beides wäre durch die Kontierung entsprechender Ergebnisobjekte möglich.

13.1.4 Logistikkosten im Gemeinkosten-Controlling

Die Möglichkeiten, Logistikkosten im SAP Controlling zu planen, zu erfassen und zu überwachen, werden entsprechend der Vorgehensweise im SAP beschrieben.

13.1.4.1 Strukturierung logistischer Leistungen und Prozesse

Eine in der Praxis häufig anzutreffende, aber i. d. R. unzureichende Behandlung von Logistikkosten ist die Erfassung auf Kostenstellen, die als Logistikkostenstellen kenntlich gemacht wurden, und ihre Verrechnung über Zuschläge an die Kostenträgerrechnung. Neben der wertabhängigen Bezuschlagung ist auch eine Bezuschlagung auf Basis von Einsatzmengen möglich. SAP Controlling bietet neben dieser Vorgehensweise eine Vielzahl beliebig kombinierbarer, aber unterschiedlich aufwendiger Verfahren. Ihre Auswahl sollte neben der betriebswirtschaftlichen Exaktheit auch von den Kriterien „Relevanz" (Wird ein hinreichend großer Kostenblock beeinflusst?) und „Wirtschaftlichkeit" (Ist der Erfassungsaufwand vertretbar?) geleitet werden.

Eine andere Form der Abbildung logistischer Leistungen ist die Definition von logistischen Leistungsarten, die mit Leistungstarifen bewertet und nach Abruf verrechnet werden. Logistische Leistungen können durch tiefere Detaillierung der Kostenstellenstruktur, z. B. durch Einführung der Logistikkostenstelle „Interner Transport", oder aber durch Definition unterschiedlicher Leistungsarten für Transport und Produktion auf einer Produktionskostenstelle separiert werden. Die Tarife, mit denen die Leistungsarten bewertet sind, werden nach den Kategorien fix und variabel sowie Plan und Ist differenziert, wie es z. B. in der Grenzplankostenrechnung mit parallelem Vollkostenausweis erforderlich ist. Die Leistungsverrechnung kann auf Innenaufträge, Kostenträger (z. B. Fertigungsaufträge), Kostenstellen, Geschäftsprozesse oder Ergebnisobjekte erfolgen. Leistungsverrechnungen können bspw. durch Rückmeldungen in der Logistik oder im Rahmen des Periodenabschlusses durch einen indirekten Leistungsverrechnungszyklus angestoßen werden.

Oftmals sind es nur wenige, aber abteilungs- und somit oft kostenstellenübergreifende Vorgänge, z. B. der Transport eines zu verarbeitenden Materials vom Halbfabrikatelager zur Fertigungslinie oder die Abwicklung eines Versandauftrages, die 80 % der Logistikgemeinkosten beeinflussen. Solche Vorgänge können im SAP Controlling als Geschäftsprozesse abgebildet werden. An der Ausführung eines Geschäftsprozesses sind im allgemeinen mehrere Kostenstellen beteiligt. Die Geschäftsprozesse nehmen dabei die verschiedensten Ressourcen in Anspruch. Dabei sind sowohl das Buchen von Primärkosten auf Geschäftsprozesse als auch die Weiterleitung von sekundären Kosten von Kostenstellen oder von anderen Geschäftsprozessen auf den Prozess möglich. Die Verrechnung von Leistungsarten und Prozessen an Prozesse kann mit Hilfe eines nachstehend näher erläuterten Prozessschemas mit Bezug auf bestimmte Merkmale definiert und automatisiert werden.

Mit den bislang beschriebenen Aktivitäten sind insbesondere betriebliche Aktivitäten mit repetitivem Charakter kontrollier- und steuerbar. Leistungsabhängige logistische Maßnahmen mit überwiegend einmaligem Charakter oder bereitschaftsaufbauenden Maßnahmen, z. B. die Verbesserung des Materialflusses durch bauliche Veränderung zur Rationalisierung der Transportwege, können über Innenaufträge kontrolliert werden. Die auf Innenaufträgen gesammelten Kosten können beispielsweise in die Ergebnisrechnung eingehen oder an eine Anlage abgerechnet werden. Die Verrechnung kann unter den Ursprungskostenarten erfolgen oder aber über Abrechnungskostenarten, mit denen die Ursprungskostenarten gemäß ihrer inhaltlichen Bedeutung geklammert werden können.

Die Sicherung der logistischen Bereitschaft erfordert ein sorgfältiges Abwägen der Kosten und Nutzen der notwendigen Aktivitäten. Ihre Koordination setzt neben völliger Kostentransparenz Zielvorgaben in Form sachlich differenzierbarer Logistik-Budgets und eine aktive Verfügbarkeitskontrolle genehmigter Mittel voraus. Aufgrund seiner hohen Integration erfüllt das SAP-System diese Voraussetzung ohne wesentlichen Erfassungsaufwand.

13.1.4.2   Planung und Tarifermittlung

Unabhängig davon, ob Leistungsarten, Kostenstellen, Geschäftsprozesse, Innenaufträge oder Projekte zur Messung logistischer Leistungen verwendet werden, ist das von SAP Controlling bereitgestellte Instrumentarium zur Unterstützung von Planung und Analyse in den wesentlichen Teilen identisch. Die Planung basiert auf folgenden Grundsätzen:

- *Analytische, dezentrale Planung,* unterstützt durch Formeln für maschinelle Bewertung und durch flexible Verteilungshilfen,
- *Interaktive Arbeitsweise,* ergänzt durch automatisierte Arbeitsschritte, z. B. Planabstimmung in der Kostenstellenrechnung,
- *Automatische Übernahme* der Planergebnisse angrenzender Arbeitsgebiete, z. B. der Anlagen- und Personalwirtschaft,
- *Schnelles Durchspielen* von Planungsalternativen durch Kopier-, Umwertungs- und Simulationsfunktionen.

Neben dem traditionellen Ansatz der Aufstellung operativer Teilpläne wird auch eine integrierte Planung unterstützt. Bei der Planungsintegration werden ausgehend vom Absatzplan mit Hilfe von Absatz- und Produktionsgrobplanung und Langfristplanung der Umfang der Kapazitäten und anderer Ressourcen, die zur Realisierung der geplanten Umsatzerlöse erforderlich sind, errechnet. Nachdem die Planbedarfe an Materialverbräuchen, Leistungen und Geschäftsprozessen ermittelt wurden, errechnet das System darauf aufbauend die Tarife der Leistungsarten und Prozesse. Im Anschluss erfolgt die Simulation der Erzeugniskosten und letztendlich des Ergebnisses in der Ergebnisrechnung.

Zur strategischen Planung kann die Planungsintegration des SAP Controlling durch Planning, Budgeting, and Forecasting im SAP BPC oder durch die Business Planning and Simulation des Strategic Enterprise Management (SAP SEM-BPS, SAP BW-BPS oder SAP BW-IP) ergänzt werden.

13.1.4.3   Verrechnung der Logistikkosten

Im Rahmen der mitlaufenden Kalkulation werden Logistikeinzelkosten i. d. R. direkt auf Kostenträger (z. B. Fertigungsaufträge, Produktkostensammler, Kostenträger für Produktgruppen oder Verantwortungsbereiche, Kundenauftragspositionen) kontiert. Logistikgemeinkosten können nach verschiedenen Verfahren verrechnet werden:

- *Über Zuschläge:* Die Kostenstelle „Lager" wird z. B. als prozentualer Zuschlag auf die Materialeinzelkosten verrechnet. Das Zuschlagsschema ist mehrstufig und verwaltet gleichzeitig gestaffelte, alternative Zuschlagsätze. Die verrechneten Gemeinkosten werden unter gesonderten, automatisch ermittelten Kostenarten ausgewiesen. Sie sind somit als getrennte Kostenelemente anzeigbar.

- *Als Bestandteil des Tarifs einer Fertigungsleistung*: Die Fertigungsleistung und ihre fixen und variablen Kostenanteile können im Plan und im Ist getrennt ausgewiesen werden.
- *Über separate logistische Leistungsarten*: Dieses Verfahren erfordert einen zusätzlichen Aufwand in der Datenpflege, gestattet aber die exakteste Zurechnung und Analyse selbst struktureller Abweichungen bis hinunter in die einzelnen Arbeitsvorgänge.
- *Über die Verrechnung von Geschäftsprozessen*:
  - Verrechnung von Geschäftsprozessen über Prozessschemata: Es soll zunächst auf die Verrechnung von Geschäftsprozessen mit dem Prozessschema eingegangen werden, da dies die flexibelste der zur Verfügung stehenden Verrechnungsmethoden ist:

    Mit Hilfe eines Prozessschemas, auch „Template" genannt, können Bedingungen hinterlegt werden, die den Geschäftsprozess sowie die zu verrechnende Prozessmenge definieren.

    Beispiel: Im Produktionswerk eines Unternehmens wurden zwei Einlagerungsprozesse definiert, die mit verschiedenen Tarifen bewertet sind. Welcher Einlagerungsprozess relevant ist, hängt davon ab, ob das Material an das Lager für Halbfabrikate oder an das Lager für Fertigerzeugnisse gelegt wird. An welches der Lager geliefert wird, ist über die Materialart (Halbfabrikat oder Fertigerzeugnis) definiert. Somit ergibt sich aus Werk und Materialart auch der relevante Geschäftsprozess. In welcher Menge der Prozess in Anspruch genommen wurde, richtet sich nach der Anzahl der in der Periode durchgeführten Lieferungen. Wurden zu einem Fertigungsauftrag in einer Periode zwei Teillieferungen durchgeführt, so wird der Einlagerungsprozess für das Fertigerzeugnislager zweimal auf den Fertigungsauftrag verrechnet.

    Mit dem Template können nicht nur Prozesse verrechnet, sondern auch Ressourcenverbräuche ermittelt werden. Über das Template können einem Geschäftsprozess demnach weitere Geschäftsprozesse (sogenannte Teilprozesse) sowie Leistungsarten von Kostenstellen zugeordnet werden, die bei der Verrechnung dynamisch ermittelt werden. Dazu wird im Template definiert, welche Kostenstellenressource bzw. welcher Prozess in welcher Menge von einem Geschäftsprozess verbraucht wird. Im Template können somit mittels Formeln und Funktionen komplexe Ressourcentreiber modelliert werden. Teilprozesse, die einem Hauptprozess zugeordnet sind, können ihrerseits wieder über ein Template aufgelöst werden, so dass sich eine mehrstufige Prozessverrechnung ergibt.

    Die Template-Verrechnung findet in der Regel im Rahmen des Periodenabschlusses statt. Auf dem Empfänger können die Kosten nach fixen und variablen Anteilen getrennt ausgewiesen werden.
  - Verrechnung von Geschäftsprozessen über die Rückmeldung von Arbeitsvorgängen:

    Sie können Arbeitsvorgängen nicht nur Leistungsarten einer Kostenstelle, sondern auch Geschäftsprozesse zuordnen. In diesem Falle wird bei der Rückmeldung der Geschäftsprozess an den Kostenträger verrechnet.

- *Verrechnung von Leistungsarten mit dem Template*: Die Ermittlung der zu verrechnenden Leistungsart und der Menge erfolgt wie bei der Prozessverrechnung mit dem Template über Merkmale. Im Gegensatz zur Verrechnung von Prozessen wird die Leistung in diesem Falle jedoch von einer einzigen Kostenstelle erbracht.

13.1.5 Logistikkosten im Produktkosten-Controlling

Die Standardkosten eines Materials, die die Basis sowohl für die Vergleiche der Plankostenschichtung mit der Istkostenschichtung als auch für die Soll/Ist-Analysen der Kostenträgerrechnung sind, werden in der Produktkostenplanung im Rahmen einer Plankalkulation zum Material erzeugt. Das Ergebnis der Plankalkulation ist die prozesskonforme Darstellung, in der die Produktionsverhältnisse in Form eines bewerteten Mengengerüstes, das aus Stückliste, Arbeitsplan und ggf. Template besteht, für die Belange der Kosten- und Leistungsrechnung abgebildet werden. Aus den Herkunftsbegriffen der technischen Komponenten wie Materialnummer oder Kostenstelle und Leistungsart wird automatisch die Kostenart abgeleitet. Die Bewertungssätze der eingehenden Ressourcen und das Kalkulationsschema werden über die Steuerungsparameter des Customizing abgeleitet.

Die Zeilen des Kalkulationsschemas sind horizontal nach Kostenarten, Kostenart und Herkunft oder nach Kostenartengruppe gegliedert. Diese Gliederung wird über alle Fertigungsstufen strukturkonform gewälzt, so dass als Ergebnis jeder Kalkulation Indikatoren existieren, die insgesamt oder je Stufe ausweisen
- welche Kosten (Material, Fracht, Lohn)
- durch welche Leistungen oder Prozesse (Transport, Beschaffung, Fertigung, Rüsten)
- an welcher Stelle im Unternehmen (Verwaltung, Logistik, Produktion) entstehen.

Logistikeinzelkosten können in der Plankalkulation durch den Zugriff auf Daten des Einkaufsbereiches (z. B. auf einen Bestellnettopreis eines externen Transportservices) berücksichtigt werden.

In der Kostenträgerrechnung können auftragsbezogene Vorkalkulationen erzeugt werden, die z. B. die Plankosten eines Fertigungsauftrages auf Basis des im Fertigungsauftrag hinterlegten Mengengerüstes (Stückliste, Arbeitsplan) und der Planlosgröße ermitteln.

Durch die unter Abschn. 12.1.3. beschriebenen Möglichkeiten der Verrechnung von Logistikkosten werden die relevanten Kostenträger (z. B. Fertigungsaufträge) mit den Logistikkosten belastet. Die Belastung erfolgt entweder zeitgleich mit dem Geschäftsvorgang (z. B. bei einer Rückmeldung) oder aber periodisch (z. B. durch Zuschlagsermittlung oder Template-Verrechnung). Durch die Abrechnung der Kostenträger werden Daten an andere Komponenten weitergeleitet. Im Zusammenhang mit der Logistikkostenrechnung sei hier insbesondere die Abrechnung von während der Produktion von den Standardkosten abweichenden Beträgen an die Ergebnisrechnung genannt.

13.1.6   Logistikkosten in der Ergebnisrechnung

13.1.6.1   Vertriebs-Controlling

Aufgabe des Vertriebs-Controllings ist es, die vertrieblichen Aktivitäten einschließlich der physischen Distribution zu analysieren. Das Vertriebs-Controlling findet im SAP ERP innerhalb der Ergebnis- und Marktsegmentrechnung statt. Die Kosten der laufenden Betriebsbereitschaft werden auf Kostenstellen von Kostenstellenverantwortlichen geplant, kontiert und kontrolliert. Wird die Betriebsbereitschaft dazu verwendet, bestimmte Aufgaben durchzuführen (Kundenaufträge, Fertigungsaufträge, Geschäftsprozesse etc.), so werden die Kosten auf diese Aufgaben verrechnet. Kundenaufträgen, Fertigungsaufträgen und Geschäftsprozessen können auch primäre Kosten (z. B. Fremdleistungen) zugeordnet werden. Die Kosten werden aus der Kostenträgerrechnung, zuweilen auch aus der Kostenstellenrechnung oder ausgehend von Geschäftsprozessen in die Ergebnisrechnung abgerechnet. Neben den Verrechnungen im Ist kann der Wertefluss auch im Rahmen der Planintegration simuliert werden. Dieser Vorgehensweise entsprechend werden auch die logistischen Aktivitäten des Vertriebes behandelt. Die folgenden Beispiele sollen dies verdeutlichen:

- Die Kosten des Fuhrparks werden auf einer oder mehreren Kostenstellen geplant, kontiert und kontrolliert. Die Fahrzeuge können als separate Objekte geplant werden. Ihre Abschreibungen kommen aus der Anlagenbuchhaltung; ihre leistungsabhängigen Kosten können mit separaten Mitteln unter Bezugnahme auf das zu erwartende Leistungsprofil geplant werden.

- Die Kosten der physischen Distribution können den Kundenaufträgen, aber auch einer Tour oder Route zugeordnet werden. Handelt es sich um Rechnungen der Frachtführer, so geschieht dies durch Kontierung. Wird der Transport mit eigenen Fahrzeugen durchgeführt, so verrechnet der Fuhrpark seine Leistungen auf den Kundenauftrag, die Tour oder die Route. Sind an der physischen Distribution mehrere Kostenstellen beteiligt (z. B. Kommissionierung, Versand, Fuhrpark) oder wird sie teils durch den eigenen Fuhrpark, teils durch den Frachtführer durchgeführt, so ist es zweckmäßig, einen Prozess zu definieren, der dann auf das letztlich zu belastende Objekt verrechnet wird. Die Verrechnung kann bspw. durch die automatisierte Ableitung von Mengen, Prozessen und zugeordneten Tarifen erfolgen. Die Kosten der Lieferung an die Kunden können in der Vorkalkulation von Kundenaufträgen berücksichtigt werden.

13.1.6.2   Deckungsbeitragsrechnung für Marktsegmente

In der Ergebnis- und Marktsegmentrechnung sollen beliebige Marktsegmente unter dem Gesichtspunkt ihrer Wirtschaftlichkeit beurteilt werden. Solche Marktsegmente bestehen – anders als Kostenstellen, Prozesse, Aufträge und Produkte – aus vielen Dimensionen. Basisdimensionen sind dabei zum Beispiel Produkt, Kunde, Vertriebsweg. Marktsegmente entstehen durch hierarchische (z. B. Produktgruppe, Kundengruppe) und kombinatorische (z. B. Produkt/Vertriebsweg) Verbindung dieser Basisdimensionen. Sowohl die Basisdimension als auch die hierarchischen und kombinatorischen Verdichtungen hängen von den betriebsindividuellen Gegebenheiten und von den Fragestellungen ab. Im System können sie daher frei unter Berücksichtigung von Performance-Empfehlungen definiert werden.

Für die wirtschaftliche Beurteilung von Marktsegmenten ist es erforderlich, ihnen die zugehörigen Kosten und Erlöse zuzuordnen und somit Deckungsbeiträge auszuweisen. Erlöse und Herstellkosten (letztere als Plan- oder Istkostenschichtung nach Kostenelementen gegliedert) werden bei Massenprodukten zum Zeitpunkt der Faktura an die Ergebnisrechnung weitergeleitet. Die Vertriebs- und Verwaltungskosten gelangen i. d. R. aus der Kostenstellenrechnung in die Ergebnisrechnung.

Im Rahmen eines Kundenauftrag-Controllings in der Kostenträgerrechnung sind alternative Werteflüsse möglich, in denen die Herstell- und die Vertriebs- und Verwaltungskosten durch Abrechnung aus der Kostenträgerrechnung in die Ergebnisrechnung geleitet werden. Eine Übernahme der Istkostenschichtung in die Ergebnis- und Marktsegmentrechnung erfolgt durch die Anwendungskomponente Istkalkulation/Material-Ledger. Die Istkalkulation wird zum einen von Daten versorgt, die sich direkt aus der Bestandsbewegung ergeben, zum anderen üblicherweise von Daten aus der Kostenträgerrechnung. Ein Teil der Daten (wie die Differenz aus Plan- und Isttarif einer Leistungsart) kann optional direkt aus dem Gemeinkosten-Controlling an die Istkalkulation verrechnet werden. Alternativ kann die Plankostenschichtung in die Ergebnisrechnung übernommen und durch die aus der Kostenträgerrechnung abgerechneten Abweichungskategorien ergänzt werden.

Über die Merkmale der Kundenaufträge können diverse Marktsegmente ermittelt werden, denen die Kosten und Erlöse des Kundenauftrages automatisch zugeordnet sind. Ist eine Zuordnung von Kosten zu einzelnen Kundenaufträgen nicht möglich oder aufgrund zu hohen Aufwandes nicht gewünscht, so können die Kosten auch bestimmten Marktsegmenten belastet werden. Diese besonders wirklichkeitsnahe Zuordnung von Kosten wird vor allem in jenen Funktionsbereichen angewendet, die unmittelbaren Bezug zum Absatzmarkt haben.

Unter Verwendung dieser Vorgehensweise werden auch die mit logistischen Leistungen verbundenen Erlöse abgebildet. Einige Beispiele sollen dies illustrieren:

- *Erlöse für Anlieferung, Transportversicherung, Einlagerung*: Die Preisfindung kann die Erlöse für diese logistischen Leistungen ermitteln. Die Erlösbestandteile können separat abgespeichert und ausgewertet werden. Diese differenzierte Preisfindung kann sowohl in der Angebotsphase, im Kundenauftrag, in der Fakturierung und in der Jahresplanung verwendet werden.
- *Kosten für die Auslieferung*: Je nach Zurechenbarkeit werden diese Kosten auf Kundenaufträge oder auf gröbere Marktsegmente (Tour, Route) kontiert oder verrechnet. Sie gehen nicht in die Bestandsbewertung ein.
- *Kosten für innerbetrieblichen Transport*: Sie werden i. d. R. in der Kostenschichtung als separates Kostenelement definiert. Sie sind damit in der Ergebnisrechnung als solche erkennbar.
- *Anlaufkosten für den Aufbau eines eigenen Distributionsnetzes in einer bestimmten Region*: Sie können über innerbetriebliche Aufträge/Projekte der nutznießenden Region direkt zugeordnet werden.
- *Kosten eines Vertriebsbüros*: Sie können der Region oder durch Schlüsselung spezielleren Objekten wie den Kunden dieser Region zugeordnet werden.

13.1.7 Analyse der Logistikkosten in SAP Controlling

In der kalkulatorischen Ergebnisrechnung (nach Umsatzkostenverfahren) können die für eine Logistikkostenrechnung relevanten Daten nach Kostenelementen untergliedert ausgewiesen werden. Werden aus innerbetrieblichem Transport oder aus Lagerhaltung resultierende Abweichungen aus der Kostenträgerrechnung abgerechnet, so besteht die Möglichkeit, diese Daten nach Abweichungskategorie und Kostenart in der Ergebnisrechnung anzuzeigen. Die Daten der kalkulatorischen Ergebnisrechnung können in beliebiger Kombination aggregiert werden. Dadurch können beispielsweise Aussagen darüber getroffen werden,

• wie hoch in den einzelnen Vertriebsregionen die durch den eigenen Fuhrpark verursachten Transportkosten sind,
• welcher Kostenanteil für eine bestimmte Produktgruppe auf die Lagerhaltung entfällt,
• welcher Kostenanteil je Werk auf die innerbetrieblichen Transporte entfällt.

Dem Vergleich der Plankostenschichtung mit der Istkostenschichtung kann entnommen werden, wie hoch die Abweichungen für Lagerhaltung oder innerbetrieblichen Transport je Material sind.

Für Analysen, die über den Detaillierungsgrad der Ergebnisrechnung hinausgehen, werden die Informationssysteme der entsprechenden Komponenten wie bspw. der Kostenträgerrechnung (zur Analyse von Fertigungsaufträgen, Kundenaufträgen etc.) und der Kostenstellenrechnung genutzt. So wird in der Kostenträgerrechnung beispielsweise im Rahmen von Soll/Ist-Analysen aufgezeigt, ob die erhöhten innerbetrieblichen Transportkosten einer Fertigungsstufe auf eine überhöhte Zahl von Warenbewegungen oder auf erhöhte Tarife zurückzuführen sind oder wie hoch die Belastung eines einzelnen Kundenauftrags durch die Verrechnung von Transportprozessen war. Auch hier können Aggregationen, beispielsweise über Produktgruppe oder Werk, vorgenommen werden und die Kosten nach Kostenartengruppen, Kostenarten oder gar aufgesplittet nach einzelnen Leistungsarten, Geschäftsprozessen usw. im Plan, Soll und Ist ausgewertet werden. Kostenverantwortliche können Kostentoleranzgrenzen definieren, bei deren Überschreitung sie vom System über visualisierte Anzeigen informiert werden. Ein hierarchischer Drill-down innerhalb der Aggregationshierarchie bis hinunter zu einzelnen Objekten, den auf den Objekten fortgeschriebenen Einzelposten und den diesen zugrunde liegenden Belegen ermöglicht die Analyse der Überschreitung von Kostentoleranzgrenzen. Im Gemeinkosten-Controlling könnte beispielsweise

• eine Gegenüberstellung aufgabenmäßig vergleichbarer Kostenstellen und Geschäftsprozesse Aufschluss über die Effizienz von Verantwortungsbereichen geben und
• eine Gegenüberstellung vergleichbarer Perioden über die Entwicklung der Kosten auf der Zeitachse Auskunft geben.

SAP bietet eine Vielzahl von vorgefertigten Standardberichten sowohl in SAP Controlling aus auch im Business Information Warehouse an. In beiden Komponenten können entsprechend den Anforderungen von Unternehmen zusätzliche eigene Berichte definiert werden.

13.1.8 Zusammenfassung

Mit SAP Controlling können sowohl die Belange einer verantwortungsorientierten Kostenrechnung als auch die einer Prozesskostenrechnung abgedeckt werden. Insbesondere die zahlreichen Möglichkeiten der Kostenzuordnung und -verrechnung sowie des Berichtswesens gestatten es, die Kosten der logistischen Aktivitäten über die gesamte Wertschöpfungskette hinweg jeweils getrennt auszuweisen.

In welcher Form ein Unternehmen seine Kostenrechnung durchführt, hängt davon ab,

- ob das Verrechnungssystem überschaubar bleibt (Akzeptanz),
- ob ein hinreichend großer Kostenblock abgedeckt wird (Relevanz),
- ob die Lösung automatisierbar ist (Wirtschaftlichkeit).

Die Erweiterung der Bezugsobjekte, wie sie durch die Zuordnung zu Merkmalskombinationen in der Ergebnisrechnung möglich ist, führt zu einer wirklichkeitsnahen Abbildung des Unternehmensgeschehens und damit zu qualitativ hochwertigen Aussagen.

13.2 Implementierung einer logistikgerechten Kostenrechnung als Veränderungsprozess

13.2.1 Grundlagen

Die erste Auflage dieses Buches liegt ca. ein viertel Jahrhundert zurück. Die wesentlichen Gedanken dieses vierten Teils sind zur dritten Auflage lediglich leicht aktualisiert und modifiziert worden, dies insbesondere im Hinblick auf den Aspekt hinreichender Einfachheit des Konzepts. Obwohl sich die Ideen und Vorschläge im einschlägigen Schrifttum durchgesetzt haben, fehlt bis dato eine breite Durchdringung der Unternehmenspraxis. Ein Grund – neben möglichen Konzeptmängeln und in der Vergangenheit fehlenden DV-technischen Möglichkeiten – liegt in der generell zu beobachtenden Veränderungsträgheit der Unternehmen und ihrer Mitarbeiter: So hat etwa die Kapitalwertmethode trotz ihrer c.p. geringen Komplexität ca. 30 Jahre gebraucht, um sich breitflächig durchzusetzen.[2] Allerdings sind Veränderungsprozesse nicht unbeeinflussbar. Den vierten Teil dieses Buches sollen deshalb kurze Ausführungen abschließen, die Hilfestellung für den Einführungsprozess einer Logistikkostenrechnung leisten. Sie bauen auf der im ersten Teil der Untersuchung vorgestellten Akteursmodellierung auf.

Ziel eines Veränderungsprozesses ist ein geändertes Verhalten bzw. Handeln des Unternehmens und seiner Einheiten als kollektiver Akteur. Bezogen auf die Logistikkostenrechnung bestünde dieses etwa darin, durch eine genauere Kenntnis der Logistikkosten und -leistungen eine höhere Flussorientierung der Unternehmensstrukturen und deren Nutzung zu erreichen, um damit besser im Wettbewerb mit

---

[2] Vgl. Pritsch (2000, S. 376 f.).

anderen Unternehmen bestehen zu können. Ein derart verändertes Verhalten des kollektiven Akteurs kann nur aus dem Verhalten der jeweiligen individuellen Akteure resultieren: Verhalten sich alle Mitarbeiter eines Unternehmens unverändert, kann es keine Veränderung des Verhaltens des Unternehmens geben.

Das Verhalten eines – kollektiven wie individuellen – Akteurs beruht auf dessen internen Modellen. Diese lassen sich nach ihrer grundsätzlichen Ausprägung in primär explizite (z. B. ein Bewertungsalgorithmus) oder primär implizite (z. B. intuitive Bewertung – „unternehmerisches Gespür") Modelle unterteilen. Anknüpfend an die Ausführungen im ersten Teil des Buches[3] lässt sich die Kostenrechnung – und damit auch die Logistikkostenrechnung – dabei als Teil der expliziten Modelle einordnen. Beide Modellarten sind analytisch unterscheidbar. Sie spielen in der täglichen Praxis aber zumeist zusammen: Wenn ein neues wertorientiertes Steuerungssystem eingeführt wird, lassen sich neue Ergebniszahlen leicht berechnen; ein entsprechendes geändertes Verhalten wird aber erst dann eintreten, wenn das Management auch an das neue Vorgehen „glaubt", wenn es von der Sinnhaftigkeit intuitiv überzeugt ist.

Veränderungen des Verhaltens eines Akteurs bedeutet in dem hier betrachteten Zusammenhang,[4] Veränderungen der internen Modelle vornehmen zu müssen. Dabei sind kollektive und individuelle, implizite und explizite interne Modelle gleichermaßen potenzielles Objekt dieser Veränderungen.

Die Veränderung von *expliziten* Modellen fällt vergleichsweise leicht. Im Grenzfall ist ein individueller Akteur entsprechend anzuweisen und/oder davon zu überzeugen, sein bisheriges Modell durch ein neues auszutauschen. Ein Mittel hierfür kann die Aufnahme von Servicegraden in die persönliche Incentivierung eines Produktionsleiters sein. Im Fall expliziter kollektiver Modelle bedarf es einer entsprechenden „Änderung der Spielregeln" für das gesamte Unternehmen. Dies ist z. B. dann der Fall, wenn in den standardisierten Auswahlprozess alternativer Bauteile neben den Einstandspreisen z. B. auch bauteilspezifische Logistikkosten aufgenommen werden. Exakt in diesem Feld ist die Einführung einer Logistikkostenrechnung zu verorten. Sie ändert u. a. die Kalkulationsprozesse und führt so – wie gezeigt – zu einer neuen Perspektive auf die Produktkosten.

Die Veränderung *impliziter* interner Modelle bereitet aus dem Charakter der Modelle folgend erheblich größere Probleme. Die Akteure sind sich selten ihrer Modelle hinreichend bewusst; weder die exakten Anknüpfungspunkte noch der genaue Verlauf der Veränderung sind präzise planbar. Damit bekommt der Veränderungsprozess einen unsicheren, wenig planbaren Charakter und muss einen längeren Zeitraum umfassen. Wann es etwa gelingt, Produktionsverantwortliche und Produktentwickler dazu zu bringen, Flussaspekte automatisch von Beginn an in ihren Planungen adäquat zu berücksichtigen, wann also deren managementbezogenes Weltbild quasi selbstverständlich die Logistik integriert, ist weder leicht zu beantworten noch exakt planbar. Sicher ist nur: Diese Veränderung vollzieht sich

---

[3] Vgl. nochmals den Abschn. 2.1.

[4] Verändertes Verhalten kann auch durch veränderte Ausgangsinformationen bei gleichem internen Modell erzeugt werden. Allerdings ist der so erzeugbare Veränderungsspielraum eng begrenzt.

nicht analog der Einführung einer neuen Software oder einer geänderten Verfahrensvorschrift, sondern bedarf eines längere Zeit in Anspruch nehmenden Einwirkungsprozesses.

Interne Modelle weisen generell ein Beharrungsvermögen bzw. eine Trägheit auf: Rückkopplungen werden bevorzugt in Richtung Bestätigung des bestehenden Modells interpretiert. Diese Bestätigungspriorität schafft individuelle Sicherheit (bzw. suggeriert diese). Erst signifikante Abweichungen führen zur Überprüfung der fortdauernden Gültigkeit des Modells. Arbeitet ein Produktionsbereich z. B. mit bisherigen auslastungsorientierten Steuerungsgrößen erfolgreich, d. h. den Anforderungen der Unternehmensplanung entsprechend, so besteht für die Verantwortlichen kein Anlass, über das Steuerungsmodell nachzudenken. Der Verweis auf mögliche Steigerungen des Unternehmenserfolgs durch eine flussorientierte Steuerung ist zu abstrakt, um Veränderungen auszulösen. Veränderungen müssen in diesem Fall bewusst „von außen" angestoßen werden, z. B. durch entsprechende Weisungen. Je stärker sich die Veränderung auf implizite Modellbestandteile bezieht, desto dauerhafter müssen diese Einwirkungen gestaltet werden. Ansonsten vollziehen sich Veränderungen nur auf dem Papier. Es kommt zu einem Phänomen, das in der Theorie als „decoupling" bezeichnet wird.[5] Beispiele hierfür gibt es in großer Zahl. In Unternehmen stehen hierfür Erfahrungen mit der Balanced Scorecard[6] und Wertorientierter Steuerung.[7] Im Bereich öffentlicher Institutionen ist das Phänomen sehr häufig im Zusammenhang mit der Einführung des „New Public Managements" zu beobachten.

Auch für die Form dieser Einwirkung lassen sich schließlich unterschiedliche Varianten differenzieren. Besteht die Veränderung in einer Modifikation oder Anpassung des Modells, so kann man von Wandel sprechen.[8] Der Veränderungsaufwand ist komparativ überschaubar und der Veränderungsprozess im Wesentlichen planbar. Die Ergänzung der Steuerungsgrößen einer Produktionsstelle durch die Auftragsdurchlaufzeit z. B. erfordert sowohl geringe Anstrengungen zur Datenerfassung, Planung und Kontrolle, als auch gehen die Kommunikations- und Coachingprozesse zur Erzielung der Akzeptanz der neuen Steuerungsgrößen relativ leicht vonstatten. Ist dagegen eine grundlegende Modelländerung bzw. ein Modellersatz erforderlich, liegt ein Wechsel vor. Wechsel als Strukturbrüche erfolgen häufig spontan, entstehen also emergent. Ihre bewusste Herbeiführung mit einem konkreten Veränderungsziel ist erheblicher Problematik ausgesetzt. Eine allgemeine Unzufriedenheit der Logistikführungskräfte mit dem traditionellen Rechnungswesen mag so zu einem Aufbau anderer Informationsinstrumente (z. B. eigene Leistungsrechnungen), zu einem Verzicht auf informatorische Unterstützung oder zu einem Reengineering-Projekt des Rechnungswesens führen; legt sich die Führung zu früh auf eine der Alternativen fest, besteht die Gefahr mangelnder Akzeptanz.

---

[5] Vgl. z. B. die grundlegende Quelle von Meyer und Rowan (1977).
[6] Vgl. z. B. Schäffer (2008).
[7] Vgl. z. B. Weber (2009).
[8] Vgl. zu dieser Begriffsbildung Bach (1998, S. 194).

13.2.2 Konsequenzen

Auf den grundsätzlichen Überlegungen aufbauend, lassen sich für die Einführung einer Logistikkostenrechnung mehrere Aussagen treffen.[9]

1. Für Unternehmen, die sich noch nicht intensiv mit der Logistik auseinandergesetzt haben, bedeutete die Einführung einer Logistikkostenrechnung mit den in diesem Teil des Buches vorgestellten Elementen einen Wechsel. Die mit dem Instrument vermittelten grundlegenden Prioritäten und Perspektiven träfen auf einen auf anderen Modellen basierenden funktionierenden Kontext. Reaktionen wie Unverständnis und Reaktanz wären die Folge. *Flussorientierung durch Informationstransparenz im Unternehmen zu verankern, ist ein wenig erfolgversprechendes Konzept.* Veränderungen des Modells Kostenrechnung bedingen somit vorgelagert und parallel Veränderungen der Planungs-, Kontroll-, Organisations- und Personalführungsmodelle.

2. Die Einführung einer Logistikkostenrechnung bedarf – als Wandel gestaltet – einer genauen Planung. Diese muss die Analyse der zu verändernden internen Modelle der unterschiedlichen Akteure ebenso umfassen wie die Ausprägung und Reihenfolge der Veränderungsschritte. Individuell geht es u. a. um die Antizipation von „Gewinner- und Verlierersituationen", zu erwartendes Reaktanzverhalten und um spezifische Coaching-Bedarfe, kollektiv z. B. um die Abstimmung der Logistikkostenrechnung mit den unterschiedlichen Planungssystemen und die Einbringung von Logistikleistungen und -kosten in die Anreizgestaltung.

3. Das Ziel der Einführung einer Logistikkostenrechnung ist frühzeitig zu kommunizieren. Dies reduziert die Unsicherheit der Führungskräfte, deren Modelle zu verändern sind, und damit Veränderungsträgheit und -reaktanz. In gleicher Weise wirkt laufende Kommunikation innerhalb des Veränderungsprozesses.

4. Aufgrund der Beharrungspriorität muss der Veränderungsprozess genügenden Impetus besitzen. Dieser wird durch die unbedingte und dauerhafte Unterstützung durch das relevante Management erzeugt. Eine Top-Management-Attention während der gesamten Laufzeit des Veränderungsprozesses sowie eine ausreichende kapazitative Ausstattung sind wesentliche Faktoren für den Veränderungserfolg. Gerade hier werden in der Praxis häufig entscheidende Fehler begangen. Die anfängliche Begeisterung in der Phase der Einführung eines neuen Informationssystems kann schnell einer Ernüchterung oder Vernachlässigung im täglichen Einsatz weichen; finden dann keine Gegensteuerungsmaßnahmen statt, stirbt das neue Instrument einen lautlosen Tod oder wird – schlimmer – fortgesetzt, ohne dass es irgendeine Wirkung erzeugt (decoupling).

Als Fazit der kurzen Ausführungen lässt sich festhalten, dass über rein instrumentelle Fragen einer Logistikkostenrechnung hinaus deren Prozess der Implementierung wesentlichen Einfluss auf den Erfolg des Instruments nimmt. Ein explizites Veränderungsmanagement ist unabdingbar, ebenso wie die damit verbundenen Kosten. Allerdings versucht die Praxis zu gerne, diese einzusparen. Entsprechende Konsequenzen sind dann unvermeidlich.

---

[9] Vgl. die Ausführungen im folgenden fünften Teil des Buches.

13.3 Fazit

Zum Schluss des vierten Teils des Buches sei nochmals kurz der Blick zurück gerichtet. Wir haben in den vielen Abschnitten einen tief gehenden Einblick in die
Gestaltung einer Logistikkostenrechnung gewonnen. Einzelne Verrechnungsfragen
sind ebenso konzeptionell wie anhand von Beispielen vorgestellt worden, wie Fragen der DV-technischen Umsetzung oder der konkreten Realisierung in der Unternehmenspraxis. Alle Ausführungen haben – hoffentlich – gezeigt, dass die Einführung einer Logistikkostenrechnung mit dem normalen kostenrechnerischen Know-
how ohne Probleme leistbar ist, wenn man sich auf die spezifischen Leistungsprozesse der Logistik einlässt. Es bedarf keines neuen Kostenrechnungssystems, wie es
das Activity Based Costing oder die Prozesskostenrechnung suggeriert hat, sondern
nur einer Differenzierung im Rahmen der „normalen" Kostenrechnung.

Die Aussage einer grundsätzlichen Machbarkeit bedeutet aber nicht eine generelle Vorteilhaftigkeit einer Einführung. Dieses Buch ist nicht im Kontext einer un-
reflektierten Instrumentengläubigkeit verfasst. Vielmehr baut es auf sehr viel empirischer Erfahrung auf. Diese liefert zum einen den Befund, dass sich eine ausgebaute Logistikkostenrechnung in nur wenigen Unternehmen findet, und dies trotz aller
potenziell damit verbundenen Vorteile. Zum anderen ist die Praxis voller Beispiele
missglückter Instrumenteneinführungen, die viel Geld gekostet, aber wenig Nutzen
erbracht haben. Die Einführung einer Logistikkostenrechnung muss deshalb sorg-
sam überlegt sein.

Etwas vergröbert betrachtet, ist die Frage, ob eine Logistikkostenrechnung eingeführt und betrieben werden soll, ein gutes Abbild der Bedeutung, die der Logistik
im Unternehmen zukommt. Die Kostenrechnung ist Teil des unternehmensbezogenen Informations- und Steuerungssystems, mit dessen Hilfe die unterschiedlichen Unternehmensbereiche ebenso wie die unterschiedlichen Perspektiven (z. B.
Markt- versus Prozessorientierung) koordiniert werden. Wenn eine Funktion in diesem Regelsystem explizit berücksichtigt ist, besitzt sie für das Unternehmen eine
wichtige Bedeutung. Diese Aussage gilt in umgekehrter Richtung gleichermaßen.
Wenn die Kostenrechnung Produktionskosten deutlich genauer kalkulieren kann als
Logistikkosten, ist dies gleichbedeutend mit der Aussage, dass Produktionskosten
wichtiger sind als Logistikkosten. Wie in den ersten beiden Teilen des Buches ausgeführt, besitzt die Logistik in vielen Märkten ein erhebliches Differenzierungspotenzial, das ihr eine wichtige potenzielle Bedeutung zuweist. Unternehmen sehen
diese oftmals nicht bzw. zu wenig. Diese Bedeutung besser sichtbar zu machen
und entsprechend umzusetzen, würde nicht nur der Logistik helfen, sondern auch
die Sinnhaftigkeit der Einführung einer Logistikkostenrechnung steigern. Die Entwicklung der Logistik treibt damit die Entwicklung der Logistikkostenrechnung.
Die umgekehrte Richtung funktioniert nicht.[10]

---

[10] Dies gilt umso mehr, als Unternehmen seit geraumer Zeit ihre Kostenrechnungen in der Detaillierung eher reduziert haben, etwa im Produktionsbereich keine Trennung in variable und fixe
Kosten mehr vorsehen. Vgl. dazu kurz Weber (2011).

Literatur

Bach S (1998) Ordnungsbrüche in Unternehmen. Die Fortentwicklung interner Modelle. Deut-
    scher Universitäts-Verlag, Wiesbaden
Meyer JW, Rowan B (1977) Institutionalized organizations: formal structure as myth and ceremo-
    ny. Am J Sociol 83:340–363
Pritsch G (2000) Realoptionen als Controlling-Instrument. Das Beispiel pharmazeutische For-
    schung und Entwicklung. Deutscher Universitäts-Verlag, Wiesbaden
Schäffer U (2008) Eine Zwischenbilanz der Balanced Scorecard. FAZ 03 März 2008, S 20
Weber J (2009) Erfahrungen mit wertorientierter Steuerung. Der Betrieb 62:297–303
Weber J (2011) Kostenrechnung – Relevance lost again? Controll Mag 36(2):36 f

Teil V
Erweiterung der laufenden Informationsbereitstellung für die anderen Entwicklungsstufen der Logistik

Der vorangegangene vierten Teil des Buches befasste sich ausführlich mit der Bereitstellung von material- und warenflussbezogenen Kosten und Leistungen. Obwohl er explizit nur die erste Phase der Logistik-Entwicklung betraf, ist hiermit ein wesentlicher Teil dessen vorgestellt und diskutiert, was für eine laufende Versorgung der Logistik-Verantwortlichen mit führungsrelevanten Informationen generell erforderlich ist. Für die drei weiteren Entwicklungsphasen kommen zwar noch diverse Informationen hinzu[1]; diese machen aber jeweils nur einen komparativ geringen Umfang aus.

Schon allein deshalb fällt der fünften Teil des Buches deutlich weniger umfangreich aus als der vierte Teil. Zudem sei im Folgenden weniger über die Erfassungswege und -probleme der zusätzlich benötigten Informationen diskutiert; auch hierzu kann auf Vorkapitel verwiesen werden. Im Mittelpunkt stehen vielmehr gleichberechtigt die Diskussion der Art zusätzlich benötigter Informationen und Fragen, wie diese verwendet werden sollten. Die Struktur des Vorgehens wird dabei durch die Entwicklungsphasen der Logistik bestimmt.

---

[1] Wie im ersten Teil des Buches ausgeführt, lösen sich die dritte und die vierte Entwicklungsphase der Logistik zwar konzeptionell von den Transport-, Umschlags- und Lagerprozessen, so dass die entsprechende Informationsversorgung nicht auf TUL-Prozesse konzentriert ist. Unternehmen entlassen in der Praxis jedoch bei Erreichen höherer Entwicklungsstufen die material- und warenflussbezogenen Dienstleistungen durchweg nicht aus dem Kompetenz- und Aufgabenbereich der Logistik, da sie nur so der grundsätzlichen Versorgungsaufgabe der Logistik entsprechen können. Außerdem bestünde sonst die Gefahr, ihre Macht- und Einflussbasis aufs Spiel zu setzen.

Informationsbereitstellung für die koordinationsbezogene Entwicklungsstufe der Logistik

14

Erreicht ein Unternehmen die zweite Stufe der Logistikentwicklung, erweitert sich der Aufgabenbereich um Koordinationsaufgaben mit anderen Bereichen der internen Wertschöpfung. Zur Durchführung und Steuerung der Transport-, Umschlags- und Lagerprozesse kommen Abstimmungsaufgaben mit der Beschaffung, Produktion und Distribution hinzu. Exakt an dieser Stelle tritt damit auch ein neuer Informationsbedarf des Logistikmanagements auf. Zusätzlich wird der Logistik – wie im ersten Teil des Buches ausgeführt – in dieser Entwicklungsphase zunehmend eine strategische Bedeutung für das Unternehmen zuerkannt. Die Einbindung von material- und warenflussbezogenen Dienstleistungen in die Strategiefindung und -durchsetzung mittels dafür geeigneter Instrumente generiert einen weiteren Informationsbedarf. Die Notwendigkeit, laufend die Umsetzung der erarbeiteten Strategien zu überprüfen, verhindert dabei eine rein fallweise Informationsbereitstellung.

14.1 Abbildung der Koordinationsleistungen und -kosten

Ziel der zweiten Entwicklungsphase der Logistik ist es, die isolierten auf die Wertschöpfungsprozesse gerichteten Bereichsoptima der betrieblichen Grundfunktionen Beschaffung, Produktion und Absatz zu einem Gesamtoptimum zu verbinden. Beispiele für die erhebliche Bedeutung dieser Zielsetzung finden sich in hoher Zahl und wurden in diesem Buch auch schon mehrfach angesprochen.

Material- und warenflussbezogene *Koordinationsleistungen* werden in sehr heterogener und vielfältiger Form erbracht. Um sie zu strukturieren, bietet es sich an, das im dritten Teil des Buches vorgestellte Ebenenkonzept der Leistungsdefinition heranzuziehen[1]:

- *Wirkung bzw. Outcome der Koordinationstätigkeit*: Die Wirkung vollzogener Koordination, die Situation eines höheren Abstimmungsgrades, kann sich in sehr unterschiedlichen Effekten zeigen. Entsprechend heterogen ist das Spektrum möglicher Messgrößen, von denen im Folgenden einige beispielhaft genannt werden sollen. Hierzu zählen der Anteil von Just-in-time-Produktion an der Ge-

---

[1] Vgl. nochmals Abschn. 6.2. im dritten Teil dieses Buches.

J. Weber, *Logistikkostenrechnung*,
DOI 10.1007/978-3-642-25173-3_14, © Springer-Verlag Berlin Heidelberg 2012

samtproduktion, Umfang und Häufigkeit von Fehlmengensituationen zwischen den betrieblichen Grundfunktionen, Kosten von In-progress-Sicherheitsbeständen oder die Höhe des Wertberichtigungsbedarfs durch Obsoleszenzbestände.

- *Ergebnis bzw. Output der Koordinationstätigkeit*: Heterogenität der Messgrößen gilt auch für das Ergebnis vollzogener Koordinationshandlungen. Hierunter fallen z. B. die Zahl von Produkten und/oder Aufträgen, für die in Koordinationsgremien materialflussbezogene Abstimmungen erreicht wurden, oder die wochenbezogene Zahl von Änderungsaufträgen in integrierten Steuerungssystemen.
- *Prozess der Koordinationstätigkeit*: Hier geht es um Größen wie Häufigkeit und Dauer des Zusammentreffens von Koordinationsgremien oder Systemzeiten von Steuerungssoftware.
- *Für Koordinationstätigkeit erforderliche Ressourcen*: Für diese letzte Leistungsdimension finden sich Messgrößen wie z. B. für Sitzungen von Koordinationsgremien anfallende Manntage, aber auch – als Strukturkennzahl – die Zahl der für einen einzelnen Auftrag von der Annahme bis zur Auslieferung verantwortlichen Stellen.

Für die Auswahl und Präzisierung der Koordinationsleistungen gelten viele der für die TUL-Leistungen im dritten und vierten Teil des Buches getroffenen Aussagen analog. Die potenzielle Vielfältigkeit der Leistungen zwingt zur bewussten Selektion. Diese Auswahl ist abhängig von den verfolgten Zwecken und dem gegebenen Kontext im Unternehmen. Koordinationsleistungen zu messen, muss ein unternehmensindividuelles Unterfangen sein und bleiben. Generelle Aussagen sind nur auf der „Meta-Ebene" möglich: Die systematische Beschäftigung mit Koordinationsaufgaben hilft in jedem Unternehmen, die Abstimmungsfunktion in ihrer Breite und Bedeutung richtig zu erkennen. Die Auswahl und laufende Messung einiger Leistungselemente lenkt die Aufmerksamkeit des Managements auf die abgebildete Problemstellung und kann damit – in konzeptioneller Wirkung – den Prozess der Verankerung der zweiten Entwicklungsphase der Logistik wirksam unterstützen.

Abgrenzungs- und Messprobleme gelten auch für die *Koordinationskosten*. Ein nicht unbeträchtlicher Teil der Koordinationsleistung erfolgt in Maßnahmen struktureller Art, wie etwa dann, wenn in der Produktkonstruktion – z. B. durch die Realisierung eines hohen Gleichteileanteils – Koordinationsprobleme schon vor ihrem Entstehen vermieden werden. Als Kosten erfassbar wäre allenfalls die bewertete anteilige Diskussion der Produktentwicklungsteams, die sich spezifisch auf Koordinationsbelange bezieht; eine sinnvolle Messung wird in den meisten Fällen allerdings nicht möglich sein. Ähnliche Effekte auf Messung und Ausweis von Koordinationskosten hat die Berücksichtigung der Koordinationserfordernisse in bereichsinternen Steuerungssystemen (wie z. B. PPS-Systemen). Erfolgt die Koordinationstätigkeit dagegen in Sitzungen von Abstimmungsgremien oder wird sie durch spezielle Koordinationsstellen vollzogen, ist eine Kostenerfassung durch die Aufzeichnung entsprechender Zeitanteile näherungsweise durchaus möglich.

Ob eine laufende Erfassung von derartigen Koordinationskosten überhaupt erfolgen sollte, ist grundsätzlich eine wiederum nur unternehmensindividuell zu beantwortende Frage. Immer dann, wenn subjektiv der Eindruck besteht, man würde viel zu viel Zeit in Abstimmungsgremien verbringen, mag eine wertmäßige Abbildung des tatsächlichen Inputs hilfreich sein, um Klarheit zu schaffen. Ansonsten erscheint der Nutzen eines laufenden Kostenausweises – auch angesichts hoher Erfassungskosten und geringer Erfassungsgenauigkeit – sehr begrenzt. Weit wichtiger ist die Messung der Koordinationsleistung. Ihr kann eine hohe konzeptionelle Wirkung auf das Management zugesprochen werden.

14.2 Informationsbereitstellung für die strategische Positionierung der Logistik in ihrer zweiten Entwicklungsstufe

Wenn in der zweiten Entwicklungsphase der Logistik erstmals deren strategische Bedeutung erkannt wird, so bedarf es ihrer genaueren Analyse aus zwei Gründen heraus: Zum einen muss erstmals ermittelt werden, worin die Bedeutung im Einzelnen liegt, um darauf aufbauend strategische Handlungsoptionen herauszuarbeiten und abzuwägen (*strategische Willensbildung*). Zum anderen gilt es, die potenzielle strategische Wirkung der Logistik anderen Unternehmensfunktionen und -bereichen besser klar machen zu können und für ihre Unterstützung zu werben (*strategische Willensdurchsetzung*).

Für beide Aufgaben stehen unterschiedliche Instrumente zur Verfügung,[2] die zu ihrer Nutzung ein breites Spektrum an Ausgangsinformationen verlangen. Zumeist sind diese fallweise, d. h. für die konkrete Positionierung, zu erfassen. Laufender Informationsbedarf besteht in diesem Fall lediglich für Kontrollzwecke, wie etwa dann, wenn die Annahmen einer Fähigkeiten-Portfolio-Analyse[3] periodisch (z. B. jährlich) überprüft werden. Für zwei strategische Instrumente gehört dagegen die laufende Informationsbereitstellung zu ihren Identifikationsmerkmalen: das Konzept der Selektiven Kennzahlen und das der Balanced Scorecard. Ersteres entstand auf die Logistik bezogen als Ergebnis einer Arbeitskreisarbeit an der WHU – Otto Beisheim School of Management,[4] letzteres – auf das Unternehmen insgesamt bezogen – ebenfalls arbeitskreisgestützt in den USA. Beide Instrumente lassen sich primär als Hilfsmittel zur Durchsetzung von Strategien im operativen Geschäft verstehen, beide führen im praktischen Einsatz aber auch dazu, vorhandene Strategien weiterzuentwickeln. Sie seien im Folgenden näher vorgestellt. Ihre Anforderungen bestimmen den Bedarf laufend bereitzustellender Informationen.

---

[2] Vgl. im Überblick Weber und Wallenburg (2010, S. 101–107).
[3] Vgl. zu diesem Instrument Weber und Wallenburg (2010, S. 80–84).
[4] Vgl. Weber (1995).

14.2.1 Konzept der Selektiven Kennzahlen

Das Konzept der Selektiven Kennzahlen wurde am Beispiel der Logistik zu Beginn der 1990er Jahre (also fast zeitgleich mit dem Konzept der Balanced Scorecard) im Zuge einer umfangreichen Arbeitskreisarbeit an der WHU – Otto Beisheim School of Management entwickelt. Ein erster Arbeitskreis befasste sich mit der Gestaltung des Logistik-Controllings und legte dabei einen wesentlichen Schwerpunkt auf die Definition und Erfassung der Logistikleistungen.[5] Hieraus resultierte u. a. eine intensive Diskussion der sinnvollen Verdichtung breit erfasster Leistungsgrößen in Kennzahlensystemen. Deren Komplexität war Ausgangspunkt eines weiteren, aufbauenden Arbeitskreises, der sich mit der Entwicklung einfacherer, stärker fokussierter Kennzahlensysteme beschäftigte.

Ausgangspunkt des Ansatzes ist die für die Logistik gestaltete und von ihr verfolgte Strategie. Sie beschreibt den Beitrag, den die Logistik leisten kann, die Erfolgspotenziale des Unternehmens zu sichern und auszubauen. Sie fußt auf Prämissen (z. B. Entwicklung der Wettbewerbssituation) und konkretisiert die zu verfolgenden strategischen Stoßrichtungen. Diese beziehen sich auf die Logistik insgesamt (z. B. Erhöhung der Auskunftsfähigkeit durch durchgängige Einführung von Betriebsdatenerfassungssystemen) und einzelne logistische Segmente (z. B. Reduzierung der Lagerbestände durch Zentralisierung der Auslieferungsläger). Zwischen beiden besteht ein hierarchischer Ableitungszusammenhang: Verfolgt das Unternehmen z. B. als Gesamtziel der Logistik die Reduzierung der Gesamtdurchlaufzeit und die Steigerung der Liefertreue, so sind für alle am Materialfluss beteiligten Organisationseinheiten Durchlaufzeiten und Treuegrade zu formulieren, die in ihrem Zusammenspiel den in einer Logistikstrategie festgelegten Zielen entsprechen.

Neben den Planungsinhalten sind im betrachteten Konzept die *Prämissen* einer Planung Ansatzpunkt zur Generierung von Kennzahlen. Eine Planung erfolgt auf Basis von Prämissen, deren Gültigkeit – wie die Planerfüllung selbst – in der Planperiode zu überprüfen ist.[6] Annahmen werden sowohl auf gesamtbetrieblicher Ebene zur Festlegung einer Unternehmens- oder Logistikstrategie als auch im Rahmen einer teilbetrieblichen Planung getroffen. Vielfach dienen allgemeine Struktur- und Rahmendaten als Basis der Strategiefestlegung (z. B. verkehrswirtschaftliche Rahmenbedingungen). Ähnliche Prämissen sind im Zusammenhang mit der Planung logistischer Teilbereiche notwendig. Eine Festlegung von Durchlaufzeiten und Servicegraden einzelner Bereiche als Plangrößen erfolgt so z. B. unter der Annahme eines dort vorhandenen Kapazitätsquerschnitts. Eine Planerfüllung ist nur möglich, wenn auch die hierfür vorgenommenen Prämissen ihre Gültigkeit beibehalten.

Auf der so geschaffenen Basis werden im Konzept der Selektiven Kennzahlen dann strategiegerichtete Kennzahlen ermittelt. Sie können sich auf zentrale anzu-

---

[5] Vgl. Weber (1993).

[6] Vgl. die Funktion der strategischen Durchführungs- und Prämissenkontrolle bei Schreyögg und Steinmann (1985, S. 401 ff.), und zur Stellung dieser Kontrollen im Kontrollkontext eines Unternehmens generell Schäffer (2001, S. 212–247).

strebende Ziele (z. B. eine anzustrebende Lieferbereitschaft), auf Meilensteine strategischer Programme (z. B. Fertigstellung eines integrierten Steuerungssystems bis zu einem bestimmten Zeitpunkt) und auf strategische Prämissen beziehen (z. B. die Straßenverkehrsinfrastruktur erlaubt weiterhin eine Versorgung im Nachtsprung). Für die Auswahl der Kennzahlen gelten zwei Bedingungen:

- *Selektion*: Zum einen müssen sich die Logistikverantwortlichen auf eine sehr geringe Zahl von Kennzahlen beschränken (3–5 Größen). Dies erfordert eine strikte Selektion, die in ihrem Vorgehen dem der Ermittlung strategischer Erfolgsfaktoren gleicht.[7] Hieraus resultiert der Zwang, innerhalb des Strategiefokus nach besonders wichtigen Engpässen für die Wettbewerbsfähigkeit zu suchen und nur diese schlaglichtartig zu beleuchten. Alternativ oder parallel könnte man den Scheinwerfer der Aufmerksamkeit auch auf zentrale Wachstumsfaktoren bzw. -treiber richten. Dem Konzept der Selektiven Kennzahlen liegt damit eine *interaktive Nutzungsrichtung* der ausgewiesenen Kennzahlen zu Grunde.[8]
- *Auswahl im Managementteam*: Welche Kennzahlen wirklich für die Realisierung der Logistikstrategie wichtig sind, lässt sich weder allgemeingültig noch mittels analytischer Methoden bestimmen. Komplexität und Unsicherheit der strategischen Planung bedingen zu große Wissensdefizite. Erforderlich ist es deshalb, die verantwortlichen Führungskräfte der Logistik in einem geeigneten Diskussionsprozess zu einer gemeinsamen Auffassung zu bringen. Ein solcher Prozess schafft hohe Akzeptanz der gemeinsam gefundenen Lösung und präjudiziert damit zugleich eine hohe Aufmerksamkeit in der Strategierealisierung.

Das Konzept Selektiver Kennzahlen beschränkt sich jedoch nicht allein auf die strategische Perspektive, sondern weitet den Blick auf kritische Engpässe im operativen Geschäftssystem aus. Die Motivation für dieses Vorgehen liegt in der – trivialen, aber dadurch nicht minder wichtigen – Erkenntnis, dass Strategien nicht nur dadurch scheitern können, dass man einmal gefasste strategische Ziele aus den Augen verliert, sondern auch dadurch, dass sich bei der Strategierealisierung unerwartete Probleme einstellen. Solche den Material- und Warenfluss störenden operativen Engpässe herauszufinden und die Aufmerksamkeit des Managements auf sie zu lenken, bietet die beste Gewähr, ihr Gefahrenpotenzial zu beherrschen. Auch für diese „operativen" Kennzahlen gilt im Konzept der selektiven Kennzahlen die Forderung einer strikten Beschränkung auf 3–5 Größen und ihrer Selektion im Managementteam.

Strategisch und operativ engpassbezogene Kennzahlen stimmen – wie auch Abb. 14.1 beispielhaft zeigt – nur in Ausnahmefällen überein. Auch in zeitlicher Hinsicht gilt Unterschiedlichkeit: Während die strategischen Kennzahlen längerfristige Gültigkeit besitzen (entsprechend dem Horizont logistischer Strategien), sind bei den engpassbezogenen Kennzahlen im operativen Bereich eher häufigere Veränderungen zu erwarten: Engpässe zu erkennen und die Aufmerksamkeit des

---

[7] Vgl. z. B. Welge und Al Laham (2008, S. 213–220).

[8] Vgl. zur interaktiven Nutzung von Informationen nochmals den Abschn. 2.2. im ersten Teil des Buches.

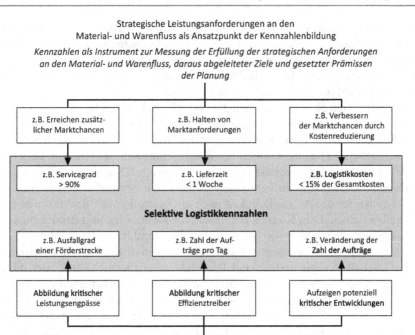

Strategische Leistungsanforderungen an den
Material- und Warenfluss als Ansatzpunkt der Kennzahlenbildung

*Kennzahlen als Instrument zur Messung der Erfüllung der strategischen Anforderungen
an den Material- und Warenfluss, daraus abgeleiteter Ziele und gesetzter Prämissen
der Planung*

z.B. Erreichen zusätz-licher Marktchancen	z.B. Halten von Marktanforderungen	z.B. Verbessern der Marktchancen durch Kostenreduzierung
z.B. Servicegrad > 90%	z.B. Lieferzeit < 1 Woche	z.B. Logistikkosten < 15% der Gesamtkosten

Selektive Logistikkennzahlen

z.B. Ausfallgrad einer Förderstrecke	z.B. Zahl der Auf-träge pro Tag	z.B. Veränderung der Zahl der Aufträge
Abbildung kritischer Leistungsengpässe	**Abbildung kritischer** Effizienztreiber	Aufzeigen potenziell **kritischer Entwicklungen**

*Kennzahlen als Instrument zur effektiven Abwicklung der material- und
warenflussbezogenen Leistungserstellung*

(Potenzielle) Engpassbereiche des Flusssystems

Abb. 14.1 Konzept der Selektiven Kennzahlen

Managements auf sie zu lenken, wird häufig dazu führen, sie zu beheben. Das Beseitigen alter Engpässe lässt neue hervortreten, usw.

Die Erfahrung im Arbeitskreis zeigte in vielfältiger Hinsicht Defizite in den Unternehmen auf. In den meisten Fällen lag keine Logistikstrategie vor. Deren Entwicklung wurde infolge von erheblichen Defiziten auf dem Gebiet der Unternehmensstrategie behindert. Im Arbeitskreis ging es weniger um die Frage, wie gefundene Strategien im täglichen Handeln umgesetzt werden können, sondern darum, zunächst überhaupt adäquate Strategien zu finden (Einsatz des Konzepts Selektiver Kennzahlen als Hilfsmittel zum Strategielernen). Ein ebenso weitgehender Wissenszuwachs war auf dem Feld operativer Kennzahlen festzustellen. Die Sichtweise kritischer Engpässe war den meisten Unternehmensvertretern fremd.

Im Ergebnis bleibt festzuhalten, dass die Generierung eines Kranzes interaktiv zu verwendender Kennzahlen und die anschließende laufende Informationsbereitstellung für die ausgewählten Größen nicht nur dazu führt, Strategien besser umzusetzen und Engpässe besser zu beherrschen. Vielmehr besteht ein ähnlich großer Nutzen darin, zur Formulierung von Strategien angehalten zu werden und Engpässe zu erkennen. Die konzeptionelle und die instrumentelle Nutzung gehen Hand in Hand.

14.2.2   Konzept der Balanced Scorecard

14.2.2.1   Grundlagen

Vor dem Hintergrund immer lauterer Kritik an der Eindimensionalität finanzieller Kennzahlensysteme in den USA wurde Anfang der 1990er Jahre unter der Leitung von Kaplan und Norton ein Forschungsprojekt mit 12 US-amerikanischen Unternehmen durchgeführt.[9] Ziel war es, die vorhandenen Kennzahlensysteme den gestiegenen Anforderungen der Unternehmen anzupassen. Im Konzept der Balanced Scorecard werden dementsprechend – wie auch Abb. 14.2 zeigt – die traditionellen finanziellen Kennzahlen durch eine Kunden-, eine interne Prozess- sowie eine Lern- und Entwicklungsperspektive ergänzt; vorlaufende Indikatoren bzw. Leistungstreiber treten damit an die Seite von Ergebniskennzahlen:

- *Finanzielle Perspektive*: Sie zeigt, ob die Implementierung der Strategie zur Ergebnisverbesserung beiträgt. Kennzahlen der finanziellen Perspektive sind z. B. die erzielte Eigenkapitalrendite oder der Cash Value Added. Die finanziellen Kennzahlen nehmen dabei eine Doppelrolle ein. Zum einen definieren sie die finanzielle Leistung, die von einer Strategie erwartet wird. Zum anderen fungieren sie als Endziele für die anderen Perspektiven der Balanced Scorecard. Kennzahlen der Kunden-, internen Prozess- sowie Lern- und Wachstumsperspektive sollen grundsätzlich über Ursache-Wirkungs-Beziehungen mit den finanziellen Zielen verbunden sein.[10]
- *Kundenperspektive*: Sie reflektiert die strategischen Ziele des Unternehmens in Bezug auf die Kunden- und Marktsegmente, auf denen es konkurrieren möchte.
- *Prozessperspektive*: Aufgabe der Prozessperspektive ist es, diejenigen Prozesse innerhalb der betrieblichen Wertschöpfung abzubilden, die vornehmlich von Bedeutung sind, um Ziele der finanziellen und der Kundenperspektive zu erreichen.
- *Lern- und Entwicklungsperspektive*: Kennzahlen dieser vierten Perspektive beschreiben wesentliche Elemente der für die anderen Perspektiven notwendigen Infrastruktur. Hierzu zählen etwa die Qualifikation von Mitarbeitern oder die Leistungsfähigkeit der IT-Systeme.

Die Balanced Scorecard präsentiert sich somit als strukturierte, ausgewogene Sammlung von Kennzahlen. Nach Kaplan und Norton stellt sie aber nicht nur ein neues Kennzahlensystem dar; als *„Managementsystem"* soll sie vielmehr als Bindeglied zwischen der Entwicklung einer Strategie und ihrer Umsetzung dienen.[11] Auf diesem Feld konstatieren die Autoren erhebliche Defizite:

- Vision und Strategie sind nicht umsetzbar,
- Verknüpfungen der Strategie mit den Zielvorgaben der Abteilungen, der Teams und der Mitarbeiter fehlen,
- die Strategien sind nicht mit entsprechenden Ressourcenzuweisungen verbunden, und

---

[9] Vgl. zum Konzept Kaplan und Norton (1996, 1997, 2007).

[10] Vgl. zu diesem Zusammenhang auch Weber und Schäffer (2001, S. 8 f., 75 f.).

[11] Vgl. Kaplan und Norton (1996, S. 18 und S. 186 ff.).

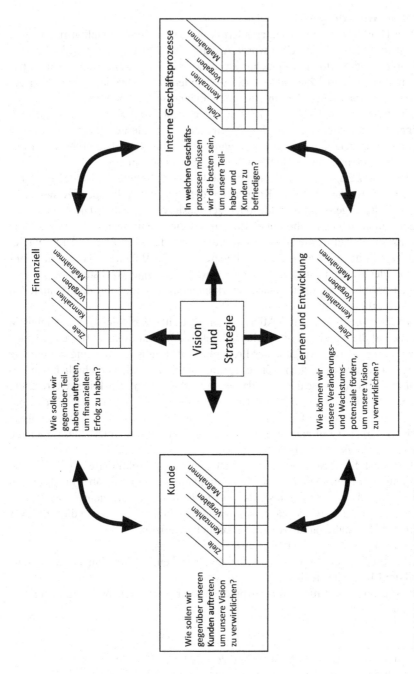

Abb. 14.2 Konzept der Balanced Scorecard

- „taktisches Feedback" herrscht an Stelle eines notwendigen „strategischen Feedbacks" vor.

Alle Hindernisse sollen durch den Einsatz der Balanced Scorecard überwunden werden:

- Der Entwicklungsprozess einer Balanced Scorecard im oberen Management soll zur Klärung sowie zum Konsens im Hinblick auf die strategischen Ziele führen.
- Die Balanced Scorecard soll eine einheitliche Zielausrichtung der Handlungsträger im Unternehmen mittels entsprechender Kommunikation und Verbindung mit persönlichen Anreizen bzw. Zielvereinbarungen erreichen.
- Neben den personellen Ressourcen müssen auch die finanziellen und materiellen Mittel auf die Unternehmensstrategie gerichtet werden. Vier Schritte sollen dabei helfen: die Formulierung von hochgesteckten Zielen, die Identifizierung und Fokussierung strategischer Initiativen, die Identifikation kritischer unternehmensweiter Strategien sowie ihre Verknüpfung mit der laufenden Budgetierung und Investitionsplanung.
- Mit Hilfe der Balanced Scorecard soll ein Prozess der systematischen Strategieüberprüfung und daraus abgeleiteten Strategieentwicklung (im Sinne eines „double-loop-learning") erreicht werden.

Kurz zusammengefasst lassen sich die folgenden Merkmale des Konzepts der Balanced Scorecard festhalten: Sie versteht sich in erster Linie als ein Instrument der Umsetzung von Strategien ins tägliche Managementhandeln. Die Komplexität strategierelevanter Aspekte wird durch die Verdichtung auf vier Perspektiven reduziert. Diese fokussieren die wichtigsten Managemententwicklungen der letzten beiden Jahrzehnte.[12] Damit gelingt ihr im Idealfall eine Integration und Sicherung innovativen Managementwissens. Der ihr innewohnende Zwang zur Operationalisierung der Strategie führt zum einen zu konkreten Maßnahmen der Umsetzung, zum anderen verhindert die Beschränkung der Zahl von Maßnahmen pro Perspektive Verzettelung und Aktionismus. Das systematische Monitoring der Zielerreichung schließlich fördert das Commitment zur Realisierung der strategischen Stoßrichtungen.

Vergleicht man das Konzept der Balanced Scorecard mit dem der Selektiven Kennzahlen, so ist als erstes der *übereinstimmende Grundansatz* festzuhalten: Beide Konzepte versuchen, Strategien ins tägliche Managementhandeln zu bringen und damit ein in der Praxis drängendes Problem zu lösen. Auch versuchen beide, die Zahl der hierfür verwendeten Kennzahlen (stark) zu begrenzen. Als erster Unterschied zwischen beiden ist der sehr unterschiedliche Verbreitungsgrad zu konstatieren: Die Balanced Scorecard hat sich weltweit zu einem betriebswirtschaftlichen Standardinstrument entwickelt,[13] während das Konzept der Selektiven Kennzahlen

---

[12] Die Marktperspektive rekurriert auf Kundenzufriedenheits- und Kundenbindungsmanagement, die Prozessperspektive auf Logistik und Process Reengineering und die Lern- und Entwicklungsperspektive auf Wissensmanagement und Organizational Learning. Vgl. ausführlich Weber (2000).

[13] Vgl. für Deutschland z. B. die empirischen Befunde bei Speckbacher und Bischof (2000); Weber und Sandt (2001, S. 22). Allerdings fallen die Ergebnisse weniger überzeugend für das Instrument aus, wenn man stärker ins Detail der Anwendung schaut. Schnell findet man dann in sehr vielen Unternehmen etwas vor, was Balanced Scorecard genannt wird, aber mit den Merkmalen

kaum Bekanntheit besitzt. Inhaltlich lässt sich der Unterschied im Wesentlichen mit der Differenzierung in diagnostische und interaktive Kennzahlensysteme beschreiben: Durch die Forderung nach Ausgewogenheit („balanced") und die daraus folgende Bildung von vier Perspektiven bietet sich für die Balanced Scorecard primär eine diagnostische Nutzung an. Die Selektiven Kennzahlen fokussieren dagegen bewusst auf strategische und operative Engpässe und sind damit als interaktives Kennzahlensystem aufzufassen. Beide Konzepte müssen sich damit nicht ausschließen, sondern können sich vielmehr sinnvoll ergänzen. Allerdings steht zu befürchten, dass der substanzielle Unterschied beider Konzepte von den Nutzern nur schwer nachvollzogen werden kann, so dass es zu einer Konkurrenz beider Systeme käme – oder zu einer Aushebung von weiteren Kennzahlengräbern. Beides würde den Unternehmen nicht helfen. Von einer parallelen Nutzung beider Systeme ist damit abzuraten.

14.2.2.2 Anwendung für die Logistik

Das Instrument der Balanced Scorecard ist in seiner Anwendung nicht auf das Gesamtunternehmen beschränkt, sondern für alle strategierelevanten Bereiche des Unternehmens anwendbar.[14] Es kann dann eine Kaskade unterschiedlicher Scorecards entstehen, die untereinander in einer logischen, aber nicht mathematischen Verknüpfung stehen. Eine solche Teilbereich-Scorecard ist auch für die Logistik möglich und sinnvoll. Bei genauerer Betrachtung bietet es sich bei Erreichung der koordinationsbezogenen Entwicklungsstufe der Logistik an, der Gliederung in Beschaffungs-, Produktions- und Distributionslogistik zu folgen.[15] Hieraus resultieren insgesamt vier Scorecards (neben den teilbereichsbezogenen auch eine die Logistik insgesamt umfassende), die im Folgenden beispielhaft skizziert werden sollen[16] (vgl. im Überblick auch die Abb. 14.3).

Beschaffungslogistik Betrachtet wird ein Unternehmen, das in seiner Beschaffungslogistik drei strategische Ziele verfolgt:
1. Erhöhung des Servicegrads gegenüber der Produktion
2. Weitere Annäherung an das Ideal einer bestandslosen Produktion für A-Teile
3. Aufbau einer engen Kooperation mit den Kernlieferanten zur Vereinfachung der beschaffungslogistischen Prozesse

---

dieser kaum etwas gemein hat, oder die BSC wird von Instrumentenspezialisten betrieben, ohne das Führungsverhalten der Manager nachhaltig zu beeinflussen und zu verändern.

[14] Wird bei einer Analyse eines Unternehmensbereichs kein Strategiebezug festgestellt, lässt sich dies als Indikator für erforderliche Reorganisationen interpretieren.

[15] Die folgenden Ausführungen haben allein die Funktion, eine Veranschaulichung des Vorgehens zu leisten. Das Konzept der BSC verlangt stets, eine auf die spezifischen Belange des einzelnen Anwendungsfalls bezogene Lösung zu erarbeiten. Ein Übernehmen fremder Vorbilder mag auf den ersten Blick effizient erscheinen, gefährdet aber zentral den Erfolg des Konzepts.

[16] Die Ausführungen veranschaulichen auch die anfangs getroffene Aussage, dass die Erreichung einer höheren Entwicklungsstufe der Logistik nicht bedeutet, die darunter liegenden aus den Augen zu verlieren: In den folgenden Steuerungsgrößen sind neben reinen Koordinationsaspekten auch diverse TUL-bezogene Themen adressiert.

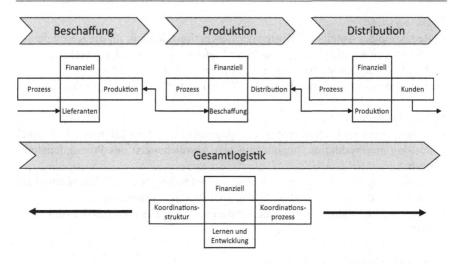

Abb. 14.3 Struktur einer Balanced Scorecard für die Logistik

Der Umsetzung dieser Strategien dienen Ziele und Maßnahmen in den Perspektiven der Balanced Scorecard. Zunächst ist zu klären, ob die von Kaplan und Norton als Beispiel vorgeschlagenen, vorab dargestellten Perspektiven für die Beschaffungslogistik übernommen werden sollen. Angesichts der genannten Strategien ist es unabdingbar, eine gesonderte Lieferantenperspektive zu bilden. Quellen und Senken des Material- und Warenflusses sind für die Logistik in hohem Maße bedeutsam. Sich nur auf die Senken zu beschränken, bildete den Gegenstand der Logistik nur unzulänglich ab. Um die Komplexität des Instruments nicht wachsen zu lassen, stellt sich anschließend die Frage, ob auf eine der vier „Standard-Perspektiven" verzichtet werden kann. In diesem Beispiel sei die Frage bejaht: Die Lern- und Entwicklungsperspektive erweist sich für die einzelnen Logistikbereiche als weitgehend unspezifisch; sie macht erst auf der Ebene der Gesamtlogistik Sinn. Die Prozess- und die Kundenperspektive werden dagegen beibehalten. Kunde für die Beschaffungslogistik ist dabei die Produktion.

Für die einzelnen Perspektiven seien im Folgenden beispielhaft einige Kennzahlen zur Formulierung und Messung der Ziele aufgeführt, die der Umsetzung der genannten Strategien dienen. Im konkreten Anwendungsfall würden diese Ziele und Maßgrößen – dem Konzept von Kaplan und Norton folgend – im Managementteam[17] in Workshopsitzungen erarbeitet und anschließend mit Maßnahmen und für diese Verantwortlichen konkretisiert.

---

[17] Neben der Leitung der Beschaffungslogistik sollten auch ausgewählte Lieferanten, Vertreter der Produktions- und der Gesamtlogistik sowie Controller mit einbezogen werden. Die Berücksichtigung unterschiedlicher Interessen und Prägungen im Rahmen der Ziel- und Maßnahmenerarbeitung sichert die Ausgewogenheit des Ergebnisses und erhöht die Chancen einer planmäßigen Realisierung der Maßnahmen.

Finanzperspektive:
- Reduktion des Anteils der Kosten der Beschaffungslogistik für die Kernlieferanten bezogen auf die gesamten für diese Lieferanten anfallenden Kosten
- Reduktion der Kapitalbindung in den Eingangslägern um 12 %
- Reduktion der fehlmengenbedingten Kosten von Produktionsumstellungen

Produktionsperspektive:
- Einhaltung eines Lieferservicegrades gegenüber der Produktion von 100 % bei Just-in-time-Produktion, unabhängig von Abweichungen des Produktionsforecasts
- Realisierung eines Lieferservicegrades von 98 % bei Nicht-JIT-Teilen innerhalb eines Korridors von 5 % Abweichung vom Produktionsforecast
- Reduktion der Zahl falscher Materialbereitstellung an den Produktionslinien um 30 %

Prozessperspektive:
- Reduzierung der Antwortzeiten des Materialwirtschaftssystems um 50 %
- Steigerung des Verfügbarkeitsgrades des Regalförderzeugs im Eingangslager auf 99,5 %
- Reduzierung der Zahl von Transportunfällen um 50 %

Lieferantenperspektive:
- Verdopplung des Anteils fester DV-Verbindungen zwischen der Bestelldisposition und der Produktionssteuerung der Kernlieferanten
- Erfassungsreichweite der Behälterdatenbank bezogen auf Kernlieferanten: 100 %
- Zufriedenheitsindex der Lieferanten mit dem Lieferabrufverhalten des Unternehmens: Halten des Vorjahreswertes

Produktionslogistik Das analoge Vorgehen für die Produktionslogistik stellt zunächst die Frage nach maßgeblichen strategischen Zielen. Für das Beispiel seien die folgenden angenommen:
1. Erhöhung des Servicegrades gegenüber der Distribution
2. Stärkere Differenzierung der Produktion nach unterschiedlichen Steuerungsbedingungen (Fertigungssegmentierung)
3. Erhöhung des Automatisierungsgrades des Innerbetrieblichen Transports
Als Perspektiven bieten sich dieselben an, wie sie für die Beschaffungslogistik gewählt wurden; allerdings nehmen nun die Distributionslogistik die Rolle der Kunden und die Beschaffungslogistik die Rolle der Lieferanten ein:

Finanzperspektive:
- Erhöhung des Verhältnisses von Produktionskosten und Produktionslogistikkosten um 10 %
- Verringerung der Personalkosten des Innerbetrieblichen Transports um 25 %
- Reduktion der Kapitalbindung in Work-in-progress-Beständen um 10 %

Distributionsperspektive:

- Einhaltung eines Lieferservicegrades gegenüber der Distribution von 99,8 % bei A-Produkten bei maximal 5 % Abweichung des Vertriebsforecasts
- Einhaltung eines Lieferservicegrades gegenüber der Distribution von 95 % bei B- und C-Produkten bei maximal 10 % Abweichung des Vertriebsforecasts
- Weitergabe der Informationen von sichtbar werdenden Produktionsplanänderungen an die Distributionslogistik: 95 % innerhalb von einer Stunde

Prozessperspektive:

- Aktualität der Arbeitsgangpläne bezüglich der Zuordnung zur Serien- oder Variantenfertigung: 90 % aller Produkte bis zur Mitte des Jahres, 99 % bis zum Jahresende
- Anteil automatisch gesteuerter interner Transportprozesse am gesamten Auftragsaufkommen des Innerbetrieblichen Transports: 70 %
- Reduzierung der Zahl von Transportunfällen um 50 %

Beschaffungsperspektive:

- Einhaltung des Produktionsforecasts in einem Korridor von ± 10 %
- Weitergabe der Informationen von sichtbar werdenden Produktionsplanänderungen an die Beschaffungslogistik: 95 % innerhalb von einer Stunde
- Zufriedenheitsindex der Beschaffungslogistik mit dem Materialabrufverhalten der Produktionslogistik: Halten des Vorjahreswertes

Distributionslogistik Am Beginn stehen auch hier die maßgeblichen strategischen Ziele des betrachteten Logistikbereichs. Als solche seien die folgenden unterstellt:

1. Erhöhung des Servicegrades gegenüber den Kunden
2. Bessere Informationsversorgung der Kunden bezüglich des Status des Kundenauftrags
3. Reduzierung der Vertriebslogistikkosten
   Für die Perspektiven ergeben sich prinzipiell wiederum keine Abweichungen:

Finanzperspektive:

- Reduzierung der Höhe der Vertriebslogistikkosten auf das durch Benchmarking festgestellte Niveau des Best in Class
- Verringerung des in Vertriebslägern investierten Kapitals um 50 %
- Gänzliche Vermeidung fehlmengenbedingter Vertragsstrafen

Kundenperspektive:

- Einhaltung eines Lieferservicegrades gegenüber dem Kundenwunschtermin von 97,5 % bei A-Kunden
- Einhaltung eines Lieferservicegrades gegenüber dem Kundenwunschtermin von 92,5 % bei B- und C-Kunden
- Zufriedenheitsindex der Kunden mit dem Lieferverhalten: Steigerung von 5 % gegenüber Vorjahr

Prozessperspektive:
- Reduzierung der Zahl der Vertriebsläger um 4 auf 12
- Reduzierung des Anteils von Sonderverpackung auf 5 % der Gesamtverpackungsprozesse
- Erreichung einer Clickrate im Auftragsbearbeitungssystem von 2,5 Anfragen pro Auftrag

Produktionsperspektive:
- Einhaltung des Vertriebsforecasts in einem Korridor von ± 10 %
- Weitergabe der Informationen von sichtbar werdenden Vertriebsplanänderungen an die Produktionslogistik: 50 % innerhalb eines Tages, 95 % innerhalb einer Woche
- Verdopplung der Losgrößenhöhe innerhalb einer Produktgruppe durch synchrone Vertriebsanstrengungen

Gesamtlogistik Die drei beispielhaft aufgeführten Balanced Scorecards decken zwar die logistische Wertschöpfungskette von den Kunden bis zu den Lieferanten ab. Dennoch sind damit nicht zugleich das strategische Feld der Gesamtlogistik und die daraus resultierenden Ziele und Maßnahmen in toto abgesteckt. Vielmehr können übergeordnete Strategien und Ziele über die Bereichsstrategien und -ziele hinausgehen. Zum einen ist es möglich, dass weitere Strategien und Ziele relevant sind, die gar nicht oder nur ausschnitthaft in den Bereichsstrategien und -zielen erscheinen. Zum anderen können Strategien und Ziele vorliegen, die die Bereichsstrategien und -ziele bündeln. Beispiel für ersteren Fall ist die Strategie, den Umfang von Postponement[18] zu steigern; hierauf zugeschnittene Maßnahmen betreffen die Produktgestaltung und beziehen sich explizit auf die gesamte Material- und Warenflusskette gemeinsam. Ein Beispiel für die zweite Möglichkeit stellt eine angestrebte Auftragsbearbeitungszeit vom Anruf des Kunden bis zur Auslieferung der Ware dar, die die jeweiligen Durchlaufzeitwerte in den Teillogistiken in deren Zielhöhe beeinflusst. Letzteres Beispiel veranschaulicht zugleich die anfangs dieses Abschnitts getroffene Aussage, dass Balanced Scorecards unterschiedlicher Ebenen zwar logisch miteinander verknüpft sind, diese Verknüpfung aber nicht mathematischer Natur ist: Die Gesamtdurchlaufzeit eines Auftrags ermittelt sich nicht als Summe der Teildurchlaufzeiten; vielmehr sind Wartezeiten einerseits und der Rückgriff auf vorhandene Bestände andererseits zu berücksichtigen.

Im Einzelnen seien für die Gesamtlogistik beispielhaft folgende Strategien angenommen:
1. Erhöhung der Aufmerksamkeit im Top-Management bezüglich der Notwendigkeit und Dringlichkeit einer Koordination des Material- und Warenflusses
2. Stärkere Integration der Logistik in die Produktgestaltung
3. Qualifizierung der Logistikmitarbeiter zur Deckung der Fähigkeitendifferenz einer koordinationsorientiert verstandenen Logistik gegenüber einer TUL-Logistik

---

[18] Vgl. zum Postponement-Konzept ausführlich Ballou (2004, S. 50–52); Vahrenkamp (2007, S. 32–37).

Aufbauend auf den obigen Aussagen bietet sich für die Gesamtlogistik eine deutlich abweichende Perspektivenbildung an: Abgesehen von der Finanzperspektive, die nun z. B. die Stellung der Logistik im Vergleich zu Wettbewerbern oder gesamtunternehmensbezogene Aspekte[19] berücksichtigen kann, kommt zum einen die bei den Teillogistiken fehlende Lern- und Entwicklungsperspektive hinzu. Zwei weitere Perspektiven seien im Beispiel dem konzeptionellen Kern der zweiten Entwicklungsstufe der Logistik vorbehalten: der material- und warenflussbezogenen Koordination. Diese lässt sich – wie im ersten Teil des Buches kurz ausgeführt – zum einen über strukturelle Maßnahmen erreichen (z. B. über die explizite Berücksichtigung von Material- und Warenflussaspekten in der Produktentwicklung). Zum anderen sind laufende Koordinationsaktivitäten erforderlich. Beide Aspekte erweisen sich für die zweite Entwicklungsstufe der Logistik als essenziell. Damit ist es angebracht, sie über eigene Perspektiven abzubilden. Diese Überlegungen liegen dem folgenden Beispiel zu Grunde:

Finanzperspektive:

- Verringerung des Abstandes der Logistikkosten (als Anteil der Gesamtkosten des Unternehmens) zum Best in Class um 20 %
- Verringerung des in den Lagerbeständen insgesamt gebundenen Kapitals um 10 %
- Erhöhung des Anteils der variablen Logistikkosten an den logistischen Gesamtkosten um 5 %

Koordinationsstrukturperspektive:

- Anteil der Produkte, die in der Entwicklung explizit auf ihre Konsequenzen für den Material- und Warenfluss hin optimiert werden: > 90 %
- Reduzierung der durchschnittlich für Annahme, Bearbeitung und Abschluss eines Kundenauftrags zuständigen Stellen auf zwei
- Erhöhung des Verhältnisses aus Lagerbestand in der jeweils letzten Fertigungsstufe vor dem „Freezing-Point"[20] und dem Fertigwarenbestand der Produkte um durchschnittlich 50 %

Koordinationsprozessperspektive:

- Für feste Koordinationsgremien, Projekte oder Arbeitskreise aufgewendete Zeit in Manntagen: Steigerung gegenüber Vorjahr um 100 %
- Anteil der ohne gesonderte Abstimmaktivitäten durchgesteuerten Aufträge: Erhöhung um 20 %

---

[19] Hier wäre z. B. die Mitwirkung am Ziel zu nennen, zur Erreichung einer höheren Flexibilität den Anteil der Fixkosten zu senken.

[20] Als solcher wird die Station im Fertigungsfluss bezeichnet, an der die Individualisierung eines Auftrags und/oder Produkts, d. h. seine Ausrichtung auf spezifische Kundenanforderungen, erfolgt. Vgl. zum Begriff z. B. Homburg und Weber (1996, S. 661). Im Deutschen findet sich hierfür der Begriff des „Entkopplungspunkts". Vgl. z. B. Vahrenkamp (2007, S. 32).

- Anteil der im DV-System erfassten Beschaffungs-, Produktions- und Distributionsprozesse in Prozent: Erhöhung von 95 % auf 96,5 %

Lern- und Entwicklungsperspektive:
- Qualifikation der zentralen Koordinationsstelle: im Minimum drei akademisch gebildete Logistikspezialisten, davon mindestens einer mit einer Managementspezialisierung
- Kommunikation der Logistikidee: Erreichung von mindestens 75 % des mittleren Managements mit einem Vortrag zu Sinn und Ausprägung der Logistik (inkl. kurzem Handout)
- Dokumentation der Ergebnisse von zwei ausgewählten Koordinationsprojekten (als Erfahrungsmuster) und Kommunikation in den Kreis des mittleren Managements

Wenn an dieser Stelle das Instrument der Balanced Scorecard genügend transparent geworden sein sollte,[21] bleibt die Frage offen, wie die Erfassung der von ihr benötigten Informationen gestaltet werden soll. Entsprechend der anfangs getroffenen Aussage, dass sowohl für Selektive Kennzahlen als auch für Balanced Scorecard eine laufende Informationsbereitstellung zu den Identifikationsmerkmalen der Konzepte gehört, ist hier nicht die Frage des ob, sondern des wie bzw. wie oft zu klären. Dem Charakter der einzelnen Ziele und Messgrößen entsprechend reicht für einen (kleinen) Teil von ihnen eine jährliche Erfassung aus.[22] Sie finden damit auch keinen Eingang in der laufenden Leistungs- und/oder Kostenrechnung. Damit hat die laufende Informationsbereitstellung in toto eher einen fallweisen Charakter. Damit stehen das Instrument und seine Informationskomponente in einem deutlich engeren Konnex als dies für die im vierten Teil des Buches ausführlich dargestellte, auf die TUL-Prozesse gerichtete Kosten- und Leistungsrechnung der Fall war. Dies ermöglicht eine größere Nähe des Managements zum Instrument, reduziert zugleich aber auch die Möglichkeit, dieses durch Informationsspezialisten (z. B. Controller) zu entlasten.

Literatur

Ballou RH (2004) Business logistics/supply chain management. Planning, organizing, and controlling the supply chain, 5. Aufl. Prentice Hall, Upper Saddle River
Homburg C, Weber J (1996) Individualisierte Produktion. HWProd, 2. Aufl. Schäffer-Poeschel, Stuttgart, S 653–664

---

[21] Nochmals sei zur Bedeutung des Beispiels betont, dass dieses nur der Veranschaulichung diente. Jede BSC ist dann, wenn sie im Managementhandeln wirksam sein soll, stets individuell, auf den Einzelfall hin zu gestalten. Im Wesentlichen gleiche Scorecards sind damit primär kein Zeichen hoher Übereinstimmung des Geschäfts, sondern vielmehr nachlässiger Erstellung der Ziele und Kennzahlen.

[22] Ziele können – um ihre Wichtigkeit zu betonen – in eine Balanced Scorecard u. U. auch dann aufgenommen werden, wenn für sie zunächst keine Messbarkeit gegeben ist; allerdings darf die fehlende Messung kein dauerhafter Zustand sein.

Kaplan RS, Norton DP (1996) The balanced scorecard – translating strategy into action. Harvard Business School Press, Boston

Kaplan RS, Norton DP (1997) Balanced Scorecard – Strategien erfolgreich umsetzen. Schaeffer-Poeschel, Stuttgart

Kaplan RS, Norton DP (2007) Alignment: using the balanced scorecard to create corporate synergies. Harvard Business School Press, Boston

Schäffer U (2001) Kontrolle als Lernprozess. Deutscher Universitäts-Verlag, Wiesbaden

Schreyögg G, Steinmann H (1985) Strategische Kontrolle. Zfbf 37:391–410 (Deutscher Universitäts-Verlag)

Speckbacher G, Bischof J (2000) Die Balanced Scorecard als innovatives Managementsystem. DBW 60:795–810

Vahrenkamp R (2007) Logistik. Management und Strategien, 6. Aufl. Oldenbourg, München

Weber J (2000) Balanced Scorecard – Management-Innovation oder alter Wein in neuen Schläuchen? In: Männel W, Weber J (Hrsg) Krp-Sonderheft 2/2000: Balanced Scorecard. Branchenlösungen – Balanced Scorecard für interne Dienstleister – IT-Implementierung. Gabler, Wiesbaden, S 5–15

Weber J (Hrsg) (1993) Praxis des Logistik-Controlling. Schäffer-Poeschel, Stuttgart

Weber J (Hrsg) (1995) Kennzahlen für die Logistik. Schäffer-Poeschel, Stuttgart

Weber J, Sandt J (2001) Erfolg durch Kennzahlen – Neue empirische Ergebnisse, Schriftenreihe Advanced Controlling, Bd. 21. Vallendar

Weber J, Schäffer U (2001) Balanced Scorecard & Controlling. Implementierung – Nutzen für Manager und Controller – Erfahrungen in deutschen Unternehmen, 3. Aufl. Gabler, Wiesbaden

Weber J, Wallenburg CM (2010) Logistik- und Supply Chain Controlling, 6. Aufl. Schäffer-Poeschel, Stuttgart

Welge MK, Al Laham A (2008) Strategisches Management. Grundlagen – Prozess – Implementierung. Gabler, Wiesbaden

Informationsbereitstellung für die flussbezogene Entwicklungsstufe der Logistik

15

Die flussbezogene Sichtweise der Logistik besitzt im Verhältnis zu den beiden vorausgehenden Sichten einen deutlich geringeren Entwicklungsstand. Dies gilt sowohl hinsichtlich der theoretischen Durchdringung als auch bezogen auf die praktische Realisierung.[1] Deshalb liegt komparativ deutlich weniger Erfahrung in der Ausgestaltung der laufenden Informationsversorgung des Managements für diese Phase vor. Die folgenden Ausführungen haben damit einen stärker normativen Charakter.

Die in der dritten Entwicklungsstufe der Logistik erforderlich werdende zusätzliche laufende Informationsbereitstellung bezieht sich auf Flussleistungen und -kosten; Transport-, Umschlags- und Lagerleistungen besitzen gegenüber anderen wertschöpfungsbezogenen Aktivitäten keine herausgehobene Position mehr. Im Fokus stehen nun Führungs- und Führungsgestaltungsleistungen. Wie die Ausführungen zur Koordinationskostenrechnung im ersten Teil des Buches schon vermuten lassen,[2] bereitet die Messung führungsbezogener Leistungen und Kosten erhebliche Definitions- und Messprobleme. Die Einflüsse auf die für die ersten beiden Entwicklungsstufen der Logistik wesentliche laufende Kostenrechnung sind darüber hinaus eher restringierender Natur: Eine differenzierte und damit komplexe Kostenrechnung stellt sich der für die dritte Entwicklungsstufe charakteristischen Fähigkeit schneller Veränderung eher entgegen. Zudem sollte genügend Know-how aufgebaut sein, um die Flussaspekte in strukturwirksamen Entscheidungen adäquat zu berücksichtigen – und damit Probleme ex ante zu vermeiden, die man ex post in der Kosten- und Leistungsrechnung abbilden müsste. Kosten- und Erlöswirkungen sind für die flussorientierte Logistik zwar bedeutsam; ihre Ermittlung hat aber überwiegend fallweisen Charakter.

An welche Größen zu denken ist, wenn Fragen einer laufenden oder fallweisen Erfassung flussorientierter Informationen zu beantworten sind, sei im Folgenden beleuchtet. Die Ausführungen werden dabei im Umfang deutlich kürzer als im vorangegangenen Abschnitt ausfallen: Zum einen ist das potenzielle Abbildungsobjekt sehr viel abstrakter und komplexer als in den ersten beiden Entwicklungsstufen der Logistik, so dass eine deutlich stärkere Konkretisierung und Selektion im einzelnen Anwen-

---

[1] Vgl. nochmals Abb. 1.6 im ersten Teil dieses Buches.

[2] Vgl. Abschn. 2.4.4 im ersten Teil dieses Buches.

J. Weber, *Logistikkostenrechnung,*
DOI 10.1007/978-3-642-25173-3_15, © Springer-Verlag Berlin Heidelberg 2012

dungsfall erforderlich ist. Allgemeine Aussagen können nur Verständnis für das grundsätzliche Vorgehen schaffen. Zum anderen wurden mögliche Instrumente, für die selektierte flussbezogene Informationen erfasst werden können, bereits im Abschn. 1.2. vorgestellt, so dass nun nur noch auf veränderte Inhalte eingegangen werden muss.

Ziel der dritten Entwicklungsphase der Logistik ist die Erreichung eines möglichst ungestörten Flusses von Materialien, Waren und der dazugehörigen Informationen. Hierzu trägt das gesamte Flusssystem bei. Über dessen Merkmale bestehen in der Praxis zumeist keine hinreichend exakten Vorstellungen. Zum einen wirkt bereits die Formulierung „Flusssystem" zu abstrakt („theoretisch"). Zum anderen sind die entsprechenden Gestaltungs- und Umsetzungsprozesse tief in die gesamte Führungsaufgabe integriert, so dass eine gesonderte Sichtbarkeit – im Gegensatz z. B. zu den Koordinationsleistungen – fehlt bzw. schwieriger herstellbar ist.

Um den Informationsbedarf einer flussorientierten Logistiksicht abzuleiten, sei im ersten Schritt von einem dreistufigen Zusammenhang ausgegangen[3]:

- Soll Flussorientierung als strategische Fähigkeit wirken, muss sie zu einem erhöhten, den Kunden gegenüber sichtbaren Leistungsniveau führen. Für diese Frage sind outcomebezogene Maßgrößen relevant. Beispiele sind Servicegrade, Schnelligkeit der Anpassung an Änderungen der Kundenwünsche oder Mehrerlöse aufgrund von höherer Lieferschnelligkeit. Auf ihre Auswahl und Messung muss an dieser Stelle des Buches nicht mehr näher eingegangen werden. Gleiches gilt für die Frage nach der Frequenz ihrer Bereitstellung (fallweise versus laufend).
- Die erhöhte Leistungsfähigkeit wird durch entsprechende material- und warenflussbezogene Leistungen erzeugt.[4] Auf die Flussfähigkeit gerichtete input-, prozess- und outputbezogene Leistungs- und Kostengrößen bilden diese Ebene ab. Beispiele sind Dauer der Beseitigung erkannter Fehler, Prozesskosten einzelner Auftragsklassen oder interne Durchlaufzeiten. Auch hier ergeben sich für die Definition und Erfassung keine neuen Fragestellungen und Lösungen.
- Die material- und warenflussbezogenen Leistungen bedürfen der Führung. Inwieweit diese flussorientiert erfolgt, ist Gegenstand der dritten Messebene. Zu den relevanten Aspekten zählen etwa der Grad der Auftragsbezogenheit der Produktionssteuerung, die Zahl der in die Steuerung eines Auftrags einbezogenen dezentralen Abteilungen oder die Schnelligkeit der Weitergabe im Vertriebsdispositionssystem erkannter Änderungen an das Bestelldispositionssystem. Solche Größen gehen am weitesten über traditionelle Leistungs- und Kostengrößen der Logistik hinaus. Auch in der einschlägigen Literatur finden sich nur vereinzelte Hinweise.[5] Flussorientierte Führungsleistungen seien deshalb als Einzige im Folgenden weiter ausgeführt.

---

[3] Als vierte Stufe ist auch an die Flussorientierung der Führungsleistungen selbst zu denken, etwa an die Zahl der Abteilungswechsel innerhalb der Produktprogrammplanung oder an die Dauer dieses Planungsprozesses. Allerdings ist sie derzeit eher theoretischer Natur.

[4] Wie mehrfach angemerkt, zählen hierzu nicht nur TUL-Prozesse, sondern alle an Material und Waren angreifende Prozesse über die Wertschöpfungskette hinweg (z. B. auch Produktionsprozesse).

[5] Vgl. als zwei Ausnahmen v. (Stengel 1999, S. 83–92) und Weber und Kummer (1998, S. 274–278).

Strukturierungskriterium für die folgenden Beispiele ist die im ersten Teil des Buches skizzierte Systematisierung von Führungsbereichen.[6] Ähnlich wie im Vorgehen des BSC-Konzepts werden die für jeden Führungsbereich zu erfassenden Informationen aus selektierten (wenigen) Zielen abgeleitet.

Planung:
- Durchgängige Aufnahme nach Produktgruppen differenzierter Fehlmengenkosten in die Produktionsplanung und -steuerung. Mögliche Messgröße: Implementierungsgrad über alle PPS-Systeme unterschiedlicher Werke und Bereiche hinweg
- Verkürzung der Reaktionszeit der Produktionssteuerung auf Änderungen der Nachfrage. Mögliche Messgröße: Anteil der Revisionen der Wochenplanung bei Änderungen der (Wochen-)Absatzmengen pro Produktgruppe um mehr als 10 %

Kontrolle:
- Erhöhung des Kontrollgrades von Lieferterminabweichungen. Mögliche Messgröße: Prozentsatz regelmäßig auf Lieferterminabweichungen überprüfter Produkte
- Erhöhung des Kontrollgrads von Leistungsvorgaben in Logistikkostenstellen. Mögliche Messgröße: Anteil von leistungsbezogenen Kontrollgrößen in den Monatsberichten von Logistikkostenstellen

Informationsversorgung:
- Frühzeitigere Information über Lieferterminverzögerung an die Produktions- und Beschaffungssteuerung. Mögliche Messgröße: Zahl der entsprechenden Terminbeschwerden pro Monat
- Bessere Informationstransparenz über den Outcome der Logistik. Mögliche Messgröße: Verfügbarkeitsgrad durchlaufzeit- und servicegradbezogener Informationen von Produkten und Produktgruppen

Organisation:
- Stärkere Segmentierung der Fertigungsprozesse. Mögliche Messgröße: Zahl der unterschiedlichen Fertigungssegmente
- Verfestigung der Prozessorganisation. Mögliche Messgröße: Zufriedenheit der Prozessmanager mit dem Verhalten der Manager der in der jeweiligen Prozesskette betroffenen Funktionen

Anreizgestaltung:
- Stärkere Berücksichtigung logistischer Leistungsfähigkeit in den persönlichen Bezügen von Geschäftsbereichsleitungen. Mögliche Messgröße: Anteil der variablen Vergütung, der auf flussbezogene Ziele entfällt

---

[6] Vgl. nochmals Abschn. 1.3 im ersten Teil dieses Buches.

- Aufnahme von Prozessverbesserungen in den Katalog von anreizrelevanten Kriterien. Mögliche Messgröße: Anteil der Mitarbeiter mit variablen Entgeltbestandteilen, für die Prozessverbesserungen ein vergütungsrelevantes Kriterium sind

Derart hergeleitet und formuliert, beschreiben die Messgrößen einen Teil der laufenden Informationsbereitstellung für die flussorientierte Logistik. Zugleich geben sie Hinweise darauf, welche Art von Informationen fallweise zu ermitteln sind, wenn das Geschäftssystem flussorientiert(er) ausgestaltet werden soll. Wie zu Anfang dieses Abschnitts bereits angesprochen, musste hierzu eine deutlich normativere Perspektive eingenommen werden, als sie bei den vorangegangenen Ausführungen des Buchs zu finden ist. Dort wurde stets großen Wert darauf gelegt, einen empirischen Bezug herzustellen. Dieser ist an dieser Stelle nicht möglich, weil entsprechende Beispiele fehlen. Dennoch sollte deutlich geworden sein, in welche Richtung eine entsprechende Informationsbereitstellung zu entwickeln wäre. An einen umfangreichen Bereich im Gebäude einer Logistikkostenrechnung ist hier nicht zu denken. Vielmehr wird das Spektrum für Führungszwecke bereitzustellender Informationen nur geringfügig erweitert. Hieraus eine entsprechend geringe Bedeutung dieser Größen abzuleiten, wäre aber gänzlich verfehlt.

Literatur

Stengel R von (1999) Gestaltung von Wertschöpfungsnetzwerken. Deutscher Universitäts-Verlag, Wiesbaden
Weber J, Kummer S (1998) Logistikmanagement, 2. Aufl. Schäffer-Poeschel, Stuttgart

Informationsbereitstellung für die Ausprägung der Logistik als Supply Chain Management

16

Die vierte Phase der Logistikentwicklung weitet den Blick über die Unternehmens-grenzen auf mehrere Unternehmen einer Wertschöpfungskette aus. Hieraus resul-tiert zum einen eine Vervielfachung des bereits in den ersten drei Entwicklungs-phasen diskutierten Informationsbedarfs: Kenntnis von Größen wie „vollzogene Transporte", „in Sitzungen von Koordinationsgremien verbrauchte Manntage" oder „Zeitspannen zur Kommunikation von Kundenbedarfsänderungen an vorgelager-te Stufen des Wertschöpfungssystems" sind für alle Mitglieder der Supply Chain sowohl separat als auch im Zusammenspiel relevant. Zum anderen entstehen neue Informationsbedarfe aus der spezifischen Form der Zusammenarbeit in der Supply Chain heraus: Anders als in Hierarchien kommen Segmente der Wertschöpfungs-kette in Supply Chains – mehr oder weniger[1] – freiwillig und gleichberechtigt zu-sammen; eine einheitliche und durchgängige Steuerung „qua Rechtsform" besteht nicht, sondern muss im Zusammenspiel prinzipiell gleichberechtigter Partner ver-einbart werden.

Wie bereits im zweiten Teil des Buches gezeigt, finden sich in der einschlägigen Literatur nur wenige Hinweise darauf, wie eine laufende Informationsbereitstellung für ein Supply Chain Management aussehen sollte. Die folgenden Ausführungen sind deshalb stark konzeptioneller Natur. Zum einen stehen dabei die auf die Ko-operation gerichteten Aspekte im Vordergrund. Zum anderen sei skizziert, welche Anforderungen für laufend bereitgestellte Informationen erfüllt sein müssen, um unternehmensübergreifend in der Supply Chain Verwendung zu finden. Anschlie-ßend werden dann drei Instrumente vorgestellt, die für die Informationsbereitstel-lung im Supply Chain Management herangezogen werden können. Sie entstam-men einem Arbeitskreis zum Thema Logistik- und Supply Chain-Controlling an der WHU, dessen Ergebnisse u.a. in einer Dissertation zusammengefasst wurden.[2]

---

[1] Am ehesten entsprechen fokale Netzwerke den Steuerungsbedingungen einer Hierarchie. Den Gegenpol bilden polyzentrische Netzwerke. Vgl. zu den Netzwerkformen z. B. v. Stengel (1999, S. 136–145) und die dort angegebene Literatur. Vgl. zu den Koordinationsformen und -prozes-sen von und in Supply Chains umfassend auch Groll (2004) und Chopra und Meindl (2010, S. 483–509).

[2] Bacher (2004).

16.1 Überblick

Sollen sich selbständige Unternehmen in einer Supply Chain zusammenfinden und ihre Entscheidungsautonomie zugunsten übergreifender Abstimmung reduzieren, so müssen mit der engen Zusammenarbeit zum einen wirtschaftliche Vorteile verbunden sein. Zum anderen muss eine ausreichende Netzwerkfähigkeit gegeben sein. Beide Voraussetzungen lösen fallweise Informationsbedarf in der Phase der Netzwerkbildung aus und bilden zugleich Anknüpfungspunkte für eine laufende Informationsbereitstellung während des Netzwerk„betriebs".

Welche wirtschaftlichen Vorteile innerhalb einer Supply Chain für ein beteiligtes Unternehmen entstehen können, wurde bereits im ersten Teil des Buches skizziert.[3] Sie reichen von niedrigeren TUL-Kosten (z. B. durch eingesparte Lagerung) bis hin zur Erfolgssteigerung durch Nachfragebündelung des nächsten Kunden in der Supply Chain. An dieser Stelle grundsätzliche neue Erkenntnisse bezüglich der relevanten Maßgrößen treten nicht auf. Spezifika betreffen hier „nur" die Frage der gegenseitigen Akzeptanz der ermittelten Werte. Sie werden – wie oben angesprochen – später diskutiert.

Neue Fragestellungen bestehen allerdings hinsichtlich der Netzwerkfähigkeit. Sie beginnen bei der Überlegung, welche Voraussetzungen für eine enge Zusammenarbeit in einer Supply Chain gegeben sein müssen (von technischen Bedingungen wie z. B. dem Grad der Standardisierung von Informationssystemen bis hin zu strategischen Fragen wie dem Fit gegenseitiger Kompetenzbündel) und welche konkreten Inhalte mit dem Supply Chain Management verknüpft sind (Felder und Formen der gemeinsamen Abstimmung). Auch muss hinreichende Klarheit darüber bestehen, wie sich das Zusammenspiel der Netzwerkpartner über die Zeit entwickeln soll und welche Möglichkeiten bestehen, die Risiken aus einer zu starken gegenseitigen Abhängigkeit zu begrenzen. Hieraus ergibt sich ein breites Spektrum möglicher Maßgrößen, die in der Phase des Betreibens der Supply Chain Gegenstand einer laufenden Informationsbereitstellung – z. B. in Form einer Balanced Scorecard[4] – sein können. Die folgende kurze Liste von Beispielen zeigt, wie heterogen und für die meisten Unternehmen ungewohnt das relevante Informationsspektrum ist[5]:

- *Ausreichendes gegenseitiges Vertrauen.* Mögliche Messgröße: Ausprägung und Differenz eines Vertrauensindexes auf Lieferanten- und Kundenseite
- *Hinreichender Präzisierungsgrad der vereinbarten Ziele.* Mögliche Messgröße: Zahl von konfliktären Korrekturen von Zielvereinbarungen zwischen Partnern der Supply Chain

---

[3] Vgl. z. B. nochmals Abb. 1.5.

[4] Das Konzept der Balanced Scorecard auf das Supply Chain Management zu beziehen, erfreut sich derzeit in der Literatur hoher Beliebtheit. Vgl. als eine Quelle von vielen Brewer und Speh (2000).

[5] Sie beziehen sich im Wesentlichen auf Faktoren, die empirisch für den Erfolg in kooperativen Kunden-Lieferanten-Beziehungen als maßgebend ermittelt wurden. Vgl. Wertz (2000, S. 146–164).

- *Kooperative Konfliktlösungen.* Mögliche Messgröße: Anteil einseitig und gegenseitig als unkooperativ gelöst eingeschätzter Konfliktsituationen
- *Ausreichende Möglichkeit zur gegenseitigen Einflussnahme.* Mögliche Messgröße: Wechselseitiger Einflussnahmeindex
- *Weitgehender Informationsaustausch.* Mögliche Messgröße: Zahl der wechselseitig und über die Wertschöpfungskette hinweg verfügbaren Items
- *Gleichgerichtete wettbewerbliche Entwicklung.* Mögliche Messgröße: Grad der Abweichung der von den einzelnen Wertschöpfungspartnern erzielten Produktivitätssteigerungen

Sollen Informationen dieser Art nicht nur für die Frage der möglichen Aufnahme einer Netzwerkbeziehung genutzt werden, sondern eine wichtige Bedeutung in der Phase des Netzwerkbetriebs gewinnen, so muss als hinreichende Bedingung eine durchgängige Akzeptanz der Informationen bei allen Netzwerkpartnern bestehen. Diese Akzeptanz basiert auf mehreren Voraussetzungen:

1. *Gleiches Verständnis der Informationen.* Im dritten Teil des Buches wurde deutlich, dass selbst „klassische" logistische Größen – wie der Servicegrad – in den unterschiedlichen Stationen des Material- und Warenflusses innerhalb eines Unternehmens nicht durchgängig mit der gleichen Bedeutung belegt sein müssen. Dies gilt erst recht zwischen unterschiedlichen Unternehmen. Weiterhin weisen die eben aufgeführten Beispiele kooperationsbezogener Messgrößen einen erheblichen Neuigkeitsgrad auf, so dass sehr divergente Interpretationen und Konkretisierungen möglich sind. Folglich bedarf es eines intensiven gegenseitigen Kommunikationsprozesses, um eine Einigung über Zwecke und Inhalt der zur gemeinsamen Verwendung auszuwählenden Informationen zu erzielen.
2. *Übereinstimmende Definition der Informationen.* Eine erzielte Übereinkunft über Art und Inhalt geteilter Informationen lässt im Detail zumeist noch erheblichen gestalterischen Spielraum. Wie im Abschn. 6.4.3 im dritten Teil des Buches ausgeführt, ist eine konfliktfreie Informationsverwendung deshalb erst dann möglich, wenn eine „hieb- und stichfeste" Definition der Größen vorliegt.
3. *Schutz vor Opportunismus.* Auch eine präzise Definition reicht für eine einvernehmliche Nutzung geteilter Informationen nicht aus. Vielmehr muss auf der einen Seite ein hinreichender Schutz vor bewusster Verzerrung bzw. Verfälschung der Informationen gewährleistet sein. Wenn die Vergütung der Kosten erbrachter Logistikleistungen durch den Partner der Supply Chain auf Basis nachgewiesener Kosten geschieht und die Höhe dieser Kosten unbemerkt manipuliert werden kann, wird keine stabile Kunden-Lieferanten-Beziehung möglich. Instrument zur Vermeidung derartiger opportunistischer Handlungen sind z. B. weitgehende Kontrollmöglichkeiten der Supply Chain-Partner untereinander. Auf der anderen Seite nimmt der Schutz vor Opportunismus bereits auf die Auswahl gemeinsamer Informationen Einfluss: Sind bei der Ermittlung der Informationsausprägung Fragen individueller Einschätzung maßgebend, so wird eine solche Informationsgröße im Zweifel einer anderen unterlegen sein, die die Intention ohne eine hohe Bedeutung individueller Einschätzung in ähnlicher Weise erfüllt. Logistikleistungen in einer Supply Chain-Beziehung kostenmäßig zu belasten, wird so beispielsweise mittels Vollkosten deutlich stärker vor

Opportunismus geschützt möglich sein als auf der Basis einer relativen Einzelkostenrechnung: Die durch die Normierung des Vorgehens geschaffene Unabhängigkeit vom Einzelfall (z. B. in der Anlastung von Gemeinkosten) begrenzt den Raum für Opportunismus im Vergleich zu einer weitgehend einschätzungsabhängigen Bestimmung relativer Einzelkosten erheblich.[6]

4. *Gerechtigkeit der Informationen.* Sollen Informationen ein koordiniertes Verhalten der Partner einer Supply Chain unterstützen, so müssen sie nicht nur als „technisch richtig", sondern auch als die Zusammenarbeit für alle beteiligten Partner fair erfassend eingeschätzt werden. Legt man sich in der Definition der Maßgrößen für den Leistungsaustausch auf solche fest, die nur die Stärken eines Partners, nicht aber seine Schwächen erfassen (et vice versa), wird das Gerechtigkeitsgefühl tangiert. Nur das, was langfristig als gerecht angesehen wird, ist Basis einer langfristigen Zusammenarbeit.

An dieser Stelle wird die geänderte Qualität der Informationsbereitstellung für ein Supply Chain Management deutlich: Deutlich stärker als im Fall unternehmensinterner Informationsbereitstellung sind Fragen unterschiedlicher Interessenlagen und des gegenseitigen Interessenausgleichs bestimmend. Eine symbolische Nutzung der Informationen gefährdete die Zusammenarbeit in der Supply Chain; die konzeptionelle Nutzung gewinnt noch größere Bedeutung, als Standardinformationssysteme ohnehin schon innerhalb der Unternehmensgrenzen besitzen.

16.2 Instrumente

Im Folgenden seien drei spezifische Instrumente diskutiert, die – den Ergebnissen des bereits angesprochenen Arbeitskreises an der WHU – Otto Beisheim School of Management folgend[7] – für den Informationsaustausch und die Informationsverwendung innerhalb von Supply Chains eine wichtige Rolle spielen können. Am Anfang steht dabei eine unternehmensübergreifende Kostenrechnung, die in der einschlägigen Literatur unter dem Begriff der Prozesskostenrechnung geführt wird. Diese Bezeichnung sei im Folgenden übernommen. Als zweites Instrument werden übergreifende Kennzahlen vorgestellt. Dabei erfolgt ein Wiederaufgreifen des Konzepts Selektiver Kennzahlen aus Abschn. 14.2.1 dieses Teils des Buches. Abschließend wollen wir dann als drittes Instrument eine unternehmensübergreifende Balanced Scorecard vorstellen. Hierbei wird das in Abschn. 14.2.2 vorgestellte Konzept

---

[6] Vgl. zu beiden Rechnungssystemen nochmals die Ausführungen im Abschn. 2.3. im ersten Teil des Buches.

[7] Der Arbeitskreis führte 2002 sechs Unternehmen aus der Automobilindustrie und der Konsumgüterindustrie an der WHU – Otto Beisheim School of Management zusammen mit dem Ziel, neue Konzepte des Supply Chain Controllings der unternehmerischen Praxis vorzustellen und diese gemeinschaftlich weiterzuentwickeln. Weiterhin sollten die Effizienzpotentiale durch den richtigen Einsatz von Supply Chain Controlling (SCC) aufgezeigt werden.

entsprechend weiterentwickelt. Die Ausführungen basieren dabei jeweils eng auf vorliegenden, auf den Ergebnissen des Arbeitskreises aufbauenden Publikationen.[8]

16.2.1 Unternehmensübergreifende Prozesskostenrechnung

16.2.1.1 Unterschiedliche Ausbaustufen

Aufgrund des allgemein niedrigen Implementierungsstandes der Prozesskostenrechnung in den Unternehmen[9] kann nicht davon ausgegangen werden, dass die in der Supply Chain kooperierenden Unternehmen alle über eine ausgebaute Prozesskostenrechnung verfügen. Aus diesem Grunde muss ein Entwicklungspfad definiert werden, bei dem die Unternehmen entsprechend ihrer Möglichkeiten gemeinsam Wege finden, um das Ziel einer unternehmensübergreifenden Transparenzsteigerung und Kostenreduzierung erreichen zu können. Dieser Entwicklungspfad kann drei Stufen umfassen:

1. Kostenoptimierung über Kostentreiber, z. B. Lagerbestände oder Verfügungsgrade. Es werden keine direkten Kosteneinsparungen berechnet, sondern es wird indirekt über die Veränderung der wesentlichen Kostentreiber eine Effizienzsteigerung erreicht.
2. Fallweise Prozesskostenrechnung für die Supply Chain. Ergänzend zur ersten Stufe werden den einzelnen Prozessschritten Kosten zugeordnet. Dies geschieht jedoch nur fallweise und nicht auf laufender Basis. Daher ist auch keine laufende Erfassung der Leistungen erforderlich.
3. Voll ausgebaute Prozesskostenrechnung in allen betrachteten Unternehmen. Es stehen automatisiert sämtliche relevanten Kosten- und Leistungsgrößen zur Verfügung. Die Kostendaten für Prozesse sind genau und die Kalkulationen können differenziert werden für Produkte, Kunden und Vertriebswege.

Diese drei Stufen seien im Folgenden näher vorgestellt.

Kostenoptimierung über Kostentreiber Hauptsächliches Ziel einer unternehmensübergreifenden Prozesskostenrechnung ist die Reduzierung der Prozesskosten in der gesamten Kette. Hierzu schafft sie Transparenz über gegenseitige Kostenabhängigkeiten zwischen den Partnerunternehmen. Insbesondere sollen unternehmensübergreifende Effekte sichtbar gemacht werden, die die Kosten für alle Partner beeinflussen und erst durch eine unternehmensübergreifende Perspektive gesteuert werden können. Idealtypisch ist nicht das lokale Optimum im einzelnen Unternehmen anzustreben, sondern das Gesamtoptimum für die Supply Chain. Hierzu muss mindestens ein grundlegendes Verständnis bei den beteiligten Unternehmen über die zu optimierenden Prozesse und die wesentlichen Kostentreiber geschaffen werden. Dieses Verständnis baut auf einem dreistufigen Prozess auf:

---

[8] Z. B. Weber et al. (2003, 2004); Bacher (2004); Weber und Wallenburg (2010, S. 313–341).

[9] Vgl. nochmals den Abschn. 2.6. im ersten Teil des Buches.

1. *Prozessanalyse und -mapping für alle Unternehmen in einer Kette.* Die Prozesse, die für die Supply Chain relevant sind, müssen unternehmensübergreifend nach demselben Vorgehen abgebildet werden. Hierzu bietet sich etwa ein Prozess-Referenzmodell wie SCOR an[10]. Im Vordergrund steht hierbei das gemeinsame Verständnis für den Gesamtprozess.
2. *Identifikation der Hauptkostentreiber.* In jedem Unternehmen der Supply Chain werden für die einzelnen Prozessschritte die Hauptkostentreiber identifiziert. Ein unternehmensübergreifender Vergleich führt dann zur Identifikation der wichtigsten Kostentreiber für die einzelnen Unternehmen für die gesamte Supply Chain. Wichtig ist, dass ein gemeinsames Verständnis über die Definition der verwendeten Kostentreiber bei allen Unternehmen herrscht.
3. *Analyse der Auswirkungen von Veränderungen zwischen Unternehmen.* Auf Basis des nun vorhandenen Prozessmappings und der Kenntnis der Kostentreiber können Szenarioanalysen über die Auswirkungen von Maßnahmen auf den Gesamtprozess und die Kostentreiber durchgeführt werden.

Wesentliche Vorteile dieses pragmatischen Vorgehens liegen in der einfachen Umsetzbarkeit und in den relativ niedrigen Anforderungen an die vorhandene Vertrauensbasis der beteiligten Unternehmen. Es ist nicht notwendig, vertrauliche Kostendaten zwischen den Partnerunternehmen auszutauschen. Die Einsparungen werden auch nicht monetär ausgedrückt, sondern können indirekt durch die definierten Kostentreiber abgebildet werden. Dies sollte insbesondere bei Netzwerken, die noch nicht lange existieren oder bei denen es starke Machtungleichgewichte gibt, die Umsetzung dieses Konzeptes deutlich vereinfachen: Direkte Auswirkungen auf die Preisverhandlungen sind dann nicht zu befürchten.

Ein Beispiel für dieses Vorgehen – allerdings auf ein unternehmensinternes Problem bezogen – findet sich bei HP.[11] HP hat eine Methode entwickelt, die es erlaubt, die Optimierung der Supply Chain mit Hilfe der abhängigen Kostentreiber Lagerbestände und Verfügungsgrade vorzunehmen. Grundlegende Idee ist hierbei, dass Lagerbestände immer eine Reaktion auf Unsicherheiten sind, die in dem gesamten Prozess vom Lieferanten über die Produktion bis hin zur Kundennachfrage existieren. Die Methode wurde angewendet, um den Produktions- und Auslieferungsprozess der DeskJet-Drucker grundlegend zu verändern. Auf Basis eines einfachen Prozessmappings wurde festgestellt, dass die Drucker in der Fabrik für die einzelnen Länder spezifiziert (Bedienungsanleitung, Netzteile) und dann als Fertigprodukte in die Distributionszentren der Länder verschickt wurden. Dieser Prozess führte zu relativ hohen Lagerbeständen in den Distributionszentren. Die Idee war nun, die Drucker als generische Zwischenprodukte in die Distributionszentren der Länder zu schicken und die Spezifizierung an die Länderanforderungen erst vor Ort bei Auftragseingang durchzuführen. Dieses Vorgehen müsste zu deutlich niedrigeren Lagerbeständen für die generischen Drucker führen, als sie aus dem ur-

---

[10] SCOR ist mit dem Ziel entwickelt worden, einen branchen- und unternehmensübergreifenden Industriestandard zur Darstellung von Supply Chains zu schaffen und hat sich weltweit etabliert. Vgl. Supply Chain Council (2008) und im Überblick Weber und Wallenburg (2010, S. 162–169).
[11] Vgl. Davis (1993, S. 35 ff).

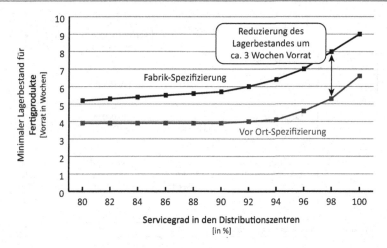

Abb. 16.1 Analyse der Auswirkung auf die Lagerbestände bei Veränderungen des Auslieferungs-prozesses für Drucker (übernommen aus Davis 1993, S. 43)

sprünglichen Prozess für den Versand von fertigen Druckern resultierten. Auf Basis einer Analyse des Alternativprozesses unter Berücksichtigung von Lagerbeständen, Verfügungsgraden und der Schwankung der Nachfrage in den einzelnen Ländern konnte der Nutzen des Alternativprozesses nachgewiesen werden (vgl. Abb. 16.1).

Hierzu wurden keine direkten Kosteneinsparungen berechnet, sondern lediglich über die Veränderung der Kostentreiber Lagerbestand und Verfügungsgrad argumentiert.

Fallweise unternehmensübergreifende Prozesskostenrechnung Zusätzlich zur Identifikation der Kostentreiber umfasst die nächste Ausbaustufe der unternehmens-übergreifenden Prozesskostenrechnung die fallweise Zuordnung der Kosten zu den einzelnen Prozessschritten. Diese Kostenzuordnung hat nicht den Anspruch, besonders exakt zu sein. Ziel ist vielmehr eine Priorisierung nach der Kostenhöhe sowie die Berechnung der Kosten pro Leistungseinheit. Es wird also die – wenngleich auch grobe – Berechnung der Kosten pro Leistungseinheit – wie z. B. Lagerkosten pro m^3 oder Versandkosten pro Palette – ermöglicht. Auf Basis dieser Kostensätze lassen sich nun detailliertere Kostenanalysen als in der ersten Ausbaustufe durch-führen. Beispielhaft kann die Verlagerung von Beständen von einem Großhändler hin zum Produzenten analysiert werden (vgl. Abb. 16.2).

In der Ausgangssituation wurden die Waren vom Produzenten an den Großhänd-ler frei Haus geliefert, der die Waren wiederum zwischenlagerte, bevor sie an den Endkunden verkauft wurden. Bei Betrachtung der Kostensätze für die Lagerhaltung und -kontrolle sowie die Versandkosten wurde schnell klar, dass es für die gesamte Kette effizienter wäre, die Lagerhaltung zum Produzenten zu verlagern und den Transport auf Kosten des Großhändlers durchführen zu lassen. Um die gesamte Kosteneinsparung dieser Veränderung für die Kette zu berechnen, werden die Kos-tensätze mit der jeweiligen Mengenänderung multipliziert. Die Kostenveränderung

	Kostentreiber	Kostensätze	Mengen-veränderungen	Kosten-veränderungen
Produzent	Lagerhaltung			
	• Massen-haltung	1,28/m³	+10.000 m³	+12.800
	• individuelle Ware	2,52/m³	+10.000 m³	+25.200
	Lagerkontrolle	1,95/m³	+10.000 m³	+19.500
	Versand	3,05/Palette	-20.000 Pal.	-61.000
				-3.500
Großhändler	Lagerhaltung	1,62/m³	-25.000 m³	-40.500
	Lagerkontrolle	2,45/m³	-25.000 m³	-61.250
	Versand	2,69/Palette	+20.000 Pal.	+53.800
				-47.950
Erwartete Kostenveränderung pro Jahr				-51.450

Abb. 16.2 Beispiel für die Verlagerung von Beständen vom Großhändler zum Produzenten (übernommen aus Dekker und Van Goor 2000, S. 50)

für Produzent und Großhändler zusammen gibt dann Aufschluss über die zu erwartenden Kosteneinsparungen für die gesamte Kette.

Das als zweite Ausbaustufe vorgeschlagene fallweise Vorgehen erlaubt somit die grobe Quantifizierung der Kosteneinsparungen für die gesamte Supply Chain. Solange die einzelnen Partner nicht über eine detaillierte Prozesskostenrechnung verfügen, wird die Zuordnung der Kosten zu den Prozessen jedoch recht ungenau bleiben, da im Wesentlichen mit Zuschlagssätzen operiert wird. Dafür ist eine nur fallweise Betrachtung mit überschaubarem Aufwand möglich, die einen Überblick über die Kostenverteilung in der Supply Chain bietet. Es kann somit identifiziert werden, an welchen Hebeln angesetzt werden muss, um die Kosten in der gesamten Supply Chain zu reduzieren. Allerdings ist eine ausreichende Vertrauensbasis zwischen den Partnern notwendig, um den Austausch der Kostendaten zu ermöglichen. Die Unternehmen, die diese zweite Ausbaustufe anwenden, müssen sich auch darüber einigen, wie die quantifizierten Kosteneinsparungen untereinander aufgeteilt werden.

Voll ausgebaute unternehmensübergreifende Prozesskostenrechnung Der weiteste Ausbaustand ist erreicht, wenn die an der Supply Chain beteiligten Unternehmen ihre unternehmensindividuellen Kostenrechnungssysteme in gleicher Weise auf die Logistik ausgerichtet haben. Dann können die in den einzelnen Unternehmen erhobenen Daten ohne weitere Bearbeitung mit den Daten aus anderen Unternehmen verknüpft oder verglichen werden. Diese Standardisierung wird insbesondere durch einheitliche Definition und Abgrenzung der verwendeten Kosten- und Leistungsdaten erreicht, wie es z. T. auch schon bei der ersten und zweiten Ausbaustufe notwendig ist. Besonderer Wert ist dabei auf eine gemeinsame Sprache zur Beschreibung der Prozesse über die Unternehmensgrenzen hinaus zu legen, um die Definition und Abgrenzung der Kosten- und Leistungsgrößen zu erleichtern. Das bereits kurz angesprochene SCOR-Modell kann hierbei eine wichtige Rolle spielen. Meistens sind Unternehmen in mehreren verschiedenen Supply Chains eingebunden. Da das Einhalten von mehr als einem Standard für Kosten- und Leistungsdaten einen erheblichen laufenden Aufwand für das einzelne Unternehmen darstellen würde, sollte die Standardisierung möglichst branchenübergreifend erfolgen.[12]

Neben der rein definitorischen Standardisierung spielt auch die Standardisierung des Datenaustausches zwischen den IT-Systemen der beteiligten Unternehmen eine wichtige Rolle. Die zumeist sehr unterschiedlichen IT-Systeme der Partner sollten miteinander kompatibel sein, um die Kosten- und Leistungsdaten schnell verfügbar zu machen und manuelle Eingriffe und damit die Gefahr von Fehlern zu reduzieren.

Sobald die Standardisierung der Kosten- und Leistungsdaten und ein gemeinsames Prozessverständnis in einer Supply Chain hergestellt sind, ergeben sich diverse Möglichkeiten für eine voll ausgebaute, unternehmensübergreifende Anwendung der Prozesskostenrechnung, wie etwa:

- Aggregation von unternehmensinternen Kosten- und Leistungsdaten zu Kosten- und Leistungsdaten der gesamten Supply Chain und damit Bestimmung der Gesamteffizienz einer Supply Chain.
- Detaillierte Kostenanalysen für Entscheidungen, die sich auf alle Supply Chain-Partner auswirken, wie z. B. Komplexitätsreduktion, Bestandsreduktion oder Veränderung der Durchlaufzeiten.
- Entwicklung einer fairen Regelung zur Aufteilung der Gewinne durch Kosteneinsparungen, die durch Optimierung der gesamten Supply Chain erzeugt wurden.
- Supply Chain Costing als Target-Costing für die Logistikkosten der Supply Chain. Die Logistikprozesse in der gesamten Supply Chain werden so definiert, dass das vom Endkunden präferierte Preis-/Nutzenverhältnis für das Produkt erreicht wird.[13] Die Realisierung der Ziel-Kosten wird zum mittelfristigen Ziel der Prozessoptimierung in allen Unternehmen der Supply Chain.

Diese Möglichkeiten können nur bei einer detailliert ausgebauten Prozesskostenrechnung bei allen betrachteten Unternehmen genutzt werden. Bei den beiden anderen Stufen stehen die Daten zu ungenau und auch nicht laufend zur Verfügung. Der mehrfach angesprochene niedrige Implementierungsstand der Prozesskostenrechnung in den Unternehmen wird die Umsetzung der voll ausgebauten unternehmensübergreifenden Variante jedoch noch lange Zeit auf wenige Kooperationen beschränken. Zudem muss zwischen den kooperierenden Unternehmen eine starke Vertrauensbasis vorliegen, damit ein derart weitreichender Datenaustausch stattfinden kann. Ein weiteres Problem liegt im Fehlen bzw. der mangelnden Verbreitung von Standards für Kosten- und Leistungsgrößen. Ansätze wie z. B. SCOR oder die Kennzahlen des VDI müssen daher weiterentwickelt werden und größere Verbreitung finden. Bis dahin stellen nur die Ausbaustufen eins und zwei eine sinnvolle Lösung für die unternehmensübergreifende Prozesskostenrechnung dar.

---

[12] Vgl. z. B. VDI (2009).

[13] Vgl. Kummer (2001, S. 83).

16.2.1.2 Empirischer Stand

Im Folgenden sei ein kurzer Blick auf die Praxistauglichkeit der drei Formen einer unternehmensübergreifenden Prozesskostenrechnung geworfen. Basis der kurzen Ausführungen ist eine Befragung von 41 Führungskräften und Experten der Bereiche Logistik und Supply Chain Management bzw. Controlling aus insgesamt 26 Unternehmen.[14]

Die Prozesskostenrechnung hat in den befragten Unternehmen bereits eine relativ große Verbreitung gefunden, wobei allerdings in den meisten Fällen ein fallweiser Einsatz vorliegt. Dies gilt auch für die Logistik. Im Rahmen des Supply Chain Managements zeigt sich aber ein anderes Bild: Nur knapp 30 % der befragten Unternehmen setzen die Prozesskostenrechnung hierfür fallweise oder laufend ein. Diese Zurückhaltung bei der unternehmensübergreifenden Verwendung zeigt sich auch in der Einschätzung der Wichtigkeit. Diese wird sehr unterschiedlich gesehen, was sich in der relativ breiten Verteilung der Antworten widerspiegelt (vgl. zum Folgenden die Abb. 16.3):

Für die erste mögliche Entwicklungsstufe wird ein Einsatz in der Praxis als neutral bis leicht positiv beurteilt. Bei der zweiten Stufe, der fallweisen Anwendung der Prozesskostenrechnung, findet sich eine positive Einschätzung. Mehr als drei Viertel der befragten Unternehmen halten die Stufe 2 für geeignet oder sehr geeignet. Bei der dritten Stufe wiederum zeigt sich ein relativ negatives Urteil (70 % Ablehnung). Diese Einschätzung wird durch eine nähere Betrachtung der Vor- und Nachteile der verschiedenen Stufen nachvollziehbar.

- Für die Stufe 1 sieht mehr als die Hälfte der Befragten einen wesentlichen Vorteil in der Schaffung von unternehmensübergreifender Transparenz durch die Identifikation von Schwachstellen, Qualitätsdefiziten und Optimierungspotenzialen. Dies wiederum führt dann zu Prozessoptimierungen, die sich in Leistungsverbesserungen oder Kosteneinsparungen niederschlagen. Diesen Vorteil gab gut ein Drittel der Befragten an. Zudem wird die Stufe 1 in ähnlicher Häufigkeit als leicht anzuwenden und damit wenig aufwändig eingeschätzt. Nachteilig schätzen es einzelne Unternehmen ein, dass sich mit der Stufe 1 keine umfassende Prozessbewertung durchführen lässt, da ja keine Kostendaten, sondern nur einzelne Kostentreiber betrachtet werden.
- Den Transparenz-Aspekt sowie die resultierende Prozessoptimierung sehen die meisten Befragten auch für die Ausbaustufe 2 als wesentlichen Vorteil an. Die von fast allen hervorgehobene unternehmensübergreifende Quantifizierung von Einsparungen und die damit verbundene Möglichkeit, Kosteneinsparungen zwischen den beteiligten Unternehmen aufzuteilen, führt dazu, dass Stufe 2 insgesamt als vorteilhafter als Stufe 1 eingeschätzt wird. Ihr wird ein guter Kompromiss zwischen Genauigkeit und Aufwand konstatiert.
- Für die Stufe 3 schließlich ergibt sich eine deutlich kritischere Einschätzung. Nur gut jeder zehnte Befragte sieht diese Stufe als Ideallösung an, glaubt aber, dass sie nicht umsetzbar ist, da der Implementierungsaufwand zu hoch sei. Keine Vorteile

---

[14] Hierbei waren Unternehmen aus verschiedenen Branchen sowie aus dem Bereich der Logistikdienstleister vertreten, um eine möglichst industrieübergreifende Perspektive zu entwickeln. Vgl. Weber et al. (2003, S. 25).

Wichtigkeit der unternehmensübergreifenden Prozessrechnung insgesamt
(Anteil der Nennungen in Prozent)

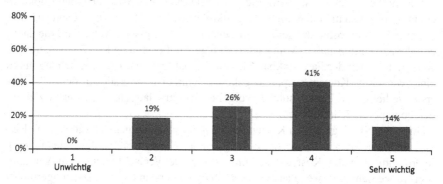

Wichtigkeit der einzelnen Entwicklungsstufen (Anteil der Nennungen in Prozent)

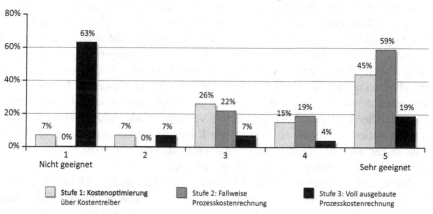

Abb. 16.3 Einschätzung einer unternehmensübergreifenden Prozesskostenrechnung (entnommen aus Weber et al. 2003, S. 30)

der Stufe 3 im Vergleich zur Stufe 2 sieht die Hälfte der befragten Unternehmen, da die mögliche hohe Kostentransparenz zwischen den Unternehmen häufig nicht gewünscht sei. Insgesamt wird damit die Stufe 3 am negativsten eingeschätzt.

16.2.1.3 Open Book Accounting

Die Ausführungen zu der unternehmensübergreifenden Prozesskostenrechnung sollen im Folgenden um einen inhaltlich ähnlichen Aspekt interorganisationaler Zusammenarbeit in der Versorgungskette ergänzt werden, der unter dem Stichwort „Open Book Accounting" diskutiert wird.[15]

Open Book Accounting betrifft eine Themenstellung, die in der Vergangenheit originär im Bereich des Einkaufs bzw. Supply Managements behandelt wurde, also

---

[15] Vgl. zum Folgenden ausführlich Lührs (2010, S. 25–38), und die dort angegebene, umfangreiche Literatur.

auf einen kleinen Ausschnitt einer Lieferkette bezogen ist. Es betraf und betrifft keine Spotbeziehungen, sondern solche mit relationalem Charakter. Open Book Accounting ist dabei nicht nur auf die logistikrelevanten Kosten bezogen, sondern umfasst die Gesamtkosten der gelieferten Leistungen[16]. Typischerweise wird die damit erzielte Kostentransparenz vom Lieferanten gegenüber seinem Kunden eingeräumt, wenngleich auch der Fall denkbar und relevant ist, dass die Lieferbeziehung durch eine zweiseitige Kostentransparenz gekennzeichnet ist.[17] Gerade aus der SCM-Perspektive heraus besitzt ein solches Vorgehen im Falle lateraler Netzwerkbeziehungen hohe potenzielle Relevanz.

Mit der Offenlegung von Kosten wird in der einschlägigen Literatur[18] eine Reihe von potentiellen Nutzenwirkungen verbunden. Hierzu zählen die Unterstützung interorganisationaler Kosteneinsparungen und die Versachlichung von Verhandlungsprozessen, z. B. wenn es um die Weitergabe entstandener Kostensteigerungen geht. Die Öffnung gegenüber einem anderen Unternehmen kann auch als ein Vertrauensvorschuss gesehen werden, der die Geschäftsbeziehung stärkt.

Diesen Vorteilen stehen aber auch einige potenzielle Nachteile und/oder Gefahren gegenüber. Kenntnis der Kostenstruktur des Lieferanten kann den Kunden leicht in Versuchung bringen, Druck auszuüben, um Deckungsbeiträge und Gewinne bzw. Margen zu verringern. Auch die Verwendung der Kosteninformationen für Benchmarking-Prozesse oder die Weitergabe der Informationen an Wettbewerber sind ernst zu nehmende Gefahren eines Open Book Accountings. Diesem Druck kann sich der Lieferant durch eine aktive Verzerrung oder Manipulation der Kosteninformationen widersetzen, so dass der Kunde wiederum aufwendige Prüfungshandlungen anstellen müsste, die neben ihren Kosten auch noch die Vertrauensbasis der Geschäftsbeziehung in Frage stellen würden.

Prozessual kommen Probleme des Open Book Accountings hinzu, die an dieser Stelle des Buches bereits z. T. bekannt sind: Eine funktionierende Offenlegung setzt voraus, dass die Kosten hinreichend genau definiert werden und vom anderen Unternehmen auch verstanden werden können. So „können Erstellung und Analyse von interorganisationalen Kostenmodellen so komplex sein, dass sie nicht praktikabel durchführbar sind".[19] Kompatibilitätsprobleme der Kostenrechnungssysteme von Lieferant und Kunde kommen behindernd hinzu.

Bei Lührs finden sich auch sehr aktuelle empirische Ergebnisse zum Open Book Accounting. Zwei Aspekte davon seien im Folgenden kurz wiedergegeben. Zum einen handelt es sich dabei um eine Auflistung von so genannten „Cost-Breakdown Formularen", die Auskunft darüber geben, welche Kostenbestandteile offen gelegt werden[20] (vgl. die Abb. 16.4). Zum anderen liefern seine Interviews einen sehr anschaulichen Einblick in die Validität solcher Kostenwerte. Pointiert steht hierfür

---

[16] Vgl. im Detail die später folgenden Abb. 16.4.

[17] Vgl. Cooper und Slagmulder (2004).

[18] Vgl. nochmals Lührs (2010).

[19] Lührs (2010, S. 31). Lührs bezieht sich dabei auf Tomkins (2001, S. 183).

[20] Lührs (2010, S. 117). Die Abbildung basiert dabei seinen Angaben zu Folge auf ihm zur Verfügung gestellten und frei verfügbaren Unterlagen.

		Hersteller PKW A	Hersteller PKW B	Johnson Controls	Mann+ HUMMEL	Hendrickson International	Zulieferer der Halblietering.	Hersteller von Messgeräten	Hersteller von Baumaschinen
Grund-lagen Aus-zug	Lieferant (Name/Number/Land)	•	•	•	•	•	•	•	
	Teilenummer	•	•	•	•	•	•	•	•
	Teilebezeichnung	•	•	•	•	•	•	•	
	Jahresmenge (Stück)	•	•	•	•	•	•	•	
Rohmaterial	Bezeichnung (Name und Güteklasse)	•	•	•	•	•	•	•	•
	Lieferant (Name bzw. Ort/Land)	•	•	•		•	•	•	
	Einheit	•		•	•	•	•	•	•
	Materialpreis/Einheit		•	•	•	•	•	•	•
	Einsatzgewicht/Stück	•		•	•	•	•	•	•
	Fertggewicht/Stück		•	•	•	•	•	•	•
	Ausschuss in % bzw. pro Stück		•		•	•	•	•	•
	Materialrückvergütung				•	•			
	Materialgemeinkosten		•		•	•	•	•	
	Rohmaterialkosten/Stück	•	•	•	•	•	•	•	•
Zukaufteile	Bezeichnung	•	•	•		•	•	•	
	Lieferant (Name bzw. Ort/Land)	•	•	•		•	•	•	
	Teilenummer		•				•	•	
	Lieferbedingungen					•	•		
	Zoll					•	•		
	Einkaufspreis/Einheit		•	•		•	•	•	
	Einsatzmenge/Stück	•	•	•	•	•	•	•	
	Ausschuss in % bzw. pro Stück		•	•	•	•	•	•	
	Materialgemeinkosten		•	•	•	•	•	•	
	Kosten Zukaufteile/Stück	•	•	•	•		•	•	
Fertigung	Bezeichnung Arbeitsgang	•	•	•	•	•	•	•	•
	Arbeitszeit in Stunden/Woche		•	•			•	•	
	Anzahl Personen/Arbeitsgang		•	•			•	•	
	Zykluszeit (Stück/h bzw. Sek./Zyklus)	•	•	•			•	•	
	Lohnkosten/Stunde	•	•	•	•	•	•	•	•
	Lohnkosten/Stück		•	•	•	•	•	•	•
	Maschinenkosten/Stunde	•	•	•	•	•	•	•	•
	Maschinenkosten/Stück		•	•	•	•	•	•	
	Ausschuss in % bzw. pro Stück		•	•		•	•	•	
	Fertigungskosten/Stück	•	•	•	•		•	•	
Herstellkosten (Zwischensumme) pro Stück			•	•		•	•	•	
Zuschläge	Verwaltungs- und Vertriebsgemeinkosten (V&V-GK) in % bzw. pro Stück		•	•	•	•	•	•	
	Entwicklungskosten in % bzw. pro Stück	•						•	•
	Sonstige Kosten in % bzw.pro Stück	•	•					•	•
	Gewinn in % bzw. pro Stück			•	•	•	•	•	
	(V&V-GK) Ausschuss und Gewinn als Sammel-position in % und pro Stück	•							
	Anlaufkosten gesamt und pro Stück	•	•						
	Summe der Zuschläge/Stück						•	•	•
Gesamtkosten (Zwischensumme) pro Stück		•	•		•	•	•	•	
Logi-stik	Transportkosten/Stück		•	•	•	•	•	•	•
	Verpackungskosten/Stück		•	•	•	•	•	•	
	Palettenumlage/-instandhaltung pro Stück		•				•	•	
	Logistikkosten/Stück	•					•	•	
Angebotspreis (inklusive/exclusive Werkzeugumlage*)		•	•	•	•	•	•	•	

* Kosten für auftragsindividuelle Werkzeuge/ Investition werden regelmäßig separat ausgewiesen

Abb. 16.4 Inhalte von Cost-Breakdown Formularen im Überblick (entnommen aus Lührs 2010, S. 116)

folgendes Zitat eines Leiters Einkauf eines Herstellers von Elektronikkomponenten: „Den Gewinn würde ich natürlich nicht glauben, da wird natürlich gemauschelt. Vielleicht gibt es ja irgendwo noch so ehrliche Lieferanten – aber dann sind die ja selbst schuld".[21] Es verwundert deshalb nicht, dass die Einkäufer die ihnen offen gelegten Kostenwerte kritisch hinterfragen, etwa durch den Vergleich mit den Kosten unterschiedlicher Lieferanten oder eigener vergleichbarer Produktion. Zu den angesprochenen „technischen" Problemen (Kostendefinitionen, Kompatibilitätsprobleme der Kostenrechnungssysteme) kommen also noch bewusste Verzerrungen hinzu. Diese Effekte werden nicht nur einzelne Kunden-Lieferanten-Beziehungen betreffen, sondern sind potenziell für eine ganze Lieferkette symptomatisch.

16.2.2 Kennzahlen

16.2.2.1 Konzeptionelle Aussagen

Der unternehmensübergreifende Einsatz von Kennzahlen stellt weiterhin Bedingungen, die bereits weiter oben bei der unternehmensübergreifenden Prozesskostenrechnung dargestellt wurden. Insbesondere eine einheitliche Definition und Abgrenzung der verwendeten Kennzahlen ist notwendig, um unternehmensübergreifende Kennzahlen verwenden zu können. Zudem können Kennzahlen für Supply Chains nur dann sinnvoll erstellt werden, wenn bei den einzelnen Partnerunternehmen ein ausreichend detailliertes Informationssystem existiert. Dieses System sollte auch flexibel genug sein, um die vorhandenen Daten in neue, einheitlich definierte Kennzahlen umzurechnen, bzw. es sollte auf Basis einer standardisierten Definition entwickelt worden sein, wie z. B. dem SCOR-Modell oder der VDI-Richtlinie 4400 (Richtlinie des Verbandes Deutscher Ingenieure zur Standardisierung wesentlicher Kennzahlen der Logistik).

Um möglichst alle wesentlichen Aspekte einer Supply Chain abzubilden, müssen drei Ebenen bei der Verwendung von unternehmensübergreifenden Kennzahlen für Supply Chains unterschieden werden:

- *Supply Chain Ebene*: Kennzahlen, die die gesamte Supply Chain betreffen, werden hier abgebildet. Beispiele sind die Gesamtdurchlaufzeit eines Auftrages durch die gesamte Kette oder die Supply Chain-Gesamtkosten.
- *Relationale Beziehung*: Kennzahlen, die eine Zweier-Beziehung, wie z. B. zwischen Lieferant und Händler abbilden, werden unter diese Kategorie gefasst. Beispiele für solche Kennzahlen sind die Lieferfähigkeit des Lieferanten, die Zahlungszuverlässigkeit des Händlers oder durchschnittliche Lagerbestände bei Händler und Lieferant.
- *Einzelnes Unternehmen*: Die unternehmensbezogen formulierten Kennzahlen bilden die notwendige Basis der anderen beiden Ebenen.

Beziehen wir diese Überlegungen im ersten Schritt auf das im Abschn. 14.2.1. vorgestellte Konzept der Selektiven Kennzahlen. Dort wurden zwei grundsätzliche

---

[21] Lührs (2010, S. 123).

	Strategische Kennzahlen	Operative Kennzahlen
1. Supply Chain-Ebene	• Gesamtdurchlaufzeit der Supply Chain • Gesamtkosten der Supply Chain • Time to Market • Anteil auftragsbezogener Fertigung (BTO)	• Anzahl der Schnittstellen zwischen allen Unternehmen • Lieferflexibilität der gesamten Supply Chain • Anzahl Kundenkontaktstellen
2. Relationale Ebene	• Durchschnittliche Lager-bestände • Durchschnittliche Lieferzeit • Qualitätsindex für Lieferanten • ABC-Einstufung	• Durchschnittliche Lieferzeit • Durchschnittliche Kosten pro Bestellung • Variabilität der Sendungsgröße
3. Unternehmens-ebene	• Gesamtdurchlaufzeit im einzelnen Unternehmen • Durchschnittliche Logistikkosten pro Einheit • Anzahl der „lebenden" Produkte • Kapitalbindungskosten • Cash to Cash Cycle Time	• Mitarbeiter im Versand • Verfügbarkeit des automatischen Hochregallagers • Fehlerrate pro Kommissionier-vorgang • Aufträge pro Tag

Abb. 16.5 Beispiel für strategische und operative Kennzahlen auf den drei Ebenen des Supply Chain Controllings (entnommen aus Weber und Wallenburg 2010, S. 335)

Perspektiven (strategisch und operativ) unterschieden, die zum einen die generelle Stoßrichtung und zum anderen die dabei vorhandenen operativen Engpässe adressieren. Kombiniert mit der soeben vorgestellten Differenzierung spannt sich eine Matrix mit sechs Feldern auf, die die Abb. 16.5 – mit Beispielen versehen – zeigt.

Die strategischen und operativen Kennzahlen auf den drei Ebenen sollten in einem engen Zusammenhang zueinander stehen. Dies erlaubt das Verfolgen von Problemen von der oberen Supply Chain-Ebene bis in die Ebene des einzelnen Unternehmens hinein. Je nach Perspektive und Verwendung kann eine einzelne Kennzahl strategischen oder operativen Charakter besitzen. Beispielsweise lässt sich die Kennzahl Lieferflexibilität strategisch verwenden, um Bestände gezielt zu reduzieren. Eine operative Verwendung derselben Kennzahl kann sich dagegen auf die Erfüllung spezifischer Kundenanforderungen bezüglich der Lieferflexibilität beziehen. Wesentlich bei der Unterscheidung zwischen strategischen und operativen Kennzahlen auf allen drei Ebenen ist der Zeithorizont, der hinter der Zielerreichung der Kennzahlen steht. Kurzfristig erreichbare Ziele haben einen operativen Charakter, mittel- bis langfristige Ziele sind jedoch strategischer Natur.

Kennzahl	Anteil der Nennungen	Gemeinsame Definition	Gemeinsame Verwendung
Lieferzuverlässigkeit	100%	37%	59%
Bestände / Bestandsreichweite	59%	25%	38%
Reklamationsquote	59%	31%	50%
Durchlaufzeit	52%	57%	57%
Logistikkosten	37%	40%	40%

Abb. 16.6 Anteil gemeinsam definierter und/oder verwendeter Kennzahlen (entnommen aus Weber et al. 2003, S. 33)

Das Konzept der Selektiven Kennzahlen ist ein Beispiel für ein interaktives Kennzahlensystem,[22] da es die Fokussierung auf spezifische Engpässe und deren regelmäßige Kontrolle unterstützt.

16.2.2.2 Empirischer Stand

Kennzahlen und Kennzahlensysteme spielen in der Praxis eine wichtige Rolle. Daher ist es auch nicht überraschend, dass alle in der im Abschn. 16.2.1.2 angesprochenen Expertenbefragung untersuchten Unternehmen Kennzahlen auch im unternehmensübergreifenden Kontext für wichtig oder sehr wichtig hielten. Unternehmensübergreifende Kennzahlen wurden sogar bereits von mehr als drei Viertel der Unternehmen eingesetzt und weitere 15 % planten den Einsatz.

Nach den Vorteilen von unternehmensübergreifenden Kennzahlen befragt, meinten wiederum mehr als drei Viertel der Respondenten, dass einheitliche Kennzahlen die Vergleichbarkeit erleichtern und damit die Kommunikation zwischen den Unternehmen objektivieren, indem sie eine gemeinsame Sprachgrundlage bildeten. Dadurch wurde gut zwei Drittel der Befragten zufolge die Transparenz über die Leistungen der Partner erhöht. Gut ein Drittel war der Meinung, dass darüber hinaus auch die Möglichkeit des unternehmensübergreifenden Benchmarkings eröffnet würde.

Bei den Anforderungen zum Einsatz von unternehmensübergreifenden Kennzahlen sah mehr als die Hälfte der Unternehmen das bestehende Vertrauen und eine langfristige, partnerschaftliche Beziehung als wesentlich an. Gleiches galt für die einheitliche Definition und die Verwendung von Standardkennzahlen. Ohne eine solche ist ein sinnvoller Einsatz kaum möglich. Hierzu wurden die Unternehmen gefragt, welches für sie die fünf wichtigsten Kennzahlen im Rahmen des Supply Chain Controllings sind und ob diese Kennzahlen gemeinsam definiert und verwendet werden. Der Abb. 16.6 ist zu entnehmen, dass von diesen fünf wichtigsten Kennzahlen – außer bei der Kennzahl Durchlaufzeit – eine gemeinsame Definition aber nur von weniger als 40 % der befragten Unternehmen vorlag. Kritisch anzumerken ist auch, dass selbst die wichtigste Kennzahl gerade einmal von knapp 60 %

---

[22] Vgl. zu den unterschiedlichen Nutzungsarten von Informationen nochmals den Abschn. 2.2. im ersten Teil dieses Buches.

der Unternehmen gemeinsam verwendet wird. Bemerkenswert erscheint schließlich, dass der Anteil der gemeinsamen Nutzung bei den drei wichtigsten Kennzahlen Servicelevel, Bestände und Reklamationen jeweils über den Anteilen der gemeinsamen Definition liegen. Diese Diskrepanz muss zwangsläufig zu Missverständnissen und Problemen führen.

Als Hauptgrund für diesen Widerspruch wurde von der Hälfte der Unternehmen benannt, die Kennzahlen würden von anderen Unternehmen, zu denen man sich beispielsweise in einer Lieferantenbeziehung befände, vorgegeben und somit könne auch nicht von einer gemeinsamen Definition gesprochen werden. Die Kennzahlen würden in dieser Situation zwar von beiden Unternehmen akzeptiert, die zugrunde liegende Perspektive der Berechnung sei jedoch einseitig auf das jeweils mächtigere Unternehmen ausgerichtet. Als einen weiteren Grund gab ein Drittel der Befragten an, dass sie bisher keine gemeinsame Definition oder Verwendung durchgeführt hätten, weil die Zusammenarbeit zwischen den Unternehmen bisher nicht intensiv genug gewesen sei oder es bisher keinen Anlass – wie z. B. akute Lieferschwierigkeiten – gegeben habe.

Zusammenfassend lässt sich festhalten, dass die Unternehmen die Notwendigkeit zur gemeinsamen Definition und Standardisierung von Kennzahlen für das Supply Chain Management deutlich erkannt hatten. Die Umsetzung in der Praxis beschränkte sich jedoch meist auf die „erzwungene" Verwendung von Kennzahlen, die das jeweils mächtigere Unternehmen vorgab.

16.2.3 Balanced Scorecard

16.2.3.1 Konzeptionelle Aussagen

Das Instrument der Balanced Scorecard ist ein Kennzahlensystem, das aufgrund seiner inhaltlichen Breite für eine diagnostische Nutzung prädestiniert ist. Es eignet sich zum Controlling von Supply Chains insbesondere aus zwei Gründen: Zum einen erscheint es aufgrund seiner ausgewogenen Abbildung unterschiedlicher Führungsperspektiven geeignet, die interorganisatorische Zusammenarbeit in ihrer gesamten Komplexität zu erfassen. Zum anderen weist sie in der unternehmerischen Praxis einen hohen Bekanntheitsgrad auf. Es können aber nur solche Instrumente die Zusammenarbeit in der Supply Chain unterstützen, mit denen alle beteiligten Partner hinlänglich vertraut sind. Allerdings gilt es, die „traditionelle" Balanced Scorecard an die spezifischen Anforderungen des Supply Chain Controllings anzupassen – in der Weise, wie es bereits für interne Supply Chains im Abschn. 14.2.2. dieses Teils des Buches gezeigt wurde.

Obwohl die Balanced Scorecard in der Managementpraxis und der betriebswirtschaftlichen Diskussion einen hohen Stellenwert einnimmt, beschäftigen sich nur wenige Autoren mit der Konzeption bzw. der Anpassung einer Balanced Scorecard für Supply Chains. Erste Gedanken zur Konzeption einer unternehmensübergreifenden Balanced Scorecard finden sich bei zwei amerikanischen Autoren[23] und im

---

[23] Vgl. Brewer und Speh (2000, S. 75), und Brewer und Speh (2001, S. 52).

deutschsprachigen Raum bei Werner.[24] Sie übernehmen die Balanced Scorecard in ihrer Grundstruktur mit den vier bekannten Dimensionen. Es werden inhaltlich lediglich sporadisch Supply Chain-spezifische Aspekte – durch die Integration von unternehmensübergreifenden Leistungskennzahlen in den vier Perspektiven – ergänzt, ohne die Balanced Scorecard strukturell an den spezifischen Anforderungen unternehmensübergreifender Kooperation auszurichten.

Stölzle et al. (2001), stellen ausführlich dar, dass im Rahmen des Supply Chain Managements im Wesentlichen die Problemfelder Dynamik, Komplexität und Intransparenz auftreten und daher für das Controlling von Supply Chains erhöhte Anforderungen an den Koordinations- und Steuerungsbedarf gestellt werden müssen. Die Balanced Scorecard ist hierfür ein geeignetes Instrument, wenn diese sowohl inhaltlich als auch strukturell angepasst wird.

Die Verwendung von unterschiedlichen Perspektiven für Balanced Scorecards über die verschiedenen Unternehmensebenen ist sinnvoll, da eine Kaskade von unterschiedlichen Scorecards entwickelt werden kann, die miteinander in einer logischen, nicht aber zwingend in einer mathematischen Beziehung stehen müssen. Wenn man diese Ausführungen konsequent einen Schritt weiterführt und auf den Balanced Scorecards der unternehmensinternen Supply Chain (vgl. Abschn. 14.2.2.2) aufbaut, schließt sich quasi automatisch die Frage an, wie diese in eine Balanced Scorecard für das Controlling von unternehmensübergreifenden Supply Chains einzubringen ist.

Eine Balanced Scorecard für das Controlling von Supply Chains muss sich konzeptbedingt aus der Strategie der Supply Chain ableiten. Ausgangspunkt ist also idealtypisch die gemeinsame Strategiedefinition der Partner bezogen auf die gesamte Supply Chain. Diese Strategie wird mit Hilfe der Balanced Scorecard operationalisiert und „umsetzungsfähig" gemacht. Allerdings sind im Bereich der unternehmensübergreifenden Strategiefindung und -definition in der Praxis erhebliche Defizite festzustellen; Unternehmen sehen sich bis heute selten als Mitglieder einer oder mehrerer (gemeinsamer) Supply Chains; dementsprechend findet die Koordination einer unternehmensübergreifenden Strategie, die für das Supply Chain Management unerlässlich ist, häufig nicht statt.[25]

Die aus der Strategie abgeleiteten Perspektiven sollten die Versorgungskette insgesamt betreffende Sachverhalte berücksichtigen. Eine wichtige Rolle werden dabei in der Regel die Faktoren Kooperationsqualität und Kooperationsintensität spielen, da eine unternehmensübergreifende Balanced Scorecard nur dann Sinn ergibt, wenn eine enge Kooperation zumindest angestrebt ist. Hieraus resultiert eine signifikante inhaltliche und strukturelle Veränderung der traditionellen Balanced Scorecard. Auf diesen Gedanken aufbauend ergibt sich eine Struktur, wie sie die aus der Abb. 14.3 abgeleitete Abb. 16.7 zeigt (vgl. ausführlich Weber et al. 2003).

Die *finanzielle Perspektive* soll zeigen, ob die Implementierung der Supply Chain-Strategie zur Ergebnisverbesserung beiträgt. Darüber hinaus sind finanzielle

---

[24] Vgl. Werner (2000a, S. 8 f.) und Werner (2000b, S. 14f).

[25] Kaufmann spricht an dieser Stelle sehr pointiert von „Kooperationsromantik" (vgl. Kaufmann 2001, S. 11).

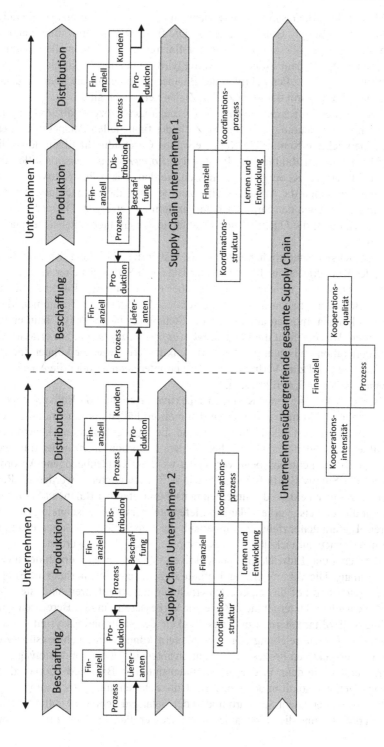

Abb. 16.7 Balanced Scorecard für eine Supply Chain

Kennzahlen – wie z. B. Gesamtlogistikkosten – notwendig, um die finanzielle Leistungsfähigkeit der Supply Chain zu messen. Die finanziellen Kennzahlen nehmen auch hier eine Doppelrolle ein. Zum einen definieren sie die finanzielle Leistung, die von einer Supply Chain-Strategie erwartet wird. Zum anderen fungieren sie als Endziele für die anderen Perspektiven der Balanced Scorecard, die über Ursache-Wirkungsbeziehungen mit den finanziellen Zielen verbunden sind.

Die Aufgabe der *Prozessperspektive* ist es, diejenigen Prozesse abzubilden, die vornehmlich von Bedeutung sind, um die Ziele der finanziellen Perspektive zu erreichen. Eine wichtige Kenngröße könnte etwa die Gesamtdurchlaufzeit durch die Supply Chain sein. Im Rahmen der Perspektive *Kooperationsintensität* sollen die „harten" Faktoren der Kooperation gemessen werden. Diese Perspektive ist notwendig, um zum einen die Art und Weise, zum anderen die Entwicklung der Zusammenarbeit zwischen den Supply Chain-Partnern zu verfolgen. Dieser Sachverhalt kann z. B. durch die Quantität und Qualität ausgetauschter Datensätze quantifiziert werden.

In der betriebswirtschaftlichen Literatur ist bisher die Abbildung der „weichen" Faktoren der Kooperation im Rahmen einer Balanced Scorecard eher vernachlässigt worden. Da diese „weichen" Faktoren aber einen zentralen Einfluss auf den Erfolg der Beziehung haben und bei Mängeln ein Scheitern der Zusammenarbeit verursachen können, müssen auch sie in die Steuerung einer Supply Chain einbezogen werden. Hierfür dient die Perspektive *Kooperationsqualität*. Sie erfasst, wie gut die Kooperation zwischen den Partnern funktioniert. Beispiele können Indizes zur Zufriedenheit und zum Vertrauen der Partner untereinander oder die Anzahl der unkooperativ gelösten Konflikte sein.

Die Berücksichtigung einer Kundenperspektive im Sinne von Endkundenperspektive erscheint nicht notwendig, da in den meisten Fällen nur der Endproduzent eine Schnittstelle zum Endkunden besitzt und die Kundenbeziehung kontrolliert. Daher sollte die Kundenperspektive eher bei dem Endproduzenten in der Balanced Scorecard auf Unternehmensebene verwendet werden. Kundenbezogene Anforderungen aus der Supply Chain-Strategie – wie z. B. Lieferzeiten – werden im Rahmen der Prozessperspektive der unternehmensübergreifenden Balanced Scorecard erfasst. Für die teilweise vorgeschlagene Lieferantenperspektive ist analog zu argumentieren: Lieferantenbeziehungen innerhalb der Supply Chain können ebenfalls im Rahmen der neu entwickelten Prozessperspektive abgebildet werden.

Für die Lern- und Entwicklungsperspektive gilt eine einzelunternehmensbezogene Zuordnung: Die Verantwortung, Defizite zu beheben, die innerhalb der Supply Chain auftreten und auf das eigene Unternehmen zurückzuführen sind, liegt auf Ebene der einzelnen Unternehmen. Ziele zur Verbesserung in den Bereichen Qualifizierung von Mitarbeitern, Leistungsfähigkeit des Informationssystems sowie Motivation und Zielerreichung von Mitarbeitern können unternehmensübergreifend in den Perspektiven Prozess, Kooperationsintensität und Kooperationsqualität definiert werden, die dann in den unternehmensinternen Balanced Scorecards zu berücksichtigen und somit in den einzelnen Unternehmen umzusetzen sind.

Ganz entsprechend dem Standardmodell der Balanced Scorecard sollte eine solche für Supply Chains die Kennzahlen der einzelnen Perspektiven auf eine über-

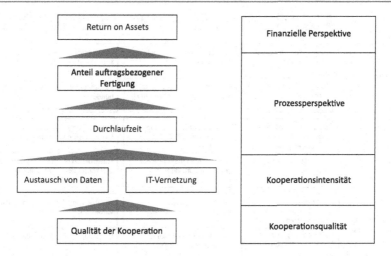

Abb. 16.8 Beispielhafte Darstellung von Ursache-Wirkungs-Zusammenhängen einer unternehmensübergreifenden BSC

schaubare Anzahl beschränken. Spezifisch ist aber zu beachten, dass die Kennzahlen gemeinsam und einheitlich zwischen den Partnern definiert werden und dass hauptsächlich unternehmensübergreifende Kennzahlen Verwendung finden. Ebenso ist dem Standardvorgehen der Balanced Scorecard folgend eine Verbindung der Perspektiven über Ursache-Wirkungsbeziehungen anzustreben, wie es die Abb. 16.8 beispielhaft zeigt.

Die Verknüpfung kann – selten und eher problematisch einzuschätzen – auf mathematischen oder – überwiegend – auf sachlogischen Zusammenhängen beruhen. Nimmt man beispielsweise die Kapitalrendite (Return on Assets) als oberste Zielgröße innerhalb der finanziellen Perspektive der gesamten Supply Chain an, so kann diese durch den Anteil der auftragsbezogenen Fertigung verbessert werden. Dabei hängt der Anteil der auftragsbezogenen Fertigung in hohem Maße von der realisierten Gesamtdurchlaufzeit ab. Dem RoA liegt also die Durchlaufzeit als Eingangsgröße zu Grunde (Prozessperspektive). Um die Durchlaufzeit zu optimieren, ist ein Austausch von relevanten Daten, die wiederum durch eine verbesserte IT-Vernetzung der Partner beschleunigt werden kann, eine wesentliche Voraussetzung (Kooperationsintensität). Dieser Austausch von relevanten und vertraulichen Informationen ist aber nur bei einem ausreichenden Vertrauen zwischen den Partnern möglich (Kooperationsqualität).

Analog der Vorgehensweise für eine traditionelle Balanced Scorecard sind für alle Perspektiven strategische Ziele, relevante Messgrößen und Maßnahmen zur Zielerreichung zu definieren. Dabei werden in einzelnen Perspektiven zur Ermittlung einer Messgröße für die gesamte Supply Chain Verdichtungen der Kennzahlen der einzelnen Unternehmen vorzunehmen sein. Diese Verdichtungen sind je nach Kennzahltyp und Perspektive unterschiedlich zu gestalten. Betrachten wir als Beispiel Kennzahlen, die eine Aussage über die Zufriedenheit innerhalb der Koope-

Strategische Ziele	Messgrößen	Mögliche Maßnahmen

	Strategische Ziele	Messgrößen	Mögliche Maßnahmen
Finanzielle Perspektive	Profitabilität der Supply Chain steigern	RoA für die gesamte Supply Chain um x% steigern	Outsourcing von Warehousing, um die Kapitalbindung entlang der Supply Chain zu senken
	Kostenführerschaft erreichen	Logistikkosten in der gesamten Supply Chain pro Einheit um x% senken	Kapazitäten der Supply Chain-Partner bündeln
Prozess-perspektive	Kunde soll die Ware 10 Tage nach Auftrags-eingang erhalten	Durchlaufzeit für die gesamte Supply Chain auf 10 Tage reduzieren	Prozessoptimierung der Supply Chain-Partner bündeln
	Flexibilität der Fertigung erreichen	Freezing Point in Prozent der gesamten Durchlaufzeit erhöhen	Konstruktion der Teile flexibel halten und konsequente Verankerung des Postponement-Gedankens
Perspektive der Kooperations-intensität	Datenaustausch zwischen den Partnern intensivieren	Anzahl und Häufigkeit ausgetauschter Datensätze	IT-Vernetzung der Supply Chain-Partner verbessern
	Abstimmung zwischen den Partnern verbessern	Anzahl der notwendigen Abstimmungssitzungen	Protokollführung systematisieren
Perspektive der Kooperations-qualität	Vertrauen und Zufriedenheit der SC-Partner erhöhen	Indizes für Vertrauen und Zufriedenheit	Vision und Grundsätze gemeinsam definieren
	Art der Zusammen-arbeit verbessern	Anzahl unkooperativ gelöster Konflikte in der Supply Chain	„Schiedsrichter" für die Supply Chain einführen

Abb. 16.9 Beispielhafte Balanced Scorecard für eine Supply Chain

ration ermöglichen. Für sie ist es notwendig, „Ausreißer" nicht durch eine Durch-schnittsbildung zu glätten und somit aus dem Blickfeld zu verlieren. Vielmehr soll-ten für Kennzahlen, bei denen diese Probleme auftreten, neben den Durchschnitts-werten auch Varianzen angegeben werden. Bei Kennzahlen wie z. B. Durchlauf-zeiten kann wiederum eine additive Verdichtung sinnvoll sein, da die Summe der Durchlaufzeit über die gesamte Supply Chain eine wichtige Messgröße darstellt. Für eine detaillierte Analyse sind neben der Summe auch hier die Einzelwerte anzu-geben, um die Maximal- bzw. Minimalwerte identifizieren zu können.

In Abb. 16.9 ist beispielhaft eine Balanced Scorecard für eine Supply Chain dar-gestellt, die in ihrer Struktur auch für andere Kooperationen und Netzwerke ver-wendet werden kann. Sie schließt auch die konzeptionellen Überlegungen ab.

16.2.3.2 Empirischer Stand

Die Balanced Scorecard hat in der Praxis eine hohe Bekanntheit erlangt. Eine Nut-zung im Rahmen des Supply Chain Managements findet sich – unserer an dieser Stelle schon mehrfach zitierten Studie folgend – hingegen nur sehr selten, was si-cherlich auch mit der bereits angesprochenen z. T. fehlenden standardisierten Kenn-zahlenbasis zu tun hat. Zudem wurde das Instrument von den Unternehmen auch als nicht besonders wichtig eingeschätzt. Lediglich ein gutes Drittel der befragten Experten schätzten die Balanced Scorecard für das Supply Chain Controlling als wichtig oder sehr wichtig ein. Ein weiteres (knappes) Drittel war indifferent, der Rest hielt sie für unwichtig oder sehr unwichtig (37 %).

Die Vorteile, die die Unternehmen mit der Verwendung einer Balanced Scorecard für das Supply Chain Controlling verbanden, zeigten deutlich, dass sie mit dem Instrument vertraut waren. So war gut die Hälfte der Befragten der Meinung, dass die Balanced Scorecard dazu beitrage, eine festgelegte Supply Chain-Strategie zu operationalisieren und damit die strategischen Zielsetzungen ins operative Geschäft zu übertragen. Der Einsatz der Balanced Scorecard als Kommunikationsinstrument und gemeinsame Sprachgrundlage für die unternehmensübergreifende Zusammenarbeit wurde fast ebenso häufig als nützlich erkannt; Gleiches gilt für ihre Eignung zu einer ausgewogenen Darstellung aller relevanten Einflussfaktoren.

Die von den Unternehmen genannten Anforderungen zum Einsatz einer gemeinsamen Balanced Scorecard zeigten eine hohe Bedeutung, die dem Themengebiet Vertrauen und partnerschaftliche Zusammenarbeit beigemessen wurde. Knapp die Hälfte der Unternehmen sah dies als wesentliche Anforderung an. Ähnlich häufig wurde die einheitliche Definition der verwendeten Kennzahlen in der Balanced Scorecard genannt. Knapp ein Drittel der befragten Experten erachtete es als wichtige Anforderung, dass ein formalisierter Strategiefindungsprozess zwischen den beteiligten Unternehmen stattfindet, an dessen Ende eine gemeinsame Supply Chain-Strategie festgelegt wird, die auch mit den Zielen der einzelnen Unternehmen kompatibel ist. Darüber hinaus müssten die Mitarbeiter in den beteiligten Unternehmen auch das Instrument BSC kennen und akzeptieren.

In diesen anspruchsvollen Anforderungen liegt auch die relativ niedrige Zustimmung zum Instrument Balanced Scorecard begründet, denn ohne eine partnerschaftliche und langfristige Beziehung, einheitlich definierte Kennzahlen und eine gemeinsam festgelegte Strategie macht der Einsatz einer Balanced Scorecard wenig Sinn. Nur 15 % der befragten Unternehmen setzten eine Balanced Scorecard für das Supply Chain Management bereits ein, nur 22 % planten den Einsatz. Hohen potenziellen Vorteilen stand damit eine nur sehr niedrige Verbreitung gegenüber. Damit stand die Balanced Scorecard in der Prioritätenliste gegenüber den anderen hier vorgestellten Instrumenten deutlich zurück.

16.3 Fazit

Vom Aspekt laufend bereitzustellender Informationen her sind die Informationsanforderungen der Stufen 2–4 der Logistikentwicklung im Vergleich zu der Grundform, die von der TUL-geprägt wird, sehr überschaubar. Die Diskussion letzterer macht deutlich mehr als die Hälfte des Buches aus, für erstere drei zusammen reicht ein relativer kurzer Abschnitt aus. In dem Umfang spezifischer Informationen findet sich damit ein Abbild der spezifischen Beiträge der einzelnen Entwicklungsstufen der Logistik für die gesamte Erfüllung der Versorgungsaufgabe.

Mit dem zunehmend stärker von Führungsfragestellungen geprägten Inhalt des logistischen Fokus ändert sich auch die Art der benötigten Informationen. Von Messgrößen der Koordinationsleistungen reicht das Spektrum bis hin zu Fitmaßen in der Unternehmensentwicklung von Supply Chain-Partnern. Informationen dieser Art in ihrer Bedeutung zu erkennen und zu generieren, setzt ein tiefgehendes Managementwissen voraus. (Erst) Wer die Sinnhaftigkeit bzw. Notwendigkeit solcher Maße erkennt, erkennt aber auch das wahre Potenzial der Logistik – und die Sinnhaftigkeit bzw. Notwendigkeit, den technischen Blick auf die Logistik durch einen betriebswirtschaftlichen zu ergänzen.

Damit könnten Überlegungen zu einer Logistikkosten-, -leistungs- und -erlösrechnung, wie sie in diesem Buch entwickelt wurden, eine Art von Indikatorwirkung zukommen: In Seminaren folgt nach dem Ausbreiten der unterschiedlichen Konzeptbestandteile leicht und schnell die kritische Frage nach der praktischen Umsetzbarkeit der Überlegungen. Vieles davon sei doch nur Theorie. Wenn ein Praktiker so von Theorie redet, ist das für einen Wissenschaftler ein deutliches Alarmzeichen. Nicht selten hat der Praktiker recht: Manche (böse Zungen behaupten: sehr viele) theoretische Überlegungen halten wegen ihrer starken Abstraktion vom konkreten Einzelfall den „Praxistest" nicht aus oder treffen nur für sehr spezielle, wenig praxisrelevante Kontextbedingungen zu. Wenn im Falle der Logistikkostenrechnung von „Theorie" die Rede ist, sind diese Gründe aber nicht zutreffend. Somit steht hinter der Charakterisierung eine andere Intuition. Diese speist sich aus der wahrgenommenen Bedeutung der Logistik.

Offensichtlich lohnt es sich nicht, für die Logistik ähnlich detaillierte Informations- und Steuerungssysteme aufzubauen, wie sie z. B. für die Produktion seit den Wurzeln der Kostenrechnung üblich sind. Zusätzliche Komplexität laufender Systeme wird vermieden, obwohl sie an anderer Stelle – etwa in Form von Absatzsegmentrechnungen – eingegangen wird. Die Logistik als Querschnittsfunktion und neue, flussorientierte Perspektive auf das Unternehmen übt offensichtlich nicht die Anziehungskraft auf Controller aus, die nötig ist, sie zu einer Veränderung ihrer Systemlandschaft zu bewegen. Wenn man als Logistiker dies beklagt, sollte man deshalb zunächst vor der eigenen Tür kehren und versuchen, den Stellenwert der Logistik für den Erfolg des Unternehmens deutlicher zu machen und stärker in das Bewusstsein der Führungskräfte zu bringen. Eine Unternehmensfunktion hohen Stellenwerts wird keine Probleme haben, berechtigte Ansprüche an eine betriebswirtschaftliche Instrumentierung bei den Controllern durchzusetzen.

Eine bessere Kenntnis der Erfolgswirkungen kann aber auch dazu führen, von übertriebenen Ansprüchen Abstand zu nehmen. Für viele Logistikbereiche wird ein Ausbau der Kostenrechnung, wie er im vierten Teil des Buches beschrieben wurde, keinen Sinn machen. Dort geht es darum, wenigen relevanten, laufend erfassten und ausgewiesenen Steuerungsgrößen anlassgesteuert Informationen aus fallweisen Analysen an die Seite zu stellen. Ein solches Vorgehen kann unnötige Komplexität vermeiden und durch die erforderliche genaue Untersuchung der Informationsbedarfe zu einer sehr leistungsfähigen Unterstützung des Logistikmanagements führen. Schließlich kann dieser Prozess auch Rückwirkungen auf die Gestaltung der Logistik selbst haben: Wer bei der Analyse der betriebswirtschaftlichen Instrumentierung zu dem Ergebnis kommt, dass die erforderlichen Informationen viel zu komplex und detailliert sind, sollte kritisch überdenken, ob nicht das zu Grunde liegende Logistikkonzept exakt diese Eigenschaften aufweist. Eine Balanced Scorecard für eine Supply Chain, wie sie weiter oben vorgestellt wurde, scheitert zumeist nicht an den Problemen der Datenbeschaffung, um sie auszufüllen, sondern an der Unmöglichkeit, eine Supply Chain im Sinne einer gemeinsamen Strategie gemeinschaftlich über die vielen beteiligten Unternehmen hinweg zu steuern! Die in diesem Buch ausgebreiteten Ideen sollten deshalb nicht nur oder nicht primär als Blaupause für den Aufbau entsprechender Informations- und Steuerungssysteme verstanden werden, sondern als Know-how, das hilft, ein realistisches Bild der sinnvollen und machbaren Aufstellung und Steuerung der Logistik zu gewinnen. Damit will das Buch im besten Sinne bewusst „theoretisch" sein – für einen Studierenden ebenso wie für einen Praktiker.

Literatur

Bacher A (2004) Instrumente des Supply Chain Controllings. Theoretische Herleitung und Überprüfung der Anwendbarkeit in der Unternehmenspraxis. Deutscher Universitäts-Verlag, Wiesbaden

Brewer P, Speh T (2000) Using the balanced scorecard to measure supply chain performance. J Bus Log 21:75–94

Brewer PC, Speh TW (2001) Adapting the balanced scorecard to supply chain performance. Supply Chain Manag Rev 5(2):48–56

Chopra S, Meindl P (2010) Supply chain management. Strategy, planning, and operation, 4. Aufl. Upper Saddle River, Pearson

Cooper R, Slagmulder R (2004) Interorganizational cost management and relational context. Account Org Soc 29:1–26

Davis T (1993) Effective supply chain management. Sloan Manag Rev 34(Summer):35–46

Dekker HC, Van Goor AR (2000) Supply chain management and management accounting: a case study of activity-based costing. Int J Log: Res Appl 3(1):41–52

Groll M (2004) Koordination im Supply Chain Management. Die Rolle von Macht und Vertrauen. Deutscher Universitätsverlag, Wiesbaden

Kaufmann L (2001) Robuster Fahrplan. Management der Versorgungskette. FAZ (259):B11 (Sonderbeilage Einkauf und Logistik 7. November 2011)

Kummer S (2001) Supply chain controlling. Krp 45:81–87

Lührs S (2010) Kostentransparenz in der Supply Chain. Der Einsatz von Open Book Accounting in Zuliefer-Abnehmer-Beziehungen. Deutscher Universitäts-verlag, Wiesbaden

Stengel R von (1999) Gestaltung von Wertschöpfungsnetzwerken. Deutscher Universitäts-verlag, Wiesbaden

Stölzle W, Heusler KF, Karrer M (2001) Die Integration der Balanced Scorecard in das Supply Chain Management-Konzept – „BSCM". Logist Manag 3(2–3):75–85

Supply Chain Council (2008) SCOR – Supply Chain Operations Reference Model. Version 9.0, Washington

Tomkins C (2001) Interdependencies, trust, and information in relationships, alliances and networks. Account Org Soc 26:161–191

VDI-Gesellschaft Fördertechnik Materialfluss Logistik (2009) VDI-Richtlinie 4400 – Logistikkennzahlen. Gründruck, Düsseldorf

Weber J, Bacher A, Groll M (2003) Steuerung der Supply Chain. Aber mit welchen Instrumenten? Schriftenreihe Advanced Controlling, Bd. 32. Vallendar

Weber J, Bacher A, Groll M (2004) Supply chain controlling. In: Busch A, Dangelmaier W (Hrsg) Integriertes supply chain management. Theorie und Praxis effektiver unternehmensübergreifender Geschäftsprozesse. Gabler, Wiesbaden, S 147–167

Weber J, Wallenburg CM (2010) Logistik- und Supply Chain Controlling, 6. Aufl. Schäffer-Poeschel, Stuttgart

Werner H (2000a) Die Balanced Scorecard im Supply Chain Management/Teil 1. Distribution 31(4):8–11

Werner H (2000b) Die Balanced Scorecard im Supply Chain Management/Teil 2. Distribution 31(4):14–15

Wertz B (2000) Management von Lieferanten-Produzenten-Beziehungen. Eine Analyse von Unternehmensnetzwerken in der deutschen Automobilindustrie. Deutscher Universitäts-Verlag, Wiesbaden

Sachverzeichnis

A

Abgrenzungsproblem, 176
  bewertungsinduziertes, 165
  fehlleistungsbezogenes, 170
  leistungsinduziertes, 161
  objektbezogenes, 165
Abhängigkeitsanalyse, 217
Abhängigkeitsbeziehungen zwischen Logistik-
  kosten und Logistikleistungen, 219
Ablauforganisation, 17
Absatzmarkt, 188
Absatzmenge, 183
Absatzpreis, 183
Absatzsegmentrechnung, 366
Abschreibung, 61, 199, 229
Abstimmungskosten, 99
Abweichungsanalyse, 234
  systematische, 52
Abzugskapital, 167
Activity Based Costing, 54, 317
Adaptivität, 27
Administrationsleistung, logistische, 150
Aggregationsgrad, logistischer, 5
Akteur,
  Antizipationsfähigkeiten, 36
  individueller, 34
  kollektiver, 37
  ökonomischer, 42
  Realisationsfähigkeiten, 36
Anlagenkosten, 205
Anreizgestaltung, marktorientierte, 183
Anreizsystem, 83
Anschaffungskosten, 197
Antizipation, 35
Argumentations- und Konfliktregelungsfunk-
  tion, 40
Artikeldeckungsbeitragsrechnung, 293
Aufbauorganisation, 17
Aufschaukelungseffekt, 86
Augmented product, 181

B

Balanced Scorecard, 81, 83, 323, 329, 336,
  345, 359, 362, 365
  Konzept, 327
Bedarfsprofil, 145
Begrenzung, kognitive, 36
Beharrungspriorität, 316
Benchmark, 119
Benchmarking, 68, 282, 295, 333, 354, 358
Bereichsegoismus, 37
Bereitschaftsleistung, 138
Bereitstellungsprozess, 140
Beschaffung, produktionssynchrone, 11
Beschaffungslogistik, 80, 140, 330
Beschaffungslogistikkosten, 261, 276
Beschaffungsnebenkosten, 213, 261
Bestelldisposition, 151
Bestelllosgröße, 10
Betriebsbereitschaft, 226
Betriebsdatenerfassungssystem, 153, 324
Betriebsergebnis, 305
Betriebsleistung, 138
Bewegungsleistung, 238
Bewertungsfähigkeit, 35
Bezugsgröße, 54
Bezugsgrößenhierarchie, 201
Bezugsgrößenkalkulation, 260
Boni, 199
Bruttoergebnisrechnung, 235
Business Information Warehouse, 312

C

CAD-System, 18
Cash Value Added, 327
Change Management, 297
Client-Server-Architektur, 298
Coaching, 316
Computer Integrated Manufacturing, 14
Conjoint-Studie, 82
Controller, 70

Controlling, 119, 160, 291, 301
Controllingtheorie, 16
COPA-Kondition, 292
Core product, 181
Corporate Standard of Accounting, 285
Cost Driver, 56
Cost Management, 298
Cost-Breakdown Formular, 354
Cost-Driver Accounting, 55
Council of Logistics Management, 122
Customer Relationship Management, 297
Customizing, 299, 309

D
Deckungsbeitrag, 52, 175, 200
Deckungsbeitragsrechnung, 52, 71, 245, 259,
    261, 281
    für Marktsegmente, 310
Decoupling, 315
Delegationsbeziehung, hierarchische, 50
Detailkennzahl, 97
Dienstleistung, 6
    Erfahrungskurveneffekt, 7
    material- und warenflussbezogene, 8, 203
Dienstleistungsqualität, 138
Direct Costing, 210, 215, 216
Discounted Cash Flow-Verfahren, 83
Dispositionsleistung, logistische, 150
Distributionslogistik, 80, 200, 332
Distributionslogistikkosten, 276
Double-loop-learning, 329

E
Economies of scale, 20
Effektivitätssteigerung, 8
Effizienzsteigerung, 8, 97, 181
Eigenkapitalkosten, 169
Eigenkapitalrendite, 327
Einzelkosten, 203
Einzelkostenrechnung, 162
    relative, 52, 159
Einzelleistungsverrechnung, 210
Endkostenstelle, 57, 209, 260
Endkundenperspektive, 362
Entscheidungsalternative, 35
Entscheidungsorientierung, 41
Erfahrungskurveneffekt, 7
Erfassungsgenauigkeit, 153
Erfassungskosten, 153, 205
Ergebnisqualität, 138
Ergebnisrechnung, 305, 310
Erlösabgrenzung, 181
Erlösdefinition, 181
Erlösrechnung, 91, 186

Erlösschmälerung, 176
Erlöswirkung, 189
Erwartungssicherheit, 51

F
Fähigkeiten-Portfolio-Analyse, 323
Faktorenanalyse, 120, 121
Feedback, 17
    strategisches, 329
    taktisches, 329
Feed-forward, 17
Fehlmenge, 170, 174
Fehlmengenkosten, 149, 171, 175, 183, 341
Fehlqualität, 170
Fertigungsablaufplanung, 249
Fertigungsendkostenstelle, 55
Fertigungsgemeinkosten, 211, 262
Fertigungskostenermittlung, 282
Fertigungskostenstelle, 57, 140, 142, 213, 253,
    257, 263
Fertigungslöhne, 260
Fertigungslosgröße, 10, 163
Fertigungsplanung, 56
Fertigungssegmentierung, 14
Fertigungssteuerung, 163
Finanzbuchhaltung, 196
Finanzierungsbedarf, 168
Finanzierungsquelle, 168
Finanzkennzahl, 128
Fixkosten, 210, 223
Fixkostenbelastung, 222
Fixkostendeckungsbeitragsrechnung, 301
Fixkostendeckungsrechnung, 210, 215
Flächenkosten, 254
Flusshemmung, 84
Flussorientierung, 16, 18, 24, 27, 80, 83, 84,
    313, 340
Flussprinzip, 158
Flusssystem, 340
Fördermittel, 227
Fördermittelkosten, 229
Formal product, 181
Formalzielplanung, 16
Frachtkosten, 291
Frachtvorkalkulation, 292
Free Cash Flows, 83
Freezing-Point, 335
Fremdkapitalkosten, 169
Fremdleistung, 135
Fremdleistungskosten, 203
    logistische, 204
Fremdlogistikleistung, 213
Führungsaufgabe, 23
Führungshandlung, 15

Führungsteilsystem, 17, 21
Funktionalstrategie, 81, 82
Funktionsspezialisierung, 7

G
Gelegenheitsverkehr, 220
Gemeinkosten, 53, 55, 203, 207
   Controlling, 311
   unechte, 200
Gemeinkostenzuschlag, 60
Genfer Schema, 141
Gesamtkapitalkostensatz, 169
Gesamtlogistik, 334
Gesamtlogistikkosten, 362
Geschäftsfeldstrategie, 81, 82
Geschäftsprozess, 308
Gestaltung von Führung, 15
Gewährleistung der Versorgungssicherheit, 4
Globalisierung, 19
Goodwill-Verlust, 175
Grenzplankostenrechnung, 48, 49, 72, 161,
   215, 216, 306
Güterentstehung, 138
Güterflusskomplexität, physische, 9

H
Hauptkostentreiber, 348
Henkel Adhesive Technologies, 279
High Performer, 129
Hilfskostenstelle, 244

I
Indikationsfunktion, 211
Industry Solution, 298
Informations- und Kommunikationstechnolo-
   gie, 10, 20
Informations- und Steuerungssystem, 153
Informationsasymmetrie, 60
Informationsdefekt, 64
Informationsdetaillierung, 202
Informationsdifferenzierung, 202
Informationsfunktion, 21
Informationssystem, 17
Informationsversorgung, 87, 130
Innovationskennzahl, 128
Interner Transport, 236, 306
Investitionsrechnung, spezifische, 63
Istkalkulation, 305
Istkostenschichtung, 311, 312

J
Just-in-time-Produktion, 80, 187, 321
Just-in-Time-Produktion, 11, 19

K
Kalkulation, 260, 267
   logistikgerechte, 135, 259, 273
   traditionelle, 270
Kalkulationsgenauigkeit, 272, 275
Kalkulationshäufigkeit, unterschiedliche, 277
Kalkulationsobjekt, 151
Kapazitätsquerschnitt, 143, 220, 324
Kapitalbindung, 166, 332
Kapitalbindungsdauer, 167
Kapitalbindungskosten, 160, 165, 176, 177,
   222, 232, 252, 257, 261
Kapitalkostensatz, 169, 177
Kapitalmarktanlage, 169
Kapitalmarkttheorie, 169
Kapitalrendite, 363
Kapitalträger, 166
Kapitalübergabe, 167
Kapitalwertmethode, 313
Kaskadenverrechnung, 282
Käufermarkt, 6
Kausalanalyse, 116
Kennzahl, 83, 97, 126, 356, 358
   operative, 325
   selektive, 127, 324
   strategiegerichtete, 324
   zeitgerechte Verfügbarkeit, 127
Kennzahlensystem, 128, 358
Kernkompetenz, 20, 59
Kernprodukt, 181
Know-how, 15, 85
Koblenzer Studie, 67, 70
Kommissionieren, 6
Kommissionierungsprozess, 143
Komplementärkompetenz, 20
Komplexitätsreduzierung, 10
Konfliktregelungsfunktion, 40
Kontaktprozessanalyse, 184
Kontierungs-Differenzierung, 79
Kontokorrentkredit, 168
Kontraktlogistik, 204
Kontrollsystem, 17
Kooperationsintensität, 362, 363
Kooperationsqualität, 362, 363
Koordination von Material- und Warenfluss,
   10
Koordinationskosten, 97, 322
Koordinationskostenrechnung, 62, 339
Koordinationsleistung, 321, 322
Kosten,
   leistungsvariable, 222, 230
   prozessvariable, 222
Kostenabgrenzung, 157, 159
Kostenabhängigkeit, 214

Kostenanalyse, 349
Kostenarten, 236, 247, 254
    Differenzierungsbedarf, 196
Kostenartenrechnung, 286, 302
    Erfassung der Logistikkosten, 195
Kostenauflösung, 209, 218
    mathematisch-statistische, 216
    planmäßige, 216
Kostenausweis, 241, 251
Kostenbericht, 241
Kostenbewusstsein, 212
Kostendefinition, 157, 159
Kosteneffekt, 293
Kosteneinflussgröße, 229
Kosteneinsparung, 181
Kostenempfänger, 209
Kostenführerschaft, 13
Kostenfunktion, 52
Kostenhöhe, 159
Kosteningenieur, 49
Kostenkategorien, logistische, 221
Kostenkategorienbildung, 229, 239, 249, 255
Kostenkontrolle, 48
Kosten-Nutzen-Betrachtung, 128
Kostenoptimierung, 283, 347
    über Kostentreiber, 347
Kostenplanung, 48
    analytische, 55
    kostenstellenbezogene, 209
Kostenrechnung, 3, 38, 72, 86, 91, 186, 281
    empirische Ergebnisse, 65
    Entwicklungsweg, 44
    Informationsbereitstellung, 39
    instrumentelle Nutzung, 42
    konzeptionelle Nutzung, 42
    laufende, 47
    logistikgerechte, 313
    operative Unternehmensplanung und
        -kontrolle, 50
    Rechnungszweckkatalog, 40
    symbolische Nutzung, 42
    Systemmerkmale, 68
Kostenrechnungsinformation, 65
Kostenrechnungssprache, 43
Kostenrechnungssystem, 33, 167, 274
    unternehmensindividuelles, 350
Kostenreduzierung, 72
Kostenschlüssel, 210
Kostensenkung, leistungsprozessvolumenab-
        hängige, 225
Kostenspaltung, 50
Kostenstelle, 48, 207
    des Internen Transports, 236
Kostenstellenkosten, 237

Kostenstellenplan, 211
Kostenstellenrechnung, 63, 195, 235, 288
    Erfassung der Logistikkosten, 207
Kostenstellenzuordnung, 200
Kosten-Trade-Off, 162
Kostenträgerrechnung, 57, 63, 195, 235, 292
    material- und warenflussbezogenen Dien-
        stleistungen, 261
    Verrechnung der Logistikkosten, 259
Kostentransparenz, 285, 354
Kostentreiber, 56
Kostenverbundenheit, 56
Kostenzurechenbarkeit, 244
Kostenzurechnungsproblem, 163
Kundenauftrag, 265
    Controlling, 311
Kundenbedarf, 185
Kundenbindung, 183, 185
Kundenkennzahl, 128
Kunden-Lieferanten-Beziehung, 345
Kundenperspektive, 362
Kundenzufriedenheit, 126

L
Lagerdurchsatz, 233
Lagerkostenkategorie, 230
Lagerkostenstelle, 247, 249
Lagermittelkosten, 253
Lagernachbereitung, 233
Lagerschwund, 232
Lagersteuerung, 9
Lagerung, 232
Lagervorbereitung, 230
Laufende Rechnung, 47
Leistungsabgrenzung, 135, 137, 139, 151
Leistungsbericht, 239
Leistungsdefinition, 135, 137
    ergebnisbezogene, 139
Leistungserfassung, 238
Leistungserstellungsprozess, 143, 159, 166
Leistungsniveau, gestaltbares logistisches, 189
Leistungsplan, logistischer, 263
Leistungsrechnung, 86, 135
    logistische, 136
Leistungsstelle, 207
Leistungsstruktur, 236, 247, 253
Leistungsverrechnung, 213, 245, 306
    innerbetriebliche, 209
Liefertermіnabweichung, 341
Lieferterminüberschreitung, 171
Linienverkehrsprozess, 220
Logistik,
    Abgrenzung der Erlöse, 181
    Abgrenzung der Kosten, 157

Abgrenzung der Leistungen, 135
Analyse der Erfolgs- und Erlöswirkungen, 183
Anreizsysteme, 119
Ausprägungals Supply Chain Management, 343
Controlling, 116, 117
Distribution, 8
Durchsetzung der Flussorientierung, 14
empirische Erkenntnisse, 23
Entwicklungsstand, 25
Entwicklungsstufen, 105
Erkenntnisobjekt, 5
Erlöswirkungen, 121
flussbezogene Entwicklungsstufe, 339
flussorientierte, 82
funktionale Spezialisierung, 6
Grundfunktion, 4
Grundverständnis, 4
im System der Kostenrechnung, 283
in der Kostenträgerrechnung, 263
Informationsbereitstellung, 84
Interdisziplinarität, 5
Kennzahlensystem, 125
Koordinationsausprägung, 13
koordinationsbezogene, 80
koordinationsbezogene Entwicklungsstufe, 321
Kostenrechnung, 3
material- und warenflussbezogene Koordinationsfunktion, 9, 12
Nachhaltigkeit, 283
Optimierung, 11
Organisationsstruktur, 283
Phasen-Modell, 4
Rechnungszwecke, 284
strategische Positionierung, 323
Supply Chain Management, 19
TUL-Sicht, 99
unternehmensübergreifende, 19
Logistik-Controlling-Kostendetail, 121
Logistikdienstleister, 125, 126
Logistikentwicklung, 3
Logistikerfolg, 27
relative Kosten, 121
relative Leistung, 121
über Zeit, 121
Logistikerlös, 98, 190
empirische Studien, 106
Logistikkette, 12, 162
Logistikkontrolle, marktorientierte, 182
Logistikkonzept, 3
Logistikkosten, 84, 98, 190, 235
Abgrenzungsprobleme, 157

Bereitstellung, 119
empirische Studien, 106
im Gemeinkosten-Controlling, 305
im Produktkosten-Controlling, 309
in der Ergebnisrechnung, 310
in SAP Controlling, 312
Kalkulation, 117
leistungsvariable, 255
Verrechnung, 241, 252, 257, 307
Logistikkostenkalkulation, 267, 272
Logistikkostenkategorie, 234
Logistikkostenrechnung, 33, 44, 63, 86, 137, 150, 165
Ausgestaltung, 285
Gestaltung, 77
Material- und Warenflussprozesse, 77
Logistikkostenstelle, 79, 225, 341
Logistikleistung, 98, 138, 151, 152, 190, 235, 255
empirische Studien, 106
ergebnisbezogene, 143
potenzialbezogene, 140
Präzisierung, 140
prozessbezogene, 142
wirkungsbezogene, 146
Logistikleistungserfassung, 213, 236, 247, 255
Logistikleistungsinformation, 154
Logistikleistungsrechnung, 119
Logistikmanagement, 91, 321
Logistikosten, 28
Logistikpartner, 291
Logistikplanung, marktorientierte, 182
Logistikstrategie, 324
Logistikunternehmen, 13
Logistikverrechnungssatz, 257
Lohnzuschlagskalkulation, 260
Losfertigung, 10
Losgrößenplanung, 171
Low Performer, 129

M
Make-or-Buy-Analyse, 13
Make-or-buy-Entscheidung, 135
Make-or-buy-Kostenvergleich, 41
Margenziel, 293
Markterfolg, 27
Marktsegmentrechnung, 305, 310
Markttransaktion, 58
Marktumfeld, stabiles, 188
Material- und Warenflussprozess, 77
Materialflusskette, 14
Materialflussplanung, 237, 238
Materialkosten, 199
Material-Ledger, 311

Materials Management, 9
Materialverfolgungssystem, 153
Maximalaufspannung, 151
Mengenabweichung, 147
Mensch-Maschinen-System, 254
Mischkostenstelle, 208, 214, 253, 255
Mittelstandsstudie, 68, 70
Modell, internes, 36

N
Nachhaltigkeit, 284
Nettoerlös, 174
Netzplantechnik, 8
Netzwerkbildung, 344
Netzwerkmodell, 5
Netzwerkpartner, 22, 344
Neustrukturierung, 65
New Public Managements, 315
Nutzenfunktion, individuelle, 36
Nutzenverluste, 64

O
Objektfaktor, logistischer, 167
Open book accounting, 22
Open Book Accounting, 353
Operations Research, 8, 50
Opportunitätskostensatz, 168, 177
Organisationssystem, 17
Outsourcing, 299

P
Palettierung, 6
Parallelkalkulation, 49
Partialfinanzierung, 165
Partnermonitoring, 21
Performance Measurement, 124, 130
Periodenerfolgskonzept, 53
Periodengemeinkosten, 200
Periodenkapazität, 225
Periodenrechnung, 46
Personalführungssystem, 18
Personalkapazität, 231
Personalkosten, 217, 231, 236
Perzeptionsfähigkeit, 35, 36
Pfadabhängigkeit, 4, 65
Plankalkulation, 309
Plankostenrechnung, 44, 48, 52, 69, 71, 79,
    245, 301
    Marginalprinzip, 54
    nach Kilger, 254
Plankostenschichtung, 312
Planungshorizont, 51
Planungssystem, 16
Potenzialleistung, 138

Potenzialqualität, 138
PPS-System, 13, 19, 322, 341
Preisermittlungsregel, 85
Preiskalkulation, 39, 46
Preisrechtfertigung, 44
Primärkosten, 207, 288
Produktdeckungsbeitragsrechnung, 292
Produktgestaltung, 181
Produktionsanlage, 213
Produktionsfaktor, 135, 141
    logistischer, 141, 152
Produktionsforecast, 332, 333
Produktionskosten, 162, 163, 317
Produktionskostenerfassung, 80
Produktionskostenstelle, 234
Produktionslogistik, 151, 332
Produktionsplanung, 11
Produktionsplanungssystem, 153
Produktionsprozess, 162
Produktionsstatistik, 248
Produktionssteuerung, 11, 13, 269, 340
Produktkalkulation, 55, 121, 212, 238, 248,
    274, 301
Produktkosten-Controlling, 286, 304
Produktlebenszyklus, 29, 63
Produktsteuerungssystem, 153
Profit Center Rechnung, 286
Prognosefähigkeit, 35
Programmkomplexität, 64
Prozentschlüssel, 291
Prozesskennzahl, 128
Prozesskostenermittlung, 57
Prozesskostenkalkulation, 57
Prozesskostenrechnung, 22, 34, 39, 54, 69,
    153, 259, 302
    unternehmensübergreifende, 347
Prozessmanagement, 13
Prozessmapping, 348
Prozessmengenermittlung, 56
Prozessorganisation, 13, 17
Prozessqualität, 138
Prozess-Referenzmodell, 348
Prozesssegment, 84

Q
Qualitätsabweichung, 149
Qualitätstreue, 149
Qualitätszirkel, 23
Querschnittsfunktion, 12

R
Raum- oder Flächenkosten, 247
Raum- und Zeitüberbrückungsaktivität, 161
Raum-Zeit-Disparität, 143, 222

Realgüter, 166
Realisation, 35
Rechnungswesen, 119
Rechnungszweck, 41, 66, 67, 71, 135
Reengineering, 315
Reklamationsanalyse, 175
Repetierfaktorkosten, 218
Respezialisierung, 15
Ressourcenbedarf, 147
Return on Assets, 363
Riebel'sches System, 53
Risikokennzahl, 128
Risikoprämie, 169
ROA, 29
ROCE, 29
Run-Rate-Analyse, 293

S

Sachgüterproduktion, 79
Sachleistungsprozess, 143
Sachzielplanung, 16
Sammelkosten, 204
SAP Controlling, 300, 313
SAP ERP Financials, 298
Schwachstellenanalyse, 201
SCOR-Modell, 351, 356
Sekundärkosten, 288
Sekundärkostenverrechnung, 282
Selbstkosten, 44
Selbstorganisation, 38
Servicekennzahl, 283
Serviceoptimierung, 283
Servicetätigkeit, 6
Shareholder Value, 82
Simulationsmodell, 8
Simultaneous Engineering-Projekt, 23
Skaleneffekt, 50, 78
Skonti, 199
Soll-Ist-Abweichung, 22
Sollkostenfunktion, 49
Sondereinzelkosten der Fertigung, 46
Spezialisierung, 6
    funktionale, 14
Spezialisierungseffekt, 197
Spezialisierungsgewinn, 9
Spotbeziehung, 187
Standardfrachtsatz, 276
Standardkatalog, 137
Standardsoftware ERP, 297, 299, 301, 303,
    305, 307, 309, 311
Stetigförderer, 231
Steuerungssystem,
    diagnostisches, 43
    interaktives, 43

Straßenverkehrsprozess, 221
Stückliste, 269
Studie,
    von Dehler, 24
    von Keebler, 122
    von Weber et al., 124
Supplier-Controlling, 295
Supply Chain, 85
Supply Chain Controlling, 364
Supply Chain Management, 19, 21, 24, 92,
    123, 162, 280, 297, 343, 352
    Informationsbereitstellung, 85
    Kennzahlensystem, 99

T

Target Costing, 71, 351
Tarifermittlung, 307
Teilbereich-Scorecard, 330
Teilkostenrechnung, 69, 209, 214, 301
Template, 308
Terminabweichung, 149
Terminverzögerung, 150
Toleranzgrenze, 146
Total Cost Approach, 97
Total Cost to serve, 99
Transaktionskosten nach Albach, 59
Transaktionskostenrechnung, 58, 61
Transaktionskostentheorie, 13, 20
Transport-, Umschlags- und Lagertätigkeit
    (TUL), 99, 142
Transportkosten, 8, 137
Transportkostenkategorie, 226
Transportkostenstelle, 55, 140, 152, 238, 239
    Verrechnungssatzbestimmung, 245
Transportleistung, 137, 145, 146, 227, 237
Transportprozess, 227, 228

U

Umsatzwachstum, 29
Unstetigförderer, 231
Unternehmenserfolg, 27, 187
Unternehmensplanung, 315
    operative, 51
Unternehmensstrategie, 13, 81
Ursprungskostenarten, 306

V

VDI-Richtlinie 4400, 356
Verhaltensorientierung, 41
Verhaltenssteuerung, 65
Vermögensanlage, 169
Verpacken, 6
Verpackungsleistung, 146
Verrechnungspreisbildungsmodus, 85

Verrechnungssatzkalkulation, 57, 245, 260
Verrechnungsschlüssel, 291
Verschleiß, 218
Versicherungskosten, 232
Versorgungsfunktion, 139
Versorgungssicherheit, 4
Vertragsstrafe, 187
Vertriebs-Controlling, 310
Vertriebserfolgsrechnung, 121
Vertriebsforecast, 333
Vertriebsgemeinkosten, 200, 262, 267
Verursachungsprinzip, 161, 260
Verwaltungsleistung, 55
Verwaltungsprozess, 57
Vollkostenrechnung, 44, 50, 63, 69, 169, 209,
    215, 245, 301
    Periodisierung, 46
    Verursachungsprinzip, 46, 54
Vorgangskalkulation, 54
Vorkalkulation, 265
Vorkostenstelle, 57, 209, 211

W
Wahrscheinlichkeitstheorie, 8
Warehousing, 291
Warenabgabe, 233
Warenannahme, 230
Weighted Average Cost of Capital (WACC),
    169

Weltausschnitt, 36
Wertesystem, 16
Werteverzehr, 60
Wertschöpfungskette, 7, 10, 19, 92, 117, 124,
    207, 334, 343
Wertschöpfungspartner, 85
Wertschöpfungsprozess, 21, 210, 263, 281
Wertschöpfungssystem, 154
Wettbewerbsfähigkeit, 83
Wettbewerbsintensität, 14, 63
Wettbewerbsstrategien, 13
Wettbewerbsvorteil, 122
WHU-Controllerpanel, 66, 68, 70
Willensbildung, strategische, 323
Willensdurchsetzung, strategische, 323
Wirtschaftlichkeitskontrolle, 49, 50, 61, 69
Wirtschaftssystem, 4
Wissensasymmetrie, 38
Wohlbefinden, 146

Z
Zinsen, kalkulatorische, 199
Zinskosten, 232
Zinssatz, 168
Zuordnungsproblem, 165
Zurechnungsobjekt, 177
Zurechnungsprinzip, 54
Zuschlagskalkulation, 260, 269
Zuschlagssatz, 307